面向CS2013计算机专业系列教材

分布式数据库系统
大数据时代新型数据库技术
第2版

于戈 申德荣 等编著

Distributed Database Systems

Second Edition

U0364572

机械工业出版社

China Machine Press

图书在版编目（CIP）数据

分布式数据库系统：大数据时代新型数据库技术／于戈等编著 . —2 版 . —北京：机械工业
出版社，2015.10（2021.8 重印）
（面向 CS2013 计算机专业系列教材）

ISBN 978-7-111-51831-0

I. 分…　 II. 于…　 III. 分布式数据库 – 数据库系统 – 高等学校 – 教材　 IV. TP311.133.1

中国版本图书馆 CIP 数据核字（2015）第 245283 号

本书主要介绍分布式数据库系统和大数据库系统的基本理论与实现技术。全书共分 12 章，第 1 章
和第 2 章介绍分布式数据库系统和大数据库系统的基础和背景，主要包括系统的基本概念、体系结构、
发展历史、系统分类和主要研究问题；第 3 ～ 9 章为全书的重点，介绍分布式数据库系统和大数据库系
统的核心技术，包括分布式数据库设计、分布式查询处理与优化、分布式查询的存取优化、分布式事务
管理、分布式恢复管理、分布式并发控制、数据复制与一致性，并给出了 Oracle 应用示例；第 10 章
和第 11 章介绍两个分布式的数据管理系统案例，分别为 P2P 数据管理系统和 Web 数据库集成系统；
第 12 章介绍大数据库系统研究进展及发展趋势。

本书内容新颖，理论与实践相结合，可作为计算机专业高年级本科生和研究生的教材，也可作为大
数据管理和应用的研究和开发人员的参考书。

出版发行：机械工业出版社（北京市西城区百万庄大街 22 号　邮政编码：100037）

责任编辑：迟振春　刘立卿　　　　　　　　责任校对：殷　虹

印　　刷：北京建宏印刷有限公司　　　　　版　　次：2021 年 8 月第 2 版第 2 次印刷

开　　本：185mm×260mm　1/16　　　　　印　　张：26.5

书　　号：ISBN 978-7-111-51831-0　　　　定　　价：55.00 元

凡购本书，如有缺页、倒页、脱页，由本社发行部调换

客服热线：(010) 88378991　88361066　　　　投稿热线：(010) 88379604

购书热线：(010) 68326294　88379649　68995259　　读者信箱：hzjsj@hzbook.com

前　言

　　数据库系统的发展起始于 20 世纪 60 年代，从 IBM 的层次模型 IMS、网状模型、关系模型，发展到多数据模型共存。随着科学技术的发展，各个行业、领域对数据库技术提出了更多的需求，推动了数据库技术同诸多新技术如分布式处理技术、并行计算技术、人工智能技术、多媒体技术、模糊计算技术等相结合，由此衍生出了多种新的数据库技术。分布式数据库系统是其中的一种新数据库技术。分布式数据库系统兴起于 20 世纪 70 年代中期。推动分布式数据库系统发展的动力来自于两方面：一是应用需求，二是硬件环境的发展。在应用需求上，全国甚至全球范围内的航空及铁路订票系统、银行通存通兑系统、水陆空联运系统、跨国公司管理系统、连锁配送管理系统等，都涉及地理上分布的企业或机构的局部业务管理和与整个系统有关的全局管理，采用传统的集中式数据库管理系统已无法满足这种分布式应用需求。在硬件环境上，提供了功能强大的计算机和成熟的广域公用数据网及快速增长的局域网。在上述两方面的推动下，人们期望符合现实需要的、能处理分散地域的、具备数据库系统特点的新数据库系统的出现。

　　从 20 世纪 70 年代中期开始，各发达国家纷纷投巨资支持分布式数据库系统的研究和开发计划。历时十年，呈现出了许多研究成果。典型的原型系统有美国国防部委托 CCA 公司设计和研制的 SDD-1 分布式数据库系统、美国加利福尼亚大学伯克利分校研制的分布式 INGRES 系统、IBM 圣何塞实验室研制的 R* 分布式数据库系统、德国斯图加特大学研制的 Porel 分布式数据库系统、法国 Sirius 资助计划产生的若干原型系统（如 Sirius-Delta、Polypheme 等）。随后，商品化的数据库系统 Oracle、Sybase、DB2、Informix、INGRES 等都从分布式数据库系统研究中吸取了许多重要的概念、方法和技术，实现了相当程度上的分布式数据管理功能，并宣称它们都是分布式数据库系统产品。在分布式数据库系统的商品化进程中，随着研究的深入和应用的普及，更由于分布式数据库管理系统本身的高复杂性，研究者提出了更简洁、更灵活的实现技术来满足分布式数据处理的要求。目前，商品化数据库产品如 Oracle、Sybase、DB2、SQL Server、Informix 都支持异构数据库系统的访问和集成功能。它们都采用基于组件和中间件的松散耦合型事务管理机制来实现分布式数据的管理，具有高灵活性和可扩展性，并且具有替代传统分布式数据库管理系统中的紧耦合型事务管理机制的趋势。

　　随着 Internet 和 Web 的蓬勃发展，Web 环境下的分布式系统已成为当前应用的主流，如电子商务系统、网格系统、P2P 共享系统等。近来，云计算、物联网等新型分布式应用的提出，更凸显了分布式数据管理的重要地位。分布式数据处理是分布式系统中必不可少的重要组成部分，涉及数据的分布式存储管理、分布式数据的查询优化、分布式事务管理与故障恢复，以及并发控制处理机制等。分布式数据库系统的概念、基本理论、算法及其相应的技术都将对分布式数据处理以及分布式系统的研究起到重要的指导作用。并且，随着分布式计算技术和应用的发展，分布式数据管理系统的基本理论和技术将发挥越来越重要的作用。

随着技术的发展，大数据广泛存在，如 Web 数据、移动数据、社交网络数据、电子商务数据、企业数据、科学数据等，并且各行各业都期望得益于大数据中蕴含的有价值的知识。为此，呈现出了支持大数据管理和分析的技术，如大数据存储模型、键值模型、MapReduce 分布式处理架构、改进的支持分布式的事务协议、副本管理等，并推出了许多关系云系统和多存储结构的大数据库系统等。支持大数据库管理的基础理论和技术，典型代表是以经典的分布式数据库理论和技术为基础的扩展研究，满足大数据处理的实时性、高性能和可扩展性需求等。

多年来，作者在国家自然科学基金、国家 973 计划、国家 863 计划等课题的支持下，以大数据管理、Web 数据库集成、联盟企业数据集成为应用背景，针对分布式环境下的数据管理进行了深入研究。同时，作者一直承担东北大学计算机专业硕士研究生的分布式数据库系统课程以及计算机专业本科生的数据库系统概论和数据库系统实现课程的教学工作。本书正是基于以上工作而撰写的。

本书首先重点介绍经典的分布式数据库系统的基本理论和关键技术，介绍当前流行的商品化分布式数据管理机制，并进行特点分析和对比。同时，以经典的分布式数据库基本理论和技术为基础，介绍大数据库管理的关键技术和流行的大数据库系统。

本书共分为 12 章，内容包括分布式数据库系统概述、分布式数据库系统的结构、分布式数据库设计、分布式查询处理与优化、分布式查询的存取优化、分布式事务管理、分布式恢复管理、分布式并发控制、数据复制与一致性、典型的分布式数据库系统案例（P2P 数据管理系统、Web 数据库集成系统）和大数据库系统研究进展。

第 1 章主要介绍数据库基本知识、分布式数据库概念及其特性，以及分布式数据库系统的作用和特点。之后，概述大数据管理并介绍大数据库概念，主要包括大数据类型、特点、处理过程和大数据库关键技术。

第 2 章主要介绍分布式数据库系统的结构，包括分布式数据库系统的物理结构、逻辑结构、模式结构和组件结构，阐述典型的分布式数据集成系统的异同点，给出分布式数据库系统的分类。之后，介绍大数据库系统的分类、典型的体系结构和大数据库系统案例。

第 3 章主要介绍分布式数据库设计方法，包括全局关系模式的逻辑划分和实际物理分配，主要包括分片定义、分片设计和分配设计，具体包括水平分片、垂直分片和混合分片的设计。之后，介绍支持大数据库管理的存储模型、数据分布式存储策略以及大数据库存储案例。

第 4 章主要介绍分布式查询处理技术，包括查询优化的基本概念、查询处理与优化过程、查询分解、数据局部化和片段查询优化方法。之后，介绍大数据库的查询 API、查询处理和优化策略。

第 5 章主要介绍分布式查询的存取优化技术，包括存取优化的基本概念、存取优化的代价模型、典型的半连接优化技术、枚举法优化技术，以及几种典型的集中式查询优化算法和分布式查询优化算法。之后，介绍大数据库管理的索引技术、缓存技术、并行处理技术。

第 6 章主要介绍分布式事务管理技术，包括分布式事务概念、分布式事务的实现模型、分布式事务执行的控制模型、分布式事务管理的实现模型以及分布式事务提交协议。之后，介绍大数据库的事务管理，包括大数据库管理理论、扩展的事务模型和实现方法。

第 7 章主要介绍分布式恢复管理技术，包括分布式数据库系统中的故障类型、集中式数据库的故障恢复方法、分布式数据库的恢复方法以及分布式数据库的可靠性协议。之后，介绍大数据库系统中的恢复管理问题、故障类型、故障检测技术和容错技术。

第 8 章主要介绍分布式并发控制技术，包括分布式并发控制概念及其理论基础、基于锁的并发控制方法、基于时间戳的并发控制方法、乐观的并发控制方法以及分布式死锁管理。之后，介绍支持大数据库并发控制的扩展技术。

第 9 章主要介绍分布式数据库的数据复制和一致性技术，包括复制策略、复制协议和一致性协议。之后，结合大数据库一致性协议介绍大数据库系统所采用的副本一致性实现策略。

第 10 章介绍一个典型的分布式数据库系统案例——P2P 数据管理系统，包括几种典型的 P2P 系统的体系结构、数据管理机制以及查询处理与优化策略。

第 11 章介绍另一个典型的分布式数据库系统案例——Web 数据库集成系统，包括典型的 Web 数据库集成系统的组成结构以及集成系统中的三个核心模块（搜索子系统、查询子系统和集成子系统）。

第 12 章介绍大数据库系统研究进展及展望，包括数据模型、基于 MapReduce 框架的查询处理与优化策略、事务管理技术、动态负载均衡策略、副本管理技术以及多存储模式的数据库系统。

本书由东北大学计算机科学与工程学院于戈、申德荣、赵志滨、李芳芳、聂铁铮、寇月、冯时、鲍玉斌撰写。其中，于戈负责本书前言部分，申德荣负责教学建议部分，于戈、申德荣负责第 1 章，赵志滨、申德荣负责第 2 章，申德荣、聂铁铮负责第 3 章，李芳芳、于戈负责第 4 章、第 8 章、第 9 章，聂铁铮负责第 5 章，寇月负责第 6 章和第 7 章，赵志滨负责第 10 章，申德荣、聂铁铮负责第 11 章，申德荣、于戈、鲍玉斌负责第 12 章，冯时负责各章中有关 Oracle 数据库的案例部分。参加本书撰写的还有博士研究生朱命冬、王习特等。全书由于戈和申德荣统稿。

我们在撰写本书的过程中，努力使本书覆盖已有分布式数据库系统的经典理论和技术，尽力跟踪该学科的新发展和新技术，尤其是用大篇幅介绍了大数据库技术，力求使本书具有先进性和实用性，并突出本书自身的特色。但由于作者学识有限，一定存在许多不足之处，敬请专家和学者批评指正。

教学建议

章 号	教学要点及教学要求	课 时 安 排	
		计算机专业	非计算机专业
第1章 分布式数据库 系统概述	了解数据库系统的基本概念 掌握分布式数据库系统的基本概念 了解分布式数据库系统的作用和特点 了解分布式数据库系统中的关键技术 掌握大数据的基本概念 了解大数据库系统和关键技术	2~4	2 (选讲)
第2章 分布式数据库 系统的结构	掌握DDBS的物理结构和逻辑结构 掌握DDBS的体系结构、模式结构和组件结构 了解多数据库集成系统、对等型(P2P)数据库系统(P2PDBS)和DDBS的分类 掌握元数据的管理 了解Oracle系统体系结构 了解分布式大数据库管理系统的分类 掌握分布式大数据库管理系统的体系结构 了解基于HDFS的分布式数据库和其他分布式数据库系统	4~6 (选讲)	2~4 (选讲)
第3章 分布式 数据库设计	了解分布式数据库的设计策略 掌握分布式数据库的分片定义 掌握分布式数据库的分片设计和分配设计 了解分布式数据库的数据复制技术 了解Oracle数据库分布式设计 了解分布式文件系统HDFS和基于SSTable的数据存储结构 掌握大数据存储模型和数据分区策略 了解大数据库分布式存储	6~8 (选讲)	4~6 (选讲)
第4章 分布式查询 处理与优化	了解查询处理的目标和意义 掌握查询优化的基本概念和查询优化过程 了解查询处理器的特点和查询处理层次 掌握查询分解、数据局部化和片段查询优化 了解Oracle的分布式查询处理与优化过程 了解大数据库系统的查询API 掌握大数据库查询处理方法 了解基于MapReduce的查询处理 了解大数据库查询优化	4~6 (选讲)	2~4 (选讲)
第5章 分布式查询 的存取优化	了解分布式查询的执行与处理过程和存取优化的内容 掌握存取优化的查询代价模型、数据的特征参数 掌握半连接优化技术和枚举法优化技术 了解典型的集中式数据库的查询优化算法 了解典型的分布式数据库的查询优化算法 了解Oracle的分布式查询优化技术 掌握布隆过滤器索引和键值二级索引方法	8~10 (选讲)	6~8 (选讲)

（续）

章　号	教学要点及教学要求	课 时 安 排	
		计算机专业	非计算机专业
第5章 分布式查询 的存取优化	了解跳跃表的实现方法 掌握分布式缓存的体系结构 了解典型的分布式缓存系统及应用	8～10 （选讲）	6～8 （选讲）
第6章 分布式事务管理	掌握事务的概念 掌握分布式事务的两段提交协议 掌握分布式事务执行的控制模型和实现模型 掌握两段提交协议的实现方法 了解非阻塞的三段提交协议 了解 Oracle 数据库的分布式事务管理技术 掌握大数据库的事务管理问题 掌握大数据库系统设计的理论基础 了解弱事务型与强事务型大数据库系统 掌握大数据库中的事务特性 了解大数据库的事务实现方法	4～6 （选讲）	2～4 （选讲）
第7章 分布式恢复管理	掌握数据库的故障模型和恢复模型 掌握集中式数据库的故障恢复技术 掌握分布式事务的故障恢复 了解可靠性和可用性的含义 了解分布式可靠性协议的组成 了解两段提交协议的终结协议以及演变过程 了解三段提交协议的终结协议以及演变过程 了解 Oracle 数据库的故障恢复技术 掌握大数据库的恢复管理问题、大数据库系统中的故障类型和大数据库系统的故障检测技术 了解基于事务的大数据库容错技术和基于冗余的大数据库容错技术	4～6 （选讲）	2～4 （选讲）
第8章 分布式并发控制	掌握并发控制的基本概念和并发控制理论 掌握基于锁的并发控制方法和两段封锁协议 掌握基于锁的分布式并发控制方法 掌握基于时间戳的分布式并发控制方法 掌握乐观的并发控制方法 了解分布式死锁等待图概念 了解几种典型的死锁的检测、预防和避免死锁的实现方法 了解 Oracle 数据库的并发控制方法 掌握大数据库并发控制技术 了解事务读写模式扩展和封锁机制扩展 掌握基于多版本并发控制扩展 了解基于时间戳并发控制扩展	4～6 （选讲）	4～6 （选讲）
第9章 数据复制与一致性	了解数据复制的作用 了解数据复制一致性模型 掌握分布式数据库复制策略 掌握 Paxos 协议、反熵协议、NWR 协议 了解向量时钟技术 了解大数据库复制一致性管理	4～6 （选讲）	2～4 （选讲）

（续）

章　号	教学要点及教学要求	课 时 安 排	
		计算机专业	非计算机专业
第 10 章（选讲） P2P 数据管理系统	了解 P2P 系统的基本概念 了解 P2P 系统的几种典型的体系结构 了解 P2P 系统中的资源定位和路由策略 了解 P2P 系统中的查询处理与优化策略 了解 P2P 系统的数据管理策略与分布式数据库管理策略的异同	0～1 （选讲）	1 （选讲）
第 11 章（选讲） Web 数据库 集成系统	了解一个 Web 数据库集成系统案例 了解分布式数据库理论和技术在 Web 数据库集成系统中的实际应用	0～1 （选讲）	1 （选讲）
第 12 章（选讲） 大数据库系统 研究进展	了解有关大数据的研究进展，包括数据模型、查询处理与优化技术、事务管理、负载均衡技术、副本管理技术、典型的多存储模式的数据库系统等	0～2 （选讲）	2 （选讲）
教学总学时建议		48～72	36～54

说明：① 计算机专业本科教学使用本教材时，建议课堂授课学时数为 48。不同学校可以根据各自的教学要求和计划学时数酌情对教材内容进行取舍。

② 计算机专业研究生教学使用本教材时，建议课堂授课学时数为 48～72。不同学校可以根据各自的教学要求和计划学时数酌情对教材内容进行取舍。

③ 非计算机专业的师生使用本教材时可适当降低教学要求，建议课堂授课学时数为 36～54。不同学校可以根据各自的教学要求和计划学时数酌情对教材内容进行取舍。

目　录

分布式数据库系统概述

1.1 引言及准备知识

分布式数据库系统(Distributed DataBase System,DDBS)是随着计算技术的发展和应用需求的推动而提出的新型软件系统。简单地说,分布式数据库系统是地理上分散而逻辑上集中的数据库系统,即通过计算机网络将地理上分散的各局域节点连接起来共同组成一个逻辑上统一的数据库系统。因此,分布式数据库系统是数据库技术和计算机网络技术相结合的产物。

分布式数据库系统与集中式数据库系统一样,包含两个重要部分:数据库和数据库管理系统。在介绍分布式数据库系统之前,先重温一下有关数据库和数据库管理系统的基本概念。

1.1.1 相关基本概念

1. 数据库

数据库(DataBase,DB)的定义有很多,从用户使用数据库的角度出发,可定义如下:数据库是长期存储在计算机内、有组织、可共享的数据集合。数据库中的数据按一定的数据模型组织、描述、存储,具有较小的冗余度、较高的数据独立性并易于扩展,同时可为各种用户共享。数据库设计就是对一个给定的应用环境(现实世界)设计出最优的数据模型,然后按模型建立数据库,见图1-1。典型的数据模型是 E-R 概念模型和关系数据模型。

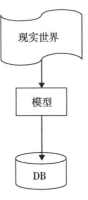

图1-1 数据库模型

2. 数据库管理系统

数据库管理系统(DataBase Management System,DBMS)是人们用于管理和操作数据库的软件,介于应用程序和操作系统之间。实际的数据库很复杂,对数据库的操作也相当烦琐,因此,为有效地管理和操作数据库,需要有数据库管理系统,使用户不必涉及数据的具体结构描述及实际存储,从而方便、最优地操作数据库。DBMS 不仅具有最基本的数据管理功能,还提供多用户的并发控制、事务管理和访问控制,可保证数据的完整性和安全性,当数据库出现故障时能对系统进行恢复。数据库管理系统可描述为用户接口、查询处理、查询优化、存储管理四个基本模块和事务管理、并发控制、恢复管理三个辅助模块。其模型见图1-2。

3. 数据库系统

数据库系统(DataBase System,DBS)是指与数据库相关的整个系统。数据库系统一般由数据库、数据库管理系统、应用开发工具、应用系统和数据库管理员构成,如图1-3 所示。

4. 模式

从现实世界的信息抽象到数据库存储的数据是一个逐步抽象的过程。美国国家标准协会的计算机与信息处理委员会中的标准计划与需求委员会(American National Standards Institute,

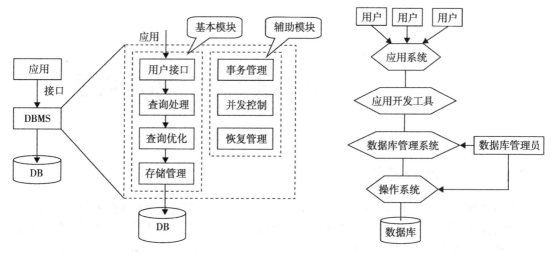

图 1-2   数据库管理系统模型

图 1-3   数据库系统组成

Standards Planning And Requirements Committee，ANSI-SPARC）根据数据的抽象级别为数据库定义了三层模式参考模型，如图 1-4 所示。

外模式是数据库用户和数据库系统的接口，是数据库用户的数据视图（view），是数据库用户可以看见和使用的局部数据的逻辑结构和特征的描述，是同应用有关的数据的逻辑表示。一个数据库系统通常有多个外模式。外模式是保证数据库安全的重要措施，因为每个用户只能看见和访问特定的外模式中的数据。通常，由 DBMS 中的视图定义命令（create view）定义数据库的外模式。

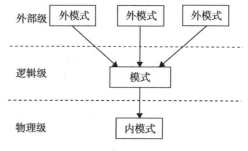

图 1-4   ANSI-SPARC 三层模式参考模型

例如，某外模式定义如下：

```
CREATE VIEW PAYROLL(EMP_ENO,EMP_NAME,SAL)
AS SELECT EMP. ENO,EMP. NAME,PAY. SAL
FROM EMP,PAY
WHERE EMP. TITLE = PAY. TITLE
```

模式是关于数据库中全体数据的逻辑结构和特征的描述，是所有用户的公共数据视图。模式是数据库中数据在逻辑级上的视图。一个数据库只有一个模式。模式以某种数据模型为基础，综合考虑了所有用户的需求，并将这些需求有机地结合成一个逻辑整体。定义模式时不仅要定义数据的逻辑结构，如组成关系模式的属性名、属性的类型、取值范围，还要定义属性间的关联关系、完整性约束等。模式由 DBMS 中提供的模式描述语言定义。

例如，某模式定义如下：

```
RELATION EMP{
    KEY = {ENO}
ATTRIBUTE = {
        ENO:CHAR(9)
        ENAME:CHAR(15)
        TITLE:CHAR(10)
        }
}
```

```
RELATION PAY{
    KEY ={TITLE}
ATTRIBUTE = {
        TITLE:CHAR(10)
        SAL:NUMBER(5)
        }
}
```

内模式是关于数据物理结构和存储方式的描述，是数据在数据库内部的表示方式。一个数据库只有一个内模式，如关系表的存储方式是按照堆存储还是按照属性值聚簇存储，索引是采用B+树索引，还是采用散列索引等。内模式由DBMS中提供的内模式描述语言定义。

例如，某内模式定义如下：

```
INTERNAL - RELA {
    INDEX ON E# CALL EMINX
    FIELD = {
        E#:BYTE(9)
        ENAME:BYTE(15)
        TITLE:BYTE(10)
        }
}
```

1.1.2 相关基础知识

在后面章节的学习中，将涉及关系模型、关系代数和SQL语言知识。下面将简单介绍这些知识。

1. 关系模型

关系模型是数据库数据模型的三种模型（层次数据模型、网状数据模型和关系数据模型）之一。关系是二维表，也称为表。表中的一行称为关系的一个元组，表中的一列称为关系的一个属性。

2. 关系代数

关系是一个集合，关系的元组是集合的元素。常见的关系代数包括5个集合运算和3个关系运算。

5个集合运算为：

- **并(union)运算**：设有两个关系R和S，具有相同的关系模式，R和S的并运算的结果是由两个关系中所有元组组成的一个新关系，记为$R \cup S$或$R + S$。
- **交(intersect)运算**：设有两个关系R和S，具有相同的关系模式，R和S的交运算的结果是由两个关系中所有公共元组组成的一个新关系，记为$R \cap S$。
- **差(difference)运算**：设有两个关系R和S，具有相同的关系模式，R和S的差运算结果是由属于关系R但不属于关系S的元组组成的一个新关系，记为$R - S$。
- **乘(product)运算**：设R有m个属性，S有n个属性，R有i个元组，S有j个元组，R和S的乘(笛卡儿积)的运算结果是由$(m + n)$个属性、$i \times j$个元组组成的一个新关系，每个元组的前m个分量(属性值)来自R的一个元组，后n个分量来自S的一个元组，记为$R \times S$。
- **除(divide)运算**：设有关系$R(X, Y)$和$S(Y, Z)$，其中X，Y，Z为属性组，R中的Y和S中的Y可有不同的属性名，但必须出自相同的值域。R和S的除运算得到一个新关系$P(X)$，P是R中满足下列条件的元组在X属性上的投影：元组在X上分量值x的象集Y_x包含S在Y上投影的集合，记为$R \div S$。

3 个关系运算为：

- **选择(select)运算**：选择运算是从指定的关系 R 中选择满足条件(条件表达式)的元组组成的一个新关系，记为 $\sigma_{<条件表达式>}(R)$。
- **投影(project)运算**：投影运算是从指定的关系 R 中选择属性集 A 的所有值组成的一个新关系，记为 $\prod_A(R)$。
- **连接(join)运算**：连接运算包括 θ 连接、等值连接和自然连接三种运算，θ 是算术比较符。设有关系 $R(A，B)$ 和 $S(C，D)$，A 和 C 出自于同一值域，R 和 S 的 θ 连接运算是由两个关系 R 和 S 中满足 $A\theta C$ 连接条件的元组连接在一起组成的一个新关系，记为 $R\underset{A\theta C}{\infty}S$。若 θ 是等号" = "，该连接操作称为等值连接，记为 $R\underset{A=C}{\infty}S$。若 A 和 C 具有相同的属性名，R 和 S 的连接运算默认按 $A=C$ 连接条件进行连接，并去除重复列属性，则为自然连接运算，记为 $R\infty S$。

3. SQL 语言

SQL(Structured Query Language)是一种非过程性语言，提供了数据定义(建立数据库和表结构)、数据操纵(输入、修改、删除、查询)、数据控制(授予、回收权限)等数据库操作命令，较好地满足了数据库语言的要求。美国国家标准局(ANSI)与国际标准化组织(ISO)制定了 SQL 标准，相继推出了 SQL/86、SQL/92、SQL/99、SQL/2003、SQL/2006 等。SQL 提供了灵活而强大的查询功能，具有可移植性。SQL 已为广大用户所采用，成为用户访问数据库系统的标准接口语言。

1.2   分布式数据库系统的基本概念

1.2.1   节点/场地

分布式数据库系统是地理上分散而逻辑上集中的数据库系统。管理分布式数据库的软件称为分布式数据库管理系统。分布式系统通常是由计算机网络将地理上分散的各逻辑单位连接起来而组成的。被连接的逻辑单位称为**节点**(node)或**场地**(site)。节点或场地是指物理上或逻辑上的一台计算机(如集群系统)。节点强调的是计算机和处理能力，场地强调的是地理位置和通信代价，二者只是看问题的角度不同，本质上没有区别。

1.2.2   分布式数据库

分布式数据库(Distributed DataBase，DDB)是分布在一个计算机网络上的多个逻辑相关的数据库的集合。也就是说，分布式数据库是一组结构化的数据集合，逻辑上属于同一系统，物理上分布在计算机网络的各个不同的场地上，如图 1-5 所示。

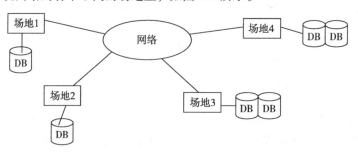

图 1-5   分布式数据库系统

为了与分布式数据库相区别，将传统的单场地上的数据库称为集中式数据库。

1.2.3 分布式数据库管理系统

分布式数据库系统由分布式数据库和分布式数据库管理系统（Distributed DataBase Management System，DDBMS）组成。分布式数据库管理系统是分布式数据库系统的一组软件，负责对分布式数据库中的数据进行管理和操作。由于分布式数据库管理系统基于分布式环境实现，因此必须保证逻辑数据的一致性、完整性等要求。分布式数据库管理系统在局部场地上的数据管理机制与集中式数据库管理系统类似，如图1-2所示。分布式数据库管理系统也具有全局的查询处理器、事务管理器、并发控制器、恢复管理器等，保证全局事务执行的高效性、正确性和可靠性。系统接收基于全局模式的全局查询命令，根据数据的分布式信息将一个全局查询命令转化为面向各个局部场地的子查询请求，同时将一个全局事务分解为相应的子事务分布式处理。在事务执行过程中，局部事务管理器保证子事务执行的正确性，全局事务管理器协调并控制子事务的执行，保证全局事务执行的正确性。可见，分布式数据库管理系统的执行复杂度远高于集中式数据库管理系统。

1.2.4 分布式数据库系统应用举例

假设有一家软件公司，随着规模扩大，在世界各地设立了多家分公司，总部设在北京，分公司有东京分公司、上海分公司、广州分公司。全局模式如下：

```
EMP(ENO,ENAME,TITLE)
ASSIGNMENT(ENO,PNO,RESPONSIBILITY,DURING)
PROJECT(PNO,PNAME,BUDGET)
PAY(TITLE,SALARY)
```

其中，EMP为员工信息，ENO为雇员编号，ENAME为雇员姓名，TITLE为雇员薪级；ASSIGNMENT为员工参加项目情况，PNO为项目编号，RESPONSIBILITY为职责，DURING为参加项目的时间；PROJECT为项目信息，PNAME为项目名称，BUDGET为项目经费；PAY为工资信息，SALARY为工资。现要求：1) 各分公司管理本公司的员工信息、项目信息和雇员承担的项目信息；2) 总公司管理50万元以上的项目信息和TITLE≥5级的高薪员工信息。数据分布如图1-6所示，其中上海-EMP为上海分公司的员工信息，上海-ASSIGNMENT为上海分公司的员工参加项目信息，上海-PROJECT为上海分公司的项目信息；广州-EMP为广州分公司的员工信息，广州-ASSIGNMENT为广州分公司的员工参加项目信息，广州-PROJECT为广州分公司的项目信息；东京-EMP为东京分公司的员工信息，东京-ASSIGNMENT为东京分公司的员工参加项目信息，东京-PROJECT为东京分公司的项目信息；北京-EMP为北京总公司的员工信息，北京-ASSIGNMENT为北京总公司的员工参加项目信息，北京-PROJECT为北京总公司的项目信息；PROJECT(BUDGET >= 50)为公司所有的50万元以上的项目的信息，EMP(TITLE >= 5)为所有薪级TITLE≥5的员工信息。

从图1-6可知，全局数据根据管理需求分布存储在不同场地上。如北京总公司场地上不仅要保存北京公司的员工、项目信息等，还需要存储50万元以上的项目信息和TITLE >= 5级的员工信息。通常各场地上的应用只涉及本场地上的数据，增强了局部处理能力，有效提高了查询效率。当查询涉及多个场地上的数据时，在广域网环境下，通常遵循最小通信代价确定查询优化策略，包括指定访问数据副本的场地和查询的执行场地。

1.2.5 分布式数据库的特性

分布式数据库具有数据透明性和场地自治性，下面分别介绍。

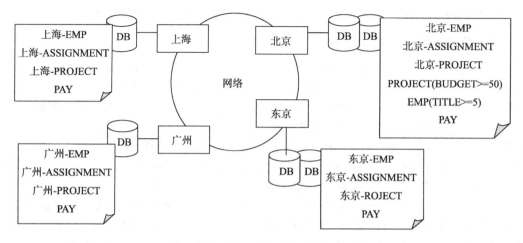

图1-6　分布式数据库系统应用举例

1. 数据透明性

分布式数据库系统是地理上（或物理上）分散而逻辑上集中的数据库系统。也就是说，系统中的分布式数据库由一个逻辑的、虚拟的数据库（称为全局数据库）和分散在各个场地上的局部数据库（物理上存储的数据库）这两级数据库组成。全局数据库是全局概念模式对一个企业或单位全局信息的抽象描述。局部数据库是局部概念模式和局部内模式对各场地上的局部数据库的描述。因此，分布式数据库可划分为四层：全局外层（用户层）、全局概念层、局部概念层和局部内层。应用程序与系统实际数据组织相分离，即数据具有独立性或透明性，具体表现如下：

- **分布透明性**：用户看到的是全局数据模型的描述，如同使用集中式数据库一样，用户不需要考虑数据的存储场地和操作的执行场地。
- **分片透明性**：分片过程是将一个关系分成几个子关系，每个子关系称为一个分片。根据实际需求，一个分片可能存储在不同的场地上（在场地上的实际存储副本称为片段），见图1-7。逻辑层表示用户语义，物理层实现细节。逻辑层的语义与物理层的实现相分离，对高层系统和用户隐蔽了实现细节。分片透明性指用户无

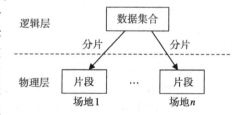

图1-7　数据分片示意图

须考虑数据分片的细节，应用程序对分片的调用（分片到片段的映射）由系统自动完成。
- **复制透明性**：数据可重复存储在不同的场地上，从而提高系统的可用性和可靠性，以及系统处理的并行性。用户只看到单一的数据副本，由系统负责对冗余数据的控制，如一致性维护等。

2. 场地自治性

在分布式数据库系统中，为保证局部场地独立的自主运行能力，局部场地具有自治性。多个场地或节点的局部数据库在逻辑上集成为统一整体，并为分布式数据库系统的所有用户使用，这种分布式应用称为全局应用，其用户称为全局用户。另外，分布式数据库系统也允许用户只使用本地的局部数据库，该应用称为局部应用，其用户称为局部用户。这种局部用户一定程度上独立于全局用户的特性称为局部数据库的自治性，也称为场地自治性，具体体现如下：

- **设计自治性**：局部数据库管理系统（Local DataBase Management System，LDBMS）能独立

地决定本地数据库系统的设计。
- **通信自治性**：LDBMS 能独立地决定是否以及如何与其他场地的 LDBMS 通信。
- **执行自治性**：LDBMS 如同一个集中式数据库系统一样，自主地决定以何种方式执行局部操作。

1.3 分布式数据库系统的作用和特点

1.3.1 分布式数据库系统的作用

分布式数据库系统是地理上（或物理上）分散而逻辑上集中的数据库系统，适合于分散型组织结构的任何信息系统，如：航空公司订票系统，陆、海、空协同指挥系统，网络化制造系统，银行通存通兑系统，以及物流配送系统等。这些系统都涉及分散在不同地理位置上数据的一致性、完整性及有效性，采用相互独立的集中式数据库系统难于实现。在此推动下，需要开发分布式数据库系统，有效地适应地理上分散的、网络环境下的、逻辑上统一的分布式数据管理需求。

1.3.2 分布式数据库系统的特点

分布式数据库系统是在集中式数据库系统和计算机网络技术的基础上发展起来的，同时提出了许多新观点、新方法和新技术，有效地提高了系统的性能。因此，分布式数据库系统具有许多集中式数据库系统所不具备的优点。但由于分布式数据库系统复杂，有些技术的实现还不完善，如：恢复开销庞大，导致系统效率严重下降；难以达到完全透明等。下面将分别介绍分布式数据库系统的优势和它所存在的问题。

1. 分布式数据库系统的优势

分布式数据库系统由多个场地上的数据处理节点组成，允许存在一定的数据冗余，强调局部处理能力，它具有如下明显的优势：

1）适合分布式数据管理，能有效地提高系统性能。分布式数据库系统由网络中多个分布于不同场地上的数据处理节点组成，每个节点类似于一个集中式数据库系统，具有局部自治性和全局协调一致性的特点。可见，分布式数据库系统适合具有地理分布式特性的企业或机构的数据管理任务。分布在不同区域、不同级别的各个部门可局部管理其自身的数据，既体现了其局部自治特性，也降低了通信代价，从而有效地提高了系统处理性能。同时，系统可充分地利用分布的数据处理资源，并行、协调地对数据进行有效的处理，达到提高系统总体处理能力、系统吞吐率和系统响应速度的目的。另外，可利用分布式数据库系统的局部特性，尽量减少访问其他场地数据库中的数据，从而大大减少网络上的信息传输量，有效地避免由于网上数据传输所带来的敏感数据泄漏等不安全因素的影响，提高数据的安全性。

2）系统经济性和灵活性好。随着计算机处理能力的提高，支持分布式数据库系统的运行环境可以由各微机服务器群或高性能微机机群组成。同由一个大型计算机所支持的一个大型的集中式数据库相比，分布式数据库系统具有更高的性价比和实施灵活性。因为大型的集中式数据库系统是通过远程终端实现远程处理，不具有分布式数据库系统所具有的本地处理能力。并且，分布式数据库系统可利用现有的设备和系统，省时，省力，投资少，系统具有可扩展性。例如，已有的局域网环境下的集中式数据库系统可作为一个新的局部场地，按需加入或按需撤出。可见，分布式数据库系统建设成本低，灵活性高。

3）系统的可用性和可靠性强。分布式数据库系统资源和数据分布在物理上不同的场地上，为系统所有用户共享，并允许存储数据副本，数据具有一定冗余度。当在个别场地或个别通信链路发生故障时，不会导致整个系统崩溃。系统的局部故障也不会引起全局失控，系统的容错能力强。

2. 分布式数据库系统存在的问题

分布式数据库系统能够统一地管理和协调各局部场地上的数据处理，保证全局数据的一致性、完备性和安全性。它存在如下主要问题：

1）系统设计复杂。分布式数据库的分片设计和分配设计依赖于系统的应用需求，并且影响系统的性能、响应速度及可用性等。分布式数据库的查询处理和优化、事务管理、故障恢复和并发控制，以及元数据管理等，都需要分布式处理。因此，与集中式系统相比，分布式数据库系统的设计更加复杂。

2）系统处理和维护复杂。系统具有分布式结构和分布式处理特性，当涉及分布式场地上的数据时，需要统一实时处理数据，并保证数据的一致性。同时，需要全局统一实现分布式调度和并发执行，以及故障发生后的分布式恢复。可见，分布式数据库系统的处理远比集中式数据库系统的处理复杂。

3）数据的安全性和保密性较难控制。分布式数据库系统中，不同场地的局部数据库系统具有一定程度的场地自治性，因而，不同场地的管理员可以采用不同的安全措施，这就难以保证全局数据的安全性。另外，分布式数据库系统需要通过通信网络传输控制消息和数据，必须保证消息和数据在网络通信过程中的安全性。

1.4　分布式数据库系统中的关键技术

1.4.1　关键技术

尽管分布式数据库系统理论已经成熟，其技术问题也已基本解决，但由于其系统复杂，在许多方面还是不尽如人意，仍需进一步研究，下面介绍分布式数据库系统中需着力研究的问题，它们对一个分布式数据库系统的建立是否成功至关重要。

1. 分布式数据库设计

分布式数据库设计中需要考虑以下问题：

- 如何恰当地对数据进行分片设计，以及如何合理地将数据分布于各个场地上。
- 如何设定复制型数据和非复制型数据，以及如何有效地评价其效益和代价。
- 如何实现元数据管理，是采用复制/分割式全局数据字典，还是采用复制/分割式局部数据字典，还是两者结合实现。
- 如何维护全复制式数据字典和部分复制式数据字典的一致性，如何保证分割式数据字典的可靠性。

2. 查询处理

查询处理需要考虑以下问题：

- 对于分布在不同场地上的数据，如何解决事务到数据操作命令的转换，包括各子事务的数据操作的本地化等问题。
- 如何有效利用各场地的处理能力，同时尽量减少各场地间的数据通信代价。
- 如何选择副本和执行场地，并以最小代价（通信量和访问时间）执行查询策略的优化问题。

3. 并发控制

并发控制需要考虑以下问题：

- 面对多场地上的多个用户并发执行的事务，如何协调并发访问的同步问题，并保证数据的完整性和一致性。
- 多个事务并发执行时，由于多副本存在，如何保证事务的一致性和隔离性。
- 对多个事务并发执行进行调度时，如何选择封锁粒度和封锁策略，提高并发执行效率，以及如何解决或预防死锁问题。

4. 可靠性

在可靠性方面，需要考虑以下问题：

- 在分布式环境下，系统出现故障时，如何正确而有效地实现系统故障恢复，保证数据的正确性。尤其是出现网络故障时，如何保证系统的可靠性。
- 事务的原子性和耐久性的实现问题。重点解决如何保证分布式事务执行的事务原子性和多副本数据的一致性。

5. 安全性

在安全性方面，需要考虑以下问题：

- 用户授权和认证问题，访问权限控制问题。在分布式环境下，如何有效地协调多用户的多种权限控制，保证系统的安全性，并具有较高的执行效率。
- 为保证数据的安全性，如何实现数据的加密与解密。选择何种数据自身的加密/解密算法和场地间传输数据的加密/解密算法，以及数据的协调问题。

1.4.2 典型的分布式数据库原型系统简介

下面介绍三个典型的分布式数据库原型系统，它们是分布式数据库系统的先驱，最早实现了分布式数据库系统的关键技术，为后续的分布式数据库系统的开发提供了宝贵经验。

SDD-1 (System for Distributed DataBase) 是美国国防部委托 CCA 公司设计和研制的分布式数据库管理系统，是世界上最早研制并且影响力最大的系统之一。它采用关系数据模型，支持类 SQL 查询语言；支持对关系的水平和垂直分片，以及复制分配；支持单语句事务；提出了半连接优化技术，支持分布式存取优化；采用独创的时间戳技术和冲突分析方法实现并发控制；支持对元数据和用户数据的统一管理。

Distributed INGRES 是 INGRES 系统的分布式版本，由美国加利福尼亚大学伯克利分校研发。它支持 QUEL 查询语言，支持对关系水平分片，但不支持数据副本，采用基于锁的并发控制方法，其数据字典分为全局字典和局部字典。

System R* 系统是由 IBM 圣约瑟实验室研发的分布式数据库管理系统，是集中式关系数据库系统 System R 的后继成果。它支持 SQL 查询语言，允许透明地访问本地和远程关系型数据，支持分布透明性、场地自治性、多场地操作，但不支持关系的分片和副本。它采用基于锁的并发控制方法和分布式死锁检测方法，支持分布式字典管理。

这三个系统都基于关系数据库，SDD-1 和 Distributed INGRES 基于远程数据网络，而 System R* 基于局域网络，它们在分布式处理策略上有所不同。

1.5 大数据应用与分布式数据库技术

随着数据采集技术和存储技术的发展，许多企业和机构积累了大量的数据，同时也有大量的数据在不断到来，这些数据记录了关于客观事物或业务流程的较完整特性和较全面变化过程，相对于之前数据库系统中保存的片面的、短期的、小批量的数据，称这些数据为大数据（Big Data）。大数据是关于客观世界及其演化过程的全面的、完整的数据集。通常，大数据定义为：一般为 PB(1024TB)或 EB($1EB \approx 10^6$ TB)数据量级的数据(包括结构化的、半结构化的和非结构化的)，其规模或复杂程度超出了常用传统数据库和软件技术所能管理和处理的数据集范围。

大数据应用是近年来数据库技术的新需求，而高性能计算和云计算技术的飞速发展，使这类应用成为可能。由于分布式数据库的海量处理能力，必然成为解决大数据应用的关键技术之一。

1.5.1 大数据类型和应用

随着技术的发展，大数据广泛存在，如企业数据、统计数据、科学数据、医疗数据、互联网数据、移动数据、物联网数据等，各行各业都可得益于大数据的应用。

按照数据来源划分，大数据主要有四种：管理信息系统的管理大数据、Web 信息系统的 Web 大数据、物理信息系统的感知大数据、科学实验系统的科学大数据。

管理信息系统包括企业、机关内部的信息系统，如联机事务处理系统、办公自动化系统、联机分析处理与数据仓库系统，主要用于经营、管理和决策，为特定用户的工作和业务提供支持。既有终端用户的原始输入产生的数据，也有系统的二次加工处理所产生的大量衍生数据。例如，2010 年，全球的联机事务处理与数据库数据达到 13XB。2011 年全球数据激增到 1800XB(1.8ZB)。系统在组织结构上是专用的，数据通常是结构化的，如关系数据库数据。

Web 信息系统包括互联网上的各种信息系统，如社交网站、社会媒体、搜索引擎等，主要用于构造虚拟的信息空间，为广大用户提供信息服务和社交服务。互联网上的服务器端和客户端时刻在产生大量数据，特别是用户广泛的社交网络，产生了大量的社会媒体信息。例如，新浪、腾讯、搜狐和网易，每日新增微博 2 亿条、图片 2000 万张。这种系统的组织结构是开放式的，大部分数据是半结构化或无结构的。数据的产生者主要是在线用户。虽然电子商务、电子政务是在 Web 上运行，但其本质上属于管理信息系统。

物理信息系统是关于各种物理对象和物理过程的信息系统，如物联网与传感器网络、实时监控系统、实时检测系统，主要用于生产调度、过程控制、现场指挥、环境保护等。针对观察对象和环境对象，自动地采集了大量的感知数据。例如，2012 年，全球视频监控图像达 3300PB。系统的组织结构是封闭的，数据由各种嵌入式传感设备产生，一般是基本的物理、化学、生物等测量值，或者是音频、视频等多媒体数据。

科学实验系统也属于物理信息系统，但其物理环境是预先设定的。二者的主要区别在于：前者用于生产和管理，数据是自然产生的，是客观的、不可控的；后者用于研究和学术，数据是人为产生的，是有选择的、可控的，有时可能是人工模拟生成的仿真数据。大规模的或精密的科学实验仪器，自动地记录了大量实验数据或观察结果数据。例如，美国 Sloan Digital Sky Survey 天文望远镜记录了近 200 万个天体的数据，包括 80 多万个星系和 10 多万个类星体的光谱的数据，最新的数据产品就达 116 TB(http://www.sdss.org/dr12/data_access/volume/)。在脑科学研究中，1 立方毫米大脑的图像数据超过 1PB。

按照应用类型划分，可将大数据分为海量交易数据(企业 OLTP 应用)、海量处理数据(企业 OLAP 应用)和海量交互数据(社交网络、传感器、GPS、Web 信息)三类。

海量交易数据的应用特点是多为简单的读写操作，访问频繁，数据增长快，一次交易的数据量不大，但要求支持事务特性，其数据的特点是完整性好、时效性强，具有强一致性要求。

海量处理数据的应用特点是面向海量数据分析，操作复杂，往往涉及多次迭代完成，追求数据分析的高效率，但不要求支持事务特性，一般采用并行与分布式处理框架实现，其数据的典型特点是同构性(如关系数据、文本数据或列模式数据)和较好的稳定性(不存在频繁的写操作)。

海量交互数据的应用特点是实时交互性强，但不要求支持事务特性，其数据的典型特点是结构异构、不完备、数据增长快，具有流数据特性，不要求具有强一致性。

按应用领域划分，当前大数据在以下几个领域的应用如火如荼：

- Web 领域：主要应用于电子商务，进行社交网络分析、广告、推荐、交友等。
- 通信领域：主要应用于电信业，进行流量经营分析、位置服务等。
- 网络领域：主要应用于网络空间安全，进行舆情分析、应急预警等。
- 城市领域：主要应用于智慧城市、智慧交通，进行城市管理、节能环保等。
- 金融领域：主要应用于金融业，建立征信平台与风险控制。
- 健康领域：主要应用于健康医疗业，提供流行病控制、保健服务等。
- 生物领域：主要应用于生物信息和制药，研制和开发新药。
- 科学领域：主要应用于天文学、生物学、材料学、社会学等学科，进行科学发现、仿真实验等。

下面介绍三个典型的大数据应用案例。

案例1：文档大数据及应用

2004年谷歌开始了一项庞大的计划，这个计划将所有版权条例允许的书籍内容进行数字化，以供人们通过网络的方式免费阅读。谷歌与全球最大的图书馆进行了合作，并发明了自动翻页扫描仪来完成对上百万数据的扫描工作。然而，这只完成了对书籍文本的数字化处理，要想获得书籍中巨大的潜在价值，还需要对这些信息进行数据化。因此进一步使用光学字符识别软件将数字化后的图像转换为数据形式的字、词、句和段落等文本，从而构建了一个基于大数据的图书馆（https：//books. google. com）。在这些数据上，人们可以通过检索和查询快速地获得自己所需要的信息，也可以进行无穷无尽的文本分析，发现人们思维的发展和思想传播的途径，当然，这也让抄袭学术作品的行为无处藏身。

案例2：地理信息大数据及应用

GPS等定位设备的成本降低和普及使我们更容易获得自身所在的地理位置信息，同时也可以跟踪对象的运动轨迹信息。收集并分析大量的用户地理位置数据和运动轨迹数据已经变得极具价值。美国联合包裹速递服务公司（UPS）就有效地利用了这些数据。UPS快递公司为货车安装了传感器和GPS设备，以便在行驶期间收集地理位置和车况等数据。通过对车辆大量的行车轨迹进行记录并分析，UPS能够为货车优化行车路线、跟踪车辆位置和预防引擎故障。2011年，UPS的驾驶员少跑了4828万公里的路程，节省了300万加仑的燃料。

案例3：事务管理大数据及应用

淘宝网是当前亚太地区最大的C2C和B2C交易平台。截至2014年年底，拥有注册会员近5亿，日活跃用户超1.2亿，在线商品数量达到10亿。针对网站庞大的业务交易处理能力，系统必须有后台高性能的大数据管理系统。在淘宝网的发展过程中，随着交易量的迅速增长，其数据管理模式也在不断变化。在2003年至2008年期间，日均交易量不到200万，数据存储由初期使用的MySQL转为小型机上运行的Oracle。2009年，日均交易达到600万订单，业务处理对数据管理的性能需求猛增，而大量数据的产生导致对存储空间的需求不断扩大。淘宝开始采用数据分片等策略对系统性能进行优化，以缓解数据访问的压力。此时，淘宝网不但在网站性能方面面临巨大的压力，在设备和软件成本上也面临巨大的压力（商用软件和硬件通常价格十分昂贵）。因此，最终淘宝网决定在数据管理的模式上开始向基于廉价存储设备、具有高可扩展性和高可用性的分布式存储的方向发展，并开始逐步开发自己的大数据存储系统。现在，淘宝的开源分布式数据库系统OceanBase主要解决数据更新一致性、高性能的跨表读事务、范围查询、连接、数据全量及增量备份、批量数据导入，已完全取代了其他商用数据库系统。

1.5.2 大数据特点

一般认为,大数据具有以下4个特点(简称4V):

1)规模海量(Volume):数据规模巨大。例如,数据集大小在 PB 级以上,具有 10 亿条以上记录。或者,数据复杂性高。例如,每条记录具有 100 万个属性,数据立方具有 1 万个以上的维度。

2)变化快速(Velocity):数据可能以流的方式动态地产生,到达速率快,要求处理具有实时性。例如,大型搜索网站的用户点击流,每秒钟可产生 1000 万条流数据。

3)模态多样(Variety):数据表示和语义上存在异构性。在数据表现形式上,既有结构化数据(如关系数据),也有非结构化数据(如文本、图像、多媒体等),数据模态包括标量、矢量、张量等多种形式。在数据的语义方面,存在模糊不确定性、同名异义、异名同义等各种情况。数据质量和数据的真实性也难以保证,因此也称为 Veracity(不可辨识性或不可信性)。

4)价值密度稀疏(Value):由于数据量大,而查找的结果只占其中一小部分,因此,单位数据量的价值相对较低。大数据查询宛如大海捞针,因此,对查询效率要求高。

大数据描述了一个对象(物理的或逻辑的)或一个现象(或过程)的全景式和全周期的状态。因此,大数据的“大”体现在如下三个方面:

1)大的复杂性:数据集的复杂程度大。从规模和维度上,都比传统的数据库大几个数量级,从几百倍到上万倍。

2)大的结果:从大数据中可得到更多的查询和分析结果。对大数据可进行大尺度的理解,包括空间和时间上的挖掘分析,可得到更加全面、完整的分析结果,可挖掘出长期、全程的演变历史。另外,也可实现高分辨率、全景式的理解,比小数据上的挖掘结果更细致、更精确。

3)大的外延:大数据涉及大量的上下文信息。大数据不仅在内部存在关联性,与外部也存在大量的关联性,在处理大数据时,需要考虑外部的关联信息。

1.5.3 大数据处理过程

面向分析处理的大数据应用的执行流程,一般经过如下几个步骤:大数据采集与预处理、大数据集成与整合、大数据分析与挖掘、大数据可视化展现。如图 1-8 所示。

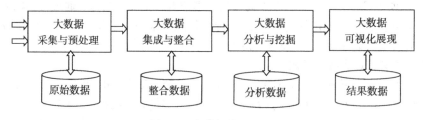

图 1-8 大数据处理过程

1. 大数据采集与预处理

在 1.5.1 节所述的四种数据源中,通过抽取、感知或测量得到原始数据。将来自不同数据集的原始数据收集、整理、清洗、转换后,生成一个新的数据集。

在数据预处理中,首先要考虑的是数据质量,数据质量解决的是大数据的不可辨识性。数据质量包含 5 种特性:精确性、一致性、完整性、同一性和时效性。精确性指数据符合规定的精度,不超出误差范围;一致性指数据之间不能相互矛盾;完整性指数据的值不能为空;同一性指实体的标识是唯一的;时效性指数据的值反映了当时实际的状态。

对于错误数据和过期数据,需要进行过滤和清除,保证数据的精确性、一致性和时效性。

对于冗余的数据需要进行缩减和实体解析，保证数据的同一性。对于缺失的重要数据需要修复，保证数据的完整性。

2. 大数据集成与整合

对于不同的数据源得到不同的数据集。而不同的数据集，可能存在不同的结构和模式，如文件、XML 树、关系表等，表现为数据的异构性（heterogeneity）。对多个异构的数据集，需要做进一步集成处理（data integration）或整合处理（data consolidation），为后续查询和分析处理提供统一的数据视图。也就是说，对清洗后的数据进行转换、集成和整合处理，形成统一格式和结构的整合数据，如科学文本格式或者关系数据库格式。同时，要生成描述数据的元数据，对数据进行标注，描述原始数据、整合数据的数据格式、属性、创建者、创建时间等，还需描述数据之间的衍生关系，以提供数据的溯源信息。

3. 大数据分析与挖掘

大数据分析与挖掘是大数据应用的核心，主要采用统计学、机器学习等方法从数据中总结或挖掘出有用的模式和知识，建立起大数据分析模型，如频繁模式、决策树、回归模型等。

大数据上的数据分析不同于小样本上的统计分析，要考虑大数据上广泛存在的噪声、动态多变性、稀疏性、异构性、相关性、不可信性等，要消除这些不确定因素的影响，以得到可靠的结果。同时，发现的模型应具有可理解性和可验证性。

4. 大数据可视化展现

必须对大数据分析和挖掘的结果进行解释，以容易理解的方式展现给如决策者等最终用户。最方便的方法就是可视化方式，如各种图表。数据分析的过程应该是可控的和可再现的，即可以重复得到相同的分析结果。此外，在已得到的模型之上，还可以做进一步的可视化分析。

1.5.4　大数据管理新模式

大数据带来了大机遇，同时也对有效管理和利用大数据提出了挑战。尽管不同种类的海量数据存在一定差异，但总的来说，支持海量数据管理的系统应具有如下特性：高可扩展性（满足数据量增长的需要）、高性能（满足数据读写的实时性和查询处理的高性能）、容错性（保证分布式系统的可用性）、可伸缩性（按需分配资源）和尽量低的运营成本等。然而，由于传统的关系数据库所固有的局限性，如峰值性能、伸缩性、容错性、可扩展性差等，很难满足海量数据的柔性管理需求，为此，提出了云环境下面向海量数据管理的新模式，如采用 NoSQL 可扩展的数据管理系统（或称关系云系统或多存储的数据管理系统）支持海量数据的存储和柔性管理。目前，这是云环境下所采用的典型云存储系统。

NoSQL（Not only SQL 的缩写，意思是不仅仅是 SQL）是指那些非严格关系型的、分布式的、不保证遵循 ACID 原则的数据库系统，并分为 key-value 存储、文档数据库和图数据库三类。其中 key-value 存储备受关注，已成为 NoSQL 的代名词。典型的 NoSQL 产品如 Google 的 Bigtable、基于 Hadoop HDFS 的 HBase、Amazon 的 Dynamo、Apache 的 Cassandra、Tokyo Cabinet、CouchDB、MongoDB 和 Redis 等。针对 key-value 数据存储的细微不同，研究者又进一步将 key-value 存储细分为 key-document 存储（MongoDB、CouchDB）、key-column 存储（Cassandra、Voldemort、HBase）和纯 key-value 存储（Redis、Tokyo Cabinet）。

NoSQL 一般遵循 CAP 理论和 BASE 原则。CAP 理论可简单描述为：一个分布式系统不能同时满足一致性（Consistency）、可用性（Availability）和分区容错性（Partition Tolerance）三个需求，最多只能同时满足两个。因此，大部分 key-value 数据库系统都会根据自己的设计目的进行相应的选择，如：Cassandra、Dynamo 等满足 AP；Bigtable、MongoDB 等满足 CP；而关系数据库如 MySQL 和 Postgres 满足 AC。BASE，是 Basically Available（基本可用）、Soft state（柔性状态）

和 Eventually consistent(最终一致)的缩写。Basically Available 是指可以容忍系统的短期不可用，并不强调全天候服务；Soft state 是指状态可以有一段时间不同步，存在异步的情况；Eventually consistent 是指最终数据一致，而不是严格的时时一致。因此，目前 NoSQL 数据库大多是针对其应用场景的特点，遵循 BASE 设计原则，更加强调读写效率、数据容量以及系统可扩展性。

在性能上，NoSQL 数据存储系统具有传统关系数据库所不能满足的特性，是面向应用需求而提出的各具特色的产品。在设计上，它们都关注对数据高并发的读写和对海量数据的存储等，并具有很好的灵活性和性能。它们都支持自由的模式定义方式，可实现海量数据的快速访问，灵活的分布式体系结构支持横向可伸缩性和可用性，且对硬件的需求较低。

可扩展的数据管理系统(关系云)侧重于将数据库系统扩展到云环境下，使关系云支持海量数据管理。可扩展的数据管理系统一般分为面向数据分析的大数据管理系统和面向事务的大数据管理系统两类。面向数据分析的大数据管理系统有基于 key-value 数据模型的 NoSQL 大数据管理系统(如 Bigtable 和 Cassandra 等)、面向关系云的大数据管理系统(如微软的 SQL Azure 和 MIT 的 Relational Cloud 等)、面向多存储的大数据管理系统(如 AsterixDB、epiC 等)，主要为大数据分析提供支持平台。而面向事务的大数据管理系统(如 Spanner、OceanBase 等)主要强调分布式事务的强一致特性。

1.5.5 分布式大数据库系统及关键技术

在大数据处理过程中，分别涉及原始数据、整合数据、分析数据和结果数据，这些数据通常也是海量的，需要大数据管理系统进行存储和管理，一般保存在大型分布式文件系统或者大型分布式数据库系统中。

我们把对大数据进行管理的分布式数据库管理系统，称为分布式大数据库管理系统，简称为大数据库管理系统。大数据库管理系统、其下管理的数据库，一起构成了大数据库系统。在本书中，为叙述方便，在不影响理解的情况下，将大数据库、大数据管理系统、大数据库系统统称为大数据库。

除了传统的分布式数据库技术之外，分布式大数据库管理系统还要考虑以下几方面的技术。

(1)大数据库系统结构

大数据库系统结构分为多系统结构和并行系统结构。多系统结构是指可以依赖于多个系统协同完成大数据的管理，相当于大型异构分布式数据库系统。并行系统结构是指建立在一个集成的并行处理平台上，如云计算环境，由底层系统平台提供强的存储和计算能力，由上层组件表达和处理各种任务。如图 1-9 所示。计算节点的关系是，前者属于松散耦合型，后者为紧密耦合型。

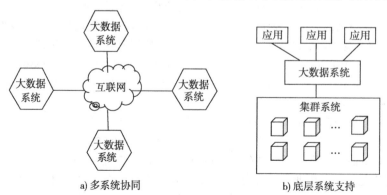

图 1-9　大数据库系统结构

通常，根据应用需求采用合适的系统结构构建大数据库系统。已安装有传统的数据库管理系统的企业通常采用松散耦合型系统结构构建大数据库系统，可有效节省构建代价，但可能会受限于传统系统的局限性；而基于紧耦合型的大数据库系统是当前基于集群的云计算系统所采用的典型架构，可按需构建，保证系统具有高性能和高可靠性。

（2）大数据存储与管理

为了提高存储效率，需要采用恰当的数据组织结构，对数据进行删除冗余和压缩处理。考虑到数据的生命周期，还需对数据进行分级管理，将不常用的数据定期归档。

为了保证数据的可靠性，需要有容错处理能力，一般采用多副本存储。

（3）大数据查询处理

为了保证数据存取的可伸缩性，需要采用专门的索引技术，如 Bloom Filter 技术、局部敏感散列技术（LSH）等，还需要有良好的分布式索引技术的支持。

在查询处理过程中，需要大量的查询优化技术，如查询重写、缓存复制、并行处理、数据本地化等，以保证复杂查询处理的可伸缩性。

（4）大数据事务管理

虽然大数据应用主要是查询和分析，但一些应用也需要有事务管理和并发控制，例如，大型电子商务网站需要支持几千万客户的同时操作，如此高的并发度和实时响应要求，是一般的大型商用数据库系统难以解决的。因此，需要专门的技术，包括特殊的提交协议、特殊的日志以及基于内存的数据库技术等。

（5）负载均衡策略

负载均衡是分布式存储数据和并行处理大数据的典型体现。对于数据负载，除了考虑数据均匀存放，还需要区别对待热点数据和冷数据，考虑副本数据的作用等；对于事务负载，需要综合考虑静态负载均衡和动态负载均衡、事务数据本地化程度、节点宕机时的数据或事务的迁移代价等。

（6）大数据副本管理

副本有助于提高系统可用性和系统性能，但需要维护副本一致性。通常需要根据应用需求考虑副本一致性维护所导致的数据读写延迟，考虑自适应的副本存放策略来提高事务处理性能，按数据类别考虑数据的一致性维护策略等。

（7）大数据安全管理

为保证大数据库系统中数据的安全，需要综合考虑大数据库系统所在的网络安全、客户端访问安全、云中数据的安全、数据传输链路的安全，以及考虑采用数据加密技术和数据隐私保护技术等。

（8）大数据管理基础理论

大数据管理技术是近几年提出的新需求，已有一些理论（如 CAP 等）和技术（LSM 等），并提出了一些相应的管理技术，如 key-value 数据模型、分布式索引技术、分布式事务协议等，但还需要支持大数据管理的新理论和新技术的出现，如类似于关系理论的基础理论、可串行化理论等。

1.6　本章小结

本章主要介绍了学习分布式数据库系统应掌握的基础知识，给出了分布式数据库系统的相关概念，阐述了分布式数据库系统的特点和作用，介绍了已有的典型分布式数据库原型系统和分布式数据库系统中的关键技术。

集中式数据库系统知识是学习分布式数据库系统的基础。本章首先介绍了集中式数据库系统的基本概念，如数据库、数据库管理系统、数据库系统、模式等知识，为理解分布式数据库系统概念奠定了基础，并介绍了关系模式、关系代数和结构化查询语言（SQL）的相关知识。这些是后续学习分布式数据库系统的必备知识。

然后，介绍了分布式数据库系统自身的概念，以及其特有的相关概念，如场地或节点。针对分布式数据库的数据分布在不同场地上而且是在网络环境下的特点，介绍了分布式数据库特有的数据透明性和场地自治性，并介绍了分布式数据库的作用、特点和应用实例，给出了几个典型的分布式数据库原型系统，让读者对分布式数据库有了大概的认识。

接着，分别从分布式数据库设计、查询处理、并发控制、可靠性、安全性方面给出了分布式数据库的核心研究问题，为后续学习和进一步深入研究提供了指导。

最后，介绍了新的应用领域——大数据及应用，介绍了大数据的类型、特点和处理过程，给出了分布式大数据库系统的关键技术。

习题

1. 简述分布式数据库系统与集中式数据库系统的主要区别。
2. 简述分布式数据库系统的优势与存在的不足。
3. 简述分布式数据库系统中所采用的关键技术。
4. 给出一个分布式数据库系统案例，针对该案例阐述分布式数据库系统的作用和特点。
5. 针对目前广泛存在的分布、海量、自治的 Web 数据资源，可否采用分布式数据库系统有效地管理它们？请阐述你的观点。
6. 结合一个具体案例，讨论大数据的四个特点。
7. 给出一个基于分布式数据库的大数据应用案例，讨论涉及的关键技术。

主要参考文献

[1] 郑振楣，于戈. 分布式数据库[M]. 北京：科学出版社，1998.

[2] 周龙骧. 分布式数据库管理系统实现技术[M]. 北京：科学出版社，1998.

[3] M Tamer Ozsu, Patrick Valduriez. Principles of Distributed Database System(Second Edition)[M]. 影印版. 北京：清华大学出版社，2002.

[4] 邵佩英. 分布式数据库系统及其应用[M]. 北京：科学出版社，2005.

[5] CCF 大数据专家委员会. 2013 中国大数据技术与产业发展白皮书[EB/OL]. 2013-12. http://www. ccf. org. cn/sites/ccf/ccfziliao. jsp? contentId = 2774793649105.

[6] 维克托·迈克-施恩博格，肯尼斯·库克耶. 大数据时代[M]. 盛杨燕，周涛，译. 杭州：浙江人民出版社，2012.

[7] 李国杰. 大数据研究的科学价值[J]. 中国计算机学会通讯，2012，8(9)：8 - 15.

[8] 马帅，李建欣，胡春明. 大数据科学与工程的挑战与思考[J]. 中国计算机学会通讯，2012，8(9)：22 - 28.

[9] 周晓方，陆嘉恒，李翠平，杜小勇. 从数据管理视角看大数据挑战[J]. 中国计算机学会通讯，2012，8(9)：16 - 21.

[10] 孟小峰，慈祥. 大数据管理：概念、技术与挑战[J]. 计算机研究与发展，2013，50(1)：146 - 169.

[11] 程学旗，靳小龙，王元卓，郭嘉丰，张铁赢，李国杰. 大数据系统和分析技术综述[J]. 软件学报，2014，25(9)：1889 - 1908.

[12] 李建中，刘显敏. 大数据的一个重要方面：数据可用性[J]. 计算机研究与发展，2013，06：1147 - 1162.

[13] Agrawal R, Ailamkai A, Bernstein P A, et al. The Claremont Report on Database Research[J]. Communications of the ACM, 2009, 52(8): 56-65.

[14] Big data[EB/OL]. 2011-05. http://en. wikipedia. org/wiki/Big_data.

[15] Borthaku D. The Hadoop Distributed File System: Architecture and Design[EB/OL]. 2009. http://hadoop. apache. org/common/docs/r0. 18. 0 /hdfs_design. pdf.

[16] NoSQL[EB/OL]. 2011-03. http://nosql-databases. org/.

[17] Gilbert S, Lynch N. Brewer's Conjecture and the Feasibility of Consistent, Available, Partition-Tolerant Web Services[J]. ACM SIGACT News, 2002, 2: 51-59.

[18] Pritchett D. BASE: An Acid Alternative[EB/OL]. 2008-07-28. http://queue. acm. org/detail. cfm? id = 1394128.

[19] Dong X L, Srivastava D. Big Data Integration[M]. Morgan Claypool Publishers, 2015.

第 2 章

分布式数据库系统的结构

体系结构框架是用于规范系统体系结构设计的指南。要建立一个分布式数据库系统，首先要考虑系统的体系结构。系统的体系结构用于定义系统的结构，包括组成系统的组件，定义各组件的功能及组件之间的内部联系和彼此间的作用。通常，可以从三种不同的角度来描述一个系统的体系结构，分别为基于层次结构、基于组件结构和基于数据模式结构的描述方法。基于层次结构的描述方法是依据系统不同层次的功能描述系统的构成。基于组件结构的描述方法是定义系统的构成组件及组件间的关系。基于数据模式结构的描述方法是定义不同的数据类别结构及其相互关系，定义不同的视图提供给相应的组件应用。基于数据模式结构的描述方法特别适合于数据库系统，因为数据资源是 DBMS 的管理对象。但为了有效而全面地描述一个系统的体系结构，通常需要从上述三种不同的描述角度来审视它，即结合三种描述方法来全面定义一个系统的体系结构。

通常，一个分布式数据库管理系统为用户提供 SQL 查询语言，可透明地访问和更新网络环境下的多个数据库。透明性是指通过全局模式屏蔽局部数据库的异构性。从逻辑上看，分布式数据库系统相当于一个集中的数据库服务器，支持全局模式并实现分布式数据库技术（如查询处理、事务管理、一致性管理等）。用户可受益于集中控制的应用简洁性和类似集中式数据库的数据管理能力。然而，采用集中控制机制的分布式数据库系统具有受数据库组件数量限制的局限性，从而制约了其性能的进一步提高。为此，可采用多数据库集成技术和并行数据库技术，以此来扩展和补充传统分布式数据库系统的数据管理能力。例如：数据库集成系统基于简单的查询语言以只读方式访问 Internet 上的数据源，并行数据库系统通过应用多个计算机节点处理数据库分片达到提高事务吞吐率和减少查询响应时间的目的，使分布式管理的数据源或数据分区可扩展到数百个。尽管如此，它们都还是基于集中的全局模式和可靠的网络而实现的。此外，还出现了对等型（P2P）数据库系统（P2PDBS），它采用完全非集中的方式实现数据共享，通过分布式数据存储和自治节点间的协调实现数据管理，不需要具有强大功能的服务器。

本章将讨论分布式数据库系统的体系结构和相关的分布式数据库系统。首先，简单介绍分布式数据库系统的物理结构和逻辑结构；然后，详细介绍分布式数据库的基于功能层次的客户端/服务器的体系结构，并给出其软件组成结构及功能；之后，介绍典型的分布式数据库的模式结构和基于组件的系统结构；接下来，介绍数据库集成和多数据库系统、P2P 数据库系统与分布式数据库系统的区别；之后，阐述分布式数据库系统的分类和元数据管理方法，并给出 Oracle 分布式数据库系统的体系结构；最后，结合典型系统介绍分布式大数据库管理系统的分类及相应的体系结构。

2.1 DDBS 的物理结构和逻辑结构

分布式数据库系统（DDBS）是依托于网络环境，对分布、异构、自治的数据进行全局统一管理的系统。全局数据库通过分片技术和副本复制技术将数据分散存储在各物理场地上。分布式数据库系统具有数据库系统提供的典型功能，包括模式管理、访问控制、查询处理和事务支持等。由于分布式数据库系统需要处理数据库的分布式特性，比传统的集中式数据库的实现复杂很多，因此大多数实际系统只是实现了部分功能。

典型的分布式数据库定义为：分布式数据库是一个数据集合，这些数据在逻辑上属于同一个系统，但物理上却分散在网络的不同场地上，各个局部场地上的数据支持本地的应用任务，并且每个场地上的数据至少能参与一个全局应用任务的执行。

该定义强调了分布式数据库的两个重要特点：分布性和逻辑相关性。

图 2-1 给出了典型的 DDBS 的物理结构。其中，不同地域的计算机或服务器分别控制本地数据库及各局部用户；局部计算机或服务器及其本地数据库组成了此分布式数据库的一个场地（也称为成员数据库）；各场地用通信网络连接起来，网络可以是局域网或广域网。DDBS 的简单的逻辑结构如图 2-2 所示，整个分布式数据库系统被看成一个单元，由一个分布式数据库管理系统（DDBMS）来管理，支持分布式数据库的建立和维护；局部数据库管理系统（LDBMS）类似于集中式数据库管理系统，用来管理本场地的数据，并且各个局部数据库（LDB）的数据模式相同。

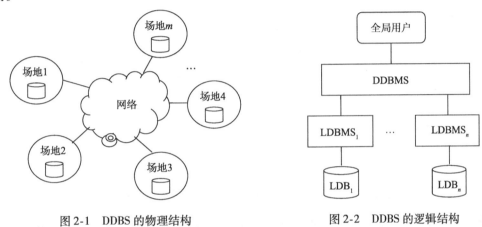

图 2-1 DDBS 的物理结构   图 2-2 DDBS 的逻辑结构

2.2 DDBS 的体系结构

当今流行的数据库系统的体系结构典型上为客户端/服务器模式，即按照层次结构描述方法将数据库系统的功能划分为两个层次：客户端功能和服务器功能。客户端为用户提供数据操作接口，而服务器为用户提供数据处理功能。该种体系结构适合于大多数数据库系统。分布式数据库系统按系统的功能层次划分，也可以描述为客户端/服务器结构；若从各场地能力划分，又类似于对等型（P2P）结构，因为各节点功能平等。但 DDBS 同 P2PDBS 又存在很大的不同，具体讨论见 2.6 节。

2.2.1 基于客户端/服务器结构的体系结构

典型的客户端/服务器体系结构是两层的基于功能的体系结构，分为客户端功能和服务器功能。分布式数据库的全局数据分布于多个不同的场地上（数据服务器），由服务器完成绝大部分的数据管理功能，包括查询处理与优化、事务管理、存储管理等。在客户端，除了应用和用户接口外，还包括管理客户端的缓存数据和事务封锁，用户查询的一致性检查以及客户端与服务器之间的通信等。典型的基于客户端/服务器功能的分布式数据库系统的体系结构如图 2-3 所示。实际上，根据具体的应用需求，可构建不同的基于客户端/服务器体系结构的分布式数据库系统。其中：

- AP：应用处理器，用于完成客户端的用户查询处理和分布式数据处理的软件模块，如查询语句的语法、语义检查，完整性、安全性控制；根据外模式和模式把用户命令翻译成适合于局部场地执行的规范化命令格式；处理访问多个场地的请求，查询全局字典中的分布式信息等；负责将查询返回的结果数据从规范化格式转换成用户格式。
- DP：数据处理器，负责进行数据管理的软件模块，类似于一个集中式数据库管理系统，如根据模式和内模式选择通向物理数据的最优或近似最优的访问路径；将规范化命令翻译成物理命令，并发地执行物理命令，并返回结果数据；负责将物理格式数据转换成规范化的数据格式。
- CM：通信处理器，负责为 AP 和 DP 在多个场地之间传送命令和数据，保证数据传输的正确性、安全性和可靠性，保证多个命令报文的发送次序和接收次序的一致。

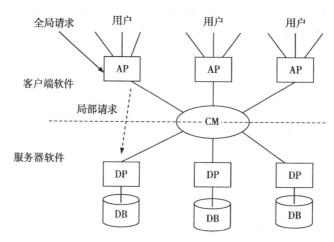

图 2-3　基于客户端/服务器功能的 DBMS 的体系结构

根据不同的应用需求可以构建不同的客户端/服务器结构的系统，如图 2-4 所示。单 AP、单 DP 系统结构属于集中式数据库系统结构；多 AP、单 DP 系统结构属于网络数据库服务器系统结构；单 AP、多 DP 系统结构属于并行数据库系统结构；多 AP、多 DP 系统结构为典型的分布式数据库系统结构。另外，在 AP 与 DP 的功能配置上，可以是瘦客户端/胖服务器方式，也可以是胖客户端/瘦服务器方式。

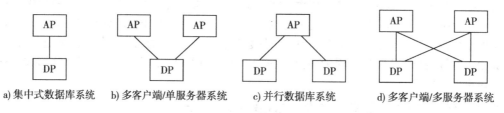

图 2-4　基于客户端/服务器功能的不同系统的体系结构图

2.2.2　基于中间件的客户端/服务器结构

传统的客户端/服务器结构是由全局事务管理器统一协调和调度事务的执行，属于紧耦合模式，导致系统复杂度高，资源利用率低。为此，目前的分布式数据库系统均采用基于中间件的客户端/服务器模式，由中间件实现桥接客户端和服务器的功能，使客户端和服务器之间具有松散的耦合模式。目前，不同的分布式数据库系统均采用不同的中间件软件，典型的如：

Oracle 采用数据库链接(DataBase link)实现分布式数据库间的协同操作；DB2 应用 DB2 Connect 服务实现多数据库的分布式连接(join)；Sybase 应用 Omnoi Connect 或 Direct Connect 中间件模块实现多数据源的透明连接；Microsoft SQL Server 通过 OLE DB 访问多异类数据源。

尽管目前并没有支持商用分布式数据库系统的统一的中间件软件，但它们都是基于中间件思想的实现，是典型的基于中间件的客户端/服务器结构，其功能结构如图 2-5 所示。数据库中间件是三层体系结构的中间层，不仅可以隔离客户端和服务器，还可以分担服务器的部分任务，平衡服务器的负载。数据库中间件的核心功能包括：

1)客户请求队列：负责存放所有从客户应用处理器(AP)发来的数据请求，同时缓存客户的响应结果。

2)负载平衡监测：负责监控数据库服务器(DP)的状态及性能，为数据库中间件的调度提供依据。

3)数据处理：负责处理从数据库返回的数据，按照一定的规范格式将数据传送给 AP。

4)数据库管理器：负责接收客户请求队列中的客户请求，调用相应的驱动程序管理器，完成相应的数据库查询任务。

5)驱动程序管理器：负责调度相应的数据库驱动程序，实现与数据库的连接。

6)数据库连接池：通常采用数据库连接池实现与物理数据库的连接。当客户请求队列中存在等待连接的作业时，数据库连接管理器检查数据库连接池中是否有相同的空闲连接。如果存在相同的空闲连接则映射该连接，否则判断是否达到最大的数据库连接数；如果没有达到最大连接数，则创建一个新连接并映射该连接，否则循环等待。

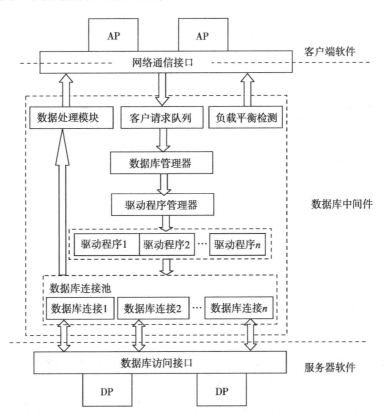

图 2-5 基于中间件的客户端/服务器的体系结构

2.3 DDBS 的模式结构

模式结构是典型的基于数据的描述方法。ANSI-SPARC 于 1975 年最先提出了 ANSI-SPARC 集中式数据库的三级模式结构（如图 1-4 所示），即一种数据库的系统参考模型。尽管 ANSI-SPARC 体系结构不是正式的标准，但大多数商用数据库系统都遵循该体系结构。根据 ANSI-SPARC 体系结构，图 2-6 给出了一个通用的分布式数据库的模式结构。

由于各分布式数据库对系统的数据独立性要求不同，因此分布式数据库的抽象层次也可能不同。类似上述通用的参考模式结构，在国家制定的分布式数据库系统标准草案中给出了一种抽象的四层模式结构，如图 2-7 所示。四层模式划分为：全局外层、全局概念层、局部概念层和局部内层。模式与模式之间是映射关系。下面具体说明。

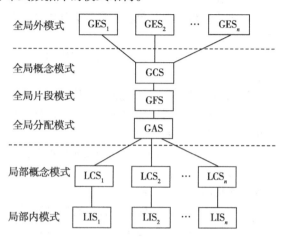

注：GES 为全局外模式，GCS 为全局概念模式，GFS 为全局片段模式，LCS 为局部概念模式，LIS 为局部内模式，GAS 为全局分配模式。

图 2-6　分布式数据库的通用模式结构

（1）全局外模式（GES）

全局外层为全局外模式，即全局用户视图。通常采用视图定义全局外模式，它是分布式数据库系统的全局用户对分布式数据库的最高层抽象。全局用户应用全局用户视图时，不必关心数据的分片和具体的物理分配细节，即具有分布透明性。

（2）全局概念模式（GCS）

全局概念模式为全局概念视图，它是分布式数据库的整体抽象，包含了全部数据特性和逻辑结构。像集中式数据库中的概念模式一样，它也是对数据库全体的描述。全局概念模式经过分片模式和分配模式映射到局部模式。

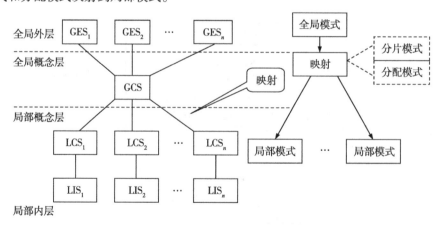

注：GES 为全局外模式，GCS 为全局概念模式，LCS 为局部概念模式，LIS 为局部内模式。

图 2-7　分布式数据库的四层模式结构

分片模式是描述全局数据的逻辑划分视图，即根据某种条件对全局数据逻辑结构进行的划分，将全局数据逻辑结构划分为局部数据逻辑结构。每一个逻辑划分定义为一个分片。在关系数据库中，一个关系中的一个子关系称为该关系的一个片段。分片模式实现了分片透明性。

分配模式是描述局部数据逻辑的局部物理结构，即划分后的片段的物理分配视图。一个片段分配到网络中的一个或多个场地上的映射有一对多和一对一两种：一对多为一个片段分配到多个场地上；一对一为一个片段只分配到一个场地上。分配模式实现了复制透明性。

（3）局部概念模式（LCS）

局部概念模式为局部概念视图，它是全局概念模式的子集，用于描述局部场地上的局部数据逻辑结构。全局概念模式经逻辑划分后，得到的局部概念模式被分配到各局部场地上，当全局数据模型与局部数据模型不同时，还涉及数据模型转换等处理。

（4）局部内模式（LIS）

局部内模式定义局部物理视图，它是对物理数据库的描述，类似于集中式数据库的内层。

无论是分布式数据库的通用模式结构还是四层模式结构，都描述了分布式数据库是一组用网络连接的局部数据库的逻辑集合。它将数据库分为全局数据库和局部数据库。全局数据库到局部数据库由（1∶N）映射模式描述。全局数据库是虚拟的，由全局概念层描述。局部数据库是全局数据库在各个场地上存储的实际数据，由局部概念层和局部内层描述。

分布式数据库可描述为虚拟的全局数据库和局部场地数据库的逻辑集合。全局数据库到局部数据库由分片模式和分配模式映射描述。全局用户只关心全局外层定义的数据库用户视图，其内部数据模型的转换、场地分配等均由系统自动实现。

2.4　DDBS 的组件结构

前两节分别描述了 DDBS 的体系结构和模式结构。本节将介绍 DDBS 的组件结构，如图 2-8 所示。基于上述客户端/服务器的系统结构图，各组件模块功能简要描述如下。

2.4.1　应用处理器功能

应用处理器（AP）主要包括用户接口、语义数据控制器、分布式查询处理器、分布式事务管理器和全局字典。

1）**用户接口**：负责检查用户身份，接受用户命令，如 SQL 命令。

2）**语义数据控制器**：负责视图管理、安全控制、语义完整性控制等。

3）**分布式查询处理器**：负责将用户命令翻译成数据库命令；进行分布式查询处理与优化，并生成分布式查询的分布执行计划；收集局部执行结果并返回给用户。

4）**分布式事务管理器**：负责调度、协调和监视应用处理器和数据处理器之间的分布执行；保证复制数据的一致性；保证分布式事务的原子性。

5）**全局字典**：负责为语义数据控制器、分布式查询转换的模式映射以及分布式查询处理提供数据信息。

2.4.2　数据处理器功能

数据处理器（DP）主要包括局部查询处理器、局部事务管理器、局部调度管理器、局部恢复管理器、存储管理器和局部字典。

1）**局部查询处理器**：负责实现分布式查询命令到局部命令的转换，以及局部场地内的存取优化，选择最好的路径执行数据存取操作。

2）**局部事务管理器**：以局部子事务为单位调度执行，保证子事务执行的正确性。

3）**局部调度管理器**：负责局部场地上的并发控制，按可串行化策略调度和执行数据操作。

4）**局部恢复管理器**：负责局部场地上的故障恢复，维护本地数据库的一致性。

5）**存储管理器**：按调度命令访问数据库，进行数据缓存管理，返回局部执行结果。

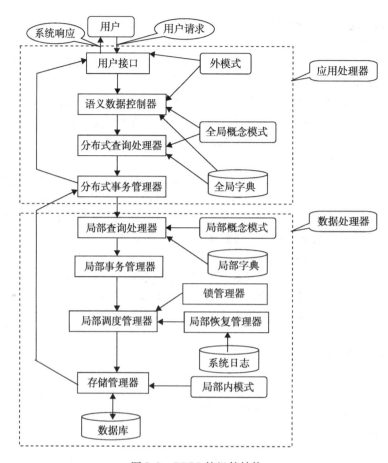

图 2-8   DDBS 的组件结构

6)**局部字典**：负责为数据局部查询处理与优化提供数据信息。

2.5   多数据库集成系统

多数据库集成系统不同于分布式数据库系统。分布式数据库系统是自上而下（top-down）地设计数据库，可灵活地进行分片和分配设计，用户可得益于其"集中控制"和分布式数据处理能力。分布式数据库系统中的一个独立的数据处理单元（如一个场地上的局部数据库系统或集群系统）称为成员数据库，成员数据库有数量限制，一般不多于数十个。而多数据库集成系统通过限制数据管理能力（如限定为只读），可将局部数据库数量扩展到数百个。在多数据库集成系统中，数据和数据库已存在，是自下而上（bottom-up）地集成各局部场地上的数据。多数据库集成系统的主要目的是支持集成地访问各数据库中的异构数据，即数据集成。多数据库集成系统包括数据库集成系统、多数据库系统（Multi-DataBase System，MD-BS）和互操作系统。在 Web 环境下，互操作系统支持对异构数据源（如文件、数据库、文档等）的只读访问。通常，多数据库集成系统并不支持分布式数据库系统中的事务和副本等功能。

2.5.1   数据库集成

典型的数据库集成技术是把来自于多个数据库中的数据进行集成，实现信息共享，并对用户应用透明。可共享的局部数据库的概念模式称为局部概念模式，异构的局部概念模式经过异构消解后转换为局部集成模式，通过对局部集成模式的集成而提供给用户的统一概念模式为全局概念模式。数据库集成模式的模式结构如图 2-9 所示。模式翻译实现局部模式到局部集成模式的映射，解决了局部模式间的异构问题，是数据库集成的关键。模式集成通过局部集成模式到全局概念模式的映射，实现数据库的集成。

全局数据模型是支持数据库集成系统的用户接口的基础，一般采用人们熟悉的关系模型或扩展的关系模型。对于复杂的数据库集成应用，要求能够捕提现实世界中更丰富的语义，可采用语义更丰富的数据模型，如面向对象（OO）模型。

公共数据模型和公共数据语言是数据库集成系统实现异构同化的基础，需要选择一个合适的公共数据模型和公共数据语言。要求公共数据模型尽可能简

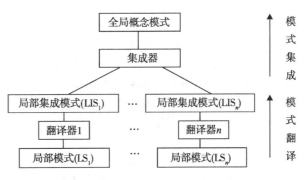

图 2-9　数据库集成模式的模式结构

单，便于数据库集成系统中的各成员数据库的数据模型和数据语言与公共数据模型和公共数据语言的转换，并且方便表达和处理数据库集成系统的数据，如采用人们普遍熟悉的关系数据模型和 SQL 语言作为公共数据模型和公共数据语言。

通常，实现数据库集成的方法可归纳为两类：数据仓库方法和 Wrapper/Mediator（包装器/协调器）方法。数据仓库方法是将各数据源的数据按照预先定义的公共数据模型从各数据源中抽取与转换，并存储于数据仓库中。用户直接对数据仓库中的数据进行查询。该方法适用于遗留数据源数目不是很多的企业。但当各遗留数据源中的数据更新时，需要将更新的数据装载到数据仓库中，导致更新维护代价较大。

Wrapper/Mediator 方法是目前比较流行的数据库集成方法。该方法是基于协调模式（也称为全局模式或公共数据模型）对各个数据源定义相应的 Wrapper/Mediator。基于协调模式的用户查询到来时，Mediator 将基于协调模式的用户查询转换为面向各数据源的查询请求，查询执行引擎通过各数据源的 Wrapper 将结果抽取出来，并将结果集成返回给用户。Wrapper 负责将各数据源中的数据转换为满足协调模式的数据。各数据源中的数据存在于源数据库中，而不必抽取到数据仓库中。但该方法需要针对每一个数据源定义一个相应的包装器，当参与数据源集成的数据源数量多时，就会限制数据集成的灵活性，因为该方法忽略了数据源间的互操作性。

为此，在数据库集成中，提出了基于视图回答查询（view-based query-answering）的思想。目前，广泛采用 LAV（Local As View）和 GAV（Global As View）方法来模型化源数据内容和用户查询。

LAV 方法基于各数据源定义视图，Mediator（或中间件系统）通过综合不同的数据源视图来决定如何回答查询。该方法适合于数据源数量多的数据集成环境，如 Web 数据库集成系统。在集成过程中，通常需要选择合适的数据源中的数据进行集成。该方法类似于联邦数据库系统（Federated DataBase System，FDBS）中的实现方法。GAV 方法是基于协调模式定义各数据源的视图。用户查询时，直接作用于协调模式，由 Mediator 实现查询重写和数据集成。该方法是典型的基于协调模式的 Wrapper/Mediator 方法。

2.5.2　多数据库系统

多数据库系统(MDBS)是在已经存在的数据库系统(称为局部数据库系统，LDBS)之上为用户提供一个统一的存取数据的环境。一个 MDBS 是由一组独立发展起来的 LDBS 组成的，并在这些 LDBS 之上为用户建立一个统一的存取数据的层次，为用户提供一个统一的全局视图，使用户像使用一个统一的数据库系统一样使用 MDBS，而不需要改变 LDBS。MDBS 屏蔽了各个 LDBS 的分布性和异构性，并保持各个 LDBS 的自治性，从而使各个 LDBS 的用户(局部用户)仍然可以对相应的 LDBS 进行访问。若 LDBS 之间存在异构性，则称之为异构多数据库系统。LDBS 可以全部存在于同一个场地，也可以分布于多个不同的场地上。LDBS 分布于多个不同场地的多数据库系统称为分布式多数据库系统。由于 MDBS 中的 LDBS 具有自治性，加入多数据库系统的 LDBS 上的原有应用程序不受任何影响，并且这些 LDBS 上的局部事务不被 MDBS 所知和控制。简化的 MDBS 系统逻辑结构如图 2-10 所示。MDBS 的主要目的是解决异构数据库的互操作问题。

联邦数据库系统(Federated DataBase System，FDBS)是一个彼此协作却又相互独立的成员数据库系统的集合，它可将成员数据库系统按不同程度进行集成，并对该系统整体提供控制和协同操作的软件。MDBS 与 FDBS 是两个非常相近的概念，组成它们的成员数据库都可以是异构的，并且每一个成员数据库系统自身都可以是一个 DDBS。FDBS 和 MDBS 的典型区别是集成成员数据库系统的方法不同和成员数据库系统的自治性不同。FDBS 更强调底

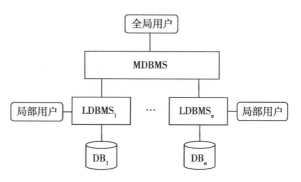

图 2-10　多数据库系统逻辑结构

层数据库的异构性及自治性，但对底层数据库之间的互操作能力要求较低；而 MDBS 恰恰相反，底层数据库的异构性较小，甚至可以为同构数据库，但对系统的互操作能力要求较高。通常，MDBS 采用传统的 DDBS 技术，基于全局联邦模式(或称全局模式)实现异构集成；而在 FDBS 中无全局模式，而是面向应用定义多个联邦模式，多个联邦模式共存于不同的互操作的成员数据库系统中，允许部分和可控的数据共享。目前越来越多的文献中已经不再区分 FDBS 和 MDBS 这两个概念，而是认为这两个概念实际上指的是同一类数据库系统。这里也将 MDBS 和 FDBS 统称为多数据库集成系统。

DDBS 和 MDBS 都可以称为非集中的多数据库系统，因为它们都是由成员数据库系统组成的，并且每一个成员数据库具有完好定义的数据库模式，基于公共模式实现局部数据库模式的集成，并实现成员数据库中数据的操作。但在 DDBS 中，公共模式是预先定义好的，而 MDBS 中的全局模式或公共联邦模式是成员数据库系统协调的结果。MDBS 与 DDBS 的区别主要在于：在 DDBS 中，整个数据库系统被看成一个统一单位，由一个 DBMS 来管理，DBMS 能够自动对查询进行优化和更新数据库，各个成员数据库系统的数据模式相同，通常不存在局部用户；在 MDBS 中，整个数据库系统被看成由多个已存在的 LDBS 组成，每个 LDBS 由各自异构的 DBMS 来管理，各个成员数据库系统的数据模式可能不同，需要进行转换处理，还需要特殊的查询优化策略处理异构性和动态性，既存在全局用户也存在局部用户。

1. 多数据库系统的模式结构

DDBS 的全局概念模式(GCS)是整个数据库的概念模式，是所有局部概念模式(LCS)的集

合。而多数据库系统(MDBS)的全局概念模式是可共享的各局部概念模式的集合，而并不是所有局部概念模式的集合，MDBS 甚至可以没有全局概念模式。因此，将 MDBS 的体系结构分为具有全局概念模式的 MDBS 和不具有全局概念模式的 MDBS。

具有全局概念模式的 MDBS 的全局概念模式由局部自治数据库的外模式(LES)和基于全局概念模式定义的全局外模式(GES)组成。如图 2-11 所示，图中灰色部分(LES 和 GES)为 MDBS 的全局概念模式。

不具有全局概念模式的 MDBS 或 FDBS 存在多个联邦模式，多个联邦模式是由可共享的各局部概念模式面向相应的应用所定义的。如图 2-12 所示，灰色部分(LES)为 MDBS 定义的多个联邦模式。

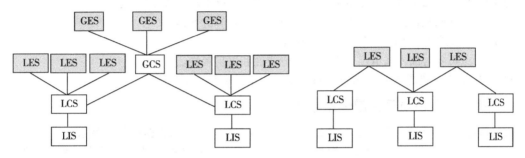

图 2-11　具有全局概念模式的多数据库　　　图 2-12　不具有全局概念模式的多数据库
　　　　　 系统的模式结构　　　　　　　　　　　　　　 系统的模式结构

2. 多数据库管理系统的软件结构

多数据库管理系统(MDBMS)由多个完全独立的数据库管理系统组成，各个数据库管理系统各自管理不同的数据库。多数据库管理系统通过运行在这些独立的成员数据库管理系统之上的一层软件来支持对各个不同的数据库的访问。图 2-13 为一种分布式多数据库管理系统的实现结构。

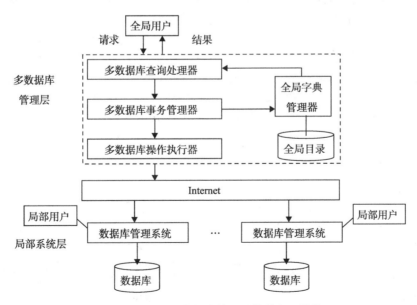

图 2-13　一种多数据库管理系统的实现结构

2.6　对等型数据库系统

随着计算机技术和网络技术的发展，Web 上存在大量的分布、自治、异构的数据资源。面对用户对 Web 上数据资源共享的需求，需要构建非集中的数据库管理系统。这种非集中的数据库管理系统不同于 20 世纪 90 年代初期流行的非集中式系统结构（联邦或多数据库系统），它不是有限个数的不同场地上数据库的集成，而是涉及大范围的多数据资源点的松散耦合。为此，提出了对等型（P2P）数据库系统（P2PDBS）的概念。Peer to Peer 模型（又称 P2P 模型或对等计算模型）是一种新型的体系结构模型，它具有下列特点：

1）P2P 系统的每个节点均可贡献数据，系统资源具有丰富性和多样性。

2）可直接访问数据源中的数据资源，即时得到最新鲜的数据。

3）P2P 系统采用自组织原则，具有健壮性。

4）每个点可随时加入和退出，系统具有分散性和可扩展性。

5）以 Web 上的资源为 Peer 节点，系统部署简单，不需要复杂的部署框架。

2.6.1　P2PDBS 的数据集成体系结构

我们知道，DDBS 是管理网络环境下的一个或多个逻辑相关的数据库的软件系统，多数据库系统（MDBS）是已存在的多个成员数据库的集合，多个成员数据库相互协调完成数据操作，MDBS 中每一个成员数据库自身都可以是一个 DDBS。可见，通常我们说的 DDBS 和 MDBS 都是非集中多数据库系统，每一个成员数据库都具有完好定义的数据库模式，基于公共模式（成员数据库模式的集成）实现成员数据库中数据的操作。但 DDBS 的公共模式是事先定义的，而 MDBS 的公共联邦模式是成员数据库系统协调的结果。通常，非集中的多数据库系统（DDBS 和 MDBS）的数据集成体系结构如图 2-14 所示，分为四层模式结构：局部模式（local schema）、成员模式（member schema）、输出模式（export schema）和联邦模式（federated schema）。局部模式是本地数据库的模式；成员模式是本地数据模式转换后的规范模式（canonical model）；输出模式是本地模式允许被共享的数据模式；联邦模式在 MDBS 中为全局联邦模式，描述内部输出模式的分布和分配特性，而它在 FDBS 中是面向应用定义的多个联邦模式。

通常，我们说的 P2P 应用指的是文件共享系统，没有全局协调模式的概念。P2P 数据库系统是将原面向文件共享的 P2P 系统扩展为面向 P2P 的数据管理系统。其主要思想是不采用全局模式，而是基于 Peer 节点间的映射实现。对于大量的 Peer 节点，只需维护部分节点之间的映射关系，而不是所有 Peer 节点间的映射关系。通常采用图表示节点间有效的映射关系，并通过索引实现。图 2-15 描述了用于数据集成的 P2PDBS 结构。同 MDBS 和 DDBS 比较，每一个

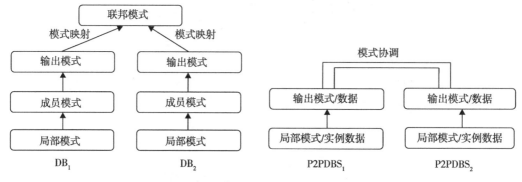

图 2-14　DDBS 和 MDBS 的数据集成体系结构　　　　图 2-15　P2PDBS 的数据集成体系结构

Peer 节点并不存在成员模式，输出模式只包括该 Peer 节点的本地模式中需要共享的部分。也可以说 Peer 节点不存在本地模式，而只是将该 Peer 节点的实例数据共享出去，在集成中节点间依据协调规则自治地协调实现。

2.6.2　P2PDBS 的体系结构

简化的 P2PDBS 和 MDBS 系统体系结构如图 2-16 所示。MDBS 支持基于全局请求的查询接口，将查询转换为成员数据库的查询，并将结果返回给用户。成员数据库对用户是透明的。而在 P2PDBS 中，查询提交给本地节点，基于映射图将该查询从一点转发到另一点，而不是基于全局请求转发给所有的 Peer 节点。因此，P2PDBS 不是将所有满足要求的结果都返回给查询用户。P2PDBS 中的 Peer 节点自主加入和退出网络，不具有相应的管理 P2PDBS 的功能，因此，Peer 节点的自治性远高于 MDBS 中的成员数据库系统。

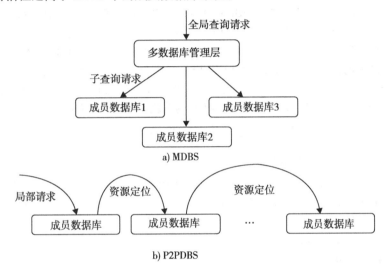

图 2-16　简化的 MDBS 和 P2PDBS 系统体系结构

2.6.3　P2PDBS 与 DDBS 的典型区别

在 P2P 数据库系统中，多个自治的局部数据源基于 P2P 模式协调数据查询处理过程，其中每个局部数据源(点)只与少数几个邻居节点进行通信，而各个资源点或是文件资源集合，或是具有一定数据管理功能的"数据库系统"，都会为用户提供访问接口。可见，当今的分布式数据管理范型(如 P2P 数据库系统)的特点同过去已有的非集中的系统(如分布式数据库系统)的功能具有很多共性，但 P2P 网络巨大的规模和 Peer 节点的不可靠本质使得两者之间存在如下差异：

1)在 DDBS 中，节点通常是稳定的，以受控的方式加入网络和退出网络；而在 P2PDBS 中，节点随时可以加入和离开网络，因此节点间的关系是即兴的、动态的，很难预言或推理资源的位置和质量。当系统中数据变化率较高时，随着 Peer 节点数量的增加，维护全局可访问的索引就不再可能实现。

2)在 DDBS 中，节点通常知道一个共享的全局模式；而在 P2PDBS 中，节点间通常没有预定的全局模式。

3)在 DDBS 中，可检索到满足查询的全部结果；而在 P2PDBS 中，节点不含有全部的数据，节点可能脱机，因此，通常不能检索到满足查询的全部结果，查询结果的正确性和完整性概念也不等同于传统数据库中的含义。P2P 查询结果极大地依赖于瞬间网络和已建立的语义映射。

4）在 DDBS 中，通常能够确切知道可回答查询的节点的位置；而在 P2PDBS 中，P2P 系统的分散性要求分布式优化，不存在协调全部 Peer 节点的万能节点，节点通过将查询转发到其邻居，逐步定位查询内容，因此很难实现高效的查询处理。P2P 网络中存在很多冗余信息，会带来数据和计算冗余问题。数据冗余问题可通过严格控制数据位置来解决，而计算冗余问题主要通过查询优化和查询处理节点间协调解决。

5）P2P 系统中要解决的可伸缩性和 DDBS 领域的可伸缩性不同，DDBS 中的规模指标主要是存储的字节数，而在 P2P 系统中，参加的主机数比存储的字节数更重要。

2.7   DDBS 的分类

所有的分布式数据库系统，如 P2PDBS、DDBS、FDBS、MDBS，都同传统的分布式数据库具有相同的特性——分布性、自治性和异构性。为全面、系统地对分布式数据库系统进行分类，基于传统的分布式数据库的三个特性组成的三维空间图来描述 DDBS 的类型。分布性是指从集中（非分布）式的体系结构（D_0）到客户端/服务器半分布式的体系结构（D_1），再到 P2P 全分布式的体系结构（D_2）。自治性是指从零自治（紧耦合集成，A_0）到半自治（松散集成，A_1），再到全自治（完全独立，A_2）。异构性是指从零异构（同构系统，H_0）到全异构（H_1）。

2.7.1   非集中式数据库系统及 P2PDBS 的特性

1. 非集中式数据库系统的特性

传统的非集中式数据库系统指 DDBS、FDBS 和 MDBS，它们都是由成员数据库组成的，基于全局模式、联邦模式，在 LDBS 之上为用户建立一个统一的访问 LDBS 中集成数据的层次，使得用户像使用一个统一的数据库系统一样使用它们。它们都具有典型的分布性、异构性和自治性这三个特性，具体说明如下。

（1）分布性（distribution）

分布性是指系统的各组成单元是否位于同一场地上。DDBS 和 MDBS 都是物理上分散、逻辑上统一的系统，即具有分布性。而集中式数据库系统集中在一个场地上，所以不具有分布性。

（2）异构性（heterogeneity）

异构性是指系统的各组成单元是否相同，不同为异构，相同为同构。异构性主要体现在三个方面：

- 数据异构性：指数据在格式、语法和语义上存在不同。
- 数据库系统异构性：指各个场地上的局部数据库系统是否相同，如均采用 Oracle 关系数据库系统的同构数据系统，或某些场地采用 Oracle 关系数据库系统，而某些场地采用 XML 数据库系统的异构数据库系统。
- 平台异构性：指计算机系统是否相同，如均为微机系统组成的平台同构系统或由 IBM 小型机系统等异构平台组成的系统。

（3）自治性（autonomy）

自治性是指每个场地的独立自主能力。自治性通常由 1.2.5 节中所叙述的设计自治性、通信自治性和执行自治性三方面来描述。根据系统的自治性，系统可分为集中式系统、联邦式系统和多数据库系统。

2. P2PDBS 的特性

P2PDBS 是多个自治的局部数据源基于对等型模式协调数据查询处理过程的系统。对等模型也称 P2P 模型,是指一个网络系统,其中每个节点(peer)都具有同等的能力和责任,所有的通信都是对称的。P2P 模型将计算均衡分布在每个节点上,使得一个任务由多个节点共同完成,节点可以自由地加入或退出网络系统,整体计算能力能适应网络规模的变化。

由于 P2PDBS 中各个节点独立自主加入和退出网络,P2PDBS 具有较强的独立自治性、异构性和分布性。但 P2PDBS 的特性又由于构建它的网络模型的不同而存在一定的差异。下面将从几个方面加以介绍,使读者更好地理解 P2PDBS 和传统的 DDBS 的异同。

(1)分布性

P2PDBS 的分布性完全依赖于 P2P 网络。存在的 P2P 网络结构通常分为三类,纯 P2P 系统、具有超级节点的 P2P 系统和同时具有这两者特点的混合型系统。纯 P2P 系统中,所有节点都具有同样的功能,节点上并不保存全局索引。在具有超级节点的 P2P 系统中,超级节点中保存有其他节点中数据的索引信息,并且存在超级节点间和普通节点间两级通信和分布。混合型系统中,服务器节点或聚簇节点保存有全局索引。不论是混合型系统还是具有超级节点的系统,都是介于客户端/服务器(D_1)和纯 P2P 系统(D_2)之间的系统。

(2)自治性

纯 P2P 网络是无结构的,采用泛洪式(flooding)查找,具有全自治性;基于 DHT 的结构化 P2P 系统基于 DHT(分布式散列表)实现有效的查找,但需要提供一种协议维护相邻节点信息和路由信息,具有半自治性,类似于联邦的数据库系统;而具有超级节点的 P2P 系统和混合型系统类似于多数据库系统,由超级节点定位到资源所在节点实现数据资源的查找。

(3)异构性

无结构的纯 P2P 网络主要用于相同结构的文件共享,不具有数据结构,相当于零异构;基于 DHT 的结构化 P2P 系统基于系统定义的散列函数实现资源定位,适应于同类资源的管理,具有零异构性;而具有超级节点的 P2P 系统和混合型系统具有较高的灵活性,可支持异构资源的数据集成。

可见,基于不同的 P2P 网络结构的 P2PDBS 具有不同的特性。实际上,P2P 系统具有的可伸缩性、稳定性和自修复性等都体现在映射图上,并且这些特性只在部分 P2PDBS 上拥有,因为节点的加入和退出直接影响到映射图的改变,查询处理的性能依赖于映射路径的长度。而在非结构化 P2P 网络中,映射路径的长度却无法准确估算。

2.7.2　DDBS 的分类图

我们根据系统的自治性(A)、分布性(D)和异构性(H)三个特点描述分布式数据库的类别,如图 2-17 所示。根据实际应用情况,针对如下几点进行讨论:

- **单场地同构数据库系统**(A_0,D_0,H_0):最紧密的集成系统,可看作是共享内存和硬盘的多处理机系统。
- **分布式同构数据库系统**(A_0,D_1,H_0):具有集成视图和分布特性,可看作是典型的客户端/服务器模式系统,也可以看作是同构的分布式数据库系统。同构的分布式数据库系统是典型的自上而下设计的分布式数据库系统。
- **分布式异构数据库系统**(A_0,D_1,H_1):与同构的分布式数据库系统相比,组成分布式数据库的成员数据库系统是异构的,在进行查询处理和优化时可能需要相应的转换。
- **单场地或分布式异构集成系统**(A_1,D_0,H_1)或(A_1,D_1,H_1):用于自下而上地实现已有自治、异构数据库系统集成,并为用户提供集成视图,是当今解决异构数据集成而普遍采用的集成方法。
- **单场地或分布式异构多数据库系统**(A_2,D_0,H_1)或(A_2,D_1,H_1):用于实现自治、异

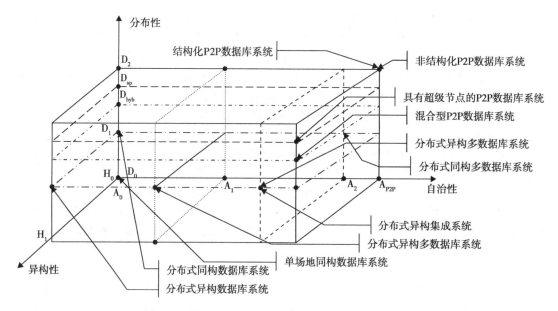

图 2-17   分布式数据库系统分类图

构数据库系统集成的又一种解决方法。多数据库系统管理模式同分布式数据库管理系统主要在自治性方面存在差别。

- **非结构化 P2P 数据库系统**（A_{P2P}，D_2，H_0）：非结构化 P2P 网络中的节点间是松耦合的，自组织成非固定的网络结构，采用泛洪方式完成查询请求，主要是面向同构的文件系统的数据管理系统。
- **结构化 P2P 数据库系统**（A_{P2P}，D_2，H_0）：结构化 P2PDBS 基于固定的拓扑构成，在结构化的 P2P 网络中，由系统控制数据的存在位置，节点的自组织能力有限，其依赖于邻居节点的信息进行路由，通常适合于同构的数据库管理系统。
- **具有超级节点的 P2P 数据库系统**（A_2，D_{sp}，H_1）：具有超级节点的 P2P 系统中，超级节点的网络是由超级节点间按预先定义的拓扑（如环形或超立方体）构成的，超级节点中保存有其他节点中数据的索引信息。超级节点类似于多数据库的上层管理软件，存在超级节点间和普通节点间两级通信和分布控制。
- **混合型 P2P 数据库系统**（A_2，D_{hyb}，H_1）：由服务器节点或聚簇节点保存全局索引。可见，不论是混合型系统还是具有超级节点的系统都是介于客户端/服务器和纯 P2P 系统之间的，并且混合型系统在分布性上略弱于具有超级节点的 P2P 系统。

2.8   元数据的管理

元数据是描述基本数据的数据，由数据字典来管理。因此，数据字典是联系用户和系统管理员的重要工具，是设计、维护分布式数据的重要组成部分，也是分布式数据库系统内部优化的重要依据。数据字典是存放与系统有关的元数据和各种控制信息的数据库。

2.8.1   数据字典的主要内容

在基于关系的分布式数据库中，数据字典也是以关系的形式存放在数据库中的。这些关系由系统建立，称为系统表，供系统使用，用户只具有查询权限。数据字典的主要内容包括：全局模式描述、分片定义描述、分配定义描述、局部名映射、存取方法描述、数据库的统计信息

(有关数据库的特征参数、完整性信息、存取控制信息)、状态信息(各场地上事务运行的状态、与死锁的预防与检测及故障恢复相关的信息)、数据转换信息(不同数据语言、协议、命令之间的转换信息)、数据命令格式、系统描述(各场地上的软硬件配置以及处理能力信息)、数据容量(记录数据文件所占用的空间)。

2.8.2 数据字典的主要用途

数据字典协助分布式数据库系统,将用户对数据的逻辑查询转换为实际的物理查询,并验证用户的合法权限和对数据的访问控制权限,保证合法用户能正确而有效地访问数据库中的数据。数据字典的用途主要体现在如下几个方面:

1)设计:系统设计人员根据字典中提供的系统需求信息、场地配置信息以及数据库统计信息,定义各级模式、数据分布、数据流程以及设计评价。

2)翻译:将在不同的透明层次上的用户数据映射成单一的物理数据。

3)优化:为生成存取计划提供可用的数据分配、存取方法和统计信息。

4)执行:提供分布式事务分析,分解、处理所需要的必要信息,并依据数据字典确定存取计划的合法性和存取访问控制。

5)维护:依据系统数据字典中有关系统运行过程中的各种性能因素,维护和调整系统的各种参数,提高系统运行效率。

2.8.3 数据字典的组织

分布式数据库中的数据字典,主要分为:集中式字典、全复制式字典、局部式字典以及混合式字典。

集中式字典又分为单一主字典方式和分组主字典方式。单一主字典方式是将整个数据字典存放在一个场地上,进行统一管理。它所存在的不足是存放主字典的场地负载重,可能成为性能瓶颈。分组主字典方式是将系统站点分为若干组,每一组设置一个主字典。

全复制式主字典是每一个场地都存放一个完整的全局字典。其优点是可靠性高,查询响应速度快。它所存在的不足是存在数据冗余,不利于系统扩充以及场地自治性较高的场合。

局部式字典是将全局字典分割后,存放于各场地上。各场地只含有部分全局字典。它适用于场地自治性较高的场合,维护代价小,但增加了字典查找以及转换开销等。

混合式字典是根据实际应用场景需要,由以上几种方式共存的方式实现。

数据字典的组织图如图2-18所示。它由类型(局部或全局)、位置(分布或集中)、复制三维立体图来描述。

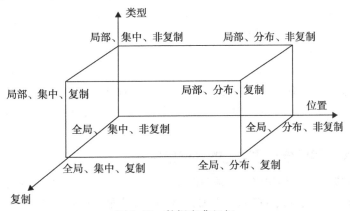

图2-18 数据字典组织

2.9 Oracle 系统体系结构

现在的 Oracle、DB2、SQL Server、Sybase 等商业数据库产品均能不同程度地支持分布式数据库的特性。本书将以 Oracle 为主，介绍分布式数据库相关理论的具体实现技术。

2.9.1 Oracle 系统体系结构简介

Oracle 数据库系统主要包括两个组成部分：实例(instance)和数据库(DataBase)，如图 2-19 所示。在这里，"数据库"指的是物理操作系统文件或磁盘的集合。而实例是一组 Oracle 系统后台进程/线程以及一个共享内存区，这些内存由同一台计算机上运行的线程/进程所共享。Oracle 实例中维护易失的、非持久性内容。

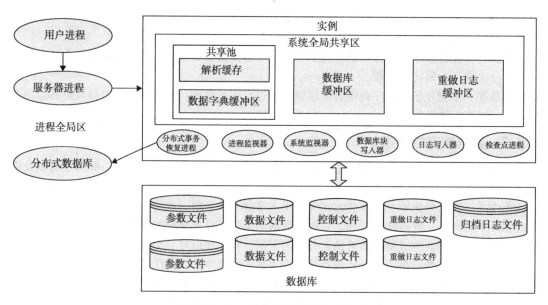

图 2-19   Oracle 数据库系统体系结构

Oracle 实例主要由系统全局共享区(SGA)和一组系统后台进程组成。系统全局共享区中包括共享池(shared pool)、数据库缓冲区(DataBase buffer cache)以及重做日志缓冲区(redo log buffer cache)。系统后台进程包括进程监视器(PMON)、系统监视器(SMON)、数据库块写入器(DBWR)、日志写入器(LGWR)、检查点进程(CKPT)和分布式事务恢复进程(RECO)等。

数据库中的文件主要包括：参数文件(parameter file)、密码文件(password file)、数据文件(data file)、控制文件(control file)、重做日志文件(redo log file)和归档日志文件(archived log file)等。

用户进程通过连接到 Oracle 系统程序全局共享区内的服务器进程，来访问 Oracle 中的内存和文件中的内容。对于分布式环境，Oracle 启用 RECO 进程来管理符合两段提交协议的分布式事务的恢复。

2.9.2 Oracle 中实现分布式功能的关键组件

Oracle 利用数据库链、异构服务、透明网关代理、通用连接、高级复制和流复制等功能与组件，支持异构的分布式数据库架构。下面介绍 Oracle 分布式数据库实现所涉及的关键功能和组件。

数据库链（DataBase Link，DBLink）：数据库链是一个指针，定义从一个 Oracle 数据库服务器到另一个 Oracle 数据库服务器的单向通信路径。通过数据库链，本地用户可以访问远程数据库中的数据。所谓单向，指的是如果数据库 A 上定义了一个指向数据库 B 的数据库链，那么 A 上的特定用户可以访问远程数据库 B 上的信息，反之则不成立。如果 B 上的用户要访问 A 上的信息，则必须定义一个从 B 指向 A 的数据库链。

异构服务（Heterogeneous Service，HS）：异构服务是集成于 Oracle 服务器内的组件，是 Oracle 透明网关产品套件中的使能技术。HS 为 Oracle 网关产品以及其他的异构访问工具提供了通用的体系结构和管理机制。此外，它还为 Oracle 透明网关的其他发行版本提供向上兼容的功能。

透明网关代理（transparent gateway agent）：当访问一个非 Oracle 数据库系统时，异构服务使用透明网关代理实现与指定的非 Oracle 数据库系统的接口。不同的数据库系统，指定代理的类型不同。透明网关代理的作用是使 Oracle 数据库和非 Oracle 数据库系统之间相互通信，并代替 Oracle 服务器在非 Oracle 数据库系统中执行 SQL 和事务请求。

通用连接（generic connectivity）：通用连接通过使用异构服务的 ODBC 代理或 OLE DB 代理，连接到非 Oracle 数据库上的数据。二者作为标准功能分装在 Oracle 产品中，任何符合 ODBC 或 OLE DB 标准的数据源，均可通过使用通用连接代理访问。通用连接的优势是不需要购买或配置一个单独的特定系统的代理，而可以使用 ODBC 或 OLE DB 驱动程序做访问接口。然而，某些数据访问的特性是仅由透明网关代理所提供的。

高级复制（advanced replication）：利用复制技术可以在不同场地间传递数据，实现数据的冗余和备份。在分布式数据库环境下，通过将共享数据复制到位于不同地点的多个数据库中，实现数据的本地访问，减少网络负荷，并提高数据访问的性能，而且通过对数据库中的数据定期同步，确保了用户使用一致的、最新的数据，并且通过多个副本保证了数据的可用性。该技术适用于用户数量较大、地理分布较广而且需要实时地访问相同数据的应用模式。

Oracle 利用高级复制和流复制等组件实现分布式环境下的数据复制技术。Oracle 高级复制组件利用复制组（replication group）来组织和管理需要同步到其他场地的数据库对象。高级复制组件支持两种类型的复制场地：主场地（master site）和物化视图场地（materialized view site）。Oracle 利用物化视图实现不同场地间数据的复制与同步。

流复制（Oracle Streams）：Oracle Streams 是 Oracle 9i 开始提供的数据共享、复制、加载组件。Oracle Streams 中传递的信息以消息（message）为单位，通过消息的获取、存储、传播和消费实现信息在数据库之间的传递。与高级复制中所使用的物化视图技术不同，Oracle Streams 通过挖掘日志信息获取数据库中的 DML 和 DDL 改变，并封装成消息传递到目标数据库中。目标数据库解析消息队列中的消息，并将源数据库中所做的改变恢复到目标数据库中，从而实现数据的复制与同步。

Hadoop 装载器（Oracle Loader for Hadoop）：随着大数据时代的到来，传统的集中式数据保存方式已经不能满足海量数据存储的需要，越来越多的数据被保存在 Hadoop 等分布式文件系统结构中，关于 Hadoop 系统的介绍请参考 2.10.3 节的内容。Oracle 12c 版本提供了最新的访问 Hadoop 数据的功能。Hadoop 装载器是 Oracle 12c 新引入的大数据组件，它可以利用 JDBC 或 OCI 接口在线地访问 Hadoop 系统中 reducer 节点的运行结果，也可以离线地将 reducer 节点的结果加载到 Oracle 数据库可以访问的位置。利用 Hadoop 装载器，可以将数据库服务器处理压力分流到 Hadoop 系统中，提供数据预处理、数据格式转换、数据排序等功能。

Hadoop 分布式文件系统直接连接器（Oracle Direct Connector for HDFS）：Oracle Hadoop 装载器是将 Hadoop 系统的数据读取出来，加载到 Oracle 系统中。而 Oracle 也支持将数据存储在 Hadoop 系统中，利用 Hadoop 分布式文件系统直接连接器直接对 HDFS 上的数据进行 SQL 访问。此时 Oracle 可以创建指向 HDFS 上文件位置的外部表，将数据保存在外部表中，并使用 SQL 进行直接查询。利用 Hadoop 系统的并行、优化、自动负载平衡特性，可以提供最优的数据访问性能。

Oracle NoSQL 数据库（Oracle NoSQL Database）：Oracle NoSQL 数据库是 Oracle 公司出品的具有分布式、高可扩展性特征的键值数据库。实际上它是一款独立的数据库产品，并不是 Oracle 关系型数据库的一个组件。Oracle NoSQL 数据库采用"主要键 – 次要键 – 键值"数据模型，支持基本的读取、插入、更新、删除操作。Oracle NoSQL 数据库采用 Master- Slave 体系结构，整个数据库由多个分区组成，多个分区组合成一个复制组，每个复制组内有一个 Master 节点和若干个复制节点，同时提供分布式读和高可用性，在主节点故障时，某个复制节点会被选举成为新的主节点。NoSQL 类数据库适合存储在线销售、社交网络、即时通信等没有固定模式的海量数据。Oracle 可以利用 Hadoop 装载器将 NoSQL 数据库中的数据加载到关系数据库中。关于 NoSQL 数据库的介绍请参考 2. 10. 3 节的内容。

下面将利用一个具体的应用案例，介绍 Oracle 的分布式数据库架构。

2. 9. 3 Oracle 分布式数据库架构

OraStar 是一家跨国公司，总部设在中国北京。为了获得较低的人力成本和方便的配件物流，OraStar 将产品的生产工厂设置在广东，并在广州设立了对应的生产部门。为了更好地掌握营销渠道，OraStar 将销售部门安排在上海。同时，OraStar 还在美国的旧金山建立了海外总部，在日本东京设立了研发中心。

OraStar 利用 Oracle 分布式数据库架构来管理该公司的信息数据。在公司的总部，生产部门和销售部门分别采用 Oracle 10g 管理本部门涉及的信息数据。各部门之间的 Oracle 通过数据库链 DBLink 相互连接。利用 DBLink，本地的数据库用户可以访问远程数据库中的数据，例如，总部的用户可以查询生产部门数据库中的数据，也可以查询销售部门数据库中的数据，反之亦然。通过设计，这种访问对用户来说是透明的，即用户不必了解数据的具体存放地点。

利用高级复制技术，OraStar 公司将北京总部的数据同步到美国旧金山海外总部的 Oracle 11g 数据库中，这样可以减少网络流量，提高这部分数据的访问速度和可用性。而位于上海的销售部门利用 Oracle Streams 技术，将数据复制到东京的研发中心 Oracle 12c 数据库中。研发中心整理、分析、挖掘这部分数据，为公司的营销决策提供有效的预测。同时研发中心有海量的测试数据保存在 Oracle 大数据机中。Oracle 大数据机是一个功能完备的大数据平台，集成了 Hadoop、Oracle NoSQL Database、Enterprise Linux 等模块，旨在以较低的总拥有成本进行安全可靠的数据处理。研发中心可以利用 Hadoop 分布式文件系统直接连接器访问存储在 Hadoop 平台上的数据。

为 OraStar 公司的生产部门提供配件的供货商使用的是 SQL Server 数据库。OraStar 利用 Oracle 提供的异构服务，访问远程的 SQL Server 数据库，及时了解配件的库存信息。

综上所述，图 2-20 描绘了一个比较完整的基于 Oracle 的分布式数据库应用案例。位于不同场地内的每个 Oracle 数据库可以实现节点自治。节点之间通过 DBLink 相互连接，通过适当的设计（将在第 3 章中介绍），可以实现用户对数据所在的场地透明。同时，利用高级复制和 Oracle Streams 技术将数据的副本同步到远程的同构数据库中。对于非 Oracle 的数据库节点，利用异构服务组件使之与 Oracle 数据库相连，组成一个异构的分布式数据库架构。

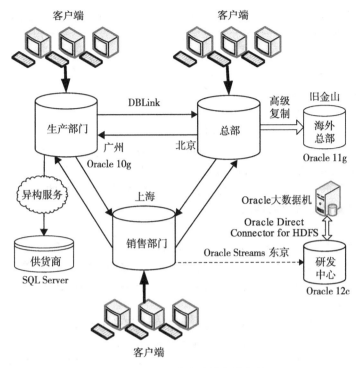

图 2-20　Oracle 分布式数据库架构

2.10　分布式大数据库系统

2.10.1　分布式大数据库系统的分类

随着互联网、移动互联网、物联网等技术和应用的快速发展，海量数据源源不断地产生。有效、快速、可靠地存储和处理这些日益增长的海量数据是一个巨大的挑战，这就是当下的热点问题——大数据管理。在这方面，传统的关系型数据库管理系统往往不再胜任。人们分析发现，对事务 ACID 特性的完全支持制约了传统关系型数据库处理大数据的性能，例如日志机制、锁机制、内存缓冲区机制。

- 为了保证数据库数据的持久性和一致性，传统数据库管理系统提供基于日志的恢复机制。关系型数据库事务中对数据的修改需要首先记录到日志中，而日志需要按照预先定义的策略更新到硬盘上，这无疑会降低系统处理数据的性能。
- 为了保证数据库事务的隔离性和数据的一致性，传统数据库管理系统提供了基于锁的并发控制方法。锁机制一方面降低了数据存取的效率，同时也给系统增加了锁管理的负担。
- 为了减少 I/O 操作，传统的数据库管理系统提供了缓冲区机制，即将数据组织成固定大小的页放置在内存缓冲区中，然后按照一定的缓冲区更新策略实现内存缓冲区与外存硬盘之间的数据交换。一方面，缓冲区管理会造成一定的系统开销；另一方面，不可避免的 I/O 操作无疑不适应大数据处理的实时性要求。

为了迎合大数据处理海量、实时性的需求，一些新的分布式数据管理系统采用了不同的设计。例如，取消了耗费资源的缓冲池，在内存中运行整个数据库，从而彻底避免耗时的 I/O 操作；再如，通过使用主动的数据冗余来实现故障恢复，取代原有的恢复操作。人们将这种可扩展、高性能的 SQL 数据库称为 NewSQL 数据库，其中"New"用来表明与传统关系型数据库系统的区别。此外，关系型数据库的性能虽然非常高，但是它毕竟是一个通用型的数据库，并不能完全适应所有的应用场景。具体来说，传统的关系型数据库并不擅长以下方面：

- 大量数据的写入处理。
- 为有数据更新的表做索引或表结构(schema)变更。
- 字段长度不固定的应用。
- 对简单查询需要快速返回结果的处理。

因此，近几年人们提出了 NoSQL(Not Only SQL)数据库的思想，即除包含关系模型之外，还提供扩展关系模型或者非关系数据模型来存储和管理大数据。通常，NoSQL 数据库只应用在特定领域，基本上不进行复杂的处理，但它弥补了传统关系型数据库的不足之处。

总体上，NoSQL 数据库具有四大类。

(1)键值存储数据库

这一类数据库主要用到一个散列表，这个表中有一个特定的键和一个指向特定数据的指针。对于 IT 系统来说，键值(key-value)模型最大的优势在于数据模型简单、容易部署、伸缩性好。典型的键值存储数据库产品有 Dynamo、Redis、Riak、Voldemort。

(2)列存储数据库

普通的关系型数据库是以行为单位来存储数据的，擅长进行以行为单位的读操作，例如特定条件数据的获取。因此，关系型数据库也被称为面向行的数据库。

面向列的数据库以列为单位，适用于对大量行、少数列进行读取，或者对所有行的特定列进行同时更新的应用。在列存储数据库中，键仍然存在，但是其特点是指向了多个列。这些列是由列族来安排的。列存储数据库产品有 Cassandra、HBase、Amazon SimpleDB。

(3)文档型数据库

文档型数据库不定义表结构，数据模型是版本化的文档。半结构化的文档以特定的格式存储，例如 JSON。文档型数据库可以看作是键值数据库的升级版，允许键值嵌套。文档型数据库产品有 CouchDB、MongoDB、SequoiaDB。SequoiaDB 是国产文档型数据库，已经开源。

(4)图形数据库

图形结构的数据库同其他行列以及刚性结构的 SQL 数据库不同，它使用灵活的图形模型，并且能够扩展到多个服务器上。典型的图形数据库产品有 Neo4J、InfoGrid、Infinite Graph。

图 2-21 对各种大数据库系统进行了分类。

NoSQL 数据库原本就不支持连接(join)处理，各个数据都是独立设计的，很容易把数据分散到多个服务器上，因此减少了每个服务器上的数据量。即使要进行大量数据的读写操作，也可以方便地引入并行处理程序，简单高效。

NoSQL 数据库可以通过提升性能(纵向)和增大规模(横向)两种方式来提升数据处理能力。提升性能是指通过提升现有服务器自身的性能来提高处理能力。通常这需要更新数据处理程序，工作量比较大，而且性能的提高有最大限度。增大规模是指在系统中加入更多的服务器，从而提高总体的数据处理能力。它不需要对程序进行变更，但需要增加基础设施投入。

当然，NewSQL 数据库和 NoSQL 数据库也有交叉的地方。例如，现在许多 NewSQL 数据库为没有固定模式的数据提供存储服务，同时一些 NoSQL 数据库开始支持 SQL 查询和 ACID 事务特性。

2.10.2　分布式大数据库系统的体系结构

尽管目前流行的 NoSQL 数据存储系统的设计与实现方式各有不同，但是总结起来大体上有两种结构：主从(Master-Slave)结构和 P2P(Peer to Peer)环形结构。两种结构各具优势。

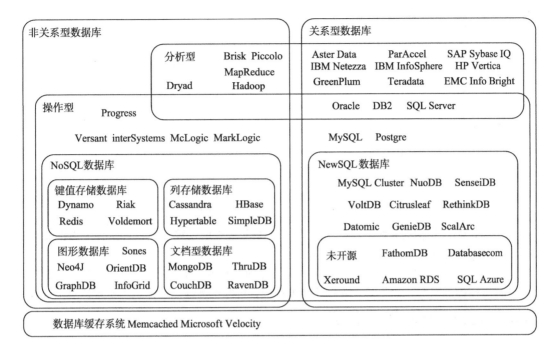

图 2-21　大数据库系统的分类

在采用 Master-Slave 结构的系统中，master 节点负责管理整个系统，存储全局元数据，监视 slave 节点的运行状态，同时为其下的每一个 slave 节点分配存储的范围，是查询和写入的入口。master 节点一般全局只有一个，该节点的状态将严重影响整个系统的性能。如果 master 节点宕机，会引起整个系统的瘫痪。实践中，经常设置多个副本 master 节点，通过联机热备的方式提高系统的容错性。slave 节点是数据存储节点，通常也维护一张本地数据的索引表。系统通过添加 slave 节点来实现水平扩展。在 Master-Slave 框架下，master 节点一直处于监听状态，而 slave 节点之间尽量避免直接通信以减少通信代价。在运行过程中，slave 节点不断地向 master 节点报告自身的健康状况和负载情况。当某个 slave 节点宕机或负载过高时，由 master 节点统一调度，或者将此节点的数据重新分摊给其他节点，或者通过加入新节点的方式来调节。Bigtable、HBase 是典型的 Master-Slave 结构的键值存储系统。

在采用 P2P 环形结构的系统中，系统节点通过分布式散列算法在逻辑上组成一个环形结构，其中的每个 node 节点不但存储数据，同时也管理自己负责的区域。P2P 环形结构没有 master 节点，可以灵活添加节点来实现系统扩充，节点加入时只需与相邻的节点进行数据交换，不会给整个系统带来较大的性能抖动。由于 P2P 环形结构中没有中心点，因此每个节点必须向全局广播自己的状态信息。例如，目前流行的采用 P2P 环形结构的 Cassandra 和 Dynamo 系统就是采用 Gossip 机制来进行高效的消息同步。图 2-22a、b 分别为采用 Master-Slave 结构和 P2P 环形结构的分布式大数据库系统的体系结构图。

总结起来，Master-Slave 结构和 P2P 环形结构各具优势：

1）Master-Slave 结构的系统，设计简单，可控性好，但 master 中心节点易成为瓶颈；而 P2P 环形结构的系统，无中心节点，自协调性好，扩展方便，但可控性较差，且系统设计比 Master-Slave 结构的系统复杂。

2）Master-Slave 结构的系统，需要维护 master 服务节点，由 master 节点维护其管理的 slave 节点，维护简单、方便；而 P2P 环形结构的系统，自协调维护网络，扩展方便，可扩展性好。

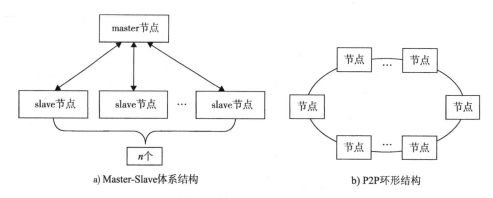

图 2-22 两种典型的分布式大数据库系统的体系结构

3）Master-Slave 结构的系统，将 master 节点和 slave 节点的功能分开，可减轻节点的功能负载；而 P2P 环形结构的系统，各节点平等，没有起到功能分布的作用。

4）Master-Slave 结构的系统，通常基于水平分片的思想实现数据分布，方便支持范围查询；而 P2P 环形结构的系统，适于基于散列的分布数据，负载均衡性好，但不利于支持范围查询。

2.10.3 基于 HDFS 的分布式数据库

1. 从 GFS 到 HDFS

GFS（Google File System）、WorkQueue、Chubby 是 Google 公司云计算平台的三个基础组件。其中，GFS 是 Google 公司为了满足自己的需求所定制的一个分布式文件系统，用于大型的、分布式的、数据密集型的应用。GFS 被设计运行于廉价的普通 PC Server 上，并提供数据存储与处理方面的高可靠性、高效率、高可扩展性和高容错性。

GFS 遵从主从式架构，定义了三种角色：client、master、chunkserver。一个 GFS 集群由一个 master 和大量的 chunkserver 构成，并被许多 client 访问，如图 2-23 所示。

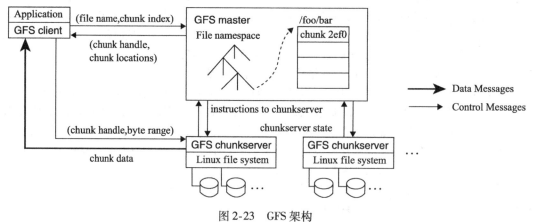

图 2-23 GFS 架构

master 和 chunkserver 通常运行在用户层服务进程的 Linux 机器上。只要资源和可靠性允许，chunkserver 和 client 可以运行在同一个机器上。文件被分成固定大小的块。每个块由一个不变的、全局唯一的 64 位 chunk handle 标识。chunk handle 是在块创建时由 master 分配的。出于可靠性考虑，每一个块被复制到多个 chunkserver 上保存。默认情况下，保存 3 个块副本，也可由用户指定副本数量。

master 维护文件系统所有的元数据（metadata），包括命名空间、访问控制信息、从文件到块的映射以及块的当前位置。master 定期通过心跳（HeartBeat）消息与每一个 chunkserver 通信，给 chunkserver 传递指令并收集 chunkserver 的当前状态。

客户与 master 的交互只限于对元数据的操作，所有数据方面的通信都直接和 chunkserver 联系。另外，客户和 chunkserver 都不缓存文件数据。这是因为与全局数据量相比，用户缓存的数据量微乎其微，缓存的收益很小。而且，不缓存数据也就不必考虑缓存的一致性问题，从而简化了 client 程序和整个系统。

HDFS（Hadoop Distributed File System）是 GFS 的一个最重要的开源实现。它是 Apache 海量数据并行处理基础架构 Hadoop 系统的两大核心模块之一。这两大核心模块分别是：底层的分布式文件系统 HDFS 和上层的并行计算模型 MapReduce。HDFS 为用户提供具有高容错性和高伸缩性的海量数据的分布式存储，MapReduce 为用户提供逻辑简单、底层透明的并行处理框架。由于 HDFS 最初的设计目标就是能够部署在廉价、异构的硬件平台上，因此用户可以借助 HDFS 轻松地组织计算资源，搭建自己的分布式计算平台，从而充分利用集群的计算和存储能力来完成海量数据的处理。

HDFS 采取了 Master-Slave 结构，包括一个 NameNode 和众多的 DataNode，如图 2-24 所示。集群中的 NameNode 节点作为整个集群的主服务器，管理整个 HDFS 的命名空间和客户端对集群数据的访问，保证集群中的 DataNode 正常运行和故障恢复等。集群中的众多 DataNode 负责数据的存储和维护，响应来自 Hadoop 集群客户端对数据的读写请求。DataNode 还负责响应来自 NameNode 的创建、删除和复制数据块的命令。NameNode 依赖于每个 DataNode 的定期心跳（HeartBeat）消息。每条心跳消息都包含一个块报告，NameNode 根据块报告来验证和更新块映射以及其他文件系统的元数据。如果 NameNode 没有收到来自于某个 DataNode 的心跳消息，NameNode 将采取修复措施，重新复制在该节点上丢失的块。新加入集群的 DataNode 需要及时与 NameNode 保持心跳联系，报告自己的状态和资源使用情况。

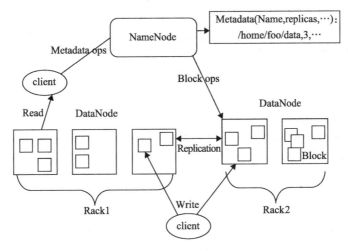

图 2-24　HDFS 的体系结构

并行处理框架 MapReduce 是对 Google 提出的 MapReduce 思想的一种开源实现。它采用的是"分而治之（divide and conquer）"的思想，把对大规模数据集的操作分发给一个主节点管理下的各个子节点共同完成，然后通过整合各个节点的中间结果，得到最终结果。简单地说，MapReduce 就是"任务的分解与结果的汇总"。其中，负责执行 MapReduce 任务的主节点称为 JobTracker，子节点称为 TaskTracker。JobTracker 用于工作（Task）调度，TaskTracker 用于工作执行。一个 Hadoop 集群中只有一台 JobTracker。

每个 MapReduce 任务都被初始化为一个 Job，每个 Job 又可以分为两种阶段：Map 阶段和 Reduce 阶段。这两个阶段分别用两个函数表示，即 map 函数和 reduce 函数。map 函数接收一个 <key,value> 形式的输入，然后同样产生一个 <key,value> 形式的中间结果。reduce 函数接收一个如 <key,list of values> 形式的输入，然后对这个 value 集合进行处理，每个 reduce 产生 0 或 1 个输出，reduce 的输出也是 <key,value> 形式的。MapReduce 并行处理大数据集的过程如图 2-25 所示。

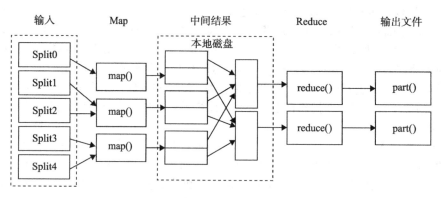

图 2-25　MapReduce 的执行过程

总体而言，HDFS + MapReduce 为大数据处理提供了一个具有高可靠性、高可扩展性、高容错性及高效的分布式存储系统和并行处理框架。但是，Hadoop 系统并不能很好地支持对存储在 Hadoop 上的数据的随机访问。而且，对于数据工作者而言，他们实际上更想使用 SQL 或者类 SQL 这样的查询语言。所以，Apache 在 Hadoop 顶级项目下陆续添加了 HBase、Hive 和 Pig 三个数据管理系统。其后，这三个系统逐渐发展为 Apache 的顶级项目，从基于 Hadoop 扩展到支持其他底层分布式文件系统。HBase、Hive 和 Pig 的目标是提供 Hadoop 底层数据管理系统的上层抽象，为用户提供更加便捷、简单的数据管理系统，为海量数据提供分布式存储服务，依赖 Hadoop 的并行处理框架为海量数据提供数据分析和处理服务。

在此，我们将分别介绍 Google 基于 GFS 的分布式数据库系统 Bigtable 以及 Apache 基于 HDFS 的分布式数据库系统 HBase。

2. Bigtable

Bigtable 是 Google 公司开发的一个分布式数据库系统，用来管理 Google 公司 PB 级的结构化数据。Google 的许多项目都以 Bigtable 为基础，包括 Web 索引、Google Earth 和 Google Finance。这些应用对 Bigtable 提出了截然不同的需求：一方面，数据多种多样，包括 URL 地址、Web 网页、卫星图像等等；另一方面，来自应用的延迟需求差别巨大，有些可在后端批量处理，有些则需要提供实时服务。但是，Bigtable 成功地为 Google 产品提供了一个灵活的、高性能的解决方案。本小节将从体系结构和组件结构两方面对 Bigtable 进行介绍。

（1）Bigtable 的体系结构

Bigtable 是在 Google 的三个云计算组件 GFS、WorkQueue、Chubby 的基础之上构建的，系统总体采用 Master-Slave 体系结构，如图 2-26 所示。其中，分布式文件系统 GFS 用于存储日志文件和数据文件；WorkQueue 用于完成分布式系统的任务调度、系统监控和故障处理；Chubby 是一个高可用、序列化的分布式锁管理器，用于副本管理、服务器管理和子表（Tablet）定位。

从图 2-26 可见，Bigtable 系统主要由客户端程序库（Client Library）、主服务器（Master Server）和多个子表服务器（Tablet Server）组成。与很多 single-master 类型的分布式系统类似，Bigtable 系统中的客户端读取的数据都不经过主服务器。当客户访问 Bigtable 时，首先需要调用程序库

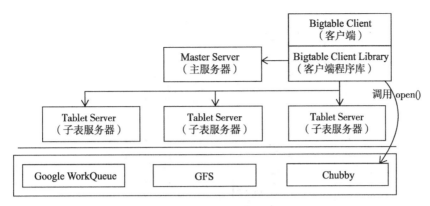

图 2-26　Bigtable 的体系结构

中的 open( )函数获得文件目录,随后客户端就可以和子表服务器直接通信进行数据读/写操作了。

主服务器负责子表服务器的负载均衡调度,所有的数据都是以 Tablet 的形式保存在子表服务器上,其内部数据文件格式为 Google SSTable。数据分布与存储结构如图 2-27 所示。

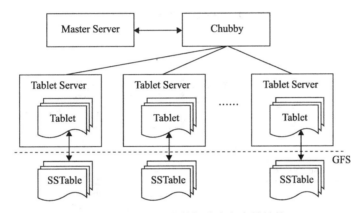

图 2-27　Bigtable 的数据分布与存储结构

(2)Bigtable 的组件结构

Bigtable 系统的主要组成部件包括主服务器(Master Server)、子表服务器(Tablet Server)、Chubby 和元数据表(MetaData)。主服务器的职责是定义和修改全局模式、为子表服务器分配子表、管理子表服务器、维护子表服务器的负载均衡、对保存在 GFS 上的文件进行磁盘管理;子表服务器的职责是存储和管理子表数据、响应客户的读/写请求;Chubby 提供粗粒度的加锁服务,并维护子表服务器和元数据表的入口信息;元数据表记载了整个 Bigtable 系统中某个具体子表存储在哪台具体的子表服务器上。图 2-28 为 Bigtable 系统的物理结构。

①Chubby 系统与 MetaData 表

Chubby 是一个高可用的、序列化的分布式锁服务器。Bigtable 系统利用 Chubby 和 MetaData 表(元数据表)来索引全部数据。MetaData 表是 Bigtable 中一个特殊的表,它记录了整个 Bigtable 中某个具体的子表存储在哪台子表服务器上。MetaData 表同样也被划分为多个子表并分布式地存储在不同的子表服务器上。MetaData 表的第一个子表称为"root 子表",用来记录 MetaData 表自身除 root 子表外其他子表的位置信息,这样通过 root 子表的记录就可以找到 MetaData 表的其他子表,即通过 root 子表就可以找到完整的 MetaData 表了。root 子表的入口地址保存在 Chubby 系统的特殊文件中。上述结构如图 2-29 所示。

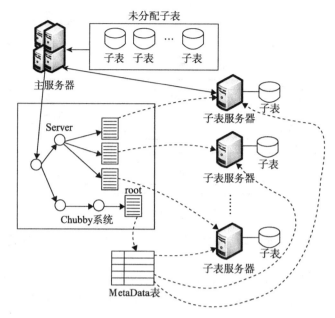

图 2-28   Bigtable 系统的物理结构

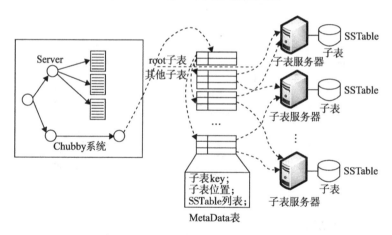

图 2-29   Chubby 与 MetaData 协作原理

②主服务器

主服务器是 Bigtable 系统中的管理节点，它与 Chubby 合作负责子表服务器的管理、子表的分配和子表存储的负载均衡以及子表定位。

a. 子表服务器管理

Bigtable 使用 Chubby 跟踪记录 Tablet 服务器的状态。当一个 Tablet 服务器启动时，它在 Chubby 的一个指定目录下建立一个具有唯一性名字的文件，并且获取该文件的独占锁。Master 服务器实时监控着这个子表服务器目录。因此，Master 服务器能够知道有新的子表服务器加入 Bigtable 系统中了。

如果某个 Tablet 服务器丢失了 Chubby 上的独占锁，那么这个 Tablet 服务器就停止对 Tablet 提供服务了。Chubby 提供了一种高效的机制，使得子表服务器能够在不增加网络负担的情况下知道它是否还持有这个独占锁。只要 Tablet 服务器对应的文件还存在，Tablet 服务器就会试图重新获得对该文件的独占锁；如果文件不存在了，那么 Tablet 服务器就不能再提供服务了，它会自行退出。

当子表服务器终止时，例如从 Bigtable 集群中被移除，子表服务器会尝试主动释放它持有的文件独占锁，而 Master 服务器就能尽快把它保存的 Tablet 分配到其他子表服务器上。

b. Tablet 分配

在任何时刻，一个 Tablet 只能分配给一个子表服务器。主服务器利用 Chubby 记录当前有哪些活跃的子表服务器、哪些 Tablet 被分配给了哪些子表服务器、哪些 Tablet 还没有被分配。当一个 Tablet 还没有被分配并且刚好有一个子表服务器有足够的空闲空间装载它时，Master 服务器会给这个子表服务器发送一个装载请求，把 Tablet 分配给这个服务器。

在 Master 服务器启动之初，它首先要了解当前 Tablet 的分配状态，之后才能够修改分配状态。因此，Master 的启动步骤是：

步骤 1：从 Chubby 获取一个唯一的 Master 锁，用来阻止创建其他 Master 服务器实例。

步骤 2：扫描 Chubby 的服务器文件锁存储目录，获取当前正在运行的子表服务器列表。

步骤 3：与所有正在运行的子表服务器通信，获取每个子表服务器上 Tablet 的分配信息。

步骤 4：扫描 MetaData 表获取所有的 Tablet 的集合。对未分配的 Tablet，Master 服务器将其加入未分配的 Tablet 集合，等待合适的时机进行分配。

在 Master 服务器的正常运行过程中，Master 服务器通过轮询 Tablet 服务器文件独占锁的状态来检测何时子表服务器不再为 Tablet 提供服务。如果一个 Tablet 服务器报告丢失了文件独占锁，或者 Master 服务器最近几次尝试和它通信都没有得到响应，Master 服务器就会尝试获取该 Tablet 服务器文件的独占锁；如果 Master 服务器成功获取了独占锁，那么就说明 Chubby 是正常运行的，而子表服务器要么是宕机了，要么是不能和 Chubby 通信了。因此，Master 服务器就删除该 Tablet 服务器在 Chubby 上的服务器文件以确保它不再给 Tablet 提供服务。一旦 Tablet 服务器在 Chubby 上的服务器文件被删除了，Master 服务器就把之前分配给它的所有 Tablet 放入未分配的 Tablet 集合中。

③子表服务器

子表服务器是 Bigtable 系统中用来存储和管理子表数据的。具体来说，子表服务器的功能包括子表存储、读取子表数据、子表更新、子表分割、SSTable 合并、子表恢复。

a. 子表的存储与读取

Bigtable 系统中的子表以 GFS 文件的形式存在，被称为 Google SSTable 格式。SSTable 是一个持久化的、排序的、不可更改的 Map 结构，而 Map 是一个 key-value 映射的数据结构，key 和 value 的值都是任意的字节串。

从外部看，SSTable 支持查询与一个 key 值相关的 value，或者遍历某个 key 值范围内的所有 key-value 对。从内部看，每个 SSTable 逻辑上划分为两个区域：数据区和索引区。数据区用来存储来自应用的数据，其本身又被划分成一系列的数据块。每个数据块的大小是可配置的，通常是 64KB。这里需要强调的是，数据块是 Bigtable 读取数据的基本单位。索引区记录了每个数据块存储的"行主键"范围及其在 SSTable 中的位置信息。子表数据的存储如图 2-30 所示。

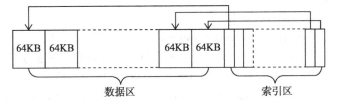

图 2-30　子表服务器上的 SSTable

子表服务器响应应用程序对子表的读请求。如图 2-30 所示,SSTable 使用块索引来定位数据块,块索引通常保存在 SSTable 的最后。当 Bigtable 打开一个 SSTable 文件的时候,索引被加载到内存。由于索引中记录了数据块存储的"行主键"范围,而且按照"行主键"的字母顺序排列,因此查找数据块的过程是:首先使用二分查找法在内存的索引里找到数据块的位置,然后再从硬盘读取相应的数据块。为了加快查找速度,Bigtable 还引入了 Bloom Filter 算法,这样就可以快速判断某个 SSTable 是否包含需要读取的数据的"主键",避免了在磁盘中的查找。

b. 子表更新

子表服务器响应应用程序对子表的更新请求,具体操作包括插入、删除行数据,或者插入、删除某行的某列数据。

子表服务器对子表的更新采用 LSM(Log-Structured Merge)树结构完成。当子表服务器接收到数据更新请求时,首先将更新命令写入 commitlog 文件之中,然后将更新数据写入内存的 memtable 结构之中。当 memtable 里容纳的数据超过设定大小时,将内容输出到 GFS 文件系统中,形成一个新的 SSTable 文件。一个子表数据就是由若干个陆续从 memtable 产生的 SSTable 文件组成的。子表服务器对子表的更新过程如图 2-31 所示。

如果子表服务器发生故障而宕机,就有可能导致 memtable 中的更新数据尚未写入 GFS SSTable 而丢失。为此,Bigtable 系统引入了更新日志 commitlog,并遵循先写日志(Write Log Ahead,WLA)原则。子表服务器宕机重启后,可以根据 commitlog 中的更新命令来恢复 memtable 中保存的更新数据。

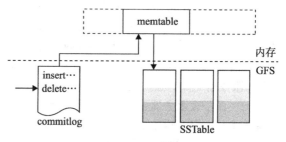

图 2-31   子表的更新

c. 子表分割

每个 Tablet 服务器都管理一个 Tablet 的集合,数量从数十到上千个不等。每个 Tablet 服务器除了负责响应对它所装载的 Tablet 的读写操作之外,还负责在 Tablet 超过预设值(默认情况下,是 100 ~ 200MB)时对其进行分割,分割为两个均等大小的子表。

Tablet 分割事件由 Tablet 服务器启动。在分割操作完成之后,Tablet 服务器通过在 MetaData 表中记录新的 Tablet 信息来提交分割操作的结果。然后,Tablet 服务器会通知 Master 服务器。

d. SSTable 合并(Compaction)

如果 SSTable 数量过多,会影响系统的读取效率,所以子表服务器还负责周期性地对 SSTable 和 memtable 进行合并。Bigtable 采用了三种不同的合并策略:

- 合并策略一:微合并(Minor Compaction)。随着数据更新操作的不断进行,memtable 的尺寸会持续增加。当 memtable 的尺寸到达一个预设值时,当前 memtable 即被固定,同时创建一个新的 memtable 来记录新的数据更新操作。子表服务器在 GFS 上创建一个新的 SSTable,并将被固定的 memtable 的内容写入这个 SSTable 中。微合并可以降低子表服务器内存的占用率,同时当子表服务器宕机时,也能减少读取 commitlog 的数据量。微合并不影响数据的读写操作。

- 合并策略二:部分合并(Merging Compaction)。每一次微合并都创建一个新的 SSTable,这就导致读操作需要从多个 SSTable 中查询目标数据的更新并进行归并,影响读操作的效率。为此,Bigtable 周期性地将 memtable 和部分 SSTable 合并为一个新的更大的 SSTable,称为部分合并。部分合并完成后,参与合并的 memtable 和 SSTable 会被删除。

- 合并策略三:完全合并(Major Compaction)。子表服务器周期性地将 memtable 和全部

SSTable 合并为一个大的 SSTable 的过程，称为完全合并。由于子表服务器中尚存一部分 SSTable 没有参与部分合并，因此经过了部分合并后，可能仍然有数据更新的中间结果保存在 SSTable 中。完全合并会消除这些中间结果，例如把标记为"删除"的记录彻底丢弃，这无疑有利于提高数据的新鲜性和数据查询的效率，也有利于节约存储空间。

e. 子表恢复

Bigtable 系统为子表服务器故障提供了完善的子表恢复机制。当子表服务器重新启动后，首先从 MetaData 中获取本子表服务器所装载的子表信息和这些子表的 SSTable 信息以及 commitlog 文件中的恢复点。子表服务器在 memtable 上重做 commitlog 文件中从恢复点开始之后的所有更新操作，如此可重建 memtable。另外，从 MetaData 中找到全部子表对应的 SSTable 后，将这些 SSTable 的索引块装入内存。经过这两项工作，子表服务器可完全恢复到宕机前的状态。

3. HBase

HBase(Hadoop Database)来自于 Apache 组织，早期隶属于 Hadoop 项目，是其下的一个开源子项目，到目前已经成长为一个独立的顶级开源项目。图 2-32 描述了 HBase 在 Hadoop 生态系统中的位置。

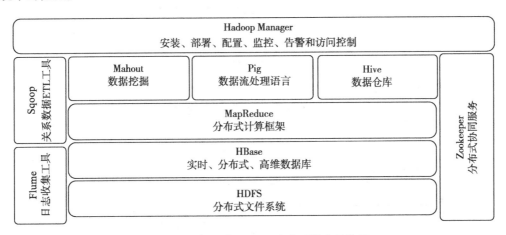

图 2-32　HBase 在 Hadoop 生态系统中的位置

HBase 是一个分布式的、面向列的开源数据库，是对基于 GFS 的 Bigtable 数据库的开源实现。类似 Google Bigtable 利用 GFS 作为其文件存储系统，HBase 利用 Hadoop HDFS 作为其文件存储系统；Google 运行 MapReduce 来处理 Bigtable 中的海量数据，HBase 同样利用 Hadoop MapReduce 来处理 HBase 中的海量数据；Google Bigtable 利用 Chubby 作为协同服务，HBase 利用 Zookeeper 作为协同服务。

HBase 底层使用 Hadoop 的 HDFS 作为文件存储系统。借助于此，HBase 首先实现了海量数据存储能力，同时能显著提高数据存储的可靠性。HBase 的上层可以使用 MapReduce 并行计算框架，这使它对于海量数据处理又具有了明显的效率优势。HBase 融合了 HDFS 的海量数据存储能力和 MapReduce 的并行计算能力，能够实现海量数据的高效处理，并提供高可靠性保证。

HBase 作为松散型数据库，存储的数据介于键值(key-value)映射和关系型数据之间。保存在 HBase 中的海量数据在逻辑上被组织成一张很大的表，支持动态添加数据列，并且每个数据值又以时间戳区分，保留了数据的多个版本。

(1)HBase 的体系结构

与 HDFS 类似，HBase 也遵从简单的 Master-Slave 体系结构。它是由 HMasterServer(HBase Master Server)和 HRegionServer(HBase Region Server)构成的服务器集群。其中，HMasterServer

充当 master 角色，主要负责将 Region 分配给 RegionServer、动态加载或卸载 RegionServer、对 RegionServer 实现负载均衡、管理全局数据模式定义等功能；HRegionServer 充当 Slave 角色，负责与 Client 进行交互和数据的读写操作。体系结构的相似性使得 HBase 与 Hadoop 一样，可以方便地进行横向扩展，通过不断增加廉价的机器来增加计算和存储能力。

HBase 的体系结构如图 2-33 所示。

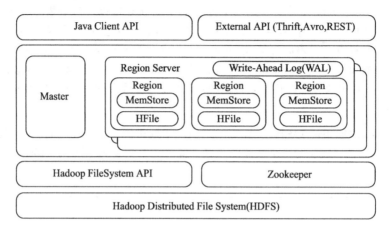

图 2-33　HBase 的体系结构

（2）HBase 的组件结构

在 HBase 集群中，主要有四大功能组件，分别是 HRegionServer、HMasterServer、Zookeeper 和 Client Library，如图 2-34 所示。

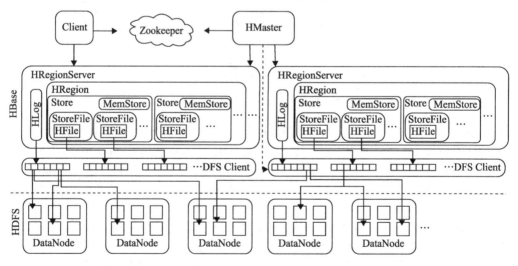

图 2-34　HBase 的组件结构

①主服务器（HMasterServer）

HMasterServer 是 HBase 整个集群的管理者，它主要负责管理数据表（Table）和区域（Region）以及响应用户的数据请求，保证用户对数据的访问。它的具体任务包括：

- 保存和管理关于存取数据信息的元数据信息。
- 管理用户对表的增加、删除、修改和查询。
- 调整 HRegion 的分布，管理 HRegionServer 的数据和负载均衡。

- 负责新 HRegion 的分配。
- 在 HRegionServer 停机后，负责失效 HRegionServer 上的 HRegion 迁移。
- 处理对 HBase schema 的更新请求。

虽然 HMaster 是 HBase 集群中的中心点，但是 HBase 并不存在单点失效问题，因为 HBase 中可以启动多个 HMaster，并通过 Zookeeper 的 Master Election 机制保证总是只有一个 master 运行。当正在运行的 master 机器出现故障的时候，系统会转移到其他 master 来接管。

②数据服务器（HRegionServer）

HRegionServer 是每个 Region（区域）的管理者和用户服务的提供者。它管理本地数据，并响应用户的数据读取请求。一般情况下，在 HBase 集群中，每台机器上只运行一个 HRegion-Server。

a. Region 的存储与读取

HBase 是 Bigtable 的开源实现，也是列存储数据库。HBase 以表的形式存储数据。当 HBase 数据表的大小超过设置值时，HBase 会把数据表在行的方向上分隔为多个区域（Region），每个 Region 包含全部数据的一个子集。从物理上来说，一张表被拆分了多块，每块就是一个 Region。Region 是 HBase 中分布式存储和负载均衡的最小单元。不同的 Region 可以分别位于不同的 HRegionServer 上，但同一个 Region 不会被分拆存储到多个 HRegionServer 之上。

进一步，Region 由多个 Store 组成，Store 是 HBase 的物理存储核心。每个 Store 存储表中的一个列簇。Store 由两部分组成：MemStore 和 StoreFile。MemStore 是有序的主存缓冲区（Sorted Memory Buffer），用户写入的数据首先暂存于 MemStore，当 MemStore 写满后会执行 Flush 操作，写入外存的一个 StoreFile（其底层实现是 HFile）中。这样，StoreFile 文件数量会持续增长。当 StoreFile 文件数量增长到设定阈值时，会触发合并（compact）操作，将多个 StoreFile 合并成一个 StoreFile。合并过程中会进行版本合并和数据删除。

HRegionServer 响应用户的数据读取请求。它首先会访问本地的 HMemcache 缓存，其中保存着最近更新的数据。如果缓存里面没有该数据，才会到 Store 中进行磁盘查找。

b. 恢复管理

HRegionServer 使用本地磁盘上的 HLog 文件进行恢复管理。HLog 文件记录着所有更新操作。在 HRegionServer 启动的时候，会检查本地的 HLog 文件，查看最近一次执行缓冲区写出操作后是否有更新操作：如果没有更新，就表示数据缓冲区中的所有更新都已经写入磁盘文件中了；如果有更新，HRegionServer 会先把这些更新写入高速缓存，然后调用 flush cache 过程写入外存磁盘。最后，HRegionServer 会删除旧的 HLog 文件，并开始让用户访问数据。

c. Region 的合并与分裂

HRegionServer 通过合并操作将多而小的 StoreFile 合并成一个越来越大的 StoreFile。当单个 StoreFile 大小超过一定阈值后，会触发 HRegionServer 的 Split 操作，把当前 Region 分裂成两个 Region，并且报告给 HMaster，让它来决定由哪个 HRegionServer 存放新拆分而得的 Region。当新的 Region 拆分完成并且把引用也删除后，HRegionServer 负责删除旧的 Region。另外，当两个 Region 足够小时，HBase 负责将它们合并。

③HBase 集群中的分布式协调器 Zookeeper

Zookeeper 是 HBase 集群的协调者。总体来说，Zookeeper 的功能有：

1）保证在任何时刻，集群中只有一个 master。

2）存储所有 Region 的入口地址。HMasterServer 启动时会将 HBase 系统表 Root 加载到 Zookeeper 上，并通过 Zookeeper cluster 获取当前系统表.Meta 的存储所对应的 RegionServer 信息。

3）实时监控 HRegionServer 的状态，将 HRegionServer 的上线和下线信息实时通知给 HMasterServer。HRegionServer 会以短暂的方式向 Zookeeper 注册，使得 HMasterServer 可以随时感知各个 HRegionServer 是否在线的状态信息。

4）存储 HBase 的 schema，包括有哪些表，每个表有哪些列族。

④客户端类库（Client Library）

Client Library 是封装的用于支持 HBase 数据操作和客户端开发的 API 集合。

4. HBase/Bigtable 与 RDBMS

HBase 是 Bigtable 的开源实现，在此我们以 HBase 为例，总结 HBase、Bigtable 与关系型数据库管理系统 RDBMS 的主要不同。HBase 是一个分布式的、基于列模式的映射数据库，它只能表示很简单的键值映射关系。它有如下特点：

- **数据类型**：HBase 只有简单的字符串数据类型，所有其他的数据类型都交由用户自己定义和管理；多数关系型数据库管理系统内置丰富的数据类型，如数值型、时间日期型等。
- **数据操作**：HBase 操作只有简单的插入、查询、删除、清空等，表和表之间没有复杂的关联关系，所以不支持表与表之间的连接操作；传统的关系数据库内置强大的查询处理引擎，提供丰富的函数，支持基于参照完整性的表关联，可实现多表的连接操作。
- **存储模式**：HBase 是基于列存储的，每个列族都由几个文件保存，不同列族的文件是分离的；传统的关系数据库是基于表结构和模式保存的。
- **数据索引**：HBase 没有真正的索引，由于行是顺序存储的，每行中的列也是顺序存储的，因此不存在索引膨胀问题，插入性能和表的大小无关；关系数据库支持多级索引技术，索引页面相对于数据页面来说要小很多，利用索引可以加快查找和连接的速度，但是，在数据更新频繁的应用中，索引维护代价不容忽视。
- **数据维护**：HBase 进行更新操作，插入新版本数据时，旧版本的数据仍然会保留，所以实际上是插入了新的数据，属于典型的异地更新策略；传统的关系型数据库则采用原地替换与修改策略，辅以基于日志的恢复策略实现数据库的弹性。
- **可伸缩性**：HBase 支持线性扩展，能够方便地增减节点数量，从而修改集群规模和系统容量，新节点加入集群后，运行 HRegionServer，HBase 能够自动实现 Region 的负载均衡；传统的关系数据库通常需要通过中间层来实现受控的节点加入或者删除。
- **系统目标**：HBase 强调灵活的可伸缩性以支持海量数据存储，强调并行处理、数据的"最终一致性"等思想以支持面向海量数据的实时查询处理；传统的关系型数据库强调事务的 ACID 特性，强调数据的"实时一致性"，强调基于 SQL 语言的复杂查询支持能力。

从上面的对比可以看出，Bigtable 和 HBase 之类的基于列模式的分布式数据库，更适合海量存储和实时查询处理。另外，互联网上的内容是以字符为基础的，Bigtable 和 HBase 正是针对互联网应用而开发出来的数据库。HBase 从设计之初，就强调灵活的分布式架构，用户可以基于异构、廉价的硬件设备组建 HBase 大数据存储和处理集群。

2.10.4　其他分布式数据库系统

1. Cassandra

Cassandra 是一套开源分布式 NoSQL 数据库系统。它最初由 Facebook 开发，用于存储收件箱等简单格式数据。Cassandra 采用了与 Bigtable 类似的列存储思想和 key-value 数据模型。体系结构方面，Cassandra 以 Amazon 专有的完全分布式的 Dynamo 为基础，采用去中心化的 P2P 环形结构，从很多方面来看都可以称之为 Dynamo 2.0。Facebook 于 2008 年将 Cassandra 开源，成为Apache的一个顶级项目。此后，由于 Cassandra 良好的可扩展性，被 Digg、Twitter 等知名

Web 2.0 网站所采纳，成为一种流行的分布式结构化数据存储方案。

(1) Cassandra 的集群架构

Cassandra 是由一堆数据库节点共同构成的一个分布式网络服务，对 Cassandra 的一个节点的写操作会被复制到其他节点上，对 Cassandra 的读操作也会被路由到某个节点上。图 2-35 描述了 Cassandra 的基本集群架构。

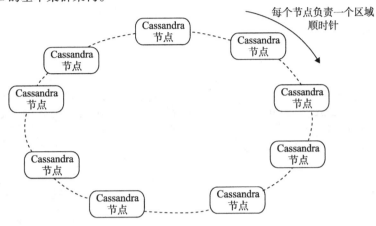

图 2-35   Cassandra 的基本集群架构

在 Cassandra 集群中，每个节点都是平等的，没有中心节点或管理节点，因此不会有单点失败问题。某节点是否属于集群只取决于自己的配置。

每个节点每秒会和其他某些节点进行通信(Gossip 协议)。每个节点都以日志方式记录每次写操作，以实现数据的持久性。实际数据并非直接写入磁盘，而是先写入内存中的 memtable，memtable 写满后一次性写入磁盘中的 SSTable 文件。写入磁盘时自动实现数据分片(partition)和数据复制(replicate)。

Cassandra 是一个面向行的数据库，授权用户可以以 CQL 语言访问集群中的任意一个节点。CQL 类似于 SQL 语言，从 CQL 的角度来看，数据库由表组成，一般每个应用程序都有一个 keyspace。

客户端可以向任何一个节点发出读写请求，当客户端向某个节点发出读写请求时，该节点将作为代理与实际拥有该数据的节点进行通信。代理节点通过配置知道应该与哪些节点进行通信。

(2) Cassandra 的集群机制

Cassandra 的集群配置主要包括四个组件：一致性散列、集群节点之间的通信协议 Gossip、集群的数据备份机制、snitch。

① 一致性散列

为了使 Cassandra 具有真正的扩展性，Cassandra 集群机制使用了一致性散列。标准的一致性散列算法是：每个节点都有唯一的散列值(token)，将这个散列值配置到圆环上($0 \sim 2^{32}$)，相当于节点在一致性散列圆环上的地址。数据根据相同的散列函数获得一个散列值，这个散列值落到哪一段，就表示这些数据存储在这段对应的节点上。当添加或者移除新节点时，只有该节点相邻的那个节点会受到影响。因此，一致性散列不会引起全局性的数据重新分布问题。

但是，标准的一致性散列算法可能会造成数据分布不均的问题，因此在 Cassandra 1.2 以后采用了虚拟节点的思想：把圆环分成更多部分(token)，让每个节点负责多个部分的数据。这样一个节点移除后，它所负责的多个 token 会托管给多个节点处理，这种思想解决了数据分布不均的问题。

如图 2-36a 所示是 Cassendra 早期版本采用的标准一致性散列，每个节点负责圆环中一段的区间。如果 node2 节点退出系统，那么 node2 上存储的数据由 node1 接管，这会增加 node1 的数据负载。如果此时 node1 也退出了系统，那么 node1 的数据将交由 node6 托管。此时，node6 上实际存储了 node1、node2 和 node6 的数据，导致严重的数据分布不均。图 2-36b 是带有虚拟节点的一致性散列的实现，每个节点不再负责连续部分，且圆环被分为更多的部分。如果 node2 退出系统，node2 负责的数据不是全部托管给 node1，而是托管给多个节点。这样，就相对地保持了全局数据的均匀分布。

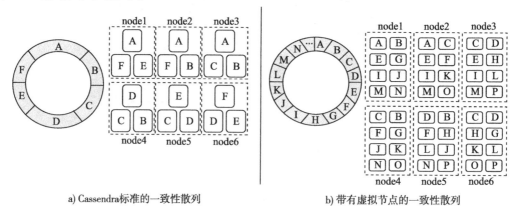

a) Cassendra 标准的一致性散列   b) 带有虚拟节点的一致性散列

图 2-36   Cassendra 数据库的一致性散列原理

②Gossip 通信协议

Cassandra 集群没有中心节点，各个节点的地位完全相同，它们通过一种称为 Gossip 的协议维护集群的状态。通过 Gossip，每个节点都可以知道集群中包含哪些节点，以及这些节点的状态，这使得 Cassandra 集群中的任何一个节点都可以独立完成任意 key 的路由，完全避免了单点失效的问题。Gossip 协议主要包含两个部分：失效节点检验（FailureDetector）与节点间状态传递（Gossiper）。

a. FailureDetector

Cassandra 的节点之间会相互通信。简单来说，失效节点检验就是将节点之间的通信内容（通信内容包含特定信息）与本地存储的特定信息进行比较，以判断节点是否存活的一种机制。具体地，Gossip 进程（Gossiper）通过每个节点的心跳（heartbeat）来感知节点是否存活。它会考虑网络状况、负载等综合因素来计算节点心跳时间的临界值。Gossip 过程中，每个节点都维护着其他节点 Gossip 消息的内部到达次数。在 Cassandra 中，通过配置 phi_convict_threshold 调节失败探测的敏感度，从而适应相对不可靠的网络环境。超过这个时间，则 Cassandra 认为这个节点退出集群了。

b. Gossiper

Cassandra 中各节点的地位完全平等，没有主从之分。每个节点每秒会将集群中每个节点的状态以"传闲话"的方式传播到 1~3 个其他节点（随机选取节点）。每条 Gossip 消息上都有一个版本号，节点可以对接收到的消息进行版本比对，从而得知哪些消息是本节点需要更新的。节点之间互相"传话"，一传十，十传百，更新消息呈指数传播，因此任一个节点的变更都会快速地传遍整个集群，保证了集群中每个节点都了解集群中其他各节点的状态。

③数据备份机制

Cassandra 是一个支持容灾的系统，即数据会在集群中保留多份，这样当某个机器失效时其他机器仍然有数据备份，从而保证数据安全和持续提供服务的能力。Cassandra 的容灾能力与其备份机制密不可分。Cassandra 提供了三种备份策略（Replication Strategy）。

- 策略一：SimpleStategy。最简单的策略，根据指定的 token 在一致性散列圆环上顺时针方向找出下面 N 个需要备份的节点。
- 策略二：OldNetworkTopologyStategy。与策略一类似，要求第二个备份节点与第一个备份节点不在同一个数据中心，第三个备份节点与第二个备份节点在同一数据中心，但在不同机架上。其余备份节点按照策略一继续寻找。
- 策略三：NetworkTopologyStategy。在策略二的基础上，更加详细地指定每个数据中心需要备份的数据份数。

④snitch

Cassandra 的备份机制依赖于机架感应（Endpoint Snitch）。snitch 定义了拓扑信息，主要包括两方面的功能：1）根据网络拓扑确定数据应该从哪个节点读或者向哪个节点写；2）尽量使不同的副本不分布在同一个机架上。

Cassandra 集群提供了三种 snitch 策略：

- 策略一：SimpleSnitch。这是默认方式，它不会尝试识别节点是否位于不同的机架或数据中心，可用于单数据中心的部署。这种情况下只有副本因子参数需要配置。
- 策略二：RackInferringSnitch。根据 IP 地址确定不同节点的网络位置。
- 策略三：PropertyFileSnitch。根据配置文件 cassandra-topology. properties 确定节点分布。

如果在集群已经存储数据后再改变 snitch 策略，则必须运行完全修复，因为 snitch 决定实际的数据副本位于哪些节点。

2. OceanBase

OceanBase 是一个支持海量数据的高性能分布式数据库系统，实现了数千亿条记录、数百 TB 数据上的跨行跨表事务，由淘宝团队研发，并最终于 2001 年实现开源。从 CAP（一致性 C：Consistency，可用性 A：Availability，分区容错性 P：tolerance of network Partition）理论角度分析，作为像 taobao. com 这样的电子商务平台，其在线业务对一致性和可用性的要求高于分区容错性，数据特征是数据总量庞大而且逐步增加，单位时间内的数据更新量并不大，但实时性要求很高。这就要求底层数据存储和处理平台更加偏重于支持 CA 特性，同时兼顾分区容错性，并且在实时性、成本、性能等方面表现良好。为此，OceanBase 更加集中于解决数据更新一致性、高性能的跨表读事务、范围查询、连接、数据全量及增量转储、批量数据导入等问题。在此，首先介绍一下 OceanBase 基础架构中的一些基本概念。

（1）主键

row key，也称为 primary key，类似于 DBMS 的主键，与 DBMS 不同的是，OceanBase 的主键总是二进制字符串（binary string），但可以有某种结构。OceanBase 以主键为顺序存放表格数据。

（2）SSTable

OceanBase 的数据存储格式，用来存储一个或几个表的一段按主键连续的数据。

（3）Tablet

一个表是按主键划分的一个前开后闭范围，通常包含一个或几个 SSTable，一个 Tablet 的数据量通常在 256MB 左右。

（4）基准数据和动态数据

虽然数据总量比较大，但跟许多行业一样，淘宝业务一段时间（例如小时或天）内数据的增删改是有限的（通常一天不超过几千万次到几亿次），根据这个特点，OceanBase 以增量方式记录一段时间内的表格数据的增删改，从而保持着表格主体数据在一段时间内相对稳定，其中增删改的数据称为动态数据，而一段时间内相对稳定的主体数据称为基准数据。基准数据和转储后(保存到 SSD 固态盘或磁盘)的动态数据以 SSTable 格式存储。

（5）冻结

指动态数据(也称为内存表)的更新到一定时间或者数据量达到一定规模后，OceanBase 停止该块动态数据的修改，后续的更新写入新的动态数据块中，旧的动态数据块不再修改，这个过程称为动态数据块的冻结。

（6）转储

出于节省内存或者持久化等原因，将一个冻结的动态数据块转化为 SSTable 并保存到 SSD 固态盘或磁盘上的过程，称为转储。转储实际上就是内存表的持久化过程。

（7）数据合并

查询时，查询项的基准数据与其动态数据(即增删改操作)合并以得到该数据项的最新结果的过程，即是数据合并。此外，把旧的基准数据与冻结的动态数据进行合并生成新的基准数据的过程也称为数据合并。

OceanBase 遵循 Master-Slave 模式，其体系结构如图 2-37 所示。

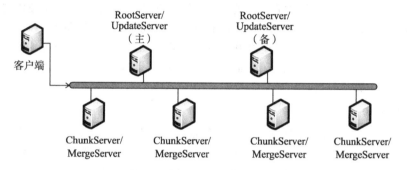

图 2-37   OceanBase 体系结构

OceanBase 系统包括如下组件。

- 客户端：使用 OceanBase 的方式和使用 MySQL 数据库完全相同，它支持 JDBC、C 客户端访问等，所以基于 MySQL 开发的应用程序能够直接迁移到 OceanBase 之上。
- RootServer：管理集群中的所有服务器、Tablet 数据分布以及副本管理。RootServer 一般为一主一备，主备之间数据强同步。
- UpdateServer：存储 OceanBase 系统的增量更新数据。UpdateServer 一般为一主一备，主备之间可以配置不同的同步模式。集群部署时，UpdateServer 进程和 RootServer 进程往往共用物理服务器。
- ChunkServer：存储 OceanBase 系统的基准数据。基准数据一般存储两份或者三份，可配置。
- MergeServer：接收并解析用户的 SQL 请求，经过词法分析、语法分析、查询优化等一系列操作后转发给相应的 ChunkServer 或者 UpdateServer。如果请求的数据分布在多台 ChunkServer 上，MergeServer 还需要对多台 ChunkServer 返回的结果进行合并。客户端和 MergeServer 之间采用 MySQL 通信协议，MySQL 客户端可以直接访问 MergeServer。

由于动态数据相对较小，通常情况下 OceanBase 把它保存在独立的服务器 UpdateServer 的内存中。用内存保存增删改记录极大地提高了系统写事务的性能。假如每条修改记录平均占用 100B 的内存容量，那么 10GB 内存可以记录 100M(1 亿)条修改。另外，通过简单地扩充 UpdateServer 的内存就可以达到增加内存中容纳的修改量的目的。进一步，由于被冻结的内存表不再修改，它也可以转换成 SSTable 格式并保存到 SSD 固态盘或磁盘上。转储到 SSD 固态盘后所占内存即可释放，并仍然可以提供较高性能的读服务，这也缓解了极端情况下 UpdateServer 的内存需求。为了应对机器故障，动态数据服务器 UpdateServer 写 commitlog 并采取多机热备的策略。由于 UpdateServer 的主备机是同步的，因此备机也可同时提供读服务，分担主 UpdateServer 服务器的访问压力。

由于基准数据相对稳定，OceanBase 把它按照主键分段（即 Tablet）后保存多个副本（一般是 3 个）到多台 ChunkServer 上，避免了单台机器故障导致的服务中断。多个副本也提升了系统的并行服务能力。单个 Tablet 的尺寸可以根据应用数据特点进行配置，相对配置过小的 Tablet 会合并，过大的 Tablet 则会分裂。

由于 Tablet 按主键分块连续存放，因此 OceanBase 按主键的范围查询对应着连续的磁盘读，十分高效。

对于已经冻结/转储的动态数据，OceanBase 的 MergeServer 会结合 ChunkServer 和 UpdateServer 获得最新数据，实现数据一致性。MergeServer 常与 ChunkServer 共用一台物理服务器。MergeServer/ChunkServer 会在自己不是太忙的时候启动基准数据与冻结/转储内存表的合并，并生成新的基准数据。这种合并过程其实是一种范围查询，是一串连续的磁盘读和连续的磁盘写，也是很高效的。

OceanBase 中的 RootServer 类似于 GFS master，负责集群的故障检测、负载均衡计算、负载迁移调度等。由于 RootServer 负载一般都很轻，所以常与 UpdateServer 共用物理机器。

3. Spanner

Spanner 是 Google 公司开发和部署的一个可扩展、多版本、全球级、支持同步复制的分布式数据库。从最高层抽象来看，Spanner 就是一个数据库，把数据分片存储在许多 Paxos 状态机上，这些机器位于遍布全球的数据中心内。在 Spanner 的设计之初，它就被定义为可以扩展到几百万个机器节点，跨越成百上千个数据中心，具备几万亿数据库行的规模。

数据复制技术是 Spanner 的一大鲜明特点。多数据副本可以用来提高系统在全球范围内的可用性，并支持操作的地理局部性。随着数据的变化和服务器的变化，Spanner 会自动把数据进行重新分片，从而有效应对负载变化和节点时效等状况。Spanner 的主要工作就是管理跨越多个数据中心的数据副本。

在体系结构方面，Spanner 采用的是分层的 Master-Slave 结构，如图 2-38 所示。

（1）Universe

一个 Spanner 部署实例称为一个 Universe。目前全世界有 3 个：一个开发，一个测试，一个线上。因为一个 Universe 就能覆盖全球，所以不需要多个。

（2）Zone

每个 Zone 相当于一个数据中心，一个 Zone 内部物理上必须在一起。而一个数据中心可能有多个 Zone。一个 Zone 包括一个 zonemaster 和 100 至几千个 spanserver。可以在运行时添加或移除 Zone。

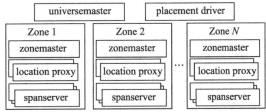

图 2-38 Spanner 的整体架构

universemaster 主要是一个控制台，它监控关于 Zone 的各种状态信息。zonemaster 相当于 Bigtable 中的 master，负责把数据分配给 spanserver，spanserver 把数据提供给客户端。spanserver 相当于 Bigtable 的 ChunkServer，用于存储数据。客户端使用每个 Zone 上面的 location proxy 来定位可以为自己提供数据的 spanserver。

placement driver 会周期性地与 spanserver 进行交互来发现那些需要被转移的数据，或者是为了满足新的副本约束条件，或者是为了进行负载均衡。

4. MySQL Cluster

MySQL Cluster 是 MySQL 的分布式版本，它允许在无共享的系统中部署"内存数据库"的 Cluster 。通过无共享体系结构，系统能够使用廉价的硬件，而且对软硬件无特殊要求。此外，由于每个组件有自己的内存和磁盘，所以不存在单点故障和瓶颈问题。

从物理上来说，MySQL Cluster 由一组计算机构成，每台计算机上均运行着多种进程，包括 MySQL 服务器、NDB Cluster 的数据节点、管理服务器以及专门的数据访问程序。从整体体系结构来看，MySQL Cluster 采用的也是 Master-Slave 模式，如图 2-39 所示。

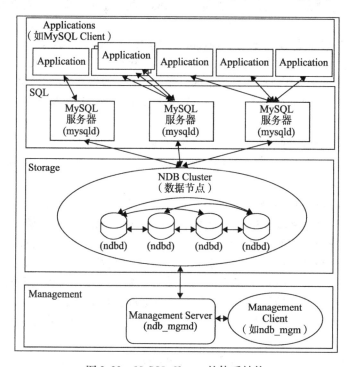

图 2-39　MySQL Cluster 的体系结构

MySQL Cluster 有三类节点。

（1）管理节点（Management Node）

管理节点用来实现整个集群的管理，理论上一般只启动一个，在机器资源充足的情况下，也可以有多个管理节点。管理节点相当于整个集群的控制中心，负责各个节点的添加、删除、启动、停止等。在启动 MySQL Cluster 时，必须先启动管理节点。

（2）存储节点/数据库节点（Storage Node/Database Node）

数据库节点用来存储数据，可以和管理节点处在不同的机器上，也可以在同一个机器上。集群中至少要有一个数据库节点，两个以上数据库节点就可以实现集群的高可用性。但是，需要注意的是，增加数据库节点时，集群的处理速度会变慢。

（3）SQL 节点（SQL Node）

这类节点也就是普通的 mysqld 进程，用来访问 Cluster 的数据。增加 SQL 节点可以提高整个集群的并发访问速度和整体的吞吐量，该类节点可以部署在 Web 服务器上，也可以部署在专用的服务器上，还可以和数据库部署在同一台服务器上。

2.11　本章小结

本章首先分别对分布式数据库系统的物理结构、逻辑结构、体系结构、模式结构、组件结构进行了较为详细的描述；接着，阐述了相关的非集中的数据库系统（多数据库系统和 P2P 数据库系统），并分析了不同系统的异同；之后，针对分布式数据库系统的三个分类特性（分布性、异构性和自治性），对非集中的分布式数据库系统进行了分类，同时给出了分布式数据库系统中元数据的组织方式；然后，以 Oracle 为例，介绍了 Oracle 分布式数据库系统的分布特性组件。

为了适应越来越广泛的大数据应用，多种大数据库管理系统应运而生。它们的共同特点是采用分布式架构，但不同系统的组件结构不同，更不同于经典的分布式数据库系统。本章概述了当前主流的大数据库管理系统的分类，并结合典型系统介绍了各自的体系结构及组件结构。

习题

1. 说明系统参考结构、系统体系结构和系统组件结构的典型特点及其作用。
2. 阐述分布式数据库的数据模型同集中式数据库的数据模型的异同点。
3. 分析已有的几种分布式数据库系统的体系结构，简述采用不同体系结构的分布式数据库系统的优缺点和适用的场合。
4. 分布式数据库系统中的一个局部场地的数据处理能力是否等价于一个集中式数据库系统的数据处理能力？
5. 存在多个独立的数据库系统，请给出至少三种实现多个数据库系统集成的案例。
6. 简述 Hadoop 系统的总体框架以及各个主要部件的作用，简述 Hadoop 系统的三种运行模式以及各种运行模式的特点。
7. 简述 HBase 系统（包括体系结构、数据模型、组件结构）及其在 Hadoop 生态系统中的地位和作用。
8. 比较 Cassendra 系统各个版本的特点，举例说明 Cassendra 在商业系统中的典型应用。
9. 实验：部署 MySQL Cluster 集群系统。

主要参考文献

［1］陆嘉恒. 大数据挑战与 NoSQL 数据库技术［M］. 北京：电子工业出版社，2013.
［2］Pramod J Sadalage, Martin Fowler. NoSQL 精粹［M］. 爱飞翔，译. 北京：机械工业出版社，2014.
［3］张俊林. 大数据日知录：架构与算法［M］. 北京：电子工业出版社，2014.
［4］Bonifat A, Chrysanthis P K, Ouksel A M. Distributed Databases and Peer to Peer Databases：Past and Present［J］. SIGMOD Record, 2008, 37(1)：5 − 11.
［5］Fay C, Jeffrey D, Sanjay G, et al. Bigtable：a distributed storage system for structured data［J］. ACM Transactions on Computer Systems, 2008.
［6］Fuxman A, Kolaitis P G, Miller R J, Tan W C. Peer Data Exchange［J］. ACM TODS, 2006, 31(4)：1454 − 1498.
［7］Ghemawat S, Gobioff H, Leung S. The Google file system. Proc. of OSDI 2004［C］. 2004：29 − 43.
［8］Giacomo G D, Lembo D, Lenzerini M, Rosati R. On Reconciling Data Exchange, Data Integration and Peer Data Management. Proc. of PODS［C］. 2007.

[9] Gribble S D, Halevy A Y, Suciu Z D. What Can Database Do for Peer-to-Peer? Proc. of WebDB [C]. 2001.

[10] Halevy A Y. Answering queries using views: A survey. The VLDB Journal. (2001) [EB/OL]. http://www. cs. uwaterloo. ca/~david/cs740/answering-queries-using-views. pdf.

[11] Halevy A Y, Ives Z G, Suciu D, Tatarinov I. Schema Mediation in Peer Data Management Systems. Proc. of ICDE[C]. 2003.

[12] Lenzerini M. Data Integration: A Theoretical Perspective. PODS 2002[EB/OL]. http://www. dis. uniroma1. it/~lenzerin/homepagine/talks/ TutorialPODS02. pdf.

[13] Loo B T, Hellerstein J M, Huebsch R, Shenker S, Stoica I. Enhancing P2P File-Sharing with an Internet-Scale Query Processor. Proc. of VLDB[C]. 2004.

[14] Ng W S, Ooi B, Tan K, Zhou A. PeerDB: A P2P-based System for Distributed Data Sharing. Proc. of ICDE[C]. 2003.

[15] Ozean F. Dynamic Query Optimization in A Distributed object Management platform[D]. Dept. of Computer Engineering, METU, 1996.

[16] Ramanathan S, Goel S, Alagumalai S. Comparison of Cloud database: Amazon's SimpleDB and Google's Bigtable. [J]. Recent Trends in Information Systems (ReTIS), 2011, 8: 165 – 168.

[17] Tomasic A, Raschid L, Valduriez P. Scaling access to heterogeneous data sources with DISCO[J]. IEEE Transactions on Knowledge and Data Engineering, 1998, 10(5): 808 – 823.

[18] Valduriez P, Pacitti E. Data Management in Large-scale P2P 3 Systems. MDP2P[EB/OL]. 2013. http://www. sciences. univ-nantes. fr/info/recherche/ATLAS/MDP2P/.

[19] Valduriez P. Parallel Database Systems: open problems and new issues[J]. Int. Journal on Distributed and Parallel Databases, 1993, 1(2).

第 3 章

分布式数据库设计

在分布式数据库系统设计中，最基本的问题就是数据的分布问题，即如何对全局数据进行逻辑划分和实际物理分配。数据的逻辑划分称为数据分片。本章首先介绍传统分布式数据库中按照自上而下的设计策略进行的数据分布设计，主要包括分片的定义和作用，两种基本的分片方法（水平分片和垂直分片）的定义、遵循的准则、操作方法、正确性验证以及分片的表示方法和分配设计模型，并以关系数据库为例加以说明。然后，介绍大数据库中支持大数据管理的存储模型、分布策略和大数据样例。本章内容是进行分布式数据库设计的基础。

3.1 设计策略

分布式数据库的设计存在两种设计策略，一种是自上而下（Top-Down）的设计策略，另一种是自下而上（Bottom-Up）的设计策略。Bottom-Up 设计策略是多数据库集成的核心研究内容。本书中讨论的内容主要是与 Top-Down 设计策略相关的内容。

3.1.1 Top-Down 设计过程

Top-Down 设计过程是从需求分析开始，进行概念设计、模式设计、分布设计、分片设计、分配设计、物理设计以及性能调优等一系列设计过程。Top-Down 设计过程是系统从无到有的设计与实现过程，适用于新设计一个数据库系统，如图 3-1 所示。

第一步：系统需求分析。首先，根据用户的实际应用需求进行需求分析，形成系统需求说明书。该系统说明书是所要设计和实现的系统的预期目标。

第二步：依据系统需求说明书中的数据管理需求进行概念设计，得到全局概念模式，如 E-R 模型。同时依据系统说明书中的应用需求，进行相应的外模式定义。

第三步：依据全局概念模式和外模式定义，结合实际应用需求和分布设计原则，进行分布设计，包括数据分片和分配设计，得到局部概念模式以及全局概念模式到局部概念模式的映射关系。

第四步：依据局部概念模式实现物理设计，包括片段存储、索引设计等。

第五步：进行系统调优。确定系统设计是否最好地满足系统需求，包括同用户沟通、系统性能模拟测试等，可能需要进行多

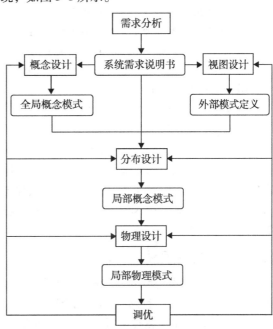

图 3-1 Top-Down 设计过程示意图

次反馈，以使系统能最佳地满足用户的需求。

3.1.2 Bottom-Up 设计过程

Bottom-Up 设计策略适合于已存在多个数据库系统，并需要将它们集成为一个数据库的设计过程。Bottom-Up 的设计策略属于典型的数据库集成的研究范畴。有关异构数据库集成方法中，有基于集成器或包装器的数据库集成策略和基于联邦的数据库集成策略等。构建模式间映射关系的基本方法主要有两种：GAV(Global As View)方法和 LAV(Local As View)方法。

本节只给出一种基于集成器的多数据库集成系统的设计过程，如图 3-2 所示。首先，各异构数据库系统经过相应的包装器转换为统一模式的内模式；接着，集成器将各内模式集成为全局概念模式，集成过程中需要定义各内模式到全局模式的映射关系以及解决模式间的异构问题；最后，全局概念模式即为采用 Bottom-Up 设计策略设计的分布式数据库系统的全局概念模式。

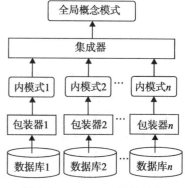

图 3-2　Bottom-Up 设计过程

3.2　分片的定义及作用

要了解分片，我们先来看一个例子。

例 3.1　某集团公司由地理位置分别在不同城市的总公司和下属两个分公司组成，彼此之间靠网络相连接，业务管理由分布式数据库系统支持。其网络结构图如图 3-3 所示。

假设人事系统中的职工关系定义为：EMP {ENO, ENAME, SALARY, DNO}。

场地定义如下：

* 总公司为场地 0，职工关系为 EMP0。
* 分公司 1 为场地 1，职工关系为 EMP1。
* 分公司 2 为场地 2，职工关系为 EMP2。
* EMP = EMP0 + EMP1 + EMP2 为全局数据。

数据分布要求如下：

图 3-3　某集团公司网络结构

方案 1：公司总部保留全部数据。

方案 2：各单位只保留自己的数据。

方案 3：公司总部保留全部数据，各分公司只保留自己单位的数据。

系统采用以上不同方案，对应不同需求的数据分配方案如图 3-4 所示。图 3-4 所示的三种方案中，除方案 1 的数据不需要分片外，其他方案均需要进行分片设计。另外，在方案 3 中，分公司的数据信息除在本场地存储外，在总部场地也存储一份。这种不同场地上存储的相同数据，互称为副本。

3.2.1 分片的定义

分布式数据库的典型特点是对分布于不同物理场地上的数据实现逻辑统一管理。有效地对数据进行分片定义是分布式数据库系统中的核心问题之一。下面首先给出分片的基本定义。

分布式数据库中数据的存储单位，称为片段(fragment)。对全局数据的划分，称为分片(fragmentation)。划分的结果即片段。对片段的存储场地的指定，称为分配(allocation)。当片

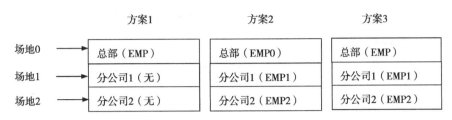

图 3-4 三种方案的分配策略

段存储在一个以上的场地时，称为数据复制（replication）型存储。如果每个片段只存储在一个场地上，称为数据分割（partition）型存储。

3.2.2 分片的作用

对数据进行分片存储，便于分布地处理数据，对提高分布式数据库系统的性能至关重要。分片的主要作用如下：

1）减少网络传输量。网络上的数据传输量是影响分布式数据库系统中数据处理效率的主要代价之一。为减少网络上的数据传输代价，分布式数据库中的数据允许复制存储，目的是可就近访问所需数据副本，减少网络上的数据传输量。因此，在数据分配设计时，设计人员需要根据应用需求，将频繁访问的数据分片存储在尽可能近的场地上。

2）增大事务处理的局部性。数据分片按需分配在各自的局部场地上，可并行执行局部事务，就近访问局部数据，减少数据访问的时间，增强局部事务的处理效率。

3）提高数据的可用性和查询效率。就近访问数据分片或副本，可提高访问效率。同时当某一场地出现故障时，若存在副本，非故障场地上的数据副本均可用，保证了数据的可用性和完整性以及系统的可靠性。

4）均衡负载。有效利用局部数据处理资源，就近访问局部数据，可以避免访问集中式数据库所造成的数据访问瓶颈，有效提高整个系统效率。

3.2.3 分片设计过程

分片过程是将全局数据进行逻辑划分和实际物理分配的过程。全局数据由分片模式定义分成各个片段数据，各个片段数据由分配模式部署在各场地上。分片过程如图 3-5 所示。

图 3-5 中：

- GDB：全局数据库（Global DB）。
- FDB：片段数据库（Fragment DB）。
- PDB：物理数据库（Physical DB）。
- 分片模式：定义从全局模式到片段模式的映射关系。
- 分配模式：定义从片段模式到物理模式的映射关系。$1:N$ 时为复制；$1:1$ 时为分割。

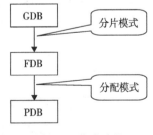

图 3-5 分片过程

说明：

1）全局数据库 GDB 是所有片段数据库 FDB_i 的全集，即 GDB $= \sum FDB_i$。

2）设 $F(\ )$ 表示从全局模式到分片模式的映射函数，$F^{-1}(\ )$ 表示分片模式的逆映射函数，则有 $F(GDB) = FDB \langle \equiv \rangle F^{-1}(FDB) = GDB$，即全局数据库经分片模式映射函数得到全局数据的各个片段，相反，所有片段经分片模式逆映射函数得到全局数据。

3）设 $P(\ )$ 表示从片段模式到实际物理模式的分配模式映射函数，$P^{-1}(\ )$ 表示分配模式的逆映射函数，则有 $P(FDB) = PDB \langle \equiv \rangle P^{-1}(PDB) = FDB$，即片段数据库经分配模式映射函数得到物理数据库，相反，物理数据库经分配模式逆映射函数得到片段数据库。

3.2.4   分片的原则

在设计分布式数据库系统时，设计者必须考虑数据如何分布在各个场地上，即全局数据如何进行逻辑划分和物理分配问题，包括哪些数据需要分布存放、哪些数据不需要分布存放、哪些数据需要复制等，对系统进行全盘考虑，使系统性能最优。但无论如何进行分片，必须遵循下面的原则：

- 完备性：所有全局数据必须映射到某个片段上。
- 可重构性：所有片段必须可以重新构成全局数据。
- 不相交性：划分的各片段所包含的数据的交集为空。

定义 3.1（完备性）   如果全局关系 R 划分的片段为 R_1，R_2，$\cdots$，R_n，则对于 R 中任意数据项 $d(d \in R)$，一定存在 $d \in R_i (1 \leqslant i \leqslant n)$。

定义 3.2（可重构性）   如果全局关系 R 划分的片段为 R_1，R_2，$\cdots$，R_n，则存在关系运算 Ψ，使得 $R = R_1 \Psi R_2 \Psi \cdots \Psi R_n$。

定义 3.3（不相交性）   如果全局关系 R 水平划分的片段为 R_1，R_2，$\cdots$，R_n，则任意两个不同的片段的交集为空，即 $R_i \cap R_j = \emptyset (i \neq j, 1 \leqslant i \leqslant n, 1 \leqslant j \leqslant n)$。

3.2.5   分片的种类

分布式数据库系统按系统实际需求对全局数据进行分片和物理分配，分片的种类有以下三种：

- 水平分片：按元组进行划分，由分片条件决定。
- 垂直分片：按关系属性划分，除关键字外，同一关系的多个分片中不允许有相同的属性。
- 混合分片：既包括水平分片也包括垂直分片。

3.2.6   分布透明性

透明性是指数据的分片对用户和高层系统隐蔽具体实现细节。分布透明性是指分片透明性、分配透明性和局部映射透明性。具体含义如下：

- 分片透明性：指用户只需考虑全局数据，不必考虑数据属于哪个片段。
- 分配透明性：指用户只需考虑全局数据，不必考虑实际数据的物理存储位置。
- 局部映射透明性：指用户不必考虑数据的局部存储形式。

3.3   水平分片

3.3.1   水平分片的定义

水平分片是将关系的元组集划分成若干不相交的子集。每个水平片段由关系中的某个属性上的条件来定义，该属性称为分片属性，该条件称为分片条件。

定义 3.4   设有一个关系 R，$\{R_1$，R_2，$\cdots$，$R_n\}$ 为 R 的子关系的集合，如果 $\{R_1$，R_2，$\cdots$，$R_n\}$ 满足以下条件，则称其为关系 R 的水平分片，称 R_i 为 R 的一个水平片段。

1）R_1，R_2，$\cdots$，R_n 与 R 具有相同的关系模式。

2）$R_1 \cup R_2 \cup \cdots \cup R_n = R$。

3）$R_i \cap R_j = \emptyset$（$i \neq j$，$1 \leqslant i \leqslant n$，$1 \leqslant j \leqslant n$）。

例 3.2   设有雇员关系 EMP｛ENO，ENAME，SALARY，DNO｝，其中，ENO 为雇员编

号，ENAME 为雇员姓名，SALARY 为雇员工资，DNO 为雇员所在的部门的部门编号。其元组如下：

ENO	ENAME	SALARY	DNO
001	张三	1500	201
002	李四	1400	202
003	王五	800	203

按下面分片条件进行分段：
- $E1$：满足（DNO = 201）的所有分组。
- $E2$：满足（DNO = 202）的所有分组。
- $E3$：满足（DNO <> 201 AND DNO <> 202）的所有分组。

从上面的分片可知，将关系 EMP 分成了三个子关系，部门编号 DNO 等于 201 的元组（$E1$）、部门编号 DNO 等于 202 的元组（$E2$）和其他元组（$E3$）。

分片属性为：部门编号 DNO。

分片条件为：
- $E1$：DNO = 201
- $E2$：DNO = 202
- $E3$：DNO <> 201 AND DNO <> 202

各子关系的内容为：
- $E1$：

001	张三	1500	201

- $E2$：

002	李四	1400	202

- $E3$：

003	王五	800	203

根据水平分片定义，满足：

1）$E1$，$E2$，$E3$ 和 EMP 具有相同的关系模式。

2）$E1 \cup E2 \cup E3 = $ EMP。

3）$E1 \cap E2 = \varnothing$，$E1 \cap E3 = \varnothing$，$E2 \cap E3 = \varnothing$。

因此，$E1$、$E2$ 和 $E3$ 是 EMP 的水平分片。

若一个关系的分片不是基于关系本身的属性，而是根据另一个与其有关联关系的属性来划分，这种划分为导出水平划分。

定义 3.5　如果一个关系的水平分片的分片属性属于另一个关系，则该分片称为导出水平分片。

例 3.3　有雇员关系 EMP｛ENO，ENAME，SALARY，DNO｝（同例 3.2 中雇员关系 EMP）和关系 WORKS｛ENO，PRJNO，HOURS｝，ENO 为雇员编号，PRJNO 为雇员参与的项目编号，HOURS 为雇员参与项目的小时数。其元组如下：

ENO	PRJNO	HOURS
001	1	240
002	1	480
003	2	300

要求将 WORKS 按 DNO 进行水平分片，得到的导出水平分片为 $W1$、$W2$ 和 $W3$ 如下：

- $W1$：满足（DNO = 201）的所有分组。
- $W2$：满足（DNO = 202）的所有分组。
- $W3$：满足（DNO $\diamond$ 201 AND DNO $\diamond$ 202）的所有分组。

则分片条件同 EMP 的水平分片条件。

分片属性为：部门编号 DNO。

分片条件为：

- $W1$：DNO = 201
- $W2$：DNO = 202
- $W3$：DNO $\diamond$ 201 AND DNO $\diamond$ 202

各子关系的内容为：

- $W1$：

001	1	240

- $W2$：

002	1	480

- $W3$：

003	2	300

根据水平分片定义，满足：

1）$W1$、$W2$、$W3$ 和 WORKS 关系模式相同。

2）$W1 \cup W2 \cup W3 = $ WORKS。

3）$W1 \cap W2 = \varnothing$，$W1 \cap W3 = \varnothing$，$W2 \cap W3 = \varnothing$。

因此，$W1$、$W2$ 和 $W3$ 是 WORKS 的水平分片。

3.3.2　水平分片的操作

水平分片的操作也分为基本水平分片操作和导出水平分片操作。

基本水平分片是针对一个关系的选择操作，用 σ 表示，选择条件为分片谓词 q，则关系 R 的分片操作可表示为：$\sigma_q(R)$。

针对例 3.2 中的基本水平分片，具体操作定义如下：

- $E1 = \sigma_{\text{DNO}=201}(\text{EMP})$，SQL：SELECT * FROM EMP WHERE DNO = 201
- $E2 = \sigma_{\text{DNO}=202}(\text{EMP})$，SQL：SELECT * FROM EMP WHERE DNO = 202
- $E3 = \sigma_{\text{DNO}\diamond201\,\text{AND}\,\text{DNO}\diamond202}(\text{EMP})$，SQL：SELECT * FROM EMP WHERE DNO $\diamond$ 201 AND DNO $\diamond$ 202

导出水平分片操作不是基于关系本身的属性，而是根据另一个与其有关联关系的属性来划分，针对例 3.3 中的导出水平分片需求，具体操作定义如下：

1）求出 WORKS 的部门号 DNO，采用自然连接∞。

令：$W' = $ WORKS∞EMP，$W' = \{$ENO, PRJNO, HOURS, ENAME, SALARY, DNO$\}$

2）根据 DNO 对 W' 进行水平分片。

如：$W1' = \sigma_{DNO=201}(W')$

$\qquad = \sigma_{DNO=201}($WORKS∞EMP$)$

$\qquad = $WORKS$\infty\sigma_{DNO=201}(EMP)$

$\qquad = $WORKS$\infty E1$

3）只保留 WORKS 的属性。

如：$W1 = \prod_{attr(WORKS)}(W1')$

$\qquad = \prod_{attr(WORKS)}($WORKS$\infty E1)$

$\qquad = $WORKS$\propto E1$

其中，∝为半连接操作，它表示两个关系连接后只保留第一个关系中的全部属性。

同理，有：$W2 = $WORKS$\propto E2$，$W3 = $WORKS$\propto E3$。

通过上述三个步骤得出按关系 EMP 的 DNO 属性对 WORKS 进行水平划分，得出 WORKS 的导出水平分片 $W1$、$W2$ 和 $W3$。

3.3.3 水平分片的设计

1. 水平分片设计的依据

水平分片的设计是基于元组对关系进行的分片，分为基本水平分片和导出水平分片。基本水平分片是针对一个关系，基于选择操作进行的分片。导出水平分片是基于另一个关系的谓词对关系进行的水平分片。水平分片设计的依据有数据库因素和应用需求因素。其中，基本水平分片设计主要需要考虑应用需求因素；而导出水平分片要综合考虑数据库因素和应用需求因素。

（1）数据库因素

数据库因素主要指全局模式中模式间的关联关系，如雇员关系（EMP）和工作关系（WORKS）之间具有参照完整性约束。当要查询雇员以及雇员的工作情况（如查询雇员编号、雇员姓名、所参与的项目编号、参与小时数）时，需要通过连接雇员关系（EMP）和工作关系（WORKS）实现。为此，在进行水平分片设计中，具有连接关系的片段应该就近存储。可见，数据库因素是导出水平分片设计必须考虑的因素。

（2）应用需求因素

应用需求因素分定性和定量两类参数。定性参数主要指用户查询语句中的核心查询谓词。查询谓词又分为简单谓词（simple predicate）和小项谓词（minterm predicate）。定量参数与分配模型密切相关，主要有小项选择度（minterm selectivity）和访问频率（access frequency）。

只包含一个操作符号的查询谓词称为简单谓词。由多个简单谓词组成的查询谓词称为小项谓词。如"DNO = 201"和"SALARY > 1000"为简单谓词，而"DNO = 201 $\wedge$ SALARY > 1000"为小项谓词。简单谓词是小项谓词的特例。

小项选择度是指关系 R 中满足小项谓词 m_i 的元组（$\sigma_{m_i}(R)$）的数量，即若 m_i 为一个小项谓词，R 为一个关系，存在一个满足 m_i 的查询 $\sigma_{m_i}(R)$，则 $sel(m_i)$ 为关系 R 满足小项谓词 m_i 的选择度，即 $\sigma_{m_i}(R)$ 的元组个数。访问频率是指在一定时间段内对应小项谓词 m_i 的查询 q_i 执行的次数，记为 $acc(m_i)$。

可见，一个水平分片就是满足一个小项谓词的元组组成的集合。一组小项谓词集就对应一组水平片段集合。小项谓词集合即选择谓词集合。为保证水平分片设计的合理性，实际上就是定义合理而有效的简单谓词集，并依此定义相应的小项谓词集。

2. 水平分片的设计准则

为保证数据水平分片设计的合理性，其指导思想是定义具有完备性（completeness）和最小性（minimum）的一组简单谓词集。

定义 3.6（完备性） 令 $F = \{f_1, f_2, \cdots, f_n\}$ 是基于该简单谓词集（$P = \{p_1, p_2, \cdots, p_s\}$）中简单谓词定义的小项谓词 $M = \{m_1, m_2, \cdots, m_n\}$ 定义的片段集合，$Q = \{q_1, q_2, \cdots, q_m\}$ 是系统的应用查询需求，则该简单谓词集具有完备性，当且仅当所有查询应用 q_i 对任意片段 f_j 中任何元组的访问具有均等的概率。

完备性可从两个方面理解：1）所有查询所需要的小项谓词都是由简单谓词组合而成；2）应用简单谓词的各种查询应用对片段中的元组的访问频率趋于一致。

定义具有完备性的简单谓词集是设计者追求的目标，通常通过基于统计查询信息定义相应的算法获得。

例如，$P = \{DNO = 201, DNO = 202, DNO <> 201 \wedge DNO <> 202\}$ 满足完备性。若存在一个查询应用"查询满足 SALARY $\geqslant$ 5000 的雇员信息"，则 P 不满足完备性。因为雇员片段中满足 SALARY $\geqslant$ 5000 的元组的访问频率高于满足 SALARY < 5000 的元组的访问频率。

定义 3.7（最小性） 如果简单谓词集中所有简单谓词都是相关（relevant）的，则该简单谓词集具有最小性。

定义 3.8（相关性（relevance）） 令 m_i、m_j 是两个小项谓词，f_1、f_2 分别是基于 m_i、m_j 两个小项谓词定义的片段（不包括 m_i 包含 p_i 而 m_j 包含 $\neg p_i$ 的情况），则 p_i 是相关的，当且仅当 $\text{acc}(m_i)/\text{card}(f_i) \neq \text{acc}(m_j)/\text{card}(f_j)$，$\text{card}(f_j)$ 为片段 f_j 的基数。

也可以理解为：一个应用或者访问 f_i 或者访问 f_j；或者说，一个简单谓词只确定一个片段，即一个简单谓词只同一个片段相关。

例如，$P = \{DNO = 201, DNO = 202, DNO <> 201 \wedge DNO <> 202\}$ 满足完备性和最小性，但 $P = \{DNO = 201, DNO = 202, DNO <> 201 \wedge DNO <> 202, SALARY >= 1000\}$ 不满足最小性，因为没有同谓词"SALARY >= 1000"相关的查询应用存在。

3.3.4 水平分片的正确性判断

我们知道，水平分片必须遵循完备性、可重构性和不相交性三个原则。通过验证是否满足这三个特性来判断水平分片的正确性。下面以定义 3.8 下面的例子的验证过程为例来介绍如何判断水平分片的正确性。

（1）完备性证明

证明：

$$(DNO = 201) \cup (DNO = 202) \cup (DNO <> 201 \cap DNO <> 202)$$
$$= ((DNO = 201) \cup (DNO = 202)) \cup (\neg (DNO = 201 \cup DNO = 202))$$
$$= T$$

满足完备性。

（2）可重构性证明

证明：

$$E1 \cup E2 \cup E3 = \sigma_{DNO = 201}(EMP) \cup \sigma_{DNO = 202}(EMP) \cup \sigma_{DNO <> 201 \text{ AND } DNO <> 202}(EMP)$$
$$= \sigma_{DNO = 201 \cup DNO = 202 \cup DNO <> 201 \text{ AND } DNO <> 202}(EMP)$$
$$= \sigma_T(EMP)$$
$$= EMP$$

满足可重构性。

（3）不相交性证明

证明：

$$E1 \cap E2 = \sigma_{DNO=201 \cap DNO=202}(EMP)$$
$$= \sigma_F(EMP)$$
$$= \varnothing$$

同理，有：$E1 \cap E3 = \varnothing$，$E2 \cap E3 = \varnothing$。

满足不相交性。

根据上面三个原则的证明可知：该水平分片的设计是正确的。

3.4　垂直分片

由于用户的查询应用可能只涉及关系模式中的部分模式，垂直分片的目标是通过垂直分片降低用户的查询时间代价。然而，由于垂直分片的复杂度远大于水平分片，尤其是当属性个数较多时更是如此，为此，通常采用启发式方法进行垂直分片的设计。

3.4.1　垂直分片的定义

垂直分片是将一个关系按属性集合分成不相交的子集（主关键字除外），属性集合称为分片属性，即垂直分片是将关系按列即属性组划分成若干片段。

定义 3.9　如果关系 R 的子关系 $\{R_1, R_2, \cdots, R_n\}$ 满足以下条件，则称其为关系 R 的垂直分片：

1）$Attr(R_1) \cup Attr(R_2) \cup \cdots \cup Attr(R_n) = Attr(R)$，其中 $Attr(R)$ 表示关系 R 的属性集。

2）$\{R_1, R_2, \cdots, R_n\}$ 是关系 R 的无损分解。

3）$Attr(R_i) \cap Attr(R_j) = P_K(R)$（$i \neq j$ 且 $1 \leq i \leq n$，$1 \leq j \leq n$），其中 $P_K(R)$ 表示关系 R 的主关键字。

例 3.4　设有一雇员关系：EMP{ENO, ENAME, BIRTH, SALARY, DNO}，其中，ENO 为雇员编号，ENAME 为雇员姓名，BIRTH 为出生年月，SALARY 为雇员工资，DNO 为雇员所在部门的部门编号。其元组如下：

ENO	ENAME	BIRTH	SALARY	DNO
001	张三	1960.5.2	1500	201
002	李四	1957.3.5	1400	202
003	王五	1985.2.4	1200	203

假设存在 $E1\{ENO, ENAME, BIRTH\}$ 和 $E2\{ENO, SALARY, DNO\}$，则 $E1$ 和 $E2$ 中元组分别为：

- $E1$ 元组：

ENO	ENAME	BIRTH
001	张三	1960.5.2
002	李四	1957.3.5
003	王五	1985.2.4

- $E2$ 元组：

ENO	SALARY	DNO
001	1500	201
002	1400	202
003	1200	203

根据垂直分片条件可知：

1）$E1$ 和 $E2$ 是 EMP 的无损分解。

2）$\text{Attr}(E1) \cup \text{Attr}(E2) = \text{Attr}(\text{EMP})$。

3）$\text{Attr}(E1) \cap \text{Attr}(E2) = \{\text{ENO}\}$。

因此，$E1$ 和 $E2$ 是 EMP 的垂直分片。

3.4.2 垂直分片的操作

垂直分片是指定属性集上的投影操作，用 $\prod$ 表示，投影属性为分片属性。如例 3.4 中的 $E1$、$E2$ 表示为：

- $E1 = \prod_{\text{ENO,ENAME,BIRTH}}(\text{EMP})$，SQL：SELECT ENO，ENAME，BIRTH FROM EMP。
- $E2 = \prod_{\text{ENO,SALARY,DNO}}(\text{EMP})$，SQL：SELECT ENO，SALARY，DNO FROM EMP。

3.4.3 垂直分片的设计

1. 垂直分片设计的依据

用户的应用需求是垂直分片设计的依据。同一垂直片段中的多个属性通常是被同一应用任务同时访问，因此，垂直分片设计的核心是根据用户的应用需求正确地划分属性组。这里采用属性紧密度（affinity）来度量属性间的关系。

令 $Q = \{q_1, q_2, \cdots, q_m\}$ 是用户的查询应用，关系 $R\{A_1, A_2, \cdots, A_n\}$ 包含 A_1、A_2、$\cdots$、A_n 属性，则 $\text{aff}(A_i, A_j)$ 表示属性 A_i 与 A_j 的紧密度，描述为：$\text{aff}(A_i, A_j) = \sum_{l=1}^{s} \sum_{k=1}^{m} (\text{ref}_l(q_k)\text{acc}_l(q_k))$，其中 l 为场地，s 为场地个数，m 为查询个数，$\text{ref}_l(q_k)$ 为查询 q_k 在场地 S_l 上同时访问属性 A_i 与 A_j 的次数，$\text{acc}_l(q_k)$ 为查询 q_k 在场地 S_l 上的访问频率统计值。

2. 垂直分片设计的方法

垂直分片是根据用户应用合理地进行属性分组。最早采用的方法是根据两两属性间或局部范围内属性间的紧密度，通过聚类算法实现属性分组。方法一是通过线性地排序属性间的紧密度来实现分组，即 $\text{aff}(A_i, A_j)$ 具有较大值的属性划分为一组，$\text{aff}(A_i, A_j)$ 具有较小值的属性划分为一组。方法二是采用全局紧密度测量（global affinity measure）的思想，基于矩阵计算实现。全局紧密度测量描述如下：$AM = \sum_{i=1}^{n} \sum_{j=1}^{n} (\text{aff}(A_i, A_j)[\text{aff}(A_i, A_{j-1}), \text{aff}(A_i, A_{j+1})])$。这样，最后的结果可描述为如图 3-6 所示，则将属性组分为两组：$TA = \{A_1, A_2, \cdots, A_i\}$ 和 $BA = \{A_{i+1}, A_{i+2}, \cdots, A_n\}$。也可将其分为多个属性组。若分组界限不清，如有相交的属性，即属性同时存在于多组垂直分片，则采用相交部分最小的原则进行划分。

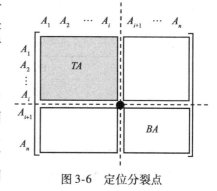

图 3-6 定位分裂点

3.4.4 垂直分片的正确性判断

垂直分片的正确性判断同水平分片的正确性判断一样。垂直分片也应满足完备性、可重构性和不相交性。以例 3.4 为例进行垂直分片的正确性判断。

（1）完备性证明

证明：

{ENO, ENAME, BIRTH} ∪ { ENO, SALARY, DNO} = { ENO, ENAME, BIRTH, SALARY,

DNO}

满足完备性。

（2）可重构性证明

证明：

$E1 \infty E2 = \text{EMP}$ 等价于如下 SQL 语句：

```
SELECT E1.ENO,E1.ENAME,E1.BIRTH,E2.SALARY,E2.DNO
FROM E1,E2
WHERE E1.ENO = E2.ENO
```

可知，$E1 \infty E2$ 连接操作得到的关系元组与 EMP 相同，满足可重构性。

（3）不相交性证明

证明：

$$\text{Attr}(E1) \cap \text{Attr}(E2) = \{ \text{ENO, ENAME, BIRTH} \} \cap \{ \text{ENO, SALARY, DNO} \}$$
$$= \{ \text{ENO} \}$$
$$= P_K(\text{EMP})$$

因此，满足不相交性。

综上所述，该垂直分片满足完备性、可重构性和不相交性，所以该垂直分片是正确的。

3.5　混合分片

混合分片是既包括水平分片又包括垂直分片的分片过程。下面以一个例子来说明。

例 3.5　有一雇员关系 EMP {ENO, ENAME, BIRTH, SALARY, DNO}，其中，ENO 为雇员编号，ENAME 为雇员姓名，BIRTH 为出生年月，SALARY 为雇员工资，DNO 为雇员所在的部门的部门编号。

其元组同例 3.4。其混合分片示意图如下：

ENO	ENAME	BIRTH	SALARY	DNO
E1			E21	
			E22	
			E23	
	E1			E2

先进行垂直分片，分为 E1 和 E2。然后，将 E2 进行水平分片，分为 E21、E22 和 E23。分片表示为：

- $E1 = \prod_{\text{ENO,ENAME,BIRTH}}(\text{EMP})$
- $E2 = \prod_{\text{ENO,SALARY,DNO}}(\text{EMP})$
- $E21 = \sigma_{\text{DNO}=201}(E2)$
- $E22 = \sigma_{\text{DNO}=202}(E2)$
- $E23 = \sigma_{\text{DNO} \diamond 201 \text{ AND DNO} \diamond 202}(E2)$

3.6　分片的表示方法

前面介绍了数据分片的几种分片方法、分片原则以及正确性的判断方法。为直观地描述各种分片方式及便于对后续查询处理和查询优化方法的理解，分片可采用直观的图形表示法和基于树型结构的分片树表示法。

3.6.1 图形表示法

图形表示法是用图形直观描述分片。其描述规则如下：

1）用一个整体矩形来表示全局关系。

2）用矩形的一部分来表示片段关系。

3）按水平划分的部分表示水平分段。

4）按垂直划分的部分表示垂直分段。

5）混合划分既有水平划分，又有垂直划分。

具体图形表示见图3-7所示。其中，图3-7a表示关系 E 水平分片为 $E1$、$E2$ 和 $E3$；图3-7b 表示关系 E 垂直分片为 $E1$、$E2$；图3-7c 表示关系 E 混合分片为 $E1$（垂直分片）和对垂直分片 $E2$ 的水平分片 $E21$、$E22$ 和 $E23$。

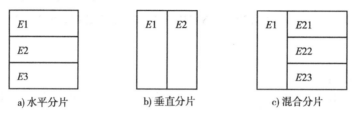

a)水平分片   b)垂直分片   c)混合分片

图3-7   分片的图形表示法

3.6.2 分片树表示法

一个分片可用分片树表示。分片树的构成见定义3.10。

定义 3.10   一个分片树由以下几部分构成：

1）根节点，表示全局关系。

2）叶子节点，表示最后得到的片段关系。

3）中间节点，表示分片过程的中间结果。

4）边，表示分片操作，并用 h(水平)和 v(垂直)表示分片类型。

5）节点名，表示全局关系名和片段名。

图3-7a、图3-7b和图3-7c的分片的分片树表示分别如图3-8、图3-9和图3-10所示。

图3-8   例3.2的分片树(水平分片)   图3-9   例3.4的分片树(垂直分片)

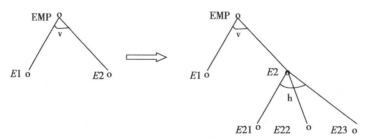

图3-10   例3.5的分片树(混合分片)

3.7 分配设计

全局数据经过分片设计，得到各个划分的片段，片段到物理场地的存储映射过程称为分配设计过程。

3.7.1 分配类型

分配分为非复制分配和复制分配，下面分别介绍。

1. 非复制分配

如果每个片段只存储在一个场地上，则称为分割式分配，对应的分布式数据库称为全分割式数据库。

2. 复制分配

如果每个片段在每个场地上都存有副本，则称为全复制分配，对应的分布式数据库称为全复制式数据库。

如果每个片段只在部分场地上存有副本，则称为部分复制分配，对应的分布式数据库称为部分复制式数据库。

例 3.6 设 R 为全局关系，$R1$、$R2$、$R3$ 为划分的片段。

图 3-11a 为部分复制式数据库；图 3-11b 为全复制式数据库；图 3-11c 为全分割式数据库。

系统是采用全分割式数据库还是采用全复制式数据库或部分复制式数据库，需根据应用需求及系统运行效率等因素来综合考虑。

一般从应用角度出发需考虑以下因素：

1）增加事务处理的局部性。

2）提高系统的可靠性和可用性。

3）增加系统的并行性。

从系统角度出发需考虑以下因素：

1）降低系统的运行和维护开销。

2）使系统负载均衡。

3）方便一致性维护。

然而，从上面几点考虑因素可知：采用数据复制式分配可增加只读事务处理的局部性，提高系统的可靠性和可用性，但会增加系统的运行和维护开销和数据一致性维护的开销；采用数据全分割式分配可使系统负载均衡，并能够降低系统的运行和维护开销，但会降低事务处理的局部性和系统的可靠性及可用性。可见，某一特性的增强，往往是在牺牲另一特性的基础上获得的。因此，如何进行片段的分配需要综合考虑应用和系统的需求，以求得到一个最佳的数据分配方案。一般，如果只读查询/更新查询≫1，则定义为复制式分配好些。表 3-1 给出了不同分配策略的性能比较，供分布式数据库系统设计者参考。

表 3-1 不同分配策略性能比较

	全 复 制	部 分 复 制	全 分 割
查询处理	易	适中	适中
并发控制	适中	难	易
可靠性	很高	高	低
字典管理	易	适中	适中
可行性	一般	通用	一般

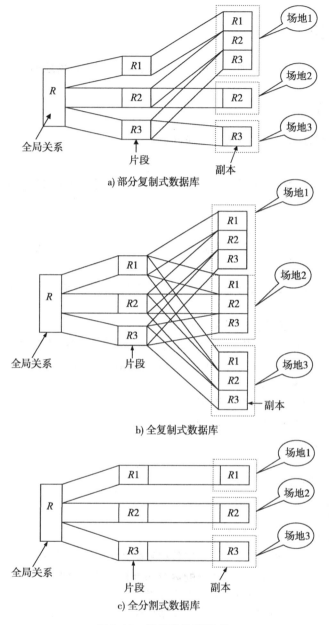

a) 部分复制式数据库

b) 全复制式数据库

c) 全分割式数据库

图 3-11　数据库分配类型

3.7.2　分配设计原则

上面讨论了分配类型，并对采用不同分配方式的系统进行了性能比较，使我们对两类分配类型的三种分配方式有了一定的了解。在具体进行分配设计时，通常要综合考虑数据库自身特点、实际应用需求、场地存储和处理代价以及网络通信代价四个因素，下面分别介绍。

1）数据库自身特点，包括：

- 片段的大小。片段大小不同，存储代价不同，传输代价也不同。
- 查询对片段的选择度（查询结果的大小）。查询结果的大小直接影响查询的传输代价，尤其是连接查询。

　　因此，数据库的片段大小以及查询对片段的选择度都是进行分配设计需要考虑的重要因素。

　　2）应用需求，包括：

- 查询对片段的读操作频度。若查询对片段的读操作频度高，可考虑采用复制式分配或部分复制式分配，通过访问近距离场地上的数据来减少网络传输代价，以提高查询性能。
- 查询对片段的更新操作频度。若查询对片段的更新频度高，为减少维护数据一致性的代价，侧重考虑分割式分配或部分复制式分配。
- 更新查询需访问的片段。应考虑就近分配需要访问的片段，降低数据传输代价。
- 每个查询的启动场地。片段应尽量分配到查询启动场地以及就近的场地，以减少数据的传输代价。

　　可见，分配设计与应用需求是密不可分的。因此，应用需求也是分配设计需要考虑的重要因素。

　　3）场地存储和处理代价，包括：

- 场地上存储数据的单位代价，即存储数据的 I/O 开销或 I/O 访问时间。场地上存储数据的单位代价直接影响场地上分配的片段的多少，应在系统存储代价允许的条件下就近分配片段。
- 场地上处理数据的单位代价，即计算开销或响应时间。场地上处理数据的单位代价直接影响数据的访问以及查询操作性能。

　　因此，场地因素也是分配设计需要考虑的因素。

　　4）网络通信代价，包括：

- 网络带宽及网络延迟。网络带宽及网络延迟是衡量网络性能的重要指标，而网络性能直接决定着场地间数据的传输效率，也直接影响着需要在场地间传输数据的查询的性能。
- 场地间的通信代价。场地间的通信代价同传输的数据量密切相关，应尽可能地减少场地间的数据传输量。

　　可见，网络通信因素也是影响片段分配设计的重要因素。

　　以上代价仅是从效率方面考虑的。实际上，数据的存储、计算和传输本身也有经费开销，如电费、维修费、租用费等，这些在进行分配设计时也需要考虑。

3.7.3　分配模型

　　分配设计者要综合考虑 3.7.2 节中阐述的各种因素，典型的有片段的大小、场地上数据的存储代价、具体的应用需求、不同场地间的数据通信代价等，并根据相应的影响因素建立多个分配模型。通过估计各种模型的代价，进行对比分析，得出最佳的分配方案。下面给出一种典型的分配模型的代价计算方法。

$$总代价 = \sum S_k + \sum Q_i$$

$\sum S_k$ 为所有场地上的片段存储代价之和，$\sum Q_i$ 为所有场地上的查询处理代价之和。

　　说明：

　　1）S_k 为在场地 S_k 上的片段存储代价。

$$S_k = \sum_j F_{jk}$$

F_{jk} 为片段 F_j 在场地 S_k 上的存储代价，$\sum_j F_{jk}$ 为所有片段在场地 S_k 上的存储代价。

$$F_{jk} = C_k \mathrm{SIZE}(F_j) X_{jk}$$

C_k 为 S_k 上的单位存储代价，$\text{SIZE}(F_j)$ 为 F_j 的大小。

$$X_{jk} = \begin{cases} 1 & \text{若 } F_j \text{ 存储在场地 } S_k \text{ 上} \\ 0 & \text{否则为 0} \end{cases}$$

2）Q_i 为查询 i 的处理代价。

$$Q_i = P_i + T_i$$

P_i 为 CPU 处理代价。

$$P_i = \text{访问代价}(A_i) + \text{完整性约束代价}(I_i) + \text{并发控制代价}(L_i)$$

$$A_i = \sum S_k \sum F_j (\text{更新访问次数} + \text{读访问次数}) \times \text{局部处理代价} \times X_{jk}$$

其中，$\sum S_k$ 表示所有场地，$\sum F_j$ 表示所有片段。T_i 为执行查询 Q_i 的网络传输代价。

$$T_i = T_{u_i} + T_{r_i}$$

T_{u_i} 为更新代价。

$$T_{u_i} = \sum S_k (\text{更新消息代价}) + \sum S_k (\text{应答代价})$$

T_{r_i} 为只读查询代价。

$$T_{r_i} = \sum S_k (\text{查询命令消息代价} + \text{返回结果代价})$$

分配模型代价的约束条件如下：

1）响应时间（Q）：执行 Q 的时间 $\leqslant Q$ 的最大允许响应时间。

2）存储（S_k）指一个场地上的存储约束：$\sum_j F_{jk} \leqslant S_k$ 上许可的存储空间。

3）处理（S_k）指一个场地上的处理约束：在 S_k 场地上 $\sum_i Q_i \leqslant S_k$ 上许可的最大处理负载，

$\sum_i Q_i$ 表示所有查询。

3.8　数据复制技术

3.8.1　数据复制的优势

采用数据复制式存储是分布式数据库系统的一个重要特点。数据复制式存储是指分布式数据库中划分的部分片段存储在多个场地上，相同片段互称副本。采用数据复制存储具有很多优点：

1）减少网络负载。就近访问所需要的数据，可有效减少网络上的数据传输量。

2）提高系统性能。有效地利用本地处理资源，进行本地数据访问，可并行处理，提高系统性能。

3）更好地均衡负载。较大的工作负载可以分布到多个节点上处理，可有效地利用分布的处理资源。

然而，采用复制式存储技术也增强了维护数据一致性的数据维护代价，如同步数据时，如何有效地解决冲突等。

3.8.2　数据复制的分类

根据更新传播方式不同，数据复制分为同步复制和异步复制。

1）同步复制。同步复制方法是指所有场地上的副本总是具有一致性。如果任何一个节点的副本数据发生了更新操作，这种变化会立刻反映到其他所有场地的副本上。同步复制技术适用于那些对于实时性要求较高的商业应用中。同步复制方法的优势是实时保证了副本数据的一致性。其不足是：需要场地间频繁通信并及时完成事务操作；由于实时同步的需求，导致冲突增加，增加了事务响应时间。

2）异步复制。异步复制方法是指各场地上的副本不要求实时一致性，允许在一定时间内是不一致的。异步复制方法的优点是降低了通信量和冲突概率，缩短了事务响应时间，提高了系统效率。它的缺点是由于允许在一定时间内数据的不一致性，系统不能显示实时的结果，同时也存在潜在的数据冲突，增加了事务回滚的代价。目前，异步复制方法是经常采用的方法，尤其在侧重提高系统效率的应用时，如大用户群实时访问大数据量的查询应用。

根据参与复制的节点间的关系不同，数据复制分为主从复制和对等复制。

1）主从复制。主从复制也称单向复制。主从复制中，首先将副本数据所在的场地分为主场地和非主场地（从场地），主场地上的副本称为主副本，从场地上的副本称为从副本。主从复制中，更新操作只能在主场地上进行，并同步到从场地的从副本上，通常由主场地协调实现。主从复制实现简单，易于维护数据一致性，但由于数据只能在主场地上更新，降低了系统的自治性。

2）对等式复制。对等式复制也称双向复制。对等式复制中，各个场地的地位是平等的，可修改任何副本。被修改的副本临时转换为主副本，其他为从副本。主副本所在场地为协调场地，协调同步所有从场地上的从副本。对等式复制中，各场地具有高度自治性，系统可用性好。但由于允许更新任何副本，会引起事务冲突，需要引入有效的冲突解决机制，处理复杂，系统开销大。

3.8.3 数据复制的常用方法

按照捕获数据副本变化的方法不同，数据复制最常用的方法分为四种：基于触发器法、基于日志法、基于时间戳法、基于 API 法。其中基于触发器法和基于日志法是典型的两种方法。

（1）基于触发器法

基于触发器法是在主场地的主数据表（主副本）中创建相应的触发器，当主表数据进行更新、插入和删除操作并成功提交时，就会触发该触发器，将当前副本的变化反映到从副本中，以实现副本数据的同步。这种方案可用于同步复制，但对于对等式复制和异构复制较难实现。该种方法占用的系统资源较多，影响系统运行效率，较适用于小型数据库应用。

（2）基于日志法

基于日志法通过分析数据库的操作日志信息来捕获复制对象的变化。当主副本更改时，复制代理只需将修改日志信息发送到从场地，由从场地代理实现本地数据的同步。该方法实现方便，不必占用太多额外的系统资源，并且对任何类型的复制都适用。

（3）基于时间戳法

基于时间戳的方法主要根据数据的更新时间来判断是否是最新数据，并以此为依据对数据副本进行相应修改。该方法需要为每一个副本数据表定义一个时间戳字段，用于记录每个表的修改时间，并需要监控程序监控时间戳字段的时间。该方法适合于对数据更改较少的系统。

（4）基于 API 法

基于 API 法在应用程序和数据库之间引入第三方的程序（如中间件），通过 API 完成。在应用程序对数据库修改的同时，记录复制对象的变化。该方法可减轻 DBA 的负担，但无法捕获没有经过 API 的数据的更改操作，具有一定的局限性。

3.9 Oracle 数据分布式设计案例

Oracle 分布式数据库体系结构并不直接支持如同传统分布式数据库系统数据的水平分片和垂直分片。它利用分区技术支持对一个场地内数据的物理划分，同时可以利用其他相关技术，支持多场地环境下的数据的分布式存储。本节首先结合案例介绍分布式环境下 Oracle 数据特有的水平分片和垂直分片的方法，接着介绍 Oracle 集中式数据库的分区技术。

3.9.1 Oracle 分布式数据库的水平分片

Oracle 利用分区技术支持对一个场地内数据的物理划分，同时也可以利用其他相关技术支持多场地环境下分布式存储数据。

假设 OraStar 公司的总部在北京，同时在广州和上海分别设立了生产部门和销售部门。每个部门均采用 Oracle 数据库，为了方便整个公司内部信息的交互与共享，采用 Oracle 分布式数据库体系结构管理公司的数据，如图 3-12 所示。公司人事管理涉及的员工信息表的全局模式结构如下：

$$EMP = \{ENO, \ ENAME, \ DEPT, \ SALARY\}$$

其中，ENO 为职工号（为主键），DEPT 为部门（总部、生产部门、销售部门），SALARY 表示职务对应的工资。EMP 中除 SALARY 属性外，其他属性称为职工的基本信息，SALARY 为工资信息。

图 3-12 中的每个节点都是独立的 Oracle 数据库系统，它们之间通过数据库链相互连接。每个数据库都有一个全局数据库名，作为在分布式环境中的唯一标识，其由两部分组成，包括数据库名和域名。总部、生产部门和销售部门的全局数据库名分别为 hq. os. com、mfg. os. com 和 sales. os. com，用户分别为 head-quarter、manufactory 和 sales。建立从总部到销售部门数据库链的代码如下：

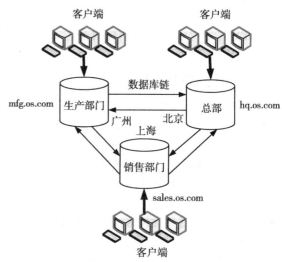

图 3-12   OraStar 公司的分布式数据库架构

```
Create Public Database Link mfg. os. com
Connect to
manufactory Identified BY password
Using MFG;
```

其中 mfg. os. com 为数据库链的名字，manu-factory 为生产部门数据库的用户名，password 为密码，MFG 为连接生产部门数据库的网络服务名。利用 mfg. os. com 就可以在总部的数据库上远程访问生产部门数据库 manufactory 方案下的数据。同理，可以建立其他数据库之间的数据库链。

为了节省磁盘存储空间，同时增大处理局部性，在设计分片时，将每个本部门职工信息保存到本地数据库中。分别在每个场地的数据库中建立本部门员工信息表 EMP_HQ、EMP_MFG 和 EMP_SALES。这样在每个场地节点上，用户都可以访问本部门的员工信息，例如，总部数据库上的表 EMP_HQ 保存了部门号 DEPTNO 等于 10 的总部员工的信息；生产部门数据库上的表 EMP_MFG 保存了部门号 DEPTNO 等于 20 的生产部门员工的信息；销售部门数据库上的表 EMP_SALES 保存了部门号等于 30 的销售部门员工的信息。

```
Create Table EMP_HQ (
  ENO      NUMBER(4)Primary Key,
  ENAME    VARCHAR2(10),
  DEPTNO   NUMBER(2),
  SALARY   NUMBER(7,2));

Create Table EMP_MFG (
  ENO      NUMBER(4)Primary Key,
```

```
    ENAME     VARCHAR2(10),
    DEPTNO    NUMBER(2),
    SALARY    NUMBER(7,2));

Create Table EMP_SALES (
    ENO       NUMBER(4)Primary Key,
    ENAME     VARCHAR2(10),
    DEPTNO    NUMBER(2),
    SALARY    NUMBER(7,2));
```

用户可以利用数据库链来访问远程数据库中的员工信息,如在总部的用户如果想访问生产部门的员工信息,可以使用下面的 SQL 语句:

```
Select * From EMP_MFG@ mfg.os.com;
```

用户可以利用 Oracle 提供的同义词对象(Synonym),提供对远程数据库表的透明访问,代码如下:

```
Create Synonym EMP_MFG
    for EMP_MFG@ mfg.os.com;
```

同义词是数据库中对象的一种别名,可以隐藏原始对象的名字和所有者,并提供分布式数据库中远程对象的透明访问。这样在总部数据库中就可以透明地访问生产部门数据库中的员工信息,而用户并不需要了解数据的具体保存场地,上面的查询语句可以修改为:

```
Select * From EMP_MFG;
```

若总部用户希望一次查询所有国内部门员工的信息,可以通过在总部数据库上建立分区视图(partition view)提供分布式环境下数据的透明访问。分区视图是把结构相同的若干个表集成在一起,其中每个表中的数据具有相同的特征,类似分区表中的一个分区,并可以得到某些分区表所特有的优势,所以分区视图又称为人工数据分区。与分区表不同,分区视图中的每个表可以位于不同的数据库中,因此,非常适合于多场地的分布式数据库应用。以下是 OraStar 公司在三个部门上建立分区视图的例子:

```
Create View EMP_PV as
Select * From EMP_HQ Where DEPTNO = 10
Union All
Select * From EMP_MFG@ mfg.os.com Where DEPTNO = 20
Union All
Select * From EMP_SALES@ sales.os.com Where DEPTNO = 30
```

分区视图中的每一个 Select 语句称为一个分支(branch),为了体现分区表的某些特点,分区视图需要遵守以下几条原则:

1)每个分支只涉及对一个表的查询。

2)每个分支包含一个 Where 子句,定义该分区数据的特征。

3)Where 子句中不能包含子查询、group by、聚集函数、distinct、rownum、connect by/start with 等。

4)使用 * 或 * 的具体扩展表示要查询的字段。

5)所有分支中字段的名字和字段的类型必须相同。

6)所有分支所涉及的表的索引结构必须相同。

利用 EMP_PV,位于总部的用户可以透明地查询所有部门的员工信息,而不需要了解这些信息具体存储在分布式环境下的哪个节点中。需要注意的是,视图 EMP_PV 并不支持 Insert、Update 和 Delete 等数据修改操作。

3.9.2 Oracle 分布式数据库的垂直分片

为了节省磁盘存储空间，同时增大处理局部性，以及从数据安全和隐私保护的角度考虑，要求将所有职工的基本信息存放在总公司，工资信息分别存放在职工所工作的公司。实际上这需要先对 EMP 进行垂直分片，再进行水平分片。设员工的总信息表为 EMP_ALL，这里同样给出 EMP_HQ_SAL、EMP_MFG_SAL 和 EMP_SALES_SAL 三个表的定义：

```
Create Table EMP_ALL (
  ENO      NUMBER(4)Primary Key,
  ENAME    VARCHAR2(10),
  DEPTNO   NUMBER(2));
Create Table EMP_HQ _SAL(
  ENO      NUMBER(4)Primary Key,
  SALARY   NUMBER(7,2));

Create Table EMP_MFG_SAL (
  ENO      NUMBER(4)Primary Key,
  SALARY   NUMBER(7,2));

Create Table EMP_SALES _SAL(
  ENO      NUMBER(4)Primary Key,
  SALARY   NUMBER(7,2));
```

利用视图，实现总部用户对所有员工信息的透明访问，代码如下：

```
Create View EMP As
Select ENO,ENAME,DEPTNO,SALARY From EMP_HQ_SAL t1,EMP_ALL t2
Where t1.ENO = t2.ENO
Union
Select ENO,ENAME,DEPTNO,SALARY From EMP_MFG_SAL@ mfg.os.com t3,EMP_ALL t4
Where t3.ENO = t4.ENO
Union
Select ENO,ENAME,DEPTNO,SALARY From EMP_SALES_SAL@ sales.os.com t5,EMP_ALL t6 Where t5.ENO =
t6.ENO;
```

每个部门的用户也可以利用视图查询到该部门完整的用户信息，代码如下：

```
Create View EMP_HQ As
Select ENO,ENAME,DEPTNO,SALARY From EMP_HQ_SAL t1,EMP_ALL t2
Where t1.ENO = t2.ENO;

Create View EMP_MFG As
Select ENO,ENAME,DEPTNO,SALARY From EMP_MFG_SAL t3,EMP_ALL@ hq.os.com t4
Where t3.ENO = t4.ENO;

Create View EMP_SALES As
Select ENO,ENAME,DEPTNO,SALARY From EMP_SALES_SAL t5,EMP_ALL@ hq.os.com t6
Where t5.ENO = t6.ENO;
```

注意 EMP_HQ、EMP_MFG 和 EMP_SALES 分别为总部、生产部门和销售部门数据库中的视图。同样，视图不支持数据修改操作。

3.9.3 Oracle 集中式数据库的数据分区技术

为提高集中式数据库处理的性能，Oracle 支持透明地对集中式数据库中的表或索引进行数据分区(partitioning)。数据分区最早在 Oracle 8.0 中引入，是将一个表或索引物理地分解为多个更小、更可管理的部分(分区，partition)。就访问数据库的应用而言，分区可以是完全透明的，逻辑上只有一个表或一个索引，但在物理上这个表或索引可能由数十个物理分区组成。每个分区都是一个独立的对象，可以独自处理，也可以作为一个更大对象的一部分进行处理。

高版本的 Oracle 10g 提供多种分区策略，以适应不同的应用需求。分区表中的每一行数据只属于唯一一个分区。分区键是决定每行数据所属分区的关键字，通常由一个或若干个字段组成。对分区键应用不同的分区规则，就形成了不同的分区策略。

1）范围分区。在范围分区表中，数据是基于某个分区键范围的值分散的。例如，进货表 PRODUCT 以进货时间 IN_DATE 作为分区键，那么利用范围分区，可以将 IN_DATE 在"2009-01-01"到"2009-01-31"之间的数据划分到一个分区中，将"2009-02-01"到"2009-02-28"之间的数据划分到另一个分区中，建表代码如下所示：

```
Create Table PRODUCT (
  PRODUCT_ID        NUMBER(4)Primary Key,
  PRODUCT_NAME      VARCHAR2(10),
  IN_DATE           DATE)
Partition by Range (IN_DATE)
(Partition PART_01 Values Less Than(to_date('2009-01-01','yyyy-mm-dd'))Tablespace TS01,
  Partition PART_02 Values Less than(to_date('2009-02-01','yyyy-mm-dd'))Tablespace TS02,
  Partition PART_03 Values Less than(to_date('2009-03-01','yyyy-mm-dd'))Tablespace TS03,
  Partition PART_04 Values Less Than(MAXVALUE)Tablespace TS04
);
```

2）散列分区。对一个表执行散列分区时，Oracle 会对分区键应用一个散列函数，以此确定数据应当放在 N 个分区中的哪一个分区。N 是建表时指定的分区数，通常是 2 的幂数。假设 N 等于 8，IN_DATE 作为分区键，那么 Oracle 会利用散列函数将数据分配到 8 个分区中，建表代码如下所示：

```
Create Table PRODUCT (
  PRODUCT_ID        NUMBER(4)Primary Key,
  PRODUCT_NAME      VARCHAR2(10),
  IN_DATE           DATE)
Partition by Hash (IN_DATE)
(Partition P_01 Tablespace ts01,Partition P_02 Tablespace ts02,
  Partition P_03 Tablespace ts03,Partition P_04 Tablespace ts04,
  Partition P_05 Tablespace ts05,Partition P_06 Tablespace ts06,
  Partition P_07 Tablespace ts07,Partition P_08 Tablespace ts08
);
```

3）列表分区。在列表分区中，数据分布是通过分区键的一串值定义的。例如，表 CUSTOMER 利用客户的级别 LEVEL 客户作为分区键，对表中的数据进行列表分区，将客户数据划分成初级、中级和高级三个分区。每个分区对应了符合该级别客户的信息。建表代码如下所示：

```
Create Table CUSTOMER (
  CUSTOMER_ID       NUMBER(4)Primary Key,
  CUSTOMER_NAME     VARCHAR2(10),
  PROVINCE          VARCHAR2(30),
  LEVEL             VARCHAR2(10))
Partition by List (LEVEL)
(Partition JUNIOR          Values ('初级')Tablespace TS01,
  Partition INTERMEDIATE   Values ('中级')Tablespace TS02,
  Partition SENIOR         Values ('高级')Tablespace TS03
);
```

4）组合分区。在组合分区表中，表首先通过第一个分区策略进行初始化分区，然后每个分区再通过第二个策略分成子分区。Oracle 10g 支持的组合分区包括范围 – 散列和范围 – 列表。

与传统分布式数据库中分片的概念不同的是，Oracle 中所有的数据分区必须保存在一个场地中，即组成一个逻辑对象的若干个物理分区必须集中地存储在一个数据库中，无法跨场地存储。这是由于数据分区是 Oracle 针对大规模数据库（very large DataBase）的集中式系统提供的解决方案，其主要体现了以下几方面的优势：

1）提高数据的可管理性。利用数据分区，Oracle 可以管理更小的数据块，数据加载、索引建立与重建、数据的备份与恢复，这些操作都可以在分区粒度上进行，而不用操作整个表的数据。在数据量很大的条件下，针对分区的管理可以显著降低每次操作所需的时间。

2）提高查询性能。如果设计合理的话，利用分区，Oracle 可以将需要扫描整个表的查询限制在若干个分区中进行。这种方法可以避免全表扫描的执行计划，大大提高查询的性能。例如表 CUSTOMER 利用客户的级别作为分区键，对表中的数据进行列表分区，那么当用户请求查询"高级"客户的时候，Oracle 就不需要搜索 CUSTOMER 表中的所有数据，反之只需要检索"高级"分区中的数据就可以满足查询请求。

3）提高数据的可用性。Oracle 的每个分区之间是相互独立的。如果一个对象的某个分区发生故障，而查询并不涉及这个分区中的数据，那么这个查询仍然可以正常地运行下去，并返回正确的结果。如果对这个表进行恢复操作，也只需要恢复故障所在分区的数据，而不是整个表，这样用户可能从未注意到某些数据是不可用的，数据恢复所需的时间也会明显减少。

4）对应用的透明性。实现数据分区不需要对应用程序做任何改动。如果用户把一个非分区表转换成一个分区表，用户可以获得数据分区所带来的好处，而不需要改动任何应用程序代码。

5）支持数据生命周期管理。随着时间的积累，用户的数据量会不断地增加，然而不同时期的数据对用户的价值可能不同，例如，今天的紧急电子邮件比去年的邮件更为重要。因此，随着时间的推移，数据对于用户来说其价值在不断变化，需要为数据提供不同级别的可存取性和保护，这就是数据的生命周期管理。利用数据分区，Oracle 可以将不同时间的数据保存到不同级别的存储设备中。例如将最近一年的数据保存到高端磁盘阵列中；最近 5 年到最近 1 年之间的数据保存到低端磁盘阵列中；5 年以上的数据保存到磁带中。这样可以为企业更加经济有效地利用不同档次的存储设备，节约企业的成本。

3.10　大数据库的分布存储策略

传统的分布式数据库采用关系数据库模式，横向扩展能力差，数据库升级、数据模式变更代价大，不适合半结构化和非结构化的大数据的存储，不能满足大数据访问的实时性。因此，随着大数据的丰富，需要有支持大数据应用的存储系统及其数据管理系统。目前，讨论最多的是支持大数据存储的分布式文件系统，如 Google 的 GFS、Colossus（第二代 GFS）、Hadoop 的 HDFS（GFS 的开源实现）、微软的 Cosmos、Facebook 的 Haystack、淘宝的 TFS（Tao File System）、FastDFS（针对小文件的优化，类似于 TFS）等，以及用于大数据管理的 NoSQL 数据库系统（HBase、Bigtable、Cassandra 等）。本节首先介绍支持大数据管理的分布式文件系统 HDFS，之后，介绍基于 SSTable 的数据存储结构，最后介绍大数据存储模型。

3.10.1　分布式文件系统 HDFS

本小节简单介绍分布式文件系统 HDFS，主要介绍数据在 HDFS 块中的存储结构及其读写过程。

1. HDFS 简介

HDFS（Hadoop Distributed File System）是 Hadoop 的一个分布式文件系统，适合存储超大文

件(几百 MB、GB 甚至 TB 级别的文件)。它将超大文件分割成多个块(block),块大小默认为 64MB,每个块会在多个数据节点(DataNode)上存储多份副本,默认是 3 份。HDFS 采用一次写入、多次读取的高效流式数据访问模式。

HDFS 基本架构如图 3-13 所示,其中,元数据节点(NameNode)用来管理文件系统中的命名空间(NameSpace),包括管理文件目录、文件和块的对应关系以及块和DataNode的对应关系。数据节点(DataNode)用于存储数据。一个机柜(Rack)存放多台服务器,对应多个 DataNode,一个块的三个副本通常会保存到两个或者两个以上机柜的

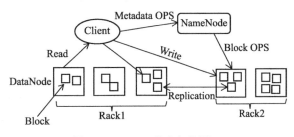

图 3-13　HDFS 基本架构图

服务器上,采用副本机制(Replication)实现块复制,以有效防灾容错。客户端(Client)向 Name-Node 发送元数据管理操作(Metadata OPS);而 NameNode 向 DataNode 发送块操作(Block OPS)。Client 和 NameNode 可以向 DataNode 请求写入(Write)或者读出(Read)数据块,而 DataNode 需要周期性地向 NameNode 汇报其存储的数据块信息。

2. 数据在 HDFS 文件块中的存储模式

在传统数据库系统中,三种数据存储结构被广泛采用,分别是行存储结构、列存储结构和 PAX 混合存储结构。本小节首先简单介绍传统数据库中三种基本的数据存储模式,即 NSM (N-ary Storage Model)、DSM(Decomposition Storage Model)和 PAX (Partition Attributes Across)存储模式,之后介绍 HDFS 块中的存储结构。

(1)三种基本的数据存储模式

数据库系统中,数据 I/O 是影响数据访问性能的重要因素之一,而数据在磁盘上的存储结构与数据 I/O 性能密切相关。数据 I/O 操作是数据以块(或称页)为单位在内存和磁盘间传输的过程,并且以块为单位的 I/O 次数是度量算法 I/O 复杂性所采用的简单度量方法。

1)NSM:主要由页头(Page Header)、数据 (Body)以及每行数据(或称每条记录)在当前页中位置的偏移量(Trailer)组成。记录数据从每一磁盘页的开始连续存放,在页的尾端存放记录的偏移地址(offset),用于定位每一记录的开始。如图 3-14a 所示,页的最开始是 Page Header;最末端为 Trailer 部分,用于存放偏移地址表信息;中间部分为 Body 部分,存储数据记录(record)。当访问记录时,通过索引得到页标识符,通过一个单页的 I/O 获得要访问的记录。另外,若需要访问几列数据,需要 I/O 包含多列数据的多个块,其中块中的多列数据(与访问的属性列无关的)是与查询无关的。NSM 由于缓存了许多不必要的数据使其具有低的缓存性能。一个关系 EMP 的 NSM 存储和缓存实例如图 3-15 所示,其中 NSM Page 中的 RH 为记录头,用于分隔不同的记录,Trailer 中保存各个记录存储的偏移地址;缓存中块按记录缓存,若查询仅涉及 ENO、ENAME 属性,则缓存中 SALARY 和 AGE 都是与查询不相关的数据,浪费了缓存空间。

2)DSM:是将关系垂直划分为多个子关系,可细分为全 DSM(full DSM)模式和部分 DSM (partial DSM)模式。full DSM 是将 n 元关系(n-attribute)按属性垂直划分为 n 个子关系。每一子关系包含两个属性:一个是逻辑 ID(或称代理属性、关键字属性),一个是属性值。子关系独立存储在分块的页中(slotted page)中,支持每一属性独立扫描,如图 3-14b 所示,其中1、2、3 为代理属性。例如,存在一关系 EMP(见图 3-15),采用全 DSM 存储模式,则 ENAME 属性值、SALARY 属性值、AGE 属性值分别存储在各自的子关系中,当查询仅涉及 AGE 时,只需加载 EMP3 即可,如图 3-16 所示。partial DSM 是基于属性密度图划分关系,通常基于属性在查

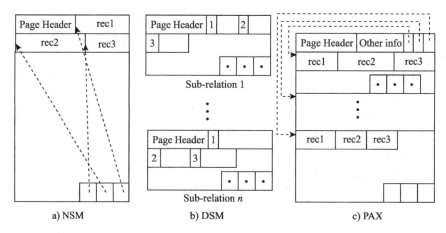

图 3-14   三种数据存储结构

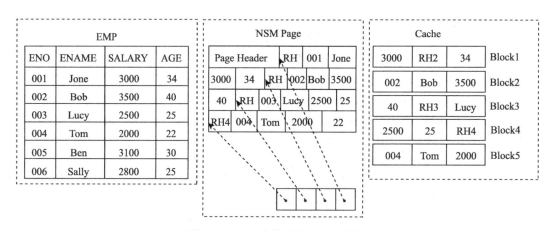

图 3-15   NSM 存储及其 Cache 示例

询中的出现频率来度量属性间关系,将高连接的属性存储在同一分区中,假设通常是 ENAME、SALARY、AGE 同时出现在查询中,则可将 ENAME、SALARY、AGE 分组在同一页中。DSM 能最小化不必要的 I/O,因为一个子关系通常能够满足一个查询所需要访问的列,并且缓存中不会包含不必要的属性值。当查询只需要表中的几列属性时,DSM 的 I/O 次数少于 NSM。但是,当查询涉及多个属性列(分布在多子关系中)、需要多子关系连接时,需要较多的 I/O 时间代价和连接代价;当单记录插入和删除时,也需要比 NSM 更多的 I/O 次数。

3) PAX:是针对每一页内的记录(与 NSM 相同)进一步垂直分区的模式,即按同一属性值再分组为迷你页(minipage)。PAX 是记录在页面中的混合布局模式,结合了 NSM 和 DSM 的优点,避免了对主存不需要的访问。PAX 首先将尽可能多的关系记录采用 NSM 方式加以存储,在每个页面内,按属性和 minipage 进行类似于 DSM 的存储。如图 3-14c 所示,按记录 rec1、rec2、rec3 等分组存储在一页中,但在该页中,将记录中的数据行(如 rec1、rec2、rec3 等)再按记录属性采用 DSM 模式划分为迷你页存储,如划分为 3 个迷你页,并使用一个页头来存储迷你页的指针。与 NSM 比较,当按列查询时,PAX 显示了高缓存性能,因为同一列的值一起载入缓存中,减少了缓存中无用数据的大小。与 DSM 比较,PAX 缓存性能较好,因为 PAX 没有附加的代理属性。同时,在顺序扫描时,PAX 能够充分利用缓存的资源,因为所有的记录都位于相同的页面,则仅需要在迷你页之间进行记录的重构操作,并不涉及跨页的操作。

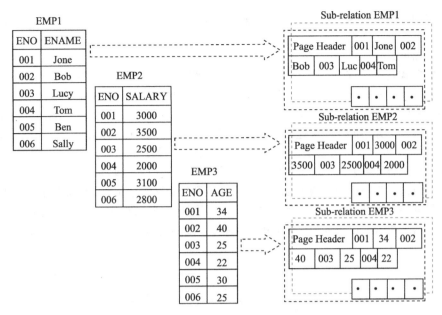

图 3-16 DSM 存储示例

（2）HDFS 块中的数据存储结构

HDFS 存储系统中数据以块为单位存储。根据三种基本的存储模式，HDFS 块中的数据通常也有三种存储模式，分别为行存储模式、列存储模式和混合存储模式。

① 行存储模式

行存储模式基于 NSM 模式，一种典型的 HDFS 块中的数据存储模式如图 3-17 所示，按记录划分存储块（StoreBlock），块的头部信息包括 16 字节同步信息（16 Bytes Sync）、记录数（Record Number）、压缩的 key 长度（Compressed Keys Lengths）、压缩的数据（Compressed Keys Data）、压缩的值长度（Compressed Value Lengths）和压缩的数据（Compressed Value Data）。数据按记录连续存储。行存储结构的优点在于快速数据加载和动态负载的高适应能力，因为行存储支持相同记录的所有域都在同一个集群节点，即在同一个 HDFS 块中。不过，行存储的缺点也是显而易见的，例如，当查询仅仅针对多列表中的少数几列时，它不能跳过不必要的列读取，无法支持快速查询处理；此外，由于混合着不同数据值的列，行存储不易获得一个极高的压缩

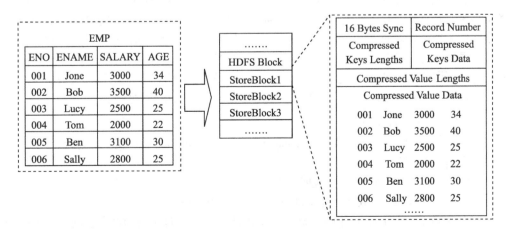

图 3-17 HDFS 块内行存储的示例

比，即空间利用率不易大幅提高。尽管通过熵编码和列相关性能够获得一个较好的压缩比，但是复杂的数据存储会导致解压开销增大。

②列存储模式

列存储模式基于 DSM 模式，在 HDFS 上按照列组存储的示例如图 3-18 所示，列 ENO 和列 ENAME 存储在同一列组，而列 SALARY 和列 AGE 分别存储在单独的列组。查询时列存储能够避免读不必要的列，并且压缩一个列中的相似数据能够达到较高的压缩比。然而，由于元组重构的较高开销，它并不能提供快速查询处理。列存储不能保证同一记录的所有域都存储在同一集群节点，例如图 3-18 的例子中，记录的 4 个域存储在位于不同节点的 3 个 HDFS 块中。因此，记录的重构将导致通过集群节点网络的大量数据传输。尽管预先分组后多个列在一起能够减少开销，但是对于高度动态的负载模式，它并不具备很好的适应性。除非所有列组根据可能的查询预先创建，否则对于一个查询需要一个不可预知的列组合，一个记录的重构或许需要两个或多个列组。再者，由于多个组之间的列交叠，列组可能会创建多余的列数据存储，降低存储利用率。

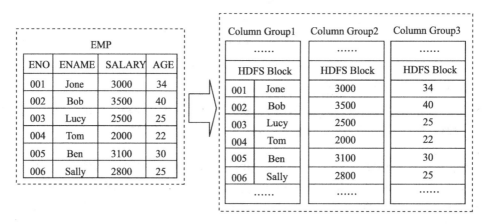

图 3-18   HDFS 块内列存储的示例

③混合存储模式

混合存储模式基于 PAX 模式，目的在于提升 CPU 的缓存性能。对于记录中来自不同列的多个域，PAX 将它们放在一个磁盘页中。在每个磁盘页中，PAX 使用一个迷你页来存储属于每个列的所有域，并使用一个页头来存储迷你页的指针，如图 3-14c 所示。类似于行存储，PAX 对多种动态查询有很强的适应能力。然而，它并不能满足大型分布式系统对于高存储空间利用率和快速查询处理的需求，原因在于：首先，PAX 没有数据压缩的相关工作，但它提供了列维度数据压缩的可能性；其次，PAX 不能提升 I/O 性能，因为它不能改变实际的页内容，该限制使得大规模数据扫描时不易实现快速查询处理；最后，PAX 用固定的页作为数据组织的基本单位，在海量数据处理系统中，PAX 将不会有效存储不同大小的数据域。

3. HDFS 读写文件过程

在 HDFS 中，文件的读写过程就是 Client 与 NameNode 和 DataNode 交互的过程。

（1）写文件的过程

写文件的过程如图 3-19 所示，说明如下：

1：Client 调用 create 函数来创建文件 DistributedFileSystem。

2：DistributedFileSystem 应用 RPC 调用 NameNode，并在文件系统的命名空间中创建一个新的文件，DistributedFileSystem 返回一个 FSDataOutputStream 对象给 Client。

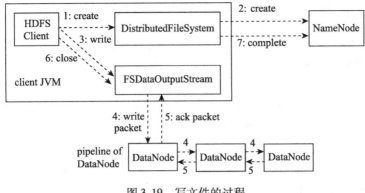

图 3-19　写文件的过程

3：Client 开始写入数据，FSDataOutputStream 封装一个 DFSOutputStream，DFSOutputStream 将数据按 16M 分成块，并按 64K 的包（package）划分，写入数据队列（data queue）。data queue 由数据流管理器（Data Streamer）读取，并通知 NameNode 分配 DataNode，用来存储数据块（每块默认复制 3 块）。分配的 DataNode 放在一个管道（pipeline）里。

4：Data Streamer 将数据块写入 pipeline 中的第一个 DataNode。第一个 DataNode 将数据块发送给第二个 DataNode，第二个 DataNode 将数据发送给第三个 DataNode。

5：DFSOutputStream 将发出去的数据块保存于确认队列（ack queue），等待 pipeline 中的 DataNode 告知数据已经写入成功。

6：当 Client 结束写入数据，调用 FSDataOutputStream 的 close 函数，此操作将所有的数据块写入 pipeline 中的 DataNode，并等待 ack queue 返回成功。

7：最后发送 complete 通知 NameNode 写入完毕。

如果 DataNode 在写入的过程中失败，则关闭 pipeline，将 ack queue 中的数据块放入 data queue 的开始。当前的数据块在已经写入的 DataNode 中被 NameNode 赋予新的标识，则错误节点重启后能够察觉其数据块是过时的，会被删除。失败的 DataNode 从 pipeline 中移除，另外的数据块则写入 pipeline 中的另外两个 DataNode。NameNode 则被通知此数据块的复制块数不足，将来会再创建第三份备份。

（2）读文件的过程

读文件的过程如图 3-20 所示，说明如下：

1：客户端（Client）调用 open 函数打开文件 DistributedFileSystem。

2：DistributedFileSystem 应用 RPC 调用 NameNode，得到文件的数据块信息（get block locations）。对于每一个数据块，NameNode 返回保存数据块的 DataNode 的地址。DistributedFileSystem 返回 FSDataInputStream 给 Client，用来读取数据。

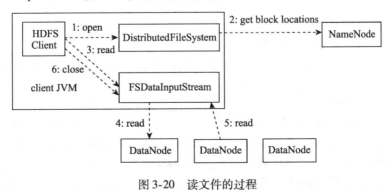

图 3-20　读文件的过程

3：Client 调用 FSDataInputStream 的 read 函数开始读取数据。

4：DFSInputStream 连接保存此文件第一个数据块的最近的 DataNode。数据从 DataNode 读到 Client，当此数据块读取完毕，DFSInputStream 关闭和此 DataNode 的连接。

5：然后连接此文件下一个数据块的最近的数据节点。

6：当 Client 读取完数据时，调用 FSDataInputStream 的 close 函数。

在读取数据的过程中，如果 Client 在与 DataNode 通信时出现错误，则尝试连接包含此数据块的下一个 DataNode。失败的 DataNode 将被记录，以后不再连接。

4. HDFS 的优缺点分析

HDFS 是为存储大文件而设计的，具有如下优点：

1）能够处理超大的文件。

2）流式访问数据。HDFS 能够很好地处理"一次写入，多次读写"的任务。也就是说，一个数据集一旦生成了，就会被复制到不同的存储节点中，然后响应各种各样的数据分析任务请求。在多数情况下，分析任务都会涉及数据集中的大部分数据。所以，HDFS 请求读取整个数据集要比读取一条记录更加高效。

3）可以运行在比较廉价的商用机器集群上。

同时，HDFS 具有如下缺点：

1）不适合低延迟数据访问：HDFS 是为了处理大型数据集分析任务而设计的，延迟时间可能会较高。

2）无法高效存储大量小文件：因为 NameNode 把文件系统的元数据放置在内存中，所以文件系统所能容纳的文件数目是由 NameNode 的内存大小来决定的。一般来说，每一个文件、文件夹和块需要占据 150 字节左右的空间，所以，如果有 100 万个文件，每一个占据一个块，至少需要 300MB 内存。当扩展到数十亿时，当前的硬件水平就无法支持了。

3）不支持多用户写入以及任意修改文件：在 HDFS 的一个文件中只有一个写入者，而且写操作只能在文件末尾完成，即只能执行追加操作。目前 HDFS 还不支持多个用户对同一文件的写操作，以及在文件任意位置进行修改。

3.10.2 基于 SSTable 的数据存储结构

新数据模型的出现不仅改变了数据的组织方式和存储结构，也改变了应用对数据的访问方式。在新数据模型下，对数据的查询方式由基于 SQL 等查询语言转变为由应用程序直接调用系统 API。而与关系模型相比，新数据模型所支持的数据查询方式相对简单，例如采用键值模型的数据只能支持以"键"为查询条件的查询操作。这种简单的数据访问方式使得键值模型和文档模型等新型数据模型能够更好地适应海量数据上的高效数据访问要求，因此被新型分布式数据库系统所广泛采用。本小节主要介绍新型键值模型在文件和内存中所采用的存储结构 SSTable 和降低索引开销的存储结构 LSM-Tree。

1. 基本的 SSTable 数据存储结构

基本的 SSTable 数据存储结构包括数据存储区和数据管理区。本小节介绍基本的 SSTable 存储数据格式和大数据组织的文件组织结构。

（1）SSTable 存储数据格式

SSTable（StaticSearchTable）是一种存储数据的文件格式，其内部提供了一个一致性的、有序的从"键"（key）到"值"（value）的不可变映射（map），键和值都是任意的字节串。每个 SSTable 内部包含一系列的数据块（通常每个块是 64KB 大小，且其大小是可配置的）。一个数据块索引（保存在 SSTable 的尾部）用来定位数据块，当 SSTable 打开时该索引会被加载到内存。

在查询时，首先通过在内存中的索引进行一次二分查找找到相应的块，然后从磁盘中读取该块，因此，一次查找可以通过一次磁盘访问完成。如果系统运行时将一个 SSTable 完全映射到内存，就不需要我们接触磁盘而执行所有的查找和扫描。Google 的 BigTable、HBase 和 Cassandra 等大量基于键值模型的系统都使用了以 SSTable 为基础的存储数据文件格式。

SSTable 结构如图 3-21 所示，其中包括数据存储区和数据管理区两个部分。数据存储区中主要包括实际存放键值数据的数据块（Data Block），在数据块中的键值数据采用基于键值排序的方式顺序存储，即按照键由小到大排序，这种方法可以有效地提高数据的访问效率。数据管理区包括元信息块（Meta Block）、文件信息（File Info）、索引信息（Index）和文件尾部（Trailer）。元信息块属于一个预留接口，不同系统可以根据自身需要设计其中的存储内容和结构。索引信息中包括元信息块的索引和数据索引，其中数据索引（Data Index）中每条记录是对一个数据块建立的索引信息，每条索引信息包含三个内容：数据块中键的上限值、数据块文件中的偏移（Offset）和数据块的大小（Size）。文件尾部主要包括数据管理区其他部分的偏移地址和大小，主要用于读取索引的信息和大小。

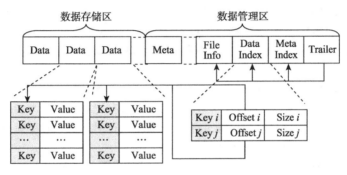

图 3-21 SSTable 文件结构

（2）文件组织结构

采用键值模型的大数据库系统在数据管理上除了 SSTable 文件外，还包括日志文件（Log）、MemTable（Memory Table）文件和索引文件（Index），如图 3-22 所示。

日志文件中记录了系统中所有对数据的更新操作。键值系统的更新操作通常采用追加模式，即无论是数据的修改、插入还是删除操作，都以插入新版本数据的方式写到文件中，这样可以提高更新操作的执行效率。系统在每次执行更新操作时，首先记录更新的就是日志文件，日志文件采用追加的顺序访问方式记录数据的更新。

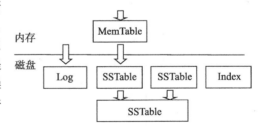

图 3-22 键值模型的文件结构

MemTable 是内存中的一个缓存结构。当记录更新写入日志文件后，会首先写入 MemTable，在 MemTable 中会对更新的记录按照键进行排序。当 MemTable 中缓存的数据达到容量上限、更新的数量达到上限，以及上一次写入磁盘时间超过上限时，需要将 MemTable 中缓存的数据转换为 SSTable 的结构写入磁盘。

SSTable 是数据持久化存储的文件。由于数据以追加的方式进行更新，因此 SSTable 在写入磁盘后还需要定期执行合并操作，即将不同 SSTable 文件中具有相同键值的重复数据进行合并，合并时只保留同一键数据的最新版本。

索引文件用于快速定位一个查找键在 SSTable 文件中是否存在，如果存在则提供对应数据在文件中的位置信息。由于顺序访问数据将产生大量磁盘 I/O 操作，导致读性能下降，因此，使用索引文件是键值模型提高查询效率的主要方法。

主索引(Primary Index)通常采用 B⁺ 树的索引结构来提高 SSTable 内部的搜索效率，Cassandra 等系统则采用布隆过滤器(Bloom Filter)作为索引文件对查询涉及的 SSTable 文件进行过滤。

2. 基于 SSTable 的优化存储结构 RCFile

前面介绍过，在传统数据库系统中，三种数据存储结构被广泛研究，分别是行存储结构(即 NSM)、列存储结构(即 DSM)和混合存储结构(即 PAX)。这三种结构各有特点，简单移植这些存储结构到基于 MapReduce 的大数据系统中并不能很好地满足所有需求。RCFile(Record Columnar File)是一种高效的数据存储结构，与传统数据库的数据存储结构相比，RCFile 具有如下特点：1)快速数据装载；2)快速查询处理；3)高效的存储空间利用率；4)动态负载模式的强适应性。RCFile 数据结构已应用于 Facebook 的各产品应用、Yahoo 公司的 Pig 数据分析系统、Hive 开发社区交流中。

RCFile 是在 Hadoop HDFS 之上的行列混合存储结构。RCFile 存储的表是水平划分的，分为多个行组，每个行组再被垂直划分，以便每列单独存储。RCFile 在每个行组中可利用一个列维度进行数据压缩，并提供一种 Lazy 解压(decompression)技术在查询执行时避免不必要的列解压。RCFile 支持弹性的行组大小，行组大小需要权衡数据压缩性能和查询性能两方面。

(1)数据格式

RCFile 基于 HDFS 架构，表格占用多个 HDFS 块。每个 HDFS 块中，RCFile 以行组为基本单位来组织记录。也就是说，存储在一个 HDFS 块中的所有记录被划分为多个行组。对于一张表，所有行组大小都相同。一个 HDFS 块会有一个或多个行组。RCFile 存储一张表的数据格式如图 3-23 所示，一个行组包括三个部分：

第一部分是行组头部的同步标识(16 Bytes Sync)，主要用于分隔 HDFS 块中的两个连续行组。

第二部分是行组的元数据头部(Metadata Header)，用于存储行组单元的信息，包括行组中的记录数、每个列的字节数、列中每个域的字节数。

第三部分是表格数据段，即实际的列存储数据。在该部分中，同一列的所有域顺序存储。

从图 3-23 中可以看出，首先存储了列 ENO 的所有域，然后存储列 ENAME 的所有域，等等。

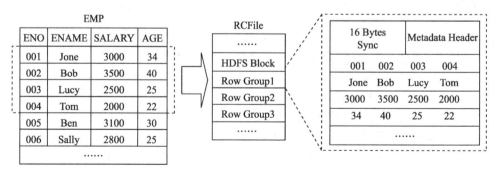

图 3-23   RCFile 在 HDFS 块内行列混合存储的示例

(2)压缩方式

RCFile 的每个行组中，元数据头部和表格数据段分别进行压缩。对于所有元数据头部，RCFile 使用 RLE(Run Length Encoding)算法来压缩数据。由于同一列中所有域的长度值都顺序存储在该部分，RLE 算法能够找到重复值的长序列，尤其对于固定的域长度。表格数据段不会作为整个单元来压缩，而是每个列被独立压缩(使用 Gzip 压缩算法)。RCFile 使用重量级的 Gzip 压缩算法是为了获得较好的压缩比，不使用 RLE 算法的原因在于此时列数据非排序。此外，由于采用 Lazy 压缩策略，当处理一个行组时，RCFile 不需要解压所有列，因此，可以减少 Gzip 的解压开销。

尽管 RCFile 对表格数据的所有列使用同样的压缩算法，但使用不同的算法来压缩不同列或许效果会更好。RCFile 将来的工作之一就是根据每列的数据类型和数据分布来自适应选择最好的压缩算法。

(3)数据追加

RCFile 仅提供一种追加接口，支持数据追加写到文件尾部。数据追加方法描述如下：1)RCFile 为每列创建并维护一个内存 column holder，当记录追加时，所有域被分发，每个域追加到其对应的 column holder；2)RCFile 在元数据头部记录每个域对应的元数据，RCFile 提供两个参数来控制在刷写到磁盘之前内存中缓存多少个记录，一个是记录数的限制，另一个是内存缓存的大小限制。

RCFile 首先压缩元数据头部并写到磁盘，然后分别压缩每个 column holder，并将压缩后的 column holder 刷写到底层文件系统中的一个行组中。

(4)数据读取和 Lazy 解压

在 MapReduce 框架中，mapper 将顺序处理 HDFS 块中的每个行组。当处理一个行组时，RCFile 无须读取行组的全部内容到内存，而仅仅读元数据头部和给定查询需要的列。因此，它可以跳过不必要的列以获得列存储的 I/O 优势。例如，表 EMP(ENO, ENAME, SALARY, AGE)有 4 个列，如有查询"SELECT ENAME FROM tbl WHERE AGE = 25"，对每个行组，RCFile 仅仅读取 ENAME 和 AGE 列的内容。在元数据头部和需要的列数据加载到内存中后，需要解压。元数据头部总会解压并在内存中维护直到 RCFile 处理下一个行组。RCFile 不解压所有加载的列，而是使用一种 Lazy 解压技术，只有当 RCFile 决定列中的数据真正对查询执行有用时，才解压相应的列。如果一个 WHERE 条件不能被行组中的所有记录满足，那么 RCFile 将不会解压 WHERE 条件中不满足的列。例如，在上述查询中，所有行组中的列 AGE 都解压了。然而，对于一个行组，如果列 AGE 中没有值为 25 的域，那么就无须解压列 ENAME。

(5)行组大小

I/O 性能是 RCFile 关注的重点，因此 RCFile 需要行组够大并且大小可变。

行组变大能够提升数据压缩效率并减少存储量。如果对缩减存储空间方面有强烈需求，则不建议选择使用小行组。然而，根据对 Facebook 日常应用的观察，当行组大小达到一个阈值后，增加行组大小并不能进一步增加 Gzip 算法下的压缩比，如当行组的大小超过 4MB，数据的压缩比将趋于一致。

尽管行组变大有助于减少表格的存储规模，但是可能会损害数据的读性能，因为这样减少了 Lazy 解压带来的性能提升。而且行组变大会占用更多的内存，这会影响并发执行的其他 MapReduce 作业的执行性能。考虑到存储空间和查询效率两个方面，Facebook 选择 4MB 作为默认的行组大小，当然也允许用户自行选择参数进行配置。

3. LSM-Tree 存储结构

LSM-Tree(Log-Structured Merge-Tree)是分布式结构化数据存储引擎中广泛应用的技术。Google 的 Bigtable 架构使用的 MergeDump 模型的理论基础就是 LSM-Tree，它在读写之间找到了一个较好的平衡点，很好地解决了大规模数据的读写问题。而在其他 NoSQL 数据存储系统如 HBase、LevelDB 等中，也大量应用了 LSM-Tree 模型提高数据存储的读写效率。

LSM-Tree 的基本思想十分简单，就是将对数据的增量更新暂时保存在内存中，达到指定的存储阈值后将更新批量写入磁盘，在批量写入的过程中与已经存在的数据做合并操作，而在数据读取时，同样需要合并磁盘中的数据和内存中的最近修改操作。LSM-Tree 的性能优势来源于其数据的读写控制方式防止了大量的数据更新造成的磁盘随机写入，但读取数据时需要多次磁盘 I/O 来访问较多的文件。因此，和传统的 B^+ 树相比，LSM-Tree 牺牲了读取性能，以大幅提升写入性能。

（1）LSM-Tree 的结构

LSM-Tree 的原理是把一棵大树拆分成 N 棵小树，在数据结构上，LSM-Tree 使用一个基于内存的 C_0 树（C_0 组件）和 1 至多个基于磁盘的 C_1，C_2，$\cdots$，C_k 树，磁盘中的 C_1，C_2，$\cdots$，C_k 树按照不同层次进行组织。数据首先写入内存中的 C_0 树，随着 C_0 树越来越大，内存中的 C_0 树会写入磁盘中，磁盘中的 C_1，C_2，$\cdots$，C_k 树可以定期做合并操作，逐步合并成一棵大树，以优化读性能。图 3-24 显示了一个最简单的两层 LSM-Tree 结构。当执行数据记录插入操作的时候，首先向日志文件中写入一个用于恢复该插入的日志记录，然后在内存中把这个数据记录的索引放在 C_0 树节点上，

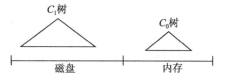

图 3-24　LSM-Tree 两层示意图

当 C_0 树中某些连续节点的数据达到一定大小，就把这些节点数据与 C_1 树上的节点进行合并并写入磁盘中。当 C_1 树上连续节点的数据达到一定大小时，会将这些节点与上层的 C_2 树上对应节点进行合并。图 3-25 为 C_0 树与 C_1 树的滚动合并（rolling merge）过程示意图。

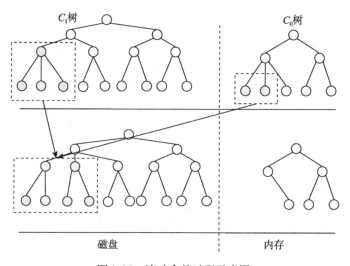

图 3-25　滚动合并过程示意图

在 LSM-Tree 的内部数据结构上，内存部分的 C_0 树和磁盘中的 C_1，C_2，$\cdots$，C_k 树通常采用适合数据各自特点的数据结构进行存储。对于磁盘中的 C_1，C_2，$\cdots$，C_k 树，通常采用经过优化的 B 树结构。在 B 树上的优化包括保证每个节点是 100% 填充率，且树上每层的单个节点在磁盘上采用连续数据块存储，通过连续读写增加磁盘访问效率。而对于内存部分的 C_0 树则可以不使用 B 树结构，而是使用结构简单的 AVL 树来快速删除或合并节点，这是因为 C_0 树不会存储在磁盘上，所以没有必要为了最小化树的深度而牺牲 CPU 效率。

LSM-Tree 多层结构是一个具有 C_0，C_1，C_2，$\cdots$，C_{k-1} 和 C_k 的多子树 LSM-Tree，索引树的大小伴随着下标的增加而增大，其中 C_0 驻留在内存中，其他则存在磁盘上。在所有的子树对（C_{i-1}，C_i）之间都有一个异步的滚动合并过程，负责在较小的子树 C_{i-1} 超过阈值大小时将它的

记录移到 C_i 中，如图 3-26 所示。一般来说，为了保证 LSM-Tree 中的所有记录都会被检查到，对于精确匹配查询和范围查询来说，需要访问所有的 C_i 组件。当然，也存在很多优化方法，可以使搜索限制在这些组件的一个子集上。

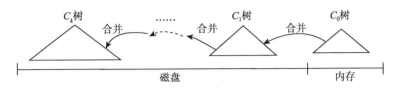

图 3-26　LSM-Tree 多层示意图

（2）LSM-Tree 的数据维护

①LSM-Tree 的插入操作

首先可以保证索引值唯一，例如使用时间戳作为唯一标识。如果一个匹配查找已经在 C_i 组件中找到，则查询完成；如果查询条件里包含最近时间戳，则可以不将这些查找结果移向最大的组件中。当合并游标扫描（C_i，C_{i+1}）对时，可以让那些最近某个时间段（比如 τ_i 秒）内的值依然保留在 C_i 中，只把那些老记录移入 C_{i+1}。

由于 C_0 实际上承担了一个内存缓冲区的功能，因此，应该尽量保证那些最常访问的值存在 C_0 中，这样，很多查询只需要访问 C_0 就可以完成。例如，可用于短期事务 UNDO 日志的索引访问，在中断事件发生时，需要对近期访问的数据进行恢复。由于大部分索引仍处在内存中，可通过事务的启动时间在 C_0 中找到最近 τ_0 秒内发生的事务的所有日志，而不需要访问磁盘组件。

②LSM-Tree 的删除操作

LSM-Tree 的删除操作可以像插入操作那样享受到延迟和批量处理带来的好处。当删除某个被索引行时，如果该记录在 C_0 树中对应的位置上不存在，则将一个删除标记记录（delete node entry）放到该位置。该标记记录是通过相同的 key 值进行索引，同时指出将要被删除的记录的 Row ID（RID）。实际删除可以在后面的滚动合并过程中完成，即当碰到实际要被删除的索引项时将其清除。同时，查询请求也需要通过删除标记进行过滤，既避免返回一个已经被删除的记录也可减少查询代价。

③LSM-Tree 多层结构的开销

通常，一个具有 $k+1$ 层的 LSM-Tree 具有 C_0，C_1，C_2，…，C_{k-1} 和 C_k 子树，子树大小依次递增，C_0 组件是基于内存的，其他都是基于磁盘的（对于那些经常访问的页面来说会被缓存在内存中）。当一个生命期很长的记录被插入到 LSM-Tree 之后，它首先会进入 C_0 树，然后通过 k 个异步滚动合并过程，最终被移到 C_k。

由于 LSM-Tree 通常用在插入为主的场景中，对于三层或者多层 LSM-Tree 来说，查找操作性能上会有降低，通常一个磁盘组件将会带来一次额外的页面 I/O。

通常情况下，可以通过最小化 LSM-Tree 的总开销（用于 C_0 的内存开销加上用于 C_1 的磁盘空间和 I/O 开销）来确定 C_0 的大小。为了达到这种最小化的开销，我们通常从一个比较大的 C_0 子树开始，同时让 C_1 子树大小接近于所需空间的大小。在 C_0 子树足够大的情况下，对于 C_1 的 I/O 压力就会很小。通过减小 C_0 的大小来在昂贵的内存和廉价的磁盘之间进行权衡，可以达到一个最小开销点。

对于两层 LSM-Tree 来说，若 C_0 子树的内存开销较高，可采用一个三层或者多层 LSM-Tree，即在两层 LSM-Tree 的 C_0 和 C_1 之间加入一个中间大小的基于磁盘的子树，在降低了 C_0 大小的同时还能够限制磁盘磁臂的开销。

3.10.3　大数据存储模型

数据模型是数据管理的核心，数据的存储与访问都要以数据模型为基础进行设计和实现。关系数据模型经过长时间的发展，相关技术已经十分成熟。然而，基于关系模型的大而全的关系数据库系统，不能满足数据高速增长所需的可伸缩性、短时间内高访问量的高并发性以及海量数据分析所需的高性能需求。可见，正如关系数据库的鼻祖 Michael Stonebraker 在 2005 年所说的，"One Size Fits All"的思想已经不再适用。因此，新的数据模型不断出现，与相应的查询处理技术相结合以支持不同的需求。以键值模型为代表的新数据模型及大量的 NoSQL 系统不断出现，可以解决上述问题。数据模型仅提供了数据的逻辑结构，在实际存储数据时还需要定义物理上的存储模型，以便把数据持久地存储在物理存储介质上。

本小节简单介绍关系模型，重点介绍键值模型（包括简单的键值模型、列族模型和超级列族模型）和文档模型。

1. 关系模型

关系模型是传统数据库系统的数据模型，当前多数商业数据库都是基于关系模型实现的。

关系模型将数据表示为二维表格的形式，可以形式化地定义为：在 n 个域 D_1，D_2，$\cdots$，D_n 上的关系 R 是一个 n 元组的集合。

关系模型数据主要采用两种物理存储模型：行存储模型和列存储模型。

（1）行存储模型

行存储模型是多数关系数据库系统采用的物理存储模型。行存储模型将数据集合以元组为单位在数据块中组织存放，属于同一元组的属性值在块中连续存储。图 3-27 展示的是一个雇员关系 EMP 行存储的样例，其中每个元组的多个属性连续地存储在数据块中，灰色小方块表示记录的首部，首部主要包括元组的长度和时间戳等信息。同一关系的数据块通过指针连接在一起，便于表扫描操作时访问元组。

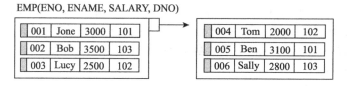

图 3-27　EMP 关系行存储样例

在行存储模型下，数据的访问是以元组为单位，即首先找到元组所在的数据块，读取数据块后再访问其中包含的元组内容。在数据更新方面，对于插入的元组可以存储在数据块的空闲区域或追加数据块，元组的修改则直接在数据块上修改后写回磁盘，因此写入操作是以元组为单位一次执行的。

（2）列存储模型

列存储模型被提出的时间与行存储模型相近，起源于 DSM（Decomposition Storage Model），但只被少量数据库系统所采用。近年来随着数据分析业务的增加，列存储模型逐渐得到重视，并应用于各类数据存储系统中。

与行存储不同，列存储模型以属性列上的数据集合为单位组织存储，一个元组的不同属性值被拆分到多个列集合中并存储在不同数据块中。图 3-28 展示的是一个雇员关系 EMP 列存储的样例，其中元组的雇员姓名（ENAME）、工资（SALARY）和部门编号（DNO）分别存储在不同数据块中。列存储中相同类型的数据被集中存储，因此更有利于在属性上的统计操作和数据压缩。

ENO	ENAME
001	Jone
002	Bob
003	Lucy
004	Tom
005	Ben
006	Sally

ENO	SALARY
001	3000
002	3500
003	2500
004	2000
005	3100
006	2800

ENO	DNO
001	101
002	103
003	102
004	102
005	101
006	103

图 3-28　EMP 关系列存储样例

访问列存储的数据时，如果只对某个属性访问，则只读取存储相应属性的数据块，而不必访问元组的全部数据块，从而减少了磁盘 I/O。然而，如果访问元组的多个或全部属性，列存储则要从每个属性的数据块中查询到该元组的属性值，因此查询代价反而增加。而在有元组插入时也需要多次写磁盘 I/O 操作才能够完成。

（3）行存储模型和列存储模型的对比

行存储和列存储这两种模型的优缺点对比见表 3-2。

表 3-2　行存储和列存储模型对比

	行　存　储	列　存　储
优点	<li>提供较好的数据完整性</li><li>写入效率较高</li>	<li>对单列数据读性能很高，没有冗余</li><li>支持更高数据压缩比</li>
缺点	<li>数据读取时存在冗余</li>	<li>数据更新代价大</li><li>缺乏完整性保证</li><li>索引支持有限</li>

整体上说，两种模型各有鲜明的特点。行存储在数据的写入方面由于是一次写入，因此对数据更新操作具有更高的执行效率，更容易保证数据完整性；在读数据方面，如果读取元组的全部属性或对少量数据进行访问，其依然具有较高性能；但在访问大量元组的少量数据列的情况下，会读取大量冗余数据。列存储在单列数据的读取上具有明显的优势，由于没有冗余数据，因此更加适合聚集操作；由于列上的数据类型一致，因此可以支持数据压缩，从而提高空间的使用效率和查询效率，相对于行存储上的 1:3 压缩比，列存储可以达到 1:10 的压缩比；但是在数据更新上处理效率较低。

列存储模型较适用于以下几类应用：

- 对大规模数据中单列上进行的统计计算、聚合和访问，如数据仓库和 OLAP 分析应用。
- 需要经常对表结构进行新增属性扩展的应用。

行存储模型较适用于以下几类应用：

- 经常访问单个元组所有信息的应用。
- 对完整性要求较高的应用。
- 经常进行数据更新、事务操作频繁的应用，如 OLTP 类应用。

行存储和列存储的特征决定了它们有各自适用的应用，因此现在很多数据库系统都开始同时使用两种存储模型管理数据。

2. 键值模型

键值模型被当前大量的 NoSQL 数据存储系统所采用，可细分为键值型（key-value）、列族型（Column Family）和超级列族型（Super Column）。

（1）键值型

key-value 数据模型实际上是一个映射，即 key 是查找每条数据地址的唯一关键字，value 是该数据实际存储的内容。例如键值对（"001"，"Jone"），其中，key"001"是该数据的唯一入口，而 value"Jone"是该数据实际存储的内容，如图 3-29 所示。key-value 数据模型一般采用散列函数实现关键字到值的映射，查询时，基于 key 的散列值直接定位到数据所在的点，能够实现快速查询，并支持大数据量和高并发查询。但是如果 DBA 只对部分值进行查询或更新，采用 key-value 数据模型的执行效率较低。采用 key-value 数据模型的数据库有 Tokyo Cabinet/Tyrant、Redis、Voldemort、Oracle BDB、MemcacheDB 等。

键值模型的结构是每行记录由键（key）和值（value）两个部分组成，支持的操作主要包括保存键值对、读取键值对和删除键值对。键值模型的基本存储结构如图 3-30 所示，在一个数据块或数据文件中存储键值对，键值对连续存放。在采用键值模型系统的物理存储中，键的分布方式对查询方式起着决定作用。常用的键分布方式有基于键排序和基于一致性散列（Consistent Hashing）两种方法。其中键排序方式适用于基于主从结构的分布式数据管理体系结构，而一致性散列则适用于基于环形结构的分布式数据管理体系结构。

key	value
001	Jone
002	Bob
003	Lucy

图 3-29　一个 key-value 示例

Key 1	Value 1: Byte[]
Key 1	Value 2: Byte[]
…	…
Key n	Value n: Byte[]

图 3-30　键值模型的基本存储结构

相对于关系模型，键值模型由于结构简单、轻量，所以能够支持高并发处理，在模式结构定义上也更加灵活，主要的缺点是支持的数据操作有限，对于事务没有很好的保证。

（2）列族型

基本的键值模型由于过于简单，所以支持的应用功能十分有限，因此在 NoSQL 系统中使用比较广泛的是对键值模型进行扩展后的数据模型。对于键值模型的扩展主要是通过对"值"部分的数据结构的定义，使其支持更复杂对象的存储。

使用比较广泛的扩展键值模型是列族型，由于其结构类似于表格，因此也被称为表格模型。列族模型首先由 Google 的 Bigtable 中所使用，在其开源实现 HBase 和 Cassandra 等系统中广泛使用。key-column 型数据模型是通过多层的映射模拟了传统表的存储格式。列族模型的结构如图 3-31 所示，结构中主要包括行键、列族和时间戳。

1）行"键"是一个行的标识 ID，可以是任意字符串，在存储上最大值可达到 64KB，但通常使用 10 ~ 100 字节。

2）在列族模型下，每个"键"所对应的行中可以包含多个"列"（Column），每个列包含列键（Column Key）和列值（Column Value），这些列组成的集合叫作"列族"，列族是访问控制的基本单位，在使用之前必须先创建，然后才能在列族中任何的列键下存放数据。列族创建后，其中的任何一个列下都可以存放数据。数据的物理存储和访问控制都是基于列族的。

3）时间戳（Timestamp）是列族模型用于表示一个数据项的不同版本标识。采用多版本时间戳的方式处理数据的更新和删除操作能够有效地提升系统的效率。当访问数据时只需将最新版本时间戳的数据返回即可，也可以通过查询指定时间戳返回对应版本数据。时间戳通常采用 64 位整数形式表示。

列族模型支持基于单表的简单操作，但弱化了关系模型中多表间的关联，不定义外键约束关系。列族模型允许为同一组键定义多个列族，每个列族相当于一个表格，且列族中每行的列

Column Family: **EMP**			
Key(ENO)	**Column**		
002	Column Key	Column Value	Timestamp
	"ENAME"	"Bob"	4
	"SALARY"	"3500"	4
	"DNO"	"103"	4
003	Column Key	Column Value	Timestamp
	"ENAME"	"Lucy"	6
	"SALARY"	"2500"	6
	"DNO"	"102"	6
	"Tel"	"81455588"	6

图 3-31　列族模型的结构图

键可以根据需要在任意"行"中动态添加，因此不同行可以包括不同的列键。例如图 3-31 中的两行数据，ENO 为"003"的雇员比"002"的雇员多了列键"Tel"。可见，在列的维护方式上列族模型与关系模型具有很大的差别。由于列族模型支持动态添加列，因此存在"行"具有较多"列"的情况出现，从而产生"宽行"。对于宽行上的查询，为了提高对列的访问效率，通常采用对列基于列键排序的方式进行物理存储。

实际上，类似于 key-value 数据模型，需要通过 key 进行查找，因此说，key-column 型数据模型是 key-value 数据模型的一种扩展。

（3）超级列族型

超级列族型是一种建立在列族模型基础上的扩展数据模型。在超级列族模型中，允许列中再嵌套列，这样数据可以以层次结构进行存储。超级列族模型的结构中，每个超级列族可以包含一组子列，子列的结构则与列族模型相同。超级列族模型的结构如图 3-32 所示，其中在键值为"002"的行下还包含了两组列：Work 和 Contact，分别记录雇员的工作信息和联系方式，在超级列族 Work 下包含子列"ENAME"、"SALARY"和"DNO"，而在超级列族 Contact 下则包含子列"Address"、"Tel"和"Email"。相对于在列族中查找某个值需要"行键"和"列键"，超级列族在查找时需要提供"行键"、"列键"和"子列键"。

Column Family: **EMP**				
Key(ENO)	**Super Column**			
002	Key	Column		
	"Work"	Column Key	Column Value	Timestamp
		"ENAME"	"Bob"	4
		"SALARY"	"3500"	4
		"DNO"	"103"	4
	"Contact"	Column Key	Column Value	Timestamp
		"Address"	"XXX, Road"	5
		"Tel"	"11002233"	5
		"Email"	"bob@xx.com"	5

图 3-32　超级列族模型的结构

在存储数据的文件方面，由于键值模型主要用于存储和管理海量数据，如果像多数关系模型数据库那样使用单文件存储数据，在数据量达到一定规模后将出现性能瓶颈，因此对于键值模型的数据主要采用多文件存储方式。在数据物理存储格式上，通常包括以下几种方式：

1）序列化方法。该方法实现相对简单。

2）基于 JSON 或 XML 的自描述结构。存储结构可读性好，不需要额外模式定义即可实现数据转换。

3）字符串或字节数组。写入和读取时需要按照约定的顺序对数据进行转换和解析。

3. 文档模型

文档模型与键值模型十分相近，获取数据项的方式都是通过查找"键"的方式，因此文档模型也被称为广义的键值模型。与键值模型中"值"的不透明性相反，文档模型中"值"部分包含指定的结构，且结构中的数据也定义了相关的数据类型，以便能够更加灵活地访问数据。与键值模型相比，文档模型采用基于 JSON（JavaScript Object Notation）或 XML 等的自描述结构以字符的形式来实现对数据对象的物理存储，数据内容上可以包含映射表、集合和纯量值。JSON 格式的二进制实现格式 BSON 也可以作为文档模型的数据存储格式。文档型数据库比键值数据库的查询效率更高，典型的文档型数据库如 CouchDB、MongoDB 等。因为可对其值创建索引，或对某些字段建立索引，所以可以实现关系数据库的某些功能。

文档模型同样使用键作为一个文档的唯一标识，这个键可以是指定的，也可以由系统生成。以图 3-32 中的数据为例，使用基于 JSON 格式文档模型进行数据存储所对应的文档如下：

```
{  _id: 00000000000001,
   ENO: '002',
   Work:{
       ENAME: 'Bob',
       SALARY: 3500,
       DNO: '103'
   }
   Contact:{
       Address: 'XXX, Road',
       Tel: '11002233',
       Email: 'bob@ xx. com'
   }
}
```

3. 10. 4 数据分区策略

NoSQL 是为超大规模数据存储和管理而产生的新技术，数据分区存储是其典型的特点。分区可以将大数据划分为更小的片段，方便以片段进行管理和查询处理，通过分布式并行处理来提高数据管理效率。由于 NoSQL 一般采用 key-value 数据模型，该分区策略不同于分布式数据库采用的按表进行水平分片和垂直分片，而是划分为范围分区、列表分区和散列分区。

1. 范围分区

范围分区是最早也是最经典的分区方法，同分布式数据库中的水平分区类似。范围分区是指依据分区键值划分每个分区，如一般按照时间范围来分区。例如，销售数据按周或季度划分分区，并确定存储在哪个分区上。当进行范围查询时，可直接访问数据所在的分区。

通常有一份全局元数据，用于记录数据的划分情况以及分区所在的位置，可以以服务器为单位描述服务器所负责管理的数据分区。每次针对某个键进行查询时都需要先参照元数据才能找到该键所对应的服务器。范围分区是将键空间分为多个区间，每个区间都由一台机器进行管理。范围分区中，键排序后相邻的两个键通常保存在同一个分区内，可以减少用于查找分区的元数据的代价，因为一个大的区间可以缩小到只保存[开始，结束]作为分区界标。另外，可以通过为范围到服务器（range-to-server）映射关系添加一个活动记录，实现对大负载服务器进行更细粒度的控制。例如，如果某特定键范围比别的范围具有更多的负载流量，负载管理器可以减少对应的服务器所负责的范围，也可以减少该服务器负责的分片总数。但采用主动管理负载带来的自由度所需付出的代价是，需要在架构中添加额外的负载监控和查找分区的部件。

例如，下面是 Oracle 数据库中按月(1 ~ 12)分区的范围分区示例：

```
CREATE TABLE range_example
(
    range_key_column DATA,
    DATA VARCHAR2(20),
    ID integer
);
PARTITION BY RANGE(range_key_column)
(
    PARTITION part1 VALUES LESS THAN (1) TABLESPACE tbs1,
    PARTITION part2 VALUES LESS THAN (2) TABLESPACE tbs2,
    ...
    PARTITION part3 VALUES LESS THAN (12) TABLESPACE tbs12
);
```

2. 列表分区

列表分区也可以说是范围分区的一种，列表分区的分区键由一个单独的列组成，根据该列属性的取值范围实现列表分区。例如，按照城市名称属性(Cname)分区的列表分区示例如下：

```
CREATE TABLE list_example
(
    Cname VARCHAR2(10),
    DATA VARCHAR2(20)
);
PARTITION BY LIST(Cname)
(
    PARTITION part1 VALUES('Shenyang','Haerbin','Changchun'),
    PARTITION part2 VALUES('Beijing','Tianjin')
);
```

上述语句表示划分两个分区 part1 和 part2，part1 部分存储城市 'Shenyang'，'Haerbin'，'Changchun'的数据，而 part2 部分存储城市'Beijing'，'Tianjin'的数据。

采用列表分区方法得到的不同分区中的数据没有关联关系，即使是一个分区中的数据(如'Shenyang'和'Haerbin'的数据)也是独立的。而在范围分区中，一个分区中的数据一般是有一定的顺序关系的，如按时间的顺序划分分区。

3. 散列分区

散列分区是指先将分区编号而后通过散列函数确定数据的存储分区，目标是将数据均匀分布存储。当用于散列分区的数据重复率低时，散列分区能够很好地将各个数据均匀地分布到各个物理存储区域。但当数据重复率较高时，散列分区会将大量重复数据存储在同一分区上，导致分区存储的数据不均匀。可见，散列分区有助于数据负载均衡，但数据访问的本地性较弱，对系统的性能影响较大。

例如，按 DATA 创建的散列分区示例如下：

```
CREATE TABLE hash_example(
    hash_key_column DATA,
    DATA VARCHAR2(20)
)
PARTITION BY HASH(hash_key_cloumn)
```

```
(
    PARTITION part1,
    PARTITION part2
);
```

（1）简单的散列分区的不足

例如，有如下应用场景：假设有 N 个节点组成的集群，对于一个对象，如果应用传统散列函数，通常会采用如下方法计算对象的散列值，然后均匀地映射到 N 个节点上去。其中，$h(\text{object})$ 表示对象 object 映射到对应节点的编号。

$$h(\text{object}) = \text{object. value mod } N$$

即通常采用先将对象的值转换成自然数，然后除以 N 取余的方法。

分析如下两种情况：

1）若集群中某节点 M 宕机，则原来会被散列到 M 点上的数据将无法正常写入，散列函数由 $h(\text{object}) = \text{object. value mod } N$ 变成了 $h(\text{object}) = \text{object. value mod } (N-1)$。

2）若原集群规模无法满足应用需求，需要添加节点来扩展系统的性能。假设添加了一个节点，则散列函数由 $h(\text{object}) = \text{object. value mod } N$ 变成了 $h(\text{object}) = \text{object. value mod } (N+1)$。

以上两种情况是 NoSQL 系统设计时必须考虑的问题，如果该情况发生，则意味着以前的映射关系全部失效，那么每个节点的数据都需要进行重新划分。这对于大数据管理系统是不能接受的。为此，提出一种新的散列办法——一致性散列（consistent hashing）。

（2）一致性散列算法

一致性散列算法在 1997 年由麻省理工学院的 Karger 等人提出，设计目标是解决因特网中的热点（hot spot）问题。一致性散列是一种特殊类型的散列，当调整散列表大小时，应用一致性散列，平均只有 k/n 个键需要重新映射，其中，k 是 key 的数量，n 是数据槽（slot）的数量。而传统的散列表，一个数据槽变化将导致几乎所有 key 进行重映射。可见，一致性散列修正了简单散列算法带来的问题，使得 DHT 可以在 P2P 环境中真正得到应用。

P2P 环形架构的 NoSQL 系统的节点在逻辑上利用 DHT（即分布式散列算法或一致性散列）组成了一个环。在系统中，一致性散列算法不仅与其架构有关，更与其数据的读写、同步和节点的添加、移除有着密切的关系。下面简单介绍一致性散列算法。

一致性散列算法的原理是，每个 object 的散列值都是一个二进制 32 位值，即在 $0 \sim 2^{32} - 1$ 的数值区间内，将这个区间构造成一个首末相接的环，对象的散列值表示如下：

$h(\text{object}_1) = O_1;$

…

$h(\text{object}_4) = O_4;$

如图 3-33 所示，假设集群中已有 3 个节点 $node_1$、$node_2$、$node_3$，需要为每个节点分配一个 $0 \sim 2^{32} - 1$ 区间内的值，即 $token_1$、$token_2$、$token_3$。每个对象都从自己的散列值出发，沿顺时针方向找到的第一个节点即这个对象的存储点。这样，每个节点实际的负责范围从简单散列函数的单个值变成了一个值区间，解决了简单散列存在的问题。下面分别以移除节点和添加节点为例进行介绍。

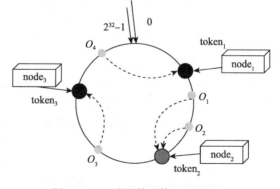

图 3-33　一致性散列算法示意图

- 移除节点：例如集群的节点 $node_3$ 失效，则按照一致性散列算法，$object_3$ 会由 $node_1$ 负责，如图 3-34 所示。

● 添加节点：当集群中添加了节点 $node_4$（散列值为 key_4）时，如图 3-35 所示，原 $object_1$ 的
负责点由 $node_2$ 改为了 $node_4$。

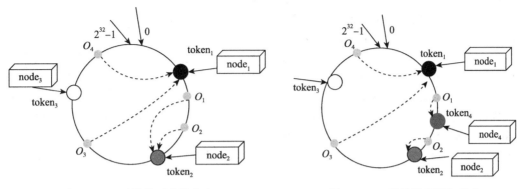

图 3-34　一致性散列移除节点　　　　　　图 3-35　一致性散列添加节点

利用一致性散列算法，当系统的节点发生变化时，只会影响其相邻节点的数据分布，减轻
了系统的性能抖动。

在 Cassandra 中，每一个节点都分配了一个 $0 \sim 2^{127} - 1$ 区间内的值，称为 token 值。对于任
何一个列族模型中的每一行，都对该行的 key 按照 MD5 散列，得到一个二进制 127 位数值，按
照一致性散列的方法存储到相应的节点上。所以每一个列族都不是集中式存储点，而是分布地
存储在不同节点上。

3.11 大数据库分布式存储案例

3.11.1 Bigtable

Bigtable 是 Google 公司开发的一个分布式存储系统，用来管理 Google 公司 PB 级的结构化
数据。Google 的许多项目都以 Bigtable 为基础，包括 Web 索引、Google Earth 和 Google Finance。
尽管这些应用对 Bigtable 提出了不同的管理需求，如数据多种多样（包括 URL 地址、Web 网页、
卫星图像等）、不同应用的延迟需求差别巨大（有些可在后端批量处理，而有些则需要提供实
时服务），但 Bigtable 成功地为 Google 产品提供了一个灵活、高性能的解决方案。Bigtable 是在
Google 的三个云计算组件 GFS、WorkQueue、Chubby 的基础之上构建的，其体系结构如图 2-26
所示。其中，GFS 是 Google 的分布式文件系统，用于存储日志文件和数据文件；WorkQueue 用
于处理分布式系统的任务调度、系统监控和故障处理；Chubby 是一个高可用、序列化的分布
式锁服务器，用于副本管理、服务器管理和子表（Tablet）定位。Bigtable 的数据分布与存储结构
如图 2-27 所示。Bigtable 系统主要由客户端程序库、Master Server（主服务器）和多个 Tablet
Server（子表服务器）组成。主服务器负责子表服务器的负载均衡调度，所有的数据都是以 Tab-
let 的形式保存在子表服务器上，其内部数据文件格式为 Google SSTable。本小节将从数据模型、
数据分区和分布策略几方面对 Bigtable 进行介绍。

1. Bigtable 的数据模型

Bigtable 是一个稀疏的、分布式的、持久化存储的、多维排序的 map。该 map 通过行关键
字、列关键字以及时间戳索引数据。Bigtable 采用 key-value 数据结构，key 由行关键字、列关
键字、时间戳组合而成，value 为对应数据内容，行关键字和列关键字都是字符串数据类型，
时间戳是一个 64 位的长整数，精确到毫秒。数据项按照时间戳进行排序，并对过期的数据项

进行回收，其数据模型如图 3-36 所示。可以用 (row : string, column : string, time : int64) → string 来表示一条键值对记录。

例如，图 3-37 为存储网页数据的 Webtable 的一个片段，其中，行名称（即 RowKey）是反转的 URL，contents 列族（即 ColumnKey）包含了网页内容（values），anchor 列族（即 ColumnKey）包含了任何引用这个页面的 anchor 文本（values）。图 3-37 中显示 CNN 的主页被 Sports Illustrated 和 MY- look 主页同时引用，因此，行中包含了名为 "anchor : cnnsi. com" 和 "anchor : my. look. ca" 的列。每个 an-

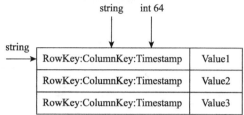

图 3-36　Bigtable key- value 结构示意图

chor 单元格都只有一个版本，contents 列有三个版本，分别对应于时间戳（Timestamp）t_3、t_5 和 t_6。

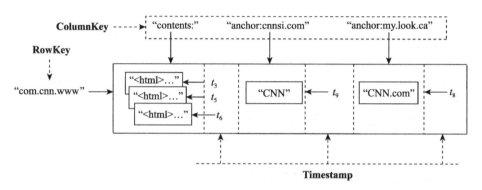

图 3-37　Webtable 实例

有关 Bigtable 的数据模型，具体说明如下：

- 行关键字：行关键字是一个任意长度的字符串（最大为 64KB）。对每个行关键字下所包含的数据进行读或写都是原子操作，而不管这个行中包含多少个列。例如，在行关键字 "com. cnn. www" 下面存储 "com. cnn. www" 中包含的数据，如 contents 列族、anchor 列族。该存储模式支持相关数据在存储上的局部性，用户在存取这些逻辑相关的数据时，只需要访问少量的几个子表，数据操作具有高效性。
- 列关键字：列关键字组成的集合叫作"列族"，列族是访问控制的基本单位。通常，在 Bigtable 中，同一个列族下存储的数据的数据类型相同。数据被存储之前必须先创建列族。列关键字的命名规则是"族名：限定词（Family：qualifier）"。其中，族名必须是有意义的，而限定词可以为任意的字符串，包括空。访问控制、磁盘使用统计、内存使用统计等都在"列族"这个层次上进行。

  例如图 3-37 中，Webtable 有个列族是 anchor，这个列族的每一个列关键字代表一个锚链接。如图 3-38 所示，anchor 列族的限定词是引用该网页的站点名（"cnnsi. com" 和 "my. look. ca"），而 anchor 列族中每列的数据项存放的是链接文本（分别为 "CNN" 和 "CNN. com"）。
- 时间戳：现实世界的数据随着时间而变化，因此数据就有了多个版本。通常使用时间戳来存储和标识不同时间段、不同版本的数据。在 Bigtable 中，表的每一个数据项都可以包含同一份数据的不同版本，不同版本的数据通过时间戳来索引。Bigtable 时间戳采用的数据类型是 64 位整型数。

```
{//Bigtable Data Model                      {//Bigtable Example: Webtable
  "Tablename" : {                             "Webtable" : {
    "rowA" : {                                  "com.cnn.www" : {
      "ColumnFamily_A" : {                        "contents" : {
        " Qualifier_A" : //允许为空                   "" : //为空
        {                                             {
          TimeStamp : "value"                           t3: "<html>...."
          TimeStamp : "value"                           t5: "<html>...."
          TimeStamp : "value"                           t6: "<html>...."
        }                                             }
      }                                           }
      " ColumnFamily_B ":{                        "anchor":{
        "Qualifier_A" :                             "cnnsi.com" :
        {                                           {
          TimeStamp : "value"                         t9: "CNN"
        }                                           }
        " Qualifier_B" :                            "my.look.ca" :
        {                                           {
          TimeStamp : "value"                         t8: "CNN.com"
        }                                           }
      }                                           }
    }                                           }
  }                                           }
}                                           }
```

图 3-38　Bigtable 的模式结构与 Webtable 的模式实例

Bigtable 提供两种时间戳的创建方式：系统时间戳和用户时间戳。系统时间戳是指 Bigtable 依据系统时间自动生成时间戳赋值，而用户时间戳由用户程序来赋值。为了避免数据版本冲突，使用用户时间戳时要注意自定义时间戳的唯一性问题。不同版本的数据按照时间戳倒序排序，即最新的数据排在最前面。

另外，为了减轻多版本数据的管理负担，Bigtable 提供了两种对废弃版本数据的自动垃圾收集机制：一是用户可以指定只保存最后 n 个版本的数据；二是只保存"足够新（new-enough）"版本的数据。例如，图 3-38 的 Webtable 例子中，列关键字"contents"下保存的是不同时间戳时刻网络爬虫抓取同一个页面所获得的结果，垃圾收集机制可定义为"只保留最近三个版本的网页数据"。

2. 数据分区策略

Bigtable 采用按行关键字值的范围分区策略对数据进行分片和分布存储。

为了实现数据分布和负载均衡，Bigtable 按行关键字的值区间对表中的全部数据进行动态划分，即采用基于行关键字的值区间实现范围分区。在 Bigtable 中，将每个行关键字的值区间称为一个 Tablet，也就是一个全局表的子表。Tablet 是 Bigtable 进行数据划分的基本单位。Bigtable 按照字典顺序对行关键字进行维护，因此可以高效地读取一个比较短的行关键字值区间，通常只需要访问少数几个子表。例如，图 3-38 的 Webtable 例子中，通过对 URL 进行反转后作为行关键字"com. cnn. www"，这样，属于同一个 URL 域的网页被分组到连续的行中，即在行关键字"com. cnn. www"下面存储"com. cnn. www"中包含的数据，也就是说相关数据在存储上具有局部性。因此，当用户存取这些逻辑相关的数据时，只需要访问少量的几个子表即可完成。

3. 数据存储策略

参见 3. 10. 2 节的基本的 SSTable 数据存储结构。

4. Tablet 的定位索引结构

Bigtable 使用一个类似 B^+ 树的数据结构存储数据分片的位置信息。如图 3-39 所示，第一层是 Chubby File，它保存着 Root Tablet 的位置。Chubby File 属于 Chubby 服务，一旦 Chubby 不可用，就丢失了 Root Tablet 的位置，整个 Bigtable 也就不可用了。

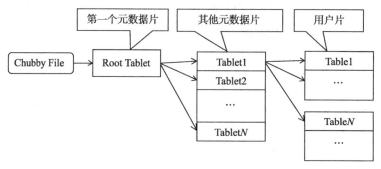

图 3-39　Tablet 定位结构索引图

第二层是 Root Tablet，它是元数据表（MetaData Table）的第一个分片，保存着元数据表其他片的位置。为了保证树的深度不变，Root Tablet 从不分裂。

第三层是其他的元数据片，它们和 Root Tablet 一起组成完整的元数据表。每个元数据片都包含了许多用户片的位置信息。

5. 数据定位策略

Bigtable 在查询数据时，首先是对数据所在 Tablet 进行定位，分为三个步骤：

1）客户端程序在缓存中查找 Tablet 位置是否在缓存中存在，如果在缓存中存在就直接读取，如果不存在，通过 Chubby 服务器查询 Tablet 的根节点，读取 Bigtable 根节点的 Tablet 信息。

2）根据 Bigtable 根节点的 Tablet 信息，找到数据对应 MetaData 的数据表，该数据表中存储着所有的用户数据 Tablet 的位置信息。

3）根据 MetaData 的数据表存储的用户数据 Tablet 信息，找到数据对应 Tablet 信息，根据该位置信息，将 Tablet 数据读取到客户端。

6. 副本管理策略

Bigtable 依赖于底层分布式文件系统 GFS 的副本机制实现。

7. 元数据存储策略

Bigtable 数据库中的元数据表也采用前文的数据模型，每个 Tablet 也是由专门的片服务器负责。客户端会缓存 Tablet 的位置信息，如果在缓存里找不到 Tablet 的位置信息，就需要查找三层定位索引结构，包括访问一次 Chubby 服务、访问两次片服务器。

8. Bigtable 的数据读取与写入

（1）Bigtable 的数据读取

Bigtable 以 Tablet 为单位读取数据，即读取构成该 Tablet 的所有 SSTable。具体过程如下：

1）首先在 Tablet 服务器所在的缓存里查找。Bigtable 提供二级缓存，一种是以 key-value 形式的一级数据缓存，如果在一级缓存中无法找到，访问二级数据缓存；二级数据是 SSTable 的块数据缓存，对于热点局部性数据，块的命中率很高，可有效改善系统性能。

2）如果在数据缓存中没有找到对应的读取数据，启动数据定位的三个步骤，完成对 Tablet

的位置信息读取，Tablet 信息读取转换为对应的 SSTable 数据，根据 SSTable 数据是否进行了压缩，对涉及该 Tablet 的 SSTable 进行解压操作，完成读取后返回到客户端。

（2）Bigtable 的数据写入

Bigtable 的数据写入操作视为一个事务操作，必须保证 Tablet 中数据写入成功，否则不会写入 Tablet；如果写入成功，会把提交该操作修改到 Tablet 对应的 Redo 日志中，同时该写入内容会插入 MemTable 中。

3.11.2 Cassandra

Cassandra 最初由 Facebook 开发，后转变成了开源项目。它是一个网络社交云计算方面的理想数据库，以 Amazon 专有的完全分布式的 Dynamo 为基础，结合了 Google Bigtable 基于列族（Column Family）的数据模型，采用 P2P 去中心化的存储结构，图 2-35 为 Cassandra 的基本集群架构。

1. Cassandra 的数据模型

Cassandra 的数据模型图如图 3-40 所示。Keyspace 是数据最外层，ColumnFamily 都属于某一个 Keyspace。一般来说，一个应用只有一个 Keyspace。Keyspace 是用于存放 ColumnFamily 的容器，相当于关系数据库中的模式或数据库；ColumnFamily 是用于存放 Column 的容器，类似于关系数据库中的表；SuperColumn 是一个特殊的 Column，它的 value 值可以包含多个 Column；Column 是 Cassandra 的最基本单位，由 name、value、timestamp 组成。

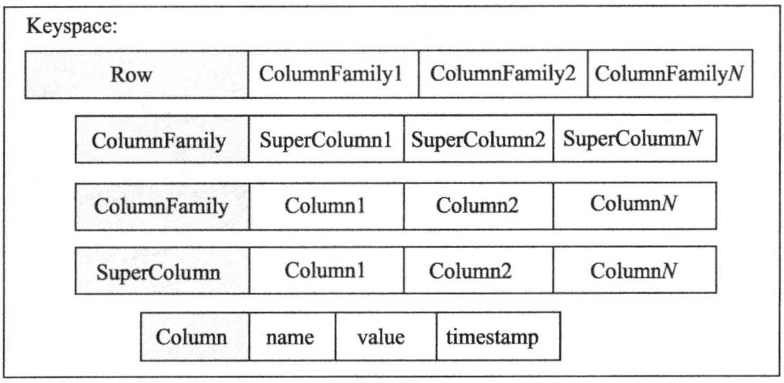

图 3-40　Cassandra 数据模型图

Row 以 Key 为标识，一个 Key 对应的数据可以分布在多个 ColumnFamily 中，但通常存放在一个 ColumnFamily 中。

Cassandra 的数据模型样例示意图如图 3-41 所示。学生 Students 的数据模型结构中，Key 为学生姓名（STU1），存储学生的年龄（age）和性别（sex）信息，且学生按系别（Math）进行分类组织。

2. 数据分布策略

Cassandra 大数据库系统一般采用分布式散列存储策略实现数据分布存储。

（1）分布式散列存储策略

Cassandra 的存储节点采用 P2P 结构，将节点按 $0 \sim 2^{127}$ 编号组成一个环，数据通过一致性散列函数得到 key，并映射到相应的节点上。环上的每个点管理一个区间，基于 key 找该区间确定节点。当节点退出或者加入，只影响该点相邻区间的节点。数据的散列存储策略图如图 3-42 所示。

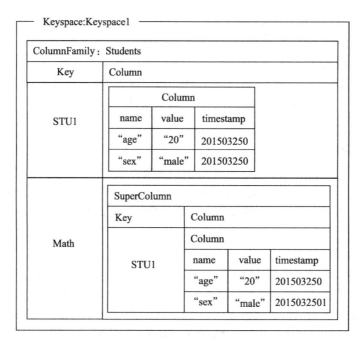

图 3-41　Cassandra 数据模型样例示意图

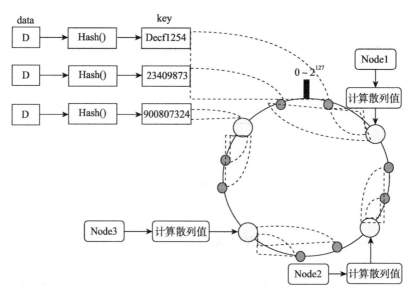

图 3-42　基于一致性散列的数据存储策略

（2）分区（Partitioner）类型

Cassandra 数据库支持如下三种分区策略：

- 随机分区（Random Partitioner）：随机分区是一种散列分区策略，使用的 token 是大整数型（Big Integer），范围为 $0 \sim 2^{127}$。极端情况下，一个采用随机分区策略的 Cassandra 集群可以达到 $2^{127}+1$ 个节点。采用随机分区策略的集群无法支持针对 key 的范围查询。假如集群有 N 个节点，每个节点的散列空间采取平均分布，那么第 i 个节点的 token 可以设置为 $i*(2^{127}/N)$。

- 顺序保持分区（Order Preserving Partitioner）：如果要支持针对 key 的范围查询，可以选择这种有序分区策略。该策略采用字符串类型的 token。每个节点的具体选择需要根据 key 的情况来确定。如果没有指定 InitialToken，则系统会使用一个长度为 16 的随机字符串作为 token，字符串包含大小写字符和数字。

- 校对顺序保持分区(Collating Order Preserving Partitioner)：和顺序保持分区一样是有序分区策略，只是排序的方式不一样。该分区采用的是字节型 token，支持设置不同语言环境的排序方式，代码中默认是 en_US。

分区策略和每个节点的 token(InitialToken)都可以在 storage-conf. xml 配置文件中设置，节点初始化完成以后，token 值作为元数据会保留在系统 Keyspace 中，每次启动会以该值为准，即使再改动配置文件中的 InitialToken 也不会产生任何影响。

3. 副本配置策略

不像 HBase 是基于 HDFS 的分布式存储，Cassandra 的数据存储在每个节点的本地文件系统中。Cassandra 有三种副本配置策略：

- 简单策略(Simple Strategy)，也称机架未知策略(Rack Unaware Strategy)：不考虑机架的因素，而是按照 token 放置在连续的下几个节点。如图 3-42 所示，假如副本数为 3，属于 Node1 节点的数据在 Node2、Node3 两个节点中也放置副本。
- 旧网络拓扑策略(Old Network Topology Strategy)，也称机架感知策略(Rack Aware Strategy)：考虑机架的因素，除了基本的数据外，先找一个处于不同数据中心的点放置一个副本，其余 $N-2$ 个副本放置在同一数据中心的不同机架中。
- 网络拓扑策略(Network Topology Strategy)，也称共享数据中心策略(Datacenter Shared Strategy)：将 M 个副本放置到其他的数据中心，将 $N-M-1$ 个副本放置在同一数据中心的不同机架中。

4. 存储机制

Cassandra 的存储机制借鉴了 Amazon 的 Dynamo 和 Google 的 Bigtable 的数据结构和功能特点，它采用基于列族的四维或五维的数据模型，且采用 MemTable 和 SSTable 的方式进行存储。在 Cassandra 写入数据之前，需要先记录日志(CommitLog)，然后将数据写入列族对应的 MemTable 中，MemTable 是一种按照 key 排序数据的内存结构。在满足一定条件时，再把 MemTable 的数据批量地刷新到磁盘上，存储为 SSTable。该机制相当于缓存写回机制(Write-back Cache)，其优势是将随机 I/O 写转变为顺序 I/O 写，降低了大量的写操作带给存储系统的压力。因此，可以认为 Cassandra 中只有顺序写操作，而没有随机写操作。

SSTable 是只读的，且一般情况下一个 ColumnFamily 会对应多个 SSTable，当用户检索数据时，Cassandra 使用了布隆过滤器(Bloom Filter)，即通过多个散列函数将 key 映射到一个位图中来快速判断这个 key 属于哪个 SSTable。为了减少大量 SSTable 带来的开销，Cassandra 会定期进行压缩(compaction)，简单地说，compaction 就是将同一个列族的多个 SSTable 合并成一个 SSTable。

3.11.3　Spanner

Spanner 是 Google 公开的分布式数据库，它既具有 NoSQL 系统的可扩展性，也具有关系数据库的功能。Spanner 可以将一份数据复制到全球范围的多个数据中心，并保证数据的一致性。一套 Spanner 集群可以扩展到上百个数据中心、百万台服务器和上万亿条数据库记录的规模。目前，Google 广告业务的后台(F1)已从 MySQL 分库分表方案迁移到了 Spanner 上。

Spanner 系统的体系结构如图 2-38 所示。一个 Spanner 部署实例称为一个 Universe。每个 Zone 相当于一个数据中心，一个 Zone 内部物理上必须在一个场地上。而一个数据中心可能有多个 Zone。在运行时可以添加和移除 Zone,一个 Zone 可以理解为一个 Bigtable 的部署实例。每个数据中心会运行一套 Colossus(GFS II)。每个机器有 100~1000 个 Tablet,Tablet 概念上相当于数据库一张表里的一些行,物理上是数据文件。例如,假设一个 1000 行的表有 10 个 Tablet,第 1~100 行是一个 Tablet,第 101~200 行是一个 Tablet。本节介绍 Spanner 所采用的数据模型、数据存放策略和数据读写过程。

1. 数据模型

Spanner 继承了 Megastore 的设计,数据模型介于 RDBMS 和 NoSQL 之间,提供树形、层次化的数据库模式。它一方面支持类 SQL 的查询语言,提供表连接等关系数据库的特性,功能上类似于 RDBMS;另一方面整个数据库中的所有记录都存储在同一个 key-value 大表中,实现上类似于 Bigtable,具有 NoSQL 系统的可扩展性。

在 Spanner 中,应用可以在一个数据库里创建多个表,同时需要指定这些表之间的层次关系。例如,图 3-43 中创建的两个表——用户表(Users)和相册表(Albums),指定用户表是相册表的父节点。父节点和子节点间存在着一对多的关系,用户表中的一条记录(一个用户)对应着相册表中的多条记录(多个相册)。此外,要求子节点的主键必须以父节点的主键作为前缀。例如,用户表的主键(用户 ID)就是相册表主键(用户 ID + 相册 ID)的前缀。

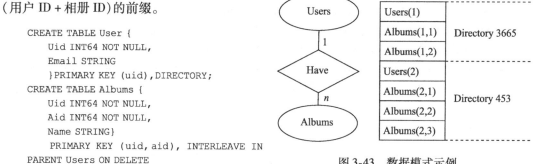

```
CREATE TABLE User {
    Uid INT64 NOT NULL,
    Email STRING
    }PRIMARY KEY (uid),DIRECTORY;
CREATE TABLE Albums {
    Uid INT64 NOT NULL,
    Aid INT64 NOT NULL,
    Name STRING}
    PRIMARY KEY (uid,aid), INTERLEAVE IN
PARENT Users ON DELETE
CASCADE;
```

图 3-43 数据模式示例

图 3-43 的数据模式示例中,表之间具有层次关系,记录排序后交错地存储。

所有表的主键都将根节点的主键作为前缀,Spanner 将根节点表中的一条记录和以其主键作为前缀的其他表中所有记录的集合称作目录(Directory)。Directory 是一些 key-value 的集合,一个 Directory 里面的 key 前缀一样。例如,一个用户的记录及该用户所有相册的记录组成了一个 Directory。Directory 是 Spanner 对数据进行分区、复制和迁移的基本单位。

2. 数据存储策略

Spanner 有比 Bigtable 更强的扩展性,因为 Spanner 有一层抽象的概念 Directory,Directory 作为数据放置的最小单元,可以在 Paxos 组里面移动。Spanner 移动 Directory 一般出于如下几个原因:

- Paxos 组的负载太大,需要切分。
- 将数据移动到距访问更近的地方。
- 将经常同时访问的 Directory 放到一个 Paxos 组里面。

Spanner 系统中,Directory 是一个抽象的概念,是管理数据的基本单元,而 Tablet 是物理上的数据文件。由于一个 Paxos 组可能会有多个 Directory,所以 Spanner 的 Tablet 实现和 Bigtable 的 Tablet 实现有些不同。Bigtable 的 Tablet 是单个顺序文件。而 Spanner 的 Tablet 可以理解为一些基于行的分区的容器,通常将一些经常同时访问的 Directory 放在一个 Tablet 里面,而不强调行的顺序关系。

Directory 还是记录地理位置的最小单元。数据的地理位置是由应用决定的，应用可以指定一个 Directory 有多少个副本，分别存放在哪里。在应用配置的时候需要指定复制数目和类型，还有地理的位置，比如上海复制 2 份，沈阳复制 1 份。这样，应用就可以根据用户的实际情况决定数据存储位置。

概括地说，采用目录结构具有以下优势：

1）一个 Directory 中所有记录的主键都具有相同前缀。在存储到底层 key-value 大表时，会被分配到相邻的位置。如果数据量不是非常大，会位于同一个节点上，这不仅提高了数据访问的局部性，也保证了在一个 Directory 中发生的事务都是单机的。

2）Directory 还实现了从细粒度上对数据进行分区。整个数据库被划分为上百万个甚至更多个 Directory，每个 Directory 可以定义自己的复制策略。这种基于 Directory 的数据分区方式比 MySQL 分库分表的基于 Table 的粒度要细，而比 Yahoo! 的 PNUTS 系统中基于 Row 的粒度要粗。

3）Directory 提供了高效的表连接运算方式。在一个 Directory 中，多张表上的记录按主键排序，交错地存储在一起，因此进行表连接运算时无须排序即可在表间直接进行归并。

3. Spanner 查询实现方法

Spanner 查询过程中，分只读查询操作和读写操作。

（1）Spanner 只读查询操作

Spanner 收到一个数据读取操作后，根据发起的查询请求，计算出整个查询需要涉及哪些键值，涉及的键值有多少 Paxos 组，只涉及一个 Paxos 组和涉及多个 Paxos 组的处理逻辑有所不同。

涉及一个 Paxos 组时，按照下面步骤获取数据：

1）客户端对 Paxos 组的领导者发起一个只读事务。

2）Paxos 组的领导者为这个读操作分配一个时间戳，并确保这个时间戳可以让该读取看到最后一次写之后的数据。

3）按照分配的时间戳进行数据读取。

涉及多个 Paxos 组时，按照下面步骤获取数据：

1）客户端发起一个只读事务。

2）多个 Paxos 组领导者进行协商后，分配一个时间戳。

3）按照分配的时间戳进行数据读取。

（2）Spanner 读写操作

Spanner 首先对于读取和写入操作进行拆分，写操作会在客户端进行缓存，而先执行读操作，因此该事务中的读取操作不会看到该事务的写操作结果。

读操作在自己数据相关的 Paxos 组中先获取到读锁，避免写操作申请到写锁，申请到读锁后，分配给客户端对应时间戳进行读操作，所有读取操作完成后，释放掉读锁。

读锁释放完成后，客户端开始处理所有已经缓存的写操作，也是通过 Paxos 协商机制进行协商，获取到写锁，分配对应的预备时间戳后，根据预备时间戳中的最大时间确定一个提交时间戳，在提交时间戳的同时进行写操作的事务提交。

3.12 本章小结

分布式数据库设计是构建分布式数据库系统的基础，设计的好坏直接影响系统的性能。本章主要针对 Top-Down 设计策略中的数据库设计进行了详细讨论，介绍了分片的定义和作用，详细地给出了两种基本的分片方法(水平分片和垂直分片)的定义、遵循的准则、操作方法以及正确性验证,介绍了分片的表示方法和分配设计模型。分布式数据库的分片、分配设计,与数据的自身特点、应用需求、物理场地以及网络环境等因素密切相关。针对大数据库系统,介绍了 HDFS 文件存储系统、键值数据模型与存储模型、一致性散列分区存储策略与范围分区存储策略。对于支持大数据管理的键值数据模型,通常根据系统应用需求选择行存储模型、列存储模型或混合存储模型,以及相应的分布存储策略,以便提高系统性能。好的数据库设计有助于提升系统的性能,增强系统的可靠性和可用性。本章内容为分布式数据库和大数据库设计者提供了可行的设计基础。用户基于本章的设计理念,结合数据库自身特征、应用需求、网络性能、场地性能等诸多因素,可合理地设计分布式数据库系统和大数据库系统。

习题

1. 阐述数据分片的作用以及分片需要考虑的几个因素。

2. 基本水平分片和导出水平分片的定义不同,但表示形式一致,那它们的分配模式是否也一致?

3. 结合应用实例理解分片的完备性、可重构性和不相交性。

4. 存在一个复杂的数据管理应用,有如下关系模式:$R_1(a_{11}, a_{12}, \cdots, a_{1n})$,$R_2(a_{21}, a_{22}, \cdots, a_{2m})$,$\cdots$,$R_m(a_{m1}, a_{m2}, \cdots, a_{mt})$;系统存在多种查询应用 $Q_1, Q_2, Q_3, \cdots, Q_n$,$Q_1 = (S, P)$,$S$ 为相关属性集合,P 为查询谓词。

   根据上述条件,如何对数据进行分片设计,如何选择简单谓词和小项谓词?请给出一到两种设计方案。

5. 某教学管理信息系统有如下关系模式信息:
   - **学生基本信息**:S(Sno(学号),Sname(姓名),Sage(年龄),Major(专业),Dept(校区),Hobby(个人爱好),Province(籍贯),F-WorkUnit(父亲的工作单位),F-Title(父亲的职务),M-WorkUnit(母亲的工作单位),M-Title(母亲的职务))
   - **学生选课信息**:SC(Sno,Cno(课号),Grade(成绩))
   - **课程信息**:C(Cno,Cname(课程名),Credit(学分))

   假设基于上面给出的关系模式有如下应用需求:(1)各校区负责人经常查询本校区的学生的基本信息、选课信息、选择的课程信息;(2)学校本部数据中心需要对学生信息进行综合分析,即需要学生的相关背景信息 S(Major,Hobby,Province,F-WorkUnit,F-Title,M-WorkUnit,M-Title)和学生的选课信息 SC(Sno,Cno,Grade),了解各区域学生的学习情况、父母职业与学生的学习情况等。

   依据上述信息进行数据分片设计,写出分片定义、分片条件,指出分片的类型,分别画出分片树,给出相应的分配设计。

6. 某销售总公司(为场地 S0)下属有一个分公司(为场地 S1),该销售公司有如下关系模式:
   - **雇员信息**:E(Eno(雇员编号),Ename(姓名),age(年龄),Title(级别),Dno(公司))
   - **雇员销售信息**:S(Sid(销售明细),Pno(商品编号),num(数量),date(日期),Eno)

   假设基于上面给出的关系模式有如下应用需求:(1)各分公司管理自己公司的雇员信息和销售信息;(2)总公司管理 Title > 5 的雇员信息和他们的销售信息。

   依据上述信息进行数据分片设计,给出简单谓词集和小项谓词集,写出分片定义、分片条件,指出分片的类型,分别画出分片树,给出相应的分配设计。

7. 在 NameNode 上执行 create file 后,NameNode 采用什么策略给 Client 分配 DataNode?顺序写入三个 DataNode,写入过程中有一个 DataNode 宕机,如何容错?

8. 针对不同的数据访问模式，举例分析 SSTable 和 RCFile 数据存储模式的 I/O 性能。
9. 说明应用于大数据的数据模型与基本的数据存储模式的异同点。

主要参考文献

[1] 郑振楣，于戈. 分布式数据库[M]. 北京：科学出版社，1998.

[2] M Tamer Ozsu, Patrick Valduriez. Principles of Distributed Database System (Second Edition) [M]. 影印版. 北京：清华大学出版社，2002.

[3] 邵佩英. 分布式数据库系统及其应用[M]. 北京：科学出版社，2005.

[4] 孟小峰，慈祥. 大数据管理：概念、技术与挑战[J]. 计算机研究与发展. 2013, 50(1)：146-169.

[5] 详解 Cassandra 数据库的写操作[EB/OL]. http：//database. 51cto. com/art/201005/202919. htm.

[6] 一致性哈希算法[EB/OL]. http：//baike. baidu. com/.

[7] Facebook 数据仓库揭秘：RCFile 高效存储结构[EB/OL]. http：//www. csdn. net/article/2011-04-29/296900.

[8] GOOGLE 分布式数据库技术演进研究——从 Bigtable、Dremel 到 Spanner(二)[EB/OL]. http：//m. blog. csdn. net/blog/u013427959/18825309.

[9] HDFS 原理分析：基本概念[EB/OL]. http：//os. 51cto. com/art/201212/369564. htm.

[10] NoSQL 生态系统[EB/OL]. http：//www. oschina. net/translate/the-nosql-ecosystem.

[11] Apache Cassandra Glossary[EB/OL]. http：//io. typepad. com/glossary. html.

[12] Beaver D, Kumar S, Li HC, et al. Finding a Needle in Haystack：Facebooks Phone Storage. Proc. of OS-DI2010[C]. Berkeley, CA：USENIX Association, 2010：47 – 60.

[13] Cassandra-Wiki[EB/OL]. http：//wiki. apache. org/Cassandra/ArchitectureInternals.

[14] Consistent_hashing. http：//en. wikipedia. org/wiki/Consistent_hashing.

[15] Chang F, Dean J, Ghemawat S. Bigtable：A Distributed Storage System for Structured Data. Proc. of OSDI 2006[C]. 2006：205 – 218.

[16] Copeland G P, Khoshafian S N. A Decomposition Storage Model. Proc of The 1985 ACM SIGMOD International conference on Management of Data [C]. 1985：268-279.

[17] Corbett J C, Jeffrey D, Michael E, et al. Spanner：Google's Globally-Distributed Database. Proc. of OSDI [C]. 2012.

[18] Ellner S, Shute J. F1-the Fault-Tolerant Distributed RDBMS Supporting Google's Ad Business[EB/OL]. http：//strataconf. com/strata2013/public/schedule/detail/28607.

[19] Facebook Cassandra Architecture and Design[EB/OL]. http：//perspectives. mvdirona. com/ 2009/02/07/FacebookCassandraArchitectureAndDesign. aspx.

[20] FastDFS[EB/OL]. http：//code. google. com/p/fastdfs/w/list.

[21] Ghemawat S, Gobioff H, Leung S. The Google file system. Proc. of 19th Symposium on Operating Systems Principles[C]. Lake George, New York, 2003：29 – 43.

[22] Halevy A Y, Rajaraman A, Ordille J. Data Integration：The Teenage Years. Proc. of VLDB [C]. 2006：9 – 16.

[23] Halevy A Y, Rajaraman A, Ordille J J. Querying Heterogeneous Information Sources Using Source Descriptions. Proc. of VLDB [C]. 1996：251 – 262.

[24] He Y, Lee R, Huai Y, Shao Z. RCFile：A Fast and Space efficient Data Placement Structure in Map Reduce based Warehouse Systems. Proc. of ICDE 2011[C]. 2011：1199 – 1208.

[25] Joseph D. Performance Analysis of MD5. Applications, Technologies, Architectures, and Protocols for Computer Communication [C]. United States, 1995：77 – 86.

[26] Karger D, Lehman E, Leighton T, et al. Consistent Hashing and Random Trees：Distributed Caching Proto-

cols for Relieving Hot Spotson the World Wide Web. Proc. of the Twenty-Ninth Annual ACM Symposium on theory of Computing [C]. United States, 1997: 654 – 663.

[27] O'Neil P, Cheng E, Gawlick D, et al. The log-structured merge-tree (LSM-tree) [J]. Acta Informatica, 1996, 33 (4): 351 – 385.

[28] Ramanathan S, Goel S, Alagumalai S. Comparison of Cloud Database: Amazon's Simple DB and Google's Bigtable[J]. IJCSI International Journal of Computer Science Issues, 2011, 8(6 – 2): 1694 – 1814.

[29] Renesse R, Dumitriu D, Gough V, Thomas C. Efficient Reconciliation and Flow Control for Anti-Entropy Protocols[EB/OL]. http: //www. cs. cornell. edu/home/rvr/papers/flowgossip. pdf.

[30] Spanner[EB/OL]. http: //baike. baidu. com/.

[31] Stonebraker M. One Size Fits All: An Idea Whose Time has Come and Gone. Proc. of the International Conference on Data Engineering[C]. 2005: 2 – 11.

[32] TFS[EB/OL]. http: //code. taobao. org/p/tfs/wiki/ index/.

[33] Zhou J, Ross K A. A Multi-resolution Block Storage Model for Database Design. Proc. of Database Eng. and App. Symp. [C]. 2003: 22 – 31.

[34] Welcome to Apache Cassandra™[EB/OL]. http: //cassandra. apache. org/.

第4章

分布式查询处理与优化

　　查询处理是数据库管理系统中的重要内容。同集中式查询处理相比，分布式环境中的查询处理更加困难。因为分布式数据库是由逻辑上的全局数据库和分布于各局部场地上的物理数据库组成的，用户或应用只看到全局关系组成的全局数据库，并且只在全局关系上发布查询命令。在查询执行过程中，查询命令由系统将其转换成内部表示，经过查询重写、查询优化等过程，最终转换为局部场地上的物理关系的查询。通常，分布式查询处理过程分为查询转换、数据局部化、查询存取优化以及局部查询优化四个阶段，其性能与很多因素相关。影响查询处理效率的因素有：网络传输代价（通信量和延迟等）、局部 I/O 代价及 CPU 计算代价等，但主要由网络通信代价和局部 I/O 代价来衡量。不同的分布式数据库系统可能对估计查询处理的传输代价和 I/O 代价的侧重点不同，如：分布式数据库分布的场地较远且又受网络带宽限制时，主要考虑通信代价。为了提高查询的效率，需要对查询处理过程进行优化。查询优化就是确定出一种执行代价最小的查询执行策略或寻找相对较优的操作执行步骤。

　　本章首先介绍分布式查询处理的基本概念以及查询处理与优化过程。大数据库中的查询量大，主要包括的数据模型有键值模型、列存储模型、文本模型，对这些查询使用合适的查询处理方法，以及利用理想的处理框架将大大提高查询效率，本章在后半部分介绍大数据库中的查询处理方法和优化策略。

4.1　查询处理基础

4.1.1　查询处理目标

　　无论是集中式数据库系统，还是分布式数据库系统，查询处理的目标都是快速并高效地得到查询结果，而实现这一目标的途径就是查询优化。查询优化的基本目的是为用户的查询生成执行代价最小的执行策略。但具体的优化目标和优化策略需要侧重考虑不同的性能参数。如集中式数据库系统中只需要考虑局部执行代价；而在分布式数据库系统中，除了局部执行代价外，还要考虑网络传输代价。优化的目标是使局部执行代价和网络传输代价的和最小。

　　局部执行代价主要指 I/O 代价（输入/输出次数）及 CPU 处理代价。I/O 代价是磁盘与内存之间的换入换出操作所花费的时间，CPU 处理代价是在内存操作上所花费的时间。

　　网络传输代价主要指传输启动代价和数据传输代价。通信代价是在参与执行查询的场地之间进行数据交换所需的时间。这个代价在处理数据包和在通信网络中传输数据的过程中产生。

　　对于集中式数据库系统，执行策略的代价主要体现在查询的执行时间上，对于执行时间的度量一般是用磁盘 I/O 操作的次数和执行查询所要求使用 CPU 的时间来衡量。在现在的计算机上，CPU 的处理速度通常要比磁盘的读写速度快很多。例如，在磁盘上读或写一个块大约需要 5 毫秒（0.005 秒），而在相同的时间里，一个单核的 CPU 可以处理 500 万条指令。因此，通常情况下，查询的执行时间主要取决于查询执行策略所产生的磁盘 I/O 的数量。因此，对集中式数据库系统进行查询优化时，要尽可能地选择能够降低磁盘 I/O 代价的算法，以使查询的总响应时间最短。通常，可以通过缓存管理等技术来减少 I/O 操作。

而在分布式数据库系统中，由于查询通常涉及多个场地，因此根据不同的系统环境，优化目标分为分布式查询总执行代价最小和局部查询响应时间最短两种。而在度量代价的特征参数方面，除磁盘 I/O 和 CPU 代价以外，还包括不同站点通过网络传输数据的代价。一般来说，查询存取优化是以总执行代价最小为优化目标。优化时，综合考虑磁盘 I/O 代价、CPU 代价和数据通信代价，并且根据不同的系统环境，需要选择相应的代价因素作为总代价估计的主要参数。局部查询优化以局部查询的响应时间最短为目标，主要包括基于数据的分布和复制对查询的并行处理，以及对查询执行策略的物理优化。

在分布式数据库系统的查询优化中，主要以通信网络的类型作为系统环境的类型，不同的通信网络类型通常具有不同的优化目标和优化算法。

在远程通信网络的环境中，磁盘读写数据的时间和 CPU 处理时间与站点间数据传输时间相比，几乎可以忽略不计。因为远程网络中站点之间的通信带宽普遍较低，站点之间的数据传输速度相对于磁盘数据的读写速度慢很多。因此，对于远程通信网络环境中的分布式数据库系统，查询处理的代价主要由数据传输代价所决定。在查询优化时主要考虑数据传输量和传输次数，以减少通信开销作为优化的主要目标。

在高速局域网中，高速局域网的网络带宽($100 \sim 1000 \mathrm{Mb/s}$)要比远程通信网络高很多，因此，查询优化需要同时考虑局部查询处理代价和通信代价，以总执行代价最小作为优化目标。如果站点间的数据传输时间比局部查询处理时间短很多，则局部查询处理代价是查询的主要代价，优化时以减少局部查询执行时间作为主要目标。如果数据传输时间与局部查询处理时间相近，则查询优化要以同时减少通信代价和局部执行代价作为主要目标。其中，局部查询的执行时间主要通过 CPU 处理时间和磁盘 I/O 次数进行度量。在查询优化中，对通信代价和局部执行代价的估计主要基于各个站点上数据的分布情况和执行操作符所使用的算法来评价。与集中式数据库系统的情况不同，分布式查询的局部处理代价会随着数据传输策略的不同而变化，这一点也增加了估计分布式查询执行策略代价的复杂度。

综上可以看到：分布式数据库的查询处理优化策略中，对于查询中涉及的场地之间的存取策略，只考虑传输代价；而对于每个场地上的局部存取策略，按照集中式数据库方式来处理，考虑 I/O 代价及 CPU 处理代价。通常，通信代价是分布式数据库中要考虑的最重要的因素。因为大多数分布式数据库是基于网速较低的广域网之上，导致通信代价远远大于计算代价。因此，分布式查询优化的主要目的可以归纳为局部处理代价和通信代价最小化的问题。由于局部优化类似于集中式系统，可以独立地进行局部优化。目前，随着网络技术的发展，分布式环境中同样存在快速的通信网络，其带宽可以与硬盘的带宽相比较。这时，需要考虑这三种代价所占的权重，因为它们对于整体代价都具有重要的影响。

4.1.2 查询优化的意义

我们知道，查询处理器将演算查询转换为代数操作，然后通过查询优化选择最好的执行计划。我们通过以下例子来说明查询优化的意义。

例 4.1 设有一供应关系数据库，有供应者和供应关系，具体如下：

- 供应者关系：SUPPLIER(SNO, SNAME, AREA)
- 供应关系：SUPPLY(SNO, PNO, QTY)
- 零件关系：PART(PNO, PNAME)

其中，SNO 为供应者编号，SNAME 为供应者姓名，AREA 为供应者所属地域，PNO 为零件号，QTY 为数量，PNAME 为零件名称。

查询要求：找出供应 100 号零件的供应者的姓名。

执行上面查询的 SQL 表示如下：

```
SELECT        SNAME
FROM          SUPPLIER S,SUPPLY SP
WHERE         S. SNO = SP. SNO
AND           PNO = 100;
```

等价的关系代数表示如下：

$$Q1 = \prod_{\text{SNAME}}(\sigma_{\text{S. SNO = SP. SNO and PNO = 100}}(S \times SP))$$
$$Q2 = \prod_{\text{SNAME}}(\sigma_{\text{PNO = 100}}(S \infty SP))$$
$$Q3 = \prod_{\text{SNAME}}(S \infty \sigma_{\text{PNO = 100}}(SP))$$

下面针对不同的执行策略进行代价计算。

(1) $Q1$ 代价计算（仅考虑 I/O 代价）

$$Q1 = \prod_{\text{SNAME}}(\sigma_{\text{S. SNO = SP. SNO and PNO = 100}}(S \times SP))$$

- 计算广义笛卡儿积代价。假定在内存中，存放 5 块 S 元组和一块 SP 元组，一块可以装 100 个 S 元组或 1000 个 SP 元组。S 有 10 000 个元组，SP 有 100 000 个元组，其中 100 号零件有 50 个元组，采用嵌套循环连接算法实现，并且数据只有读到内存中才能进行连接。

- 通过读取块数计算 I/O 代价。读取总块数为：$\frac{10\,000}{100} + \frac{10\,000}{100 \times 5} \times \frac{100\,000}{1000} = 100 + 20 \times 100 = 2100$。

  若每秒读写 20 块，则花费的时间为：$\frac{2100}{20} = 105s$。

- 完成笛卡儿积运算后的元组个数为：$10^4 \times 10^5 = 10^9$。

  连接后的中间结果在内存中放不下，需暂时写到外存。若每块可装 100 个完成笛卡儿积后的元组，则写这些元组需 $(10^9/100)/20 = 5 \times 10^5 s$。

- 选择操作：读回需 $5 \times 10^5 s$，假设选择后剩 50 个元组，均可放在内存中。

- 投影操作：忽略内存计算代价。

- 查询共花费的总时间为：$105 + 2 \times 5 \times 10^5 \approx 10^6 s \approx 278h$。

(2) $Q2$ 代价计算（仅考虑 I/O 代价）

$$Q2 = \prod_{\text{SNAME}}(\sigma_{\text{PNO = 100}}(S \infty SP))$$

- 计算自然连接代价：需要把数据读到内存进行连接，但连接结果比笛卡儿积要小很多，读取块数依然为：$\frac{10\,000}{100} + \frac{10\,000}{100 \times 5} \times \frac{100\,000}{1000} = 100 + 20 \times 100 = 2100$。花费的时间为 $2100/20 \approx 105s$。

  假设连接结果大小为 10^5 个元组，内存放不下，写到外存需 $(10^5/100)/20 = 50s$。

- 读自然连接结果需 50s，执行选择运算，选择结果均可放在内存。

- 投影运算：忽略内存计算代价。

- 花费的总时间为：$105 + 50 + 50 = 205s \approx 3.42\text{min}$。

(3) $Q3$ 代价计算（仅考虑 I/O 代价）

$$Q3 = \prod_{\text{SNAME}}(S \infty \sigma_{\text{PNO = 100}}(SP))$$

- 计算对 SP 做选择运算的代价：需读 SP 到内存进行选择运算，读 SP 块数为 100 000/1000 = 100。花费的时间为：100/20 = 5s。选择结果为 50 个 SP 元组，均可放在内存中。

- 计算和 S 自然连接的代价：需读 S 到内存中进行连接运算，读 S 块数为 10 000/100 =

100。花费的时间为：100/20 = 5s。
- 连接结果为 50 个元组，均可放在内存中。
- 投影运算：忽略内存计算代价。
- 花费的总时间为：5 + 5 = 10s。

可见，上面三个功能等价的查询执行策略的执行代价差别很大。为此，在查询处理过程中需要对查询进行重写优化。

通过例 4.1 的分析可知，可以通过对关系进行选择操作缩减元组数量，减少不相关元组的连接，从而减少 I/O 操作。对于分布式数据库系统，查询处理器还必须考虑通信代价和选择最佳场地。

例 4.2 接例 4.1，若 SUPPLIER 和 SUPPLY 是分布式存储的，如图 4-1 所示。关系 SUPPLIER 和 SUPPLY 均按照对属性 SNO 所设定的取值范围进行水平分片，假定 $X = Y$，分别放置在场地 1~4 中，并且数据按照连接属性聚簇索引，查询由场地 5 发出。假设各场地数据量如下：场地 1 和场地 2 各有 5000 个 SUPPLIER 元组，场地 3 和场地 4 各有 50 000 个 SUPPLY 元组。假设广域网环境下，对于 SUPPLIER 关系的传输速度是 20 个元组/秒，对于关系 SUPPLY 的传输速度是 50 个元组/秒，通信延迟为 1 秒。局部操作的代价是 10^4 元组/秒。下面我们列举出几种典型的执行计划来比较通信代价。

图 4-1 数据分布式存储示例

执行计划 1：所有场地的数据分片传到查询场地 5 并执行选择、连接、投影等运算。

$$Q4 = (S_1 \cup S_2) \infty_{SNO} \sigma_{PNO=100}(SP_1 \cup SP_2)$$

1）从场地 1、场地 2 传输 S1、S2 数据到场地 5 的总传输时间是 $1 + 10^4/20 = 501s$。

2）从场地 3、场地 4 传输 SP_1、SP_2 数据到场地 5 的总传输时间是 $1 + 10^5/50 = 2001s$。

3）在场地 5 对 SP 表执行选择操作的时间是 $10^5/10^4 = 10s$。

4）假设 SP 选择后形成 SP' 表，有 100 个元组，则 S 表和 SP' 连接操作的时间是 $10^4 \times 100/10^4 = 100s$。时间共计 2612s，约为 43.5min。

执行计划 2：首先在场地 1、场地 2 局部场地执行选择运算，然后将选择运算的结果传输到场地 3、场地 4，对应地执行连接运算，最后将场地 3 和场地 4 的连接结果传输到查询场地 5，如图 4-2 所示。

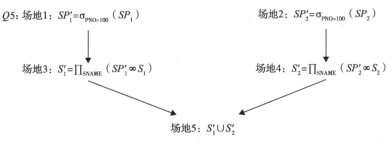

图 4-2 查询执行示意图

1）场地 1 和场地 2 上执行选择操作，总操作时间是 $10^4/10^4 = 1s$。

2）假设选择操作后关系 SP_1' 和 SP_2' 均为 50 个元组，从场地 1 和场地 2 传输到场地 3 和场地 4，总的传输时间是：$1 + 2 \times 50/50 = 3s$。

3）在场地 3 和场地 4 上作连接操作，总操作时间是 $2 \times 5000 \times 50/10^4 = 50s$。

4）假设投影和连接操作后，关系 S_1' 和 S_2' 元组大小都缩减为原来的一半，则传输速率变为 40 个元组/秒。从场地 3 和场地 4 传输 S_1' 和 S_2' 到场地 5 需要总传输时间为：$1 + 2 \times 50/40 = 3.5s$。时间共计为：$1 + 3 + 50 + 3.5 = 57.5s$。

由此可见，执行计划 2 所消耗的代价远远小于执行计划 1。因此，针对分布式数据库系统，还需要综合考虑有关场地选择以及局部 I/O 的存取优化策略，进而优化查询执行策略。

4.1.3 查询优化的基本概念

用户或应用看到的是全局关系组成的全局数据库，用户查询是通过查询语言（通常用 SQL 语言）来表达分布式查询。之后，由系统将其转换成等价的关系表达式描述对关系的操作序列。为了方便转换，采用一种查询树作为内部表示方法。本节介绍关系代数和查询树。

1. 关系代数

（1）运算符

一元运算：只涉及一个运算对象的运算，称为一元运算。关系代数中的一元运算包括选择（σ）和投影（$\prod$）。这里用 u 表示一元运算符，即 u：$= \sigma$（选择）/$\prod$（投影）。

二元运算：涉及两个运算对象的运算，称为二元运算。关系代数中的二元运算包括连接（∞）、笛卡儿积（X）、并（$\cup$）、交（$\cap$）、差（$-$）和半连接（$\propto$）。这里用 b 表示二元运算符，即 b：$= \infty$（连接）/X（笛卡儿积）/$\cup$（并）/$\cap$（交）/$-$（差）/$\propto$（半连接）。

（2）等价变换

关系代数中的等价变换规则主要包括：

- 重复律：$uR \equiv uuR$
- 交换律：$u_1 u_2 R \equiv u_2 u_1 R$
- 分配律：$u(RbS) \equiv (uR)b(uS)$
- 结合律：$Rb_1(Sb_2T) \equiv (Rb_1S)b_2T$
- 提取律：$(uR)b(uS) \equiv u(RbS)$

其中：R、S、T 为关系，u_1、u_2、u 为一元运算符，b_1、b_2、b 为二元运算符。

一元操作的复杂性是 $O(n)$，其中 n 指关系的基数，假设结果元组可以相互独立地存取。二元操作的复杂性是 $O(nlogn)^{\ominus}$，假设一个关系的每个元组必须参与操作，且参与操作的关系的元组是基于连接属性存储的。消除重复属性值的投影操作和分组操作要求每个元组和其他的元组相互比较，因此具有的复杂度是 $O(nlogn)$。两个关系笛卡儿积的复杂性是 $O(n^2)$，因为一个关系的每个元组必须和另外一个关系的元组相结合。

关系代数的复杂性导致不同的执行计划的执行时间差别很大。为此，规定了一些有效的处理器规则，帮助选择最终的执行计划。基于操作复杂性所采取的两个原则为：第一，因为复杂度与关系的基数密切相关，而大多数选择操作可以减少关系的基数，所以，应该先作选择操作；第二，操作应该按复杂度增加的顺序排列，以便可以避免或者延迟笛卡儿积操作。

2. 查询树

表达一个查询的关系代数可以通过语法分析得到一棵查询语法树。在查询树中，叶子表示

$\ominus$ 若没有特别说明，本书中的 $logn$ 表示 $log_2 n$。

关系，中间节点表示运算，前序遍历表示运算次序。

定义 4.1(查询树)　查询树定义如下：

ROOT: = T

T: = R/(T)/TbT/uT

u: = σ_F/$\prod_A$

"b: = ∞/X/∪/∩/－/∝

关系代数操作与查询树的对应关系如图 4-3 所示。

例 4.3　对于供应关系数据库，查询地域在"北方"供应 100 号零件的供应商的信息。

SQL 查询语句：

```
SELECT       SNO,SNAME
FROM         SUPPLIER,SUPPLY
WHERE        AREA = "北方"
AND          PNO =100
AND          SUPPLIER. SNO = SUPPLY. SNO
```

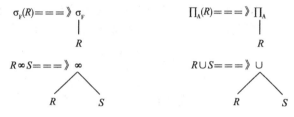

图 4-3　关系代数操作与查询树的对应关系

等价的关系代数表达式 $Q1 = \prod_{\text{SNO,SNAME}} (\sigma_{\text{AREA} = \text{'北方'} \wedge \text{PNO} = 100} (\text{SUPPLIER} \infty \text{SUPPLY}))$，对应的查询树如图 4-4 所示。

4.1.4　查询优化的过程

为了实现选择最优的执行策略，查询优化的执行主要涉及三个概念，分别是：执行策略的搜索空间(search space)、查询代价模型和搜索策略。搜索空间是指根据变换规则将输入的片段查询表达式生成多个等价查询执行计划。这些查询执行计划间的主要区别在于其操作符的执行顺序和操作符的执行方法，但它们都能够获得相同的最终执行结果。查询代价模型是对一个给定的查询执行计划进行代价估计的计算方法，目的是获得较好的优化效果。通过查询代价模型对搜索空间中查询执行计划进行估计，从而选择最优的执行策略。这里，搜索策略定义了对搜索空间中查询执行计划估计的顺序，从而降低执行计划选择的代价。查询优化执行的具体过程如图 4-5 所示。其中代价模型将在第 5 章介绍。

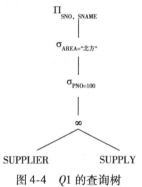

图 4-4　Q1 的查询树

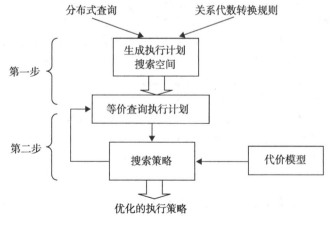

图 4-5　查询优化的过程

查询优化的第一步就是生成查询执行计划的搜索空间。搜索空间中的每一个查询执行计划都可以抽象为一个关系代数表达式树，而树中的节点层次结构定义了节点中操作符的执行顺序。由于执行计划是等价的，因此对应的操作符树也都是等价的，但是其执行代价却不等价，这点对于多个关系的连接操作最为明显。对于复杂的查询操作而言，搜索空间中潜在的执行计划数量可能很大。例如，对于一个包含 N 个关系的连接操作来说，可以有 $N!$ 种不同的连接方式(这里，将 $R \infty S$ 和 $S \infty R$ 看作两种不同的连接顺序)。这样，从搜索空间中选择执行策略的代价可能会使查询优化的时间开销高于查询实际执行的时间。为此，在查询变换时，通常使用一些启发式规则对逻辑查询计划进行改进，从而减少搜索空间中的执行计划的数量。常用的规则有：

- 对于选择操作，尽可能深地下移并优先执行。
- 对于投影操作，尽可能深地下移并优先执行。必要时可以加入新的投影。
- 消除重复操作。
- 尽量避免使用不必要的笛卡儿积，某些选择操作可以与笛卡儿积相结合把操作转换为等值连接。

例 4.1 中的查询转换为关系代数表达式树后如图 4-6a 所示，其中对两个关系先执行自然连接操作，再执行投影操作。但是，根据对投影操作的转换规则，可以把投影操作下移到连接操作之前，先对关系 SUPPLIER 执行在属性 SNAME 和 SNO 上的投影，再执行连接操作，如图 4-6b 所示。在分布式查询中，转换后的执行计划明显要优于原始的执行策略，这是因为投影操作可以减少参与连接操作的关系大小，从而减少网络通信代价。

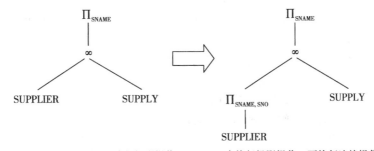

a) 先执行自然连接操作，再执行投影操作   b) 先执行投影操作，再执行连接操作

图 4-6 下推投影操作的执行计划

查询优化的第二步是根据搜索策略逐一计算执行计划的代价，从而在搜索空间中选择出最优的执行计划。现有搜索策略可以分类为两种主要方法：

- 自顶向下方法：从表达式树的根开始向下进行，估计每个结点可能的执行方法，计算每种组合的代价并从中选择最优执行计划。
- 自底向上方法：从表达式树的叶子开始，计算每个子表达式的所有实现方法的代价。

其中，自底向上方法是目前比较常用的搜索策略，不但用于集中式数据库的查询计划选择，对于分布式查询的执行策略选择同样很有效。常用的搜索策略主要包括以下几种：

1)启发式方法。这种方法与生成搜索空间中的执行计划方法相似，基于启发式规则从树的叶子开始进行逐一选择。

2)动态规划方法。在这种方法中，首先计算子表达式所有可能计划的代价，从中选择代价最小的，再计算子表达式根节点的可能实现，从而自底向上对树进行处理。该方法虽然经常能够获得最优执行策略，但并不能保证得到实际最优的执行策略。另外，当参与的关系数量增加时，其穷尽执行计划的方法会增加优化的整体代价。

3）System R 优化方法。该方法是由 Selinger 等人于 1984 年的 VLDB 会议上提出的，基于自底向上的动态规划方法并进行了一定的改进。其主要思想是将子表达式的非最优执行计划应用于表达式树中高层的执行计划生成，以便获得查询总体上的最优执行计划。

4）爬山法。在爬山法中，首先根据贪婪启发式方法得到一个初始的执行计划，接着通过对这个执行计划进行小的修改，如修改连接的顺序，获得邻近的执行计划，再从中选择具有较低代价的执行计划。重复这一过程，直到已经无法通过小的修改获得代价更低的执行计划，此时选择当前的执行计划作为最终的执行计划。虽然爬山法只能获得一个局部最优的执行计划，但可以避免选择代价较高的执行计划。因此，爬山法十分适合查询中包含较多关系的搜索策略。爬山法与前几种方法的不同之处主要体现在：它是一种随机化策略，即随机生成一个完整的执行计划，再对这个计划进行改进，而其他方法则是自底向上构建执行计划。

4.2 查询处理器

影响分布式查询处理效率的因素有网络传输代价（通信量和延迟等）、局部 I/O 代价及 CPU 使用情况代价等，但主要由网络通信代价和局部 I/O 代价来衡量。不同的分布式数据库应用可能对估计查询处理的传输代价和 I/O 代价的侧重不同。为了提高查询的效率，在分布式查询处理过程中要进行优化处理。查询优化就是确定出一种执行代价最小的查询执行策略或寻找相对较优的操作执行步骤。一般可采用多级优化，主要分三阶段完成：基于等价变换规则的查询重写优化；基于代价模型的存取优化；面向局部场地的物理优化。本章主要涉及查询重写优化过程。第 5 章将介绍查询存取优化和局部优化。

查询处理器的主要功能是将高级查询转换成一个等价的低级查询，如图 4-7 所示。通常将关系演算转化成等价的关系代数表达式。低级查询实际上实现了查询的执行策略，这种转换必须同时满足正确性和高效性。所谓正确性是指低级查询应与源查询的语义相同，即相同的输入得到相同的结果。关系演算到关系代数的映射使正确性容易满足。但是高效的执行策略却不容易实现，因为一个关系演算查询可以有很多正确的等价关系代数，而且每个等价的执行策略可能有不同的计算代价。因此，优化的难点就是如何选择执行代价最小的执行策略。

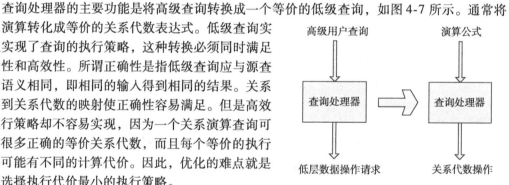

图 4-7 查询处理器功能示意

4.2.1 查询处理器的特性

不同类型的数据库的查询处理器的性能可能存在一定差异。集中库的查询处理器不考虑场地、副本、网络等特性，但分布式数据库一定要考虑。这也是分布式数据库和集中式数据库的查询处理器的主要不同之处。总的来说，分布式数据库系统的查询处理器通常从数据库查询语言、优化类型、优化时机、决策场地复制的片段、网络拓扑等特性来描述查询处理器。下面针对各主要特性进行描述。

1. 查询语言

查询处理器的输入语言不同，查询处理过程也存在一定程序的不同。如若输入语言是高级语言，由于一种高级语言可转换为多种等价的低级语言描述形式，则系统需要将该高级语言描述的查询语句转换为一种优化的表示形式，同时也需要较多的优化代价。若输入语言介于高级语言和低级语言之间，则优化机会和优化代价就会大大减少。通常，输入查询处理器的语言有基于关系演算的或者基于关系代数的。关系演算表示的查询需要分解为关系代数的表示形式，而基于关系代数的查询不需要转换过程，只需重写为优化的关系代数。在分布式环境中，输出语言通常是增加了通信参量的关系代数的中间形式。

2. 优化类型

查询优化的目标是在所有可能的执行策略中选择最好的。要确认哪一种是最好的策略，最简单的方法就是使用穷举方法，考虑所有可能的查询执行计划，从中选择代价最小的一个。可以知道，随着关系数量的增加，查询执行计划的策略空间将会快速增加，这将需要高额的代价。

为了避免穷举法的高额代价，可利用一些随机化策略。这些策略可通过减少内存和时间消耗来减少优化代价。通过该优化策略，至少能找到一个较好的但不一定最优的查询执行策略。

启发式方法也是普遍使用的减少搜索代价的方法，其核心思想是通过约束执行策略来缩小执行策略空间，最大限度地减少中间关系大小。可以通过先执行一元操作，然后按照中间关系的大小按升序排列二元操作的执行次序。分布式系统中的一个重要的启发就是用半连接来取代连接操作以最小化数据通信。

3. 优化时机

查询优化的执行时机是指查询优化的阶段，根据查询执行的实际时间可以分为静态查询优化和动态查询优化两种。

静态查询优化在查询编译时完成。利用统计信息估计中间关系的大小，使用穷举法判断每个查询执行计划的代价。在静态查询优化中，可以同时考虑多个查询，将执行计划共享部分的代价分摊至多个查询，从而估计查询的总体代价。因为策略中的中间关系大小是通过数据库统计估计得到的，而估计中的错误可能导致选择非最优的策略。

动态查询优化在查询执行时进行。在一个执行点上，基于之前执行的操作的正确结果信息选择下一个最优操作。因此，不需要数据库统计信息来估计中间结果的大小，但数据库统计信息对于选择第一个最优操作还是很有帮助的。动态查询优化的主要优点是利用了中间关系的实际大小，可将误选策略的可能性降低到最小；其不足是在执行每个查询时都要重复执行查询优化任务。因此动态查询优化方法只适合 ad-hoc 查询。

为此，结合静态查询优化和动态查询优化的优点，形成了混合查询优化方法。这种方法在静态查询优化的基础上在查询运行过程中辅以动态查询优化，即当预期的中间关系大小和实际测得的存在一定差距时，就启动动态查询优化，从而避免了单纯使用静态查询优化所产生的不准确的估计。

查询优化的有效性依赖于数据库的统计信息。在分布式数据库中，查询优化的统计信息与分片有关，包括片段的基数和大小，以及每个属性的不同值的个数和大小。为了将误差和错误最小化，有时可能用到更多的细节统计信息，如属性值的柱状图，统计的准确性可以通过周期性地更新来得到保证。当优化查询统计值和实际值的误差达到一定阈值时，需要对查询进行重新优化。

4. 决策场地

当使用静态优化时，无论是应用一个单独的场地还是应用几个场地参与回答查询，大多数系统都使用集中式决策方法。这种方法中，仅一个单独的场地产生策略。然而，决策过程可能分布到不同的场地，且多场地参与到最佳策略中。集中式方法比较简单，但是要求知道整个分布式数据库的信息，而分布式方法中仅需要知道局部信息。混合方法也经常使用，其中一个场地负责主要决策，其他场地负责局部决策。

因此，查询优化场地分以下几种情况：

- 单场地：集中的方法，简单，需要整个分布式数据库的知识。
- 分布式场地：所有的场地协同确定执行策略，只需局部知识，但有协调代价。
- 混合型场地：一个场地确定全局执行策略，其他场地优化局部子查询的执行策略。

5. 复制的片段

全局关系通常划分为关系片段，即物理分片，并存储在相应的物理场地上。逻辑上的全局查询实际上是分布式查询，需要通过关系分片和分配描述将关系映射到关系的物理片段上，我们称这个过程为查询局部化。查询局部化的主要功能是将分布式查询转换为针对局部数据的局部查询。出于可靠性的目的，可将片段复制存储于不同的场地上。尽管大多数优化算法考虑独立的局部化优化过程，但也存在一些算法，在运行时基于存在的复制片段达到通信时间最小化。这类优化算法更加复杂，因为存在更多种可能的策略。

6. 是否支持半连接

半连接操作对于缩减操作关系的大小很有意义。当主要考虑通信代价时，半连接对于提高分布式连接操作特别有用，因为它可以减少场地之间的数据交换量。然而，使用半连接可能导致消息数的增加和局部处理时间的增加。早期的分布式数据库中，比如基于低速广域网的SDD-1中，广泛地使用了半连接。后来的一些系统如 System R*，是基于高速网络的，没有使用半连接，而是采用直接连接，因为使用直接连接可以降低局部处理代价。实际上，如果能大量缩减连接操作所产生的数据，半连接在高速网环境中仍然很有效。因此，一些查询处理算法仍选择直接连接和半连接结合的优化策略。

7. 网络拓扑

分布式查询处理器要考虑网络拓扑结构。在广域网中，代价函数简化为以数据通信代价为主导因素。这样，分布式查询优化简化为两个分离的子问题：基于中间场地的通信来选择全局执行策略；基于集中查询处理算法选择各个局部执行策略。局域网中，局域网的通信代价与I/O代价相当，因此，分布式查询处理器通过增加并行执行是合理的，如一些局域网的消息多播（multi-cast）策略已成功应用于连接操作的优化处理中。

在客户端/服务器环境中，可通过数据传输（data shipping）方式由客户工作站来执行数据库的操作。这样，在优化中，需要决定哪些查询在客户端执行，哪些在服务器处理，需要传输哪些相应的数据。

4.2.2 查询处理层次

在分布式环境中，查询处理的目的就是将用户用高级语言描述的分布式查询，转换为在各本地数据库中用低级语言描述的执行策略。分布式查询处理过程可以分为多个阶段，各个阶段分别实现不同的功能，如图4-8所示。

1. 查询分解

在分布式数据库系统的查询处理中，第一个阶段是查询分解（query decomposition），其作用是将由类似SQL语言描述的查询语句转换为由关系代数表达式所描述的逻辑查询计划。在查询分解过程中，仅使用全局模式（global schema）生成逻辑查询计划。因此，查询转换可以使用集中式数据库中所采用的技术，包括语法分析、语义与语法的预处理、逻辑查询计划生成和查询重写等。

2. 数据局部化

数据局部化（data localization）的任务是根据分布式数据库的分片模式（fragment schema）将全局模式下的逻辑查询计划转换为在各场地上的片段查询（fragment query）。在生成分片查询

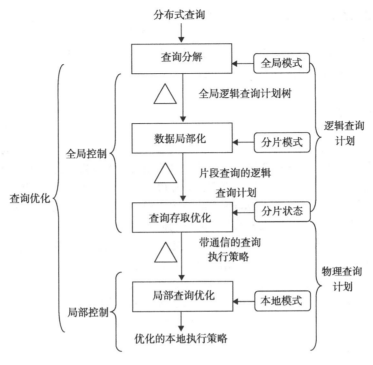

图 4-8 分布式查询处理过程

后，还要对分片查询进行进一步的优化处理，因为查询分解中的查询重写并没有考虑分片模式的具体细节。

3. 查询存取优化

在查询分解和数据局部化中，虽然应用关系代数的变换规则对逻辑查询计划树进行了优化，但由于缺少对数据存取执行策略的考虑，其结果并不能作为最终的优化结果。查询存取优化阶段的目的是选择接近"最优"的执行策略。在全局存取优化中，根据分片在各个站点上的状态和系统执行环境的假设，将分片查询的逻辑查询计划转换为多个不同的等价执行策略。执行策略中需要加入场地间传输数据的通信操作，还要考虑实现关系代数操作符的物理查询计划，以便通过磁盘 I/O、CPU 执行时间和数据通信时间等估计执行策略的执行代价。执行策略将指定每个场地上要执行的局部查询计划以及场地间数据的传输方式。

连接是查询存取优化中主要考虑的关系操作，因为连接操作不但执行代价大，而且还涉及场地间的数据传输，尤其是多个关系间的连接，连接的顺序和连接的方式对执行代价都有很大影响。现有的技术主要通过半连接操作减少通信代价。但在注重局部执行代价的环境中，通常采用集中式数据库系统的连接方法实现。

查询存取优化将生成带有分片间通信操作符的查询策略。

4. 局部查询优化

局部查询优化是查询处理的最后一个阶段，主要是分布式查询中涉及的各个场地在其分片的局部模式上执行局部查询的过程。在场地上执行局部查询，由于不涉及数据通信代价，因此其执行方法与集中式数据库相同，即基于局部模式上的逻辑查询计划选择最优的物理查询计划。其中，场地的局部查询优化方法同样可以应用集中式数据库系统中的算法。

在整个分布式查询处理过程中，可以说从查询分解开始到局部查询的执行，每个阶段中都需要对查询的逻辑查询计划或物理查询计划进行优化。因此，查询优化的过程就是为查询生成一个"最优"执行策略的过程。这个执行策略由一个查询执行计划来描述。查询优化是保证系统执行效率的关键。本章中主要介绍查询处理过程中的查询分解和数据局部化部分。查询存取优化和局部查询优化部分将在第5章详细介绍。

4.3 查询分解

查询分解将面向全局模式的演算查询转换为代数查询。本节将介绍面向全局关系的分布式查询到片段查询的变换，即利用全局关系与其片段关系的等价变换，将分布式查询中的全局关系替换为对片段关系的查询，变换后的查询称为片段查询。对应于片段查询的查询树，称为片段查询树。本部分主要采用集中式DBMS中的技术实现，因为本部分没有考虑关系分布。下面介绍分布式查询与片段查询的等价关系及片段查询树的生成。

查询分解可以分为四个步骤：1)以规范形式重写演算查询，查询规范化通常涉及查询量词和查询限制条件；2)按照语义分析规范化表示的查询，检测不正确的查询，并尽可能早地将其拒绝，通常使用查询图捕获查询的语义；3)简化正确的关系演算查询，消除多余的谓词是简化查询通常采用的一种方法，多余谓词可能是在系统转换时产生的；4)将演算查询重构成一个代数查询，基于启发式规则将该代数查询等价变换为优化的代数查询。

4.3.1 查询规范化

将查询转换成规范化形式的目的是便于进一步处理。然而，输入查询依赖于所使用的查询语言，可能比较复杂。对于SQL语言，最重要的转换部分就是查询条件。这些查询条件可能很复杂，可以包括任意的量词，如存在量词和全称量词。有两种谓词规范表示形式，一种是AND形式，另一种是OR形式。在AND规范形式中，查询可以表达为独立的OR子查询，并用AND结合起来；在OR规范形式中，查询可以表达为独立的AND子查询，并用OR结合起来。但这种形式可能导致重复的连接和选择操作。通常采用AND形式。

其规范形式如下：

$$(p_{11} \lor p_{12} \lor \cdots \lor p_{1n}) \land \cdots \land (p_{m1} \lor p_{m2} \lor \cdots \lor p_{mn})$$
$$(p_{11} \land p_{12} \land \cdots \land p_{1n}) \lor \cdots \lor (p_{m1} \land p_{m2} \land \cdots \land p_{mn})$$

其中p_{ij}是简单谓词，$\land$为AND(与)操作，$\lor$为OR(或)操作。

无量词谓词的转换有如下等价公式：

- 交换律：$P_1 \land P_2 \Leftrightarrow P_2 \land P_1$
  $P_1 \lor P_2 \Leftrightarrow P_2 \lor P_1$
- 结合律：$P_1 \land (P_2 \land P_3) \Leftrightarrow (P_1 \land P_2) \land P_3$
  $P_1 \lor (P_2 \lor P_3) \Leftrightarrow (P_1 \lor P_2) \lor P_3$
- 分配律：$P_1 \lor (P_2 \land P_3) \Leftrightarrow (P_1 \lor P_2) \land (P_1 \lor P_3)$
  $P_1 \land (P_2 \lor P_3) \Leftrightarrow (P_1 \land P_2) \lor (P_1 \land P_3)$
- 德·摩根定律：$\neg (P_1 \land P_2) \Leftrightarrow \neg P_1 \lor \neg P_2$
  $\neg (P_1 \lor P_2) \Leftrightarrow \neg P_1 \land \neg P_2$
- 对合律：$\neg (\neg P_1) \Leftrightarrow P_1$

应用上述给出的等价公式将分布式查询转换为规范化形式。

例4.4 在供应数据库中，执行下面的SQL语句：

```
SELECT        SNAME
FROM          SUPPLIER,SUPPLY
```

```
WHERE            SUPPLIER. SNO = SUPPLY. SNO
AND              PNO = 100
AND              (QTY > 5000 OR QTY < 1000);
```

AND 形式为：

$$SUPPLIER. SNO = SUPPLY. SNO \land PNO = 100 \land (QTY > 5000 \lor QTY < 1000)$$

OR 形式为：

$$(SUPPLIER. SNO = SUPPLY. SNO \land PNO = 100 \land QTY > 5000) \lor$$
$$(SUPPLIER. SNO = SUPPLY. SNO \land PNO = 100 \land QTY < 1000)$$

在 OR 形式的规范形式中，需要分别独立处理两个与操作，如果子表达式没有删除，会导致冗余操作。

4.3.2　查询分析

查询分析能够拒绝查询类型不正确或者语义不正确的非规范查询。查询类型不正确是指关系属性或关系名没有在全局模式中定义，或者操作应用于错误类型的属性上。

例4.5
```
SELECT S#              ！该属性不存在
FROM SUPPLIER
WHERE SNAME > 200     ！类型不匹配
```

查询语义不正确是指查询的组件不能构造出查询结果。在关系演算中，很难确定一般查询语义的正确性。但是对于关系查询（仅包括选择、投影和连接操作，不包括非运算和或运算），基于查询图（query graph）可判断其语义正确性。查询图中，一个节点代表结果关系，其余节点代表操作关系。边分为两种，一种是两个节点都不是结果节点，边代表连接操作；另一种是其中一个节点是结果节点，边表示投影。非结果节点可以用选择或自连接谓词标注。在关系查询连接图中，只考虑连接的子图称为连接图（join graph）。连接图在查询优化中至关重要。

例4.6　在供应数据库中，执行下面的 SQL 语句：

```
SELECT       SNAME
FROM         SUPPLIER S,SUPPLY SP,PART P
WHERE        S. SNO = SP. SNO
AND          SP. PNO = P. PNO
AND          P. PNAME = "BOLT"
AND          S. AREA = "北方"
AND          SP. QTY > 5000;
```

该查询的查询图和连接图如图 4-9 所示。

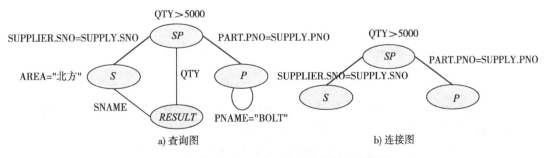

a) 查询图　　　　　　　　　　　　　b) 连接图

图 4-9　例 4.6 中查询对应的查询图和连接图

下面基于查询图检查查询语义正确性。如果查询图不是连通的，则查询的语义不正确。

例4.7
```
SELECT          SNAME
```

```
FROM          SUPPLIER S,SUPPLY SP,PART P
WHERE         S. SNO = SP. SNO
AND           P. PNAME = "BOLT"
AND           S. AREA = "北方"
AND           SP. QTY > 5000;
```

在例 4.7 中，缺少连接谓词 SUP-
PLY. PNO = PART. PNO，该例的查询图
如图 4-10 所示。例 4.7 的查询图（图 4-
10）中，关系 P 同结果关系不连通，则
说明查询语义不正确，查询将被拒
绝。

当一个或者更多的子图（对应于子查
询）与包含结果关系的图不连通时，尽管
可以考虑是缺失连接的笛卡儿积操作

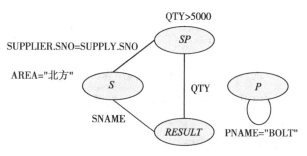

图 4-10   例 4.7 中查询对应的查询图

（Cartesian），认为它是正确的查询，但通常系统会拒绝丢失连接谓词的查询。

4.3.3 查询约简

关系语言可以利用条件谓词定义查询条件、控制语义数据和表达完整的语义。但是查询条
件可能包含冗余的谓词，为减少重复的条件检测，减少计算代价，需要对查询条件进行约简处
理。遵循的约简规则如下：

- $P \wedge P \Leftrightarrow P$
- $P \vee P \Leftrightarrow P$
- $P \wedge \text{true} \Leftrightarrow P$
- $P \vee \text{true} \Leftrightarrow \text{true}$
- $P \wedge \text{false} \Leftrightarrow \text{false}$
- $P \vee \text{false} \Leftrightarrow P$
- $P \wedge \neg P \Leftrightarrow \text{false}$
- $P \vee \neg P \Leftrightarrow \text{true}$
- $P_1 \wedge (P_1 \vee P_2) \Leftrightarrow P_1$
- $P_1 \vee (P_1 \wedge P_2) \Leftrightarrow P_1$

例 4.8   如下 SQL 查询：

```
SELECT     PNAME
FROM       PART
WHERE      (NOT (PNAME = "BOLT")        化简为   SELECT PNAME
AND        (PNAME = "SCREW"         ——→    FROM PART
OR         PNAME = "BOLT")                  WHERE PNAME = "NUT"
AND        NOT (PNAME = "SCREW"))
OR         PNAME = "NUT"
```

设 P_1 表示 PNAME = "BOLT"，P_2 表示 PNAME = "SCREW"，P_3 表示 PNAME = "NUT"，则
查询可以表示为 $(\neg P_1 \wedge (P_1 \vee P_2) \wedge \neg P_2) \vee P_3$，其等价变换过程如下：

$$(\neg P_1 \wedge (P_1 \vee P_2) \wedge \neg P_2) \vee P_3 \Leftrightarrow (\neg P_1 \wedge ((P_1 \wedge \neg P_2) \vee (P_2 \wedge \neg P_2))) \vee P_3$$
$$\Leftrightarrow (\neg P_1 \wedge P_1 \wedge \neg P_2) \vee (\neg P_1 \wedge P_2 \wedge \neg P_2) \vee P_3$$
$$\Leftrightarrow (\text{false} \wedge \neg P_2) \vee (\neg P_1 \wedge \text{false}) \vee P_3$$
$$\Leftrightarrow \text{false} \vee \text{false} \vee P_3 \Leftrightarrow P_3$$

4.3.4 查询重写

查询分解的最后一步是用关系代数重写查询,可以分两步实现:1)直接将关系演算转换为关系代数;2)重写关系代数查询以提高性能。通常使用操作树来表示关系代数查询。

对于元组关系演算查询到查询树的转换,可以通过如下步骤实现:在 SQL 查询语句中,叶子来自于 FROM 子句;根节点是结果关系,由所需要属性的投影操作生成,包含在 SELECT 子句中;WHERE 子句中的条件被转换成从叶子节点到根节点的关系操作序列,操作序列由操作符和谓词出现的顺序直接生成。

查询重写实际是将用户请求构成的查询树进行等价变换。假设 R、S、T 表示关系,$A = \{A_1, A_2, \cdots, A_n\}$ 是关系 R 的属性集,$B = \{B_1, B_2, \cdots, B_n\}$ 是关系 S 的属性集,E 是包括属性 $A_1, A_2, \cdots, A_n, B_1, B_2, \cdots, B_n$ 的关系,关系 T 和关系 R 模式相同,P、P_1、P_2 为选择谓词,则常采用的等价转换规则描述如下:

规则 1(连接、笛卡儿积的交换律)

$$R \times S \Leftrightarrow S \times R$$
$$R \infty S \Leftrightarrow S \infty R$$

规则 2(连接、笛卡儿积的结合律)

$$(R \times S) \times T \Leftrightarrow R \times (S \times T)$$
$$(R \infty S) \infty T \Leftrightarrow R \infty (S \infty T)$$

规则 3(投影的串接定律)

$$\prod_{A_1, A_2, \cdots, A_n}(\prod_{B_1, B_2, \cdots, B_n}(E)) \Leftrightarrow \prod_{A_1, A_2, \cdots, A_n}(E)$$

其中,关系 E 包括属性 $A_1, A_2, \cdots, A_n, B_1, B_2, \cdots, B_n$,且 $A \subseteq B$。

规则 4(选择的串接定律)

$$\sigma_{P_1}(\sigma_{P_2}(R)) \Leftrightarrow \sigma_{P_1 \land P_2}(R)$$

规则 5(选择和投影的交换律)

$$\sigma_P(\prod_{A_1, A_2, \cdots, A_n}(R)) \Leftrightarrow \prod_{A_1, A_2, \cdots, A_n}(\sigma_P(R))$$

其中,P 谓词中属性集 $A_P \subseteq A$。

$$\prod_{A_1, A_2, \cdots, A_n}(\sigma_P(E)) \Leftrightarrow \prod_{A_1, A_2, \cdots, A_n}(\sigma_P(\prod_{A_1, A_2, \cdots, A_n, B_1, B_2, \cdots, Bn}(E)))$$

其中,P 谓词中属性集 $A_P \not\subseteq A$。

规则 6(选择与笛卡儿积的分配律)

$$\sigma_P(R \times S) \equiv \sigma_P(R) \times S$$

其中,P 仅和 R 有关。

$$\sigma_P(R \times S) \Leftrightarrow \sigma_{P_1}(R) \times \sigma_{P_2}(S)$$

其中,$P = P_1 \land P_2$,P_1 和 R 有关,P_2 和 S 有关。

$$\sigma_P(R \times S) \Leftrightarrow \sigma_{P_2}(\sigma_{P_1}(R) \times S)$$

其中,$P = P_1 \land P_2$,P_1 和 R 有关,P_2 和 R 或 S 有关。

规则 7(选择与并的分配律)

$$\sigma_P(R \cup T) \Leftrightarrow \sigma_P(R) \cup \sigma_P(T)$$

规则 8(选择与差的分配律)

$$\sigma_P(R - T) \Leftrightarrow \sigma_P(R) - \sigma_P(T)$$

规则 9(投影与笛卡儿积的分配律)

$$\prod_{A_1, A_2, \cdots, A_n, B_1, B_2, \cdots, B_n}(R \times S) \equiv \prod_{A_1, A_2, \cdots, A_n}(R) \times \prod_{B_1, B_2, \cdots, B_n}(S)$$

规则 10(投影与并的分配律)

$$\prod_{A_1, A_2, \cdots, A_n}(R \cup F) \equiv \prod_{A_1, A_2, \cdots, A_n}(R) \cup \prod_{A_1, A_2, \cdots, A_n}(F)$$

其中，关系 F 包括属性 A_1，A_2，$\cdots$，A_n。

等价变换是重构查询的正确性保证，同时也要考虑实现优化的等价变换。应用上面给出的等价变换规则，一棵查询树可等价转换为多棵查询树，其中有一棵查询树是最优的。因此，在每次等价变换过程中，需要选择能生成最优查询树的等价变换。

关系查询优化的基本思想是先做能使中间结果变小的操作，尽量减少查询执行代价。

下面，我们根据各关系操作的执行代价，应用启发式规则，实现优化的等价转换。

假设 n 为关系元组个数，进行顺序查询，则关系运算的执行代价表见表 4-1。

表 4-1 关系运算的执行代价表

操作谓词	执行代价
σ、Π（不消重复元组）	$O(n)$
Π（消重复元组）、GROUP	$O(n\log n)$
X	$O(n^2)$
∞、∪、∩、-、∝、÷	$O(n\log n)$

因此，查询重写的基本思想是：尽量先进行一元运算，使中间结果变小，以减少后续的二元运算代价，也就是将一元运算移向查询树的底部。

根据以上查询重构思想，得出以下等价变换的通用准则。

准则 1 尽可能将一元运算移到查询树的底部（树叶部分），使之优先执行一元运算。

准则 2 利用投影和选择的串接定律，缩减每一关系，以减少关系尺寸，降低网络传输量和 I/O 代价。

例 4.9
```
SELECT      SNAME
FROM        SUPPLIER S,SUPPLY SP,PART P
WHERE       S.SNO = SP.SNO
AND         SP.PNO = P.PNO
AND         P.PNAME = "BOLT"
AND         S.AREA = "北方"
AND         SP.QTY >5000;
```

将该查询用查询树表示，即查询树 $Q1$，如图 4-11 所示。

根据分配律，将一元运算向下移，得到全局优化后的查询树 $Q2$，如图 4-12 所示。

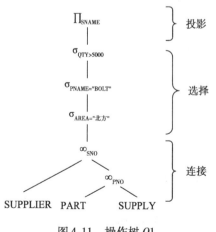

图 4-11 操作树 $Q1$

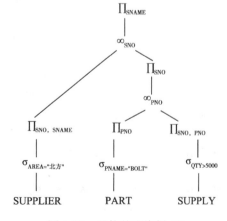

图 4-12 重构的查询树 $Q2$

4.4 数据局部化

数据局部化的主要任务是利用数据分布信息本地化查询数据,即确定查询中包括哪些片段,并将基于全局关系的分布式查询转换成片段查询,根据全局关系的分片定义和重构规则可将基于全局关系的分布式查询转换为片段查询,通常分两步实现:首先,应用重构规则将全局查询中的每个关系用相应的片段替换,即分布式查询被映射为片段查询。接下来,应用同上层类似的化简和转换规则,重写出缩减而优化的片段查询。本节将介绍分布式查询到片段查询的变换,即利用全局关系与其片段关系的等价关系,将分布式查询中的全局关系替换为对片段关系的查询,变换后的查询称为片段查询。对应于片段查询的查询树,称为片段查询树。下面介绍分布式查询与片段查询的等价关系及片段查询树的生成方法。

分布式查询与片段查询具有如下等价关系:

1)水平分片是基于选择条件对关系的划分,水平分片可以用来简化选择和连接操作。对于全局关系 R 的水平分片 R_1, R_2, $\cdots$, R_n,可表示为:

$$R = R_1 \cup R_2 \cup \cdots \cup R_n$$

2)垂直分片是基于投影属性对关系的划分。垂直分片的重构操作是连接操作,垂直分片的局部化操作程序由基于属性分片的连接构成。对于全局关系 R 的垂直分片 R_1, R_2, $\cdots$, R_n,表示为:

$$R = R_1 \infty R_2 \infty \cdots \infty R_n$$

通常片段查询树的生成步骤如下所示:

1)将分片树的 h(水平)节点转换为查询树的 ∪(并集)节点,如图 4-13 所示。

从第 3 章知道,分布式数据库中关系的水平分片是通过选择操作来实现的,即将关系按照某个或多个属性值根据约定的范围划分成若干个数据片段,并分配到不同的场地中。这些被划分的片段通过合并操作可重构成完整的全局关系。

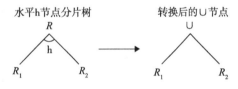

图 4-13 分片树的 h(水平)节点转换为
查询树的 ∪(并集)节点示例

例 4.10 设供应商关系 SUPPLIER ⎨SNO, SNAME, AREA, ADDRESS, TITLE, GRADE⎬ 按照 AREA 划分为两个水平分片,存储于不同的场地,定义为:

$$S_1 = \sigma_{\text{AREA = "北方"}}(\text{SUPPLIER})$$
$$S_2 = \sigma_{\text{AREA = "南方"}}(\text{SUPPLIER})$$

该关系的全局关系可用水平分片关系表示为 $S = S_1 \cup S_2$。水平分片可以简化选择和连接操作。对于选择操作,在选择条件中指明相关的属性值,在查询计划中就只关心其所属的数据分片,而不必计算和传输不相关的数据分片。如在本例中,如果查询区域为北方的供应商,则直接定位到 S_1 数据分片上。对于连接操作,当参与连接的数据是按照连接属性进行分片时,可以将相关的数据分片在局部完成连接,并将结果传输到查询场地。在查询场地上,再把所有的局部结果关系合并在一起,组成完整的查询结果关系,这样可以减少很多不相关的连接。比如,如果关系 SUPPLIER 和 SUPPLY 都是按照 SNO 的取值范围将数据分片存储到场地 1 和场地 2 中,则可以分别在局部执行连接,再将结果传输到查询场地。

2)将分片树的 v(垂直)节点转换为查询树的 ∞(连接)节点,如图 4-14。

例 4.11 设供应商关系 SUPPLIER ⎨SNO, SNAME, AREA, ADDRESS, TEL, GRADE⎬ 按照属性划分为两个垂直分片,存储于不同的场地,定义为:

$$S_1 = \prod_{\text{SNO,SNAME,GRADE}}(\text{SUPPLIER})$$

$$S_2 = \prod_{\text{SNO,AREA,ADDESS,TEL}}(\text{SUPPLIER})$$

该全局关系可用垂直分片关系表示为 $S = S_1 \infty S_2$。

垂直分片可以通过避免传输不相关的属性及不必要的中间结果来减少传输代价。在执行查询计划中，不必考虑那些包含无须参与查询操作的关系属性的数据分片。比如查询供应商的姓名信息，仅需要考虑 S_1 数据分片，而与 S_2 无关，则可省去对 S_2 的任何操作和传输。

3）用替换后的分片树代替分布式查询树中的全局关系，得到片段查询树。

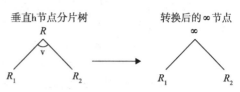

图 4-14　分片树的 v（水平）节点转换为查询树的 ∞（连接）节点示例

例 4.12　在供应数据库中，SUPPLIER 水平分片为 S_1 和 S_2，具体如下：

$$S_1 = \sigma_{\text{AREA}="北方"}(\text{SUPPLIER})$$
$$S_2 = \sigma_{\text{AREA}="南方"}(\text{SUPPLIER})$$

SUPPLY 水平分片为 SP_1 和 SP_2，具体如下：

$$SP_1 = \sigma_{\text{AREA}="北方"}(\text{SUPPLY})$$
$$SP_2 = \sigma_{\text{AREA}="南方"}(\text{SUPPLY})$$

执行例 4.7 的查询。

关系代数表达式为：

$$\prod_{\text{SNAME}}(\sigma_{\text{AREA}="北方" \wedge \text{QTY}>5000 \wedge \text{PNAME}="Bolt"}(\sigma_{\text{S.SNO}=\text{SP.SNO} \wedge \text{P.PNO}=\text{SP.PNO}}(S \times SP \times P)))$$

根据上述分片定义，SUPPLIER 和 SUPPLY 的分片树和转换后的 ∪ 节点如图 4-15 所示。

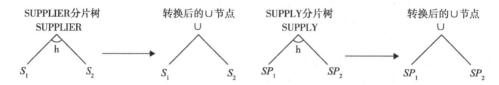

图 4-15　水平分片树与转换后的 ∪ 节点示例

在 $Q2$ 的基础上，用 SUPPLIER 分片树替换后的 ∪ 节点替换查询树 $Q2$ 的全局关系 SUPPLIER，用 SUPPLY 分片树替换后的 ∪ 节点替换查询树 $Q2$ 的全局关系 SUPPLY，即得到转换后的片段查询树为 $Q3$，如图 4-16 所示。

4.5　片段查询的优化

前面已经介绍了分布式查询树的构造、优化以及如何将分布式查询树转化为片段查询树。本节将介绍片段查询树的优化规则并对其进行优化。

片段查询优化同 4.3.4 节的查询重写类似，同样采用启发式规则进行查询等价变换，遵循的规则具体如下：

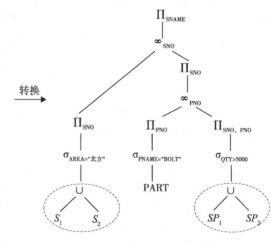

图 4-16　转换后的片段查询树 $Q3$

规则 1　对于一元运算，根据一元运算的串接定律，将叶子节点之前的选择运算作用于所涉及的片段，如果不满足片段的限定条件，则置为空关系。

规则2 对于连接运算的树，若连接条件不满足，则将其置为空关系。

规则3 在查询树中，将连接运算(∞)下移到并运算(∪)之前执行。

规则4 消去不影响查询运算的垂直片段。

例4.13 以片段查询树 $Q3$ 为基础，执行以下操作：

1)根据片段查询优化规则1，按限定条件化简，得到 $Q4$，如图4-17所示。

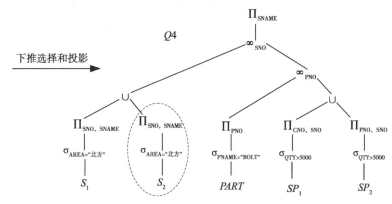

图4-17 转换后的片段查询树 $Q4$

2)由例4.12知：

$$S_1 = \sigma_{AREA="北方"}(\text{SUPPLIER})$$
$$S_2 = \sigma_{AREA="南方"}(\text{SUPPLIER})$$
$$SP_1 = \sigma_{AREA="北方"}(\text{SUPPLY})$$
$$SP_2 = \sigma_{AREA="南方"}(\text{SUPPLY})$$

所以，$Q4$ 中的虚线部分为空关系，可将其去掉，得到 $Q5$ 查询树，如图4-18所示。

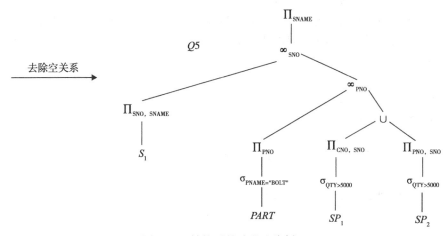

图4-18 转换后的片段查询树 $Q5$

3)根据规则3，将连接运算(∞)下移到并运算(∪)之前，得到 $Q6$，如图4-19所示。

由于 $S_1 = \sigma_{AREA="北方"}(\text{SUPPLIER})$，$S_2 = \sigma_{AREA="南方"}(\text{SUPPLIER})$，$SP_1 = \sigma_{AREA="北方"}(\text{SUP-PLY})$，$SP_2 = \sigma_{AREA="南方"}(\text{SUPPLY})$，因此，$Q6$ 查询树中虚线部分满足规则2，即其连接条件不满足，则应将其置为空关系。因此，需将虚线部分从查询树中去掉，得到 $Q7$，如图4-20所示。

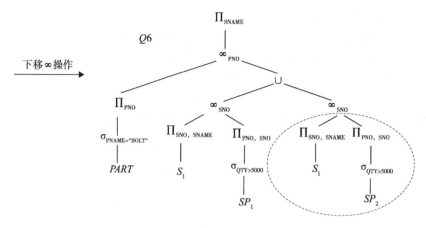

图 4-19 转换后的片段查询树 Q6

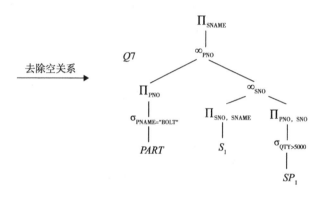

图 4-20 转换后的片段查询树 Q7

最后，Q7 为化简后的最终优化查询。

下面举一个适用于规则 4(消去不影响查询运算的垂直片段)的例子(例 4.14)。

例 4.14 假设存在雇员关系 EMP {ENO, ENAME, BIRTH, SALARY, DNO}，其分片为：

- $E1 = \prod_{ENO,ENAME,BIRTH}(EMP)$
- $E2 = \prod_{ENO,SALARY,DNO}(EMP)$
- $E21 = \sigma_{Dno=201}(E2)$
- $E22 = \sigma_{Dno=202}(E2)$
- $E23 = \sigma_{Dno<>201\ AND\ Dno<>202}(E2)$

要求执行查询：SELECT ENO, ENAME, BIRTH FROM EMP，则查询树 Q1 和垂直分片的片段查询树 Q2 描述如图 4-21 所示。

消去不影响查询运算的垂直片段 E21、E22 和 E23，得到优化后的查询树 Q3，如图 4-22 所示。

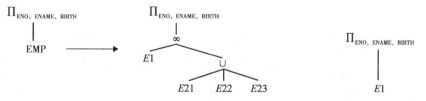

图 4-21 查询树 Q1 和垂直片段查询树 Q2   图 4-22 转化后的查询树 Q3

4.6 Oracle 分布式查询处理与优化案例

较早的 Oracle 产品支持两种类型的优化程序，即基于规则的优化（Rule-Based Optimizer，RBO）和基于代价的优化（Cost-Based Optimizer，CBO）。

RBO 借助于少量的信息和一组事先定义的规则生成 SQL 语句的执行计划。这些信息包括 SQL 语句本身，SQL 中涉及的表、视图、索引等基本信息以及本地数据库中数据字典中的信息。一旦这些信息确定，RBO 会严格按照规则来生成执行计划，而且不再改变。设员工信息表 EMP 有如下结构：

```
Create Table EMP(
  EMPNO      NUMBER(4)Primary Key,
  ENAME      VARCHAR2(10),
  SAL        NUMBER(7,2),
  DEPTNO     NUMBER(2));
```

向 EMP 表中录入多条不同部门的员工信息，并执行以下的查询：

```
Select /* + RULE* / * From EMP Where DEPTNO=10;
```

假设 DEPTNO 字段上建有索引，我们可以看到如下的执行计划：

```
Execution Plan
-----------------------------------------------------------
0     SELECT STATEMENT Optimizer=HINT: RULE
1   0    TABLE ACCESS (BY INDEX ROWID)OF 'EMP'
2   1      INDEX (RANGE SCAN)OF'IX_DEPTNO'(NON-UNIQUE)
```

该例子运行于 Oracle 9i 数据库中，/* + RULE */是 Oracle 数据库的执行计划提示（hint），指示数据库使用 RBO 优化器处理这条 SQL 语句。执行计划左侧的第一列编号表示执行的先后顺序 ID，第二列表示父步骤的 ID，可以看出，Oracle 首先利用索引扫描定位部门编号等于 10 的数据，再根据索引上保存的 ROWID 信息访问数据表，从而得到查询结果集。在索引存在的情况下，RBO 通常认为使用索引扫描可以得到最优的性能，并制定了索引扫描优先于全表扫描的优化规则。因此，无论 EMP 表有多少个字段，表中的数据量有多大，索引的区分度如何，对该查询都会采用固定的执行计划。

然而该查询并不是在所有情况下都适合基于索引扫描的执行计划的。假设 EMP 表有 100 万个数据记录，存放在 1 万个数据块中，其中 DEPTNO 等于 10 的数据占 60%。因为 EMP 表的数据量较大，不能全部读取到内存中，而索引 IX_ DEPTNO 可全部读取到缓存中。由于索引扫描是逐一访问数据块的，每次只能读取一个数据块的数据，所以得到查询结果共需要 10 000 × 60% = 6000 次外存 I/O。而全表扫描可以一次读取多个数据块（如 9i 中默认是 32 个），那么得到查询结果只需要 10 000/32 = 313 次外存 I/O。以上计算是粗略估计值，但仍可以看出在数据量很大，而索引的区分度不大的情况下，索引扫描要比全表扫描消耗更多的时间，如果 RBO 提供这样的执行计划，势必影响整个查询的性能。

基于代价的优化器 CBO 通过相关统计信息计算执行计划的代价。将每个执行计划所耗费的资源进行量化，并对执行计划中的每个步骤都给出一定的代价，最后，选择代价最低的作为最优的执行计划。随着 Oracle 版本的不断升级，CBO 技术越来越成熟，Oracle 从 10g 这个版本开始只支持 CBO，下面对 CBO 技术作简单的介绍。

Oracle CBO 主要由查询转换器、代价估计器和计划生成器 3 部分组成，如图 4-23 所示。

1）查询转换器。解析好的查询是由若干个查询块（query block）组成的，每个查询块为一个相对独立的查询，这些查询块嵌套或相互关联在一起。查询转换器的主要目的就是通过转变这些查询块之间的关系，来获得更优的执行计划。查询转换器主要应用视图合并、谓词下移、基于实例化视图的查询重写等技术来对查询的形式进行转换。

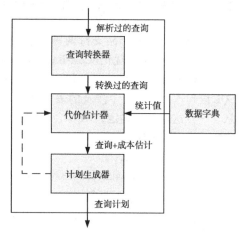

图 4-23　Oracle CBO 查询优化器架构

2）代价估计器。该部分主要生成三种特征值：选择度、基数和代价。选择度为从行集合中选择一部分行的比率，即选择出来的数据占整个数据集的比率。选择度通常是与查询谓词相关的。例如谓词"DEPTNO = 10"的选择度为 1，则利用该查询条件可以查询出表中的所有数据。基数代表了数据集中行的数量，即整个数据集的行数。代价表示工作量或使用资源的数量。CBO 会根据不同的扫描策略（如全表扫描、索引扫描等）情况下的磁盘 I/O 数、CPU 使用量和内存使用量来计算查询的代价。不同的扫描策略的代价可能有明显的区别。

3）计划生成器。查询计划生成器首先计算每个查询块的子查询计划，然后根据不同的策略对子查询计划进行组合。由于对关系表的扫描策略、连接方法和连接顺序可能有多种选择，因此候选的执行计划也可能有很多种。计划生成器从可能的执行计划中选择成本最低的作为真正的执行计划。

在 CBO 的环境下，对员工信息表执行下面的 SQL 语句：

```
Select *  From EMP Where DEPTNO =10;
```

可以得到以下的执行计划：

```
Execution Plan
-----------------------------------------------------------
0    SELECT STATEMENT Optimizer =CHOOSE (Cost =2 Card =3 Bytes =120)
1    0    TABLE ACCESS (BY INDEX ROWID)OF 'EMP' (Cost =2 Card =3 Bytes =120)
2    1      INDEX (RANGE SCAN)OF'IX_DEPTNO' (NON - UNIQUE)(Cost =1 Card =3)
```

CBO 也得出了索引扫描的执行计划，但是这个计划并不是像 RBO 那样由一定的规则生成的，而是通过计算每种执行方案的代价得出的。在该执行计划中，每一行的 Cost 表示执行到该步骤时所需的代价，Card 表示该步骤所返回的行数，Bytes 表示这一步骤处理数据量的估计值。再向 EMP 表中录入 1500 个部门编号为 10 的数据，如果采用 CBO 优化器，可以得到以下的执行计划：

```
Execution Plan
-----------------------------------------------------------
0  SELECT STATEMENT Optimizer =CHOOSE (Cost =2 Card =1536 Bytes =61440)
1 0    TABLE ACCESS (FULL)OF 'EMPTEMP' (Cost =2 Card =1536 Bytes =61440)
```

如果强制提示 Oracle 使用索引扫描，执行以下的查询：

```
Select /* + Index(EMP IX_DEPTNO)* /* From EMP Where DEPTNO =10;
```

可以得到以下的执行计划：

```
Execution Plan
-----------------------------------------------------------
0   SELECT STATEMENT Optimizer =CHOOSE (Cost =16 Card =1536 Bytes =61440)
1 0    TABLE ACCESS (BY INDEX ROWID)OF 'EMP'(Cost =16 Card =1536 Bytes =61440)
```

```
2 1    INDEX (RANGE SCAN)OF 'IX_DEPTNO'(NON-UNIQUE)(Cost=5 Card=1536)
```

可以看出该执行计划需要成本数为 16，要高于全表扫描的执行计划。因此，当我们不使用任何提示的时候，CBO 通过比较不同的候选计划，选择了全表扫描作为最终的执行计划。

Oracle 分布式数据库同样选择 CBO 作为查询优化器。CBO 可以访问远程数据字典中的统计信息，确定局部执行的代价，并利用谓词下移等技术减少网络间传输数据的流量，从而得到最优的执行计划。

例 4.15 OraStar 公司的部门表 DEPT 保存在北京总部，其中包含了该公司所有部门的信息，销售部门的员工信息 EMP_SALES 保存在上海，该部门的编号为 30，两个表的建表语句如下：

```
Create Table DEPT(
  DEPTNO NUMBER(2)Primary Key,
  DNAME  VARCHAR2(14),
  LOC    VARCHAR2(13));

Create Table EMP_SALES (
  ENO        NUMBER(4)Primary Key,
  ENAME      VARCHAR2(10),
  DEPTNO     NUMBER(2),
  SALARY     NUMBER(7,2));
```

在总部数据库上建立了到上海销售部门的数据库链 sales.os.com。当在总部的用户希望查询所有在上海的员工的姓名和工资信息时，执行以下的查询：

```
Select ENAME,SALARY From DEPT T1,EMP_SALES@ sales.os.com T2
Where T1.DEPTNO=T2.DEPTNO And T1.LOC='上海';
```

这是一个分布式查询，我们可以得到以下的执行计划：

```
Execution Plan
-----------------------------------------------------------
0   SELECT STATEMENT Optimizer=CHOOSE (Cost=24 Card=532 Bytes=22876)
1 0    HASH JOIN (Cost=24 Card=532 Bytes=22876)                    (a)
2 1      TABLE ACCESS (FULL)OF 'DEPT' (Cost=2 Card=1 Bytes=10)     (b)
3 1      REMOTE* (Cost=21 Card=53249 Bytes=1757217) SALES.OS.COM   (c)

3   SERIAL_FROM_REMOTE SELECT "ENAME","SALARY","DEPTNO" FROM "EMP_SALES" "T2"
```

该执行计划将查询分解成本地和远程的两个 SQL 语句，步骤如下：1）系统使用散列连接两个结果集；2）使用全表扫描本地数据库中的表；3）访问远程数据库中的员工信息表 EMP，在下面"3"的注释中，详细列出了在远程数据库中执行的 SQL 语句（SELECT "ENAME","SALARY", "DEPTNO" FROM "EMP_ SALES" "T2"）。由于查询结果只涉及 ENAME 和 SALARY 两个字段，那么 Oracle 将投影谓词下移到最底层，只在远程的 EMP 表中查询 ENAME 和 SALARY，以及连接操作必须使用的 DEPTNO 字段，而 ENO 这个字段则被忽略。同时，我们可以看到，CBO 可以从远程数据库的统计信息中得出远程 SQL 的执行代价（Cost=21 Card=53249 Bytes=1757217），从而为远程查询选择最优的执行计划。

在总部的用户希望查询在上海的员工中薪水大于等于 5000 的员工的姓名，执行以下的查询：

```
Select ENAME From DEPT T1,EMP_SALES@ sales.oracle.com T2
Where T1.DEPTNO=T2.DEPTNO And T1.LOC='上海' And SALARY>=5000
```

可以得到以下的执行计划：

```
Execution Plan
 ----------------------------------------------------------
0   SELECT STATEMENT Optimizer = CHOOSE (Cost = 24 Card = 27 Bytes = 1161)
1 0    HASH JOIN (Cost = 24 Card = 27 Bytes = 1161)
2 1      TABLE ACCESS (FULL)OF 'DEPT' (Cost = 2 Card = 1 Bytes = 10)
3 1      REMOTE*  (Cost = 21 Card = 2662 Bytes = 87846) sales. oracle. com

3  SERIAL_FROM_REMOTE SELECT "ENAME","SALARY","DEPTNO" FROM "EMP_SALES" "T2" WHERE "SALA-
RY" > =1000
```

在这个执行计划中，Oracle 将选择和投影谓词都下移到远程查询中，相当于查询树的最下层，将全局查询转换为针对每个局部数据库场地的查询，降低连接操作网络中传输的数据量，提高执行的效率。

在第 3 章中，我们介绍了分区视图拥有分区表的一些特性，下面我们结合具体例子介绍 CBO 是如何利用分区视图减少查询代价的。例如在总部数据库上执行以下的查询：

```
Select *  From EMP_PV Where DEPTNO = 30;
```

该查询的目的是得到部门编号为 30 的所有员工的信息，执行计划如下：

```
Execution Plan
 ----------------------------------------------------------
0   SELECT STATEMENT Optimizer = CHOOSE (Cost = 8 Card = 32 Bytes = 2464)
1 0    VIEW OF 'EMPPV' (Cost = 8 Card = 32 Bytes = 2464)
2 1      UNION - ALL (PARTITION)
3 2        FILTER
4 3          TABLE ACCESS (FULL)OF'EMP_HQ' (Cost = 2 Card = 1 Bytes = 39)
5 2        FILTER
6 5          REMOTE*  (Cost = 7 Card = 2 Bytes = 80) mfg. os. com
7 2      REMOTE*  (Cost = 3 Card = 1 Bytes = 42) sales. os. com

7 SERIAL_FROM_REMOTE   SELECT "EMPNO","ENAME","SAL","DEPTNO" FROM "EMP_MFG" WHERE "DEPTNO"
 = 30
```

可以看出，CBO 对需要执行查询的场地个数进行了约简。因为查询发起的场地（DEPT = 10）和生产部门的场地（DEPT = 20）都不包含结果数据，所以 CBO 认为不需要到这两个场地执行查询，所以把这两部分的查询过滤掉（FILTER），最后只需要在远程的销售部门场地执行查询即可。注意要使用分区视图的这种特性，需要设置参数 PARTITION_VIEW_ENABLED 为 True。

4.7 大数据库系统的查询 API

大数据库系统的查询 API 主要包括基于类 SQL 的查询语言和基于编程接口两种类型。

4.7.1 基于类 SQL 的查询语言

基于类 SQL 的查询语言以用户习惯使用的 SQL 语言为出发点，扩展了 SQL 语言以适应大数据系统的需求，如 HiveQL、DryadLINQ 都是此类 API。本小节主要以 HiveQL 为例介绍相关语言的特征和使用方法。

HiveQL 是一种类似 SQL 的语言，它与大部分的 SQL 语法兼容，但是并不完全支持 SQL 标准，如 HiveQL 不支持更新操作，也不支持索引和事务；它的子查询和连接操作也很局限，这是因其底层依赖于 Hadoop 云平台这一特性决定的；但其有些特点是 SQL 所无法企及的，例如多表查询、支持 create table as select 和集成 MapReduce 脚本等。

1. 数据定义

本小节介绍 HiveQL 的数据定义，主要包括字段、表、分区、桶。

（1）字段

Hive 支持基本数据类型和复杂类型，基本数据类型主要有数值类型（INT、FLOAT、DOUB-LE）、布尔型和字符串，复杂类型有 ARRAY、MAP 和 STRUCT（如表4-2 所示）。

表4-2　HiveQL 数据类型

数 据 类 型	描　　　述	示　　　例
ARRAY	有序字段，字段类型必须相同	array(1, 2)
MAP	无序键值对，键的类型必须是原子的，值可以是任何类型的，同一个映射的键的类型必须相同，值的类型也必须相同	map('a', 1, 'b', 2)
STRUCT	一组命名的字段，字段的类型可以不同	struct('a', 1, 1, 0)

数组、映射和结构的文字形式可以通过函数 array( )、map( )、struct( ) 得到，三个函数都是 Hive 的内置函数。

（2）表

Hive 的表在逻辑上由存储的数据和描述表中数据的相关数据组成。使用 creat table 来创建关系表。关系表可以放在指定的命名空间中，类似于关系数据库中的库或者模式，对于命名空间可以使用 creat database dbname、use dbname、drop database dbname 等操作。Hive 表大致分为托管表、外部表、分区表三种，分别使用 load 和 drop 操作来加载和删除表。对于托管表，创建方式与关系表类似，使用 create table 操作和 load 操作时，Hive 把数据移到仓库目录，实际操作是文件的移动或者重命名，因而执行速度很快。使用 drop 操作时，Hive 把元数据和数据文件删除掉。对于外部表，创建时应明确指明创建表的类型，使用 create external table 操作时，在创建表的同时指定一个指向实际数据的路径，Hive 仅记录数据所在的路径，不对数据的位置做任何改变。外部表的数据由用户管理，Hive 不会将数据移动到仓库目录中，当删除外部表时，Hive 只是删除元数据。如果只删除表中的数据，而保留表名，可以在 HDFS 上删除数据文件。

（3）分区和桶

分区是表的部分列的集合，可以为频繁使用的数据建立分区，这样查找分区中的数据时就不需要扫描全表，这对于提高查找效率很有帮助。分区可以根据表中的列值对表进行划分，比如日志文件中，每条记录都包含时间戳，就可以将日期相同的记录放到同一个分区中，提高限定时间范围查询的效率。比如日志文件由时间戳和日志行构成，创建分区操作为 create table log（ts bigint，line string）partitioned by（dt string）。另外，一个表可以按照多个维度分区，在划分了一个分区之后还可以根据其他属性来划分子分区，比如除了根据日期分区，进一步根据国家划分子分区可以用操作 create table log（ts bigint，line string）partitioned by（dt string，country string），在 partitioned by 子句中列定义是表中正式的列，称为"分区列"。在文件系统中，分区只是表目录下嵌套的子目录。在加载数据时，要显示指定的分区值，把对应的数据加载到分区表中。通常情况下需要预先创建好分区，然后才能使用该分区。还有，分区列的值要转化为文件夹的存储路径，所以如果分区列的值中包含特殊值，如 '%'、':'、'/'、'#'，它将会被使用%加上 2 字节的 ASCII 码进行转义。

表或分区可以组织成桶，桶是按行分开组织特定字段，每个桶对应一个 reduce 操作。使用"桶"可以获得更高的查询效率，桶给表加上了额外的结构，Hive 在处理某些查询的时候可以利用这些结构，比如连接两个相同列上划分了桶的表，可以使用 map- side join 来提高效率。另外使用"桶"使得"取样"更高效，在大数据系统的开发阶段，利用较小数据集上的测试，可以减轻开发的复杂度。在建立桶之前，需要设置"hive. enforce. bucketing"属性为 true，使 Hive 能够识别桶。在表中分桶的操作为 create table btest2(id int, name string) clustered by(id) into 3 buckets，其中使用用户 id 来确定如何划分桶，Hive 对值进行散列并将结果除以桶的个数取余数，因此每个桶里都会有一个随机的用户集合，保证了每个桶中都有数据，但每个桶中的数据条数不一定相等。使用桶的 map-side 连接，首先将两个表按照相同的方式划分桶，处理左表内某个桶的 mapper 知道右表内相匹配的行在对应的桶内，mapper 只需获取对应的桶即可进行连接，桶内数据只是右表中的很少一部分。例如查看数据空间下的桶目录，三个桶对应三个目录。Hive 使用对桶所用的值进行散列，并用散列结果除以桶的个数做取余运算的方式来分桶，如下所示。

```
hive > dfs -cat /user/hive/warehouse/btest2/* 0_0;
hive > dfs -cat /user/hive/warehouse/btest2/* 1_0;
hive > dfs -cat /user/hive/warehouse/btest2/* 2_0;
```

2. 数据操作

本小节介绍 HiveQL 的数据操作，包括查询、插入、视图、函数。

（1）查询

和 SQL 相类似，HiveQL 使用 select 语句的各种形式执行查询。语句形如 select column from table，column 是表中的列名，table 包括托管表、外部表、分区以及桶。对于结果，Hive 可以使用 order by 子句对数据进行完全排序，它使用一个 reducer 来实现完全排序，但是对于大规模数据集往往效率很低。对于局部排序的查询，可以使用 sort by 为每个 reducer 产生一个排序文件。对于需要某些行被分配到特定的 reducer 的需求，可以通过 Hive 的 distribute by 子句来实现，这样可以进行相应的聚集操作。

在对桶的取样查询中，可以使用 tablesample 子句，即将查询对象限制在表的一部分桶内，而不是使用整张表，比如 select * from bucketed_ users tablesample(bucket 1 out of 4 on id)，桶从 1 开始计数，因此该查询从 4 个桶的第一个中获取所有的用户，对于大规模分布均匀的数据集，操作结果将返回表中四分之一的数据行。同样可以采用其他比例对若干个桶进行取样，比如用 select * from bucketed_ users tablesample (bucket 1 out of 2 on id)，结果返回一半桶。因为取样查询只需要读取和 tablesample 子句匹配的桶，因而效率很高。但是如果使用 rand() 函数对没有划分成桶的表进行取样查询，即使只需要读取很小一部分样本，也要扫描整个数据表，相对来说效率低很多。

（2）插入

HiveQL 中插入操作的语句是 insert overwrite table [partition(p)] select col1，col2 from source，对于分区的表可以使用 partition 子句来指明数据所要插入的分区，p 为分区内容。overwrite 关键字是强制的，执行结果使得目标表或者指定分区中的内容被 select 语句的结果替换。

多表插入指的是在同一条语句中把读取的同一份元数据插入不同的表中。只需要扫描一遍元数据即可完成所有表的插入操作，效率很高。多表操作示例如下。

```
create table mutill as select id,name from userinfo; #创建表并插入数据
create table mutil2 like mutill; #只创建表结构,无数据插入
from userinfo insert overwrite table mutill;#
select id, name insert overwrite table mutil2 select count(distinct id),name group by name;#
```

（3）视图

目前，只有 Hive 0.6 之后的版本才支持视图。Hive 只支持逻辑视图，并不支持物理视图，

建立视图可以在 MySQL 元数据库中看到创建的视图表，但是在 Hive 的数据仓库目录下没有相应的视图表目录。当一个查询引用一个视图时，可以评估视图的定义并为下一步查询提供记录集合。实际上，作为查询优化的一部分，Hive 可以将视图的定义与查询的定义结合起来，例如从查询到视图所使用的过滤器。在视图创建的同时确定视图的架构，如果随后再改变基本表（如添加一列）将不会在视图的架构中体现。如果基本表被删除或以不兼容的方式被修改，则该视图的查询也无效。视图是只读的，不能用于 load、insert、alter。视图可能包含 order by 和 limit 子句，如果一个引用了视图的查询也包含这些子句，那么在执行这些子句时首先要查看视图语句，然后返回结果按照视图中的语句执行。创建视图语句如 create view teacher_ classsum as select teacher, count(classname) from classinfo group by teacher。

(4) 函数

创建函数的语句为 create temporary function function_ name as class_ name，该语句创建一个由类名实现的函数。在 Hive 中用户可以使用 Hive 类路径中的任何类，用户通过执行 add files 语句将函数类添加到类路径，并且可持续使用该函数进行操作。删除函数，即注销用户定义函数，格式如下：

```
drop temporary function function_name
```

另外，HiveQL 中的连接操作和关系上的连接操作类似，是将两个表中共同数据项上相互匹配的那些行合并起来，HiveQL 的连接分为内连接、左向外连接、右向外连接、全外连接和半连接 5 种。标准 SQL 的子查询支持嵌套的 select 子句，HiveQL 对子查询的支持很有限，只能在 from 引导的子句中出现子查询。

4.7.2 基于编程接口的查询语言

大数据库系统中常用的另一种查询语言是基于编程接口的，大数据库文件中通常定义一些可使用的编程接口，使得开发人员可以通过编写代码的方式与大数据库进行交互。比如 Cassandra 在 cassandra. thrift 文件中定义了其可使用的编程接口，本小节以 Cassandra 为例介绍基于编程接口的查询语言，如表4-3 所示。

表 4-3　Cassandra 主要编程接口

编程接口	定　义	说　明
Get	ColumnOrSuperColumn Get(1：required string keyspace, 2：required string key, 3：required ColumnPath column_ path, 4：required ConsistencyLevel consistency_ level = ONE) throws (1：InvalidRequestException ire, 　　　2：NotFoundException nfe, 　　　3：UnavailableException ue, 　　　4：Timedoutexception te)	获取某个 key 下面的某个 column 或者 supercolumn 方法返回值： ColumnOrSuperColumn：如果 column 字段有值，代表结果是 column，如果 super column 有值，代表结果是 supercolumn
Get_ slice	List < ColumnOrSuperColumn > Get_ slice(1：required string keyspace, 2：required string key, 3：required Columnparent column_ parent, 4：required Slicepredicate predicate, 5：required ConsistencyLevel consistency_ level = ONE) throws (1：InvalidRequestException ire, 　　　2：UnavailableException ue, 　　　3：Timedoutexception te)	按照指定规律获取某个 key 下面的某个 column 或者 supercolumn predicate 为 column 的查询规则 方法返回值：ColumnOrSuperColumn 数组

编 程 接 口	定　　义	说　　明
Multiget_slice	Map < string，list < ColumnOrSuperColumn >> multiget_slice(1：required string keyspace, 2：required list < string > keys, 3：required Columnparent column_parent, 4：required Slicepredicate predicate, 5：required ConsistencyLevel consistency_level = ONE) throws (1：InvalidRequestException ire, 2：UnavailableException ue, 3：Timedoutexception te)	按照指定规律获取一批 key 下面的 column 或者 supercolumn 方法返回值是 Map，Map 的 key 为 key 的名称，Map 的 value 为 ColumnOrSuper-Column
Get_count	Get_count(1：required string keyspace, 2：required string key, 3：required Columnparent column_parent, 5：required ConsistencyLevel consistency_level = ONE) throws (1：InvalidRequestException ire, 2：UnavailableException ue, 3：Timedoutexception te)	按照指定规律获取某个 key 下面的 column 或者 supercolumn 的个数
Get_range_slices	List < keyslice > Get_range_slices(1：required string keyspace, 2：required Columnparent column_parent, 3：required Slicepredicate predicate, 4：required keyrange range, 5：required ConsistencyLevel consistency_level = ONE) throws (1：InvalidRequestException ire, 2：UnavailableException ue, 3：Timedoutexception te)	按照指定规律获取一批 key 下面的 column 或者 supercolumn 方法返回一个 keyslice 数组，数组的 keyslice 中的 key 为 key 的名称，keyslice 中的 column 数组为 key 中对应的 column 或者 supercolumn
Insert	Void Insert(1：required string keyspace, 2：required string key, 3：required ColumnPath column_path, 4：required binary value, 5：required i64 timestamp, 6：required ConsistencyLevel consistency_level = ONE)throws (1：InvalidRequestException ire, 2：UnavailableException ue, 3：Timedoutexception te)	将一个 column 写入 Cassandra 中 方法返回，无异常则写入成功
Bacth_mutate	Void Batch_mutate(1：required string keyspace, 2：required map < string，map < string，list < Mutation >>> mutation_map 3：：required ConsistencyLevel consistency_level = ONE)throws (1：InvalidRequestException ire, 2：UnavailableException ue, 3：Timedoutexception te)	批量将 column 写入 Cassandra 中 方法返回，无异常则写入成功

（续）

编程接口	定　　义	说　　明
Remove	Void Remove（ 1：required string keyspace， 2：required string key， 3：required ColumnPath column_path， 4：required i64 timestamp， 5：required ConsistencyLevel consistency_level = ONE ）throws（1：InvalidRequestException ire， 　　　　　2：UnavailableException ue， 　　　　　3：Timedoutexception te）	将一个 column 从 Cassandra 中删除 方法返回，无异常则删除成功

4.8　大数据库的查询处理及优化

大数据库系统中的数据模型主要包括键值模型、列存储模型和文档模型等，从宏观上来讲，这些模型都属于键值模型。目前典型的大数据库系统，对查询的支持都比较简单，因为数据存储大都是基于散列表的模型，因而对以键值为关键字的等值查询比较有效，对范围查询则支持不足。本节主要介绍基于 MapReduce 的查询处理以及键值模型、列存储模型、文档模型等主要数据模型的数据库系统的查询处理方法和大数据库查询优化技术。

4.8.1　大数据库查询处理方法

1. 键值型数据库查询处理

键值型数据库是大数据库系统中较为简单的一种，由于其数据模型是由 < key，value > 对构成的，所以数据库是一张简单的散列表，可以将这种数据结构认为是简化的关系型。该关系模式只包含两个列，一个列是主键（key），另一个列是值（value），因而所有的数据库访问都是通过主键查询来执行的。应用程序可以根据查询对象的键来查询其所对应的值，"值"是数据库中的一个数据块，任何数据结构都可以作为值存在，比如列表、集合、散列表等。key-value 分布式存储系统查询速度快、存放数据量大、支持高并发，非常适合通过主键进行查询。但基本的键值数据库不适合进行复杂的条件查询，通过一定的改进才能提供较为复杂的查询，比如在通过主键查询的基础上，可以进行范围查询、求差集、求并集、求交集等操作。

但是，如果要在不同的数据集之间建立关系，或是将不同的关键字集合联系起来，那么即便某些键值数据库提供了"链接遍历"等功能，效率也很难提高，因为不能直接检测到键值数据库中的值。所以对于以键值对中部分值作为关键字的查询，键值数据库的查询效率不高。另外，键值数据库的每次查询只能操作一个键，无法处理多个关键字的查询。

2. 列存储数据库查询处理

列存储数据库与关系型数据库不同，并不以"行"为核心的顺序来存储数据，而是以"列"为核心的顺序来存储，具有相同列性质的数据集中存储在一个页面或数据块中，可以快速响应以列为主的查询。列存储设计源于大数据应用，虽然数据量大，但是通常涉及的属性（即列）并不是很多，通常也不会涉及连接操作。列可以存储关键字及其映射值，并且可以把值分成多个列族，每个列族代表一个数据映射表。列族是将多个列并为一个组，每个列族可以随意添加列。列族是访问控制的基本单位。与键值数据库相类似，列存储数据库中键值对应于多个列，这些列具有相似性，在使用之前必须先创建，然后才能在列族中任意的关键字下存放数据，列族创建后，其中的任何一个列关键字下都可以存放数据，对同一类属性的访问，可以提高查询效率。

列族数据库中通常不支持功能丰富的查询，因而在设计其数据模型时，应该优化列和列族，以提升数据读取速度，在列族中插入数据后，每行中的数据都会按列名排序。假如某列的查询次数相对频繁，可以将其值用作行键，以提高查询效率。获取某个特定的列比获取整个列族更高效，因为只返回所需数据，可以节省很多数据传输时间，尤其是当列族中的列数较多时。同时，也可以考虑将关键字之外的频繁被查询的其他列作为索引。

3. 文档数据库查询处理

文档数据库的数据格式主要包括 XML、JSON、BSON 等，这类文件具有自述性，具有分层的树状数据结构，数据库中的文档结构相似，但不必完全相同。如果将文档看作是键值数据库中"值"的一种，那么从宏观上来讲，文档数据库也可归类为键值数据库。

文档数据库中的相似文档放在同一个集合中，类似于关系数据库中同样关系模式的数据放在同一个关系中，但是与关系数据库不同的是，文档数据库并不要求文档的结构完全相同，比如：

```
文档1{ "firstname": "Martin",
      "likes":[ "Biking","Photography"],
      "lastcity":"Boston",
      "lastVisited": }
文档2{"firstname": "Pramod",
       "citiesvisited":[ "Chicago","London","pune","Bangalore"]},
       "addresses":[
       {"state":"AK",
       "city":"DILLINGHAM",
       "type":"R"},
       {"state":"MH",
       "city":"PUNE",
       "type":"R"}],
       "lastcity":"Chicago"}
```

这两份文档看上去相似，但是属性不完全相同，文档数据库中的文档没有空属性，与关系模型不同。

各种文档数据库提供了不同的查询功能，典型的查询功能是"视图查询"：利用"物化视图"或者"动态视图"来实现复杂的文档，即在大数据库中预先计算查询操作的结果，并将其缓存起来。相对于关系数据库，非关系型的数据库更强调这个问题，因为大多数应用程序都要处理某种与聚合结构不甚相符的查询操作。

构建物化视图有两种方法。一种是积极的方法，当数据有变动的时候，立即更新物化视图，在这种情况下，只要向数据库中加入一条记录，与之相关的其他信息也随之更新。这种方法适用于读取物化视图的次数远多于写入次数的应用，能保证及时获得更新的数据。另一种方法是比较被动的，并非每次数据有更新都去更新物化视图，而是定期通过批处理操作来更新物化视图，根据实际应用需要，制定更新周期。

可以在数据库之外构建物化视图：先读取数据，计算好视图内容，然后将其存放回数据库。一般来说，数据库都可以自己构建物化视图。用户只需提出计算需求，数据库就可以根据配置好的参数自行计算。物化视图可以在同一个聚合内使用，比如提供汇总信息。物化视图也可以在列族数据库中使用，根据不同列族来创建物化视图，这样就可以在同一个原子操作内更新物化视图。

4.8.2　基于 MapReduce 的查询处理

MapReduce 是当前应用最广泛的大数据处理框架，对非结构化数据的 ETL 处理非常适用。MapReduce 计算提供了简洁的编程接口，Map 和 Reduce 以函数的形式接收和输出数据。

1. MapReduce 框架处理流程

在 MapReduce 中，在程序执行之前，对输入的类进行组织时先按照预定的 Map 任务个数将输入文件分割，然后把每个输入分片中的所有数据再组织成 < key，value > 对，交给每个 Map 任务。Map 任务接收到 < key，value > 类型的数据之后进行处理，然后将数据组织成 < key，value > 形式输出，MapReduce 框架会对这些传输的键值对首先以 key 值进行排序，然后对相同 key 值的 value 进行合并，形成新的数据组织形式 < key，value-list >。其中 key 是所有 Map 输出的 key 中的一个，value-list 是同一 key 值所有 Map 输出的 value 的 list。Reduce 阶段，MapReduce 框架将这些重新组织的 < key，value-list > 按照 key 值发送到对应的 Reduce 上进行处理。Reduce 对数据处理之后再以 < key，value > 形式输出，形成最终的结果。具体的处理流程如图 4-24 所示，具体过程如下：

1）用户程序中的 MapReduce 库先把输入文件划分为 M（M 由用户定义）份，通常每份 16 ~ 64MB，然后启动多个程序副本放到集群内其他机器上。

2）用户程序副本中的一个称为 master，其余称为 worker，worker 由 master 分配任务，包括 M 个 Map 任务和 R 个 Reduce 任务。master 为空闲 worker 分配 Map 任务或者 Reduce 任务，worker 的数量也是可以由用户指定的。

3）被分配了 Map 任务的 worker，读取对应输入分片的数据，Map 任务从输入数据中抽取出键值对，每一个键值对都作为参数传递给 Map 函数，Map 函数产生的中间键值对被缓存在内存中。

4）缓存的中间键值对会被定期写入本地磁盘，而且通过分区函数被分为 R 个区。这些中间键值对的位置会被通报给 master，master 负责将信息转发给 Reduce worker。

5）Master 通知分配了 Reduce 任务的 worker 其负责的分区的位置，Reduce worker 就从 Map worker 的本地磁盘读取它负责的缓存的中间键值。当 Reduce worker 将全部中间数据读取到了它

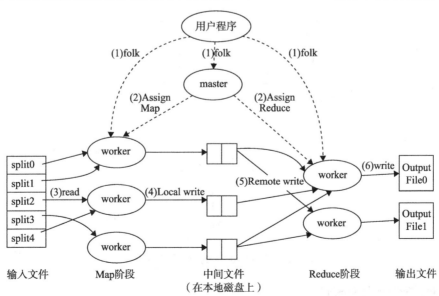

图 4-24　MapReduce 框架流程

的分区之后,先对它们进行排序,使得相同键的键值对聚集在一起。因为不同的键可能会映射到同一个分区也就是同一个 Reduce 任务,所以排序是必需的。

6)Reduce worker 遍历排序后的中间键值对,对于每个唯一的键,都将键与关联的值传递给 Reduce 函数,Reduce 函数产生的输出会添加到这个分区的输出文件中。

7)当所有的 Map 和 Reduce 任务都完成了,master 唤醒用户程序,此时,MapReduce 函数调用返回用户程序的代码。

所有过程执行成功后,MapReduce 输出放在 R 个分区的输出文件中(分别对应一个 Reduce 作业,文件名由用户指定)。通常用户不需要合并这 R 个输出文件,而是将其作为输入交给另一个 MapReduce 调用,或者在其他的分布式应用中作为输入被划分为多个文件。

为了优化执行效率,MapReduce 计算框架在 Map 阶段还可以执行可选的 combiner 操作,即在 Map 阶段将中间数据中具有相同 key 的 value 值合并,获得局部的结果,从而减少中间数据量,减少网络传输代价。

为确保每个 reducer 的输入都是按键排序,在 Reduce 阶段设计了 Shuffle 过程,如图 4-25 所示。每个 Map 在内存中都有一个缓冲区,Map 的输出结果会先放到这个缓冲区中,默认情况下,缓冲区的大小为 100MB,缓冲区有一个溢出比,默认是 80%,当输出到缓冲区中的内容达到 80% 时,就会溢出(spill),一个后台线程把内容写到磁盘中。数据按照 reducer 的数量和数据的 key 值进行分区(partition)。在缓冲区溢出到磁盘之前,在每个 partitioner 中,要对数据按照键值排序,如果设置了 combiner,则可以将数据按照 key 值进行合并,然后写入磁盘中。当内存缓冲区的内容达到 80% 溢出时,就会新建溢出的临时文件。上述数据从 Map 输出作为输入传给 reducer 的过程就称为 Shuffle。Shuffle 过程中很重要的两个步骤就是排序和 combiner,这可以大大提高 MapReduce 的效率。在 Map 执行后,磁盘上会存储一些临时文件,然后会对这几个临时文件进行合并(merge),将临时文件合并成一个文件,这些临时文件和合并的文件都是在本地文件系统上存储的。每个 Map 输出这样一个文件,不同 Map 生成的文件按照不同的分区传给不同的 Reduce,最后 Reduce 直接把结果输出到 HDFS 文件系统上。

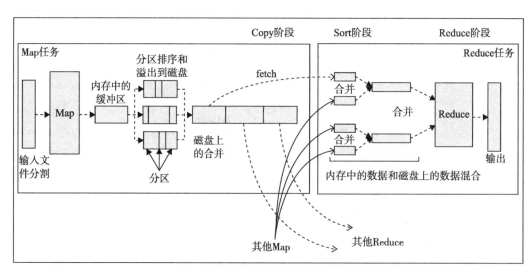

图 4-25   MapReduce 的 shuffle 和排序

2. MapReduce 计算模式

大数据中的查询可以归类为几种典型的计算模式,下面主要介绍 MapReduce 批处理任务中常见的计算模式。

(1)计数与求和模式

计算对象是数值类型，主要求取的是一些统计结果，比如最大值、最小值、平均值等。例如有许多文档，每个文档都由一些字段组成，需要计算出每个字段在所有文档中的出现次数。mapper 以需要统计的对象的 ID 作为 key，对应的数值作为 value，mapper 每遇到指定词就把频次记 1，reducer 一个个遍历这些词的集合，然后把它们的频次加和。这种方法的缺点显而易见，mapper 提交了太多无意义的计数。可以通过先对每个文档中的词进行计数来减少传递给 reducer 的数据量。在此应用中使用 combiner 可以大大减少 Shuffle 阶段的网络传输量，如图 4-26 所示。在 partitioner 的设计上通常可以对 reducer 个数散列取模，但是这样做有可能导致数据分布倾斜，负载不均，因而合理设计 partitioner 也可以提高效率。通过 Shuffle 阶段，MapReduce 将相同对象传递给同一个 reducer，reducer 则对相同对象的若干 value 进行数学统计计算，得到最终结果。

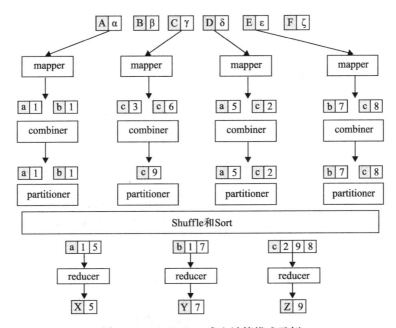

图 4-26 MapReduce 求和计算模式示例

对于求和对象是记录的应用，与数值求和流程基本类似，区别主要在于 Reduce 阶段采用累加对象 ID 形成信息队列。

(2)过滤模式

数据过滤的应用很多，即在很多条记录中，找出满足某个条件的所有记录。对于简单条件数据过滤，只是对于每一个记录按照条件来检测是否应为输出结果，不涉及与其他结果的聚合操作，因而只需 Map 函数即可完成操作，这种类型的计算模式可以用 Map-Only 类型的 MapReduce 方案。mapper 从数据块中依次读入记录，并根据过滤条件判断每个记录是否满足指定的条件，如果满足则作为输出结果。

另外，数据过滤模式之一的 Top k 的应用也很广泛，即从大量数据中根据某个字段内容的大小取出其值最大的 k 个记录，比如搜索最受欢迎的 10 部电影。与简单条件数据过滤不同，Top k 的计算模式需要进行记录之间的比较，并获得全局最大数据子集。如图 4-27 所示，这种计算模式的基本思路为：首先在 Map 阶段统计出数据块内所有记录中某个字段满足 Top k 条件的记录子集作为局部的 *Top k* 结果集，然后在 Reduce 阶段对这些局部 Top *k* 记录进一步筛选，获得最终的全局最大的 *k* 条记录，Map 和 Reduce 阶段的 Top *k* 查找都可以使用排序算法来实现。

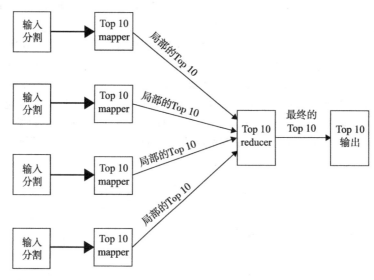

图 4-27　MapReduce Top 10 计算模式示意图

（3）排序

MapReduce 具有很强的排序特性，在 Reduce 阶段，中间数据按照 key 的大小进行排序，对于排序应用来说，可以利用这一排序过程。在 Map 阶段，将需要排序的字段作为 key，记录的内容作为 value 输出；在 Reduce 阶段，如果只有一个 reducer，只需将 mapper 排序的结果直接输出，如果设置了多个 reducer，要结合分区策略，对每个局部有序的数据进行全局排序，比如再按照数据 key 的范围分发到不同的 reducer。

（4）连接

连接分为 Map 端连接和 Reduce 端连接两类。如图 4-28 所示，Map 端的连接中，参与连接的两个数据集合通常有大小之分，而且小的数据集合可以完全放入内存，只需采用 Map-Only MapReduce 任务即可完成连接操作，因而 mapper 的输入数据块是较大数据集拆分后的小的数据子集。由于参与连接的一方数据量较小，可以分发到每个 mapper 并加载到内存，利用内存散列表，以外键作为散列表的 key，在读入另一数据集记录的同时进行连接操作。

Reduce 端的连接中，输入为参与连接的两个数据集，首先，mapper 将两个数据集 *R* 和 *S* 的记录进行处理，标记每个记录的来源，将参与连接的外键作为 key，记录的其他内容作为 value 输出；然后，通过 Partition 和 Shuffle 过程，两个数据集中具有相同 key 的记录被分配到同一个 reducer，reducer 根据外键排序后按照 key 进行聚集，同时区分每个记录的来源，维护两个列表或散列表，分别存储不同的数据集合 *R* 和 *S* 的记录，然后按照列表或散列表中的数据进行连接，输出结果。

4.8.3　大数据库查询优化

本小节以 HiveQL 为例说明将查询请求转化为查询执行计划的过程，并给出一些优化策略。

查询分为 Compile 和 Execute 两个阶段。

这里主要讨论 Compile 阶段，主要任务是解析 SQL 语句、类型检查和语义分析、对逻辑计划进行优化、生成物理计划。

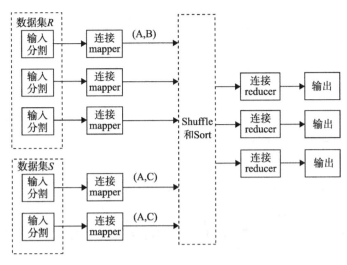

图 4-28　MapReduce 连接计算模式示意图

1）解析 SQL 语句：将 HiveQL 转换成抽象语法树（AST）。

2）类型检查和语义分析：

- Hive 根据 HiveQL 语句中涉及的各种信息存储起来，获取元数据信息，主要是 SQL 中涉及的表和元数据的关联。
- 对数据表和字段进行类型检查和语义分析。
- 将 AST 转换为查询块树，将其 SQL 语句中嵌套的关系转换为查询块树中的父子关系。
- 将查询块树转换为操作符 DAG（有向无环图），形成逻辑计划。

3）对逻辑计划进行优化。Hive 构造了一些串行的转换规则，遍历 DAG 中的节点，对操作符 DAG 的某个节点依次判断是否符合转换条件。Hive 主要的优化策略包括：

- 列过滤：在 TableScanOperator，去除查询中不需要的列，只保留相关的列。
- 条件谓词过滤：Where 条件判断等在 TableScanOperator 阶段就进行过滤。
- 数据分片过滤：利用 Partition 信息，只读取符合条件的 Partition。
- 谓词下推：将 SQL 语句中的谓词尽可能下推到最下端的数据扫描类 DAG 节点，以便跳过不满足条件的记录。
- Map 端连接：以大表作为驱动，小表载入所有 mapper 内存中，多个表连接时，将小表放在连接的左边，大表放在连接的右边，在执行这样的连接时小表中的数据会被缓存到内存中，这样可以有效减少发生内存溢出错误的概率。Map 端连接的限制是无法执行全连接（FULL JOIN）和右外连接（RIGHT OUTER JOIN）。
- 连接排序：调整连接顺序，确保以大表作为驱动表。
- group by 优化：对于数据分布不均衡的表进行 group by 操作时，为避免数据集中到少数的 reducer 上，分成两个 Map-Reduce 阶段。第一个阶段先用 Distinct 列进行 Shuffle，然后在 Reduce 端部分聚合，减小数据规模，第二个 Map-Reduce 阶段再按 group- by 列聚合。
- 散列聚合：在 Map 端用散列进行部分聚合，减小 Reduce 端数据处理规模。

4）生成物理计划：将 operator tree/DAG 通过一定的规则生成若干相互依赖的 MR 任务。

下面用一个实例对上述过程进行说明。

在 Hive 中有一张表，见表 4-4。

表 4-4　表 Wordcount

word	class	count
A	n	5
A	n	3
A	n	2
B	n	1

执行如下查询：

SELECT word, SUM(count) FROM Wordcount GROUP BY word

查询优化之后的执行过程如图 4-29 所示，数据在两个 Map 端，过滤不相关的列，只保留 word 和 count，进行局部聚集，由于数据不均衡，key 为 A 的数据量较大，通过 Shuffle 和 Sort 构成新的 Map，然后在 Reduce 端聚合。

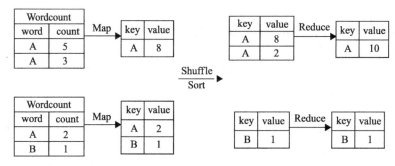

图 4-29　查询优化过程示例

该查询生成的物理计划如图 4-30 所示。

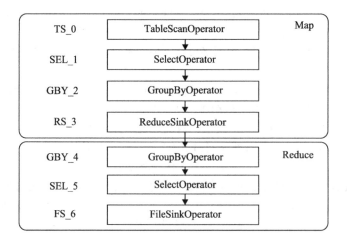

图 4-30　物理计划

4.9　本章小结

分布式查询处理是分布式数据库的重要组成部分，决定着数据库系统的查询性能。本章首先介绍了查询处理的目标、查询优化的意义和优化的基本概念，之后讨论了分布式查询处理器，包括查询处理器的描述特性、查询处理器的功能层次，使大家对查询处理器尤其是分布式数据库中查询处理器所具有的特性有了全面了解。本章重点阐述了查询处理器的查询分解和数据局部化过程。在查询分解过程中，从查询规范化、分析、约简到查询重写，优化始终贯穿于其过程。数据局部化也是分布式数据库特有的步骤，是将基于全局关系的分布式查询转换为面向片段的局部查询。在数据局部化过程中，片段查询也需要进行相应的重写优化过程，保证转换后的片段查询具有简单且完好的形式。转换后的查询是基于代价的查询存取优化的输入。最后，介绍了大数据系统中查询语言及查询处理和优化的方法，查询语言主要有类 SQL 和基于接口的语言两类，查询处理中主要介绍了基于键值模型、列存储模型、文本模型等主要数据模型的查询处理方法以及 MapReduce 的查询处理框架，查询优化中以 HiveQL 为例介绍了逻辑计划和物理计划的生成过程和优化策略。

习题

1. 在查询分解中，有两种谓词规范表示形式：AND 形式和 OR 形式。
   (1) 为什么给出规范化形式，其作用是什么？
   (2) 请对比两种形式的执行策略。
2. 对比查询优化的过程图和查询处理层次图，分析并说明它们之间的对应关系。
3. 针对查询处理器的几个主要特性，说明各个特性的含义以及在查询处理中如何体现各个特性的优势。
4. 依据第 3 章习题 5，进行如下操作：要求查询基础学院校区的学生的学号（Sno）、姓名（Sname）、课号（Cno）、课名（Cname）和成绩（Grade）。
   (1) 写出在全局模式上的 SQL 查询语句，并转换成相应的关系代数表达式，画出查询树。
   (2) 进行分布式查询优化，画出优化后的查询树，要求给出中间转换过程。
   (3) 进行分片优化，画出优化后的分片查询树，要求给出中间转换过程。
5. 依据第 3 章习题 6，进行如下操作：
   (1) 要求查询 Title > 8 的雇员的信息和他们的销售信息（Eno（雇员编号），Ename（姓名），Pno（商品编号），num（数量），date（日期））。写出在全局模式上的 SQL 查询语句，并转换成相应的关系代数表达式，画出分布式查询树。
   (2) 进行分布式查询优化，画出优化后的分布式查询树，要求给出中间转换过程。
   (3) 进行分片优化，画出优化后的分片查询树，要求给出中间转换过程。
6. 对下面的 HiveQL 语句给出优化策略，生成物理执行计划。

```
From (select a. status, b. school,b. gender
    From age_updates a join profile b
        On (a. userid =b. userdi and a. ds ='2009 -03 -20')) subq1
Insert overwrite table gender_summar
    Partition (ds ='2009 -03 -20')
Select subq1. gender
Insert overwrite table school_summary
    Partition (ds ='2009 -03 -20')
Select subq1. shool, count(1)
    Group by subq1. school
```

主要参考文献

［ 1 ］张俊林. 大数据日知录：架构与算法［M］. 北京：电子工业出版社，2014.

［ 2 ］郭鹏. Cassandra 实战［M］. 北京：机械工业出版社，2011.

［ 3 ］Sadalage P J, Fowler M. NoSQL，精粹［M］. 爱飞翔，译. 北京：机械工业出版社，2014.

［ 4 ］Tom Wbite. Hadoop 权威指南［M］. 周敏奇，王晓玲，金澈清，钱卫宁，译. 北京：清华大学出版社，
2011.

［ 5 ］Hive SQL 解析/执行计划生成流程分析［EB/OL］. http：//blog. csdn. net/wf1982/article/details/ 9122543.

［ 6 ］Bernstein P A, Goodman N, Wong E, et al. Query Processing in a System for Distributed Databases (SDD-
1)［J］. ACM Transactions on Database System, 1981, 6(4)：602 – 625.

［ 7 ］Ceri S, Pelagatti G. Correctness of Query Execution Strategies in Distributed Databases［J］. ACM Transac-
tion Database System, 1983, 8(4)：577 – 607.

［ 8 ］Ceri S, Gottlob G, Pelagatti G. Taxonomy and Formal Properties of Distributed Schemes［J］. IEEE Transac-
tions, Software Engineering, 1983, SE – 9(4)：487 – 503.

［ 9 ］Dean J, Ghemawat S. MapReduce：Simplified Data Processing on Large Clusters［J］. Communications of the
ACM, 2008, 51(1)：107 – 113.

［10］Franklin M J, Jonsson B T, Kossman D. Performance Tradeoffs for Client-Server Query Processing. Proc. of
SIGMOD［C］. 1996：146 – 160.

［11］Ozsoyoglu Z M, Zhou N. Distributed Query Processing in Broadcasting Local Area Networks. Proc. of 20th
Hawaii Int. Conf. on System Sciences［C］. 1987：419 – 429.

［12］Rosenkarantz D J, Hunt H B. Processing Conjunctive Predicates and Queries. Proc. of VLDB［C］. 1980：
64 – 72.

［13］Sacco M S, Yao S B. Query Optimization in Distributed Data-Base Systems［J］. Advances in Computers,
1982, 21：225 – 273.

［14］Selinger P G, Astrahan M M, Chamberlin D D, et al. Access Path Selection in a Relational Database Man-
agement System. Proc. of SIGMOD［C］. 1979：23 – 34.

［15］Swami A. Optimization of Large Join Queries：Combing Heuristics and Cmbinatorial Techniques. Proc. of
SIGMOD［C］. 1989：367 – 376.

［16］Ullman J D. Principles of Database and Knowledge Base Systems［M］. 2nd ed. Rockville, Md. ：Computer
Science Press, 1982.

［17］Williams R, Daniels D, Haas L, et al. R∗：An Overview of the Architecture. Proc. of 2nd Int. Conf. on
Databases［C］. 1982：1 – 28.

第 5 章

分布式查询的存取优化

在上一章中我们介绍了分布式查询处理和优化及其遵循的规则。本章将详细介绍分布式查询的存取优化方法。在分布式查询处理和优化中，需要将全局关系等价变换到片段关系，再将分布式查询树转换为片段查询树。这一过程类似于集中式的 RDBMS 中生成查询的逻辑查询计划（logic query plan），其中所涉及的变换都是在逻辑基础上进行的，如将一元运算符放到运算符树的叶子上。在存取优化中，主要涉及从查询场地发出查询命令、从数据源获取数据、确定最佳的执行场地和返回执行结果几个步骤。根据查询代价估计选择一个最优的查询执行方案，即物理查询计划（physical query plan）。这里所说的"优化"事实上是相对"较好"的意思，因为一个查询优化策略的选择对于包含多个关系的复杂查询而言是一个 NP 问题，因此在优化中需要经常依赖于对处理环境进行的简单假设，选择一个接近于最优的执行策略。

在将查询请求转换为以关系代数描述的逻辑查询计划后，我们需要使用逻辑查询计划生成物理查询计划，即指明要执行的物理操作，以及这些操作执行的顺序和执行操作时使用的算法。在集中式数据库中，产生物理查询计划主要通过估计每个可能选项的预计代价，并从中选择代价最小的选项来实现。其中，代价估计主要是考虑基于关系运算符算法所需的磁盘 I/O 数量。而在分布式环境下的物理查询计划代价的估计方法中，必须要考虑数据传输所产生的费用，尤其是查询中有连接运算时，将使代价的估计变得更加复杂。对于分布式查询中选择和投影操作的存取优化方法，可以使用集中式数据库中的方法。对于十分常用且代价较高的连接操作，在分布式查询连接操作算法中，针对不同的执行环境（广域网和局域网）主要分为两类：基于半连接的优化方法和基于直接连接的枚举法优化方法。

由于硬件技术的发展和应用需求的变化，分布式数据库在体系结构和数据模型上的变化也促进了查询存取优化方法的发展。基于新数据模型的分布式数据库系统主要面对的是海量且高速增长的数据集合，其系统往往部署在集中场地的大规模服务器集群上，节点间采用高速局域网连接，查询方式则直接针对数据模型和存储模型。对于大数据库的查询优化主要有两种方法：构建索引和基于大数据分析引擎。查询优化主要考虑海量数据上的索引使用。大数据分析引擎则通过使用分布式数据库的集群和查询任务的分解方法分布式执行查询。存取优化的另一个发展方向是使用分布式缓存提高数据的访问效率，由于硬件成本的降低，使用内存大规模缓存成为可能。通过将磁盘数据读入内存缓存可以极大地提高查询的数据访问性能。

本章中，前半部分主要介绍基于关系模型的分布式数据库查询优化方法，后半部分介绍新数据模型下的查询优化方法。首先，介绍存取优化涉及的相关基本概念，给出与存取优化算法相关的特征参数和查询代价模型，以及采用半连接操作的优化方法和枚举法优化技术；其次，讲述集中式的查询优化方法，其中包括集中式数据库物理查询计划的选择，以及 INGRES 和 System R 所采用的优化策略；再次，介绍分布式查询优化技术，主要讨论 Distributed INGRES、System R* 优化方法和 SDD-1 优化方法，给出一个 Oracle 分布式数据库的查询优化案例；最后，在大数据库查询优化部分，讲述分布式数据库在查询优化方面的新技术，包括在大数据库的数据模型上所使用的索引技术、大数据库的查询处理与优化和提高大数据库查询访问效率所采用的分布式缓存技术。

5.1 分布式查询的基本概念

无论在集中式数据库系统中还是在分布式数据库系统中，查询优化始终是研究的热点问题。在对查询的处理中，存取优化的目的主要是为查询生成一个代价最小的执行策略，其执行的前提是查询已经被解析为以关系代数描述的逻辑查询计划。与集中式查询相比，分布式查询的存取优化增加了新的特征，如数据传输的代价、多场地执行等，这些都增加了查询优化的复杂性，因此其考虑的问题和实现的目标都不同于集中式查询。本节主要对存取优化的相关基本概念进行介绍。

5.1.1 分布式查询的执行与处理

从全局的视角看，分布式查询的执行过程实际上就是从查询场地发出查询命令、从源数据场地获取数据、确定最佳的执行场地和返回执行结果的过程，如图 5-1 所示。

在分布式查询的执行过程中，主要涉及三个场地，包括：

1）查询场地：指发出查询命令和存储最终查询结果的场地。查询场地也称最终结果文件。

2）源数据场地：指查询命令需要访问的数据副本所在的场地，可能涉及一个或一个以上的场地。源数据场地也称为源数据文件。

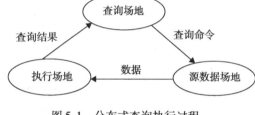

图 5-1 分布式查询执行过程

3）执行场地：指执行查询操作所在的场地。执行场地可以和查询场地或源数据场地处于同一场地，也可不处于同一场地。执行场地也称为中间结果文件。

当查询场地一定时，选择不同的源数据场地（采用复制式分配模式时）和执行场地，查询执行的效率会存在一定差异。因此，必须考虑场地选择的优化，即查询的存取优化。下面通过例 5.1 看一下存取场地选择对执行效率的影响。

例 5.1 假设在分布式数据库系统中有全局关系雇员 *EMP* 和部门 *DEPT*：

- *EMP*｛ENO, ENAME, BIRTH, SALARY, DNO｝
- *DEPT*｛DNO, DNAME｝

其中关系 *EMP* 和 *DEPT* 有如下特性：

1）在 *EMP* 中，元组数为 10 000，元组平均大小为 100B，因此关系的大小为 $100 \times 10\ 000 = 1000KB$。

2）在 *DEPT* 中，元组数为 100，元组平均大小为 35B，因此关系的大小为 $35 \times 100 = 3.5KB$。

3）查询涉及三个场地，分别是 S1、S2 和 S3，其中 S1 存储关系 *EMP*，S2 存储关系 *DEPT*，S3 为查询场地，如图 5-2 所示。

现在要查询每个雇员的姓名 ENAME 及所在单位名称 DNAME。要执行该查询，首先使用 SQL 语句进行描述，具体如下：

```
SELECT ENAME,DNAME
FROM EMP,DEPT
WHERE EMP.DNO = DEPT.DNO
```

解析成对应关系代数表达式为：

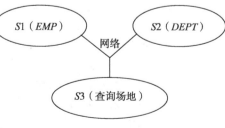

图 5-2 关系存储场地

$$\prod_{\text{ENAME, DNAME}}(EMP \bowtie DEPT)$$

现在我们假设查询结果元组的大小为 40Byte，$S3$ 为查询场地，查询结果的大小为 $40 \times 10\,000 = 400\text{KB}$。对于这一查询可以有三种执行策略，假设执行代价主要由传输代价决定，下面我们来比较一下不同查询存取策略的执行代价。

策略 1：选择 $S3$ 为执行场地，需要传输关系 EMP 和 $DEPT$ 到 $S3$，则查询结果无须传输。设 Size(R) 表示关系 R 的大小，即字节数。

数据的传输量 $= \text{Size}(EMP) + \text{Size}(DEPT) = 1\,000\text{KB} + 3.5\text{KB} = 1003.5\text{KB}$

策略 2：选择 $S2$ 为执行场地，则需传输关系 EMP 到 $S2$，再将结果 R 传输到场地 $S3$。

数据的传输量 $= \text{Size}(EMP) + \text{Size}(R) = 1\,000\text{KB} + 400\text{KB} = 1\,400\text{KB}$

策略 3：选择 $S1$ 为执行场地，则需传输关系 $DEPT$ 到 $S1$，再将结果 R 传输到场地 $S3$。

数据的传输量 $= \text{Size}(R) + \text{Size}(DEPT) = 400\text{KB} + 3.5\text{KB} = 403.5\text{KB}$

从以上三种执行策略的结果可以看出，选择不同的执行场地对传输代价的影响很大。在实际应用中，通常选择执行代价小的策略，以提高查询效率。为此，需要尽可能地生成执行策略，并通过代价估计选择出其中的最优策略，这就是存取优化的基本内容。但是，由于组成系统的环境不同，优化的侧重点也会不同。

5.1.2　查询存取优化的内容

在查询处理过程中，从根据规则对关系代数表达式的等价变换，到片段模式的片段查询优化，再到查询执行计划的选择，以及最后局部优化中的物理查询计划的生成，这些工作都属于查询优化的内容。其中，查询执行计划的选择对查询的执行效率的影响最为显著，也最为复杂。

查询存取优化的内容就是将片段查询的关系代数表达式转换为可能的物理查询计划的执行策略，再通过代价估计选择出最优的执行计划作为最终的分布式查询执行计划。

在存取优化中，对于片段查询执行策略的选择主要涉及以下三方面内容：

1）确定片段查询所需访问的物理副本。

一般来说，在执行同样的查询时，对每一个片段尽可能选取相同的物理副本，而对涉及同一片段的不同子查询则可以在其不同的物理副本上执行。在查询优化时，对于物理副本的选择通常采用以下几种启发式规则：

- 本场地上的物理副本优先。由于在分布式查询处理中，数据通信代价是影响总执行代价的重要因素，因此选择本场地上的物理副本可以减少通信代价。
- 如果二元运算存在，则尽可能选择在本场地上执行的二元运算。这一规则的目的同样是减少通信代价，因为在一般情况下，执行连接操作后的结果集合的大小要小于两个连接关系的大小。
- 数据量最小的物理关系应优先选中。
- 网络通信代价小的物理副本应优先选中。在选择物理副本时不但要考虑副本的大小，还要考虑网络带宽对通信代价的影响，因为通信代价的计算涉及传输的数据量和两场地之间的网络带宽。

2）确定片段查询表达式中操作符的最优执行顺序。

片段查询的关系代数表达式可以使用逻辑查询计划树来描述。由查询分解与变换所产生的逻辑查询计划树基本上定义了部分操作符的执行顺序，即按照从树的叶子到根的顺序执行。但在查询优化中还要定义出在同一层上操作符的执行顺序。对于连接、半连接和并操作等二元运算，操作符的执行顺序的选择对其执行代价的影响十分大，为此要尽可能选择最优的执行顺序。而对于一元运算操作符则比较容易确定最优的执行顺序。这里需要注意的是，从树的叶子开始逐步往上执行并不一定就是最好的执行顺序，例如多个关系间的连接操作。

3）选择执行每个操作符的方法。

为每个操作符指定合适的物理查询计划，即场地上的数据库存取方法的选择，如尽可能将同一场地上对同一物理副本的全部操作，在一次数据库访问后一起执行。例如，对于一个关系的选择和投影操作可以同时执行。一般来说，操作符执行方法的选择可以采用集中式数据库中的方法。但是，对于连接操作，其执行方法的选择相对比较困难，因为不同的系统和环境有其自身的特殊性。

在查询优化中，以上三个方面彼此间不是互相独立的，而是互相影响的。例如，操作符的执行顺序会影响中间结果关系的大小，而参与操作符运算的关系的大小会影响执行操作符的算法，同样物理副本的选择会影响操作符的执行顺序。因此，单独考虑某一方面会导致无法获得较好的执行策略。在具体优化时，通常以操作符的执行顺序作为优化的重点，同时考虑其他两方面内容。因为，对于物理副本，可以基于规则进行选择，而对于操作符的执行方法，需要根据其依赖的系统来决定。

5.2　存取优化的理论基础

在分布式查询存取优化中，执行策略的选择主要取决于对其查询执行计划的代价估计。本节主要介绍与代价估计相关的分布式查询代价模型，以及查询模型中的数据库特征参数与关系运算特征参数的概念及计算方法。这些内容是理解查询优化中执行计划的基础。

5.2.1　查询代价模型

在集中式数据库系统中，查询的执行代价模型主要涉及 CPU 代价和磁盘 I/O 代价。由于磁盘 I/O 代价要远远高于 CPU 代价，因此在通常情况下查询优化中仅使用 I/O 代价作为计算查询执行代价的参数。但是，对于分布式查询的代价模型，除包含局部查询的 CPU 代价和磁盘 I/O 代价之外，还包括通信代价。因此，对于集中式和分布式查询的代价可以用以下模型计算：

- 集中式查询：$C_{Total} = C_{cpu} + C_{IO}$
- 分布式查询：$C_{Total} = C_{cpu} + C_{IO} + C_{com}$

其中，C_{Total} 表示查询执行的总体代价，C_{cpu} 表示 CPU 代价，C_{IO} 表示磁盘 I/O 代价，C_{com} 表示查询中的通信代价。下面介绍每一种代价的具体计算模型。

1. 通信代价

通信代价是分布式查询所特有的，主要由场地间的信息通信和数据传输所产生。通信代价中涉及两种因素：数据传输费用和通信延迟。其中，数据传输费用对通信代价起决定作用，因此一般使用数据传输费用衡量通信代价，即以尽可能使传输的数据量最小为优化目标。

通信代价的计算模型通常使用以下公式：

$$C_{com}(X) = C_{init} + X \times C_{tran}$$

其中：

1）C_{init} 为场地间传输数据时启动一次数据传输所需的时间代价，简称启动代价，具体数值由通信系统决定，由于一次数据传输仅发生一次，因此可以看作一个常量。

2）C_{tran} 为网络通信中传输单位数据量所发生的时间代价，简称单位传输代价。该数值由网络的传输速率决定，通常以字节数/秒为单位。

3）X 为网络通信中数据的传输量，这里需要以字节数为单位。

2. 磁盘 I/O 代价

磁盘 I/O 代价主要指在执行局部查询时对磁盘进行数据的读取或写入所需的时间代价。对于集中式数据库系统，由于所有操作访问的是相同的磁盘，且代价估计仅考虑 I/O 代价，所以通常使用 I/O 次数作为磁盘 I/O 的代价。但是，在分布式系统中，需要同时考虑通信代价等，因此需要计算磁盘 I/O 的具体执行时间。常用的计算模型为：

$$C_{IO}(X) = N_{IO}(X)C_{disk}$$

其中，C_{disk} 表示执行一次磁盘 I/O 操作所需的时间；X 表示要读/写的数据大小，$N_{IO}(X)$ 表示查询中对所需数据按块（或称为页面）进行读取或写入的次数。

关于查询所需磁盘 I/O 的计算涉及关系的存储方法等多方面因素，其计算方法十分复杂，具体内容可以参考本书的相关参考文献。

由于磁盘的结构特征和工作原理，访问磁盘上大小同样为 4KB、但位置不同的两个页面时，所需的执行时间通常是不同的。这里所说的磁盘 I/O 访问时间实际上是"平均"等待时间，即平均磁盘 I/O 时间，主要由平均寻道时间、平均旋转等待时间和传输时间所构成。

3. CPU 代价

CPU 代价指查询过程中 CPU 用于处理查询相关指令所需的时间，计算模型为：

$$C_{cpu}(X) = XC_{inst}$$

其中：X 表示 CPU 指令的数量；C_{inst} 表示执行一个 CPU 指令所需的时间。

基于以上三个代价模型，分布式查询计划的总体执行代价计算公式可以转换为：

$$C_{Total} = X_{inst}C_{inst} + X_{io}C_{disk} + X_{tran}C_{init} + X_{com}C_{tran}$$

其中：X 分别表示 CPU 指令数量、磁盘 I/O 的数量、数据通信的次数和通信的数据量。

在实际的代价估计中，可以根据系统环境对总体代价模型进行调整。常采用的调整策略有以下三种：

1）在执行磁盘 I/O 所花费的时间比操作内存数据所花费的时间长很多时，局部查询的执行代价可以认为近似等于磁盘 I/O 代价，因此在总代价的估算中可以不考虑 CPU 代价。

2）当系统环境为通信带宽较低的广域网时，通常有 $C_{com}(X)/C_{IO}(X) = 20:1$，因此查询代价的估计以通信代价 C_{com} 为主。

3）当系统环境为通信带宽较高的局域网时，通常有 $C_{com}(X)/C_{IO}(X) = 1.6:1$，因此查询代价的估计需要综合考虑通信代价 C_{com} 和 I/O 代价 C_{IO}。

这里需要注意总查询代价和响应时间这两个概念之间的不同。总查询代价是指查询相对于整个分布式数据库系统的执行开销总和。而响应时间是查询处理所需的具体执行时间。下面我们通过例 5.2 来理解这两个概念。

例 5.2　如图 5-3 所示，场地 S1 和场地 S2 分别有关系 R 和 S，现在同时有两个查询请求 Q1 和 Q2。Q1 的查询计划为：先在关系 R 和 S 上执行选择操作，之后将数据传输至场地 S3 执行连接操作。Q2 的查询计划为：先在关系 R 和 S 上执行投影操作，之后将数据传输至场地 S4 上执行连接操作。这里我们仅考虑磁盘 I/O 代价和通信代价。

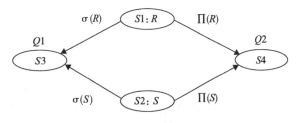

图 5-3　并发查询样例

对于查询 Q1 和 Q2，各自的查询代价包括在 S1 和 S2 上执行局部查询处理的磁盘 I/O 代价和传输数据至 S3 与 S4 的两次（传输关系 R 和 S）通信代价，则总执行代价分别为：

$$C_{\text{Total}}(Q1) = C_{\text{disk}} \times (N_{\text{IO}}(\sigma(R)) + N_{\text{IO}}(\sigma(S))) + C_{\text{init}} \times 2 + C_{\text{tran}} \times (X(\sigma(R)) + X(\sigma(S)))$$

$$C_{\text{Total}}(Q2) = C_{\text{disk}} \times (N_{\text{IO}}(\textstyle\prod(R)) + N_{\text{IO}}(\textstyle\prod(S))) + C_{\text{init}} \times 2 + C_{\text{tran}} \times (X(\textstyle\prod(R)) + X(\textstyle\prod(S)))$$

若两个场地的查询和数据传输可以采用并行方式执行，则查询 $Q1$ 和 $Q2$ 的响应时间可以近似用以下公式计算：

$$T_{\text{Total}}(Q1) = C_{\text{init}} + \text{MAX}\{C_{\text{disk}} \times N_{\text{IO}}(\sigma(R)) + C_{\text{tran}} \times X(\sigma(R)),\ C_{\text{disk}} \times N_{\text{IO}}(\sigma(S)) + C_{\text{tran}} \times X(\sigma(S))\}$$

$$T_{\text{Total}}(Q2) = C_{\text{init}} + \text{MAX}\{C_{\text{disk}} \times N_{\text{IO}}(\textstyle\prod(R)) + C_{\text{tran}} \times X(\textstyle\prod(R)),\ C_{\text{disk}} \times N_{\text{IO}}(\textstyle\prod(S)) + C_{\text{tran}} \times X(\textstyle\prod(S))\}$$

从这个例子中可以看出，查询的响应时间不等于查询代价。使用并行方式执行查询能够降低查询的响应时间，但并不能保证查询代价最小。因为在两个查询的并行操作涉及同一场地的同一关系时，可能会增加局部处理代价和网络通信代价，例如在 $S1$ 上同时执行 $\sigma(R)$ 和 $\prod(R)$ 两个操作时，会因并发控制而产生更多的执行代价和通信代价。但选择查询代价最小的执行计划可以提高系统的整体吞吐率。因此，在实际的查询优化中，需要综合考虑响应时间和查询代价。

5.2.2 数据库的特征参数

为了准确地估计出执行策略的代价，需要通过统计方法获得数据库中关系的一些重要特征参数，以便估算出局部处理的代价和中间结果的大小，其中中间结果的大小通常决定了网络通信代价。

对于一个给定的关系 R，常用的数据库特征参数包括：

- 关系的基数：指关系 R 所包含的元组个数，记为 $\text{Card}(R)$。
- 属性的长度：指关系 R 中属性 A 的取值所占用的平均字节数，记为 $\text{Length}(A)$。
- 元组的长度：指关系 R 中每个元组占用的平均字节数，记为 $\text{Length}(R)$。这里有

$$\text{Length}(R) = \sum \text{Length}(A_i)$$

- 关系的大小：指关系 R 所有元组包含的字节数，记为 $\text{Size}(R)$，可以通过 $\text{Card}(R)$ $\text{Length}(R)$ 计算获得。
- 关系的块数：指包含关系 R 所有元组所需的块的数量，记为 $\text{Block}(R)$。该参数主要用于对磁盘 I/O 的估计。
- 属性不同值：指关系 R 中属性 A 在所有元组中不同属性值的个数，记为 $\text{Val}(R, A)$。如果 A 对应的是 R 上的一个属性列表，则 $\text{Val}(R, A)$ 是关系 R 中属性列表 A 上对应列的不同取值元组的数量，相当于 $\delta(\prod_A(R))$ 中的元组数量，δ 为消除重复元组操作。
- 属性的值域：指属性 A 的取值范围，记为 $\text{Dom}(A)$。
- 属性 A 的最大值和最小值，记为 $\text{Max}(A)$ 和 $\text{Min}(A)$。

以上这些数据库特征参数在系统运行期间经常被定期地统计，以便帮助查询优化器准确地选择查询的执行策略。

5.2.3 关系运算的特征参数

基于以上数据库特征参数，我们能够估计出关系运算的结果关系的特征参数，这对于查询优化中评价查询执行计划的通信代价和磁盘 I/O 代价都十分重要。特征参数主要用于选择最优的执行策略，为此特征参数的估计要具有以下特性：

1）尽可能准确地估计结果。

2）易于计算的估计方法。估计特征参数的执行代价不能过高，不要影响查询优化的执行时间。

3）独立的逻辑估计结果，即对特征参数的估计不依赖于关系运算的物理执行计划。

由于估计特征参数的目标并不是准确地估计每一个特征参数的大小，而是帮助选择执行

策略，因此一般采用一些简化的估计策略，在保证近似的估计结果的基础上降低参数估计的执行代价。为此，在特征参数的估计中通常引入两个假设以帮助简化问题，即使它们很少符合实际应用的情况：

1）属性之间是互相独立的，即一个属性上的值不会影响其他属性。

2）属性的取值是均匀分布的。

在数据库的查询优化中，通常对关系属性的所有取值做了一个假设：属性的取值是按照均匀分布的方式出现在关系元组中的。然而，在实际应用中这种情况很少出现，许多属性的取值是近似服从 Zipfian 分布的，这种分布的特点是第 i 个最频繁的值的出现频率正比于 $1/\sqrt{i}$。

对于取值为非均匀分布的属性，在特征参数的计算中可以使用直方图的方式统计属性取值。常用的直方图类型包括：等宽直方图、等高直方图和最频繁值直方图。这种方法能够在非均匀分布的属性上更准确地估计关系运算的结果。

我们用 S 表示一元运算在关系 R 上的结果关系，用 T 表示二元运算在关系 R 和 S 上的结果关系。下面将给出各种关系代数运算符的结果关系特征参数的计算方法。

1. 选择运算

选择运算能够减少元组的数目，同时每个元组的长度保持不变，下面介绍与其相关的特征参数。

（1）基数

对于选择运算，使用一个选择度 ρ 来表示满足选择谓词条件的元组数量占原关系元组数量的比例。对于选择运算的结果关系基数有：

$$\mathrm{Card}(S) = \rho \mathrm{Card}(R)$$

选择度 ρ 的具体计算方法主要由选择条件和涉及属性的特征参数所决定，可以分为以下几种情况：

1）等值比较。

在等值比较的选择条件中，有 $S = \sigma_{A=X}(R)$，其中 A 是 R 的属性，X 是常数，则选择度 ρ 的估计值为 $1/\mathrm{Val}(R, A)$，对应的结果关系基数为：

$$\mathrm{Card}(S) = \mathrm{Card}(R)/\mathrm{Val}(R, A)$$

2）非等值比较。

估计非等值比较的结果关系基数比较困难，其形式为 $S = \sigma_{A<X}(R)$。非等值比较的结果关系基数估计方法可以分为两种。

一种方法是认为非等值比较的查询结果倾向于产生比一半更少的元组，因此通常假设非等值比较的选择度为 $1/3$，则有：

$$\mathrm{Card}(S) = \mathrm{Card}(R)/3$$

这种估计方法适合于没有更多数据库特征参数的条件下对选择运算结果的估计。

另一种方法是使用属性的特征参数最大值 $\mathrm{Max}(A)$ 和最小值 $\mathrm{Min}(A)$ 对非等值比较的查询结果进行估计。这种估计方法相对更加精确，具体有：

- 当选择条件为 $A > X$ 时：
$$\mathrm{Card}(S) = \mathrm{Card}(R)(\mathrm{Max}(A) - X)/(\mathrm{Max}(A) - \mathrm{Min}(A))$$

- 当选择条件为 $A < X$ 时：
$$\mathrm{Card}(S) = \mathrm{Card}(R)(X - \mathrm{Min}(A))/(\mathrm{Max}(A) - \mathrm{Min}(A))$$

3）不等比较。

不等比较是指 $S = \sigma_{A \neq X}(R)$ 这样的查询，这种形式比较少见。在 $\mathrm{Val}(R, A)$ 较大的情况下，可以近似认为所有元组都满足条件，因此有 $\mathrm{Card}(S) = \mathrm{Card}(R)$。也可以使用 $\mathrm{Card}(S) =$

$\text{Card}(R)(\text{Val}(R, A) - 1) / \text{Val}(R, A)$ 作为估计值,即认为有 $1/\text{Val}(R, A)$ 的元组不满足选择条件。

4)多属性选择条件。

当选择运算中涉及多个属性时,要根据连接不同属性选择条件的逻辑运算符来决定结果关系的选择度。对于 AND 运算符,结果关系的基数是关系 R 的元组数乘以每个属性上的选择度。假设 C_i 和 C_j 是在不同属性 A_i 和 A_j 上的选择条件,即 $S = \sigma_{C_i \text{ AND } C_j}(R)$,则有:

$$\text{Card}(S) = \text{Card}(R)\rho_i \rho_j$$

这里要注意,如果 C_i 和 C_j 是互相矛盾的两个条件,比如 $A = 0$ AND $A > 0$,从逻辑上可以看出不会有任何元组满足条件,此时 $\text{Card}(S) = 0$。

而连接选择条件是 OR 运算符时,有 $S = \sigma_{C_i \text{ OR } C_j}(R)$,结果关系的基数更加难以确定。一种可能准确估计的方法是基于概率的方法,其中使用 $1 - \rho_i$ 表示不满足条件 C_i 的元组比例,使用 $1 - \rho_j$ 表示不满足条件 C_j 的元组比例,这样 $(1 - \rho_i)(1 - \rho_j)$ 就是不属于 S 的元组比例,因此有 S 中元组数量:

$$\text{Card}(S) = \text{Card}(R)(1 - (1 - \rho_i)(1 - \rho_j)) = \text{Card}(R)(\rho_i + \rho_j - \rho_i \rho_j)$$

例 5.3   假设有关系 $R(A, B, C)$,已知 $\text{Card}(R) = 10\,000$,$\text{Val}(R, A) = 50$,$\text{Val}(R, B) = 100$,$\text{Max}(B) = 100$,$\text{Min}(B) = 0$,要求估计 $S_1 = \sigma_{A = 50 \text{ AND } B > 20}(R)$ 和 $S_2 = \sigma_{A = 50 \text{ OR } B > 20}(R)$。

首先分别计算选择条件 $A = 50$ 和 $B > 20$ 的选择度,有 $\rho_{A = 50} = 1/\text{Val}(R, A) = 1/50$,$\rho_{B > 20} = (\text{Max}(B) - 20)/(\text{Max}(B) - \text{Min}(B)) = 0.8$。根据以上选择度我们计算 S_1 和 S_2 的结果关系基数有

$$\text{Card}(S_1) = \text{Card}(R)\rho_{A = 50}\rho_{B > 20} = 10\,000 \times 0.02 \times 0.8 = 160$$

$$\text{Card}(S_2) = \text{Card}(R)(\rho_{A = 50} + \rho_{B > 20} - \rho_{A = 50}\rho_{B > 20}) = 10\,000 \times (0.02 + 0.8 - 0.02 \times 0.8) = 8040$$

(2)元组长度

选择运算结果关系的元组长度不变,所以有

$$\text{Length}(T) = \text{Length}(R)$$

(3)属性不同值的数量

对结果关系属性不同值数量的估计可以分为属性 B 属于选择谓词和不属于选择谓词两种情况来考虑。

当属性 B 属于选择谓词时,如果选择条件中有等式条件 $B = X$(X 为属性值),则其不同值的数量为:

$$\text{Val}(S, B) = 1$$

如果选择条件中属性 B 上的条件为不等式或 B 与选择谓词相关且为关键字,则在属性值均匀分布的假设下,不同值的数量与选择度成正比有:

$$\text{Val}(S, B) = \rho \text{Val}(R, B)$$

当属性 B 不属于选择谓词时,假设 B 是均匀分布的,在这种情况下对结果关系中属性 B 的不同值数量的近似值估计方法如下:

$$\text{Val}(S, B) = \begin{cases} \text{Card}(S) & \text{若 } \text{Card}(S) < \text{Val}(R, B)/2 \\ (\text{Card}(S) + \text{Val}(R, B))/3 & \text{若 } \text{Val}(R, B)/2 \leqslant \text{Card}(S) < 2\text{Val}(R, B) \\ \text{Val}(R, B) & \text{若 } \text{Card}(S) \geqslant 2\text{Val}(R, B) \end{cases}$$

例 5.4   假设关系 R 中有 $\text{Card}(R) = 500$ 个元组,选择谓词涉及属性 A 且独立于属性 A 的属性 B 有 $\text{Val}(R, B) = 150$,则在选择度不同取值的情况下有

1)当选择度 $\rho = 0.8$ 时,有 $\text{Card}(S) = 0.8 \times 500 = 400$,此时有

$$\text{Card}(S) \geqslant 2\text{Val}(R, B) = 300$$

因此，属性 B 的不同值数量 $\text{Val}(S, B) = \text{Val}(R, B) = 150$。

2）当选择度 $\rho = 0.5$ 时，有 $\text{Card}(S) = 0.5 \times 500 = 250$，此时有

$$\text{Val}(R, B)/2 \leqslant \text{Card}(S) < 2\text{Val}(R, B) \, (150/2 \leqslant 250 < 2 \times 150)$$

因此，属性 B 的不同值数量 $\text{Val}(S, B) = (\text{Card}(S) + \text{Val}(R, B))/3 = (250 + 150))/3 = 133$。

3）当选择度 $\rho = 0.1$ 时，有 $\text{Card}(S) = 0.1 \times 500 = 50$，此时有

$$\text{Card}(S) < \text{Val}(R, B)/2 = 75$$

因此，属性 B 的不同值数量 $\text{Val}(S, B) = \text{Card}(S) = 50$。

（4）关系的大小

$$\text{Size}(S) = \text{Card}(S)\text{Length}(S)$$

选择运算使关系大小变小，因为 $\text{Card}(S) < \text{Card}(R)$，$\text{Length}(S) = \text{Length}(R)$。

2. 投影运算

（1）基数

投影运算的结果关系通常分为消除重复和不消除重复两种情况来考虑，消除重复的结果关系可以认为是在不消除重复的结果关系上增加了一个 δ 运算符。具体的计算规则为：

1）投影后未消除重复或投影中包含 R 的关键字属性，则结果关系的基数与原关系基数一样：

$$\text{Card}(S) = \text{Card}(R)$$

2）投影只涉及单个属性 B，且消除重复元组，则

$$\text{Card}(S) = \text{Val}(R, B)$$

3）投影涉及多个属性，消除重复元组，且有

$$\prod_{A_i \in AttrList} \text{Val}(R, A_i) < \text{Card}(R)$$

其中 $AttrList$ 为投影中的属性列表，则结果关系的基数近似为

$$\text{Card}(S) = \prod_{A_i \in AttrList} \text{Val}(R, A_i)$$

（2）元组的长度

投影运算结果关系的元组长度是投影所涉及的属性的长度之和：

$$\text{Length}(S) = \sum \text{Length}(A_i) \, (A_i \text{ 是投影属性})$$

（3）关系的大小

$$\text{Size}(S) = \text{Card}(S)\text{Length}(S)$$

通常情况下投影能够使关系的大小缩减，但由于投影允许产生新的属性，例如 $\prod_{a,b,a+b}(R)$，因此投影操作也有可能增加关系的大小。

（4）不同值数量

$\text{Val}(S, A) = \text{Val}(R, A)$，即不同值数量保持不变。

3. 并、交与差运算

（1）基数

对于关系之间的并、交与差运算，如果结果关系执行消除重复操作，则都只能计算出结果关系基数的上限和下限，因此通常采用平均值作为基数的估计值。下面分别讨论。

1）并运算。

如果不消除重复，则结果关系基数等于两个关系基数之和：

$$\text{Card}(T) = \text{Card}(R) + \text{Card}(S)$$

如果消除重复，则结果关系基数最大可大至两个关系基数之和，最小可小至两个关系基数中的较大者，因此有

$$\text{Max}\{\text{Card}(R), \text{Card}(S)\} \leqslant \text{Card}(T) \leqslant \text{Card}(R) + \text{Card}(S)$$

在估计中使用中间值作为结果关系基数，有：

$$\mathrm{Card}(T) = (\mathrm{Max}\{\mathrm{Card}(R),\ \mathrm{Card}(S)\} + \mathrm{Card}(R) + \mathrm{Card}(S))/2$$

2）交运算。

交运算的结果关系最小可以是空，最大可以等于两个关系中的较小者，因此按取区间中间值的方法估计结果关系的基数为较小关系基数的一半：

$$\mathrm{Card}(T) = \mathrm{Min}\{\mathrm{Card}(R),\ \mathrm{Card}(S)\}/2$$

3）差运算。

对于两个关系的差运算 $R - S$，其结果关系基数的区间为：

$$\mathrm{Card}(R) - \mathrm{Card}(S) \leqslant \mathrm{Card}(T) \leqslant \mathrm{Card}(R)$$

如果 S 包含 R 中所有元组，则 $\mathrm{Card}(R) - \mathrm{Card}(S) = 0$。在估计时可使用中间值作为结果关系基数：

$$\mathrm{Card}(T) = (2\mathrm{Card}(R) - \mathrm{Card}(S))/2$$

（2）元组的长度

并、交与差运算不影响元组的长度，则

$$\mathrm{Length}(T) = \mathrm{Length}(R) = \mathrm{Length}(S)$$

4. 笛卡儿积

（1）基数

笛卡儿积的基数为两个关系基数的乘积：

$$\mathrm{Card}(T) = \mathrm{Card}(R)\mathrm{Card}(S)$$

（2）元组的长度

笛卡儿积的元组长度为两个关系元组长度之和：

$$\mathrm{Length}(T) = \mathrm{Length}(R) + \mathrm{Length}(S)$$

（3）属性不同值的数量

笛卡儿积结果关系中属性不同值的数量等于其原关系中对应属性的不同取值的数量：

$$\mathrm{Val}(T,\ A) = \mathrm{Val}(R,\ A) \text{ 或者 } \mathrm{Val}(T,\ A) = \mathrm{Val}(S,\ A)$$

5. 连接运算

在连接运算的特征参数估计中，我们主要考虑自然连接的情况，等值连接和 θ 连接可以按照一定的规则转换为自然连接的问题进行计算。假设 $T = R \bowtie S$，下面分别从基数、元组的长度和属性的不同值数量方面来介绍连接运算。

（1）基数

连接运算结果关系的基数计算是一个复杂的问题，主要原因在于我们无法确定关系 R 中属性 A 的值与关系 S 中属性 A 的值是如何联系的。根据下列不同的情况，结果关系的基数具有不同的估计值：

1）两个关系不具有相同的属性 A 取值，此时结果关系为空：$\mathrm{Card}(T) = 0$。

2）连接属性是其中一个关系 S 的主键且是另一个关系 R 的外键，此时 R 中每个元组正好与 S 中的一个元组连接，因此有：$\mathrm{Card}(T) = \mathrm{Card}(R)$。

3）关系 R 和 S 中所有元组具有相同的属性 A 取值，此时任何 R 中的任一个元组与 S 中的任一个元组都能够进行连接，因此有：$\mathrm{Card}(T) = \mathrm{Card}(R)\mathrm{Card}(S)$。

4）普遍的连接情况。

以上是几种较特殊情况下的计算连接运算的结果关系基数，实际上这些情况十分少见。为了计算更为普遍的连接运算的结果关系基数，我们需要进行一定的假设：

- 对于具有相同属性 A 的两个关系 R 和 S，且 $\mathrm{Val}(R,\ A) \leqslant \mathrm{Val}(S,\ A)$，则 R 中属性 A 的

每个取值都在 S 中出现。

- 对于不是关系 R 与关系 S 连接属性的属性 B，在连接后不会丢失属性值。
- 属性的不同值均匀地分布在关系 R 和 S 中。

基于以上假设条件，我们对关系 R 和 S 连接的大小进行估计。已知有 $\mathrm{Val}(R, A) \leqslant \mathrm{Val}(S, A)$，则对于 R 中的每个元组都有 $1/\mathrm{Val}(S, A)$ 的机会与 S 中的元组进行连接，因此能够与其连接的元组数量为 $\mathrm{Card}(S)/\mathrm{Val}(S, A)$。由于关系 R 的元组数为 $\mathrm{Card}(R)$，因此连接所产生的元组数量为 $\mathrm{Card}(T) = \mathrm{Card}(R)\mathrm{Card}(S)/\mathrm{Val}(S, A)$。对于 $\mathrm{Val}(R, A) \geqslant \mathrm{Val}(S, A)$，同样可以得到相似的结果，因此转换为更加一般的表达式为：

$$\mathrm{Card}(T) = \mathrm{Card}(R)\mathrm{Card}(S)/ \mathrm{Max}(\mathrm{Val}(S, A), \mathrm{Val}(R, A))$$

（2）元组的长度

在自然连接下，结果关系元组的长度为两个关系元组长度之和再减去一个连接属性的长度，因此有

$$\mathrm{Length}(T) = \mathrm{Length}(R) + \mathrm{Length}(S) - \mathrm{Length}(A)$$

其中 A 为连接属性。

（3）属性的不同值数量

对于连接结果关系中属性的不同值数量，只能给出大致的取值范围。

1）如果属性 A 是一个连接属性，则有

$$\mathrm{Val}(T, A) \leqslant \mathrm{Min}(\mathrm{Val}(R, A), \mathrm{Val}(S, A))$$

2）如果 A 不是关系中的连接属性，则有

$$\mathrm{Val}(T, A) \leqslant \mathrm{Val}(R, A) \text{ 或者 } \mathrm{Val}(T, A) \leqslant \mathrm{Val}(S, A)$$

3）如果 A 不是关系中的连接属性，且连接后没有属性值丢失，则有

$$\mathrm{Val}(T, A) = \mathrm{Val}(R, A) \text{ 或者 } \mathrm{Val}(T, A) = \mathrm{Val}(S, A)$$

6. 半连接运算

半连接运算通常描述为 $T = R \propto S = \prod_{Attr(R)}(R \infty S)$，其中关系 R 为左变元，关系 S 为右变元。关于半连接运算的详细内容将在 5.3 节中给出。

（1）基数

结果关系 T 可以看作是在半连接左变元关系 R 上执行选择操作的结果，因此其基数的估计与选择运算的估计相似。对于半连接的选择度可以使用以下公式近似估计：

$$\rho = \mathrm{Val}(S, A)/\mathrm{Val}(Dom(A))$$

其中 $\mathrm{Val}(Dom(A))$ 表示在属性 A 的域值集合中不同值的数量，则由此可确定结果关系的基数为：

$$\mathrm{Card}(T) = \rho\mathrm{Card}(R)$$

对于半连接的选择度有一种特殊的情况存在，即左变元 R 的连接属性 A 是一个来自右变元 S 的外键（A 在 S 中是主键）。此时半连接的选择度为 1，因为 $\mathrm{Val}(S, A) = \mathrm{Val}(Dom(A))$，因此有：

$$\mathrm{Card}(T) = \mathrm{Card}(R)$$

（2）元组的长度

半连接运算结果关系的元组长度与运算左变元的长度相同：

$$\mathrm{Length}(T) = \mathrm{Length}(R)$$

（3）属性的不同值数量

如果属性 A 不属于半连接的属性，假设该属性独立于半连接属性且均匀分布，则可以把半连接作为一个左变元上的选择操作，因此属性 A 的不同值数量可以使用选择运算中不同值的估

计方法。

如果属性 A 是半连接属性或者与半连接属性相关，则结果关系中属性不同值的数量正比于选择度 ρ，有

$$\mathrm{Val}(T, A) = \rho \mathrm{Val}(R, A)$$

7. 多属性的自然连接

在自然连接中，连接属性可能包括多个属性，下面给出多属性的自然连接的特征参数的估计方法。假设关系 $R(A, B, C)$ 和关系 $S(B, C, D)$ 进行自然连接。

（1）基数

估计多属性自然连接结果的基数的方法与估计自然连接的方法相似，这里首先对连接属性做出与自然连接中相同的假设。下面考虑关系中一个元组与另一个关系中元组连接的概率。

在属性 B 上，假设 $\mathrm{Val}(R, B) \geqslant \mathrm{Val}(S, B)$，则 S 中的属性 B 值必然出现在 R 中的元组中，再根据属性值均匀分布的假设，有 S 的一个元组与 R 中元组连接的概率为 $1/\mathrm{Val}(R, B)$。反之，如果 $\mathrm{Val}(R, B) < \mathrm{Val}(S, B)$，则 R 中的属性 B 值必然出现在 S 中的元组中，因此有 R 的一个元组与 S 中元组连接的概率为 $1/\mathrm{Val}(S, B)$。综合以上两种情况，在属性 B 上的连接概率为 $1/\mathrm{Max}(\mathrm{Val}(R, B), \mathrm{Val}(S, B))$。

同样，可以计算在属性 C 上的连接概率为 $1/\mathrm{Max}(\mathrm{Val}(R, C), \mathrm{Val}(S, C))$。这里假设属性 B 和 C 的值是独立的，则两个关系同时在属性 B 和 C 上具有相同值的概率是这两个概率值的乘积。因此关系 R 与关系 S 的多属性连接结果的基数为：

$$\mathrm{Card}(T) = \mathrm{Card}(R)\mathrm{Card}(S) / \mathrm{Max}(\mathrm{Val}(R, B), \mathrm{Val}(S, B))\mathrm{Max}(\mathrm{Val}(R, C), \mathrm{Val}(S, C))$$

将这一公式推广至任意数目的属性自然连接时，可以描述为结果关系的基数是两个关系的基数乘积除以每个公共属性 X 中 $\mathrm{Val}(R, X)$ 与 $\mathrm{Val}(S, X)$ 中的较大者。

（2）元组的长度

多属性自然连接的结果元组长度为两个关系元组长度之和再减去连接属性长度之和：

$$\mathrm{Length}(T) = \mathrm{Length}(R) + \mathrm{Length}(S) - \sum \mathrm{Length}(A_i)$$

8. 多关系的连接

多关系连接可以看成是二元自然连接向一般形式的扩展：

$$T = R_1 \infty R_2 \infty \cdots \infty R_n$$

（1）基数

多个关系连接结果的基数估计方法可以基于自然连接结果关系基数的计算方法，这里我们只考虑最为普遍的情况。假设属性 A 是连接属性之一，出现在 k 个关系中，每个关系上属性 A 的不同值数量用 $\mathrm{Val}(R_i, A)$ 表示并按从小到大顺序排序，表示为 $\mathrm{Val}_1 < \mathrm{Val}_2 < \cdots < \mathrm{Val}_k$。下面从 $\mathrm{Val}(R_i, A)$ 值最小的关系开始考虑其中每一个元组与其他关系元组具有相同 A 取值的概率。在关系 R_i 上具有相同 A 值的元组概率是 $1/\mathrm{Val}_i$，因此在 k 个关系中具有相同属性 A 取值的概率是 $1/\mathrm{Val}_2\mathrm{Val}_3\cdots\mathrm{Val}_k$。

因此，对于任何连接的结果关系基数的估计，首先计算各关系基数的积 $\mathrm{Card}(R_1)$ $\mathrm{Card}(R_2)\cdots\mathrm{Card}(R_n)$，对于在连接属性中至少出现两次的属性 X，除以除 $\mathrm{Val}(R_i, X)$ 中最小值外所有值的乘积。

（2）元组的长度

多个关系连接结果的元组长度为连接关系长度之和减去连接属性之和，或者所有连接属性长度之和加上所有非连接属性长度之和：

$$\mathrm{Length}(T) = \sum \mathrm{Length}(A_i) + \sum \mathrm{Length}(B_j) = \sum \mathrm{Length}(R_i) - \sum \mathrm{Length}(A_j)(n_j - 1)$$

其中 A_i 为连接属性，B_j 表示非连接属性，n_j 为 A_j 属性上连接关系的个数。

下面我们通过一个例子来看一下与连接运算相关的特征参数估计。

例 5.5 假设有三个关系 R、S 和 U，其包含的属性和特征参数信息如下：

$R(A,\ B,\ C)$	$S(C,\ D,\ E)$	$U(B,\ C)$
Card(R) = 1000	Card(S) = 2000	Card(U) = 4000
Val(R, A) = 100	Val(S, C) = 20	Val(U, B) = 200
Val(R, B) = 50	Val(S, D) = 50	Val(U, C) = 50
Val(R, C) = 100	Val(S, E) = 200	
Length(A) = 10	Length(D) = 20	
Length(B) = 5	Length(E) = 15	
Length(C) = 8		

令关系中各属性互相独立且属性值均匀分布，则估计以下情况的结果关系基数大小：

1）$R \bowtie S$。对于自然连接 $R \bowtie S$，连接属性为属性 C，因此我们比较两个关系中属性 C 不同值数量的大小，有 Val(R, C) > Val(S, C)，因此结果关系的基数为：

Card(T) = Card(R)Card(S)/Max(Val(R, C)，Val(S, C)) = 1000 × 2000/100 = 20 000

2）$R \bowtie_{A=D\ \text{AND}\ B=E} S$。这是一个多属性的等值连接，我们可以使用多属性的自然连接的结果关系基数估计方法，把属性 A 和 D 看作相同属性，把属性 B 和 E 看作相同属性。根据多属性自然连接结果关系基数的计算方法，这个等值连接运算的结果技术估计为：

Card(T) = Card(R)Card(S)/ Max(Val(R, A)，Val(S, D))Max(Val(R, B)，Val(S, E))
　　　 = 1000 × 2000/(100 × 200) = 100

3）$R \ltimes S$。在半连接运算的结果基数估计中，首先计算半连接的选择度，根据属性集合包含的假设有 ρ = Val(S, C)/Val(Dom(C)) = 20/100 = 0.2，再根据选择度计算半连接结果的基数，有：

Card(T) = ρCard(R) = 0.2 × 1000 = 200

这里，如果属性 C 是关系 R 的外键，且是关系 S 的主键，则有选择度 ρ = 1，对应的结果关系基数等于关系 R 的基数，即 Card(T) = Card(R) = 1000。

4）$R \bowtie S \bowtie U$。对于这个多关系的自然连接运算，我们先计算关系大小的积，为 Card(R) Card(S)Card(U) = 1000 × 2000 × 4000，再查找出现两次以上的属性，其中属性 B 出现两次，属性 C 出现三次。比较各关系中属性不同取值的大小，对属性 B 的连接概率为 1/ Val(U, B) = 1/200，对属性 C 的连接概率为 1/（Val(R, C)Val(U, C)) = 1/(100 × 50)。因此连接的结果关系基数估计值是：

Card(T) = 1000 × 2000 × 4000/(200 × 100 × 50) = 8000

Length(T) = Length(R) + Length(S) + Length(U) − 2Length(C) − Length(U)
　　　 = 23 + 43 + 13 − 2 × 8 − 5 = 58

5.3　基于半连接的优化方法

在分布式查询的二元操作符中，连接操作是一种执行代价较高且代价不容易确定的操作，执行策略的不同对代价的影响很大。目前，对分布式查询中连接操作的优化方法主要有两种趋势，一种为采用半连接方法，减少连接操作中的通信量，以降低数据传输费用，适用于以减少通信代价为主要目标的优化方法；另一种为采用直接连接技术，主要考虑局部处理代价，适用于以减少局部处理代价为主要目标。一个系统需要根据其目标综合地考虑其优化算法。本节将介绍采用半连接优化方法的查询优化技术。

5.3.1 半连接操作及相关规则

半连接(semi-join)操作是在连接和投影操作基础上定义的一种导出关系代数操作，是对全连接操作的一种缩减。关系 R 与关系 S 间的半连接操作可以描述为 $R \propto S$ 或 $S \propto R$。半连接操作是在两个关系的连接操作结果上执行在其中一个关系属性上的投影。因此，假设有关系 R 与关系 S 在属性 A 上的半连接操作，其半连接操作可以进行如下转换：

$$R \propto S = \prod_R (R \infty S) = R \infty \prod_A (S)$$
$$S \propto R = \prod_S (S \infty R) = S \infty \prod_A (R)$$

半连接后结果关系的元组长度有：

$$\text{Length}(R \propto S) = \text{Length}(R)$$
$$\text{Length}(S \propto R) = \text{Length}(S)$$

半连接后结果关系的基数有：

$$\text{Card}(R \propto S) < \text{Card}(R)$$
$$\text{Card}(S \propto R) < \text{Card}(S)$$

由此可见，半连接操作具有不对称性，即不满足交换律 $R \propto S \neq S \propto R$。

两个关系间的连接操作可以转换为包含半连接操作的表达式，有：

$$R \infty S = (R \propto S) \infty S = (R \infty \prod_A (S)) \infty S$$
$$S \infty R = (S \propto R) \infty S = (S \infty \prod_A (R)) \infty R$$

其中选择哪一个关系作为半连接的左变元对连接操作的结果是没有影响的，即都会得出相同的连接结果。

5.3.2 半连接运算的作用

半连接是一种能够减少其左变元关系的基数的关系操作，在以减少通信代价为优化目标的分布式查询中具有重要意义。下面我们用一个例子来说明如何使用半连接操作减少分布式查询中的通信代价。

例5.6 假设有雇员关系 *EMP* 和部门关系 *DEPT*，已知两个关系具有如下特征参数：

- *EMP*：

$$\text{Card}(EMP) = 10\ 000$$

属 性	ENO	ENAME	…
长度(B)	4	35	…

- *DEPT*：

$$\text{Card}(DEPT) = 100$$

属 性	DNO	DNAME	MgrNO(部门经理)	…
长度(B)	4	35	4	…

其中，关系 *EMP* 保存在场地 *S*1，关系 *DEPT* 保存在场地 *S*2，如图 5-4 所示。

图 5-4 场地上的数据分布

现有查询要求：在场地 S2 上查询部门名称和部门经理姓名，选择最优的执行策略，这里只考虑数据传输代价。查询的 SQL 语句如下：

```
SELECT DNAME,ENAME
FROM DEPT,EMP
WHERE DEPT.MgrNO = EMP.ENO
```

对应的关系代数表达式为：

$$Q = \prod_{\text{DNAME,ENAME}} (DEPT \infty EMP)$$

下面我们对三种执行策略的传输代价进行对比。

策略 1：使用直接连接，执行场地选择 S2。

涉及的数据传输操作为将 S1 上关系 EMP 的 ENO 和 ENAME 属性传送到 S2 场地，有：

$$COST = (\text{Length}(\text{ENO}) + \text{Length}(\text{ENAME}))\text{Card}(EMP)$$
$$= 39 \times 10\,000 = 390\text{KB}$$

策略 2：使用直接连接，执行场地选择 S1。

首先传输 DEPT 的 DNAME 和 MgrNO 属性到场地 S1，执行连接操作后，再将结果关系传送回场地 S2，则这两步的传输代价为：

$$COST1 = (\text{Length}(\text{DNAME}) + \text{Length}(\text{MgrNO}))\text{Card}(DEPT)$$
$$= 39 \times 100 = 3.9\text{KB}$$
$$COST2 = (\text{Length}(\text{DNAME}) + \text{Length}(\text{ENAME}))\text{Card}(EMP \infty DEPT)$$
$$= 70 \times 100 = 7\text{KB}$$

总代价为：COST = COST1 + COST2 = 10.9KB。

策略 3：使用半连接方法。

根据半连接的原理，关系代数表达式中的连接运算可以转换为：

$$DEPT \infty EMP = (EMP \propto DEPT) \infty DEPT = (EMP \propto \prod_{\text{MgrNO}}(DEPT)) \infty DEPT$$

因此，半连接的执行步骤为：

1）将 DEPT 的 MgrNO 属性传输到场地 S1，即将 $D1 = \prod_{\text{MgrNO}}(DEPT)$ 传送到场地 S1，有：

$$COST1 = \text{Length}(\text{MgrNO})\text{Card}(DEPT) = 4 \times 100 = 0.4\text{KB}$$

2）在场地 S1 执行 EMP 与 D1 的连接操作，即 $E1 = EMP \infty \prod_{\text{MgrNO}}(DEPT)$，根据连接大小的估计元组有：$\text{Card}(E_1) = 100$。

3）将 E1 的属性 ENO 和 ENAME 传到场地 S2，即将 $E2 = \prod_{\text{ENO,ENAME}}(E1)$ 传到 S2，则传输代价为：

$$COST2 = (\text{Length}(\text{ENO}) + \text{Length}(\text{ENAME}))\text{Card}(E1) = 39 \times 100 = 3.9\text{KB}$$

4）在场地 S2 上执行连接操作 $R = \prod_{\text{DNAME,ENAME}}(DEPT \infty E2)$。因此，总的传输代价为：

$$COST = COST1 + COST2 = 0.4 + 3.9 = 4.3\text{ KB}$$

从以上三种策略的传输代价可以看出：采用半连接技术的策略所用的传输代价最低，因此基于半连接算法的执行策略能够减少数据的传输代价。但在执行半连接操作的同时，也可能增加传输数据的通信次数，并增加局部查询处理的代价（执行了两次场地上的本地连接操作）。因此，在估计一个查询的不同执行策略时，需要综合考虑总体执行代价。

5.3.3　使用半连接算法的通信代价估计

采用半连接算法实现连接操作的执行方法主要应用于两个关系分别保存在不同场地的情况。对于一个连接操作，半连接算法的执行策略是否优于直接连接算法的执行策略要根据具体的代价估计判断。由于半连接方法主要用于以通信代价为优化目标的低带宽环境中，因此这里仅考虑通信代价。由 5.2.1 节内容可知，分布式查询的通信代价计算模型为：

$$C_{\text{com}}(X) = C_{\text{init}} + X \times C_{\text{tran}}$$

这里假设关系 R 和关系 S 分别保存在场地 S1 和场地 S2，下面我们对不同的执行策略的通信代价进行估计：

1）若在场地 S2 上执行，则传输关系 R 至场地 S2 执行 $R \infty S$ 的通信代价：

$$C_{\text{join}} = C_{\text{init}} + C_{\text{tran}}(\text{Length}(R)\text{Card}(R)) = C_{\text{init}} + C_{\text{tran}}\text{Size}(R)$$

2）若在场地 S1 上执行，则传输关系 S 至场地 S1 执行 $R \infty S$ 的通信代价：

$$C_{\text{join}} = C_{\text{init}} + C_{\text{tran}}(\text{Length}(S)\text{Card}(S)) = C_{\text{init}} + C_{\text{tran}}\text{Size}(S)$$

3）采用半连接算法，如果利用转换

$$R \infty S = (R \infty S) \infty S = (R \infty \prod_A(S)) \infty S$$

执行 $R \infty S$，假设 A 为连接属性，S' 表示 S 在属性 A 上的投影，R' 表示半连接 $R \propto S$ 的结果关系，则传输 S 在属性 A 上的投影关系的通信代价为：

$$C_{S'} = C_{\text{init}} + C_{\text{tran}}(\text{Length}(A)\text{Card}(S'))$$

S' 到达场地 S1 后与 R 执行连接操作，执行结果关系 R' 要传输回场地 S2，对应的通信代价为：

$$C_{R'} = C_{\text{init}} + C_{\text{tran}}(\text{Length}(R)\text{Card}(R'))$$

因此，半连接算法的总通信代价为：

$$C_{\text{semi}} = C_{S'} + C_{R'} = 2C_{\text{init}} + C_{\text{tran}}(\text{Length}(A)\text{Card}(S') + \text{Length}(R)\text{Card}(R'))$$

同理，R' 表示 R 在属性 A 上的投影，S' 表示半连接 $S \propto R$ 的结果关系，对于基于关系表达式转换 $S \infty R = (S \propto R) \infty S = (S \infty \prod_A(R)) \infty R$ 的执行策略有总通信代价为：

$$C_{\text{semi}} = C_{R'} + C_{S'} = 2C_{\text{init}} + C_{\text{tran}}(\text{Length}(A)\text{Card}(R') + \text{Length}(S)\text{Card}(S'))$$

5.3.4　半连接算法优化原理

在分布式查询策略中，使用半连接算法优化能够减少查询执行代价中的通信代价。在具体的执行过程中，对于给定的两个关系间的连接操作，使用半连接算法进行优化的连接算法可以概括为以下执行步骤：

输入信息：已知两个关系 R 和 S 分别位于场地 1 和场地 2，假设 S 的元组数小于 R。

输出信息：$R \infty S$，其中 $R.A = S.B$，执行结果返回给 S 所在场地。

具体算法如下：

1）在场地 2 上计算 $S' = \prod_B(S)$。

2）传送 S' 到 R 所在的场地 1。

3）在场地 1 上计算 $R' = R \infty S' = R \propto S$。

4）将 R' 传到 S 所在的场地 2。

5）在 S 所在的场地 2 上计算 $R' \infty S = (R \propto S) \infty S = R \infty S$。

如图 5-5 所示。

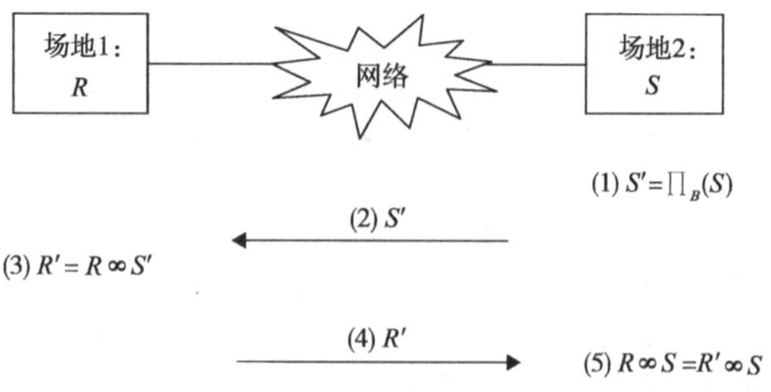

可以看出，半连接算法的优化原理主要在于减少场地之间传输数据的通信代价。因此，当存在 $C_{\text{semi}} \leqslant C_{\text{join}}$ 时，可以选择半连接算法的执行策略，此时有：

图 5-5　半连接算法的优化执行过程

$$2C_{\text{init}} + C_{\text{tran}}(\text{Length}(A)\text{Card}(S') + \text{Length}(R)\text{Card}(R')) \leqslant C_{\text{init}} + C_{\text{tran}}\text{Size}(R)$$

化简后为：

$$C_{\text{init}}/C_{\text{tran}} + \text{Size}(S') + \text{Size}(R') \leqslant \text{Size}(R)$$

由此可见，采用半连接算法的执行策略能够降低查询的通信代价的前提条件为：

1) C_{init} 与 C_{tran} 的值相差不大或 C_{init} 小于 C_{tran}，此时不会因增加的一次网络启动代价而造成整体执行代价的增加。

2) $Size(S') + Size(R')$ 明显小于 $Size(R)$，即半连接算法中产生的中间结果关系小于单独一个连接关系的大小，此时能够减少查询执行所需的数据传输量，从而降低通信代价。

5.4　基于枚举法的优化技术

前面我们介绍了使用半连接优化算法对连接操作进行优化，半连接优化方法能够减少查询执行的通信代价，但同时会导致通信次数的增加和局部执行代价的增加。当系统环境为高速局域网时，查询执行代价主要考虑的是局部处理代价，半连接优化方法则不再适用。在这种情况下，分布式数据库系统通常使用基于直接连接技术的枚举法优化技术。所谓枚举法优化，就是枚举连接操作所有可行的直接连接算法，通过对每种方法的查询执行代价估计，从中选择一种执行代价最小的算法作为连接操作的执行算法。

直接连接算法广泛应用于集中式数据库系统中，常见的直接连接算法主要有嵌套循环连接算法(nest-loop)、归并排序连接算法(merge-scan)、散列连接算法(hash)和基于索引的连接算法。这里，主要考虑执行连接操作所需的磁盘 I/O 代价对每种直接连接算法进行代价估计。而对磁盘 I/O 代价的估计主要依赖于数据库的特征参数。下面我们将逐一介绍四种直接连接操作算法的执行原理和代价估计方法。

5.4.1　嵌套循环连接算法

嵌套循环连接算法(nest-loop join algorithm)是一种最简单的连接算法，其原理是对连接操作的两个关系对象中的一个仅读取其元组一次，而对另一个关系对象中的元组将重复读取。嵌套循环连接算法的特点是可以用于任何大小的关系间的连接操作，不必受连接操作所分配的内存空间大小的限制。对于嵌套循环连接算法，可根据每次操作的对象大小分为基于元组的嵌套循环连接和基于块(block)的嵌套循环连接。

假设有关系 $R(A, B)$ 和关系 $S(B, C)$，分别有 $Card(R) = n$ 和 $Card(S) = m$，现在要执行两个关系在属性 B 上的连接操作，如图 5-6 所示。

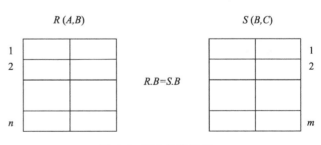

图 5-6　两个连接关系

1. 基于元组的嵌套循环连接

基于元组的嵌套循环连接是最简单的形式，其中循环以关系中的元组为单位进行操作，具体的执行算法如下：

```
Result = ∅ /* 初始化结果集合 */
    For each tuple s in S
      For each tuple r in R
        If r.B = s.B Then /* 元组 r 和元组 s 满足连接条件 */
          Join r and s as tuple t;
          Output t into Result; /* 输出连接结果元组 */
        End If
      End For
    End For
    Return Result
```

其中，对于循环外层的关系通常称为外关系，而对循环内层的关系称为内关系。在执行嵌套循环连接时，仅对外关系进行 1 次读取操作，而对内关系则需要进行反复读取操作。如果不进行优化的话，这种基于元组的执行代价很大，以磁盘 I/O 代价计算最多可能多达 Card（R）Card（S）。因此，通常对这种算法进行修改，以减少嵌套循环连接的磁盘 I/O 代价。一种方法是使用连接属性上的索引，以减小参与连接元组的数量；另一种方法是通过尽可能多地使用内存以减少磁盘I/O的数目。

2. 基于块的嵌套循环连接

基于块的嵌套循环连接方法是通过尽可能多地使用内存，减少读取元组所需的 I/O 次数。其中，对连接操作的两个关系的访问均按块（也称为页面）进行组织，同时使用尽可能多的内存来存储嵌套循环中外关系的块。

与基于元组的方法相似，我们将连接操作中的一个对象作为外关系，每次读取部分元组到内存中，整个关系只读取一次，而另一个对象作为内关系，反复读取到内存中执行连接。对于每个逻辑操作符，数据库系统都会分配一个有限的内存缓冲区。假设为连接操作分配的内存缓冲区大小为 M 个块，同时有 Block（R）≥Block（S）≥M，即连接的两个关系都不能完全读取到内存中。为此，首先选取较小的关系作为外关系，这里选择关系 S。将 1 到 $M-1$ 块分配给关系 S，而第 M 块分配给关系 R。将外关系 S 按照 $M-1$ 个块的大小分为多个子表，并重复地将这些子表读取到内存缓冲区中，用于重复地依次读取关系 R 的每一个块。对于内存缓冲区中元组的连接操作，先在$M-1$个块的外关系 S 元组的连接属性上构建查找结构，再从内关系 R 在内存中的块中取元组，通过查找结构与 S 中的元组连接。图5-7 展示了基于块的嵌套循环连接方法原理，具体算法如下：

```
Result = ∅ /* 初始化结果集合 * /
    Buffer = M /* 内存缓冲区 * /
    For each M-1 in Block(S)/* 每次从外关系 S 中读取 M-1 个块到内存缓冲区中 * /
      Read M-1 of Block(S)into Buffer;
      For each block in Block(R)/* 每次从内关系 R 中读取 1 个块到内存缓冲区 * /
        Join M-1 of Block(S)and 1 of Block(R)in Buffer;/* 在内存中对块中元组执行连接 * /
        Output t into Result;
      End For
    End For
    Return Result
```

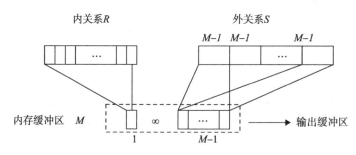

图 5-7　基于块的嵌套循环连接方法原理

3. 嵌套循环连接方法的代价估计

对于两个关系 R 和 S，如果使用基于元组的嵌套循环连接方法，则需要对每个元组的读取产生 1 次磁盘 I/O。因此，假设两个关系的元组数量分别为 Card（R）和 Card（S），则基于元组的嵌套循环连接方法的执行代价为 Card（R）Card（S），即两个关系大小的乘积。

假设两个连接关系 R 和 S 占用的块分别为 Block（R）和 Block（S），M 为内存缓冲区大小。

在嵌套循环过程中使用 S 作为外关系，每一次迭代时首先读取 $M-1$ 块 S 的内容到内存缓冲区，再每次读取 R 的 $\text{Block}(R)$ 中的 1 个块的内容到内存中与 $M-1$ 块的 S 内容执行连接。因此，连接的代价可以用以下公式计算：

$$C_{\text{join}} = \frac{\text{Block}(S)}{M-1}(M-1+\text{Block}(R))$$

这个公式可以进一步化简为：

$$C_{\text{join}} = \text{Block}(S) + \frac{\text{Block}(S)}{M-1}\text{Block}(R)$$

从以上公式可以看出，在选择较小的关系作为连接的外关系时可以获得较小的执行代价，因此通常选择较小的关系作为外关系。如果连接关系 $\text{Block}(R)\text{Block}(S)$ 的值很大，且远远大于内存缓冲区大小 M 时，可以认为连接的代价近似等于 $\text{Block}(R)\text{Block}(S)$。虽然嵌套循环连接的执行代价看上去较高，但是这种算法能够适用于任意大小的关系之间的连接执行，因此嵌套循环连接算法依然广泛应用于现有的数据库系统中。

例 5.7 假设连接的两个关系 R 和 S，$\text{Block}(R) = 2000$，$\text{Block}(S) = 500$，内存缓冲区 $M = 51$。这里，我们使用较小的关系 S 作为外关系执行嵌套循环连接，每次迭代时先读取 $M-1 = 50$ 个块的 S 内容到内存中，再循环读取关系 R 的 2000 个块。因此，根据前面的公式，得到连接的执行代价为 $500/(51-1) \times 2000 + 500 = 20\ 500$ 次磁盘 I/O。

5.4.2 基于排序的连接算法

基于排序的连接算法（sort-based join algorithm）是直接连接算法中的另外一种常用方法。首先将两个关系按照连接属性进行排序，然后按照连接属性的顺序扫描两个关系，同时对两个关系中的元组执行连接操作。由于数据库中关系的大小往往大于连接操作可用内存缓冲区的大小，因此对关系的排序通常采用外存排序算法，即归并排序算法。还有将基于排序的连接算法的执行过程与归并排序算法结合的算法，可以节省更多的磁盘 I/O，通常称为归并排序连接算法。

1. 归并排序算法

简单的归并排序算法的执行可以划分为两个阶段：

第一阶段是对关系进行分段排序，即首先将需要排序的关系 R 划分为大小为 M 个块的子表，其中 M 是可用于排序的内存空间的个数，以块为单位，再将每个子表放入内存中采用快速排序等主存排序算法执行排序操作，这样可以获得一组内部已排序的子表。

第二阶段是对关系的子表执行归并操作，即按照顺序从每个排序的子表中读取一个块的内容放入内存中，在内存中统一对这些块中的记录执行归并操作，每次选择最小（最大）的记录放入输出缓冲区中，同时删除子表中相应的记录。当子表在内存中的块被取空时，从子表中顺序读取一个新的块放入内存中继续执行归并操作。

归并排序的过程如图 5-8 所示，其中同时对多个子表执行归并操作，因此也成为两阶段多路归并排序。这里要说明的是，第二阶段的归并操作执行的条件是关系的子表数量小于排序操作可用内存的块数 M，这样才能保证同时对所有子表进行归并操作。因此，两阶段归并执行的条件是关系的大小 $\text{Block}(R) \leqslant M^2$。如果关系的大小大于 M^2，则需要嵌套执行归并排序算法，使用三阶段或更多次的归并操作。

2. 简单的基于排序的连接算法

基于排序的连接算法主要是对已经按照连接属性排序的两个关系，按照顺序读取关系中的块到内存中执行连接操作。简单的基于排序的连接算法执行过程如图 5-9 所示，其中先使用内存对关系 R 和 S 进行排序，再基于归并方法按顺序依次连接关系中的元组。

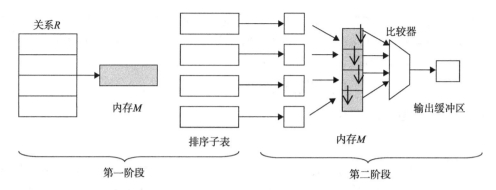

图 5-8　简单的归并排序算法的执行

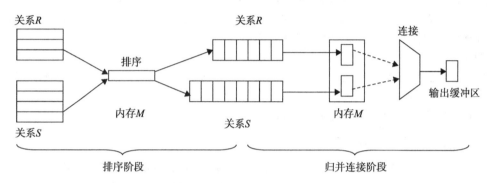

图 5-9　简单的排序连接算法

在这种算法中，假设在排序阶段使用的是两阶段多路归并排序，关系的大小满足条件 $\text{Block}(R) \leqslant M^2$ 和 $\text{Block}(S) \leqslant M^2$。这样在算法排序阶段的执行代价包括对关系的子表执行排序所需的一次读（读子表数据）和一次写（子表排序结果写入磁盘）的代价为 $2(\text{Block}(R) + \text{Block}(S))$，以及多路归并时的读写代价 $2(\text{Block}(R) + \text{Block}(S))$。而在归并连接阶段还需要对关系执行一次读操作，因此简单的基于排序的连接算法的执行代价为：

$$C_{\text{join}} = 5(\text{Block}(R) + \text{Block}(S))$$

3. 归并排序连接算法

在上面这种简单的基于排序的连接算法中，归并连接阶段中仅使用了内存缓冲区的两个块的空间，还有大量的空闲内存没有使用。因此，一种更加有效的归并排序连接算法被提出，其思想是将排序的第二阶段与归并连接阶段合并，即直接使用两个关系的排序子表执行归并连接操作，这样可以节省一次对关系的读写操作。

假设可用内存缓冲区为 M 个块，算法首先对两个关系按照 M 划分子表并排序，再从每个子表中顺序读取一块调入内存缓冲区执行连接操作。这里要求两个关系的子表总数不超过 M 个，其执行过程如图 5-10 所示。

归并排序连接算法在排序阶段的代价包括对子表的一个读写操作 $2(\text{Block}(R) + \text{Block}(S))$，而在归并连接阶段仅需要一次代价为 $\text{Block}(R) + \text{Block}(S)$ 的读操作，因此总执行代价为：

$$C_{\text{join}} = 3(\text{Block}(R) + \text{Block}(S))$$

这里需要注意的是归并排序连接算法要求两个关系的子表数量必须小于内存缓冲区的块数 M，这样才能保证归并阶段有足够的内存存放每个子表的一部分以执行连接。因此执行归并排序连接算法需要关系的大小满足 $\text{Block}(R) + \text{Block}(S) \leqslant M^2$ 这样一个条件。

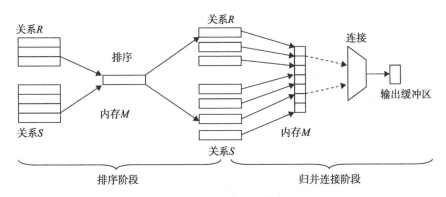

图 5-10　归并排序连接算法

5.4.3　散列连接算法

散列连接算法的基本执行过程同样分为两个阶段。首先使用同一个散列函数，对进行连接的两个关系 R 和 S 中的元组的连接属性值进行散列，在连接属性上具有相同键值的元组会出现在相同散列数值的桶中，然后对两个关系中散列数值对应的桶中的元组执行连接。

假设可用的内存缓冲区为 M 块，散列时使用 $M-1$ 个块作为桶的缓冲区（最多允许散列到 $M-1$ 个桶），剩余的 1 个块作为扫描关系的输入缓冲区。在算法的第一阶段中使用内存将关系 R 和 S 散列到 $M-1$ 个桶中，分别得到 $R_1, \cdots, R_{m-1}$ 和 $S_1, \cdots, S_{m-1}$，需要对两个关系执行一次读写操作，代价为 $2(\text{Block}(R) + \text{Block}(S))$。在第二阶段中，每次选取两个关系中具有相同散列值的桶 R_i 和 S_i 放到内存中执行连接操作。假设 S 为较小的关系，由于在对桶连接时必须有一个桶能够全部装入 $M-1$ 个内存缓冲区块中，才能够在执行桶连接时保证仅执行一次读取操作，因此关系 S 的大小需要满足 $\text{Block}(S) \leqslant M(M-1)$。若连接的两个关系能够满足一次连接操作的条件，则散列连接算法的执行代价为：

$$C_{\text{join}} = 3(\text{Block}(R) + \text{Block}(S))$$

例 5.8　以例 5.7 中的关系 R 和 S 为连接对象，$\text{Block}(R) = 2000$，$\text{Block}(S) = 500$，内存缓冲区 $M = 51$。在算法的第一阶段将关系散列到 50 个桶中，关系 R 的每个桶平均大小为 40 块，关系 S 的每个桶平均大小为 10 块。这样，由于较小的关系桶的大小小于可用内存大小，因此在桶连接操作时可以使用一次读取操作。散列到桶中的执行代价为读写关系 R 和 S 的 5000 次磁盘 I/O，以及执行一次连接所需的 2500 次磁盘 I/O。因此，使用散列连接算法总共需要 7500 次磁盘 I/O。

5.4.4　连接关系的传输方法

在采用枚举法优化技术时，当连接的两个关系在不同场地时，需要将它们传输到同一场地执行连接操作。关于传输的方法将涉及传输方式与执行场地选择两个问题。传输方式主要有全体传输和按需传输两种方式。

（1）全体传输

全体传输中的传输代价主要取决于传输关系的字节数，相应的传输代价可以用如下公式描述：

$$C_{\text{tran}} = \lceil (\text{Card}(R)\text{Length}(R))/m \rceil C_{\text{mes}}$$

其中 m 为传输报文的字节数，C_{mes} 为传输报文的单位代价。

（2）按需传输

按需传输是指根据请求命令，按需求读取需要的信息，其传输的内容是关系中的一部分，可能是 1 个或多个元组。按需传输的代价可以用如下公式描述：

$$C_{tran} = lC_{mes} + \left[(Card(R')Length(R'))/m \right] C_{mes}$$

其中 l 为请求报文，R' 为需要传输的关系。

关于执行场地选择，主要包括三种情况。假设关系 R 和 S 分别在场地 $S1$ 和 $S2$，则连接的不同执行场地需要传输不同的关系：

1）执行场地为 $S1$，需要传输关系 S。

2）执行场地为 $S2$，需要传输关系 R。

3）执行场地为其他，需要同时传输关系 R 和 S。

5.5　集中式系统中的查询优化算法

上一节介绍了基于直接连接技术的枚举法优化技术，本节将围绕直接连接技术介绍在集中式系统中所使用的查询优化技术。这是因为：一方面，分布式查询优化技术是在集中式查询优化技术基础上的扩展，其中增加了对通信代价的估计；另一方面，在分布式查询中，局部执行时要使用集中式的执行方法，因此集中式优化技术依然适用于分布式查询。本节主要以 INGRES 系统和 System R 系统为例来分别说明集中式优化技术的动态优化算法和静态优化算法。

5.5.1　INGRES

INGRES 源自美国加州大学伯克利分校的一个研究项目，是一个较早的关系数据库系统。在其基础上产生了很多后继项目及商业化的数据库系统，其中 PostgreSQL、Sybase、Informix 和 Microsoft SQL Server 都是受其影响的数据库系统。

INGRES 系统使用的是一种动态查询优化算法。这种算法的思想是将对查询优化的过程划分为两个阶段。

第一阶段是基于演算代数的查询分解（decomposition）。其中将一个查询分解为一个查询序列，序列中每个查询包含一个独立的关系及在这个关系元组变量上的查询谓词。

第二阶段是查询优化（optimization）。这里的查询优化是针对序列中每个独立查询进行的，使用单变量查询处理器（One-Variable Query Processor，OVQP），为独立查询中的关系上的逻辑操作选择合适的物理操作。例如，在关系的属性 A 上有查询谓词为 $A\theta c$，其中，θ 是比较操作符，c 是常数。如果 θ 是"="、"<"或">"，且在属性 A 上存在一个 $B+$ 树索引，则选择索引扫描；如果 θ 是"≠"，或者 θ 是"<"但属性 A 上索引是散列索引，此时索引扫描将不会对查询性能有所帮助，因此将选择全关系上的顺序扫描。

在 INGRES 系统中使用的查询语言是 QUEL 语言。QUEL 是一种元组演算语言，语句通常使用元组变量进行定义，其形式与 SQL 相似。

例 5.9　假设有如下更新操作"如果 Jones 是在 1 楼工作，则将他的工资提高 10%"，相应的 QUEL 语句如下：

```
RANGE OF E IS EMPLOYEE
RANGE OF D IS DEPT
REPLACE E.SALARY = 1.1* E.SALARY
WHERE E.NAME = "Jones" AND E.DEPT = D.DEPT AND D.FLOOR = 1
```

其中 E 代表了在 EMPLOYEE 上所有符合谓词条件的元组。由于 QUEL 可以等价地转换为 SQL 语句，为了便于读者理解，在后面的例子中将使用 SQL 代替 QUEL 来说明。

在 INGRES 的优化算法中，一个包含 n 个变量的查询 q 可以分解为一个连续的查询序列

$q_1 \rightarrow q_2 \rightarrow \cdots \rightarrow q_n$，其中 $q_i \rightarrow q_{i+1}$ 表示 q_i 先执行并且其结果将被后续查询 q_{i+1} 所使用。查询分解中使用了拆分（detachment）和元组替换（tuple substitution）。

拆分主要指对一个给定的查询 q，将其分解为 $q' \rightarrow q''$，其中 q' 和 q'' 之间仅包含一个公共变量。假设有如下查询 q：

```
SELECT V2. A2,V3. A3,…,Vn. An
FROM R1 V1,…,Rn Vn
WHERE P1(V1. A1')AND P2(V1. A1,V2. A2,…,Vn. An)
```

其中 Ai 和 $A1'$ 是关系上的属性，$P1$ 表示在关系 $R1$ 属性上的谓词，而 $P2$ 表示在关系 $R1$，…，Rn 上的谓词操作。根据拆分操作的方法，q 将被拆分为如下两个查询 q' 和 q''：

q':
```
SELECT V1. A1 INTO R1'
    FROM R1 V1
    WHERE P1(V1. A1)
```

q'':
```
SELECT V2. A2,…,Vn. An
    FROM R1' V1,R2 V2,…,Rn Vn
    WHERE P2(V1. A1,V2. A2,…,Vn. An)
```

其中查询 q' 的执行结果将被查询 q'' 所使用，两个查询的公共变量为 $A1$。查询 q' 中仅包含一个查询变量，这样的查询称为单变量查询（one-variable query），而像查询 q'' 这种包含多个变量的查询则称为多变量查询（multi-variable query）。

这样，查询 q' 的执行结果 $R1'$ 不但能够缩减参与到查询 q'' 中的元组数量，如果 $R1'$ 被以一种特殊的结构处理，还能够减少后续查询的执行代价。例如在查询 q' 中使用了属性 $A1$ 上的索引，得到的元组按照属性 $A1$ 进行排序，这样就可以在后续的查询中使用基于排序的连接算法来降低查询代价。

下面我们用一个例子来说明拆分的执行过程。

例 5.10 假设数据库中有三个关系：

- 供应者 SUPPLIER（S#，SNAME，CITY）
- 部件 PARTS（P#，PNAME，PSize）
- 供应关系 SUPPLY（S#，P#，QUANTITY）

现有查询 Q，要查询供应 20 号螺钉（bolt）且数量在 200 以上的上海供应者的名称，对应的 SQL 查询语句如下：

```
SELECT S. SNAME
FROM SUPPLIER S,PARTS P,SUPPLY SP
WHERE S. CITY = '上海'
AND P. PNAME = 'Bolt'
AND P. PSIZE = 20
AND SP. S# = S. S#
AND SP. P# = P. P#
AND SP. QUANTITY≥200
```

首先对查询中关系 PARTS 的属性进行拆分，查询 Q 可以分解为 $Q1$ 和 Q'：

$Q1$:
```
SELECT P. P# INTO PARTS1
    FROM PARTS
    WHERE P. PNAME = 'Bolt'
    AND P. PSIZE = 20
```

Q':
```
SELECT S. SNAME
    FROM SUPPLIER S,PARTS1 P,SUPPLY SP
    WHERE S. CITY = '上海'
    AND SP. S# = S. S#
```

```
AND SP. P# = P. P#
AND Y. QUANTITY≥200
```

这里可以用一个二叉树来表示拆分的结果：

基于 INGRES 的拆分规则，查询 Q 最终被拆分为 5 个子查询，且有执行顺序关系 $Q1 \rightarrow Q2 \rightarrow Q3 \rightarrow Q4 \rightarrow Q5$，对应的二叉树结构如图 5-11 所示。

在这个查询序列中，查询 $Q1$、$Q2$ 和 $Q3$ 是在单关系上的独立查询，因此可以使用单变量查询处理器 OVQP 进行处理，而查询 $Q4$ 和 $Q5$ 因涉及多个关系，且不可继续约分，所以无法被 OVQP 处理，此时就需要使用 INGRES 算法中的元组替换技术。

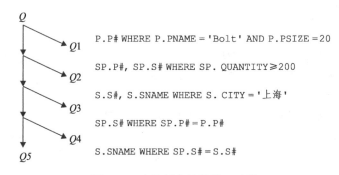

图 5-11　查询拆分结果的二叉树

元组替换技术主要针对包含多个关系且不可约分的查询所提出的，例如例 5.10 中的 $Q4$ 和 $Q5$。元组替换是将包含 n 个关系的查询 Q 替换为一系列只包含 $n-1$ 个关系的查询，其中每个查询中被消掉的关系被替换为这个关系的一个元组值上的查询。元组替换可以表示为如下形式：

$$Q(R1, R2, \cdots, Rn) \rightarrow \{Q'_i(R2, R3, \cdots, Rn), t \in R1\}$$

假设存在一个不可归约的查询 Q，其中包含 n 个关系 $R1$, $R2$, $\cdots$, Rn，在执行元组替换时选择 $R1$ 作为消掉的关系，则根据 $R1$ 中的每个元组 t，将查询 Q 中的关系 $R1$ 属性替换为元组 t 中的属性值。下面我们通过例 5.11 来说明元组替换的过程。

例 5.11　这里使用例 5.10 中的 $Q5$ 作为要执行元组替换的查询，$Q5$ 查询对应的 SQL 语句如下：

```
Q5：SELECT S. SNAME
    FROM SUPPLIER S,SUPPLY1 SP
    WHERE SP. S# = S. S#
```

这时，我们假设关系 SUPPLY1 中只包含三个元组，且三个元组所对应的属性 S# 的值如下：

```
SUPPLY1 S#
─────────
101
102
103
```

则执行元组替换时将关系 SUPPLY1 消掉，同时将查询谓词中关于 SUPPLY1 的属性 SP. S# 分别替换为三个元组中的值。这样查询 $Q5$ 在元组替换后变为 $Q51$、$Q52$ 和 $Q53$：

$Q51$：
```
SELECT S. SNAME
FROM SUPPLIER S
WHERE S. S# = 101
```

$Q52$：
```
SELECT S. SNAME
FROM SUPPLIER S
WHERE S. S# = 102
```

$Q53$：
```
SELECT S. SNAME
FROM SUPPLIER S
WHERE S. S# = 103
```

可以看出查询 $Q5 = \{Q51, Q52, Q53\}$。替换后的查询 $Q51$、$Q52$ 和 $Q53$ 中仅包含单个关系，因此可以使用单变量查询处理器来执行查询。

5.5.2　System R 方法

IBM 公司的 System R 数据库系统是 IBM 公司于 20 世纪 70 年代在 San Jose 研究中心的一个研究项目中实现的。与 INGRES 不同，System R 是第一个实现了现在普遍使用的 SQL 语言，并且使用基于动态规划算法(dynamic programming)的查询优化技术，即在一个执行计划空间中选择最优的执行计划。因此 System R 也是使用静态查询优化技术的典型系统。

System R 中的查询优化算法是目前关系数据库使用较多的算法，其输入是一个 SQL 查询被解析后的关系代数树，根据该树描述的逻辑查询计划，算法将生成各种物理执行计划，并最终从中选择出一个较优的物理执行计划。这里，主要根据一个执行计划的优劣来判断其执行代价，System R 是使用磁盘 I/O 和 CPU 执行时间来估计执行计划代价。对于一个查询，能够生成多个执行计划的主要因素之一就是查询中包含多个关系的连接操作，因为有多少个不同的连接顺序就会产生多少个执行计划。System R 的优化算法中主要使用动态规划算法来选择代价最小的执行计划。其中，对代价的估计将会用到一些在关系上的统计信息(主要是 5.2.2 节中的数据库的特征参数)，具体过程将在后面举例说明。

在 System R 的查询优化算法中，主要考虑以下两个问题：

1)用于实现逻辑操作符的物理操作。可以分为在单独关系上的选择谓词操作和关系连接的二元操作。

2)相似操作的排序，主要考虑多关系之间的连接操作。

对于物理操作符的选择问题，如果是一个一元的逻辑操作，将为其选择代价最小的执行方法。例如在关系上的选择操作，如果在查询谓词的属性上存在一个可用的索引，则使用索引扫描，否则使用全关系表扫描。而对于二元的连接操作，则主要有两种算法可以使用，即在 5.4 节中介绍的嵌套循环连接算法和归并排序算法。

嵌套循环连接算法主要使用基于块的嵌套循环连接。在不考虑关系中索引的情况下，连接的执行代价近似为 $\mathrm{Block}(R)\,\mathrm{Block}(S)$，如果连接的关系在连接属性上有索引，则还可以减少连接的执行代价，因为不必每次将内关系的全部数据读入内存，因此近似执行代价变为

$$\mathrm{Block}(R)\log(\mathrm{Block}(S))$$

排序归并连接算法中，由于要求关系中元组是按照连接属性排序的，因此其代价计算分为两个部分，一部分是对关系的排序代价；另一部分是连接代价。排序的代价可以分为三种情况：关系已排序，此时不需要任何排序代价；关系使用内存排序，代价为 $\mathrm{Block}(R)$；关系较大，需要使用归并排序，此时代价为 $3\mathrm{Block}(R)$。而归并连接过程代价则是读取两个关系的代价 $\mathrm{Block}(R) + \mathrm{Block}(S)$。这里均没有考虑内存操作的执行代价。

System R 在优化中将根据这两种连接方法的执行代价进行比较，结果选择其中较小的作为最终的物理执行算法。

对于多关系连接的顺序，由于包含 n 个关系的连接操作将有 $n!$ 个排列，因此不能对每个排列都进行代价估计。为了解决这一问题，System R 采用了动态规划方法，首先从每个关系开始构建连接，逐渐添加关系到连接序列中。再每次根据启发式规则删除掉代价较大的计划，直到所有关系均加入到连接序列中。这里有两个启发式规则可以使用，一个是两个关系连接的两种顺序中必然存在一个代价较小的；另一个是笛卡儿积操作具有较高代价。最后再根据索引等情况选择一个代价较小的连接顺序。下面通过一个例子来说明优化过程。

例 5.12 对于例 5.10 中的关系有如下查询：

```
SELECT S.SNAME
FROM SUPPLIER S,PARTS P,SUPPLY SP
WHERE P.PNAME='Bolt'
AND SP.S#=S.S#
AND SP.P#=P.P#
```

其中索引情况为：PARTS 的 PNAME 属性上具有索引，则在进行连接顺序的优化时，首先选取三个关系作为连接序列的起点，如图 5-12 所示。在增加了 1 个连接关系后可以得到 6 种不同的连接方式。根据笛卡儿积的启发式规则可以去掉 $S \times P$ 和 $P \times S$。根据关系的连接顺序代价规则，假设 $P \infty SP$ 和 $S \infty SP$ 具有较小代价（较小的关系作为嵌套循环连接外关系时执行代价较小），则删除 $SP \infty P$ 和 $SP \infty S$。当加入第三个关系后，得到连接序列 $(S \infty SP) \infty P$ 和 $(P \infty SP) \infty S$。对于这两个执行序列，再进一步考虑索引对连接的影响，可以看出，在关系 P 上执行基于 PNAME 属性索引的查询能够减小连接关系的大小，从而减少连接的代价，因此选择 $(P \infty SP) \infty S$ 作为最终的连接序列。

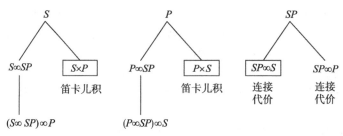

图 5-12 连接顺序的选择

5.5.3 考虑代价的动态规划方法

本节主要介绍一种采用动态规划方法来选择连接顺序的算法。算法中首先构建一个只包含单个关系的基本代价表，之后，通过不断将关系填充到代价表进行估计，并仅保留必要信息，最后，获得最终的连接顺序。该方法与 System R 方法相比，增加了中间关系的大小估计，这对于估计后续操作的执行代价具有重要意义。

采用动态规划方法处理包含 n 个关系的连接 $R1 \infty R2 \infty \cdots \infty Rn$。首先需要构建一个基于代价的以每个关系作为连接顺序入口的基础表，表中的每一列代表连接关系的子集，表中为每个初始关系及后续产生的关系集合记录三个内容：

1）关系集合连接结果大小的估计值。这里主要基于 5.2.3 节中介绍的结果大小估计公式：

$$\text{Card}(R \infty S) = \text{Card}(R)\,\text{Card}(S) / \text{Max}(\text{Val}(R, A),\ \text{Val}(S, A))$$

2）集合中关系连接的最小代价。为了简化问题，可以使用中间关系的大小作为最小代价的简单度量值。在复杂的度量方法中，还将考虑关系连接所使用的算法，以及 CPU 执行时间等。

3）最小代价的表达式，即集合中关系的分组连接顺序。

在基础表中，每个单一关系 R 构成一个集合，其内容包括 R 的大小、代价取值为 0 和连接表达式 R。其他表的构建过程是基于基础表的归纳过程。每次归纳向关系子集中增加一个关系，直到获得包含全部 n 个关系的子集，其对应的最小代价表达式就是连接。以 4 个关系的连接 $R \bowtie S \bowtie T \bowtie U$ 为例，表中的子集如图 5-13 所示。

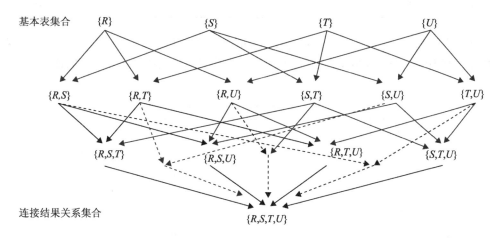

图 5-13　多关系连接的关系子集

对于包含两个关系的集合，可以认为其连接代价为 0，因为按照中间关系的大小作为最小代价，此时还没有中间关系，也可以采用其他复杂方法估计代价。而对于两个关系的连接顺序，如果是排序归并连接算法，则代价与连接顺序没有关系，如果使用嵌套循环连接，则要使用较小的关系作为外关系。当集合中的关系数量为两个以上时，则需要计算中间结果的代价，并从几个可能的情况中选择代价最小的作为连接表达式。例如三个关系的连接 $R \bowtie S \bowtie T$，在执行顺序上可以有三种情况：$(R \bowtie S) \bowtie T$，$R \bowtie (S \bowtie T)$，$(R \bowtie T) \bowtie S$。

对于 3 个关系以上的连接集合，还存在另一个问题，即连接树的结构问题。对于包含 k 个关系的集合 $RS(k > 3)$，如果只考虑左深树的连接方式（即每次增加一个关系的连接），那么在考虑代价时，对 RS 中的每个关系 R_i，计算集合 $RS - \{R_i\}$ 的连接代价，再计算与关系 R_i 进行连接的代价。例如四个关系的连接 $R \bowtie S \bowtie T \bowtie U$，只考虑其中三个先连接，再与第四个关系连接的情况。如果考虑连接的所有情况，则还需要考虑所有对集合 RS 中的关系分解为 $RS1$ 和 $RS2$ 两个子集的情况，每种分解情况中需要计算 $RS1$ 与 $RS2$ 的最小代价和大小。例如，图 5-13 中虚线所表示的连接关系分别为 $(R \bowtie S) \bowtie (T \bowtie U)$、$(R \bowtie T) \bowtie (S \bowtie U)$ 和 $(S \bowtie T) \bowtie (R \bowtie U)$。

下面我们用一个含有 4 个关系的连接例子来说明动态规划方法的执行过程。

例 5.13　假设有四个关系 R、S、T 和 U，对这四个关系执行连接，已知每个关系的元组数量和属性特征值如表 5-1 所示。

表 5-1　连接关系的特征参数

$R(a, b)$	$S(b, c)$	$T(c, d)$	$U(d, a)$
Card(R) = 2000	Card(S) = 1000	Card(T) = 1000	Card(U) = 1500
Val(R, a) = 2000	Val(S, b) = 50	Val(T, c) = 100	Val(U, d) = 50
Val(R, b) = 100	Val(S, c) = 20	Val(T, d) = 200	Val(U, a) = 100

首先构建基本表，其中每个关系构成一个关系集合，对应的代价为0，最佳表达式就是关系本身，如表5-2所示。

表5-2　基本表

	$\{R\}$	$\{S\}$	$\{T\}$	$\{U\}$
结果大小	2000	1000	1000	1500
最小代价	0	0	0	0
表达式	R	S	T	U

在基本表的基础上，生成两个关系构成集合的表。连接的结果大小采用前面的公式进行计算，由于没有中间结果，最小代价为0，而表达式则使用较小关系作为外关系的连接，结果如表5-3所示。

表5-3　两个关系的连接表

	$\{R, S\}$	$\{R, T\}$	$\{R, U\}$	$\{S, T\}$	$\{S, U\}$	$\{T, U\}$
结果大小	20 000	2 000 000	1500	10 000	1 500 000	7500
最小代价	0	0	0	0	0	0
表达式	$S\infty R$	$T\infty R$	$U\infty R$	$S\infty T$	$S\infty U$	$T\infty U$

接下来考虑三个关系集合的连接表。对于三个关系，其连接顺序必然是先由其中两个关系连接，结果再和第三个关系连接，因此，必然存在一个中间结果关系。三个关系连接的结果大小可以由前面的标准公式算出，且无论连接的顺序如何，其结果大小都是固定的。对于最小代价的估计，这里使用中间关系大小作为简单的代价估计方法，这个中间关系就是其中两个关系连接的结果。由于要选择最小代价，因此选择连接结果最小的关系对，并基于这两个关系的连接生成连接表达式。

我们以$\{R, S, T\}$为例，需要比较其中任意两个关系连接的结果大小，选择其中最小的作为最小代价和连接计划。这里从表5-3中可以看出$S\infty R$的大小为20 000，$T\infty R$的中间关系大小为2 000 000，而$S\infty T$的中间关系大小为10 000，$S\infty T$的中间关系最小，因此选择它来生成$\{R, S, T\}$集合的连接计划。

三个关系集合的连接表结果如表5-4所示。

表5-4　三个关系的连接表

	$\{R, S, T\}$	$\{R, S, U\}$	$\{R, T, U\}$	$\{S, T, U\}$
结果大小	20 000	15 000	7500	75 000
最小代价	10 000	1500	1500	7500
表达式	$(S\infty T)\infty R$	$(U\infty R)\infty S$	$(U\infty R)\infty T$	$(T\infty U)\infty S$

最后考虑全部四个关系连接的情况，无论连接的顺序如何，结果关系的大小估计值都是150 000个元组，而连接的代价可以看成是中间关系的代价之和。在本例中我们不仅考虑由三个关系的集合生成四个关系的集合情况，也考虑由两个包含两个关系的集合连接生成最终连接的情况。因此有表5-5所示的结果。可以看出代价最小的连接顺序为$((U\infty R)\infty T)\infty S$，其代价为9000。

表 5-5 连接的顺序方式与代价

连接的顺序	代 价	连接的顺序	代 价
$((S \infty T) \infty R) \infty U$	30 000	$(S \infty R) \infty (T \infty U)$	27 500
$((U \infty R) \infty S) \infty T$	16 500	$(T \infty R) \infty (S \infty U)$	3 500 000
$((U \infty R) \infty T) \infty S$	9000	$(U \infty R) \infty (S \infty T)$	11 500
$((T \infty U) \infty S) \infty R$	82 500		

5.5.4 PostgreSQL 的遗传算法

PostgreSQL 数据库系统起源于美国加州大学伯克利分校的 INGRES 项目，经过 20 余年的不断演化和改进，现在已经成为一个功能最强大、最具特性、最先进的开源软件数据库系统。

在 PostgreSQL 数据库系统的查询优化器中，在候选执行策略空间中使用近似穷举搜索的算法选择最优的执行策略。这个算法在 System R 系统中也被使用过，对于关系较少的连接能够生成一个近似最优的连接顺序，但是如果查询中的连接关系增长，搜索空间中的候选策略将呈指数增长，必然会消耗大量内存空间和优化时间。

为了解决包含大量关系连接的查询优化问题，PostgreSQL 系统中使用了一种遗传算法（genetic algorithm）。

1. 遗传算法

遗传算法其实是一种启发式的优化算法，主要通过随机搜索的方式进行操作。在遗传算法中主要涉及以下几个概念：

- 染色体（chromosome）：用于表示一个个体（individual）在搜索空间里的参照物，实际上使用一套字符串表示。
- 基因（gene）：一个基因是染色体的一个片断，是被优化的单个参数的编码。
- 种群（population）：由个体（individual）组成的优化问题的可能的解的集合。
- 适应性（fitness）：一个个体对它的环境的适应程度，这里对应执行策略的执行代价。

在基因算法中，通过进化过程的重组（recombination）、变异（mutation）和选择（selection）操作找到新一代的搜索点，其平均适应性要比它们的祖先好。基因算法的流程如下所示：

```
Algorithm GA
Input : QUERY Q
Output : P(x)
Begin
INITIALIZE t := 0 //初始化 t
INITIALIZE P(t) //初始化父代
evalute FITNESS of P(t)
while not STOPPING CRITERION do
    P'(t):=RECOMBINATION{P(t)}
    P"(t):=MUTATION{P'(t)}
    P(t+1):=SELECTION{P"(t) + P(t)}
    evalute FITNESS of P"(t)
    t := t+1
End while
output p(t)
End
```

其中，FITNESS 表示适应性，$P(t)$ 表示 t 时刻的父代，$P''(t)$ 表示 t 时刻的子代，RECOMBINATION $\{P(t)\}$、MUTATION $\{P'(t)\}$ 分别表示对 $P(t)$ 进行重组和变异，算法在执行到某个特定的条件时停止。

2. PostgreSQL 中的遗传查询优化

在 PostgreSQL 系统中，遗传查询优化（GEQO）模块主要解决漫游推销员问题（TSP）的查询优化问题，其中将查询计划使用整数字符串进行编码，每个字符串代表查询中关系的连接顺序。如图 5-14 所示为四个关系连接 $R \infty S \infty T \infty U$ 的连接树，其中每个关系使用整数进行编码（在 PostgreSQL 中，数据库中为关系等对象都分配了一个 oid），对应的连接编码为"4 – 1 – 2 – 3"，表示 oid 为 4 的关系 R 先与 oid 为 1 的关系 S 连接，再与 T 和 U 连接。

在使用遗传查询优化（GEQO）模块生成执行计划时，GEQO 模块首先使用标准的查询优化器生成在独立关系上查询谓词的扫描策略，而对于连接则使用遗传算法处理。这里，关系的连接序列对应着染色体，关系子集的连接操作对应遗传算法中的基因。

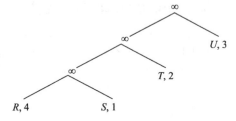

图 5-14 四个关系的连接树

在处理连接的初始阶段，GEQO 模块简单地随机生成一些可行的连接序列，这个序列就是使用前面介绍的编码方式进行表示的。对于这些随机生成的连接序列，GEQO 模块使用标准查询优化器来估计它们的执行代价，其中对于连接序列中的每个连接操作，优化器会考虑全部可能的物理执行计划（嵌套循环连接、排序归并连接、散列连接）以及在关系上的扫描方式，并选择代价最小的作为估计代价。接下来，GEQO 模块应用遗传算法，将执行代价作为连接序列的适应性（适应性与执行代价成反比，即执行代价越小适应性越高），删除执行代价高的连接序列，保留执行代价较低的连接序列。

在下一阶段，根据遗传算法中重新组合适应性高的候选个体中的基因以生成新的候选个体的原理，对于在上一阶段保留的执行代价较低的连接序列，GEQO 模块随机地选择这些连接序列中的部分片段并改变其连接顺序以生成新的连接序列。对于新生成的连接序列，GEQO 模块估计其执行代价，并保留其中执行代价小的作为下一个循环阶段的候选连接序列。这一过程就是遗传算法中的重组、变异和选择过程。该过程将不断循环，直到算法执行达到某个特定的预设值为止，这个预设值可以是循环中考虑的连接序列数量，也可以是循环的次数。最后，GEQO 模块将从在循环过程中所有被估计过的连接序列中，选择执行代价最小的作为最终的执行策略。

由于初始的连接序列和每次基因突变（改变连接顺序）都是随机选择的，因此 GEQO 模块使用遗传算法得到的连接序列是不确定的，这也导致了每次选择的执行计划在执行时间上的不同。但使用遗传算法，能够使查询包含大量关系连接的查询优化在一个可接受的时间内停止，并得到一个相对较优的执行计划。

5.6 分布式系统中的查询优化算法

本节主要对经典的分布式数据库系统所使用的查询优化算法进行介绍，并加以对比。这些分布式查询优化方法主要包括 Distributed INGRES 方法、System R* 方法和 SDD-1 方法，它们在优化时间、代价估计函数、优化因素、网络拓扑和连接算法上都有所不同。下面逐一详细介绍这些方法。

5.6.1 Distributed INGRES 方法

Distributed INGRES 是 INGRES 系统的分布式版本。本节将从查询优化中涉及的各个因素对 Distributed INGRES 算法进行说明。

Distributed INGRES 的查询优化基于 INGRES 系统优化算法实现，因此，分布式优化算法也是一种动态优化算法。但 Distributed INGRES 算法的代价估计函数综合考虑了分布式查询中的通信时间和查询执行的响应时间。由于通信时间和响应时间往往互相制约，因此，在具体计算时算法将给两者设置相应的权值，以体现两者的重要性。Distributed INGRES 还将利用支持广播式通信的网络环境，以广播的形式将某个关系片段复制到多个执行场地，从而提高查询处理的并行性。而对于关系上的分片情况，Distributed INGRES 算法主要考虑对垂直分片的处理策略。

在执行优化前，Distributed INGRES 算法的输入主要包括两部分内容，一部分是由元组关系演算语言所表达的查询，另一部分是关系在各个分布式场地上的模式分片情况。发起查询的主 INGRES 场地对于其他场地的命令也分为两种：1）在局部场地执行查询 Q；2）复制局部关系 R 的片段 Ri 到指定的场地集合 $\{S1, \cdots, Sk\}$。

Distributed INGRES 算法的基本执行过程如下：

1）首先，所有在单关系上的选择和投影查询操作会被下移到每个数据所在场地上，进行局部执行，这时，可使用集中式的 INGRES 算法。

2）如果在步骤 1）中存在有某个关系上的子查询没有在任何场地中查询到匹配的元组，则对于后面的连接操作将不会产生任何结果数据，此时算法将直接终止。

3）使用 5.5.1 节介绍的 INGRES 中的归约算法，将包含 n 个关系变量的查询 q 分解为一个连续的查询序列 $q_1 \rightarrow q_2 \rightarrow \cdots \rightarrow q_n$，如例 5.10 中所示。由于针对单个关系的查询已经处理结束，因此这里仅考虑不可归约的查询序列。在这一步中，归约算法将为查询生成所有可能的不可归约查询序列，以便在进一步的优化中选择代价较小的查询序列。

例 5.14 假设有三个关系如下：

- SUPPLIER(SNO, SNAME, CITY)
- PROJECT(JNO, JNAME, CITY)
- SUPPLY(SNO, JNO, AMOUNT)

在关系 SUPPLIER 上的水平分片分别位于三个场地 $S1$，$S2$，$S3$ 上，关系的水平分片定义具体分布如下：

$S1$：SELECT * FROM SUPPLIER WHERE CITY = "上海"

$S2$：SELECT * FROM SUPPLIER WHERE CITY = "广州"

$S3$：SELECT * FROM SUPPLIER WHERE CITY! = "上海" and CITY! = "广州"

现有查询 Q，查找为项目供货的供货商名称，对应的 SQL 语句如下：

```
SELECT S. SNAME
FROM SUPPLIER S,PROJECT J,SUPPLY SJ
WHERE S. SNO = SJ. SNO and SJ. JNO = J. JNO
```

先执行 PROJECT 与 SUPPLY 的连接，这个语句可以归约为两部分：

- $Q1$：

```
SELECT SJ. SNO INTO temp
FROM PROJECT J,SUPPLY SJ
WHERE SJ. JNO = J. JNO
```

- $Q2$：

```
SELECT S. SNAME
FROM SUPPLIER S,temp T
WHERE S. SNO = T. SNO
```

也可以先执行 SUPPLIER 与 SUPPLY 的连接，查询被归约为：

- $Q1'$：

```
SELECT SJ.JNO,S.SNAME INTO temp
FROM SUPPLIER S,SUPPLY SJ
WHERE S.SNO = SJ.SNO
```

- $Q2'$：

```
SELECT T.SNAME
FROM PROJECT J,temp T
WHERE J.JNO = T.JNO
```

以上两个查询序列 $Q1 \rightarrow Q2$ 和 $Q1' \rightarrow Q2'$ 彼此相对独立，都能够获得查询 Q 的结果，具体选择哪个需要在后续步骤中通过优化算法决定。

4）对于查询归约后获得的 n 个不可归约的子查询，算法每次选择其中一个子查询进行处理。每次执行哪个子查询是根据查询结构、关系分片大小和关系分片的位置分布选择的。主要根据查询序列的代价估计来确定子查询的执行顺序。这将在后面介绍。

5）如果这个不可归约子查询能够在某个独立的站点执行而不需要复制关系分片，则直接跳转到步骤9）。在例5.14 中，$Q2$ 由于关系 SUPPLIER 是分布式存储的，必然需要复制关系分片。

6）选择查询的执行场地。根据分片涉及的场地，以及网络的拓扑结构（点到点通信或广播通信），对所有可能的执行场地进行考虑。

7）生成查询的执行策略。对于这个执行策略是有一定要求的。假设有 n 个关系的子查询，一个执行查询的场地包含其中一个关系的一个分片，则必须将其他 $n-1$ 个关系全部复制到这个场地上才能够满足执行查询的条件。

例如对于例5.14 中的 $Q2$，有两种执行策略可以选择，一种是将关系 *temp* 复制到三个场地上分别执行，另一种是将 SUPPLIER 的分片复制到第三个场地上执行。但后一个策略仅在一个场地上执行查询，因为 *temp* 仅保存在 $S1$ 或 $S2$ 其中一个场地上。对于这两个策略而言，考虑到负载均衡，我们将选择第一个策略以保证三个场地同时处理查询。

8）根据步骤6）中的执行策略将各关系的分片复制到指定的场地。为了对查询进行优化，这里仅传输与查询相关的分片内容，并且可以使用广播通信的形式提高传输效率。

9）由主 INGRES 场地向所有被选择的场地广播查询，查询传输到各场地后，在各场地进行局部查询处理。如果所有场地上的局部查询都没有发生错误，则移除已执行的查询。必要时，还要修改剩余关系变量的查询范围。

10）返回步骤4）继续执行，直到处理完全部查询序列。

在分布式 INGRES 的查询执行过程中，一个需要解决的优化问题就是在步骤4）中，每次选择哪个子查询执行，这将影响查询整体的执行效率。这里使用一种贪婪算法来处理这些不可归约查询上的执行顺序问题。

当一个查询 Q 被分解为一组不可归约的子查询 q_1，q_2，$\cdots$，q_n 后，在集中式环境中可以简单地顺序执行每个子查询。然而，在分布式环境中，由于关系会以分片的形式存储在多个场地上，因此子查询可能还需要继续细分以便能够在多个场地上执行，而这将产生在场地之间复制关系所需的通信代价。一种简单的优化方式是优先处理无前继查询且所涉及的关系较小的子查询。这是因为一方面可以获得较小的中间结果，另一方面可以减少复制关系所需的传输代价。

在每次选择了要处理的子查询后，另一个要解决的优化问题就是查询执行策略的选择。对于一个分布式的子查询，除了直接执行的策略外，也可以对查询进一步细分到各场地上执行。

通常情况下，如果细分后的查询结果关系的大小小于传输完整关系的通信代价，则选择细分查询的方式。下面通过一个例子来具体说明。

例 5.15 这里依然使用例 5.14 中的三个关系：

- SUPPLIER(SNO, SNAME, CITY)
- PROJECT(JNO, JNAME, CITY)
- SUPPLY(SNO, JNO, AMOUNT)

本例中假设关系分布在两个场地 $S1$ 和 $S2$ 上，具体情况如下：

- $S1$：PROJECT(200 个元组)，SUPPLIER1(50 个元组)
- $S2$：SUPPLY(400 个元组)，SUPPLIER2(50 个元组)

要查询"供货商及其所供应的工程属于同一城市的供货商名称和工程名称"，查询的 SQL 语句如下：

```
SELECT S.SNAME,J.JNAME
FROM SUPPLIER S,PROJECT J,SUPPLY SJ
WHERE S.SNO=SJ.SNO and SJ.JNO=J.JNO and S.CITY=J.CITY
```

这是一个不可归约的查询，其中包括三个子句。对于这个查询的划分，可选择的有以下几种候选的策略：

$Q1$：
```
SELECT S.SNAME,J.JNAME INTO temp
FROM SUPPLIER S,PROJECT J,SUPPLY SJ
WHERE S.SNO=SJ.SNO and SJ.JNO=J.JNO and S.CITY=J.CITY
```

$Q2$：
```
SELECT S.SNAME,S.CITY,SJ.JNO INTO temp
FROM SUPPLIER S,SUPPLY SJ
WHERE S.SNO=SJ.SNO
```

$Q3$：
```
SELECT S.SNAME,S.SNO,J.JNAME,J.JNO INTO temp
FROM SUPPLIER S,PROJECT J
WHERE S.CITY=J.CITY
```

$Q4$：
```
SELECT J.JNAME,J.CITY,SJ.SNO INTO temp
FROM PROJECT J,SUPPLY SJ
WHERE J.JNO=SJ.JNO
```

这里假设三个关系中元组的大小相同，此时可以使用元组数量作为传输代价。查询策略 $Q1$ 中需要将查询涉及的关系复制到同一场地执行连接，根据对传输代价的优化，查询策略将 $S1$ 上关系 PROJECT 的 200 个元组和 SUPPLIER1 的 50 个元组复制到 $S2$ 上执行连接。因此，如果使用细分查询的策略，其代价必须小于传输 250 个元组的代价。

对于查询 $Q2$，首先执行 SUPPLIER 与 SUPPLY 两个关系的操作，代价较小的传输策略是将场地 $S1$ 上的 SUPPLIER1 复制到场地 $S2$，代价是 50 个元组，$Q2$ 的执行结果将被传输到 $S1$ 上执行剩余的查询：

```
SELECT T.SNAME,J.JNAME
FROM PROJECT J,temp T
WHERE T.CITY=J.CITY and T.JNO=SJ.JNO
```

如果关系 SUPPLIER 中的属性 SNO 是主键，且每个供应商仅服务于一个工程，则 $Q2$ 的执行结果最多包含 50 个元组。此时，总的传输代价为不多于 100 个元组，选择先执行 $Q2$ 的策略可以获得较好的优化效果。但是，如果属性 SNO 的值不唯一，且供应商服务于多个工程，则 $Q2$ 的执行结果最多可能有 $50 \times 400 = 20\ 000$ 个元组，此时不适合选择 $Q2$ 执行查询。因此，对于子查询选择的优化依赖于精确的查询结果估计，这需要在关系和关系属性值上的相关特征参数(见 5.2.3 节中的方法)。

另一个优化的问题是如何确定每个不可归约子查询的执行策略，其中主要是选择执行查询的场地和需要复制的关系分片。在执行策略的选择中，分布式 INGRES 同时考虑通信代价和本地执行代价，代价的计算主要基于关系的物理分片情况、分片的大小和网络类型。对于执行策略的代价模型，分布式 INGRES 系统使用如下公式定义：

$$C_{\text{Total}} = c1\,C_{\text{com}} + c2\,C_{\text{proc}}$$

其中，C_{com} 表示复制关系分片所需的网络传输代价，C_{proc} 表示在各场地执行局部查询的代价，$c1$ 和 $c2$ 分别是在两个代价上的权重。根据具体的系统运行环境，可以通过调整两个代价上的权重值来决定在优化中是侧重传输代价还是局部执行代价。

在对一个子查询的执行策略的优化中，有如下具体的已知信息：

1）系统包括 N 个分布式场地。

2）子查询 Q' 中涉及的 n 个关系及具体分片的分布情况。

在执行优化后需要确定的信息包括以下内容：

1）查询执行所涉及的 K 个场地；

2）R_p 为不进行复制操作的关系。

因此，在场地 j 上执行的查询可以表示为：

$$Q_j = Q(R_1,\ R_2,\ \cdots,\ R_p^j,\ \cdots,\ R_n),\ \text{其中 } R_p^j \text{ 为关系 } R_p \text{ 在场地 } j \text{ 上的分片}$$

下面主要介绍对通信代价的优化。要获得最小的通信代价，需要基于网络的类型，确定查询的执行场地和传输的关系分片。对于广播方式的网络环境，具有 $C_k(x) = C_1(x)$ 这一特征，其中 $C_k(x)$ 表示向 k 个场地传输 x 数据量的通信代价。可以看出，在广播式网络中，向多个场地传输数据的代价与向一个场地传输数据的代价相等。因此，对于广播式的网络有如下优化规则：

1）如果存在某个场地 j，有：

$$\sum_{i=1}^{n} \text{Size}(R_i^j) > \max_{i=1}^{n}(\text{Size}(R_i))$$

其中 $\text{Size}(R_i^j)$ 表示场地 j 上子查询涉及的关系 R_i 分片大小，$\text{Size}(R_i)$ 表示子查询所涉及的关系 R_i 的大小，即场地 j 的数据量大于查询中最大关系的数据量，则选择场地 j 作为子查询的唯一执行场地，因为此时需要传输的数据量最小。这里不存在关系 R_p。

2）如果不满足规则 1，即

$$\max_{j=1}^{N}\Big(\sum_{i=1}^{n} \text{Size}(R_i^j)\Big) \leqslant \max_{i=1}^{n}(\text{Size}(R_i))$$

则选择查询中具有最大数据量的关系作为 R_p，R_p 分片所在的场地作为执行场地，即 $K = M_p$，其中 M_p 表示关系 R_p 分片所在的场地。

对于普通的点到点传输类型的网络环境，将采取完全不同的优化方法。这主要是因为在点到点环境中，传输代价为 $C_k(x) = kC_1(x)$，可见传输代价正比于关系的数据量 x。此时，获得最小传输代价的策略是选择具有最大数据量的关系作为 R_p。一旦关系 R_p 确定，查询的执行场地按照如下方法优化：

1）首先根据各场地的查询相关数据量，对场地按降序方式进行排列。

2）如果

$$\sum_{i \neq p} (\text{Size}(R_i) - \text{Size}(R_i^1)) > \text{Size}(R_p^1)$$

则 $k = 1$，即只需一个查询场地；否则，选择最大的 j 作为执行场地，其中 j 满足如下条件：

$$\sum_{i \neq p} (\text{Size}(R_i) - \text{Size}(R_i^j)) \leqslant \text{Size}(R_p^j)$$

直到没有满足条件的 j 为止。$k(j$ 的个数 $+1)$ 为确定的执行场地个数。

这种优化方法的基本思想是当一个场地被选择为执行场地时，该场地所需接收的数据量必须小于该场地不作为执行场地时所需发出的数据量。

例 5.16　有连接查询 $R \infty S$，其中关系 R 和 S 的分片情况如下表：

场地	S_1	S_2	S_3	S_4
R	500 KB	500 KB	1500 KB	2000 KB
S		250 KB	1500 KB	500 KB

假设是点到点的网络环境，根据优化策略选择较大的关系 R(4500KB)作为 R_p，并根据数据量对四个场地进行排序，得到 $S_3 > S_4 > S_2 > S_1$。首先查看数据量最大的场地 S_3，由于关系 S 的两个分片 S_2 和 S_4 大小之和为 750KB，小于场地 S_3 上关系 R 的分片 R_3 的大小（为 1500KB），因此需要在多个场地执行查询。根据场地的排序，下面计算场地 S_4 上的数据传输情况，有 $\text{Size}(S_2) + \text{Size}(S_3) = 1750\text{KB} < R_4 = 2000\text{KB}$，因此场地 S_4 也将作为查询的执行场地。再计算场地 S_2 上的数据传输情况，有 $\text{Size}(S_3) + \text{Size}(S_4) = 2000\text{KB} > R_2 = 500\text{KB}$。因此，执行场地的数量 $k = 2$，即场地 S_3 和 S_4 为执行场地。这里假设将场地 S_1 和 S_2 中关系 R 的分片复制到场地 S_3 中，则场地 S_3 相应的传输代价为 $\text{Size}(S_2) + \text{Size}(S_4) + \text{Size}(R_1) + \text{Size}(R_2) = 1750\text{KB}$，场地 S_4 的传输代价为 $\text{Size}(S_2) + \text{Size}(S_3) = 1750\text{KB}$，总传输代价为 3500KB。如果选择 S_3 作为唯一的执行场地则需要 $\text{Size}(S_2) + \text{Size}(S_4) + \text{Size}(R_1) + \text{Size}(R_2) + \text{Size}(R_4) = 3750\text{KB}$，显然大于优化后的策略。

下面考虑广播网络环境的情况。由于数据量最大的场地 S_3 的数据量为 3000KB，小于关系 R 的数据量 4500KB，因此 4 个包含关系 R 的分片的场地均为查询执行场地。此时需要把关系 S 的所有分片复制到这 4 个场地上，由于使用的是广播式网络，因此执行传输的代价为 $\text{Size}(S) = 2250\text{KB}$。

5.6.2　System R* 方法

System R* 系统是 IBM 公司 System R 数据库管理系统的分布式版本。System R* 系统中的分布式查询优化算法是基于 System R 系统的查询优化器实现的，因此，同样使用穷举法对所有可能的查询执行策略进行代价估计，并选择其中代价最小的作为最终执行策略。System R* 系统在实现中不支持关系的分片和副本，因此在优化中依然是对整个关系操作的优化。在 System R* 系统中，分布式查询的编译是在发起查询的主场地的协调下分布执行的。主场地的优化器负责确定执行场地选择和数据传输策略，当各执行场地接收子查询和相关的数据后，再由执行场地的优化器进行本地查询优化。在 System R* 系统查询优化器中，对于优化的目标要同时考虑整体执行时间、局部处理代价和通信代价。

与集中式的 System R 相比，System R* 系统的查询优化器还要考虑查询中连接操作的执行场地的选择和场地间数据传输的代价。

对于两个关系 R 和 S 连接操作的执行场地，有三种可选的执行策略：

1）选择 R 所在的场地作为执行场地。

2）选择 S 所在的场地作为执行场地。

3）选择其他场地作为执行场地。

这三种策略的选择要依据查询的情况和关系的相关统计信息。例如，如果 $\text{Size}(R) > \text{Size}(S)$，则选择 R 所在场地作为执行场地可以减少通信代价，反之则选择 S 所在场地作为执行场地。假设连接涉及三个关系，并有连接顺序 $(R \infty S) \infty T$，即先对 R 和 S 进行连接，执行结果再与 T 连接，此时如果有 R 和 S 关系均较小但连接的结果关系较大，则选择关系 T 所在的场地作为执行场地能够获得最小的通信代价。

对于两个关系 R 和 S 连接操作的数据传输方式，System R* 系统主要采用两种策略：

1）全体传输（ship-whole），即每次传输完整的关系到指定场地。

2）按需传输（fetch-as-needed）。按需传输策略与半连接算法中关系的传输方法相似，即每次仅传输连接外关系的一个元组中与连接操作相关的内容到内关系的场地，连接后再将内关系匹配的元组传输回外关系所在场地。

这两种传输方式分别适用于不同的情况。全体传输虽然传输代价大于按需传输，但通信次数要小于按需传输，因此对于较小的关系参与连接时使用全体传输比较适合，而按需传输适用于连接的关系较大但仅有少量元组参与连接的情况。

对于给定的两个关系 R 和 S 的连接，假设 R 为连接外关系，S 为连接内关系，属性 A 为连接属性。在代价模型中，用 C_{lp} 表示局部查询处理的 I/O 和 CPU 代价，C_{com} 表示通信代价，t 表示关系 S 中与一个给定的关系 R 的元组匹配的元组数量。假设使用通用的嵌套循环连接算法，则 System R* 系统主要包括下面四种连接执行策略。

（1）全体传输外关系到内关系所在场地

在这一执行策略中，连接的执行场地为内关系 S 所在场地，执行代价分为三部分：读取关系 R 的代价、传输关系 R 的传输代价和执行局部连接的处理代价。具体公式如下：

$$C_{total} = C_{lp}(\mathrm{Card}(R)) + C_{com}(\mathrm{Size}(R)) + C_{lp}(t)\mathrm{Card}(R)$$

其中，$C_{lp}(t)$ 表示从关系 S 中查询与 R 元组匹配的元组的处理代价。由于关系 R 是连接的外关系，因此在关系 R 的元组到达内关系 S 的场地后可直接执行连接。

（2）全体传输内关系到外关系所在场地

与第一种策略不同，此时必须等待内关系 S 的所有元组都传输到外关系 R 的场地才能执行嵌套循环连接，因此需要先将内关系 S 保存在本地再执行连接。因此有执行代价表达式：

$$C_{total} = C_{lp}(\mathrm{Card}(S)) + C_{com}(\mathrm{Size}(S)) + C_{lp}(\mathrm{Card}(S)) + C_{lp}(\mathrm{Card}(R)) + C_{lp}(t)\mathrm{Card}(R)$$

（3）按需传输内关系元组

在这种执行策略下，外关系场地每次向内关系发送一个连接属性值，内关系场地执行连接后将连接的结果元组再传输回外关系 R 的场地。执行代价表达式为：

$$C_{total} = C_{lp}(\textstyle\prod_A(R)) + C_{com}(\mathrm{Length}(A))\mathrm{Card}(R) + C_{lp}(t)\mathrm{Card}(R) + C_{com}(t\mathrm{Length}(S))\mathrm{Card}(R)$$

（4）在其他场地执行连接

此时，首先将内关系复制并保存到执行场地，再复制外关系的元组到执行场地执行连接，因此不必在执行场地保存外关系。相应的执行代价表达式为：

$$C_{total} = C_{lp}(\mathrm{Card}(S)) + C_{com}(\mathrm{Size}(S)) + C_{lp}(\mathrm{Card}(S)) + C_{lp}(\mathrm{Card}(R)) + C_{com}(\mathrm{Size}(R)) + C_{lp}(t)\mathrm{Card}(R)$$

5.6.3　SDD-1 方法

SDD-1 是美国采用 ARPANET 远程网建立的世界上第一个分布式数据库管理系统。SDD-1 的查询优化算法的目标是最小化场地之间的数据传输量，从而得到最小的总体时间代价。算法中假设网络支持点到点通信方式，这样网络带宽将成为系统的瓶颈。与分布式 INGRES 和 SYSTEM R* 不同，SDD-1 方法中使用了半连接优化方法减少场地间的数据传输。因此，在优化算法执行中，不但需要关系的分布情况和属性上的特征参数，还需要知道连接的选择度、属性长度和元组大小等信息。

SDD-1 算法由两个部分组成：第一部分是基本算法，主要内容包括对查询进行初始化、选择收益最大的半连接策略和选择连接执行场地；第二部分是后优化处理，任务是将基本算法得到的执行策略进行修正，以得到更合理的执行策略。

下面将详细介绍 SDD-1 算法相关的模型、代价与收益估计、算法的执行流程和后优化处理。

1. 查询优化相关模型

在 SDD-1 算法中,分别使用连接图(join graph)和概要图来描述查询中的条件限制和在关系上的特征参数。

(1)连接图

对于一个给定的连接查询,连接图中的节点表示查询中的变量和约束,图中的边表示每个查询条件中的子句。如果两个节点 N 和 N' 之间存在边,当且仅当查询中存在条件 $N = N'$。

例 5.17　假设数据库中有三个关系:

- 供应商 SUPPLIER（S#, SNAME, CITY）
- 零件 PARTS（P#, PNAME, Size）
- 供应关系 SUPPLY（S#, P#, QUANTITY）

设有查询 Q,对应的 SQL 语句如下:

```
SELECT S.SNAME
FROM SUPPLIER S,PARTS P,SUPPLY SP
WHERE S.S# = SP.S# AND SP.P# = P.P# AND S.CITY = "Shanghai"
```

将以上查询转换成连接图如图 5-15a 所示。

在查询处理中,在初始时选择和投影操作等一元运算将在关系的局部场地执行,以实现连接关系的缩减。SDD-1 算法主要处理多个关系连接操作的优化。可以将连接图简化为以下形式:图的节点表示关系,边表示连接运算,边上标号表示连接条件,节点上标号表示关系名和场地。图 5-15a 可以简化为图 5-15b 的形式。

(2)概要图

概要图主要用于表示一个关系上的特征参数,其中数据包括关系中元组数量 Card(R)、每个关系属性的长度 Length(A)和属性不同值的数量 Val(R, A)。具体形式见例 5.18。

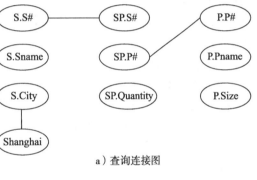

a）查询连接图

b）简化的查询连接图

图 5-15　查询连接图

例 5.18　关系 SUPPLY｛S#, P#, QUAN-TITY｝, Card(R) = 30 000,则关系 SUPPLY 的概要图表示为:

Card(R) = 30 000			
	S#	P#	QUANTITY
Length	6	4	10
Val	1800	1000	500

由概要图中的数据可知:属性 S#的长度为 6,不同属性值的数量为 1800,属性 P#的长度为 4,不同属性值的数量为 1000,属性 QUANTITY 的长度为 10,不同属性值的数量为 500。

2. 查询代价与收益估计

SDD-1 算法的基本优化思想是使用半连接算法减少关系连接时场地间的数据传输代价。对于多个关系的连接有多种半连接操作方法,因此需要找出其中最优的执行策略,并选择一个具有最小传输代价的执行场地。对于执行策略的选择主要基于对半连接操作的代价和收益的估计。如果一个半连接操作的代价小于收益则该半连接是一个受益半连接。

受益半连接集的定义:对于一个给定的半连接集合,所有利益超过代价的半连接操作的集合称为受益半连接集，记为 P。

(1)半连接的代价

半连接的代价为传输关系在连接属性上的投影关系的代价。假设关系 R 和 S 在不同场地上，连接属性为 A，由图 5-16 可以看出，使用半连接算法将增加传输 $Size(\prod_A(S))$ 的通信代价，则半连接 $R \propto_A S$ 的代价计算方法如下：

$$Cost(R \propto_A S) = C_0 + C_1 Val(S, A) Length(S.A)$$

其中 C_0 是通信启动代价，C_1 是传输单位数据的代价。

如果两个连接关系在同一场地，则传输代价为 0。

(2)半连接的利益

半连接的利益是因半连接而节省了不需要传输的元组所对应的传输代价。对于半连接 $R \propto_A S$，由图 5-16 可以看出，其利益可以看作是由原来传输关系 R 减少到传输 R' 的差值，计算公式如下：

$$Benefit(R \propto_A S) = C_1(1-\rho)Card(R) Length(R)$$

其中，ρ 为连接的选择度（见 5.2.3 节），$Length(R)$ 为关系 R 的一个元组的长度。

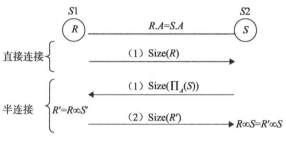

图 5-16　直接连接与半连接的对比

3. 基本优化算法

SDD-1 基本优化算法是一个迭代的爬山算法，算法的输入信息为描述查询条件限制的查询连接图和包含各关系特征参数的概要图。SDD-1 基本优化算法的具体流程如下：

输入：查询连接图和关系概要图。

输出：执行策略，包括半连接执行序列集合 P' 及最后的执行场地。

```
Begin
/* 初始化* /
将所有可执行的一元操作和局部操作构成执行策略集 P';
计算所有的非本地半连接的代价和利益,构成受益半连接集 P。
/* 选择半连接* /
While(存在非本地半连接满足(Benefit(∝)≥Cost(∝))){
    P'=P'∪{∝'|∝'为最大受益半连接};
    修改概要图(最大受益半连接∝'执行后的概要图);
    重新估计执行∝'后的各个半连接的代价和利益;
};
/* 选择执行场地* /
计算每个场地 Sᵢ 上的数据量,其值为场地上执行局部处理后关系的大小之和 Size(Sᵢ) = ∑ (Card(Rᵢ') *
Length(Rᵢ')),其中 Card(Rᵢ') 为执行局部操作后的结果;
选择具有最大数据量的场地 Sa 作为执行场地;
End
```

下面通过一个例子来说明 SDD-1 基本优化算法的执行过程。

例 5.19　已知有三个关系(供应商 SUPPLIER、供应关系 SUPPLY 和部门 DEPT)，分别存在场地 S1、S2 和 S3 上，其关系模式、连接图和概要图如下：

1)关系模式：

- 供应商 SUPPLIER S(SNO, SNAME, CITY)
- 供应关系 SUPPLY Y(SNO, DNO)
- 部门 DEPT D(DNO, DNAME, TYPE)

2)连接图(SUPPLIER ∞ SUPPLY ∞ DEPT)：

3）概要图：

Card(Supplier)=2000			
	Sno	Sname	City
Length	4	20	20
Val	2000	2000	10

Card(Supply)=5000		
	Sno	Dno
Length	4	2
Val	1000	100

Card(Dept)=100		
	Dno	Type
Length	2	2
Val	100	5

查询要求：找出部门类型为"产品开发"、供应商所在城市为"上海"的供应商的编码和名称，对应的 SQL 语句如下：

```
SELECT S. S#,S. SNAME
FROM SUPPLIER S,SUPPLY Y,DEPT D
WHERE S. SNO = SP. SNO AND Y. DNO = D. DNO
        AND D. TYPE = "产品开发" AND S. CITY = "上海"
```

假设 $C_0 = 0$，$C_1 = 1$，$\text{DOM}(\text{SUPPLY. SNO}) \subseteq \text{DOM}(\text{SUPPLIER. SNO})$，$\text{DOM}(\text{SUPPLY. DNO}) \subseteq \text{DOM}(\text{DEPT. DNO})$。

基本优化算法执行过程：

Step 1　初始化

1.1　处理一元操作局部约简

执行一元选择操作 TYPE = "产品开发"，有

$$\text{Card}(\sigma_{\text{TYPE}=\text{Dev}}(\text{DEPT})) = \text{Card}(\text{DEPT})/\text{Val}(\text{DEPT, TYPE}) = 100/5 = 20$$
$$选择度\ \rho_D = 1/\text{Val}(\text{DEPT, TYPE}) = 1/5$$

由于 DNO 为关键字，因此有 $\text{Val}(\text{DEPT, DNO}) = \rho_D \text{Val}(\text{DEPT, DNO}) = 20$。

执行一元选择操作 CITY = "上海"，有：

$$\text{Card}(\sigma_{\text{CITY}=\text{SH}}(\text{SUPPLIER})) = \text{Card}(\text{SUPPLIER})/\text{Val}(\text{SUPPLIER, CITY}) = 2000/10 = 200$$
$$选择度\ \rho_S = 1/\text{Val}(\text{SUPPLIER, CITY}) = 1/10$$

同理，$\text{Val}(\text{SUPPLIER, SNO}) = \rho_S \text{Val}(\text{SUPPLIER, SNO}) = 200$。

关系 SUPPLIER 和 DEPT 参与连接操作的概要图修改为：

Card(Supplier)=200		
	Sno	Sname
Length	4	20
Val	200	200

Card(Dept)=20		
	Dno	Type
Length	2	2
Val	20	1

1.2　求可能的半连接集合

$$P_1 = \text{SUPPLY} \propto \text{SUPPLIER}$$
$$P_2 = \text{SUPPLY} \propto \text{DEPT}$$
$$P_3 = \text{SUPPLIER} \propto \text{SUPPLY}$$
$$P_4 = \text{DEPT} \propto \text{SUPPLY}$$

1.3　初始的利益代价表

1.3.1　半连接 $P_1 = \text{SUPPLY} \propto \text{SUPPLIER}$

代价为将 SUPPLIER 的 SNO 属性传输到 SUPPLY 所在场地，因此有：

$$\text{Cost1} = \text{Val}(\text{SUPPLIER, SNO})\text{Length}(\text{SUPPLIER, SNO}) = 200 \times 4 = 0.8\text{K}$$

对 SUPPLY 关系的选择度为：

$$\rho_1 = \rho_S = 0.1$$

这是因为 $\text{DOM}(\text{SUPPLY. SNO}) \subseteq \text{DOM}(\text{SUPPLIER. SNO})$。

半连接的利益为：
$$Benefit1 = (1 - \rho_1) Card(SUPPLY) Length(SUPPLY) = 0.9 \times 5000 \times 6 = 27KB$$

1.3.2 半连接 $P_2 = SUPPLY \propto DEPT$

同理，计算代价有：
$$Cost2 = Val(DEPT, DNO) Length(DEPT, DNO) = 20 \times 2 = 0.04KB$$
$$\rho_2 = \rho_D = 20/100 = 0.2$$

因此半连接利益为：
$$Benefit2 = (1 - \rho_2) Card(SUPPLY) Length(SUPPLY) = 0.8 \times 5000 \times 6 = 24KB$$

1.3.3 半连接 $P_3 = SUPPLIER \propto SUPPLY$
$$Cost3 = Val(SUPPLY, SNO) Length(SUPPLY, SNO) = 1000 \times 4 = 4KB$$
$$\rho_3 = Val(SUPPLY, SNO)/Card(DOM(SUPPLIER.SNO)) = 1000/2000 = 0.5$$
$$Benefit3 = (1 - \rho_3) Card(SUPPLIER) Length(SUPPLIER) = 0.5 \times 200 \times 24 = 2.4KB$$

这里由于 CITY 属性不必传输，所以 Length(SUPPLIER) = Length(SNO) + Length(SNAME)。

1.3.4 半连接 $P_4 = DEPT \propto SUPPLY$
$$Cost4 = Val(SUPPLY, DNO) Length(SUPPLY, DNO) = 100 \times 2 = 0.2KB$$

由于在执行选择前有 DOM(SUPPLY.DNO) ⊆ DOM(DEPT.DNO)，执行选择操作后 DOM(DEPT.DNO) ⊆ DOM(SUPPLY.DNO)，因此，$\rho_4 = 1$，Benefit4 = 0。

因此，初始的利益代价表如下：

半连接	代价(Cost)	选择度 ρ	利益(Benefit)
P_1	0.8KB	0.1	27KB
P_2	0.04KB	0.2	24KB
P_3	4KB	0.5	2.4KB
P_4	0.2KB	1	0

根据初始的利益代价表，得到受益半连接集 $P = \{P_1, P_2\}$。

Step 2　选择半连接

2.1　循环1

从受益半连接集 P 中选择利益代价最小者 P_1，将 P_1 加到策略集 P' 中，$P' = \{\cdots, P_1\}$。

2.1.1　重新计算概要图

当选定半连接策略后需要更新各场地上的关系概要图，对于外连接 SUPPLY ∝ SUPPLIER 需要更新 SUPPLY 的概要图内容，假设外连接后结果为 SUPPLY'(SNO, DNO)，则对于 SUPPLY' 有：
$$Card(SUPPLY') = \rho_1 Card(SUPPLY) = 0.1 \times 5000 = 500$$

对于选择谓词属性 SNO 有：
$$Val(SUPPLY', SNO) = \rho_1 Val(SUPPLY, SNO) = 0.1 \times 1000 = 100$$

对于非选择谓词属性 DNO 有：
$$Val(SUPPLY, DNO) = 100$$

由于 Card(SUPPLY') > 2Val(SUPPLY, DNO)，因此有：
$$Val(SUPPLY', DNO) = Val(SUPPLY, DNO) = 100$$

三个关系的概要图更新为如下所示：

Card(SUPPLIER)=200	SNO	SNAME
Length	4	20
Val	200	200

Card(SUPPLY')=500	SNO	DNO
Length	4	2
Val	100	100

Card(DEPT)=20	DNO	TYPE
Length	2	2
Val	20	1

2.1.2 重新计算半连接利益代价表

由于 P_1 已经被处理，现在考虑其余三个半连接的利益和代价。

$$P_2 = SUPPLY' \propto DEPT$$

$$Cost2 = Val(DEPT, DNO) Length (DEPT, DNO) = 20 \times 2 = 0.04KB$$

由于 Val(SUPPLY, DNO)没有变化，因此 $\rho_2 = 0.2$。

半连接利益为：

$$Benefit2 = (1 - \rho_2) Card(SUPPLY') Length (SUPPLY) = 0.8 \times 500 \times 6 = 2.4KB$$

$$P_3 = SUPPLIER \propto SUPPLY'$$

$$Cost3 = Val(SUPPLY', SNO) Length(SUPPLY', SNO) = 100 \times 4 = 0.4KB$$

由于在执行 P_1 后有 DOM(SUPPLY'. SNO) $\subseteq$ DOM(SUPPLIER. SNO)，因此选择度为：

$$\rho_3 = Val(SUPPLY', SNO) / Val(SUPPLIER, SNO) = 100/200 = 0.5$$

$$Benefit3 = (1 - \rho_3) Card(SUPPLIER) Length(SUPPLIER) = 0.5 \times 200 \times 24 = 2.4KB$$

$$P_4 = DEPT \propto SUPPLY'$$

$$Cost4 = Val(SUPPLY', DNO) Length (SUPPLY', DNO) = 100 \times 2 = 0.2KB$$

$$\rho_4 = 1$$
$$Benefit4 = 0$$

更新后的利益代价表为：

半连接	代价（Cost）	选择度 ρ	利益（Benefit）
P_1	0.8KB	None	None
P_2	0.04KB	0.2	2.4KB
P_3	0.4KB	0.5	2.4KB
P_4	0.2KB	1	0

此时受益半连接集 $P = \{P_2, P_3\}$。

2.2 循环 2

从受益半连接集 P 中选择利益代价最小者 P_2，将 P_2 加到策略集 P' 中，得：$P' = \{\cdots, P_2, P_1\}$。

2.2.1 重新计算概要图

对于外连接 SUPPLY' $\propto$ DEPT，需要更新 SUPPLY'的概要图内容，假设外连接后结果为 SUPPLY"（SNO，DNO），则对于 SUPPLY"有：

$$Card(SUPPLY'') = \rho_2 Card(SUPPLY) = 0.2 \times 500 = 100$$

对于选择谓词属性 DNO 有：

$$Val(SUPPLY'', DNO) = \rho_2 Val(SUPPLY, DNO) = 0.2 \times 100 = 20$$

对于非选择谓词属性 SNO 有：

Val(SUPPLY', SNO) = 100 由于 1/2Val(SUPPLY', SNO) $\leqslant$ Card(SUPPLY'') < 2Val(SUPPLY', SNO)，因此有：

Val(SUPPLY", SNO) = 1/3(Val(SUPPLY', SNO) + Card(SUPPLY'')) = 1/3 $\times$ (100 + 100) = 200/3

三个关系的概要图更新为如下所示：

Card(SUPPLIER)=200	SNO	SNAME
Length	4	20
Val	200	200

Card(SUPPLY")=100	SNO	DNO
Length	4	2
Val	200/3	20

Card(DEPT)=20	DNO	STYPE
Length	2	2
Val	20	1

2.2.2 重新计算利益代价表

$$P_3 = SUPPLIER \propto SUPPLY''$$

$$Cost3 = Val(SUPPLY, SNO) Length (SUPPLY'', SNO) = 200/3 \times 4 = 0.27KB$$

由于在执行 P_1 后有 $\text{DOM}(\text{SUPPLY}'.\,\text{SNO}) \in \text{DOM}(\text{SUPPLIER}.\,\text{SNO})$，因此选择度为：

$$\rho_3 = \text{Val}(\text{SUPPLY}'', \text{SNO}) / \text{Val}(\text{SUPPLIER}, \text{SNO}) = 200/3/200 = 1/3$$

$$\text{Benefit3} = (1 - \rho_3)\,\text{Card}(\text{SUPPLIER})\,\text{Length}(\text{SUPPLIER}) = 2/3 \times 200 \times 24 = 3.2\text{KB}$$

$$P_4 = \text{DEPT} \propto \text{SUPPLY}''$$

$$\text{Cost4} = \text{Val}(\text{SUPPLY}, \text{DNO})\,\text{Length}(\text{SUPPLY}, \text{DNO}) = 20 \times 2 = 0.04\text{KB}$$

$$\rho_4 = 1$$

$$\text{Benefit4} = 0$$

更新后的利益代价表为：

半连接	代价（Cost）	选择度 ρ	利益（Benefit）
P_1	0.8KB	None	None
P_2	0.04KB	None	None
P_3	0.27KB	0.2	3.2KB
P_4	0.04KB	1	0

受益半连接集 $P = \{P_3\}$。

2.3　循环 3

从受益半连接集 P 中选择 P_3 添加到策略集 P' 中，得：$P' = \{\cdots, P_3, P_2, P_1\}$。

2.3.1　重新计算概要图

对于外连接 $\text{SUPPLIER} \propto \text{SUPPLY}''$，需要更新 SUPPLIER 的概要图内容，假设外连接后结果为 SUP-PLIER′（SNO, SNAME），则对于 SUPPLIER′有：

$$\text{Card}(\text{SUPPLIER}') = \rho_3\,\text{Card}(\text{SUPPLIER}) = 1/3 \times 200 = 200/3$$

对于选择谓词属性 SNO 有：

$$\text{Val}(\text{SUPPLIER}', \text{SNO}) = \rho_3\,\text{Val}(\text{SUPPLIER}, \text{SNO}) = 1/3 \times 200 = 200/3$$

对于非选择谓词属性 SNAME 有：

$$\text{Val}(\text{SUPPLIER}', \text{SNAME}) = \rho_3\,\text{Val}(\text{SUPPLIER}, \text{SNAME}) = 200/3$$

三个关系的概要图更新为如下所示：

Card(SUPPLIER′)=200/3	SNO	SNAME
Length	4	20
Val	200/3	200/3

Card(SUPPLY″)=100	SNO	DNO
Length	4	2
Val	200/3	20

Card(DEPT)=20	DNO	TYPE
Length	2	2
Val	20	1

2.3.2　重新计算利益代价表

$$P_4 = \text{DEPT} \propto \text{SUPPLY}''$$

$$\text{Cost4} = \text{Val}(\text{SUPPLY}'', \text{DNO})\,\text{Length}(\text{SUPPLY}'', \text{DNO}) = 20 \times 2 = 0.04\text{KB}$$

$$\rho_4 = 1$$

$$\text{Benefit4} = 0$$

此时已经没有受益半连接，因此循环结束。初始化和循环的执行过程和中间结果如图 5-17 所示。

Step 3　选择执行场地

根据最终的概要图计算各场地上的数据量为：

$$\text{Size}(S1) = \text{Size}(\text{SUPPLIER}') = 200/3 \times 24 = 1.6\text{KB}$$

$$\text{Size}(S2) = \text{Size}(\text{SUPPLY}'') = 100 \times 6 = 0.6\text{KB}$$

$$\text{Size}(S3) = \text{Size}(\text{DEPT}) = 20 \times 4 = 0.08\text{KB}$$

可以看出场地 S1 包含的数据量最多，因此选择 S1 作为执行场地能够获得最小的传输代价。对于这个例子，查询的最终传输代价为：

$$\text{Cost} = \text{Cost}(\text{Semijoin}) + \text{Cost}(\text{assembly}) = (0.8 + 0.04 + 0.27) + (0.6 + 0.08) = 1.79\text{KB}$$

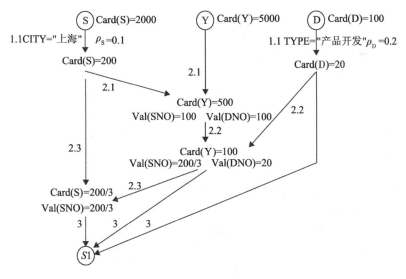

图 5-17 连接执行流程

其中, Cost(Semijoin) 表示半连接所需要的传输代价, Cost(assembly) 表示最后执行连接时所需的传输代价。

4. SDD-1 后优化处理

SDD-1 算法的后优化处理的目的是通过考虑半连接的间接影响对优化后的执行策略进行修改, 以进一步减少通信代价。后优化处理主要基于以下两个准则对执行策略优化。

准则 1 在执行策略集中, 消去用于缩减处于执行场地上的关系的半连接操作。

例 5.20 在例 5.19 中得到的执行策略集 $P' = \{P_3, P_2, P_1\}$ 中, 从图 5-17 中可以看到最终的执行场地为 $S1$, 在执行策略集中半连接 $P_3 = $ SUPPLIER $\propto$ SUPPLY 为缩减 $S1$ 上的关系 SUPPLIER, 根据准则 1 可以将 P_3 从策略集中消去以减少优化代价。优化后的流程图如图 5-18 所示。

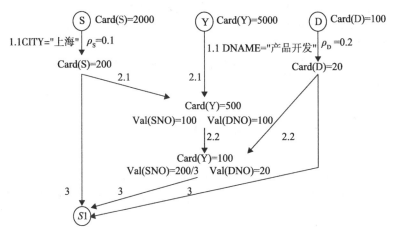

图 5-18 后优化后的流程图

由于从策略集中消去了 P_3, 因此重新计算执行的总传输代价如下:

$$\text{Cost} = \text{Cost}(\text{Semijoin}) + \text{Cost}(\text{assembly})$$

$$= \text{Cost}(P_2) + \text{Cost}(P_1) + \text{Cost}(\text{assembly})$$

$$= (0.8 + 0.04) + (0.6 + 0.08)$$
$$= 1.52\text{KB}$$

准则 2 延迟执行代价高的半连接，以尽可能利用已缩减的关系。

例 5.21 有关系 R、S、T，分别存在场地 S_1、S_2 和 S_3 上，对于连接 $R \infty S \infty T$，SDD-1 算法优化后有连接流程图如图 5-19a 所示，其中半连接的执行顺序为：

1）$T' = T \propto S$。

2）$S' = S \propto R$。

3）$S'' = S' \propto T'$。

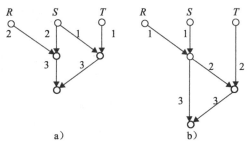

从图 5-19a 可以看出，对 T 缩减的半连接操作如果放在对 S 进行缩减的半连接操作之后执行，可以减少向 T 所在场地的数据传输量，能够得到更好的执行策略。因此根据准则 2 对执行策略进行调整，将 S 与 T 的半连接放到 R 与 S 的半连接后执行，如图 5-19b 所示，得到执行顺序如下：

图 5-19 SDD-1 后优化处理准则

1）$S' = S \propto R$。

2）$T' = T \propto S'$。

3）$S'' = S' \propto T'$。

在准则 2 中尽可能利用了已缩减的关系，使整体传输代价降低。

5. 半连接技术的不足

从上面我们了解到，半连接技术是通过局部缩减操作缩减关系的数据量，发送缩减的关系到执行场地，在执行场地对缩减后的关系进行查询处理。采用该技术大大降低了场地间传递的信息量，从而减少了整个系统的传输代价。但同时，我们也了解到，半连接技术使传输代价降低的同时，增加了系统的局部处理代价。因此半连接技术有如下不足：

1）没有考虑局部代价。例如，在连接 $R \infty S = (R \propto S) \infty S = R \infty \prod_B(S)$ 中没有考虑 $\prod_B(S)$ 的代价和 $R \infty \prod_B(S)$ 的代价。

2）当选择度较低时，半连接技术才能够达到减少传输代价的效果。

SDD-1 优化技术是采用半连接技术对所有受益半连接进行缩减操作，确定一个执行代价最小的场地，再经过后优化处理得到最佳的执行策略。我们知道，系统的总代价需根据系统的组成环境综合考虑传输和局部代价，或侧重考虑某一方面的代价。因此，在应用半连接技术时，要考虑其适应的环境。

5.7 Oracle 分布式查询优化案例

在 4.6 节中，我们介绍了 Oracle CBO 的基本架构。在分布式数据库环境下，CBO 可以读取远程数据库对象的统计信息，针对每个 SQL 语句选择最优的执行计划。

OraStar 公司在总部保存供应商的信息，在生产部门保存每批进货的零件产品的信息，具体表结构如下：

```
Create Table SUPPLIER(
  SUPNO NUMBER(2)Primary Key,
  SUPNAME VARCHAR2(14),
  LOC VARCHAR2(13));

Create Table PRODUCT(
  PNO NUMBER not null,
```

```
PNAME VARCHAR2 (10),
BUYDATE DATE,
PRICE NUMBER (7,2),
SUPNO NUMBER (2));
```

SUPPLIER 表在总部数据库中，大概有 4 条数据。PRODUCT 表在生产部门数据库中，大概有 5 万条数据。总部数据库上建有到生产部门的数据链 mfg. os. com。总部的用户希望查找产品名字为"CPU"的供货商的信息和对应的供货信息，在总部数据库中发出如下查询：

```
Select* from SUPPLIER T1,PRODUCT@ mfg. os. com T2
Where T1. SUPNO = T2. SUPNO And T2. PNAME = 'CPU'
```

我们可以得到以下的执行计划：

```
Execution Plan
----------------------------------------------------
0   SELECT STATEMENT Optimizer = CHOOSE (Cost = 24 Card = 532 Bytes = 16492)
1 0   HASH JOIN (Cost = 24 Card = 532 Bytes = 16492)
2 1     TABLE ACCESS (FULL)OF 'SUPPLIER' (Cost = 2 Card = 4 Bytes = 44)
3 1     REMOTE*  (Cost = 21 Card = 532 Bytes = 10640) MFG. OS. COM

3 SERIAL_FROM_REMOTE SELECT "PNAME","SUPNO" FROM "PRODUCT" "T2" WHERE "PNAME" = 'CPU'
```

可以看出，CBO 为这个查询选择了散列连接的连接策略。散列连接选择两个表中数据量较小的一个(SUPPLIER)做全表扫描，并在内存中形成一个散列表保存 SUPPLIER 表的数据。然后 Oracle 扫描数据量较大的表(PRODUCT)，对于其每一行的 SUPNO，查找散列表中相匹配的行，返回连接映像。由于散列表保存在一块 Oracle 的私有内存中，可以避免某些不必要的锁操作，所以访问速度非常快。散列连接非常适合表的数据量一大一小，而且小表的数据量完全可以保存到内存中的连接案例。

我们可以比较一下采用不同的连接策略的查询成本。以上查询的成本：

```
Select /* + USE_NL(t1,t2)* /* from SUPPLIER T1,PRODUCT@ mfg. os. com T2
Where T1. SUPNO = T2. SUPNO And T2. PNAME = 'CPU'

Execution Plan
----------------------------------------------------
0   SELECT STATEMENT Optimizer = CHOOSE (Cost = 86 Card = 532 Bytes = 25004)
1 0   NESTED LOOPS (Cost = 86 Card = 532 Bytes = 25004)
2 1     TABLE ACCESS (FULL)OF 'SUPPLIER' (Cost = 2 Card = 4 Bytes = 76)
3 1     REMOTE*  MFG. OS. COM

3 SERIAL_FROM_REMOTE SELECT /* +USE_NL("T2")* / "PNO","PNAME","BUYDATE","PRICE","SUPNO"
FROM "PRODUCT " "T2" WHERE "PNAME" = 'SMITH'

Select /* + USE_MERGE(t1,t2)* /* from SUPPLIER T1,PRODUCT@ mfg. os. com T2
Where T1. SUPNO = T2. SUPNO And T2. PNAME = 'CPU'

Execution Plan
----------------------------------------------------
0   SELECT STATEMENT Optimizer = CHOOSE (Cost = 29 Card = 532 Bytes = 25004)
1 0   MERGE JOIN (Cost = 29 Card = 532 Bytes = 25004)
2 1     TABLE ACCESS (BY INDEX ROWID)OF 'SUPPLIER' (Cost = 2 Card = 4 Bytes = 76)
3 2       INDEX (FULL SCAN)OF 'PK_SUPPLIER' (UNIQUE)(Cost = 1 Card = 4)
4 1     SORT (JOIN)(Cost = 27 Card = 532 Bytes = 14896)
5 4       REMOTE*  (Cost = 21 Card = 532 Bytes = 14896) MFG. OS. COM

5 SERIAL_FROM_REMOTE SELECT /* + USE_MERGE ("T2")* / "PNO","PNAME","BUYDATE","PRICE","
```

```
SUPNO" FROM "PRODUCT" "T2" WHERE "PNAME" = 'CPU'
```

在 Oracle 中可以利用/＊＋hint＊/的方法提示优化器采用特定的执行计划。以上两个查询分别利用 USE_NL 提示和 USE_MERGE 提示，使 CBO 选择相应的嵌套循环和排序合并的连接策略。它们的执行成本分别为 86 和 29，可以看出，CBO 默认情况下选择了最优的散列连接作为最后的执行计划。

对于分布式查询，Oracle 采用并列内联视图（Collocated Inline View）来降低网络间传输的数据量，并尽量减少对远程数据库的访问。内联视图指的是一种嵌入式的 Select 语句，用于替换主 Select 语句中的表。例如以下语句中的括号里面的 Select 语句就是一个内联视图：

```
Select E. EMPNO,E. ENAME,D. DEPTNO,D. DNAME
From (Select EMPNO,ENAME,DEPTNO From EMP_SALES@ sales. os. com)E,DEPT D  where E. DEPTNO =
D. DEPTNO;
```

并列内联视图是指从同一个数据库中的多个表上执行 Select 语句所获得的内联视图。利用并列内联视图，Oracle 可以尽量减少对远程数据库的访问，从而提高分布式查询的性能。在很多情况下，Oracle 的 CBO 可以利用并列内联视图透明地重写用户发出的分布式查询语句。例如对于以下的 SQL 语句：

```
Create Table As (
                Select L. A,L. B,R1. C,R1. D,R1. E,R2. B,R2. C
                From LOCAL L,REMOTE1 R1,REMOTE2 R2
                Where L. C = R1. C
                And R1. C = R2. C
                And R1. E > 300
                );
```

CBO 可以将其重写为：

```
Create Table As (
                Select L. A,L. B,V. C,V. D,V. E
                From (
                  Select R1. C,R1. D,R1. E,R2. B,R2. C
                    From REMOTE1 R1,REMOTE2 R2
                    Where R1. C = R2. C
                    And R1. E > 300
                  )V,LOCAL L
              Where L. C = V. C
                );
```

在以上的 SQL 语句中，LOCAL 表示本地数据库中的表，REMOTE1 和 REMOTE2 分别表示同一个远程数据库中的表。并列内联视图 V 将 REMOTE1 和 REMOTE2 连接在一起后，将结果数据传递到本地数据库中，再与本地表 L 进行连接，这样可以减少对远程数据库的访问，从而降低网络上的数据流量。

CBO 并不是总能找到最优的执行计划，当数据库中对象的统计信息不准确，用户可以根据自己对分布式环境中负载、网络和 CPU 等条件的了解，利用 Oracle 的提示（hint）功能给查询语句指定查询计划。例如使用 NO_MERGE 提示，可以避免将一个内联视图合并到一个潜在的非并列 SQL 语句中，代码如下：

```
Select /* +NO_MERGE(v)* / T1. X,V. AVG_Y
  From T1,(Select X,Avg(y)As AVG_Y From T2 Group By X)V,
  Where T1. X = V. X And T1. Y =1;
```

利用 DRIVING_SITE 提示，可以指定 SQL 语句的执行地点，代码如下：

```
Select /* + DRIVING_SITE(dept)* /* From EMP,DEPT@ remote.com
   Where EMP. DEPTNO = DEPT. DEPTNO;
```

通常情况下，CBO 会选择最优的执行地点，在某些情况下，用户也可以指定执行地点来充分利用服务器的性能，并降低网络上传输的数据量。

5.8　大数据库的索引查询优化方法

随着大数据环境的形成，数据的海量性成为数据分布式存储的主要原因，相关的数据操作更加有针对性，从而在可伸缩性、高并发性、高可用性和高效访问方面对分布式数据库提出了更高的要求。这些需求也催生了新型数据模型在分布式数据库中的产生和发展。在这些新型数据模型上实现的大数据库系统在查询优化上主要有两种方法：基于索引技术的多值查询优化和基于 MapReduce 并行技术的查询优化。本节主要介绍新型数据模型上基于索引的查询优化。

键值模型数据上的操作以基于键的查询为主，使用索引能够有效地提高查询的执行效率。为了保证系统的读写性能，键值模型的数据库系统采用了多种索引结构，以提高对各类查询的执行效率。大数据库的每种索引都有各自的特点和适用的查询场景，因此需要基于应用中的查询功能与性质创建索引，这里介绍布隆过滤器、二级索引和跳跃表等索引结构。

5.8.1　布隆过滤器

布隆过滤器（Bloom Filter）是一个二进制向量数据结构，用于检测一个元素是否是一个集合的成员。布隆过滤器的特点是：如果检测结果为真，则元素不一定在集合中；如果检测结果为假，则元素一定不在集合中。布隆过滤器具有 100% 的召回率，不保证准确率，但由于采用二进制向量方式，因此能够有效地节省索引存储的空间。

布隆过滤器的结构是一个 n 位的二进制向量。在使用时首先将向量中所有位的值都设置为 0。对于每一个加入的元素 x 使用 k 个不同的散列函数 $\{h_1, h_2, \cdots, h_k\}$ 生成 0 至 $n-1$ 的值，再修改向量对应二进制位上的 0 为 1。

在判断一个元素是否在集合内时，将元素用 k 个散列函数生成 k 个对应的散列值，只有二进制向量上对应二进制位上的值都是 1 才认为元素可能在集合内，否则只要有一个位上的值是 0 就可以确定元素不在集合内。随着元素的插入，布隆过滤器中修改的值变多，出现误判的概率也随之变大。当新来一个元素时，如果满足其在集合内的条件，即所有对应位都是 1，就有两种情况：一是这个元素在集合内，没有发生误判；二是发生误判，出现了散列碰撞，即这个元素本不在集合内。

假设有一个 16 位的布隆过滤器向量，我们使用 $\{H1, H2, H3\}$ 三个散列函数生成元素向量，如图 5-20 所示。首先向集合中插入 $\{A, B, C\}$ 三个元素，通过散列函数生成插入元素后的位向量。之后当查询元素到达时，对于元素 A，经过散列后与向量中对应位置都是 1，因此判断集合中包含元素 A；而对于元素 D，散列后有两个位置上对应向量的值为 0，因此判断集合中不包含 D；对于元素 E，散列后虽然各位置上对应向量的值都为 1，但元素 E 并不在集合中，因此这实际上是一个误判。

对于布隆过滤器的误判率，在估计之前为了简化模型，我们假设 $km < n$，其中 m 是集合中元素的数量，且各个散列函数是完全随机的。当集合 $S = \{x_1, x_2, \cdots, x_m\}$ 的所有元素都被 k 个散列函数映射到 n 位的位数组中时，这个位数组中某位还是 0 的概率是：

$$p = \left(1 - \frac{1}{n}\right)^{km} \approx e^{-km/n}$$

其中 $\frac{1}{n}$ 表示任意一个完全随机的散列函数选中这一位的概率，$\left(1 - \frac{1}{n}\right)$ 表示执行一次散列函数

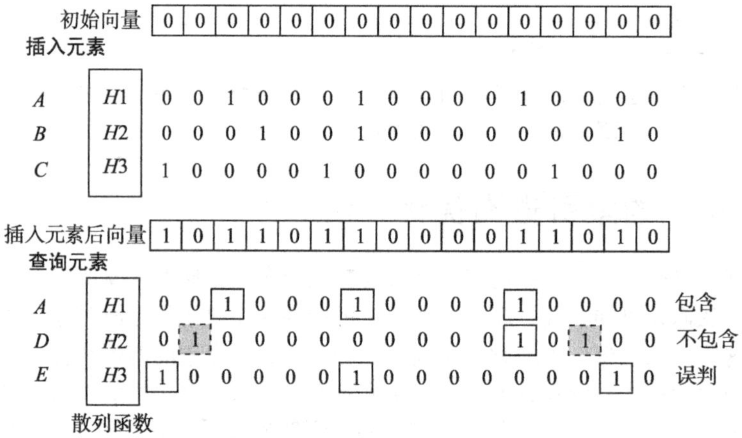

初始向量　0 0 0 0 0 0 0 0 0 0 0 0 0 0 0 0
插入元素

A　H1　0 0 1 0 0 0 1 0 0 0 0 1 0 0 0 0
B　H2　0 0 0 1 0 0 1 0 0 0 0 0 0 0 1 0
C　H3　1 0 0 0 0 1 0 0 0 0 0 0 1 0 0 0

插入元素后向量　1 0 1 1 0 1 1 0 0 0 0 1 1 0 1 0
查询元素

A　H1　0 0 1 0 0 0 1 0 0 0 0 1 0 0 0 0　包含
D　H2　0 1 0 0 0 0 0 0 0 0 0 0 1 0 1 0 0　不包含
E　H3　1 0 0 0 0 1 0 0 0 0 0 0 0 1 0　误判

散列函数

图 5-20　布隆过滤器样例

没有选中这一位的概率。要把 S 完全映射到位数组中，需要做 km 次散列。因此，向量中某一位经过 km 次散列还是 0 的概率就是 $\left(1-\dfrac{1}{n}\right)$ 的 km 次方，令 $p = \mathrm{e}^{-km/n}$ 可以简化运算。令 ρ 为位数组中 0 的比例，则 ρ 的数学期望 $E(\rho)=p$。在已知 ρ 时，查询一个元素需要 k 次散列，每次散列命中值为 1 的位置概率是 $(1-\rho)$，因此 $(1-\rho)^k$ 就是 k 次散列都刚好选中 1 的位置，从而得到误判的概率 f 为：

$$f = \left(1-\left(1-\frac{1}{n}\right)^{km}\right)^k = (1-p)^k \approx (1-\mathrm{e}^{-km/n})^k$$

通过对上式两边取对数，且 $p = \mathrm{e}^{-km/n}$，替换 k 后可以得到：

$$g = k\ln(1-\mathrm{e}^{-km/n}) = -\frac{n}{m}\ln(p)\ln(1-p)$$

根据对称性法则，容易看出当 $p=1/2$，也就是 $k = \ln2 \cdot (n/m)$ 时，g 取得最小值。在这种情况下，最小错误率 f 等于 $(1/2)k \approx (0.6185)n/m$。另外，注意到 p 是位数组中某一位仍是 0 的概率，所以 $p=1/2$ 对应着位数组中 0 和 1 各一半。换句话说，要想保持错误率低，最好让位数组有一半空着。

另一方面，在不超过一定错误率的情况下，布隆过滤器至少需要多少位才能表示任意 m 个元素的集合？假设全集合中共有 u 个元素，允许的最大错误率为 ε，则要求位向量的位数 n 满足一定条件。此时，对于一个布隆过滤器向量，最多能够容纳 $\varepsilon(u-m)$ 个错误，即一个位向量可以容纳 $m+\varepsilon(u-m)$ 个元素，而其中真正表示的元素数量是 m。所以一个确定的位向量可以表示 $\binom{m+\varepsilon(u-m)}{m}$ 个集合，对于 n 位的位向量有 2^n 种形式，所以可以表示 $2^n\binom{m+\varepsilon(u-m)}{m}$ 个集合。

全集合中包含 m 个元素的集合有 $\binom{u}{m}$ 个，因此要让 n 位的位向量能够表示所有 m 个元素的集合，必须有

$$2^n\binom{m+\varepsilon(u-m)}{m} \geq \binom{u}{m}$$

假设 ε 值很小，转换后得到

$$n \geq \log_2 \frac{\binom{u}{m}}{\binom{m+\varepsilon(u-m)}{m}} \approx \log_2 \frac{\binom{u}{m}}{\binom{\varepsilon u}{m}} \geq \log_2 \varepsilon^{-n} = m\log_2\left(\frac{1}{\varepsilon}\right)$$

当 n 和 εu 相比很小时，上式成立，在错误率不大于 ε 的情况下，n 至少要等于 $m \log_2(1/\varepsilon)$ 才能表示任意 m 个元素的集合。由于 $k = \ln2 \cdot (n/m)$ 时误判率最小，即

$$f = \left(\frac{1}{2}\right)^k = \left(\frac{1}{2}\right)^{n\ln2/m}$$

令 $f \leqslant \varepsilon$，则得到

$$n \geqslant m \frac{\log_2\left(\frac{1}{\varepsilon}\right)}{\ln2} = m \log_2 e \log_2\left(\frac{1}{\varepsilon}\right)$$

因此，在选择散列函数的数量最优时要使误判率不超过 ε，位向量的大小 n 至少要取到最小值的 $\log_2 e$ 倍，即 1.44 倍。实际上 n/m 的值越大，误判率越低，但同时需要更多的空间代价。

布隆过滤器能够为 SSTable 中数据的查询提供有效的过滤。在创建 SSTable 文件的同时创建对应的布隆过滤器文件，在系统运行时将每个 SSTable 文件对应的布隆过滤器文件缓存在内存中，当有查询时，将查询的键进行散列得到对应向量，再将该向量与内存中的布隆过滤器文件进行按位与操作，从而判断所查询数据项是否包含在对应的 SSTable 文件中。虽然可能存在误判，但相对顺序访问所有 SSTable 的代价要小很多，因此可以起到查询优化的目的。

5.8.2 键值二级索引

对于采用键值模型的数据库系统而言，如果查询是基于行键（row key）的，那么无论是单点查询还是范围查询都可以通过数据的分布方式实现快速查询所需数据，而基于行键的主索引（通常是 B+ 树索引）也能够起到查询优化的作用，提高查询的效率。然而，如果希望像关系数据库那样以列属性作为条件执行查询，则需要进行全列族扫描操作，这将导致系统性能的明显下降。为此，键值模型的大数据库系统基于其自身的数据存储特征构建二级索引，以提高复杂查询的处理效率。采用二级索引的典型系统是 HBase 和 Cassandra。

在数据库中，查询性能与数据冗余和一致性是相互制约的关系。二级索引查询优化的原理就是依靠冗余的索引数据来提升查询性能。列族模型数据的二级索引在数据结构上同样采用了列族数据模型存储，即索引数据同样存储在采用键值模型的列族中。构建二级索引的基本原理是，将原列族中要作为查询条件的列值（column value）作为索引列族中的行键，而索引列族中的列键（column key）部分则存储原列族中的行键。根据构建二级索引的结构不同，可以分为以下三种二级索引：宽行型二级索引、超列型二级索引、组合型二级索引。

在介绍二级索引结构之前，首先给出一个基于列族存储的样例，如图 5-21 所示，在列族 EMP-WORK 中存储了雇员编号（ENO）、姓名（ENAME）、薪水（SALARY）和部门编号（DNO）信息，其中雇员编号作为行键，其余三个属性作为列。这里，在建立列族 EMP-WORK 时，数据按照行键值进行顺序存储。

假设要查询雇员编号"002"的雇员对应的薪水情况和所在部门。如果所用雇员数据的分布式存储策略是基于排序的，则基于节点的数据划分分区间找到"002"所在的节点；如果分布式策略是基于散列的，则对行键员工号"002"进行散列找到存放该行记录的节点。在定位存储数据的节点后，可以在节点上面的数据文件上使用二分查找或主索引搜索快速找到对应的数据。但是，假如要查询的信息是哪些员工工作在部门"102"，就需要创建二级索引来提高查询效率了。下面结合这个样例介绍列族模型下三种二级索引的结构和使用方式。

（1）宽行型二级索引

宽行型二级索引是基于列族模型的宽行结构所构建的。由于列族模型在每行数据中可以包

列族：**EMP-WORK**

Key(ENO)	Column		
001	Column Key	Column Value	Timestamp
	"ENAME"	"Bob"	4
	"SALARY"	"3500"	4
	"DNO"	"103"	4
002	Column Key	Column Value	Timestamp
	"ENAME"	"Lucy"	6
	"SALARY"	"2500"	6
	"DNO"	"102"	6
003	Column Key	Column Value	Timestamp
	"ENAME"	"John"	3
	"SALARY"	"2300"	3
	"DNO"	"102"	3
004	Column Key	Column Value	Timestamp
	"ENAME"	"Tom"	7
	"SALARY"	"2700"	7
	"DNO"	"101"	7
005	Column Key	Column Value	Timestamp
	"ENAME"	"Gray"	8
	"SALARY"	"2300"	8
	"DNO"	"103"	8

图 5-21　EMP 关系列族存储样例

括多个 Column，因此在二级索引中可以使用行键存储要查询的 Column Value，行中的每个 Column Key 存储主表中某一行的行键。基于图 5-21 中数据所构建的宽行型二级索引如图 5-22 所示，在查询哪些员工工作在部门"102"时，只需在索引列族上使用"102"作为查找键查询相应行，然后取出该行的所有 Column Key 即可。

列族：**DepartmentIndex**

Key(DNO)	Column		
101	Column Key	Column Value	Timestamp
	"004"	null	7
102	Column Key	Column Value	Timestamp
	"002"	null	6
	"003"	null	3
103	Column Key	Column Value	Timestamp
	"001"	null	4
	"005"	null	8

图 5-22　宽行型二级索引

宽行型二级索引在存储索引数据时会按照列族的分布式存储策略进行分片，这样索引数据将被存储在不同的服务器上。查询时首先根据查询条件到对应的服务器上获得索引数据，再根据索引数据中的 Column Key 访问对应行上的数据。

(2)超列型二级索引

如果想创建集中式的索引结构，即将一个列族上的二级索引存放在一台服务器上，则可以利用列族模型中的超列结构创建索引。基于超列的二级索引值创建一个行键，同时将查找键上的所有值作为该行键下面的 SuperColumn Key，而主表上的行键则作为每个超列下的 Column Key。基于图 5-21 中数据所构建的超列型二级索引如图 5-23 所示，其中所有的索引数据都存储在以"Dept"为键的行里，行中包含多个 SuperColumn Key，每个 SuperColumn Key 对应一个部门编号，每个 SuperColumn 下的 Column Key 则对应主表中的行键。

列族：**DepartmentIndex**				
Key	SuperColumn			
"Dept "	Key	Column		
	"101 "	Column Key	Column Value	Timestamp
		"004"	null	7
	"102 "	Column Key	Column Value	Timestamp
		"002"	null	6
		"003"	null	3
	"103 "	Column Key	Column Value	Timestamp
		"005"	null	8
		"001"	null	4

图 5-23　超列型二级索引

这种索引结构可以将二级索引的所有索引数据合并到一个服务器节点上，便于索引数据的管理，但由于所有索引访问都集中在一个服务器上，对系统性能将产生一定的影响。

(3)组合型二级索引

组合型二级索引的结构同样是使用索引表的行键存储索引值，使用 Column 存储主表的行键值，主要的区别在于构建索引表行键的方式不同。组合型二级索引并不是直接采用查找键的值作为行键，而是采用将查找键值与主表的行键组合构成索引表行键的方式，在 Column 中则可以存储主表的行键或其他数据。这种结构的特点是充分利用了列族模型的存储结构中基于行键排序的特性，将查找键与有序的主表行键组合可以保证索引上行键的有序性以及查找键的聚簇性。图 5-24 是基于图 5-21 中数据所构建的组合型二级索引，其中每个索引行的行键是由部门编号加上员工编号组合而成的，列中则存储对应的员工编号。

列族：**DepartmentIndex**			
Key(**DNO**)	Column		
101_004	Column Key	Column Value	Timestamp
	"004"	null	7
102_002	Column Key	Column Value	Timestamp
	"002"	null	6
102_003	Column Key	Column Value	Timestamp
	"003"	null	3
103_001	Column Key	Column Value	Timestamp
	"001"	null	4
103_005	Column Key	Column Value	Timestamp
	"005"	null	8

图 5-24　组合型二级索引

组合型索引的优点是在索引中通过将主表行键与查找键的值组合构建索引表行键，使得在相同查找键值下能够进行有效的排序。这种组合索引只对一个列进行索引，因此可以看作是一维二级索引。在面对多属性查询优化时，可以创建多个一维二级索引来提高查询处理的速度，但其中潜在的问题是存储空间占用过大。因此在处理多属性查询时，也可以创建由两个Column维度查找键和主表行键构成的组合索引，这样通过一次索引扫描就可以定位数据。ITHbase（其全称是 Indexed Transactional HBase）是典型的一维二级索引，是注重解决数据一致性的一种索引策略，实现于 HBase 系统中，用来支持分布式数据库索引的事务性。

键值模型上的二级索引的优点是：索引实现简单，利用原有数据存储结构就可以实现；索引维护代价低，数据更新时仅需要较少的索引读写操作。但是二级索引也具有对多维查询执行效率低和索引空间占用大的缺点。

5.8.3　跳跃表

跳跃表（skiplist）是一种有序数据结构，通过在每个节点中维持多个指向其他节点的指针，达到快速访问节点的目的。跳跃表的平均查找复杂度为 $O(\log N)$，最坏查找复杂度为 $O(N)$，效率接近于平衡二叉树，而其实现比平衡树要简单。还可以通过顺序性操作来批量处理节点。在基于键值模型的 LevelDB 系统和 Redis 系统中，跳跃表被用于实现有序集合键，并在其基础结构上进行了扩展。

跳跃表的基本结构主要由以下几部分构成：

- 表头（head）：负责维护跳跃表的节点指针。
- 节点（node）：用于保存索引元素值，每个节点有一层或多层。
- 层（level）：保存指向该层下一个节点的指针。
- 表尾（tail）：由 null 组成，是每层的最后一个指针。

图 5-25 展示了一个跳跃表的结构样例。跳跃表是按层建造的，底层是一个普通的有序链表，每个节点包含一个用于排序的分值。每个更高层都充当下面列表的快速通道，层 i 中的元素按某个固定的概率 p 出现在层 $i+1$ 中。平均起来，每个元素都在 $1/(1-p)$ 个层中出现。跳跃表的高度（即层数）可以使用随机算法生成，但是这样有可能产生较高的层数，造成搜索效率下降。对于在跳跃表上的搜索，根据相关分析得出的结论是搜索的起始层最好是包含 $1/p$ 个节点的层，此时层数为 $\log_{1/p} n$。因此，创建跳跃表通常的层数为 $\log_{1/p} n$。跳跃表的遍历总是从高层开始，然后随着元素值范围的缩小，慢慢降低到低层。当 p 是常数时，跳跃表的空间复杂度为 $O(n)$（期望值），跳跃表高度为 $O(\log n)$（期望值），查找、插入和删除的时间复杂度是 $O(\log n)$（期望值）。通过选择不同 p 值，可以在查找代价和存储代价之间做出权衡，通常当 $p=1/2$ 或者 $1/e$ 时查找的性能最好。

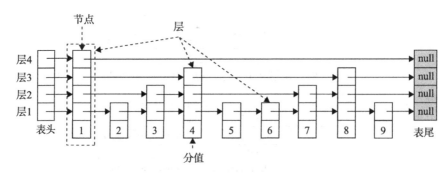

图 5-25　跳跃表结构样例

为了适应功能需要，在 Redis 中基于 William Pugh 论文中描述的跳跃表进行了修改，修改的内容包括：

1) 使用了一个 zskiplist 结构保存跳跃表节点相关信息，其中最左侧节点为 zskiplist 结构，内部包括：

- header：指向跳跃表头节点的指针。
- tail：指向跳跃表尾节点的指针。
- level：记录跳跃表最大的层数。
- length：记录跳跃表的长度，即除头节点外元素节点的数量。

2) 跳跃表中每个成员对应一个排序分值(score)，多个不同成员的分值可以相同，即允许重复的分值。

3) 在进行查询时，在每个节点上不仅要对比分值，还要检查成员对象，因为分值可以重复，单靠分值无法判断一个成员的身份。

4) 每个节点都带有一个高度为 1 层的后退指针(BW)，用于从表尾方向向表头方向迭代，在执行以逆序处理有序集的命令时，会用到这个指针。

Redis 系统中跳跃表的具体结构如图 5-26 所示，其中最左侧为 zskiplist 结构节点，包含了跳跃表的头尾指针以及跳跃表的层数和节点数量。节点各层之间的指针记录了层跨度，即这两个节点之间的距离，在查询时可以通过层跨度决定下一跳的节点，每层最后一个节点指向一个 null 值，其对应的跨度为 0。

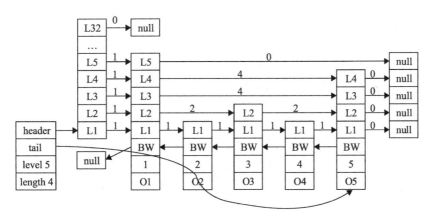

图 5-26　Redis 系统中跳跃表结构

通常，在跳跃表中查找元素的时候，不像在链表中查找元素那样需要遍历，而是从头节点(头节点的下一节点才是元素节点)的最顶层开始。如果 level 数组的 forward 指针指向的节点的分值大于要查找的分值，那么就下降一层；否则，就通过指针前进一个节点，指向下一个节点，继续比较，直至找到所需元素或发现没有所查找元素为止。

5.9　大数据库的查询处理与优化

在大数据库上分布式查询的另一种查询处理与优化方式是采用并行化的方法。大数据库中构建索引通常是针对分布式节点的本地数据查询进行存储优化的方法，而键值模型的二级索引也只能对查询已知情况下的连接操作进行优化，不但需要大量额外的空间存储索引数据，还需要处理数据与索引数据之间的一致性问题。因此，基于索引的查询处理和优化方式主要适合于点查询或多点查询。相对于基于索引的优化方法，基于并行化方法的分布式查询处理更加适合于复杂的连接操作和聚合操作,这些操作可用于大数据库上的联机事务处理(OLTP)和联机分析处理(OLAP),提供更加高效的性能。

本节主要介绍在大数据库上基于并行方法的分布式查询处理与优化方法,其中包括并行数据库的并行查询处理和基于分析引擎的大数据库查询优化方法。

5.9.1 并行查询处理

在大数据库的分布式查询处理中,并行查询处理是一种特殊的处理方法。在详细介绍并行查询处理之前,首先对并行数据库系统进行说明。并行数据库系统(parallel database system)是在并行计算机上运行的数据库系统。并行计算机是一种特殊的分布式系统,由一系列处理器、内存和磁盘所构成的节点组成,并通过高速网络连接。这与大数据库的运行环境是相同的。并行数据库系统的实现中大量采用了传统分布式数据库的技术,而现在用于对海量数据进行存储和查询处理的大数据库系统则是结合了传统分布式数据库技术和并行数据库技术实现的。大数据库系统与并行数据库系统的共同点是更关注于解决分布式数据的数据布局、并行查询处理性能和负载均衡等问题,而在基本原则上,两者与传统分布式数据库是相同的。关于数据布局,并行数据库系统主要基于数据分区策略,有关数据分区策略的具体内容见第3章。

1. 并行数据库架构

对于并行数据库系统,其查询处理策略基于进行并行处理的主机架构,随着主机架构的变化,并行技术也在发展。下面介绍并行主机架构,这是并行数据库系统的基本问题。

(1)共享内存架构

在共享内存架构中,处理器之间通过高速总线互连,具有访问任何内存模块或磁盘的权限,所有的处理器被控制在一个单一的操作系统之下,如图5-27a所示。共享内存架构的优点是结构简单且负载均衡。其所需要的并行处理机制十分简单,在分配任务时只要将新任务分配到空闲度最大的处理器上即可实现负载均衡。但是共享内存存在高成本、低可用性和无可扩展性的问题。

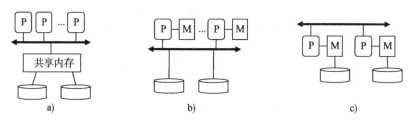

图 5-27 并行数据库架构

(2)共享磁盘架构

共享磁盘架构如图5-27b所示,处理器独占内存,但共享访问磁盘存储器。处理器间并发访问磁盘数据会造成数据一致性问题,因此这种架构需要一个分布式的锁管理机制来保证数据的一致性。Oracle的RAC就属于此类数据库系统。共享磁盘架构的优点是成本低、高可用性和负载均衡,相应的缺点是结构更加复杂,且需要进行加锁和两阶段提交来保证数据的一致性。

(3)无共享架构

在无共享架构中,每个处理器访问自己独占的内存和磁盘存储器,每组处理器、内存和磁盘构成的节点都有自己独立的操作系统,节点之间通过高速网络互连,如图5-27c所示。实际上,大多数的分布式数据库设计所使用的方案都可以用于无共享架构,数据分片和分布式查询处理都可以在这种架构上使用。

无共享架构具有十分显著的优点:低成本、高可扩展性和高可用性。无共享架构可以使用大量的独立主机通过网络互连搭建，相比共享磁盘的互连成本要低很多。而各节点之间的独立性使得系统可以通过增加新节点来提升整体性能，于是具有高可扩展性。节点具有独立的存储器，数据可以通过复制在不同节点上保存副本，从而达到高可用性。

无共享架构具有更高的管理复杂性，负载均衡也更加难以实现。管理复杂性主要来自其节点的规模，对于具有大量节点的分布式数据库，其查询处理的复杂性会显著提高。负载均衡主要基于数据的分布，而不是每个节点上系统的实际负载，同时也很难获得系统的整体负载状态。

（4）混合架构

混合架构是通过将以上三种架构进行结合来发挥不同架构的优点，主要包括 NUMA 和集群两种混合架构。

NUMA（Non Uniform Memory Access，非统一内存访问）是使用共享内存的编程模型，物理上使用分布式的内存实现可扩展的架构，内存分布在各个节点上，而处理器可以访问其他节点上的内存，如图 5-28 所示。在这种架构下，内存和缓存的一致性由硬件来支持，因此远程内存访问具有极高的效率，其另一个优势是不需要重写应用层软件。当前应用中主要的 NUMA 系统是 ccNUMA（cache coherent NUMA），例如基于英特尔安腾处理器和 AMD Opteron 处理器的多处理器系统，特点是内存之间没有页面复制或数据复制，也没有软件消息传送。

集群（cluster）是一组互相连接的独立服务器节点，通过共享资源形成一个整体系统，其中共享的资源可以是硬件的磁盘，也可以是软件，如数据库管理服务。集群是由大量同构节点在地理上聚合而成的，其架构通常是采用无共享结构，或者只共享磁盘（如 Oracle RAC）。目前的大数据库系统几乎无一例外地都在使用无共享的集群，其高可扩展性能够使系统的性能获得稳定的提升。

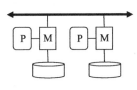

图 5-28　NUMA 架构

2. 查询并行性

并行查询处理主要基于两种形式：查询间并行和查询内并行。查询间并行主要指属于不同事务的查询并行执行，从而增加事务吞吐量。查询内并行主要指查询的操作符之间和操作符内部的并行处理，以降低响应时间。分布式数据库的处理也包括操作符之间和操作符内部这两种操作。

操作符之间并行指将查询的语法树上的不同操作符分发到多个节点并行执行。例如一个查询 $\sigma_{c1}(R) \infty \sigma_{c2}(S)$，其中将关系 R 和 S 分别存储在两个节点（场地）上，此时可以在两个节点上并行处理关系 R 和 S 上的选择操作 σ_{c1} 和 σ_{c2}，再执行连接操作，如图 5-29a 所示。操作符之间并行要求并行执行的操作符和操作数间没有依赖性。

操作符内部并行指将对同一操作符的处理分发到多个处理器上并行执行，与操作符同时被分解的还有数据。对于数据的分区，可以把分区后的每组数据看作是一个桶，常用的分区方式是使用散列函数。选择操作上的数据分区本身可以消除一些选择操作的处理，例如使用散列分区或范围分区时，分区后可能只有特定的桶才包含选择操作的结果数据。对于连接操作，可以分别使用散列函数划分两个关系，再对两个关系的划分结果对应的桶内数据进行连接操作，这与散列连接算法的原理是相同的，如图 5-29b 所示。

3. 并行处理算法

并行查询处理与分布式查询处理面临的问题在很多方面是相同的。在衡量算法代价方面，并

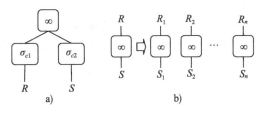

图 5-29　查询内并行

行查询处理同样要考虑数据的传输代价，因为并行处理中数据通常是集中存放的。并行查询处理主要针对关系代数操作符，而并行性主要通过操作符内部并行实现。采用并行算法处理的关系代数操作符主要是选择和连接操作，其他操作符可以采用类似算法处理。

对于选择操作符的处理，需要依据选择谓词的不同来决定查询的并行性。如果选择是一个精确匹配谓词，那么操作符的执行可能只涉及一个处理节点。如果选择由更加复杂的谓词所构成，那么选择操作有可能被分发到所有关系被划分的处理节点上执行。

连接操作的并行处理相比选择操作更加复杂，这一点与分布式查询处理是相同的。连接操作的并行处理可以使用为高速网络环境设计的分布式连接算法。连接操作的并行处理算法主要有三种：并行嵌套循环算法（PNL）、并行相关连接算法（PAJ），以及并行散列连接算法（PHJ）。

并行查询处理在执行代价方面与分布式算法基本相同，可以表示为

$$C_{\text{total}} = C_{\text{pro}} + C_{\text{com}}$$

其中 C_{com} 为并行查询中的通信代价，通信代价可以认为是处理节点间的建立连接和数据传输代价；C_{pro} 为处理节点的处理代价，处理代价为各处理节点本地处理代价之和，主要包括 CPU 执行代价和磁盘 I/O 代价，用于对数据进行划分和执行连接操作。为了简化代价模型，通常忽略建立连接代价和 CPU 处理代价，而只考虑数据传输代价和磁盘 I/O 代价。

下面对各并行处理算法进行详细介绍。

（1）并行嵌套循环算法

并行嵌套循环算法是处理方式上最简单的算法，可以支持任意复杂的连接操作，因为其本质上相当于进行两个关系的笛卡儿积运算。在分布式数据库 Ingres 中使用的就是并行嵌套循环算法。并行嵌套循环算法的执行主要分为两个阶段，如图 5-30 所示。

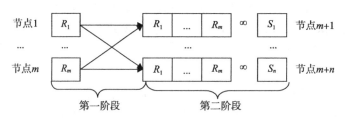

图 5-30　并行嵌套循环样例

在第一阶段中，连接操作中关系 R 的 m 个片段被复制到 S 的 n 个片段所在的每个处理节点。第二阶段中，每个 S 分片所在的节点将接收到的整个关系 R 与其本地分片进行连接操作。这个连接的过程是并行处理的，每个节点上的连接操作可以采用集中式的连接算法，每个处理节点的连接结果最终传输到一个节点进行合并处理。

在执行代价上，并行嵌套循环算法的处理相当于 $R \infty S = \bigcup_{i=1}^{n}(R \infty S_i)$。在数据传输方面，在没有广播的情况下需要发送 $m*n$ 次消息，每次发送 $\text{Card}(R)/m$ 个关系 R 的元组，因此对应的通信代价为：

$$C_{\text{com}} = m*n*C_{\text{tran}}*X(\text{Card}(R)/m)$$

在处理代价上，这里只考虑连接操作的代价，每个关系 S 分片所在的节点上要执行关系 R 与关系 S 一个分片的连接，因此总的处理代价为：

$$C_{\text{pro}} = n*C_{\text{join}}(\text{Card}(R), \text{Card}(S)/n)$$

其中 $C_{\text{join}}(x, y)$ 表示两个元组数为 x 和 y 的关系的连接代价。

（2）并行相关连接算法

并行相关连接算法用于处理等值连接操作，要求一个操作数关系根据连接属性进行划分。

例如关系 R 和关系 S 在属性 $R.A$ 和 $S.B$ 上进行等值连接，且关系 S 基于属性 B 上的散列函数 $h(\ )$ 的结果进行划分，即属性 B 上具有相同散列值 $h(B)$ 的元组将被划分到一个节点上。并行相关连接算法的原理是将关系 R 的数据采用同样的散列函数 $h(\ )$ 进行划分，将划分后的数据发送到对应的关系 S 的节点上执行连接操作。该算法原理上与集中式连接查询算法中的散列连接相似，在并行处理过程中分为两个阶段执行，如图 5-31 所示。

在第一阶段中，对关系 R 的数据基于属性 A 上的散列函数 $h(\ )$ 的结果进行划分，无论关系 R 的数据在各个节点上如何存储，每个节点上的数据都将被散列函数 $h(\ )$ 划分为与关系 S 节点数量相同的数量，再将每个划分发送到对应的 S 节点上。

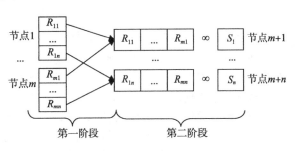

图 5-31　并行相关连接样例

第二阶段中，在关系 S 的每个节点上执行 S 分片与 R 复制过来的分片的连接操作，本地的连接处理可以基于集中式连接算法。

并行相关连接算法的处理相当于 $R \infty S = \bigcup\limits_{i=1}^{n}(R_i \infty S_i)$。因此在数据传输上每个关系 R 的分片上将划分为 n 个分片，并将每个分片传输至对应的 S 节点上，相应的通信代价可以表示为：

$$C_{\mathrm{com}} = m * n * C_{\mathrm{tran}} * X(\mathrm{Card}(R)/(m*n))$$

在处理代价上，在 S 的每个节点上处理关系 R 基于散列函数的一个分片与 S 的一个分片的连接，对应的代价为：

$$C_{\mathrm{pro}} = n * C_{\mathrm{join}}(\mathrm{Card}(R)/n, \ \mathrm{Card}(S)/n)$$

（3）并行散列连接算法

并行散列连接算法由 Dewitt 和 Gerber 提出，是并行相关连接算法的一种泛化应用，与其不同的是不要求预先对其中一个关系进行划分，而是在执行连接时对关系 R 和 S 使用相同的散列函数划分。连接的关系 R 和 S 都被散列函数分成 p 个分片，关系内分片互斥，关系间分片一一对应，连接时每组分片被分配到一个处理节点执行连接操作，如图 5-32 所示。

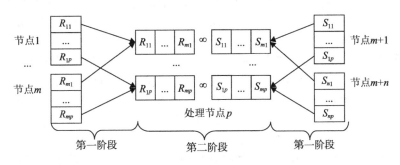

图 5-32　并行散列连接样例

并行散列连接算法同样分为两个阶段。第一阶段是构造阶段，其中将关系 R 的元组在连接属性上使用散列函数 $h(\ )$ 进行划分，划分后将分片发送到 p 个并行处理节点上，在每个处理节点上再为到达的分片数据构建散列表。第二阶段是探查阶段，将关系 S 的元组使用散列函数 $h(\ )$ 划分并发送到对应的处理节点上，在处理节点上对每个接收到的 S 的元组探查散列表，找到与之进行连接的关系 R 的元组。

并行散列连接算法的处理相当于 $R \infty S = \bigcup\limits_{i=1}^{p}(R_i \infty S_i)$。在数据传输上，每个关系 R 和关系

S 的分片都将被散列函数划分为 p 个分片并发送到对应的处理节点上，对应的通信代价为：

$$C_{com} = m * p * C_{tran} * X(\mathrm{Card}(R)/(m * p)) + n * p * C_{tran} * X(\mathrm{Card}(S)/(n * p))$$
$$= C_{tran} * X(\mathrm{Card}(R) + \mathrm{Card}(S))$$

在处理代价上，在每个处理节点上对关系 R 的一个分片和关系 S 的一个分片进行连接，对应的代价为：

$$C_{pro} = p * C_{join}(\mathrm{Card}(R)/p, \mathrm{Card}(S)/p)$$

4. 并行查询处理与分布式查询处理

并行查询处理与分布式查询处理在数据分布、代价模型和处理方法上十分相似，很多算法在两种处理方式上是通用的。两者的不同之处主要体现在基于代价模型的优化机制上。

对于分布式数据库而言，通常数据在物理上是异地分布的，因此在查询优化算法中更加注重通信代价的优化，尽量将传输的数据量降到最低，如采用半连接的优化算法。而对于并行查询处理，由于通常处理节点是采用高速网络连接的，因此在查询优化中同时考虑通信代价和本地处理代价，在查询处理算法上以分布式查询算法为基础，但更注重操作符内部并行性和操作符之间并行性，通过使用多处理节点提高查询处理的效率，降低响应时间。

在以管理大数据为主要功能的大数据库上，查询处理通常服务于数据分析等复杂应用。大数据库通常搭建于服务器集群的硬件环境下，其数据采用特定的分布式策略存储于集群的节点上，而对于查询处理则更加希望能够获得并行查询处理的性能。因此，大数据库系统通常同时采用并行数据库和分布式数据库的技术，在数据存储和事务管理方面主要采用分布式数据库技术，在海量数据分析所需的查询处理上则更多地使用并行数据库的查询处理技术。可以说，大数据库系统是并行数据库技术和分布式数据库技术结合的结果。

5.9.2   基于分析引擎的大数据库查询优化

大数据库系统在提供存储海量结构化和非结构化数据信息能力的同时，也需要保证在这些数据上的高效访问，即对海量数据的查询处理能力。大数据库对数据的存储通常采用分布式的存储策略，基于特定的数据分片规则将海量数据分布到大量的数据存储节点上，如采用一致性散列方法划分数据。大数据库的数据查询处理则基于数据的分布方式设计相应的算法。一般来说，大数据库的查询处理根据面向的应用不同具体可以分为面向事务型应用的查询处理和面向分析型应用的查询处理。

在面向事务型应用的查询处理中，查询通常是针对某一指定键值的数据进行简单的查询操作，即点查询或多点查询，如对用户信息进行更新或增加一条用户的留言消息。因此，对于这类查询的优化方法主要是根据数据的分布方式定位查询目标数据所在的存储节点，在存储节点上再使用高效的本地索引机制(见 5.8 节)提高查询效率。

在面向分析型应用的查询处理中，查询具有更高的复杂性，查询中不但包含各类聚合函数，还可能包含复杂的连接操作。对于分析型应用的复杂查询，大数据库通常需要访问数据表(或者列族)中的全部或大部分数据信息，这使得基于索引的优化方式不再适用。仅仅依靠大数据库提供的数据存储层的功能通常无法处理复杂查询，而是需要借助分布式或并行的分析引擎来执行这些操作，相关的查询优化策略也基于这些框架提出。连接操作是分析型应用的查询中执行代价最大的操作，对其进行查询优化通常要考虑系统的整体特性，即从大数据库系统数据的存储模型与分布方式，到执行操作的分析引擎特性。

下面将结合几个主要的数据分析引擎特征，对基于大数据库的查询优化进行详细介绍。

1. 基于 Hadoop 的查询处理与优化

Hadoop 是基于 MapReduce 框架和 Google File System(GFS)所开发的分布式批处理框架。其

数据存储部分是 Hadoop 分布式文件系统（Hadoop Distributed File System，HDFS），它存储
Hadoop集群中所有存储节点上的文件。基于 HDFS，Hadoop 中包括了一个类似 Google Bigtable
的分布式数据存储系统 HBase。Hadoop 中还包含了用于并行处理的 MapReduce 框架。而在 Ha-
doop 之上，则有为了便于在 Hadoop 上对数据仓库进行操作而开发的 Hive 系统，Hive 为 Hadoop
提供了使用 SQL 来操作 MapReduce 对数据进行分析的能力，但是 Hive 所提供的功能有限，对
于数据挖掘等复杂算法还需要通过对 MapReduce 编程实现。

　　Hadoop 为数据分析应用提供了强大的批处理能力，基于其中所包含的 MapReduce 框架能
够实现在大数据上的多种复杂查询处理，而相关的查询优化方法也被陆续提出并应用。下面将
分别介绍在 Hadoop 引擎上对查询的处理策略和优化方法。

　　（1）基于 Hadoop 的等值连接查询

　　连接是关系代数中执行代价较大的操作，在 Hadoop 中处理连接操作同样面临着执行代价
大的问题。为此，需要设计用在 MapReduce 上的特殊算法。有关 MapReduce 的执行原理已经在
本书前面章节进行了介绍，这里假设要执行连接操作的关系 R 和关系 S 存储于 HDFS 之上。以
下是使用 Hadoop 进行等值连接操作的几种常见算法。

　　①Reduce Side Join 算法

　　Reduce Side Join 算法是最基本的 Hadoop 处理连接操作的算法，基于 MapReduce 框架其执
行过程可以分为三个阶段：Map 阶段、Shuffle 阶段和 Reduce 阶段，如图 5-33 所示。

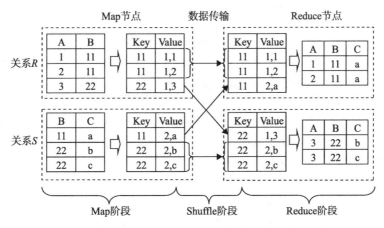

图 5-33　Reduce Side Join 算法样例

　　在 Map 阶段，处理节点的每个 Map 任务对关系 R 和关系 S 的数据块进行处理，处理方式
是将元组中连接属性的值作为 Key，将元组内容作为 Value 并同时写入一个表示关系来源的标
签（如图 5-33 中 Value(1，2)中的 1）。Map 任务输出的结果以键值模型（Key，Value）形式存储
在本地，并基于键值进行数据分区，分区中的数据按照键值进行排序。

　　在 Shuffle 阶段，Map 任务节点上的数据将基于键值所在的分区传输到相应的 Reduce 任务
所在的节点上。

　　在 Reduce 阶段，Reduce 任务将 Map 节点发送来的分区数据采用归并排序方法进行聚合，
并使用 Reduce 函数对来自两个关系的具有相同 Key 值的数据执行连接操作，并输出连接后的
结果数据。

　　由于实际的连接操作是在 Reduce 任务节点上执行的，因此称为 Reduce Side Join。Reduce
Side Join 与并行散列连接算法在原理上是相同的。在执行代价方面，在 Map 阶段需要对所有数
据进行两次 I/O 读写，在 Shuffle 阶段需要对所有数据执行在 Map 节点的读和在 Reduce 节点的

写，同时还要在 Map 节点和 Reduce 节点传输这些数据，在 Reduce 阶段则要在 Reduce 节点上执行归并排序连接操作。对于有多个关系的连接操作，则需要在 Hadoop 上执行多次基于 MapReduce 的 Reduce Side Join 算法。

②Map Side Join 算法

Reduce Side Join 存在整体效率低的问题，因为在 Shuffle 阶段需要大量的数据传输和读写开销。为此，针对特殊的应用场景，提出了 Map Side Join 算法以对查询进行优化。Map Side Join 算法要求两个执行连接操作的关系中至少有一个关系的数据量非常小，这个较小的关系（假设是 R）要求能够存储在内存之中，另一个关系（假设是 S）表可以非常大。在这种情况下，可以将小关系表 R 复制到每个 Map 任务节点上，用一张散列表存储。这样在 Map 阶段可以直接对大关系表 S 的分片数据进行扫描，在连接属性上对大关系表数据进行散列，并从小关系表 R 的散列表中找到具有相同连接属性值的记录，连接后输出结果。Map Side Join 算法的整体处理过程都在 Map 任务中执行并输出结果，处理方式如图 5-34 所示。

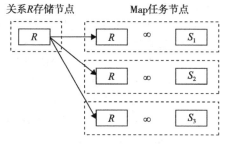

图 5-34   Map Side Join 算法

Map Side Join 的另一个应用场景是参与连接的两个关系数据在连接前已经按照连接属性划分和存储，这样也可以直接在 Map 阶段执行连接操作获得结果。

③半连接算法

半连接是分布式数据库中经典的连接优化算法（见 5.3 节），其原理同样可以应用于 Hadoop 中，以对连接操作进行优化。Hadoop 的半连接算法其实是对 Reduce Side Join 算法的一种优化，将半连接算法与并行连接算法结合以降低连接中的通信代价。

Hadoop 的半连接算法在 Map 阶段首先对小关系表（假设是关系 R）在连接属性上做投影得到关系 R'，再将关系 R' 使用 Hadoop 的 DistributedCache 发送到各个任务节点上，在 Map 任务中将无法与 R' 中键值进行连接操作的元组过滤掉。在 Shuffle 阶段和 Reduce 阶段的操作与 Reduce Side Join 算法的处理方式相同，如图 5-35 所示。

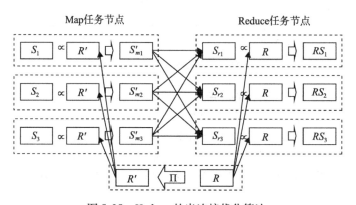

图 5-35   Hadoop 的半连接优化算法

由于半连接优化算法使用了 Hadoop 的 DistributedCache（这是一个构建于内存的 Hadoop 缓存），因此小关系表的投影关系 R' 必须能够被缓存所容纳才能使用半连接优化算法。对于内存无法容纳投影关系 R' 的情况，可以使用布隆过滤器（见 5.8.1 节）来节省空间。具体方法是用小关系表的连接属性的属性值生成布隆过滤器文件替代连接属性投影，在 Map 阶段使用布隆过滤器对大关系表元组进行过滤。虽然布隆过滤器存在误识别问题，但不会漏掉能够进行连接的元组。基于布隆过滤器的半连接优化算法会产生一部分不必要的数据传输，但相比 Reduce Side Join 算法依然能够节省大量的传输数据产生的通信代价和磁盘 I/O 代价。

（2）基于 Hadoop 的多关系连接查询

在使用 Hadoop 处理多关系连接时，可以基于上面介绍的 Reduce Side Join 算法或其改进算法通过执行一个连接序列完成连接的处理，即使用多次的 MapReduce 任务。例如，假设有三个关系的连接操作 $R(A, B) \bowtie S(B, C) \bowtie T(C, D)$，在进行连接处理的时候可以先执行 $R(A, B) \bowtie S(B, C)$ 再将其结果与关系 T 进行连接，也可以先执行 $S(B, C) \bowtie T(C, D)$ 再与 R 执行连接。然而这种连接方式将导致 Hadoop 启动多次 MapReduce 任务，这在 Hadoop 中是非常耗时的。

对于三个关系的连接操作 $R(A, B) \bowtie S(B, C) \bowtie T(C, D)$，为了减少 MapReduce 任务的启动次数，可以设计一个通过一次 MapReduce 任务完成连接的算法。该算法的基本思想是，在 Map 阶段后将参与连接的关系通过散列函数 h 生成的分片发送到多个 Reduce 任务节点上，在每个 Reduce 任务节点处理三个关系的连接并获得结果。这种方法显然会增加查询处理中的通信代价，但是可以减少 MapReduce 任务次数，这在基于 Hadoop 的查询优化中十分重要。

下面以连接操作 $R(A, B) \bowtie S(B, C) \bowtie T(C, D)$ 为例介绍如何实现一次 MapReduce 任务的查询处理。在该算法中需要将关系 R 和关系 T 的每个元组复制到多个 Reduce 任务节点，而对关系 S 的每个元组仅需要复制到一个 Reduce 任务节点。具体处理过程如下：

在 Map 阶段，在 Map 任务节点上使用散列函数 h 将连接属性 B 和 C 散列到编号为 1 到 m 的桶中。这样关系 R 和关系 T 的元组被散列到 m 个桶中，而关系 S 的元组则被散列到 $k = m^2$ 个桶中，因为关系 S 的元组同时包含两个连接属性。

在 Reduce 阶段，根据两个连接属性 B 和 C 设置 m^2 个 Reduce 任务节点，每个 Reduce 任务节点用 (i, j) 进行标记，其中 i 和 j 的取值范围是 1 到 m。在对数据传输的 Shuffle 阶段，将关系 S 的每个元组 $S(b, c)$ 复制到对应编号为 $(h(b), h(c))$ 的 Reduce 任务节点上，将关系 R 的每个元组 $R(a, b)$ 复制到对应编号为 $(h(b), x)$ 的 Reduce 任务节点集合上，其中 x 表示任意值，同样，将关系 T 的每个元组 $T(b, c)$ 复制到对应编号为 $(y, h(c))$ 的 Reduce 任务节点集合上，其中 x 表示任意值。这样，在每个 Reduce 任务节点上有 $1/m^2$ 的关系 S 数据，以及 $1/m$ 的关系 R 和关系 T 数据。如图 5-36 所示是一个 $m = 4$ 的数据划分。

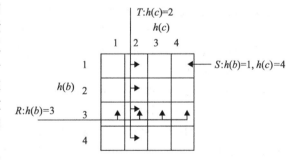

图 5-36　$m = 4$ 时关系 R、T、S 的数据复制分布

对于一次 MapReduce 任务的多关系连接查询算法可以扩展至三个关系以上的连接操作，对于连接属性可以采用不同的散列函数，其查询处理也更为复杂，请参考 Afrati 和 Ullman 的 SIGMOD2010 论文。

2. 基于 Spark 的数据分析处理

Spark 是由 UC Berkeley 的 AMPLab 实验室开发的基于内存的 Map-Reduce 实现，目的是为了提高 Map-Reduce 的计算效率。AMPLab 实验室在 Spark 基础上封装了一层 SQL，产生了一个新的类似于 Hadoop 上 Hive 系统的 Shark，目前 Shark 已经被 Spark SQL 所取代。

（1）Spark 的生态系统

以 Spark 为核心的伯克利数据分析栈（BDAS）结构如图 5-37 所示。在 Spark 中包含 MapReduce框架的 Map 和 Reduce 操作，而其性能出色的主要原因则是使用了弹性分布数据集（Resilient Distributed Dataset，RDD）。Tachyon 是一个分布式内存文件系统，提供内存形式的

HDFS，用于实现 RDD 和文件共享。底层的数据可以存储在 HDFS、HBase、HyperTable 和 S3 等数据存储系统中。而系统的分布式资源管理运行则交给了 Apache 的资源管理框架 Mesos 和

Yarn 运行，因此 Spark 包括多种运行模式：本地模式、Mesos模式和Yarn 模式等。Spark 的上层生态系统则包括面向数据分析的 Spark SQL、面向数据流处理的 Spark Streaming、面向图数据处理的 GraphX。更上层则是 SparkR 这种更加复杂的应用。

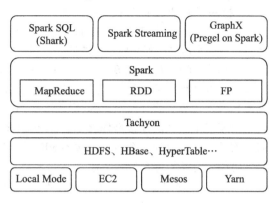

图 5-37　伯克利数据分析栈的结构

（2）Spark 与 Hadoop 的主要区别

Spark 与 Hadoop 最显著的不同之处是 MapReduce 任务中间输出和结果可以保存在内存中，从而不需要读写 HDFS，避免了大量的磁盘 I/O 代价。在应用方面，Spark 更适合于需要迭代计算的复杂数据分析操作。

相比 Hadoop 只提供了 Map 和 Reduce 两种操作，Spark 提供了丰富的数据集操作类型，其中包括 map、filter、flatMap、sample、groupByKey、reduceByKey、union、join、cogroup、mapValues、sort、partionBy 等，Spark 把这些操作称为"转换"。此外，还提供了 reduce、count、collect、take、foreach、save 等多种"行动"操作。丰富的数据集操作类型，使 Spark 能够支持更多类型的应用，尤其是数据挖掘和机器学习方面的应用。在通信模型上，Spark 除了提供 Shuffle 模式，还提供了数据广播模式。用户可以命名、物化、控制中间结果的存储、分区等。

在容错方面，Spark 支持使用 Checkpoint 来实现分布式数据集计算容错。Checkpoint 主要以两种方式实现：Checkpoint data 和 logging the updates。Checkpoint data 需要很大的数据存储空间，而 logging the updates 则可能造成大量计算重新处理，为此需要根据应用来选择容错策略。

（3）Spark 的高性能核心——弹性分布数据集

弹性分布数据集是 Spark 最核心的创新。同样采用 MapReduce 框架的 Spark 系统其性能远高于 Hadoop 系统的主要原因，就是使用了 RDD 作为内存缓存，节省了大量的磁盘 I/O 操作，而内存中的数据可以高效地被访问以用于迭代计算。

弹性分布数据集（RDD）是一个分布式数据架构，表示已被分区的、不可变的、可并行操作的数据集合。不同的数据格式对应着 RDD 的不同实现，且 RDD 数据缓存在内存中以便后续操作符直接从内存访问数据。RDD 的数据是可序列化的，在必要的时候，如内存不足时可以将 RDD 的数据序列化到磁盘存储。Spark 的任务调度是基于 RDD 之间的依赖关系的，通过一系列对 RDD 的操作就生成了 Spark 的任务。使用 RDD 可以处理的编程模型包括：

- 迭代计算，例如图处理和机器学习的迭代算法。
- 关系型查询，可以运行批处理作业和交互式的 SQL 查询。
- MapReduce 批处理，RDD 通过提供比 MapReduce 更加丰富的操作，使其可以有效地运行 MapReduce 任务，甚至更加复杂的任务。
- 流式处理，RDD 通过其恢复机制能够有效地支持流式数据处理。

RDD 的构建可以通过以下四种方式：

- 从共享文件系统中创建，如 HDFS 或兼容的数据存储系统 HBase、Cassandra 等。
- 通过转换已有的 RDD，生成新的 RDD。
- 通过将驱动中并行计算的数据集进行分片创建 RDD。
- 对 RDD 进行持久化。默认的 RDD 具有延时性和暂时性，即在调用时而非创建时填充数

据，使用后从内存丢弃。在数据需要被重用或需要对处理的数据进行验证的情况下，会将计算后的 RDD 放入缓存中存储。

RDD 在数据存储模型上采用了分区的方式，一个 RDD 会被划分为多个分区分布在集群的多个节点上，每个分区就是一个数据块（block），数据块可以存储在内存中，也可以在内存不足时存储到磁盘上。RDD 的数据管理如图 5-38 所示。

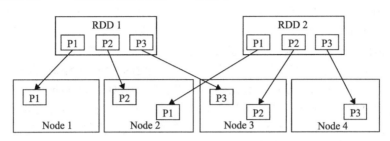

图 5-38 RDD 的数据管理模型

RDD 支持两种操作符：转换（transformation）和行动（action）。转换操作符是将一个 RDD 通过转换生成一个新的 RDD，这个操作并不是立即执行，而是在执行行动操作时触发。行动操作符触发 Spark 提交作业，将数据输出到 Spark 系统。

（4）Spark 的运行逻辑

Spark 在处理作业的过程中，将数据在分布式环境下分区，并将作业转化为有向无环图（DAG），再分阶段对 DAG 进行调度，分布式执行处理。Spark 的调度方式与 MapReduce 不同。Spark 根据 RDD 之间不同的依赖关系切分形成不同的阶段，每个阶段包含一系列操作执行的流水线。图 5-39 为一个典型的 Spark 处理流程。Spark 首先从 HDFS 的文件中读取数据创建 RDD_A 和 RDD_C（在图中用 A、B、C、D、E、F 表示），每个 RDD 对其数据进行分区并分布式存储，分区的方式主要有基于散列分区和基于范围分区两种方式，图中分区用 RDD 内矩形表示。在阶段 1 中 RDD_A 通过 Map 操作转换为 RDD_B。在阶段 2 中，RDD_C 上执行 Map 操作转换为 RDD_D，再通过 reduceByKey 的 Shuffle 操作转换为 RDD_E。在阶段 3，RDD_B 和 RDD_E 执行 join 操作，得到最终的连接结果 RDD_F。最后，RDD_F 通过 saveAsSequenceFile 输出并保存到 HDFS 中。

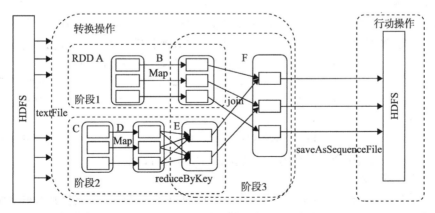

图 5-39 Spark 处理流程

（5）Spark SQL（Shark）的查询优化

Spark SQL 和 Shark 都是以提供基于 Spark 的交互式查询框架而实现的，用户可以通过编写

SQL 来操作 Spark 对数据的处理。Shark 的实现主要基于 Hive 框架，而现在已经被合并到 Spark SQL 之中。Spark SQL 和 Shark 在查询优化上与关系数据库的处理方式相同，查询优化分为逻辑执行计划优化阶段和物理执行计划优化阶段。

在逻辑执行计划优化阶段，Shark 完全采用了 Hive 的优化机制，包括 MapJoin 和字段裁剪等，关于 Hive 的优化机制见第 4 章。Spark SQL 的执行是基于核心模块 Catalyst 的，Catalyst 采用了自己的规则集对逻辑查询计划树进行优化。逻辑执行计划可以看作是一个有向无环图。

在物理执行计划优化阶段，逻辑执行计划会被映射到物理执行计划，物理执行计划也是一个树形结构，树中每个节点对应一个物理操作符，即 Spark 的操作符。同逻辑执行计划一样，物理执行计划也是一个有向无环图。Shark 的物理执行计划将生成由 Spark 的 RDD 操作原语表示的操作序列，而其中的操作原语要远比 Hive 丰富。Spark SQL 的 Catalyst 在逻辑执行计划生成物理执行计划过程中，采用了基于规则的方法，即根据逻辑执行计划的逻辑操作符选择对应的物理执行操作符。这里 Catalyst 优化过程并没有像集中式数据库的优化器那样对连接顺序等进行优化，而只是实现了将优化后的逻辑执行计划映射到基于 Spark RDD 的物理执行计划。

3. 基于 Dremel 的实时查询处理与优化

Dremel 是由 Google 开发的一个具有伸缩性和交互式的数据查询分析系统，用于分析只读嵌套数据，提供了交互式实时计算的能力。Dremel 系统在 2006 年实现，2010 年通过论文公开。Apache 的 Drill 和 Cloudera 的 Impala 系统都是基于 Dremel 原理开发的新型查询系统，提供了 SQL 语义，并能查询存储在 HDFS 和 HBase 等数据存储系统中的 PB 级数据。Dremel 主要用于对 MapReduce 的查询处理能力进行补充，只要将 MapReduce 的输出数据格式修改为 Dremel 的格式，就可以用来分析 MapReduce 的结果集。总体来说，与 MapReduce 相比，Dremel 系统具有以下特点：

- 面向大数据的实时查询处理能力。与 MapReduce 的批处理方式不同，Dremel 能够在 PB 级的数据上实现秒级的实时查询处理。
- 数据的物理存储模型采用列式存储。Dremel 基于列存储结构的物理数据存储，在分析时只需访问所需数据列，而且数据支持压缩存储，从而提高数据访问效率。
- 数据逻辑模型支持嵌套结构。Dremel 系统主要支持 Web 数据上的查询，而 Web 数据很多都是非关系型的，即具有类似 XML 或 JSON 的嵌套结构，如使用关系模型则需要大量连接操作。
- 结合分布式搜索引擎和并行数据库技术实现查询处理。Dremel 将类 SQL 的查询转换为查询树，将查询树分解为小型的简单查询，再以操作符之间并行方式执行查询处理。

从 Dremel 系统的特点可以看出，其优秀的大数据实时查询处理性能主要得益于两个方面的技术特征：一是采用了面向嵌套结构数据的列式存储，将嵌套结构的记录转换成列存储形式，查询时根据查询条件读取需要的列，然后进行条件过滤，结果输出时再将列组装成嵌套结构的数据输出；二是使用了多层查询树，通过对查询树逐层分解，生成大量小的查询处理片段，以实现在大量主机上并行执行，底层节点负责具体的数据读取和查询执行，然后将结果返回上层节点。下面就这两个与查询优化密切相关的技术进行详细介绍。

（1）Dremel 的数据存储模型

Dremel 系统使用列式模型（见第 3 章）作为数据的物理存储模型来支持具有嵌套结构的数据，这是其良好性能的基础。首先，在逻辑数据模型上，Dremel 系统的数据模型可以用形式化方法严格地表示如下：

$$\tau = \text{dom} \mid <A_1 : \tau[* \mid ?], \cdots, A_n : \tau[* \mid ?] >$$

其中 τ 表示一个原子类型或者一个记录类型。原子类型包括整型、浮点和字符串等。记录类型由一个或多个字段(field)组成，每个字段包含一个名称 A_i 和多个可选标签。星号(*)表示任何类型可以重复多次，就像数组一样。问号(?)表示该类型是可缺失的。这个格式和 JSON 十分相似。如图 5-40 所示是一个数据模式和两个记录的样例，其中数据模式定义了一个 Document 类型，包含一个整型必选列 DocId、可选列 Links 以及可重复列 Name。

```
message Document {
    required int64 DocId;
    optional group Links {
        repeated int64 Backward;
        repeated int64 Forward; }
    repeated group Name {
        repeated group Language {
            required string Code;
            optional string Country; }
        optional string Url; }}
```

```
DocId: 10                    R1
Links
    Forward: 20
    Forward: 40
    Forward: 60
Name
    Language
        Code: 'en-us'
        Country: 'us'
    Language
        Code: 'en'
    Url: 'http://A'
Name
    Url: 'http://B'
Name
    Language
        Code: 'en-gb'
        Country: 'gb'
```

```
DocId: 20                    R2
Links
    Backward: 10
    Backward: 30
    Forward: 80
Name
    Url: 'http://C'
```

图 5-40   Dremel 数据模式与记录样例

Dremel 的这种逻辑数据模型的嵌套结构能够表示很多复杂的数据，尤其是子元素重复出现的 Web 数据，这使 Dremel 具有十分广泛的适用性。

在物理存储模型上，Dremel 选择了列式存储。对于关系模型数据，列式存储可以直接存储一个字段的所有值以进行检索。而对于嵌套结构数据，Dremel 要想实现连续地存储一个字段的所有值来改善查询效率，还需要解决不同记录的字段在嵌套结构上的层次结构问题。为此，Dremel 增加了两个特征：重复层次和定义层次，以保证存储数据在嵌套结构上的完整性。

在 Dremel 系统中每个列 c 对应数据模式中的一个路径 p，每个列包含三个部分，分别是值 Value、重复层次 r 和定义层次 d。图 5-40 中的模式与数据记录所对应的列式存储结构如图 5-41 所示。

DocId

Value	r	d
10	0	0
20	0	0

Links.Forward

Value	r	d
20	0	2
40	1	2
60	1	2
80	0	2

Links.Backward

Value	r	d
null	0	1
10	0	2
30	1	2

Name.Url

Value	r	d
http://A	0	2
http://B	1	2
null	1	1
http://C	0	2

Name.Language.Code

Value	r	d
en-us	0	2
en	2	2
null	1	1
en-gb	1	2
null	0	1

Name.Language.Country

Value	r	d
us	0	3
null	2	2
null	1	1
gb	1	3
null	0	1

图 5-41   Dremel 列式存储样例

重复层次表示列中对应的值在模式路径中什么层次(字段)上重复了,并以此来确定此值在记录中的位置。这里用层次 0 表示一个记录的起始点(虚拟的根节点),层次的计算忽略非重复字段,即标签不是 repeated 的字段都不算在层次里。一个路径的数据列上,重复层次按照以下方式标记:

- 在一个记录中第一次出现的值,其重复层次为 0。
- 在一个记录中后续出现的值,其重复层次为路径上所处重复节点的层次。
- 如果某个重复节点中在该路径下没有任何值,则生成一个 null 值,并设置重复层次为该节点层次。

以 Name. Language. Code 这个路径为例,包含两个标签为 repeated 的字段 Name 和 Language。如果在字段 Name 处重复,重复层次为 1(虚拟的根节点是 0,下一级是 1)。在字段 Language 处重复,重复层次就是 2。而字段 Code 由于标签是 required,因此不计算层次。下面我们扫描图 5-40 中的记录 R1 和 R2,生成图 5-41 中列 Name. Language. Code 的数据:

1)扫描到"en-us"时,是记录 R1 中出现的第一个 Name. Language. Code 值,因此其重复层次为 0。

2)扫描到"en"时,是记录 R1 中第一个 Name 的第二个 Language 下的 Code 值,其对应重复节点是字段 Language,因此重复层次为 2。

3)扫描到记录 R1 中的第二个 Name 节点,下面没有 Code 值,因此插入 null 标记,并设置重复层次为 1,即字段 Name 的层次。

4)扫描到"en-gb"时,是记录 R1 中第三个 Name 下的第一个 Code 值,其对应重复节点是字段 Name,因此重复层次为 1。

5)扫描记录 R2,没有 Code 值,插入 null 标记,重复层次为根节点层次 0。

在 Language 字段中 Code 字段是必需值,所以它缺失意味着 Language 也没有定义。一般来说,确定一个路径中有哪些字段被明确定义需要一些额外的信息,因此引入了定义层次这个特征。

定义层次用来表示该值所对应路径 p 中有多少个可选字段是有值的。定义层次本身是对重复层次的补充,用于说明数据列中 null 值所对应路径的具体位置。

以 Name. Language. Country 这个路径为例,字段 Country 是一个可选字段。第二个 null 值的重复层次是 1,说明在第二个 Name 节点下没有字段 Country 值,但重复层次不能标记出这 Name 节点下是没有 Language 节点还是有 Language 节点但没有字段 Country 值,因此需要使用定义层次来说明这个结构。这里定义层次值为 1,说明该路径上实际有值的节点在字段 Name 上,而非字段 Language 上。

Dremel 系统的每个数据列存储在一系列的数据块中,在存储时为了提高存储效率,对 null 值和不需要重复层次和定义层次的列进行了编码压缩。

(2)基于并行的查询优化方式

Dremel 系统的查询处理是将用户提交的类 SQL 语句解析为查询树,再将查询树进一步分解成子查询任务,并分发到存储数据的处理节点执行。Dremel 使用一个多层级服务树来执行查询,如图 5-42 所示。根服务器接收用户的查询,从表中读取元数据,将查询路由到下一层服务器节点。叶服务器节点负责与存储层通信,或者直接访问本地数据完成查询。叶服务

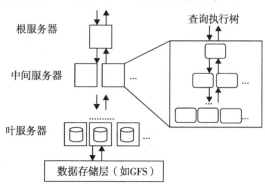

图 5-42　Dremel 查询处理框架

器在执行完本地查询处理后再一层层将结果汇总到根服务器节点。

在 Dremel 系统运行时，支持多用户查询，即同时执行多个查询。为此，Dremel 使用查询分发器(query dispatcher)基于数据列的分区和负载均衡对查询进行调度和容错。一个数据列(Column-Stripe)可以看作是一个表，而一个分区则是一个 Tablet。在查询执行时，查询分发器会统计各 Tablet 的处理耗时。如果一个 Tablet 耗时较长或不成比例，它会被重新调度到另一个服务器。一些 Tablet 可能需要被重新分发多次。

Dremel 系统的每个服务器有一个内部的执行树，如图 5-42 右边部分。内部执行树对应一个物理的查询执行过程，包括标量表达式求值。通过优化，绝大部分标量方法会被生成为特定类型代码。在一个聚合查询的执行过程中，首先会有一组迭代器对输入列进行扫描，然后投影出聚合和标量函数的结果，结果上标注了正确的重复层次和定义层次，不断填充并最终生成查询结果。

以一个简单的聚合查询为例，查询如下：

SELECT A, COUNT(B) FROM T GROUP BY A

当根服务器节点收到上述查询时，确定出所有 Tablet，重写查询如下：

SELECT A, SUM(c) FROM (R_1^1 UNION ALL ... R_n^1) GROUP BY A

R_i^1 表示查询树中第 1 层的节点(1 到 n)返回的子查询结果。

R_i^1 = SELECT A, COUNT(B) AS c FROM T_i^1 GROUP BY A

T_i^1 可认为是 T 在第 1 层的服务器 i 上被处理时的一个 Tablet 分区。每一层的节点所做的都是与此相似的重写过程。查询任务被一级级地分解成更小的子任务(分区粒度也越来越小)，最终发送到叶服务器节点，并行地对 T 的分区进行扫描。在向上返回结果的过程中，中间层的服务器担任了对子查询结果进行聚合的角色。

Dremel 的计算模型非常适用于返回较小结果的聚合查询，这种查询也是交互式应用中最常见的场景。

4. 大数据库上的查询分析引擎对比

在详细介绍了以上三类大数据库的查询分析引擎及其在查询处理中所使用的关键技术之后，下面对这三类大数据库的查询分析引擎的各个方面进行对比，以帮助读者掌握各类系统的特点、优势和使用场景。对比情况如表 5-6 所示。

表 5-6 三类大数据库的查询分析引擎对比分析

比 较 项	基于 Hadoop 的大数据查询分析引擎	基于 Spark 的大数据查询分析引擎	基于 Dremel 的大数据查询分析引擎
数据存储	基于 HDFS、HBase	基于 HDFS、HBase 等	面向嵌套结构数据，物理存储采用列存储模型
执行计划	基于 MapReduce 任务序列	基于弹性分布数据集的 DAG	基于查询树的分解与并行查询处理方法
查询形式	类 SQL	类 SQL	类 SQL
典型的查询处理引擎	Hive、Pig	Spark SQL、Shark	Dremel、Impala、Drill
内存使用	大量使用外存，中间结果会写入 HDFS 中	使用 RDD 在内存缓存中间结果数据，供后续操作直接在内存中调用数据	使用内存缓存数据

（续）

比 较 项	基于 Hadoop 的大数据 查询分析引擎	基于 Spark 的大数据 查询分析引擎	基于 Dremel 的大数据 查询分析引擎
容错支持	基于 Hadoop 的容错能力	基于 Checkpoint 技术支持 容错	不支持查询期间容错，一 旦发生故障需要重新启动
适用场景	海量数据批处理	海量数据上近实时的查询 处理	PB 级大数据上实时查询 处理

5.10　分布式缓存

对于具有高并发业务的应用而言，在一个时间区间内有大量的读写请求提交到数据库系统，从磁盘中访问数据的速度要远低于从内存中访问数据的速度，并且大量的磁盘 I/O 将产生系统的访问瓶颈。为了减轻数据库的存取压力和提高系统的响应速度，在分布式系统中一种广泛采用的优化方式就是在应用与数据库的存储层之间增加一层缓存。而单机的内存资源和访问的承载能力是有限的，因此海量数据的缓存同样采用分布式管理方式，即分布式缓存技术。分布式缓存的应用场景十分广泛，从大型网站的页面、图片、会话到 NoSQL 数据库的海量数据都可以使用分布式缓存管理。

5.10.1　分布式缓存概述

1. 分布式缓存的特性

分布式缓存现在已经在各类数据存储系统中广泛应用，用以缓解数据存储系统的数据读写压力，其具有如下特性：

1）高性能。分布式缓存是在基于磁盘的数据存储系统与应用之间使用高速内存作为数据对象的存储介质，以 key-value 数据模型组织存储数据，当数据访问命中缓存时能够获得内存级别的读写性能。

2）高可伸缩性。同 NoSQL 类型的分布式数据存储系统一样，分布式缓存可以通过动态增加或减少节点来适应数据访问负载的变化，保证数据访问的性能稳定性。

3）高可用性。分布式缓存的可用性包含数据可用性与服务可用性两方面。数据可用性主要是由数据冗余机制来保证的，通过将一个数据在分布式环境中复制多个副本，避免因单点失效问题而造成的数据丢失。服务可用性主要是由对节点故障的处理方式来保证的，分布式缓存的节点支持故障的自动发现和透明的故障切换，不会因服务器故障而导致缓存服务中断。此外，在系统进行动态扩展时能够自动进行负载均衡，对数据重新分布，并保障缓存服务持续可用。

4）易用性。提供单一的数据与管理视图；API 接口简单，与拓扑结构无关；动态扩展或失效恢复时无须人工配置；自动选取备份节点；多数缓存系统提供了图形化的管理控制台，便于统一维护。

5）分布式代码执行。将任务代码转移到各数据节点并行执行，客户端聚合返回结果，从而有效避免了缓存数据的移动与传输。

2. 分布式缓存的典型应用场景

在当前的大数据环境下，分布式缓存具有十分广泛的应用场景。除了为分布式数据库缓存结构化数据，还可以对非结构化文件进行缓存，具体应用场景可分为以下几类：

1）Web 页面缓存。用来缓存 Web 页面中所包含的纯文本和非结构化信息，包括 HTML、CSS 和图片等，一些访问量很高的 Web 页面也会缓存在内存中以提高访问效率。

2）应用对象缓存。分布式缓存系统可以作为二级缓存对外提供服务，以减轻数据库访问的负载压力，同时加速应用访问。

3）状态缓存。缓存包括网站会话状态及应用横向扩展时的状态数据等，这类数据一般是难以恢复的，对可用性要求较高，多应用于高可用集群。

4）并行处理。针对一些具有大量数据分析处理的应用，分布式缓存能够将大量中间计算结果存储于内存中以提高共享和访问效率。

5）事件处理。分布式缓存可以支持针对事件流的连续查询（continuous query）处理，从而实现实时查询。

6）极限事务处理。面对高并发的事务型应用，将分布式缓存与数据存储系统结合起来能够提高系统对事务的吞吐量，降低事务处理延时，为事务型应用提供高吞吐率、低延时的解决方案，支持高并发事务请求处理。这里的极限事务处理，是指每秒多于 500 事务或高于 10 000 次并发访问的事务处理。

分布式缓存同样可以支持持久化功能，即将数据持久地存储在磁盘等外存设备上。但是缓存的目的是提升数据访问性能，因此通常不进行持久化。对于支持持久化的分布式缓存，其功能上可以适用于一些 NoSQL 数据库的应用场景。

在分布式数据库中，将数据存储系统与分布式缓存结合起来，可以提供高吞吐率、低延时的处理性能。其延迟写机制可提供更短的响应时间，同时极大地降低数据库的事务处理负载，分阶段事件驱动架构可以支持大规模、高并发的事务处理请求。此外，分布式缓存在内存中管理事务并提供数据的一致性保障，采用数据复制技术实现高可用性，具有较优的扩展性与性能组合。

5.10.2　分布式缓存的体系结构

分布式缓存通常与 NoSQL 数据库和关系数据库管理系统结合使用，以协同工作的方式运行，以提供更高的访问效率。其中，分布式缓存的体系结构依赖于拓扑部署和数据访问模式。在数据缓存中，数据对象的存储形式主要是 key-value 结构，所有数据在内存中存储为一张散列表，因此数据的访问模式以基于 key 对数据对象进行查找和读取的方式为主。而对于分布式的数据缓存，则需要将数据均匀地分布在网络中的多个节点上，这主要由分布式缓存的体系结构和数据分布算法所决定。

分布式缓存的体系结构与分布式的大数据存储系统的体系结构十分相似，主要区别在于分布式缓存的数据主要存储在内存中，而数据存储系统则将数据持久化存储在外存上。分布式缓存系统多采用 P2P 的对等体系结构，有些系统会增加配置服务器以从全局管理数据缓存节点，如淘宝的 Tair 系统。

在数据分布上，假设数据缓存服务器数量是 N，一种简单的策略是根据缓存数据对象的 key 进行散列，基于散列得到的结果对 N 取余（hash(key)% N）即为存储数据对象的服务器编号。这种数据分布策略存在的问题是，一旦有服务器宕机或新增服务器，就会形成"雪崩效应"，即大量数据在分布式系统中重新分布，造成数据在服务器间的大量复制。对于高并发的分布式数据库系统，这种数据分布方式显然是不适合的。因此，分布式缓存在数据分布上与物理存储相同，使用一致性散列算法（见第 4 章），从而在增加或移除缓存服务器时尽可能少地改变数据对象 key 与服务器的映射关系，避免大量的数据复制。分布式缓存系统体系结构如图 5-43 所示，其中配置服务器是可选的，

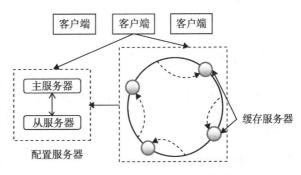

图 5-43　分布式缓存系统体系结构

主要用于管理缓存服务器的状态，状态信息由缓存服务器以"心跳"的形式定期发送给配置服务器。

5.10.3 典型分布式缓存系统

在处理大量并发访问事务的系统中，使用分布式缓存能够有效提高事务的执行性能。下面介绍当前主要的分布式缓存系统。

1. Oracle Coherence

Coherence 是 Oracle 建立的一种内存数据缓存解决方案。Coherence 系统的特点是具有高可扩展性，解决了延迟并提高了访问效率。Coherence 主要用于在应用服务器和数据库服务器之间为访问数据库的数据提供分布式缓存。

Coherence 加强了数据的写处理性能，设计了延迟写的功能，即应用的写会先缓存在 Coherence 的缓冲区，然后延迟写到数据库里。为了减轻数据源的写压力，Coherence 只把最近的更改写到数据源，比如一条数据被更改了多遍，则只有最后的更改会被提交到数据源。此外，Coherence 支持合并多个 SQL 语句为一个批处理，一次提交给数据库管理系统，从而降低了对数据源的压力。图 5-44 是一个典型的使用 Coherence 的架构图。其中，Coherence 作为一个中间件构件为应用访问数据提供一个分布式的数据缓存，应用程序对数据的访问首先

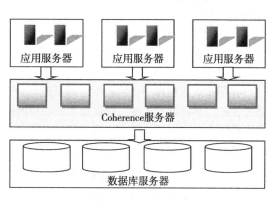

图 5-44　使用 Coherence 的架构图

在缓存中查询，如果没有命中再访问数据库服务器，从而解决了整体系统中对数据访问的瓶颈问题。

作为分布式缓存系统，Coherence 支持数据的分区处理。如果有 N 个处理节点，Coherence 可以基于不同的策略将数据分布到这 N 个节点上。Coherence 支持四种类型的缓存数据分布管理策略：

1）复制缓存策略：数据在分布式缓存系统的各个节点上进行全复制，每个处理节点都有一个完整的数据副本。这种缓存分布模式下，系统的读性能最高，容错性好，但写操作性能较低，如果处理节点很多，每次写操作都要在所有节点上执行一次。

2）乐观缓存策略：类似于复制缓存策略，不同的是不提供并发控制。这种集群数据吞吐量最高，各节点容易出现数据不一致的情况。

3）分区缓存策略：每一份数据在系统中保存一个（或多个）副本作为备份数据用于容错，一旦某个处理节点失效，对该节点上数据的访问可以转至对应的副本所在的处理节点。这也是多数分布式缓存系统所采用的策略。从整体上看，假设应用需要的 Cache 为 M，该模式将数据分散到 N 个处理节点上，与复制缓存每节点消耗 M 量的内存形成对比，它可以极大节省内存资源。

4）Near 缓存策略：在分区缓存策略基础上进行改进，将缓存数据中使用频率最高的数据（热点数据）放到应用的本地缓存区域。由于本地内存访问的高效性，它可以有效提升分区缓存的读性能。

2. Memcached

Memcached 是一个开源的高性能分布式内存对象缓存系统。它通过在内存中缓存数据和对

象来减少读取数据库的次数，从而提高对数据的访问速度。Memcached 采用 C 语言开发，但是客户端可以用任何语言来编写，通过 Memcached 协议与守护进程通信。

（1）主要特点

Memcached 作为高速运行的分布式缓存系统，主要有以下特点：

1）协议简单：服务器与客户端之间使用简单的基于文本行的协议进行通信。

2）基于 libevent 的事件处理：libevent 是一个程序库，将 Linux 操作系统的 kqueue 等事件处理功能封装成统一的接口，从而发挥出很高的性能。

3）内置内存存储方式：Memcached 采用 Slab Allocation 机制自行管理系统所分配的内存。

4）不互相通信的分布式：Memcached 的数据分布由客户端实现。

（2）内存管理

缓存数据都存储在 Memcached 节点内置的内存存储空间中，数据的存储基于键值模型。由于数据仅存储在内存中，重新启动 Memcached 会导致全部数据消失。Memcached 本身是为缓存而设计的系统，因此并没有数据的持久性功能。在内存管理上，Memcached 采用了 Slab Allocation 机制分配和管理内存，这是因为在基于 malloc 和 free 管理内存数据的方式下会导致大量内存碎片，从而加重操作系统内存管理器的负担。

Slab Allocatorion 的基本原理是按照预先规定的大小，将分配的内存分割成特定长度的块（chunk），并把尺寸相同的块分成组（chunk 的集合），从而解决内存碎片问题。Memcached 根据收到的数据大小，选择最适合数据大小的 Slab。Memcached 中保存着 Slab 内空闲块的列表，根据该列表选择块，然后将数据缓存于其中，如图 5-45 所示。

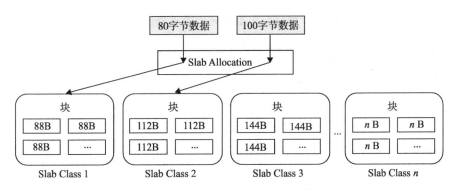

图 5-45　Slab Allocation 内存分配机制

Memcached 删除数据时数据不会真正从节点内存中消失。Memcached 不会释放已分配的内存，采用 Lazy Expriation 技术管理过期数据。数据具有时间戳，一旦数据超时，客户端就无法再访问该数据，其存储空间即可重复使用。Memcached 内部不会监视记录是否过期，而是在 get 操作时查看记录的时间戳，检查记录是否过期，因此 Memcached 不会在过期监视上耗费 CPU 时间。在节点的数据缓存存储容量达到指定值之后，Memcached 基于最近最少使用（Least Recently Used，LRU）算法自动替换不使用的缓存。因此当 Memcached 的内存空间不足，即无法从 Slab Class 获取新存储空间时，就从最近最少使用的缓存中搜索，并将空间分配给新的缓存数据。

Memcached 虽然被称为"分布式"缓存系统，但其服务器端并没有对数据进行分布的功能，其分布式完全是由客户端实现的。基于 Memcached 实现的分布式缓存系统，通常采用一致性散列的方法将数据缓存到多个处理节点上，并通过增加数据副本来避免节点失效对系统的影响。

3. Windows Server AppFabric Caching(Microsoft Velocity)

Microsoft Velocity 是微软开发的一个具有高可扩展性的分布式缓存系统，是专门针对 . NET 平台设计的。Microsoft Velocity 提供了缓存集群功能，为用户访问数据提供统一视图，如图 5-46 所示。在使用方式上，Microsoft Velocity 提供了简单的缓存 API，应用程序可以通过这些 API 插入或者查询数据，对缓存数据的管理不需要大量人为干涉，从而减少了负载均衡的复杂度。

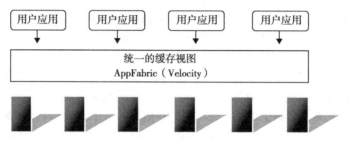

图 5-46   提供统一视图的 AppFabric(Velocity)

（1）版本与特点

Microsoft Velocity 是微软开发的分布式缓存系统的早期版本，后期发布的版本更名为 AppFabric Caching，即 Windows Server AppFabric Caching，其体系结构与 Velocity 完全一致，主要特点包括：

- 可以通过简单的 Cache API 将任何可被序列化的对象进行缓存。
- 支持大规模部署，可支持上百台主机的服务器架构。
- 可弹性地调整配置，并通过网络缓存服务。
- 支持动态调整规模，可随时通过新增节点对系统进行扩展。
- 通过数据多副本支持高可用性。
- 自动进行负载均衡。
- 可与 Event Tracing for Windows(ETW)、System Center 等机制集成管理与监控。
- 提供与 ASP. NET 的无缝集成，将会话数据存储至缓存，也可在 Web farm 架构下将应用程序数据缓存，减少数据库大量读取的负担。

在 Windows Server AppFabric Caching 的基础上，微软又开发了 Windows Azure AppFabric Caching。Windows Azure AppFabric Caching 是一个专为 Windows Azure 应用设计的分布式缓存系统，其特点包括：

- 极大地提高 Windows Azure 应用的数据访问速度。
- 以云服务的方式提供，用户无须管理和安装。
- 基于 Windows Server AppFabric Caching 功能，提供了用户熟知的编程模式。

Windows Azure AppFabric Caching 与 Windows Server AppFabric Caching 的区别主要体现在以下几个方面：

- 不支持通知机制。本地缓存只能使用基于超时的失效策略。
- 无法修改缓存过期时间。缓存数据可能被逐出内存，此时应用需要重新载入数据。
- 不支持高可用性。
- API 是 Windows Server AppFabric Caching 的子集。

（2）数据分类

在 AppFabric Caching 中针对不同数据类型提供不同的缓存机制。AppFabric Caching 将数据分类为引用数据、活动数据和资源数据。

1)引用数据(reference data)。这种数据类型主要存储以读操作为主的数据，通常是不会经常更新的数据，一旦更新数据会建立一个新的版本，比如产品目录信息。这类数据非常适合共享给多用户、多应用程序的情况，用来加速所有应用程序的访问速度，降低各应用程序对数据库系统造成的负荷。对于读操作远大于写操作的数据，适合用这种数据类型进行数据缓存，可以大大降低系统的数据访问负载。可以将引用数据类型设定为自动复制到缓存的多台处理节点，以增加应用系统的可扩展性。

2)活动数据(activity data)。活动数据指的是生命周期很短的数据，主要由业务活动或者交易记录产生，并且读写操作都很多。这类数据在应用中通常是隔离的，不会在不同用户之间共享，例如购物车信息。活动数据在业务或交易完成后就会过期，过期数据会被持久化到底层的数据库存储系统。这类数据在大型应用中甚至可以跨服务器缓存，可以很轻易地满足高可扩展性的需求。

3)资源数据(resource data)。资源数据通常是由多个事务共享，并且有大量并发读写操作的数据，如购物网站某件商品的库存数量。资源数据与引用数据的共享读取特性和活动数据的独占读写有很大的区别，应用中需要对其进行并发控制来保证数据的一致性。由于维护高有效性的数据必须精确地维持数据的一致性，所以必须具有事务处理、数据变更通知、设定缓存失效等特性，通过 AppFabric Caching 可以设定这类数据自动覆写到不同主机，从而达到高有效性。

(3)逻辑架构

AppFabric Caching 的逻辑架构包括以下几个层次：服务器、缓存主机、命名缓存、缓存域和缓存项。各层次之间的关系如图 5-47 所示。

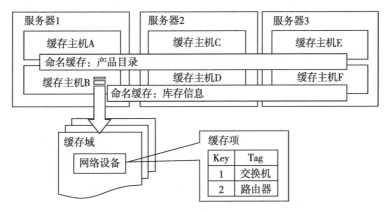

图 5-47 AppFabric Caching 的逻辑架构

每台服务器内可以运行多个缓存主机，这类似于 Windows 系统中 SQL Server 数据库的多个服务。每个缓存主机可以包含多个命名缓存，而命名缓存可以设置成跨越多个缓存主机或服务器。

命名缓存存储数据的逻辑分组，比如产品目录。可以把命名缓存理解为一个数据库，所有的物理设置和缓存策略都是在命名缓存这个级别进行指定的。每个命名缓存可以包含多个缓存域。

缓存域是命名缓存内对象的逻辑分组。可以把缓存域理解为一张关系表，不同的是缓存域可以存储键值模型的数据集合。每个缓存域包含一个或多个缓存项。一个缓存域所包含的缓存项存储在同一个节点上并且被作为数据复制的逻辑单元。在进行数据操作时，如果不指定缓存域，系统会自动将键值划分到系统创建的隐藏缓存域中，此时键值是分布在整个命名缓存上的。

缓存项是缓存的最低层次，它包括键值对应数据对象的各类信息，如大小、标签、生命周期、时间戳、版本等。

AppFabric Caching 支持为缓存数据创建副本，副本的创建基于缓存域。缓存域所在的节点称为主节点（primary node），所有对于该缓存域的访问都会被路由到主节点处理。系统为了保证高可用性会为数据创建副本，副本所在的节点称为次节点（secondary node），所有主节点上的修改都会反映到次节点上，如果主节点失效，则由次节点接替提供数据。

（4）缓存类型

AppFabric 支持两种常见的缓存类型：分区缓存、本地缓存。

1）分区缓存（partitioned cache）。AppFabric 的分区缓存策略与 Coherence 相同，都是将整个缓存系统上的内存统一利用，数据在缓存上统一进行分区和分配。分区缓存很适合用于需要管理海量缓存数据的应用程序，这可大幅提升应用程序的可扩展性，当内存不够用时只要增加缓存节点就行了。当新缓存节点加入整个缓存系统后，AppFabric Caching 会自动进行负载均衡。由于是将多台服务器整合成一个大内存，所以缓存数据并不会重复存储。分区缓存通常用来处理活动数据。AppFabric Caching 的分区缓存同样支持数据副本，数据副本通过配置次缓存域（secondary region）实现，系统自动将数据副本存储在另一台缓存主机上。分区缓存如图 5-48 所示。

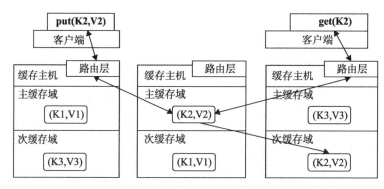

图 5-48　AppFabric Caching 的分区缓存

2）本地缓存（local cache）。AppFabric Caching 也支持本地缓存，通过本地缓存可以有效省去序列化和反序列化的 CPU 成本，可提升读写缓存数据时的性能。本地缓存用来存储那些被频繁访问的数据，这些数据存储在应用程序的进程空间中，通过减少分布式缓存的访问来提高系统性能。本地缓存的运行模式如图 5-49 所示。

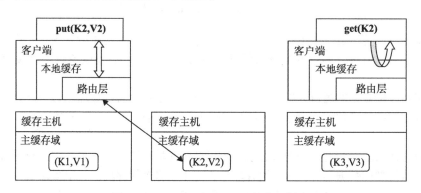

图 5-49　AppFabric Caching 的本地缓存

4. 淘宝 Tair

淘宝由于业务应用需要开发了一个分布式键值存储引擎 Tair，Tair 分为持久化和非持久化两种使用方式，非持久化的 Tair 被作为分布式缓存使用。

Tair 在体系结构上采用的是主从服务器结构（Master/Slave），如图 5-43 所示，其中节点分为配置服务器（Config Server）和缓存服务器（Data Server）。Config Server 的功能是管理 Data Server 节点并维护 Data Server 的状态信息。Data Server 的功能是数据存储，并按照 Config Server 的策略完成数据复制和迁移。Data Server 需要定时给 Config Server 发送心跳信息，报告自身状态。Config Server 采用一主一备的方式保证可靠性，并采用了轻量级的设计方案。多数情况下 Config Server 的失效并不会对集群可用性造成影响，这是因为 Config Server 主要缓存数据在 Data Server 上的分布表，用户客户端通过和 Config Server 交互获得数据分布的对照表后，会将对照表缓存在本地使用，所以数据查询请求并不需要与 Config Server 交互。这种模式使得 Tair 对外提供服务并不依赖于 Config Server。

数据存储方面，Tair 的数据分布算法采用的是一致性散列方法，数据基于键值被散列到桶中，桶作为数据复制或迁移的基本单位。在存储数据时，一个 Tair 集群会设置一个 ConfigID。命名空间又称 area，是 Tair 中分配给一个应用的内存或者持久化存储区域。同一个集群中命名空间是唯一的，这样可以支持不同的应用在同一个集群中使用相同的 key 来存放数据。Tair 的存储引擎有一个抽象层，只要满足存储引擎需要的接口，就可以很方便地替换 Tair 底层的存储引擎。使用 Tair 作为数据存储引擎的方式现在主要有 mdb、rdb、ldb 三种，具体细节将在下一小节介绍。

5.10.4　分布式缓存与存储引擎的结合使用

分布式缓存系统主要用于在底层数据库系统和上层应用之间构建一个数据缓存层，通过将数据保存在内存中提高数据访问效率。很多分布式缓存系统本身也是数据存储系统。这类系统支持数据持久化或非持久化，在支持数据持久化时是分布式数据存储系统，在支持数据非持久化时是分布式缓存系统，如 Redis 数据库和淘宝的 Tair。在大数据应用中，通常将分布式缓存与大数据库结合使用以减轻数据库的访问压力，提高数据访问性能。下面结合前面介绍的典型分布式缓存系统和大数据库系统进行讲解。

1. Coherence 与数据库

Coherence 作为分布式缓存，能够为 Web 应用服务器提供单一、一致的缓存数据视图，同时避免了高昂的底层数据库请求。从分布式缓存读取数据比查询后端数据库的效率更高，且可通过应用层以内在方式进行扩展。Coherence 作为数据库与应用服务器间的缓存层，可以分为两种应用方式：独享数据库方式和共享数据库方式。

在独享数据库方式中，Coherence 应用是数据库更新的唯一来源，其中 Coherence 应用通过 CacheStore 读/写进行数据库访问与更新，如图 5-50 所示。在这种模式下，缓存能够良好地运行，不会受到陈旧缓存数据的影响。

在共享数据库方式中，数据库的更改除了来自 Coherence 应用，还会有第三方应用对数据库进行更新操作。在这种情况下，Coherence 缓存中的数据会因为第三方应用的更新而成为过期缓存。常用的解决方案是采用缓存到期和预先刷新两种方法。缓存到期就是为缓存中的数据对象设置生命周期，待数据到期后从数据库中刷新数据。预先刷新方式是采用拉取模型刷新缓存中的数据，但可能会产生较高的更新延迟。这两种方法都存在效率低下的问题，即数据的更新无法及时反映到缓存数据中，同时还要进行不必要的数据库访问。Oracle 给出的方案是使用 GoldenGate 适配器，将数据库的更改推送到 Coherence 缓存中，这样更新仅涉及因第三方应用修改而产生的过期数据，从而提高了缓存更新效率，如图 5-51 所示。

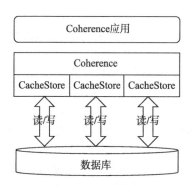

图 5-50   独享数据库方式的 Coherence 应用

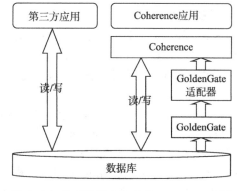

图 5-51   共享数据库方式的 Coherence 应用

2. Memcached 与大数据库系统

Memcached 在与数据库结合使用时，同样是作为应用与数据库之间的一个缓存层，为应用提供数据。在使用中，Memcached 会把应用常用的数据库数据放入 Memcached 缓存，例如电子商务网站中对商品的分类树信息等。

3. AppFabric Caching 的应用场景

AppFabric Caching 的应用场景与 Memcached 相同，但提供了更加丰富的功能。

Windows Server AppFabric Caching 可以在 ASP. NET 应用中提供缓存服务，例如对 ASP. NET 的会话进行缓存。优点是不需要改变现有的 ASP. NET 程序，对于分布在多台机器做负载均衡的 Web 应用程序，不再需要将会话写到数据库中或者第三方的状态服务上。

Windows Server AppFabric Caching 的另一个应用是提供高可用性的缓存应用。通过与底层的 SQL Server 等数据库结合，AppFabric Caching 可以减少对数据库的访问，同时结合其数据副本的创建和管理功能，能够为系统提供高可用性。

缓存并不是数据库，因此 AppFabric Caching 并不能替代持久化的数据层。关系数据库支持针对各种不同模式进行的优化，在这一点上其性能远远超出缓存层在这方面的设计。通过缓存和数据库两者间的相互配合，应用才能获得最优的性能和访问模式，并保持低廉的成本。

缓存的另一个强大功能是对数据进行聚合操作。在云中，应用程序经常处理各种来源的数据，这些数据不仅需要聚合，还需要规范化。缓存提供了一种高效、高性能的处理机制，进行高吞吐量的规范化，并存储和管理聚合数据，而不是从磁盘读取数据处理后再写入磁盘。使用键值对的规范化缓存数据结构是一种很好的处理方式，这更有利于数据的存储和提供聚合数据。

4. 淘宝 Tair 与存储引擎

淘宝 Tair 系统在内部将功能进行了模块化，将底层持久化存储部分分离后可以与不同的存储引擎结合使用。淘宝 Tair 作为分布式缓存系统，在使用上可以分为 mdb、ldb 和 rdb，分别与不同的数据存储引擎集成。

Tair mdb 是 Tair 内嵌的默认非持久化存储方式(持久化存储方式称为 fdb)，其功能类似于 Memcached，实现了分布式缓存，与 Memcached 不同的是支持使用共享内存。

Tair ldb 是将 Tair 与 LevelDB 结合的数据存储系统。其中，LevelDB 是 Google 实现的开源、高效键值模型存储引擎，存储数据时根据记录的 key 值有序存储，由于在数据存储上使用了 LSM 树，因此具有很高的读写效率。Tair 使用 LevelDB 作为数据持久化的存储引擎。在使用中，要确定在一个 Tair 服务器上启动 LevelDB 实例的数量，这个数量并不是由 key 被散列到桶的数量决定，而是根据磁盘的数量进行设置，以最大限度地实现顺序写入，从而提高效率。作为分布式缓存的 Tair 在将数据传入 LevelDB 时，为了实现逻辑功能，需要将记录 key 的格式进行重新定义，并在 LevelDB 中替换针对新 key 格式的比较操作符。新 key 的格式如图 5-52 所示，其中参与排序的部分包括桶号、命名空间和记录的 key，而失效时间则不作为排序数据。由于排序的比较操作符是自定义后传入 LevelDB 的，因此可以实现对新 key 的正确排序处理。Tair ldb 适合于数据需要持久化，单个数据大小不是很大，数据量很大，数据的读写较频繁的应用场景。

图 5-52 Tair ldb 记录的 key 格式

另一个基于 Tair 的数据存储系统是 Tair rdb，其中使用了 Redis 作为数据持久化存储引擎。Redis 是一个开源的键值模型的数据存储引擎。将 Tair 与 Redis 结合使用同样需要对 Redis 内部进行修改。Redis 具有网络层，因此在 Tair rdb 中，需要剥离 Redis 的网络层，而只保留内部存储引擎。

在 Tair 使用中，在资源访问上，对于多个线程的调用采用了加锁的逻辑机制管理，这造成了多个线程争夺一个资源锁的瓶颈。为此，在 Tair rdb 中利用 Redis 支持同时创建多个数据库实例的特性，一次性创建多个 Redis 数据库实例，所有的操作都局限在数据库实例内。由于不同命名空间之间的实现互不干扰，其加锁的粒度由所有命名空间争用同一个锁，变成了一个命名空间划分成多个单元，只有落在同一个单元中的查询才会竞争同一个锁，减小了锁的粒度，从而提高了并发度。此外，Tair rdb 还从 Redis 继承了多种操作。Tair rdb 适合于数据可以接受丢失，访问速度要求高，但数据更新不频繁的应用场景。

5.11 本章小结

本章主要介绍了分布式查询存取优化的相关概念和关键技术。首先对分布式查询的执行与处理过程进行了详细讲解，并在此基础上阐述了查询存取优化的目的、内容和重要性。

存取优化的目的主要是减少查询执行的代价。本章详细介绍了分布式查询的代价模型，以及与代价评估相关的数据库特征参数和关系运算特征参数。数据库特征值对于评估关系运算的特征参数和计算局部执行代价至关重要。关系运算特征参数主要是对关系运算结果的统计信息进行估计。关系运算的结果可能成为后续运算的输入信息，用于正确地估计一个执行策略的代价。

分布式查询的典型优化技术是半连接优化方法和基于集中式连接算法的枚举法优化。半连接优化方法适用于以网络通信代价为主要代价的分布式环境，枚举法优化方法适用于高速网络环境的分布式数据库系统。其中的查询物理执行策略主要包括嵌套循环连接算法、基于排序的连接算法和散列连接算法。

在查询优化中，主要针对连接操作优化。本章主要介绍了集中式数据库系统的查询优化算法和分布式系统的查询优化算法，及其主要系统中的查询优化方法。集中式的优化方法是分布式查询优化方法的基础算法，分布式优化方法主要是在这些方法基础上的改进。在分布式查询的执行中，查询涉及场地执行本地查询时，依然要使用这些集中式的优化算法。

在集中式优化算法中，本章主要介绍了关系数据库的鼻祖 INGRES 系统的优化方法和 System R 方法。INGRES 系统采用动态查询优化算法，包括查询的分解和优化两部分。System R 方法采用静态优化方法，基于穷举执行策略，估计并选择其中代价小的作为最终执行策略。考虑代价的动态规划方法也是一种静态优化方法，其中引入了对连接中间结果大小的估计。如果连接涉及大量的关系，穷举所有的执行策略并估计其代价将造成优化代价的增加。为此，PostgreSQL 系统中使用遗传算法解决大量关系连接操作的优化问题。

对于分布式查询优化算法，本章分别介绍了三个典型的分布式数据库系统所使用的优化算法：Distributed INGRES 的动态优化方法、System R* 系统的静态优化方法和应用半连接技术的 SDD-1 优化方法。

在应用实例方面，本章介绍了 Oracle 数据库系统的分布查询优化技术。

在大数据库的数据访问方面，本章介绍了基于索引的数据访问优化方法，详细讲解了布隆过滤器、面向键值模型的二级索引技术和基于跳跃表的索引技术。

在大数据库的查询处理与优化方面，本章主要介绍了并行查询处理的系统结构以及主要处理算法与原理。在基于分析引擎的大数据库查询优化方面介绍了基于 Hadoop、Spark 和 Dremel 这三类典型查询分析引擎的查询优化基本原理，并进行了对比。

最后，本章介绍了分布式缓存的概念、特点和相关体系结构，并对典型的分布式缓存系统进行了讲解。

习题

1. 设有关系学生基本信息 S（Sno，Sname，Sage，Major）和学生选课信息 SC（Sno，Cno，Grade）。关系 S 在 $S1$ 场地，关系 SC 在 $S2$ 场地。这两个关系的关系概要图如下：

Card(S)=10 000			
	Sno	Sname	Major
Length	6	8	2
Val	10 000	10 000	20

Card(SC)=50 000			
	Sno	Cno	Grade
Length	6	4	3
Val	10 000	100	70

其中：Sno 代表学号，Sname 代表姓名，Sage 代表年龄，Major 代表专业，Cno 代表课号，Grade 代表成绩。

若在 $S2$ 场地发出如下查询：查询计算机专业且选择课号为 1 的所有学生的学号、姓名、课号和成绩。

要求：

(1) 写出查询语句。

(2) 若以传输代价为主，给出优化的查询执行过程，并说明原因（提示：对比采用不同优化技术的传输代价，从中选择优化的方案）。

(3) 评估结果关系的元组数量。

2. 设有关系 EMP(Eno，Ename) 和关系 DEPT(Dno，Dname，Mgrno)，其中 Eno 表示员工编号，Ename 表示员工姓名，Dno 表示部门编号，Dname 表示部门名称，Mgrno 表示部门经理的员工编号。Eno 为关系 EMP 的主键，Dno 为 DEPT 的主键。关系 EMP 在 $S1$ 场地，关系 DEPT 在 $S2$ 场地。假设 Length(Eno) = 4，Length(Ename) = 35，Val(EMP，Eno) = 10 000，Length(Dno) = 4，Length(Dname) = 35，Val(DEPT，Dno) = 100。要求：在 $S2$ 场地发出查询所有部门的编号、名称和经理。

(1) 写出查询语句。

(2) 以 $S1$ 作为执行场地，采用全连接技术计算传输代价。

(3)采用半连接优化技术计算传输代价。

3. 现有如下数据分布场景:

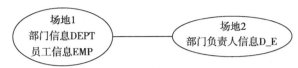

假设部门信息关系模式为 DEPT(Dno, Dname, Resp),其中 Dno 为部门编号,Dname 为部门名称,Resp 为部门的业务说明;员工信息关系模式为 EMP(Eno, Ename, Major, Tel),Eno 为员工编号,其中 Ename 为员工姓名,Major 为专业,Tel 为联系电话;部门负责人信息关系模式为 D_E(Dno, Eno, Starttime),每一个部门有且仅有一名部门经理,部门经理可以兼任,且 Dom(D_E. Eno) ⊆ Dom(EMP. Eno),Starttime 为起始任职时间。若上述三个关系的关系概要图如下:

Card(DEPT) = 30			
	Dno	Dname	Resp
Length	5	20	50
Value	30	30	20

Card(EMP) = 800				
	Eno	Ename	Major	Tel
Length	6	8	20	12
Value	800	750	80	800

Card(D_E) = 30			
	Dno	Eno	Starttime
Length	5	6	8
Value	30	25	25

要求:

(1)如果在场地 2 发出查询,查询部门经理编号、部门的全部信息,请写出 SQL 查询语句,并选择连接方式,计算传输代价(注:不考虑按需传输的直接连接方式)。

(2)如果在场地 2 发出查询,查询部门经理的全部信息和部门编号,请写出 SQL 查询语句,并选择连接方式,如果选用了半连接存取优化算法,其传输代价是多少?

4. 有关系 EMP 和 DEPT。假设只考虑传输代价。EMP 和 DEPT 信息如下表:

EMP:Card(EMP)=10 000

属性	Eno	Ename	
长度(B)	4	35	

DEPT:Card(DEPT)=100

属性	Dno	Dname	Mgrno(部门经理)	
长度(B)	4	35	4	

存在三个场地 S1、S2 和 S3,如下图所示:

查询要求：在场地 $S3$ 上查询部门名称和部门经理姓名。

SQL 语句：

SELECT Dname,Ename FROM DEPT,EMP WHERE DEPT. Mgno = EMP. Eno

(1)举例说明采用半连接优化技术的查询执行过程和执行代价。

(2)若采用直接连接，给出一种执行策略和执行代价。

5. 考虑关系 $r1(A, B, C)$、$r2(C, D, E)$ 和 $r3(E, F)$，它们的主键分别为 A、C、E。假设 $r1$ 有 1000 个元组，$r2$ 有 1500 个元组，$r3$ 有 750 个元组。估计 $r1 \bowtie r2 \bowtie r3$ 的大小，并说明原因。

6. 对 3 个关系 R，S 和 T 的分布式连接 $R \underset{B=B}{\bowtie} S \underset{C=C}{\bowtie} T$，已知有如下的概要图：

Card(R)=300		
场地 S_1		
	A	B
Length	20	10
Val	300	300

Card(S) = 4000		
场地 S_2		
	B	C
Length	10	5
Val	1000	100

Card(T) = 50	
场地 S_3	
	C
Length	5
Val	50

假设 $C_0 = 0$，$C_1 = 1$，$DOM(R.B) \subseteq DOM(S.B)$，$DOM(T.C) \subseteq DOM(S.C)$。

(1)按照 SDD-1 半连接优化算法，逐步求出半连接优化集和最终执行场地。

(2)对以上结果做相应的后优化处理。

7. 假设有 100 000 000 个元素的集合，要构建误判率不超过 1% 的布隆过滤器，布隆过滤器至少需要多少位？在这种情况下为了达到误判率最低，散列函数的数量应该是多少？

8. 有键值模型数据如下图所示，针对下列查询设计二级索引：

(1)查询使用 Unicode 编码方式的文档。

(2)查询使用 UTF-8 编码方式且语言为"en"的文档。

列族：**WebDoc**			
Key(DocId)	**Column**		
001	Column Key	Column Value	Timestamp
	"URL"	"http://A"	4
	"Language"	"en"	4
	"Encode"	"iso-8859-1"	4
002	Column Key	Column Value	Timestamp
	"URL"	"http://B"	6
	"Language"	"en"	6
	"Encode"	"utf-8"	6
003	Column Key	Column Value	Timestamp
	"URL"	"http://C"	3
	"Language"	"de"	3
	"Encode"	"Unicode"	3
004	Column Key	Column Value	Timestamp
	"URL"	"http://D"	7
	"Language"	"en"	7
	"Encode"	"unicode"	7

9. 假设关系 R、S、T 的数据量分别为 m、n、l，估计连接操作 $R(A, B) \bowtie S(B, C) \bowtie T(C, D)$ 在使用基于 Hadoop 的多关系连接算法时的数据传输量。

10. 使用图 5-40 中模式定义，将以下三条记录信息转换为 Dremel 的列式存储结构。

```
DocId: 10                    R1        DocId: 20                    R2        DocId: 30                    R3
Links                                  Links                                  Name
    Backward: 30                           Backward: 10                           Language
    Forward: 20                            Backward: 60                               Code: 'en-gb'
    Forward: 40                            Forward: 80                                Country: 'gb'
Name                                   Name                                       Url: 'http://F'
    Language                               Url: 'http://D'                    Name
        Code: 'en-us'                  Name                                       Language
        Country: 'us'                      Language                                   Code: 'en'
    Url: 'http://A'                            Code: 'en'                             Country: 'us'
Name                                           Country: 'us'                      Url: 'http://G'
    Language                               Url: 'http://E'                    Name
        Code: 'en'                     Name                                       Url: 'http://H'
    Url: 'http://B'                         Language
Name                                            Code: 'en-gb'
    Language
        Code: 'en-gb'
        Country: 'gb'
    Url: 'http://C'
```

主要参考文献

[1] Hector Garcia-Molina, Jeffrey D Ullman, Jennifer Widom. 数据库系统实现(原书第 2 版)[M]. 杨冬青, 吴愈青, 包小源, 唐世渭, 等译. 北京: 机械工业出版社, 2010.

[2] 杨传辉. 大规模分布式存储系统: 原理解析与架构实战[M]. 北京: 机械工业出版社, 2014.

[3] Afrati F, Ullman J. Optimizing joins in a map-reduce environment. Proc. of EDBT10[C]. 2010: 99 – 110.

[4] Aho A V, Ullman J D, Hopcroft J E. Data structures and algorithms[M]. New York: Springer, 1984.

[5] Bernstein P A, Goodman N. Concurrency Control in Distributed Database Systems[J]. ACM Computing Surveys, 1981, 13(2): 185 – 222.

[6] BLOOM B H. Space/time trade-offs in hash coding with allowable errors[J]. CACM, 1970, 13(7): 422 – 426.

[7] DeWitt D J, Gray J. Parallel database systems: the future of high performance database systems[J]. Commun. ACM, 1992, 35(6): 85 – 98.

[8] Epstein R, Stonebraker M, Wong E. Distributed query processing in a relational data base system[R]. ACM Special Interest Group on Management of Data, 1978: 169 – 180.

[9] IHbase[EB/OL]. http: //github. com/ykulbak/ihbase.

[10] ITHbase[EB/OL]. https: //github. com/hbase-trx/hbase-transactional-tableindexed.

[11] Lohman G M, Daniels D, Haas L M, Kistler R, Selinger P G. Optimization of Nested Queries in a Distributed Relational Database. Proc. of VLDB [C]. 1984: 403 – 415.

[12] Melnik S, Gubarev A, Long J, et al. Dremel: Interactive Analysis of WebScale Datasets. Proc. of VLDB [C]. 2010: 330 – 339.

[13] Oracle Coherence [EB/OL]. http://www. oracle. com/technetwork/middleware/coherence /overview/ index. html.

[14] Pugh W. Skip lists: a probabilistic alternative to balanced trees[J]. Communications of the ACM, 1990, 33(6): 668 – 676.

[15] Selinger P G, Astrahan M M, Chamberlin D D, et al. Access Path Selection in a Relational Database Management System. Proc. of SIGMOD [C]. 1979: 23 – 34.

[16] Spark[EB/OL]. http: //spark. apache. org/.

[17] Stonebraker M, Womg E, Kreps P. The Design and Implementation of INGRES [J]. ACM Transactions on Database System, 1976, 1(3): 189 – 222.

[18] Stonebraker M. The design and implementation of distributed INGRES[R]. The INGRES Papers: Anatomy of a Relational Database System, 1986: 187 – 196.

[19] Vernica R, Carey M J, Li C. Efficient Parallel Set-Similarity Joins Using MapReduce. Proc. of SIGMOD [C]. 2010: 495 – 506.

[20] Wong E, Youssefi K. Decomposition-A Strategy for Query Processing[J]. ACM Transactions on Database Systems, 1976, 1(3): 223 –241.

[21] Yao S B. Approximating block accesses in database organizations[J]. Commun. ACM 20, 1977, 20(4): 260 –261.

[22] Youssefi K. Query Processing for a Relational Database System[D]. University of California, Berkeley, 1978.

[23] Zaharia M, Chowdhury M, Franklin M J, Shenker S, and Stoica I. Spark: Cluster computing with working sets. Proc. of the 2nd USENIX Conference on Hot Topics in Cloud Computing[C]. 2010: 1 – 8.

[24] Zaharia M, Chowdhury M, Das T, Dave A, Ma J, McCauley M, Franklin M J, Shenker S, Stoica I. Resilient distributed datasets: a fault-tolerant abstraction for in-memory cluster computing. Proc. of the 9th USENIX conference on Networked Systems Design and Implementation (NSDI'12)[C]. 2012.

第6章

分布式事务管理

事务是指一系列数据库操作，它是保证数据库正确性的基本逻辑单元。在分布式数据库系统中，分布式事务在外部特征上继承了传统事务的定义，同时由于其分布特性而具有自身独特的执行方式。分布式事务管理的目的在于保证事务的正确执行及执行结果的有效性，主要解决系统可靠性、事务并发控制及系统资源的有效利用等问题。在实现上，需要通过一整套的方法与技术，来维护分布式事务的性质和分布式数据库的一致性和完整性，并采用适当的策略，来保证系统的可靠性和可用性。本章将介绍分布式事务的概念、特性及模型，然后分别讨论分布式事务管理的实现及其实现中采用的协议，最后讨论大数据库的事务管理问题。

6.1 事务的基本概念

在讨论分布式事务之前，首先回顾一下集中式数据库管理系统中事务的基本概念及事务的性质。

6.1.1 事务的定义

在集中式数据库管理系统中，任何数据库应用最终都将转换为一系列对数据库进行存取的操作序列。最基本的操作包括读操作和写操作两种。为了保证数据库的正确性及操作的有效性，我们将数据库应用中的全部或部分操作序列的执行定义为事务，这些操作要么全做，要么全不做，是一个不可分割的工作单位。更准确地说，事务是由若干个为完成某一任务而逻辑相关的操作组成的操作序列，是保证数据库正确性的基本逻辑单元。例如，在关系数据库中，事务可以是一条 SQL 语句、多条 SQL 语句或整个程序。一般来说，一个数据库应用包含多个事务。

在执行一个事务前，需要对事务进行定义并加以声明。事务的声明有两种方式：显式声明和隐式声明。显式声明是指在程序中用事务命令显式地划分事务；如果程序中没有显式地定义事务，则由系统按默认规定自动地划分事务，这种声明方式称为事务的隐式声明。

事务的基本模型如图 6-1 所示。一个事务由开始标识（begin_transaction）、数据库操作和结束标识（commit 或 abort）三部分组成。其中，事务有两种结束方式，commit 表示提交，即成功完成事务中的所有数据库操作；abort 表示废弃，即在事务执行过程中发生了某种故障，使得事务中的操作不能继续执行，系统需要将该事务中已完成的操作全部撤销。具体定义如下：

- 提交（commit）：将事务所做的操作结果永久化，使数据库状况从事务执行前的状态改变到事务执行后的状态。
- 废弃（abort）：把事务所做的操作全部作废，使数据库保持事务执行前的状态。

对应于事务的组成部分，在 SQL 中，事务的执行命令有三种类型：

- 事务开始命令：begin_transaction；说明事

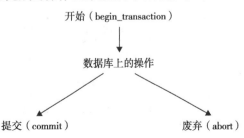

图 6-1　事务的基本模型

务的开始。

- 事务提交命令：commit_transaction；保留事务执行后的结果。
- 事务废弃命令：abort_transaction；事务取消，使数据库保持事务执行前的状态。

为了便于读者更好地理解事务的概念，下面通过具体例子来说明一个事务。

例 6.1　航班订票系统。假设航班订票数据库中有航班信息表 FLIGHT(Fno, Date, Src, Dest, StSold, Capacity)和顾客订座表 FC(Fno, Date, Cname, Special)。其中，Fno 为航班号，Date 为航班日期，Src 为出发地，Dest 为目的地，StSold 为卖出席位数，Capacity 为座席数，Cname 为客户姓名，Special 为客户信息，则订票事务可描述如下：

```
begin_transaction reservation /* 事务开始* /
    input (Flight_no,Cdate,Customer_name); /* 输入预订信息* /
    EXEC SQL SELECT StSold,Capacity /* 查询预订航班的卖出席位数和座席数* /
        INTO temp1,temp2
        FROM FLIGHT
        WHERE Fno = Flight_no AND Date = Cdate;
    If temp1 == temp2 then /* 若无空座* /
        Output("no free seats");
        Abort; /* 事务废弃* /
    Else
        EXEC SQL UPDATE FLIGHT /* 更新航班信息表* /
            SET StSold = StSold +1
            WHERE Fno = Flight_no AND Date = Cdate;
        EXEC SQL INSERT /* 更新顾客订座表* /
            INTO FC(Fno,Date,Cname,Special)
            VALUES (Flight_no,Cdate,Customer_name,null);
        Commit; /* 事务提交* /
        Output("reservation complete");
    Endif
End;
```

在这段程序中，若产生无空座的情况，应用程序可以发现并执行事务废弃命令，使数据库保持该事务执行前的状态；否则，将航班信息表中所订航班的卖出席位数增加 1，并在顾客订座表中插入一条新的订票记录。简言之，订票事务的处理逻辑如下：

1）读 FLIGHT 表中的 StSold 和 Capacity 信息。

2）写 FLIGHT 表中的 StSold 信息。

3）写 FC 记录。

我们将上面的订票事务进行变形，进一步理解订票事务内的具体操作。具体描述如下：

```
B:begin_transaction reservation /* 事务开始* /
R1:    input (Flight_no,Cdate,Customer_name); /* 读取预订信息* /
R2:    temp←read(FLIGHT(Flight_no,Cdate). StSold); /* 读取卖出席位数* /
       If temp == FLIGHT(Flight_no,Cdate). Capacity then
           Output("no free seats");
A:         Abort; /* 事务废弃* /
       Else
W1:        Write (FLIGHT(Flight_no,Cdate). StSold,temp +1); /* 更新航班信息表* /
W2:        Insert (FC,fc); /* 更新顾客订座表* /
W3:        Write(FC. Fno,Flight_no);
W4:        Write(FC. Date,Cdate);
W5:        Write(FC. Cname,Customer_name);
W6:        Write(FC. Special,null);
C:         Commit;  /* 事务提交* /
           Output("reservation complete");
    End;
```

从上面事务的具体操作描述，可得到订票事务的偏序集 *T*(如图 6-2 所示)。该事务是由一系列对数据库的操作(包括读操作和写操作)组成的操作集,这些操作要么全做要么全不做。事务提交意味着该事务正常操作完成,订票成功;否则事务操作失败,系统需要将已执行的数据库操作全部撤销,使数据库回滚到该订票事务执行前的状态,好像此次订票从未发生过一样。

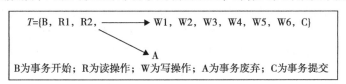

图6-2 订票事务的偏序集 T

6.1.2 事务的基本性质

事务是对数据库的一个操作序列,是保证数据库正确的最小运行单位。事务具有 ACID 四个特性:原子性(atomicity)、一致性(consistency)、隔离性(isolation)和耐久性(durability)。

1. 原子性

事务的原子性主要体现在:事务所包含的操作要么全部完成,要么什么也没做。也就是说,事务的操纵序列或者完全应用到数据库中或者完全不影响数据库。

由于输入错误、系统过载、死锁等导致的事务废弃而需要进行的原子性维护处理,称为事务恢复。由于系统崩溃(死机、掉电)而导致事务废弃或提交结果的丢失而需要进行的原子性维护处理,称为故障恢复。对于废弃的事务,必须将事务恢复到执行前的状态,这种恢复处理称为反做(undo)。而对于提交结果丢失的事务,必须将事务恢复到执行后的状态,这种恢复处理称为重做(redo)。有关事务恢复和故障恢复等内容将在第 7 章进行详细介绍。

2. 一致性

假如数据库的状态满足所有的完整性约束,则称该数据库是一致的。事务的一致性是指:事务执行的结果必须是使数据库从一种一致性状态变化到另一种一致性状态,而不会停留在某种不一致的中间状态上(如图 6-3 所示),也就是说,无论是事务执行前还是执行后,数据库的状态均为一致性的状态,处于这种状态的数据库被认为是正确的。然而,如果事务由于故障其执行被中断,则它对数据库所做的修改可能有一部分已写入数据库,这时数据库将处于一种不一致的状态。为保证数据库中数据的语义正确性,部分结果必须被反做(undo)。由此可见,事务的一致性与原子性是密切相关的。

图6-3 事务的一致性

在例 6.1 中,订票事务执行后数据库的状态只存在两种情况:一种情况是订票事务中的所有操作均被成功执行,使数据库转换为订票后的状态;另一种情况是由于某种故障使得事务的执行被迫中断,则系统需要撤销订票事务中已执行的操作,也就是对部分结果进行反做,使数据库恢复到订票事务执行前的状态。在这两种情况下,数据库的状态均为正确的状态,体现了事务操作的一致性。

3. 隔离性

当多个事务的操作交叉执行时,若不加控制,一个事务的操作及所使用的数据可能会对其他事务造成影响。事务的隔离性是指：一个事务的执行既不能被其他事务所干扰，同时也不能干扰其他事务。具体来讲，一个没有结束的事务在提交之前不允许将其结果暴露给其他事务。这是因为未提交的事务有可能在以后的执行中被强行废弃，因此，当前结果不一定是最终结果，而是一个无效的数据。若存在其他事务使用了这种无效的数据，则这些事务同样也要进行废弃。这种因一个事务的废弃而导致其他事务被牵连地进行废弃的情况称为"级联废弃"。

例如：事务 $T1$ 的操作序列为 $\{R1(X)，W1(X)\}$，事务 $T2$ 的操作序列为 $\{R2(Y)，R2(X)，W2(X)\}$，$T1$ 与 $T2$ 的操作交叉运行，设执行过程为 $\{R1(X)，R2(Y)，W1(X)，R2(X)，W2(X)\}$。在执行中，$T2$ 引用了没提交的事务 $T1$ 的结果 X，则当 $T1$ 提交失败时，事务 $T1$ 需反做，由于"级联废弃"，$T2$ 也必须反做（如图 6-4 所示）。然而，如果事务 $T1$ 的操作及使用的数据对 $T2$ 是隔离的，也就是当事务 $T1$ 提交后，其结果再提交给 $T2$，那么就不会出现级联废弃问题了。

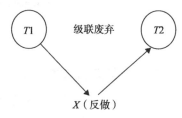

图 6-4　级联废弃示例

4. 耐久性

事务的耐久性体现在：当一个事务提交后，系统保证该事务的结果不会因以后的故障而丢失。也就是说，事务一旦提交，它对数据库的更改将是永久性的。即使发生了故障，系统也应具备有效的恢复能力，将已提交事务的操作结果恢复过来，即重做（redo）处理，使这些事务的执行结果不受任何影响。

人们常把事务的原子性、一致性、隔离性和耐久性四个特性简称为 ACID 特性。这四条性质起到了保证事务操作的正确性、维护数据库的一致性及完整性的作用。

6.1.3　事务的种类

按照组成结构的不同，可以将事务划分为两类：平面（flat）事务和嵌套（nest）事务。

1. 平面事务

平面事务是指每个事务都与系统中的其他事务相分离，并独立于其他事务。平面事务是用begin和 end 括起来的自治执行方式，其结构如图 6-5 所示。

2. 嵌套事务

嵌套事务是指一个事务的执行包括另一个事务。其中，内部事务称为外部事务的子事务，外部事务称为子事务的父事务。嵌套事务的结构如图 6-6 所示。

图 6-5　平面事务的结构

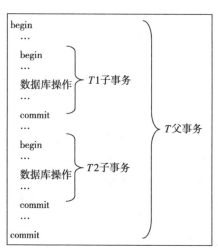

图 6-6　嵌套事务的结构

在图 6-6 中，若 $T1$、$T2$ 欲提交，则必须等待 T 提交，这也称为事务提交依赖性（commit_dependency）。除事务提交依赖性外，还有废弃依赖性（abort_dependency）。具体定义如下：

- 提交依赖性：子事务提交，必须等待父事务提交。
- 废弃依赖性：父事务废弃，则子事务必须废弃。

6.2 分布式事务

与集中式数据库管理系统中的事务一样，分布式事务同样由一组操作序列组成，只是二者的执行方式有所不同，前者的操作只集中在一个场地上执行，而后者的操作则分布在多个场地上执行。本节将针对分布式事务的定义、实现模型及管理目标进行介绍。

6.2.1 分布式事务的定义

在分布式数据库系统中，任何一个应用的请求最终将转化成对数据库的存取操作序列，该操作序列可定义为一个或几个事务。所以，分布式事务是指分布式数据库应用中的事务，也称为全局事务。由于分布式系统的特性，一个分布式事务在执行时将被分解为若干个场地上的独立执行的操作序列，称为子事务。子事务也可定义为：一个分布式事务在某个场地上操作的集合。从外部特征来看，分布式事务是典型的嵌套型事务。

分布式事务继承了集中式数据库管理系统中事务的特性，同样具有 ACID 四个特性。同时，由于分布式数据库系统的分布特性，使得分布式事务的 ACID 特性更带有分布执行时的特性。例如，为了保证分布式事务的原子性，必须保证组成该事务的所有子事务要么全部提交，要么全部撤销。不允许出现有些场地上的子事务提交，而有些场地上的子事务撤销的情况发生。因此，在事务执行过程中，分布式事务要比集中式事务更加复杂，因为分布式事务除了要保证各个子事务的 ACID 特性外，还需要对这些子事务进行协调，决定事务的提交与撤销，以保证全局事务的 ACID 特性。另外，在分布式事务中，除了要考虑对数据的存取操作序列之外，还需要涉及大量的通信原语和控制报文。通信原语负责在进程间进行数据传送，控制报文负责协调各子事务的操作。

6.2.2 分布式事务的实现模型

从分布式事务的定义来看，分布式事务是一个应用任务中的操作序列，是用户对数据库存取操作集合的最小执行单位。一个分布式事务在执行时将被分解为多个场地上的子事务执行。也就是说，一个分布式事务所要完成的任务是由分布于各个场地上的子事务相互协调合作完成的。为完成各个场地的子事务，有两种实现模型，即进程模型和服务器模型。

1. 进程模型

进程模型是一种比较常见的分布式事务的实现模型，其特点是全局事务必须为每一个子事务在相应的场地上创建一个代理者进程（也称局部进程或子代理进程），用来执行该场地上的有关操作。同时，为协调各子事务的操作，全局事务还要启动一个协调者进程（也称根代理进程），来进行代理者进程间的通信，控制和协调各代理者进程的操作。

发出分布式事务的场地称为该事务的源场地。在源场地上，每个事务有一个根代理进程，负责创建、启动和协调其他进程。当用户提出一个应用请求时，通常由根代理进程在请求的源场地上创建并启动该事务。同时，为完成事务的操作，在各个执行场地上还要有一个子代理进程负责接收根代理进程发给它的命令并创建和执行相应的子事务。相应地，将根代理定义为协调者进程的执行者，将子代理定义为代理者进程的执行者。

分布式事务的进程模型如图 6-7 所示，每个事务由 1 个根代理进程和若干个子代理进程组成。子代理完成各场地上的子事务，根代理负责创建、启动和协调其他进程，以完成全局事务的操作。为了保证全局数据库的一致性，通常分布式事务的进程模型需要满足以下规定：

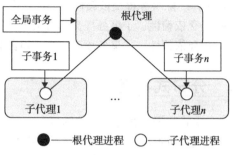

图 6-7 分布式事务的进程模型

- 每个应用均有一个根代理，只有根代理才能执行全局事务的开始、提交或废弃等命令。
- 只有根代理才可以请求创建新的子代理。
- 只有当各个子事务均成功提交后，根代理才能决定在全局上提交该事务，否则根代理将决定废弃该事务。

下面通过具体例子来介绍分布式事务的进程模型。

例 6.2 实现两个银行账户间的转账操作的分布式事务。

设有一银行账户关系 ACCOUNT{Acc_No，Amount}，该关系用于存放某银行账户的金额，其中 Acc_No、Amount 分别为账号和金额。要求实现：完成从贷方账号（from_acc）到借方账号（to_acc）的转账操作，转账金额为 transfer_amount。

假设贷方账户和借方的账目分别存在不同场地上，其全局程序为：

```
begin_transaction
    input (transfer_amount,from_acc,to_acc);
    EXEC SQL SELECT Amount
        INTO temp
        FROM ACCOUNT
        WHERE Acc_No = from_acc;
    If temp < transfer_amount then
        Output("transfer failure");
        Abort;
    Else
        EXEC SQL UPDATE ACCOUNT
            SET Amount = Amount - transfer_amount
            WHERE Acc_No = from_acc;
        EXEC SQL UPDATE ACCOUNT
            SET Amount = Amount + transfer_amount
            WHERE Acc_No = to_acc;
    Commit;
    Output("transfer complete");
end
```

在这段程序中，由于贷方和借方的账目分别存放于不同的场地上，因此，要想实现借贷双方的转账操作，需要涉及两个不同场地上的操作。相应地，整个账户转账应用被分为两个进程（根代理进程和子代理进程），其操作分别由根代理和子代理相互协作而共同完成。具体操作如下：

根代理（ROOT）：

```
begin_transaction;
    input (transfer_amount,from_acc,to_acc);
    EXEC SQL SELECT Amount
        INTO temp
        FROM ACCOUNT
```

```
        WHERE Acc_No = from_acc;
    If temp < transfer_amount then
        OutPut ("transfer failure");
        Abort;
    Else
        EXEC SQL UPDATE ACCOUNT
            SET Amount = Amount - transfer_amount
            WHERE Acc_No = from_acc;
        Create AGENT1;
        Send (agent1,transfer_amount,to_acc);
        Commit;
End
```

子代理(AGENT1):

```
Receive (ROOT,transfer_amount,to_acc);
EXEC SQL UPDATE ACCOUNT
        SET Amount = Amount + transfer_amount
        WHERE Acc_No = to_acc;
```

其中,贷方账目存放在根代理所在的场地上,由根代理进程完成贷款处理。根代理首先检查贷方转账后余额是否不足,若不足,则废弃该子事务,撤销已做的修改,将数据库恢复到正确状态;否则,根代理将贷方账户的余额更新为转账后的值,创建子代理 AGENT1,并将参数传给AGENT1。当子代理成功执行后,根代理提交该全局事务,转账成功。借方账目存放在子代理所在的场地上,由子代理负责完成借款处理。当子代理接收到根代理发送给它的命令后,即执行更新操作,修改借方的余额。

从上述过程可以看出,根代理负责全局事务的启动、提交或终止处理。若子代理发生故障而没有成功完成时,根代理则不产生任何效果,即贷款账目或借款账目均保持转账前的状态。

2. 服务器模型

分布式事务的服务器模型如图 6-8 所示,该模型要求在事务的每个执行场地上创建一个服务器进程,用于执行发生在该场地上的所有子事务。首先,全局事务通过服务请求,申请服务器进程为其服务。然后,在每个场地上由相应的服务器进程代表全局应用来执行子事务中的操作。这样,对于一个全局应用,协调者进程生成一个根代理,负责执行全局事务程序;在各局部服务的进程里,生成一个子代理,负责执行子事务程序。最终,子代理由各个服务器进程相互协作共同完成一个全局应用。

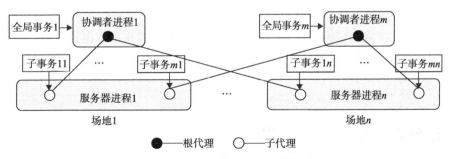

图6-8 分布式事务的服务器模型

在分布式事务的服务器模型中,每个服务器进程可以交替地为多个子事务服务。也就是说,如果不同全局事务中的子事务在同一个场地执行,那么它们可以共用一个服务器进程。同进程模型相比,服务器模型减少了进程的创建与切换所带来的开销,但同时也降低了数据的分布式处理能力。

6.2.3 分布式事务管理的目标

分布式事务管理的目标是使事务的执行具有较高的执行效率、可靠性和并发性。然而，这三个目标虽然密切相关，但往往不能同时达到，例如，达到较高的可靠性通常是以牺牲事务的执行效率和并发性作为代价的。为了进一步明确分布式事务管理的目标，首先需要确定影响分布式事务执行效率的因素。分布式事务的执行效率除了与数据特性有关外，还与 CPU 和内存利用率、控制报文开销、分布式执行计划及系统可用性等因素相关。

（1）CPU 和内存利用率

由于数据存取是数据库应用中最主要的操作，因此由数据存取所造成的 I/O 代价是影响数据库执行效率的主要因素。然而，当系统中的应用程序数量达到一定规模后，系统需要耗费大量的代价用于进程的调进、调出及数据切换。这时，除了 I/O 速度外，CPU 和内存利用率也可能成为系统的瓶颈。为此，分布式事务管理应针对各种应用的特征，采取优化调度策略来降低系统运行开销。

（2）控制报文开销

数据报文用来描述数据本身的特征，而在分布式数据库系统中，除了数据报文外，还需要控制报文。这是因为除了数据存取操作外，分布式事务管理还需要对各子事务的操作进行协调，这就需要在各子事务间传输大量的控制报文。控制报文的长度越长、数量越多，系统需要耗费的传输代价及 CPU 代价就越大。因此，减少控制报文的长度及数量是分布式事务管理的一个重要目标。

（3）分布式执行计划

由于分布式事务管理是在分布式的环境下进行的，需要在各个场地之间传输其执行状态、操作数据、操作命令等信息，因此，同集中式事务相比，分布式事务的执行过程还需要相当大的通信开销。为了减少这一开销，分布式事务管理需要合理地规划每一个子事务的执行过程，以提高其响应速度。

（4）系统可用性

在分布式事务管理中，还要考虑系统的可用性问题。所谓可用性是指：当系统中的某一场地或局部场地发生故障时，系统依然能够保证其未发生故障的部分能够正常运行，而不会导致系统全面瘫痪。因此，当系统发生故障时，如何保证系统具有较高的可用性成为分布式事务管理的重要目标之一。

基于上述影响因素可知，分布式事务管理的目标主要体现在以下几方面：

- 维护分布式事务的 ACID 性质。
- 提高系统的性能，包括 CPU、内存等系统资源的使用效率和数据资源的使用效率，尽量减少控制报文的长度及传送次数，加快事务的响应速度，降低系统运行开销。
- 提高系统可靠性和可用性，当系统的一部分或者局部发生故障时，系统仍能正常运转，而不是整个系统瘫痪。

6.3 分布式事务的提交协议

事务的原子性是维护数据库状态一致的最基本的特性。同集中式数据库系统中的事务模型一样，为维护分布式事务的原子性，要求分布式事务的管理程序具有实现全局原语（begin_transaction、commit、abort）的能力。而全局原语的执行又依赖于在各场地上执行的一系列的相应操作，即由全局事务分解的各个子事务或局部操作。只有当各局部操作正确执行后，全局事务才可以提交。当发生故障要废弃全局事务时，所有局部操作也应废弃。因此，所有子事务均被正确提交是分布式事务提交的前提。为实现分布式事务的提交，普遍采用两段提交协议(2 Phase Commit)，简称 2PC 协议。

本节主要介绍两段提交协议的基本概念及基本思想，有关两段提交协议的具体分类将在 6.5 节加以介绍。

6.3.1 协调者和参与者

依据前文介绍，一个分布式事务在执行时将分解为多个场地上的子事务执行。为完成各个场地的子事务，全局事务必须为每一子事务在相应的场地上创建一个代理者进程，也称局部进程或子进程。同时，为协调各子事务的操作，全局事务还要启动一个协调者进程，来控制和协调各代理者间的操作。为进一步理解两段提交协议，我们先了解一下协调者和参与者这两个概念。具体定义如下：

- 协调者：在事务的各个代理中指定的一个特殊代理(也称根代理)，负责决定所有子事务的提交或废弃。
- 参与者：除协调者之外的其他代理(也称子代理)，负责各个子事务的提交或废弃。

协调者和参与者是两段提交协议所涉及的两类重要角色，在分布式事务的执行过程中分别承担着不同的任务。协调者是协调者进程的执行方，掌握全局事务提交或废弃的决定权；而参与者是代理者进程的执行方，负责在其本地数据库执行数据存取操作，并向协调者提出子事务提交或废弃的意向。

一般来说，一个场地唯一地对应一个子事务，协调者与参与者在不同的场地上执行。特殊情况下，若协调者与参与者对应于相同的场地，则二者的通信可以在本地进行，而不需要借助于网络完成。为了不失一般性，在这种情况下仍逻辑地认为协调者与参与者处于不同的场地上来进行处理。

要想在全局上实现事务的正确运行，系统需要在协调者和参与者之间传输大量的操作命令(如提交或废弃)及应答等信息。协调者和参与者之间的关系如图 6-9 所示。协调者和每个参与者均拥有一个本地日志文件，用来记录各自的执行过程。无论是协调者还是参与者，他们在进行操作前都必须将该操作记录到相应的日志文件中，以进行事务故障恢复和系统故障恢复。一方面，协调者可以向参与者发送命令，使各个参与者在协调者的领导下以统一的形式执行命令；另一方面，各个参与者可以将自身的执行状态以应答的形式反馈给协调者，由协调者收集并分析这些应答以决定下一步的操作。

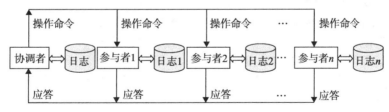

图 6-9 协调者与参与者之间的关系

6.3.2 两段提交协议的基本思想

下面给出两段提交协议的定义。两段提交协议是为了实现分布式事务提交而采用的协议。其基本思想是把全局事务的提交分为如下两个阶段：

1)决定阶段：由协调者向各个参与者发出"预提交"(Prepare)命令，然后等待回答，若所有的参与者返回"准备提交"(Ready)应答，则该事务满足提交条件。如果至少有一个子事务返回"准备废弃"(Abort)应答，则该事务不能提交。

2）执行阶段：在事务具备提交条件的情况下，协调者向各个参与者发出"提交"（Commit）命令，各个参与者执行提交；否则，协调者向各个参与者发出"废弃"（Abort）命令，各参与者执行废弃，取消对数据库的修改。无论是"提交"还是"废弃"，各参与者执行完毕后都要向协调者返回"确认"（Ack）应答，通知协调者事务执行结束。

两段提交协议也可用图 6-10 直观显示。从两段提交协议的定义可以看出，决定阶段可以理解为事务执行的谋划阶段，谋划者就是协调者，由协调者根据各子事务当前的执行情况做出全局决定（全局提交或全局废弃）；而执行阶段可以理解为针对全局决定的具体实施阶段，实施者是各个参与者，由参与者按照全局决定来提交或废弃其管理的子事务，并向协调者发送确认信息。

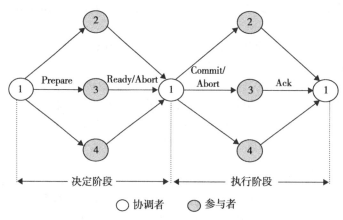

图 6-10　两段提交协议示意图

两段提交协议保证了分布式事务执行的原子性，这是由于全局事务的最终提交是建立在所有子事务均可以正常提交的基础之上的。而子事务能否正常提交是协调者通过收集参与者的应答来进行判断的。当存在某个子事务还没有准备好提交时（例如某子事务正在等待读取一个被其他事务更新的数据），那么负责该子事务的参与者就不允许将其立即提交，从而导致全局事务也不能立即提交，以保证数据库中数据的正确性。因此，两段提交协议是十分必要的。

6.3.3　两段提交协议的基本流程

两段提交协议的基本流程如图 6-11 所示，具体步骤如下：

1）协调者在征求各参与者的意见之前，首先要在它的日志文件中写入一条"开始提交"（Begin_commit）的记录。然后，协调者向所有参与者发送"预提交"（Prepare）命令，此时协调者进入等待状态，等待收集各参与者的应答。

2）各个参与者接收到"预提交"（Prepare）命令后，根据情况判断其子事务是否已准备好提交。若可以提交，则在参与者的日志文件中写入一条"准备提交"（Ready）的记录，并将"准备提交"（Ready）的应答发送给协调者；否则，在参与者的日志文件中写入一条"准备废弃"（Abort）的记录，并将"准备废弃"（Abort）的应答发送给协调者。发送应答后，参与者将进入等待状态，等待协调者所做出的最终决定。

3）协调者收集各参与者发来的应答，判断是否存在某个参与者发来"准备废弃"的应答，若存在，则采取两段提交协议的"一票否决制"，在其日志文件中写入一条"决定废弃"（Abort）的记录，并发送"全局废弃"（Abort）命令给各个参与者；否则，在其日志文件中写入一条"决定提交"（Commit）的记录，向所有参与者发送"全局提交"（Commit）命令。此时，协调者再次进入等待状态，等待收集各参与者的确认信息。

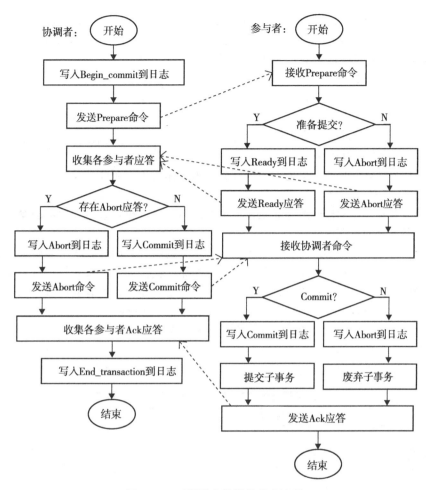

图 6-11 两段提交协议的基本流程

4)各个参与者接收到协调者发来的命令后,判断该命令类型,若为"全局提交"命令,则在其日志文件中写入一条"提交"(Commit)的记录,并对子事务实施提交;否则,参与者在其日志文件中写入一条"废弃"(Abort)的记录,并对子事务实施废弃。实施完毕后,各个参与者要向协调者发送确认信息(Ack)。

5)当协调者接收到所有参与者发送的确认信息后,在其日志文件中写入"事务结束"(End_ transaction)记录,全局事务终止。

6.4 分布式事务管理的实现

在分布式数据库系统中,事务由若干个不同场地的子事务组合而成。因此,为了维护事务的特性,分布式事务管理不仅要将每个场地上的子事务考虑在内,而且要在全局上对整个分布式事务进行协调与维护。本节将围绕分布式事务执行的控制模型及分布式事务管理的实现模型进行介绍。

6.4.1 LTM 与 DTM

与集中式数据库系统中的事务管理不同,分布式事务管理在功能上分为两个层次:局部事务管理器(LTM)和分布式事务管理器(DTM)。如图 6-12 所示,局部事务管理器类似于集中式数据库系统中的事务管理器，用来管理各个场地的子事务，负责局部场地的故障恢复和并发控制；而对于整个分布式事务，由驻留在各个场地上的分布式事务管理器协同进行管理。由于各场地上的分布式事务管理器之间可以相互通信且目标一致，因此在逻辑上可以将这些分布式事务管理器看作一个整体。

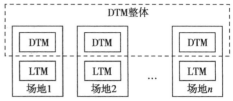

图 6-12　LTM 与 DT 在场地中的分布

下面我们将针对局部事务管理器和分布式事务管理器的功能及特点进行比较（如表 6-1 所示）：

- 局部事务管理器将各个场地上的子事务作为操作对象；而分布式事务管理器的操作对象是整个分布式事务。
- 局部事务管理器的操作范围局限在某个场地内；而分布式事务管理器的操作范围是该事务所涉及的所有场地。
- 局部事务管理器要实现的目标是保证局部事务的特性；而分布式事务管理器的目的是保证全局事务的特性，特别是分布式事务的原子性。分布式事务管理器要保证每一场地的子事务要么都成功提交，要么都不执行。也就是说，所有局部事务管理器必须采取相同的事务执行策略（提交或废弃），使各个子事务遵循一致的决定。
- 局部事务管理器负责接收分布式事务管理器发来的命令，记入日志后执行命令，并向分布式事务管理器发送应答；分布式事务管理器负责向局部事务管理器发送命令，通过接收应答对这些场地进行监控，以实现合理地调度和管理各个子事务。

表 6-1　局部事务管理器和分布式事务管理器的特点比较

比 较 项	局部事务管理器	分布式事务管理器
操作对象	子事务	分布式事务
操作范围	局限在某个场地内	事务所涉及的所有场地
实现目标	保证本地事务的特性	保证全局事务的特性
执行方式	接收命令，发送应答	发送命令，接收应答

6.4.2　分布式事务执行的控制模型

通过前文介绍可知，分布式事务管理器和局部事务管理器是分布式事务管理的两个重要组成部分，那么如何使二者能够有效地进行协同工作，既保证本地事务的特性，同时也保证全局事务的特性呢？为此，需要针对分布式事务的执行过程建立控制模型，以实现分布式事务管理器与各个局部事务管理器之间的协作有条不紊地进行。在分布式数据库系统中，分布式事务执行的控制模型主要包括三种：主从控制模型、三角控制模型和层次控制模型。

1. 主从控制模型

分布式事务执行的主从控制模型如图 6-13 所示。在这种模型中，分布式事务管理器作为主控制器，而局部事务管理器作为从属控制器。分布式事务管理器通过向局部事务管理器发送命令并收集应答来对这些场地进行状态监控，并产生统一的命令供各个局部管理器执行。局部事务管理器根据分布式事务管理器的指示来执行本地的子事务，并将最终结果返回给分布式事务管理器。也就是说，分布式事务管理器与各个局部事务管理器之间采用这种一问一答的方式来控制需要同步的操作。需要强调的是，在分布式事务执行的主从控制模型中，事务间的通信只发生在分布式事务管理器与局部事务管理器之间，而局部事务管理器之间无通信。若局部事务管理器之间需要传递参数等信息，则必须经由分布式事务管理器转发来实现。

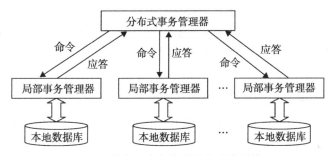

图 6-13 分布式事务执行的主从控制模型

2. 三角控制模型

分布式事务执行的三角控制模型如图 6-14 所示。这种模型与主从控制模型相类似,在分布式事务管理器与局部事务管理器之间可以传递命令和应答。三角控制模型与主从控制模型的差别是:局部事务管理器之间可以直接发送和接收数据,而不需要通过分布式事务管理器作为中介。因此,同主从控制模型相比,三角控制模型在一定程度上减少了不必要的通信代价,但同时也使分布式事务管理器与局部事务管理器之间的协作控制变得更加复杂。

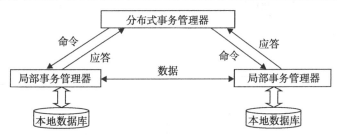

图 6-14 分布式事务执行的三角控制模型

3. 层次控制模型

分布式事务执行的层次控制模型如图 6-15 所示。在这种模型中,每个局部事务管理器本身可以具有双重角色,除了用来管理其本地的子事务外,局部事务管理器也可以兼职成为一个新的分布式事务管理器。局部事务管理器可以将其负责的子事务进一步分解,同时衍生出一系列下一层的局部事务管理器,每个分解部分由下一层的局部事务管理器负责执行。这时,局部

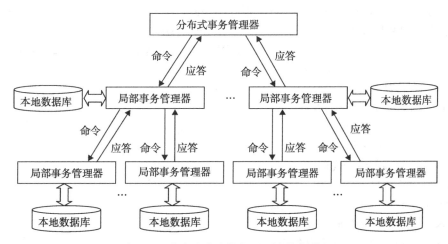

图 6-15 分布式事务执行的层次控制模型

事务管理器自身将成为一个分布式事务管理器，由其来控制下一层各个局部事务管理器的执行，向它们发送命令并接收应答。分布式事务执行的层次控制模型允许进行扩展设计，其层数可以随着任务量的增大而增加。可见，同前两种控制模型相比，层次控制模型在实现上更加复杂。

6.4.3　分布式事务管理的实现模型

分布式事务管理的实现模型如图 6-16 所示，该模型自顶向下包含 3 个层次：代理层、分布式事务管理器（DTM）层和局部事务管理器（LTM）层。

- 代理层：由 1 个根代理和若干个子代理组成，它们之间通过发送控制报文来协同工作。
- DTM 层：由驻留在各场地上的 DTM 组成，负责管理分布式事务，调度子事务的执行，保证分布式事务的原子性。
- LTM 层：由所有场地上的 LTM 组成，负责管理 DTM 交付的子事务的执行，保证子事务的原子性。

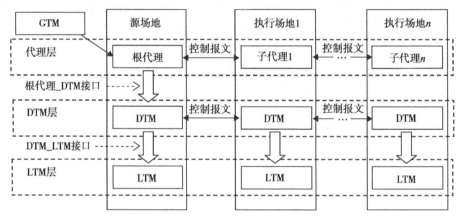

图 6-16　分布式事务管理的实现模型

除此之外，在分布式事务管理的实现过程中，还需要一个全局事务管理器（GTM），负责处理全局事务调度及将全局事务划分为各子事务等。

在分布式事务管理的实现模型中，层次间的通信涉及两种接口类型：根代理_DTM 接口和 DTM_LTM 接口。其中，代理层与 DTM 层间的通信是通过根代理_DTM 接口实现的，根代理可以向 DTM 发送 begin_transaction、commit、abort 或 create 原语。需要注意的是，一般规定只有根代理才能与 DTM 层具有接口关系，而不允许子代理与 DTM 层直接进行通信。DTM 层与 LTM 层间的通信是通过 DTM_LTM 接口实现的，由 DTM 向 LTM 发送 local_begin、local_commit、local_abort 或 local_create 原语。下面给出这些原语的具体定义：

1）根代理_DTM 接口：
- begin_transaction：全局事务开始命令。
- commit：全局事务提交命令。
- abort：全局事务废弃命令。
- create：全局创建子代理。

2）DTM_LTM 接口：
- local_begin：局部事务开始命令。
- local_commit：局部事务提交命令。
- local_abort：局部事务废弃命令。

● local_create：局部创建子代理。

基于分布式事务管理的实现模型，例6.2中银行账户转账事务的实现过程如图6-17所示。该事务的执行过程如下：

1）根代理通过"根代理_DTM 接口"向本地的 DTM 发送 begin_transaction 命令，全局事务开始执行；

2）DTM 通过"DTM_LTM 接口"向本地的 LTM 发送 local_begin 命令，启动局部事务执行，在局部事务执行前，LTM 要将当前局部事务信息写入日志；

3）根代理通过 create 原语创建子代理 agent1；

4）根代理的 DTM 通知子代理 agent1 所在场地的 DTM，子代理 agent1 所在场地的 DTM 向本地 LTM 发送 local_begin 命令，建立并启动局部事务进程；

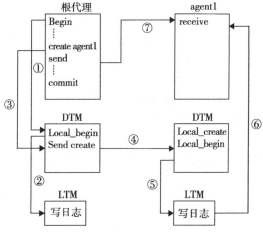

图6-17　分布式事务管理实例

5）在局部事务执行前，子代理 agent1 所在场地的 LTM 将当前局部事务信息写入日志；

6）子代理 agent1 所在场地的 LTM 通知并激活子代理 agent1 来执行子事务；

7）子代理 agent1 接收根代理发来的参数信息。

6.5　两段提交协议的实现方法

两段提交协议（2PC）是实现分布式事务正确提交而经常采用的协议。如6.3节所述，两段提交协议的基本思想是分布式事务的提交，当且仅当全部子事务均提交。如果有一个参与者不能提交其子事务，则所有局部子事务要全部终止。所谓"两段提交协议"中的"两段"是指将事务的提交过程分为两个阶段，即决定阶段和执行阶段。在6.3节中我们已经介绍了最基本的两段提交协议。按照各参与者之间的通信结构，可以将两段提交协议的实现方法分为集中式、分布式、分层式和线性四种。下面将针对这些不同种类的两段提交协议分别加以介绍。

6.5.1　集中式方法

在前面6.3节中讨论的并在图6-10中描述的范例称为集中式方法。在集中式方法的执行过程中，首先要确定一个协调者场地，通常由事务的发起者场地（源场地）充当，完成事务提交的初始化工作。所谓"集中式"是指事务间的通信只集中地发生于协调者与参与者之间，而参与者与参与者之间不允许直接通信。集中式方法实现简单，是常采用的一种分布式事务提交协议实现方法。关于集中式方法的基本思想及流程描述，我们已经在6.3节中介绍，因此本节将不再赘述。

从集中式方法的处理过程可以看出，假设参与者的数目为 N，场地间传输一个消息的平均时间为 T，则需要传递的消息总数为 $4N$，传输消息总用时为 $4T$。由此可见，对于集中式方法，消息传输代价随着参与者数目的增加而线性增长。

6.5.2　分布式2PC

与集中式相对应，两段提交协议的另一种类型是分布式方法。所谓"分布式"是指事务的所有参与者同时也都是协调者，都可以决定事务的提交和废弃，提交过程是完全分布式地完成，由事务的始发场地完成提交的初始化工作。

分布式方法的事务提交过程描述如下：首先，始发场地进行事务提交的初始化工作，初始化完毕后向所有参与者广播"预提交"命令。各参与者收到"预提交"命令后，做出"准备提交"或"准备废弃"的决定，并向所有参与者发送"准备提交"或"准备废弃"的应答信息。然后，每一场地的参与者都根据其他参与者的应答独立地做出决定，若存在参与者发来"准备废弃"的应答，说明存在某个子事务不能正常结束，因此各个参与者要对其子事务进行废弃处理；否则，各个参与者提交其子事务。

分布式方法的通信结构如图 6-18 所示，其最大的特点是事务的提交过程只需要一个阶段，即决定阶段。这是因为该协议允许所有参与者在决定阶段可以互相通信，使各个参与者均可以获悉其他参与者的当前状态（"准备提交"或"准备废弃"），因而它们可以独立地做出事务的终止决定，而不需要借助协调者统一向它们发送执行命令的第二阶段。

从分布式方法的处理过程可以看出，假设参与者的数目为 N，场地间传输一个消息的平均时间为 T，则需要传递的消息总数为 $N(N+1)$，传输消息总用时为 $2T$。由此可见，同集中式 2PC 相比，分布式方法的响应效率较高。但由于该种协议需要传送报文的数目较大，因而只适合传输代价较小的系统采用。

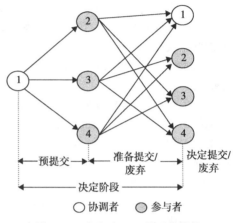

图 6-18　分布式 2PC 的通信结构

6.5.3　分层式方法

分层式 2PC 也称树状实现方法，这是因为在分层式方法中，协调者与参与者间的通信结构如同一棵树。其中，协调者所在场地称为树根，参与者构成树的中间节点或叶子节点。在树型结构中，信息的流向有两种：一种流向是上层节点向下层节点发送"预提交"或"提交/废弃"命令，另一种流向是下层节点向上层节点发送"准备提交"或"确认"应答。从上层节点往下层节点发送命令的过程是：由根节点开始，将命令发送给下一层节点，再由下一层节点继续往下分发，直到叶子节点。从下层节点往上层节点发送应答的过程是：由叶子节点开始，将应答信息发送给父节点，当父节点收集了下层节点的全部应答信息后将应答继续向上层发送，直到根节点。

分层式方法的事务提交过程描述如下：协调者向其下层参与者节点发送"预提交"命令。各参与者收到"预提交"命令后，将该命令继续向下层节点发送，直到叶子节点。当各叶子节点收到"预提交"命令后，根据自身的状态来发送应答，若准备好提交，则向上层发"准备提交"的应答信息，否则发送"准备废弃"应答。当中间层某节点收到下层节点的应答信息后，将其自身的应答信息（"准备提交"或"准备废弃"）也加入到当前所接收的应答中，并继续向上层节点发送，直到到达根节点。若根节点所接收的应答信息均是参与者的"准备提交"应答，则该事务满足提交条件；否则，不满足事务提交条件。接下来，根节点将根据参与者返回的应答信息决定向下层参与者发送"提交/废弃"命令。各层的参与者将按照协调者的决定进行提交或废弃，并向上层节点返回"确认"应答。

分层式方法的通信结构如图 6-19 所示，其特点是协调者与参与者间的通信并不采取广播的方式进行，而是借助于树型结构将报文在不同层次的节点间传送。集中式方法可以看成是分层式方法的一个特例，即对应于树型结构中只有根节点和叶子节点而无中间节点的情况。

从分层式方法的处理过程可以看出，假设参与者的数目为 N，场地间传输一个消息的平均时间为 T，则需要传递的消息总数为 $4N$，传输消息总用时为 $4T \sim 2NT$。由此可见，同分布式方法相比，分层式2PC的报文传输数量较少，但响应效率相对较低。

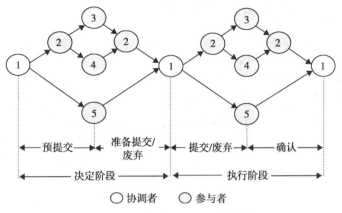

图 6-19　分层式 2PC 的通信结构

6.5.4　线性方法

线性的2PC协议是另一种可供选择的分布式事务提交协议。在线性的2PC协议中，允许参与者之间相互通信，为了使通信过程能够按次序有条理地进行，需要由事务的始发场地构造一个线性有序的场地表。表中第一个场地为协调者场地，后续依次为第一个参与者场地，第二个参与者场地，直到第 n 个参与者场地。

线性方法的事务提交过程描述如下：事务的始发场地首先进入“预提交”状态，之后向场地中下一个参与者场地发送“预提交”命令，若该场地准备好提交，则向下一场地发“准备提交”命令，同时自己成为当前场地，继续向下一场地发“准备提交”命令，依此类推，直到到达最后一个场地。当最后参与者场地收到“准备提交”命令，且也准备好提交时，此时最后参与者场地充当了协调者，自己首先进入提交状态，并向前一场地发提交命令。前一场地收到提交命令后，执行提交，并向下一场地发送提交命令，以此类推，直到事务始发场地提交完成，全局事务提交完成。若场地表中任一场地收到“准备提交”命令时，处于没准备好提交状态，则向前一场地发“准备废弃”应答，收到“准备废弃”应答的场地即可决定废弃事务，并向前一场地发“废弃”命令，直到到达事务原发场地，事务废弃完成。

线性方法的通信结构如图 6-20 所示，其特点是做出事务终止的决定是串行进行的，因此该协议的处理过程省略了一些中间状态。但当子事务的数量达到一定的规模后，信息传输需要耗费巨大代价，其执行效率明显降低。

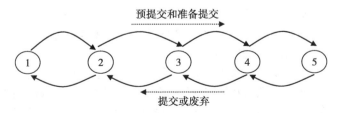

图 6-20　线性 2PC 的通信结构

从线性方法的处理过程可以看出，假设参与者的数目为 N，场地间传输一个消息的平均时间为 T，则需要传递的消息总数为 $2(N-1)$，传输消息总用时为 $2(N-1)T$。由此可见，同其他类别的2PC相比,线性2PC的报文传输数量较少,但响应效率较低,比较适用于通信代价较高的系统。

6.6　非阻塞分布式事务提交协议

在前文介绍的两段提交协议中,若参与者收到了协调者发送的"提交"命令时,说明其他所有参与者均已向协调者发送了"准备提交"的应答,则参与者可以提交其子事务。但是,如果在两段提交协议执行的过程中出现协调者故障或网络故障,使得参与者不能及时收到协调者发送的"提交"命令时,那么参与者将处于等待状态,直到获得所需要的信息后才可以做出决定。在故障恢复前,参与者的行为始终停留不前,子事务所占有的系统资源也不能被释放,这时我们称事务进入了阻塞状态。若参与者一直收不到协调者的命令,则事务将始终处于阻塞状态而挂在相应的执行场地上,所占用的系统资源也不能被其他事务利用。由此可见,这种事务阻塞降低了系统的可靠性和可用性。

那么如何改进两段提交协议,使其成为非阻塞的分布式事务提交协议呢?为此,一种改进的分布式事务提交协议——三段提交协议(3PC)被提出,它在一定程度上减少了事务阻塞的发生,提高了系统的可靠性和可用性。本节将重点介绍三段提交协议的基本思想和流程,而对于其故障恢复策略将在第7章详细介绍。

6.6.1　三段提交协议的基本思想

三段提交协议是为了减少分布式事务提交过程中事务阻塞的发生而提出的,其基本思想是把全局事务的提交分为三个阶段。在两段提交协议中,如果参与者已获悉其他所有参与者均已向协调者发送了"准备提交"的应答时,则参与者可以提交其子事务。如果在两段提交协议的基础上加以改进,使得参与者的提交要等到参与者获悉两件事后才可以进行:一件事是参与者要知道所有参与者均发出了"准备提交"的应答,另一件事是参与者要知道所有参与者当前的状态(故障状态或已恢复状态),这时,两段提交协议即演变为三段提交协议。其中,利用前两个阶段完成事务的废弃,利用第三个阶段来完成事务的提交。具体描述如下:

1)投票表决阶段:由协调者向各个参与者发"预提交"(Prepare)命令,然后等待回答。每个参与者根据自己的情况进行投票,若参与者可以提交,则向协调者返回"赞成提交"(Ready)应答,否则向协调者发送"准备废弃"(Abort)应答。

2)准备提交阶段:若协调者收到的应答中存在"准备废弃"(Abort)应答,则向各个参与者发"全局废弃"(Abort)命令,各个参与者执行废弃,执行完毕后向协调者发送"废弃确认"(Ack)应答。相反地,若协调者收到的应答均为"赞成提交"(Ready)应答,则向各个参与者发"准备提交"(Prepare-to-Commit)命令,然后等待回答,若参与者已准备就绪,则向协调者返回"准备就绪"(Ready-to-Commit)应答。

3)执行阶段:当协调者收到所有参与者的"准备就绪"(Ready-to-Commit)应答后,向所有参与者发送"提交"(Commit)命令,此时各个参与者已知道其他参与者均赞成提交,因此可以执行提交,提交后向协调者发送"提交确认"(Ack)应答。

三段提交协议也可用图6-21直观显示。三段提交协议是在两段提交协议的执行过程中增加了一个"准备提交"阶段。协调者在接收到所有参与者的赞成票后发送一个"准备提交"命令,当参与者接收到"准备提交"命令之后,它就得知其他的参与者都投了赞成票,从而确定自己稍后肯定会执行提交操作,除非它失败了。协调者一旦接收到所有参与者的"准备就绪"应答就再发出全局"提交"命令。

三段提交协议在一定程度上解决了两段提交协议中的阻塞问题,这是由于在以下两种情况

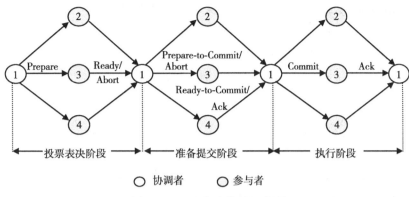

图 6-21　三段提交协议示意图

下，参与者不必进入等待状态而可以独立地做出决定，也就是执行相应的恢复处理。

1）一种情况是当参与者已发送完"赞成提交"的应答后，而长时间没有收到协调者再次发来的命令时，该参与者可启动恢复处理过程。

2）另一种情况是当参与者已发送完"准备就绪"的应答后，而长时间没有收到协调者发来的"提交"命令时，该参与者可启动恢复处理过程。

从三段提交协议的执行过程可以看出，参与者具有四个状态："赞成提交"、"准备就绪"、"提交"和"废弃"。当参与者发送完"赞成提交"应答后，即处于"赞成提交"状态；当参与者发送完"准备就绪"应答后，即处于"准备就绪"状态；当参与者发送完"提交确认"应答后，即处于"提交"状态；同样，当参与者发送完"废弃确认"应答后，即处于"废弃"状态。如表 6-2 所示，三段提交协议规定：在参与者的这些状态中，有些状态是不相容的。不相容的状态对包括："赞成提交"状态与"提交"状态、"提交"状态与"废弃"状态、"准备就绪"状态与"废弃"状态。也就是说，一个参与者在其他任何一个参与者处于"赞成提交"状态时，不可能进入"提交"状态；一个参与者在另一个参与者进入"提交"状态或任何一个参与者已进入了"准备就绪"状态时，不可能进入"废弃"状态。

表 6-2　三段提交协议中参与者状态的相容矩阵

参与者 2 ＼ 参与者 1	赞成提交	准备就绪	提 交	废 弃
赞成提交	相容	相容	不相容	相容
准备就绪	相容	相容	相容	不相容
提交	不相容	相容	相容	不相容
废弃	相容	不相容	不相容	相容

基于上述规定，参与者则可以根据其他参与者的状态进行相应的恢复处理。具体过程是：参与者进入恢复处理后，访问其他参与者的当前状态，若所有的参与者均处于"赞成提交"或"废弃"状态，根据状态的不相容性，说明此时没有任何一个参与者已提交，则该参与者通知所有参与者进行废弃。若存在某个参与者处于"准备就绪"或"提交"状态，则说明当前不可能存在参与者被废弃，因为"准备就绪"状态或"提交"状态均不相容于"废弃"状态，此时该参与者通知所有参与者提交。为了遵循状态的相容性，在提交时需注意，若某参与者当前状态为"赞成提交"，则需要先将其转化为"准备就绪"状态，然后再进行提交，进而进入"提交"状态。

由此可见，三段提交协议的非阻塞特性主要体现在：当协调者与参与者失去联系时，参与者不是就此被动地等待，而是可以积极主动地采取相应的措施，通过了解其他参与者的状态来推断协调者的命令并独立地执行，尽量能够使事务继续执行下去。

6.6.2 三段提交协议的基本流程

三段提交协议的基本流程如图 6-22 所示，具体步骤如下：

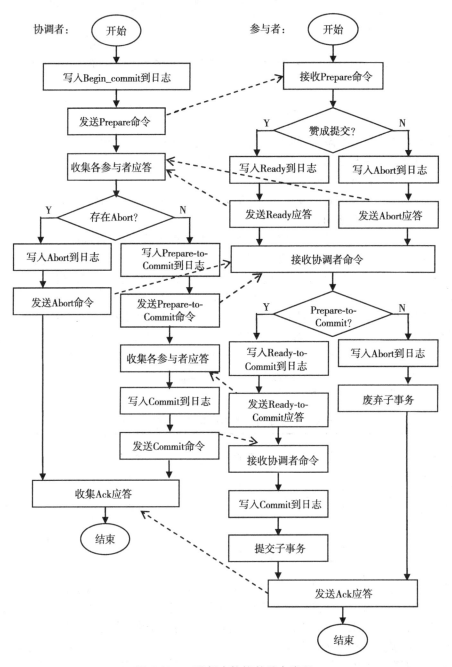

图 6-22 三段提交协议的基本流程

1）协调者在它的日志文件中写入一条"开始提交"（Begin_commit）的记录，并向所有参与者发送 Prepare 命令，此时协调者进入等待状态。

2）各个参与者接收到 Prepare 命令后，决定是否赞成提交。若赞成，则在其日志文件中写入一条"赞成提交"（Ready）的记录，并将"赞成提交"的应答发送给协调者；否则，在其日志文件中写入一条"准备废弃"（Abort）的记录，并将"准备废弃"的应答发送给协调者。发送应答后，参与者将进入等待状态。

3）协调者收集各参与者发来的应答，判断是否存在某个参与者"准备废弃"，若存在，则在其日志文件中写入一条"决定废弃"（Abort）的记录，并发送"全局废弃"（Abort）命令给各个参与者；否则，在其日志文件中写入一条"准备提交"（Prepare-to-Commit）的记录，向所有参与者发送"准备提交"（Prepare-to-Commit）命令。此时，协调者再次进入等待状态。

4）各个参与者接收到协调者发来的命令后，判断该命令类型，若为"全局废弃"命令，则在其日志文件中写入一条"废弃"（Abort）的记录，对子事务实施废弃后向协调者发送"废弃确认"（Ack）应答，随后执行步骤 5）；否则，若参与者已准备就绪，则在其日志文件中写入一条"准备就绪"（Ready-to-Commit）的记录，向协调者返回"准备就绪"（Ready-to-Commit）应答，并进入等待状态，随后执行步骤 6）~步骤 8）。

5）协调者接收到所有参与者发送的"废弃确认"（Ack）应答后，在其日志文件中写入"事务结束"（End_transaction）记录，全局事务终止。

6）当协调者接收到所有参与者发送的"准备就绪"（Ready-to-Commit）应答后，在其日志文件中写入"全局提交"（Commit）记录，向所有参与者发送"全局提交"（Commit）命令，并等待接收参与者的"提交确认"（Ack）应答。

7）各个参与者接收到协调者发来的"全局提交"（Commit）命令后，在其日志文件中写入一条"提交"（Commit）的记录，提交其子事务后向协调者发送"提交确认"（Ack）应答。

8）当协调者接收到所有参与者发送的"提交确认"（Ack）应答后，在其日志文件中写入"事务结束"（End_transaction）记录，全局事务终止。

6.7 Oracle 分布式事务管理案例

在本节中，将通过一个具体的案例介绍分布式事务在 Oracle 环境下的具体执行步骤。OraStar 公司在总部的用户登录到本地的数据库服务器中，分别向本地的供货商表 SUPPLIER 和位于生产部门的零件产品表 PRODUCT 中录入数据。这是一个分布式事务，涉及多个场地中的数据库。下面将介绍这一事务的具体执行步骤。

步骤 1：客户端应用发出 DML 语句

在总部的用户登录到本地的数据库中，执行以下的 SQL 语句：

```
Connect hq/password@hq...;
Insert Into SUPPLIER ...;
Update PRODUCT@mfg.os.com ...;
Insert Into SUPPLIER ...;
Update PRODUCT@mfg.os.com ...;
COMMIT;
```

这段 SQL 代码组成了一个分布式事务，在该事务执行的过程中，Oracle 定义了一个 Session Tree 来表示参与事务每个节点之间的关系和它们所扮演的角色，如图 6-23 所示。参与分布式事务的节点分为几种角色，其具体意义如表 6-3 所示。

全局协调者是 Session Tree 的父节点或根节点，主要负责以下几项任务：

1）发出所有的分布式 SQL 语句和远程存储过程调用。

2）命令除提交点场地之外的所有直接关联节点进入 Prepare 阶段。

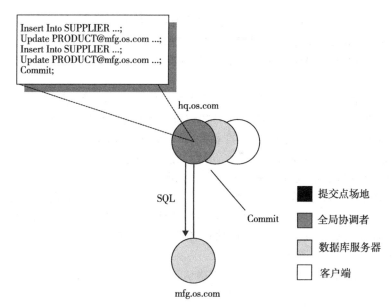

图 6-23　定义事务的 Session Tree

3）如果所有节点进入 Prepare 阶段，命令提交点场地进行全局事务的提交。

4）如果接收到 Abort 响应，命令所有节点进行事务的废弃处理。

表 6-3　参与分布式事务的节点角色描述

角　色	描　述
客户端	引用其他节点中信息的节点
数据库服务器	接收其他节点数据访问请求的节点
全局协调者	分布式事务的发起节点
提交点场地	在全局协调者命令下提交或回滚事务的节点

　　在这个例子中，用户在总部场地（hq.os.com）上发出 SQL 命令，因此总部是全局协调者；这些 SQL 命令分别对总部数据库和生产部门数据库执行 DML 操作，因此 hq.os.com 和 mfg.os.com 均为数据库服务器；因为总部数据库操作了生产部门数据库上的数据，所以 hq.os.com 同时也是 mfg.os.com 的客户端。

步骤 2：Oracle 数据库决定提交点场地

　　提交点场地的主要工作是在全局协调者的命令下，初始化一个提交或回滚操作。Oracle 通过 Session Tree 中每个节点的 COMMIT_POINT_STRENGTH 参数，指定一个节点作为提交点场地。由于提交点场地上应该保存最关键的数据，对应的 COMMIT_POINT_STRENGTH 数值应该最高。

　　在这个例子中，假设事务的发起节点上的 COMMIT_POINT_STRENGTH 参数值最高，被选为提交点场地，如图 6-24 所示。

步骤 3：全局协调者发出 Prepare 命令

Prepare 阶段包括如下步骤：

1）数据库决定提交点场地之后，全局协调者向除提

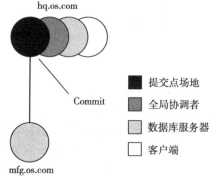

图 6-24　决定提交点场地

交点场地之外的所有直接关联的 Session Tree 中的节点直接发送 Prepare 消息。在本例中，mfg.os.com 是被要求进入 Prepare 状态的唯一节点。

2）mfg.os.com 节点试图进入 Prepare 状态。如果一个节点能够确保它能提交事务的本地操作结果，并且能在它的本地 redo 日志中记录提交信息，那么此节点可以成功进入 Prepare 状态。在本例中，只有 mfg.os.com 收到了 Prepare 消息，因为 hq.os.com 是提交点场地。

3）mfg.os.com 节点用一个 Ready 消息响应 hq.os.com。

如果任何一个被要求进入 Prepare 状态的节点向全局协调者响应了一个 Abort 消息，那么全局协调者就通知所有节点回滚事务。如果所有被要求进入 Prepare 状态的节点都向全局协调者响应一个"Ready"消息或者一个只读消息，即它们都成功进入 Prepare 状态，那么全局协调者命令提交点场地提交事务，如图 6-25 所示。

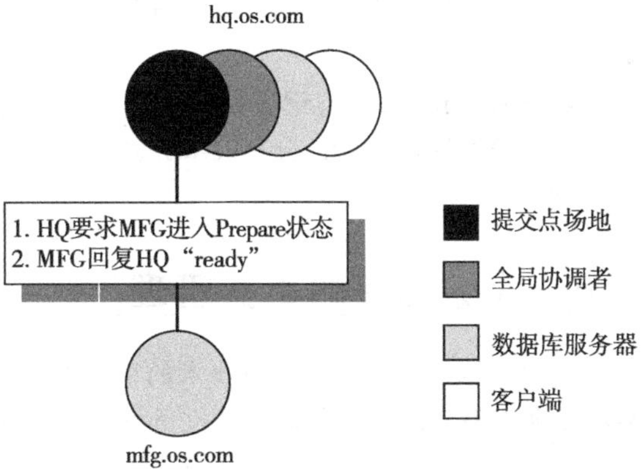

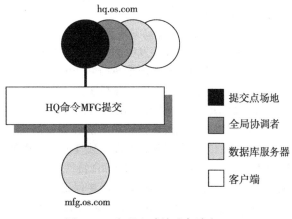

图 6-25　发送和确认准备消息

步骤 4：提交点场地提交

提交点场地的事务提交过程包括以下步骤：

1）hq.os.com 节点接到 mfg.os.com 准备好的确认消息，命令提交点场地提交事务。

2）提交点场地局部提交事务，并且在它的 redo 日志中记录这一事实。

步骤 5：提交点场地通知全局协调者提交

此阶段包括以下步骤：

1）提交点场地告诉全局协调者事务已提交。由于在本例中，提交点场地和全局协调者是同一个节点，因此没有操作需要执行。提交点场地知道事务已经提交了，因为它在自己的日志上记录了这一事实。

2）全局协调者确认分布式事务中所包含的所有其他节点上的事务已被提交。

步骤 6：全局协调者命令所有节点提交

事务中所包含的所有节点的事务提交包括以下步骤：

1）全局协调者通知提交点场地提交之后，它命令所有与其直接关联的节点进行提交。

2）所有的参与者命令它们的服务器进行提交。

3）每个节点（包括全局协调者）提交事务并且在本地记录相应的 redo 日志条目。随着每个节点的提交，局部占用的资源锁被释放。

在图 6-26 中，作为提交点场地和全局协调者的 hq.os.com 已经提交了事务。

步骤 7：全局协调者和提交点场地完成所有节点的提交

这里首先介绍 Oracle 中"忘记事务"的概念。所谓"忘记事务"指的是 Oracle 中两阶段提交协议完成后，事务最后的处理工作，主要包括：1）提交点场地清除事务的信息；2）提交点场地通知全局协

图 6-26　发送和确认准备消息

调者事务的信息已被清除；3）全局协调者清除本地有关事务的信息。

因此，分布式事务最后的提交可以通过以下几个步骤完成：

1）事务所涉及的所有节点和全局协调者成功提交之后，全局协调者通知提交点场地这一事实。

2）等待这一消息的提交者场地，抹去该分布式事务的状态信息。

3）提交点场地通知全局协调者它已经完成。换句话说，提交点场地进行"忘记事务"操作。因为两段提交协议中包含的所有节点已经成功提交了事务，所以它们将来永远不用再决定它的状态。

4）全局协调者以"忘记事务"的方式来结束事务。

提交阶段完成之后，分布式事务就完成了。所描述的这些步骤可以在若干分之一秒之内自动实现。

6.8 大数据库的事务管理

随着计算机技术及互联网技术的快速发展，企业数据、统计数据、科学数据、医疗数据、Web数据、移动数据、物联网数据等各种数据的规模与日俱增。而传统的关系型数据管理系统已经不能满足高并发的读写、高可用性和高可扩展性的新兴应用需求。这些海量数据对传统的数据管理技术带来了巨大挑战，如何对其进行有效的管理和利用已经成为当前不可回避的严峻问题。

大数据库系统是对关系型SQL数据库系统的补充，是一种分布式、不保证遵循ACID特性的数据库设计模式。大数据库能够很好地应对海量数据的挑战，它向人们提供了高可扩展性和灵活性。本节首先讨论大数据库的事务管理问题；其次介绍大数据库系统设计的理论基础；接下来讨论弱事务型大数据库和强事务型大数据库的特点、应用背景及设计原则；然后介绍大数据库中的事务特性；最后介绍大数据库的事务实现方法。

6.8.1 大数据库的事务管理问题

如果把事务管理比喻成一块砖的话，那么数据库管理就是一栋房子。可见，事务管理是数据库管理的基础，并且它们有着紧密的联系。关系型数据库非常善于处理事务的更新操作，尤其是处理更新过程中复杂一致性的问题。然而，传统的关系型数据库系统已经不能满足新兴应用需求，因此一些大数据库系统被设计并实现，以弥补传统数据库系统的不足之处。传统的事务管理策略不是万能的，不能直接应用于大数据库系统中。大数据库系统中的事务管理需要解决如下几个问题。

（1）要满足大数据库高并发读写的需求

大数据库要处理高并发的读写操作，往往要每秒处理上万次读写请求。例如，BBS网站的实时统计在线用户状态、记录热门帖子的点击次数、投票计数等应用都需要解决高并发读写问题。因此，大数据库事务管理需要满足大数据库中高并发的读写需求。

（2）要满足大数据库高可用性和高可扩展性的需求

关系型数据库提供事务处理功能和强一致性，但是大部分应用（如社交网站、论坛等）并不要求严格的数据库事务，对读一致性的要求很低，有些场合对写一致性要求也不高。对于某些应用来说，严格支持事务的ACID特性在一定程度上限制了数据库的扩展和处理海量数据的性能。因此，大数据库事务管理需要保证大数据库系统的高可用性和高可扩展性。

（3）要满足对大数据库高效率读写的需求

大数据库中存储了大规模的数据资源，例如，Facebook、Twitter、Friendfeed等网站每天都产生数亿条用户动态信息，腾讯等大型 Web 网站的用户登录系统也要处理数以亿计的账号信息。此时，如果仍采用传统的事务管理策略，事务管理将成为数据库高负载下一个沉重的负担。因此，大数据库事务管理需要满足高效率读写的需求。

综上所述，为了使大数据库系统能较好地应对互联网应用的高性能、高可用和低成本的挑战，需要对传统的事务作用域、事务语义以及事务实现方法等进行改进和扩展。

6.8.2 大数据库系统设计的理论基础

前文已介绍事务具有 ACID 四个特性，ACID 原则是传统数据库常用的设计理念，它能很好地保证数据库系统的高可靠性和强一致性，可以说 ACID 原则是 RDBMS 的基石。然而，支持 ACID 和 SQL 等特性限制了数据库的扩展和处理海量数据的性能，因此具备弱数据结构模式、易扩展等特性的大数据库得以飞速发展，在众多网络及新型应用程序中得以部署。

在大数据库系统中，设计者尝试通过牺牲 ACID 和 SQL 等特性来提升对海量数据的存储管理能力。相应地，CAP 理论和 BASE 理论被相继提出，它们是大数据库系统设计的基石。这些基本理论对于深入理解分布式环境下技术方案设计选型具有重要的指导作用，本节将介绍 CAP 理论、BASE 理论及其内在联系。

（1）CAP 理论

分布式系统的 CAP 理论是由 Eric Brewer 于 1999 年首先提出的，是对 Consistency（一致性）、Availability（可用性）、Partition tolerance（分区容忍性）的一种简称（如图 6-27 所示），具体含义如下：

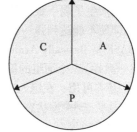

图 6-27 分布式系统的 CAP 理论

- 一致性（C）：指强一致性，在分布式系统中的同一数据有多个副本的情形下，对于数据的更新操作体现出的效果与只有单份数据是一样的。要求数据被一致地更新，所有数据变动都是同步的。

- 可用性（A）：客户端在任何时刻对大规模数据系统的读/写操作都应该保证在限定延时内完成。即系统在面对各种异常时，依然可以响应客户端的读/写请求并提供正常服务。

- 分区容忍性（P）：以实际效果而言，分区相当于对通信的时限要求。系统如果不能在时限内达成数据一致性，就意味着发生了分区的情况。分区容忍性是指在网络中断、消息丢失的情况下，系统照样能够工作。

Eric Brewer 在提出 CAP 概念的同时，也证明了 CAP 定理：任何分布式系统在可用性、一致性、分区容忍性方面，不可能同时被满足，最多只能得其二。该定理也被称作布鲁尔定理（Brewer's theorem）。任何分布式系统的设计只是在 C、A、P 三者中的不同取舍而已，要么 AP，要么 CP，要么 AC，但是不存在 CAP，这就是 CAP 原则的精髓所在。在网络环境下，运行环境出现网络分区/分割一般是不可避免的，所以系统必须具备分区容忍性 P。因此，在设计分布式系统时，架构师往往在 C 和 A 之间进行权衡和选择，即要么 CP，要么 AP。

为了进一步理解 CAP 定理，我们来看一个简单的例子：假定在分布式系统中有两个节点 m1 和 m2，分别存储某数据 a 的副本，作用在 m1 上的某更新操作将数据 a 从 v1 更新成 v2。由于系统具备分区容忍性 P 而允许网络分割的发生。假定此时由于网络中断形成了两个分区，m1 和 m2 分别隶属于这两个分区。考虑以下两种情况：

情况一：若要保证一致性 C，则要求数据 a 的所有副本必须一致，即保证 m2 上的数据 a 也被更新为 v2 而与 m1 同步。由于允许网络分割的发生，m1 和 m2 无法进行通信，进而无法将数据 a 同步到一致状态。这样，对于 m2 上数据 a 的读请求必然要被拒绝，因此无法保证系统的可用性 A(如图 6-28a 所示)。

情况二：若要保证可用性 A，那么对于 m2 上数据 a 的读请求必须在限定时间内返回值。在网络故障尚未解决之前，m1 和 m2 无法进行通信，此时 m2 返回的 a 值为 v1，而并非是当前数据 a 的最新状态 v2，即出现了数据不一致的现象，因此无法保证系统的一致性 C(如图 6-28b 所示)。

综上可知，对于一个分布式系统来说，在保证分区容忍性 P 的前提下，无论选择一致性 C 还是可用性 A，必然以牺牲另外一个因素作为代价，C、A、P 三者不可兼得。

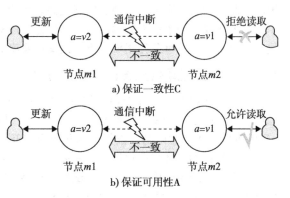

图 6-28　CAP 理论的应用示例

(2)BASE 理论

对于很多互联网应用来说，对一致性的要求可以降低，而可用性的要求则更为明显，从而产生了弱一致性的 BASE 理论。BASE 理论是基于 CAP 理论逐步演化而来的，其核心思想是即便不能达到强一致性，也可以根据应用特点采用适当的方式来达到最终一致性的效果。BASE 是 Basically Available(基本可用)、Soft state(软状态/柔性状态)、Eventually consistent (最终一致性)三个词组的简写，是对 CAP 中 C 和 A 的延伸。BASE 理论的含义如下：

- 基本可用：在绝大多数时间内系统处于可用状态，允许偶尔的失败。
- 软状态/柔性状态：数据状态不要求在任意时刻都完全保持同步，即状态可以有一段时间不同步。
- 最终一致性：与强一致性相比，最终一致性是一种弱一致性。尽管软状态不要求任意时刻数据保持一致同步，但是最终一致性要求在给定时间窗口内数据会达到一致状态。

(3)ACID、CAP 与 BASE 三者间的内在联系

在 CAP 理论被明确提出之前，ACID 和 BASE 代表了两种截然相反的设计哲学，分处可用性、一致性分布图谱的两极。ACID 注重一致性，是传统的数据库设计思路。而 BASE 理论在逻辑上是相反于 ACID 原则的概念，它牺牲高一致性，获得可用性和分区容忍性。

ACID 与 CAP 的关系稍显复杂一些，ACID 的 C 和 A 字母所代表的概念不同于 CAP 的 C 和 A。ACID 的 C 指的是事务不能破坏任何数据库规则。例如，假设有甲、乙、丙三个账户，每个账户余额是 100 元，那么甲、乙、丙总额是 300 元，如果它们之间同时发生多次转账操作，那么转账结束后三个账户总额应该还是 300 元。这就是一种数据库规则，事务必须对其进行保护，使系统保持一致的状态，而不管在任何给定的时间并发事务有多少。与之相比，CAP 的 C 仅指副本之间数据的一致性，其语义被 ACID 中的一致性约束所涵盖。当出现网络分区时，ACID 中的 C 是无法保证的，因此分区恢复时需要重建 ACID 中要求的一致性。

6.8.3　弱事务型与强事务型大数据库

传统的关系型数据库善于处理事务的更新操作，尤其是处理更新过程中复杂一致性的问题。但是，关系型数据库在一些操作上过大的开销严重影响了其他功能的日常使用，严格遵循事务的特性在一定程度上限制了数据库的扩展和处理海量数据的性能，尤其是关系型数据库并不擅长处理一些大数据管理方面的关键操作。随着数据规模的与日俱增，关系型数据库已不再是社交网络和大数据公司的最佳选择了，因此 Bigtable、Megastore、Azure、Spanner、OceanBase 等大数据库应运而生。按照对事务特性的支持程度，可进一步将其划分为弱事务型大数据库和

强事务型大数据库，其特点及其比较如表6-4所示。

表6-4 弱事务型大数据库和强事务型大数据库的比较

		弱事务型大数据库	强事务型大数据库
特点	优点	复杂性较低 系统可扩展性好	完整性和实效性较高 支持跨行跨表事务 应用程序实现简单
	缺点	不能完全遵循 ACID 特性 不支持跨行跨表事务 功能简单，应用层负担大	事务执行代价较大 2PC 协议难以实现
应用背景		面向海量交互数据和海量分析数据	面向海量交易数据
设计原则		强调 AP，弱化 C	强调 C，权衡选择 CA 或 CP
应用系统		Bigtable、Megastore、Azure 等	Spanner、OceanBase 等

(1)弱事务型大数据库的特点

弱事务型大数据库是指在全局上不能完全遵循事务 ACID 特性的大数据库(如 Bigtable、Megastore、Azure 等)，其目的是通过牺牲 ACID 和 SQL 等特性来提升大数据库的存储管理能力。

弱事务型大数据库具有如下优势：

- 较低的复杂性。关系型数据库提供事务处理功能和强一致性，但是大部分应用(如社交网络、论坛等)并不需要遵循这些特性。弱事务型大数据库系统则对所提供的功能进行了简化，对所支持的事务特性进行了弱化，以提高性能。
- 较好的系统可扩展性。大多数弱事务型大数据库系统只需支持单记录级别的原子性，不支持外键和跨记录的关系。例如，Bigtable 当前不支持通用的跨行键的事务，即仅要求单行数据符合事务特性，行与行之间、表与表之间不要求符合事务特性。这种一次操作获取单个记录的约束极大地增强了系统的可扩展性。

同时，弱事务型大数据库也存在如下缺点：

- 不能完全遵循 ACID 特性。弱事务型大数据库不遵循或不能完全遵循 ACID 特性，这为大数据库带来优势的同时也是其缺点，毕竟事务在很多场合下(如金融业)还是需要的。由于不能完全遵循 ACID 特性，使系统在中断的情况下无法保证在线事务能够准确执行。
- 仅支持有限范围内的事务语义。大多数弱事务型大数据库仅支持有限范围内的事务语义，而无法在全局上支持事务语义，对于并发控制、故障恢复、数据回滚等复杂逻辑都需要用户自己设计并实现。例如，许多大数据库(如 Megastore、Azure 等)将事务操作的数据限制于一个组内，以降低事务的执行代价。
- 功能简单。大多数弱事务型大数据库系统提供的功能都比较简单，这就增加了应用层的负担。例如，如果在应用层实现 ACID 特性，则加重了程序员编写代码的负担。

(2)强事务型大数据库的特点

强事务型大数据库是指能够在全局上完全遵循事务 ACID 特性的大数据库(如 OceanBase、Spanner 等)。事实证明，ACID 特性是非常重要的，许多数据库系统设计人员力求在保证数据库高性能的同时兼顾事务功能与特性。例如，Google 的 Spanner 数据库既具有大数据库系统的可扩展性，也具有分布式数据库系统的事务能力，可以将一份数据复制到全球范围的多个数据中心，并保证数据的强一致性。

强事务型大数据库具有如下优势：

- 较高的完整性和实效性。由于强事务型大数据库能够严格支持事务的 ACID 特性，其数据的特点是完整性好、实效性强，能够保证数据库系统的强一致性。
- 支持全局上的跨行跨表事务。强事务型大数据库能够支持全局上的跨行或跨表事务，可满足多线程在多台服务器上对数据库进行操作的需求。例如，阿里巴巴集团研发的可扩展的关系数据库 OceanBase 实现了数千亿条记录、数百 TB 数据上的跨行跨表事务。
- 应用程序实现简单。由于多数应用服务器以及一些独立的分布式事务协调器做了大量的封装工作，使得应用程序中引入分布式事务的难度和工作量大幅度降低，降低了程序员的编码难度。

虽然强事务型大数据库提供事务处理功能和强一致性，但仍存在如下缺点：

- 事务执行代价较大。大多数强事务型大数据库对数据的修改需要记录到日志中，而日志则需要不断写到硬盘上来保证持久性，这种代价是昂贵的，而且降低了事务的性能。
- 2PC 协议难以实现。为了支持分布式环境下的事务特性，通常采用 2PC 协议来保证分布式事务正确提交。然而，由于大数据库具有可扩展性，节点可随时加入和退出。节点的动态变化很难保证支持事务的节点的及时提交。另外，当发生网络分割时，2PC 协议的执行过程可能会处于长时间停滞状态。因此，大数据库通常采用回避分布式数据库系统中的 2PC 协议的思想。

（3）应用背景

由上可知，弱事务型大数据库和强事务型大数据库各有利弊，它们适用于不同的应用背景和业务需求：

- 弱事务型大数据库系统主要面向海量交互数据（如社交网络、论坛等）和海量分析数据（如企业 OLAP 应用等）。海量交互数据的应用特点是追求较强的实时交互性，数据结构异构、不完备，数据增长快；海量分析数据的应用特点是操作复杂，往往涉及多次迭代，而且追求数据分析的高效率。
- 强事务型大数据库系统主要面向海量交易数据，例如商品搜索广告的计费、网上购物、网上支付等商务交易和金融交易。其特点是数据库操作多为简单的读写操作，访问频繁，数据增长快，一次交易的数据量不大，但对这些数据的处理依赖于严格的数据库事务语义，即要求支持 ACID 的强事务机制。例如，对于金融业，可用性和性能都不是最重要的，而一致性是最重要的，用户可以容忍系统故障而停止服务，但绝不能容忍账户上的钱无故减少，而强一致性的事务是这一切的根本保证。

（4）设计原则

对于弱事务型大数据库和强事务型大数据库，系统架构师在进行系统设计时往往采用不同的设计原则：

- 弱事务型大数据库系统更加注重性能和可扩展性，而非事务机制，并不强调数据的完全一致。在设计弱事务型大数据库系统时，架构师往往更关注 A 和 P 两个因素，即强调高可用性和高扩展性，而弱化了强一致性 C 的需求。
- 在设计强事务型大数据库系统时，通常会权衡 CA 和 CP 模型。CA 模型在网络故障时完全不可用，CP 模型则具备部分可用性，实际选择需要通过业务场景来权衡。

6.8.4　大数据库中的事务特性

通过对互联网上的数据进行分析，发现其中一部分数据与商务交易、金融交易等应用相关。在此需求下，大数据库的数据处理过程要遵守数据库事务语义，支持事务的 ACID 特性。另外，大数据库还要应对互联网应用的高性能、高可用和低成本的挑战，为此大数据库中的事务特性与传统数据库之间也存在不同之处。

1. 对传统 ACID 特性的支持

对于某些应用需求，对事务 ACID 特性的支持是非常重要的。例如在银行、信用卡交易、商品销售、电子商务等应用中，对数据的处理依赖于严格的数据库事务语义。每个事务使得数据库从一个一致的永久状态原子地转移到一个新的一致的永久状态，可以说，事务的 ACID 特性是数据库事务的灵魂。同时，作为大型数据的数据管理系统，大数据库还面临着数据库存储容量和事务处理能力等方面的挑战。为此，一些大数据库系统的设计人员力求在保证数据库高性能的同时兼顾事务功能与特性。例如，OceanBase 数据库支持事务的 ACID 特性和 SQL，并保证数据库的主库和备库的强一致性。下面以 OceanBase 为例介绍其对事务 ACID 特性的支持。

OceanBase 数据库是应如下需求而产生的：首先，OceanBase 以淘宝数据作为处理对象，数据总量比较大，未来一段时间，比如五年之内的数据规模为上百 TB 级别，上千亿条记录；其次，淘宝数据膨胀较快，传统的分库分表对业务造成很大的压力，必须设计自动化的分布式系统；第三，虽然在线业务的数据量十分庞大，但最近一段时间的修改量往往并不多，通常不超过几千万条到几亿条。例如，每天有 10 亿笔写事务，每笔的数据量为 100 字节，那么一天的数据量为 100G 字节，这已经是当前单个 PC 服务器内存可以达到的容量。因此，尽管数据库记录总数可能很大，但一天内的增删改记录数只占很小的比例。

面对上述需求，OceanBase 将数据分为两种类型：基准数据和动态数据（如图 6-29 所示）。前者是指一段时间内相对稳定的主体数据，后者是指增删改的数据，基准数据的数据规模要远远大于动态数据。当用户查询到来时，需要把基准数据和动态/增量数据融合后返回给客户端。对于动态数据，由于其规模较为有限，OceanBase 采用单台更新服务器（UpdateServer）以增量方式对其进行记录，包括最近一段时间的增、删、改等更新增量。对于基准数据，OceanBase 以类似分布式文件系统的方式将其存储于多台基准数据服务器（ChunkServer）中，这部分数据在一段时间内相对稳定。

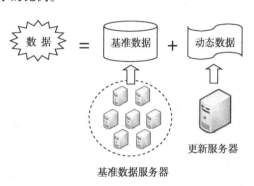

图 6-29 OceanBase 的数据划分与处理方式

这种将动态数据和静态/基准数据相分离的管理策略可有效地减少事务执行的代价，进而使得 OceanBase 能够较好地支持事务的 ACID 特性，主要体现在：

- 可避免复杂的分布式事务。由于增量数据规模较小，最近一段时间的更新操作往往能够存放在内存中，使得写事务可集中在单台更新服务器上，采用集中方法进行处理。这样，避免了复杂的分布式事务，从而高效地实现了跨行跨表事务。
- 副本一致性易于保证。由于基准数据是静态的，实现时不需要复杂的线程同步机制，基准数据的多个副本之间的一致性易于保证，简化了子表的分裂和合并操作。
- 扩展性较好。更新服务器上的修改增量能够被定期分发到多台基准数据服务器中，避免其成为瓶颈，实现了良好的扩展性。

2. 与传统 ACID 特性的不同之处

事务的 ACID 特性可以确保当出现并发存取和故障时，数据库状态的一致性得以保证。然而，尽管这是一个极其有用的容错技术，但是对 ACID 特性的严格支持在一定程度上限制了数据库的扩展和处理海量数据的性能，因此具备弱数据结构模式、易扩展等特性的大数据库得以飞速发展。总体来看，这些大数据库的事务特性与传统数据库 ACID 特性的不同之处主要体现在两个方面(如表6-5所示)。

表6-5　与传统 ACID 特性的不同之处

	传统数据库	大 数 据 库	
事务作用域	全局支持	局部支持	组内支持
			分区内支持
			节点内支持
事务的语义	严格支持 ACID 特性	弱一致性支持	最终一致性
			读自己写一致性
			会话一致性
			单调读一致性
			单调写一致性

(1)支持有限范围内的事务语义

传统的分布式数据库通常采用2PC协议从全局层面来保证分布式事务的 ACID 特性。然而，由于大数据库具有可扩展性，节点的动态变化很难保证支持事务的节点能及时提交。尤其当允许发生网络分割时，极有可能使2PC协议的执行过程处于阻塞状态。另外，对数据的修改需要记录到日志中，随着数据规模的增大，频繁将日志写到硬盘上的代价巨大，降低了事务的性能。为此，许多大数据库(如 Bigtable、Megastore、Azure 等)可支持有限范围内的事务语义，将事务操作的数据限制于一个局部的组内、分区内或节点内，仅在局部范围内支持事务，以降低事务的执行代价。对于并发控制、故障恢复、数据回滚等复杂逻辑，若要在全局上支持事务语义，均由应用层设计并实现。

(2)支持弱一致性

传统的分布式数据库要求严格支持事务的 ACID 特性，而当前大数据库大多采用 CAP 理论作为设计的基本原则。前文已介绍，虽然 ACID 特性与 CAP 理论中都涉及一致性，但它们具有不同的语义。ACID 中的一致性强调对操作的一致性约束，要求事务的运行并不改变数据库中数据的一致性。而 CAP 中的一致性强调数据的一致性，要求同一数据的多个副本之间是一致的，即多副本对外表现类似于单副本。当 CAP 中的一致性得到保证时，ACID 中的一致性未必得到保证。因此，CAP 中的一致性可看作一致性约束的一种，是 ACID 中一致性所涵盖语义的子集。由于支持 ACID 特性在一定程度上限制了数据库的扩展和处理海量数据的性能，为了增加系统高可用性，一些大数据库系统的设计者通过牺牲 ACID 特性来提升对海量数据的存储管理能力，基于 CAP 设计原则采用弱一致性模型进行数据库设计。这些弱一致性模型包括最终一致性、读自己写一致性、会话一致性、单调读一致性以及单调写一致性等。例如，数据 a 有三个副本，当某个副本被更新后，强一致性要求另外两个副本上读取 a 的操作都会以 a 的最新状态为基准。与强一致性不同，最终一致性无法保证在所有其他副本上对 a 的操作能够立即看到更新后的新值，而是在某个时间片段(不一致窗口)之后保证这一点。也就是说，在该时间片段内，允许副本间数据是不一致的。这样，大数据库系统对所支持的事务特性进行了弱化，通过放松一致性保证了系统的高可用性。本书将在第9章对这些弱一致性模型进行详细分析，此处不再赘述。

6.8.5　大数据库的事务实现方法

随着互联网的高速发展，大数据库系统面临着高性能、高可用性和低成本的挑战。为了使大数据库在支持事务的同时较好地应对这些挑战，当前的大数据库系统采用了一系列事务实现方法。总体来看，这些方法从事务支持范围、一致性保证以及数据存取性能等方面对传统方法进行了扩展和改进。大数据库的事务实现方法大致可分为两类：一类是根据应用需求将数据分组，提供分组内的事务操作，而分组之间的事务操作基于异步消息队列或传统的两段提交协议来实现；另一类是通过内存事务引擎来存储数据修改的操作记录，并提供动态数据的存储、写入和查询服务，实现事务的 ACID 特性。另外，一些大数据库系统中的分布式事务通过两段提交协议实现。本节将针对上述方法的实现技术进行介绍。

1. 基于分组的事务实现方法

基于分组的事务实现方法的基本思想是：将数据分割成不同的分组，在执行事务时以分组为粒度来进行事务操作。基于分组的事务实现过程分为两个步骤。首先，将数据分割成不同的分组，划分原则是将逻辑上属于相同实体的多行数据存放在一起，组成数据分组，而由于同一分组中的数据在底层存储中被存放在一起，因此便于存取。然后，每个事务以分组为粒度，对一个分组内的多行数据进行操作，产生的数据日志也是以分组为单位来进行管理。事务操作也是限定于同一实体组内，这样可以保证分组内部事务的 ACID 特性。

Bigtable、Megastore、Azure 以及 Oracle 的 NoSQL 等大数据库系统在执行事务时均采用了基于分组的实现策略。下面以 Megastore 为例来介绍其事务实现方法。

Megastore 是 Google 内部的一个存储系统，它的底层是 Google 的 Bigtable。Megastore 的适用场景比较广泛，如社交类、邮箱和 Google 日历等。在这些应用中，数据往往可以根据用户来进行拆分，同一个用户内部的操作需要保证强一致性，对于这部分数据操作需要支持事务；而多个用户之间的操作往往可以要求弱一致性，比如用户之间发送的邮件不要求立即被收到，可以根据用户将数据拆分为不同的子集分布到不同的机器上。针对上述应用特性，Megastore 系统将数据分割成不同的实体组（entity group），其核心思想是：在实体组内部提供完整的 ACID 支持，而在实体组之间只提供受限的 ACID，不保证数据的强一致性。每一个实体组有一个特殊的根实体（root entity），对应 Bigtable 存储系统中的一行记录，对根实体的原子性操作可利用 Bigtable 的单行事务实现。由于同一个实体组中的实体连续存放，因此多数情况下同一个用户的所有数据属于同一个 Bigtable 子表，分布在同一台 Bigtable Tablet 服务器上，从而既能保证实体组内部的 ACID 特性，又能提供较高的扫描性能和事务性能。

将数据进行实体组划分后，Megastore 系统可在某实体组范围内进行事务操作。在 Megastore 系统中使用 Redo 日志的方式实现事务。每个实体组的数据共享同一个日志，即同一个实体组的 Redo 日志都写到这个实体组的根实体中，从而保证操作的原子性。Megastore 在实现事务时采用先写日志原则（WAL），每次提交事务时先将事务内容写入日志，一旦成功写入日志，事务就提交成功。为了实现 ACID 特性，需要将不同事务的请求串行化，Megastore 用日志位置来标记事务执行的先后顺序，执行日志内的操作时按照日志位置从小到大来进行。这样，可以保证之后的事务都能观察到当前事务对数据的影响。在实体组内部，事务的具体实现过程如下：

- 步骤 1：读取实体组当前的最大日志位置 LP_i。
- 步骤 2：若当前操作为读操作，则读取数据返回结果。若当前操作为写操作，则只记录操作内容，并不直接进行修改。
- 步骤 3：当事务提交时，将事务中所有的写操作组合成一条日志即 Redo 日志，提交到 LP_i 的下一位置。如果该位置没有其他事务提交成功的日志，则写入该事务的日志；否则提交失败，中止事务。

例如，按照下面的定义格式，在 Megastore 系统中定义 User 和 Photo 两张表，主键分别为 userid 和（userid，photoid）。Photo 表是一个子表，因为它声明了一个外键。User 表是一个根表。

一个 Megastore 实例中可以有若干个不同的根表，表示不同类型的实体组集。Megastore 中的索引分为两大类：局部索引和全局索引。局部索引定义在单个实体组中，作用域仅限于单个实体组（如 PhotosByTime）。全局索引则可以横跨多个实体组集进行数据读取操作（如 PhotosByTag）。

```
CREATE TABLE User {
required int64 userid;
required string name;
} PRIMARY KEY(userid), ENTITY GROUP ROOT;

CREATE TABLE Photo {
required int64 userid;
required int32 photoid;
required int64 time;
required string url;
optional string thumburl;
repeated string tag;
} PRIMARY KEY(userid, photoid),
IN TABLE User,
ENTITY GROUP KEY(userid) REFERENCES User;

CREATE LOCAL INDEX PhotosByTime ON Photo(userid, time);
CREATE GLOBAL INDEX PhotosByTag ON Photo(tag) STORING(thumburl);
```

如图 6-30 所示，将 User 和 Photo 两张表中的数据按照用户进行拆分，可形成若干实体组，每个实体组由某用户信息及该用户所发布的照片信息所构成。User 表中的每个用户（如 U1）将作为一个根实体，对应 Bigtable 存储系统中的一行记录。除此之外，该行记录还存储了事务元数据（transaction meta），用于记录日志（如 log1、log2 和 log3）。若某事务对 U1 实体组进行操作，则该事务先获取该组当前日志中的可用位置（如 log3），然后读取 U1 实体组中的数据或记录更新操作，最终将该事务中的所有更新操作组合成一条日志，提交到当前日志的下一位置。若该位置已被其他日志（如 log4）占据，则说明在该事务操作过程中存在其他事务对 U1 实体组进行了操作且先于其提交，为了避免出现并发问题，该事务被终止。若该日志位置仍然空缺，则事务被提交。

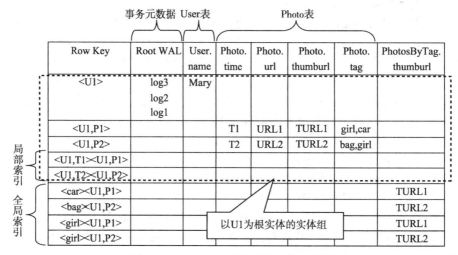

图 6-30　Megastore 系统中的实体组示例

由此可以看出，对于实体组内部的操作是通过先写日志原则来实现事务的 ACID 特性。

而对于跨实体组的操作，Megastore 提供了两类处理方式：一是基于两段提交协议来保证数据的强一致性，二是基于异步消息队列来提供最终一致性(如图 6-31 所示)。显然，从效率上讲异步消息队列更胜一筹。因此，多数情况下，Megastore 采用第二种策略来处理跨实体组的操作。

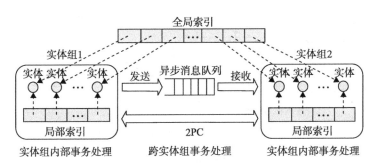

图 6-31　Megastore 系统的事务实现机制

2. 基于内存的事务实现方法

计算机硬件的发展特点是内存容量越来越大而价格愈发低廉，随着计算机硬件性价比的大幅提升，以及高性能应用需求的提出，基于内存的事务实现方法引起了学术界的研究热潮。OceanBase、HStore、VoltDB 等数据库系统采用了基于内存的事务实现方法，它们能够严格支持事务 ACID 特性，利用内存事务引擎来降低磁盘 I/O 代价，提高了事务处理的性能。下面以 OceanBase 为例来介绍基于内存的事务实现方法。

前文 6.8.4 节中已介绍，OceanBase 是一个分布式关系数据库，采用基准数据与动态数据分离存储的设计架构。在 OceanBase 系统架构中，包括四类服务器：主控服务器(RootServer)、基准数据服务器(ChunkServer)、合并服务器(MergeServer)以及更新服务器(UpdateServer)。

- RootServer 是 OceanBase 的总控中心，负责 ChunkServer、MergeServer 的上线、下线管理及负载均衡管理。
- ChunkServer 负责保存基准数据并提供访问。具体来讲，是将基准数据分块后保存在 SSTable 中，位于 ChunkServer 的磁盘。每个 SSTable 被保存了多个副本，分布在不同的 ChunkServer 上。
- UpdateServer 负责执行写事务，将一段时间内增删改的数据以增量方式保存在 UpdateServer 的内存表(MemTable)中，将 Redo 日志写入磁盘。
- MergeServer 负责接收并解析用户的 SQL 请求，经过词法分析、语法分析、生成执行计划等一系列操作后，发送给相应的 ChunkServer 去执行。

OceanBase 将内存表分为活跃内存表(Active MemTable)和冻结内存表(Frozen MemTable)两种。如图 6-32 所示，活跃内存表、冻结内存表及其周边的事务管理结构共同组成了更新服务器的内存事务引擎，实现满足 ACID 特性的数据库事务。首先，数据的更新操作被写入活跃内存表，当达到冻结的触发条件时，该活跃内存表的状态被转为冻结，成为冻结内存表。然后，更新服务器将构造新的活跃内存表，此后新的增删改操作将被写入该表中。接下来，系统在后台把冻结内存表与当前基准数据融合，生成新的基准数据。最后，系统将释放冻结内存表及旧的基准数据所占用的内存或磁盘空间。

按照事务中所包含操作的类型，可将 OceanBase 的事务分为只读事务(只包含读操作的事务)、读写事务(既包含读操作也包含写操作的事务)。它们的具体实现过程分别如图 6-33 和图 6-34 所示。

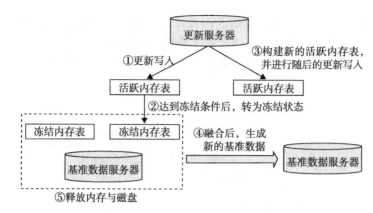

图 6-32   OceanBase 的内存事务引擎

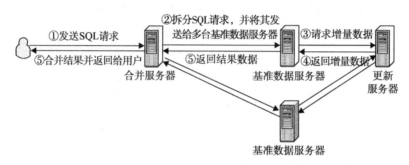

图 6-33   OceanBase 的只读事务操作流程

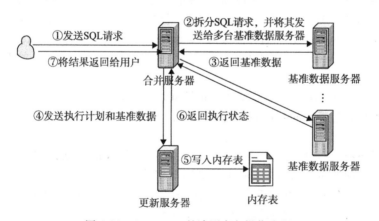

图 6-34   OceanBase 的读写事务操作流程

（1）只读事务

只读事务的操作步骤为：

步骤 1：用户将只读事务发送给 MergeServer，MergeServer 解析 SQL 语句，进行词法分析、语法分析、预处理，确定要读取的数据存储在哪些 ChunkServer 上，并生成逻辑执行计划和物理执行计划。

步骤 2：MergeServer 将读请求进行拆分，同时发给多台 ChunkServer，每台 ChunkServer 执行对应的读请求。

步骤 3：由于基准数据与增量数据的分离，ChunkServer 需要向 UpdateServer 请求获取增量数据。

步骤4：UpdateServer 向 ChunkServer 返回增量数据。

步骤5：每台 ChunkServer 将读取到的结果数据返回给 MergeServer。

步骤6：MergeServer 执行结果合并，融合基准数据和增量/更新数据。如果 SQL 请求涉及多张表格，MergeServer 还需要执行联表、嵌套查询等操作。最终，MergeServer 将结果返回给客户端。

传统的关系数据库是基于磁盘来读取数据的，根据用户的 SQL 请求从磁盘中读出数据页，再从中取出需要的内容。OceanBase 的只读事务与它们类似，不同的是，OceanBase 从读出的数据页中取出需要的内容时，还需要将其与对应的修改增量融合。由于修改增量以及融合操作都在内存中，这个操作对性能的损耗很小。与此同时，由于 OceanBase 通常采用固态盘作为存储器并且没有随机磁盘写，能够充分利用固态盘优异的随机读性能，因此能够获得很好的读性能。

（2）读写事务

读写事务的操作步骤为：

步骤1：用户将读写事务发送给 MergeServer，与只读事务相同，MergeServer 解析 SQL 语句，生成 SQL 执行计划。

步骤2：MergeServer 从相关的 ChunkServer 中获取需要读取的基准数据。

步骤3：ChunkServer 向 MergeServer 返回基准数据。

步骤4：MergeServer 将 SQL 执行计划和基准数据一起传给 UpdateServer。

步骤5：UpdateServer 根据物理执行计划执行读写事务，生成 Redo 日志，把修改增量写入内存表中。

步骤6：UpdateServer 向 MergeServer 返回操作成功或者失败。

步骤7：MergeServer 把操作结果返回给客户端。

例如，假设用户的 SQL 语句为"update table1 set col1 = 'b'，col2 = col2 + 1 where rowkey = 1"，即将表格 table1 中主键为 1 的 col1 列的取值设置为"b"、col2 列取值加 1。这一行数据存储在 ChunkServer 中，假定 col1 列和 col2 列的原始值分别为"a"和 1。那么，MergeServer 执行 SQL 时，首先从 ChunkServer 读取主键为 1 的数据行的 col1 列和 col2 列，接着将读取结果以及 SQL 执行计划一起发送给 UpdateServer。UpdateServer 根据执行计划生成 Redo 日志，并将 col1 列和 col2 列的修改增量（分别被改为"b"和 2）记录到内存表中。

对于每个读写事务，它对行数据的更新操作将被保存在 UpdateServer 的一个变长的内存块中。若存在多个读写事务对同一行数据进行更新，则存在多个这样的内存块，这些内存块将按更新的时间顺序组织成链表存放在 UpdateServer 的内存中。当读取某行数据时，需要从对该行数据的最早的更新操作即链表首部开始遍历，对同一列的更新操作进行合并，再将合并后的更新操作作用到基准数据上生成最终数据。随着更新次数的增加，链表的长度也随之增加。为了降低读取时的合并代价，OceanBase 设置了一个链表长度阈值，当链表长度超过该阈值时，则启动内存块的合并。

我们仍沿用上面的例子，若存在 3 个读写事务要对 table1 中主键为 1 的行数据进行更新操作，它们对该行数据的更新操作分别被存储在内存块 1、2 和 3 中，这些内存块按照时间的先后顺序被组织成一个链表。假定此时链表长度已达到阈值，则需要合并不同块中对同一列的更新操作，最终 3 个块被合并成 1 个块（如图 6-35 所示）。

上述介绍的基于内存的读写事务的处理方式与传统的基于磁盘的读写事务的处理方式是不同的。传统的基于磁盘的关系数据库对于读写事务的处理过程通常包括如下步骤：首先，根据用户的 SQL 请求从磁盘中读出数据页，再从中取出需要的内容；然后，根据请求对数据进行修改，再把修改后的结果与原数据页融合生成新的数据页，写 Redo 日志和 Undo 日志，并把新的

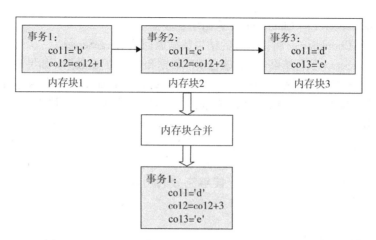

图 6-35　OceanBase 中多个读写事务的更新操作合并示例

数据页刷新到磁盘。首先，上述方式容易造成较大的写代价，而 OceanBase 的读写事务操作是把修改增量写入 MemTable 中，这些修改增量不需要做成数据页，因此省去了写新的数据页到磁盘的操作代价。其次，传统的读写事务处理方式容易出现写入放大现象，例如每次修改通常在 100 字节，而数据页的大小通常在 8KB，这就出现了明显的写入放大（写入放大倍数为 80 倍）。这样，写操作的延迟大大增加。而 OceanBase 只是利用修改增量进行更新，避免了传统数据库的写入放大。最后，OceanBase 通过块合并技术可以将链表中的内存块进行合并，降低了事务中读操作的代价。因此，与传统关系数据库相比，基于内存事务引擎的 OceanBase 数据库在读写事务性能上有明显的优势。

3. 大数据库中 2PC 协议的实现

由于分布式数据库系统中的 2PC 协议的执行会严重影响系统的性能，因此，虽然一些大数据库系统支持事务，但在事务执行过程中通常采用回避 2PC 协议的思想。例如，微软的 Azure、阿里巴巴的 OceanBase 等大数据库中的事务语义均需要被限制在一个分区或一个节点范围内。但对于某些应用需求来说，要使系统在全局上完全遵循事务 ACID 特性，仍需要采用 2PC 协议来保证分布式事务正确提交。例如，Google 的 Megastore 数据库对于跨实体组的操作提供了两类处理方式（基于 2PC 协议的方式和基于异步消息队列的方式）供用户选择；Google 的 Spanner 数据库将 2PC 协议和 Paxos 协议（Paxos 协议的基本原理详见第 9 章）相结合，通过 2PC 保证多个数据分片上操作的原子性，通过 Paxos 协议实现同一个数据分片的多个副本之间的一致性。下面以 Spanner 为例来介绍 2PC 协议的实现过程。

Spanner 数据库既具有大数据库系统的可扩展性，也具有分布式数据库系统的事务能力，可以将一份数据复制到全球范围的多个数据中心，并保证数据的强一致性。Spanner 中的分布式事务通过 2PC 协议实现，其基本思想是：假设一个分布式事务涉及了多个数据节点，2PC 协议可以保证在这些节点上的操作要么全部提交，要么全部失败，从而保证了整个分布式事务的原子性。协议中包含两个角色：协调者和参与者。协调者是分布式事务的发起者，而参与者是参与了事务的数据节点。与传统分布式数据库中 2PC 协议的执行过程一样，Spanner 把全局事务的提交分为如下两个阶段：决定阶段和执行阶段。在决定阶段，协调者向所有的参与者发送投票请求，每个参与者决定是否要提交事务。如果打算提交的话，需要写好日志，并向协调者回复。在执行阶段，协调者收到所有参与者的回复，如果都是准备提交，那么决定提交这个事务，写好日志后向所有参与者广播提交事务的通知。反之，则中止事务并且通知所有参与者。参与者收到协调者的命令后，执行相应操作。

在上述2PC协议执行过程中，如果协调者发生宕机，则每个参与者可能都不知道事务应该提交还是回滚，整个协议被阻塞。因此，2PC协议最大的缺陷在于无法处理协调者宕机问题。因此，常见的做法是将2PC协议和Paxos协议结合起来。2PC协议的作用是保证多个数据分片上的操作的原子性，而Paxos协议的作用体现在两方面：一是实现同一个数据分片的多个副本之间的一致性，二是解决2PC协议中协调者宕机问题，即当2PC协议中的协调者出现故障时，通过Paxos协议选举出新的协调者继续提供服务。

如图6-36所示，假定在Spanner数据库系统中某分布式事务涉及数据X、Y、Z，这些数据被存储在不同的Shard节点上。它们各有3个副本，形成3个Paxos组，分别记作(X1，X2，X3)、(Y1，Y2，Y3)和(Z1，Z2，Z3)，每个组内部通过Paxos协议来保证副本的一致性。其中(X1，Y1，Z1)隶属于数据中心1，(X2，Y2，Z2)隶属于数据中心2，(X3，Y3，Z3)隶属于数据中心3。假定X1、Y2、Z3分别为各自Paxos组的Leader，Y2为协调者，X1和Z3为两个参与者。

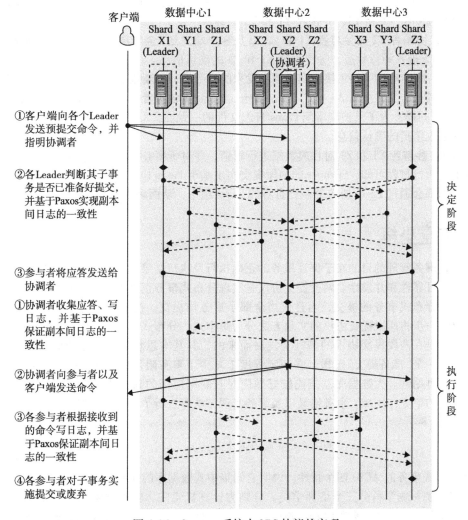

图6-36　Spanner系统中2PC协议的实现

下面介绍事务的执行过程。

(1)决定阶段

步骤1：客户端向各Paxos组的Leader发送(也可以是协调者直接向参与者发送)"预提交"

(Prepare)命令，并通知它们 Y2 为协调者，然后等待回答。

步骤 2：各 Paxos 组的 Leader(X1、Y2、Z3)接收到"预提交"命令后，根据情况判断其子事务是否已准备好提交。若可以提交，则对相应数据加排他锁，并在 Paxos 日志文件中写入一条"准备提交"(Ready)的记录。否则，在 Paxos 日志文件中写入一条"准备废弃"(Abort)的记录。这里，副本间 Paxos 日志文件的一致性是基于 Paxos 协议实现的，由各 Paxos 组的 Leader 将命令发给其组员，并接收组员的确认信息。

步骤 3：参与者 X1 和 Z3 将"准备提交"或"准备废弃"的应答发送给协调者 Y2。发送应答后，X1 和 Z3 将进入等待状态，等待 Y2 做出最终决定。

(2)执行阶段

步骤 1：协调者 Y2 收集各参与者发来的应答，判断是否存在某个参与者发来"准备废弃"的应答。若存在，则采取两段提交协议的"一票否决制"，在其 Paxos 日志文件中写入一条"决定废弃"的记录；否则，在其日志文件中写入一条"决定提交"的记录。接下来，Y2 基于 Paxos 协议将决定通知给 Y1 和 Y3，并接收 Y1 和 Y3 的确认信息。

步骤 2：协调者 Y2 向参与者 X1 和 Z3 以及客户端发送"全局废弃"命令或"全局提交"命令。此时，Y2 进入等待状态，等待收集 X1 和 Z3 的确认信息。

步骤 3：参与者 X1 和 Z3 接收到协调者发来的命令后，判断该命令类型，若为"全局提交"命令，则在其日志文件中写入一条"提交"的记录，否则参与者在其日志文件中写入一条"废弃"的记录。同样，为了维护副本间 Paxos 日志文件的一致性，X1 和 Z3 分别还要将命令发给其组员，并接收组员的确认信息。

步骤 4：参与者 X1 和 Z3 对相应数据进行解锁，并对子事务实施提交或废弃。

从上述执行过程可知，Spanner 的两段提交实现基于 Paxos 协议，每个参与者和协调者本身产生的日志都会通过 Paxos 协议复制到自身的 Paxos 组中，从而解决可用性问题。

6.9 本章小结

分布式事务管理的目的在于保证事务的正确执行及执行结果的有效性，使事务具有较高的执行效率、可靠性和并发性。两段提交协议是实现分布式事务正确提交而经常采用的协议，其基本思想是分布式事务的提交，当且仅当全部子事务均提交。按照各参与者的通信结构的不同，可以进一步将两段提交协议的实现方法分为集中式、分布式、分层式和线性四种类型。三段提交协议是在两段提交协议的基础上发展而来的，其基本思想是将事务的提交过程进行延长，增加了一个"准备提交"阶段，在一定程度上减少了事务阻塞的发生，提高了事务的可靠性和系统的可用性。大数据库系统能较好地应对互联网应用的高性能、高可用和低成本的挑战，对传统的事务作用域、事务语义以及事务实现方法等进行了改进和扩展。

习题

1. 理解分布式事务的 ACID 四个特性，说明它同集中式数据库的异同。
2. 某网络学院根据学科分三个培训学院，分别为计算机学院、管理学院和机械学院，分别在北京(场地0)、上海(场地1)和广州(场地2)三个城市，其中北京为总院，如下图所示。网络学院的管理系统中存在如下全局关系模式：学生(学号，姓名，性别，学院)，课程(课程号，课程名，学时，授课教师)，选课(学号，课号，成绩)。各学院所在场地管理本院学生信息和选课信息，除此之外，总院还管理选课信息和课程信息。

存在一个全局事务，要求：

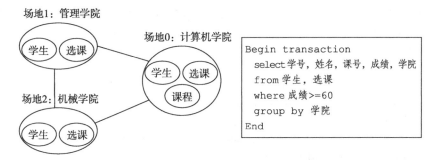

场地1：管理学院

场地0：计算机学院

场地2：机械学院

```
Begin transaction
  select 学号，姓名，课号，成绩，学院
  from 学生，选课
  where 成绩>=60
  group by 学院
End
```

某网络学院示意图

(1) 执行该全局事务时，请说明该全局事务分为几个子事务；定义协调者和参与者，并说明它们完成的功能。

(2) 若采用集中式两段提交协议，简述提交过程。

(3) 若在提交过程中，某一参与者没有收到 Commit 报文，该如何处理？

3. 完成电话的银行代缴费业务。设银行账户关系为 ACCOUNT(Acc_no, Amount1)，Acc_no 表示银行的存款账号，Amount1 表示银行的存款余额；通信公司数据库中的客户关系为 CUSTOM(Phone_num, Amount2)，Phone_num 表示客户的电话号码，Amount2 表示话费余额。具体的业务过程是，电话用户到达银行，填写拟缴费的电话号码和缴费金额。银行完成从电话用户账号（假设为 111）到通信公司存款账号（假设为 222）的转账业务，同时将交费信息发送给通信公司。通信公司接收到交费信息后，为该电话号码修改话费余额。现假设存放账号 111 信息的表、存放账号 222 信息的表以及通信公司客户关系表均不在一个场地上，请按照进程模型给出分布式事务的执行过程。

4. 三段提交协议与两段提交协议有何不同？采用线性通信拓扑设计一个三段提交协议。

5. 分布式事务的实现模型主要有哪些？

6. 试针对局部事务管理器和分布式事务管理器的功能及特点对两者进行比较。

7. 两段提交协议的实现方法主要有哪些？其优、缺点是什么？

8. 请针对三段提交协议中参与者状态之间的相容性进行解释。

9. 试论述大多数大数据库系统在事务执行过程中通常回避 2PC 协议的原因。

10. 试分别论述 OceanBase 的只读事务和读写事务的具体实现过程。

主要参考文献

[1] 萨师煊，王珊. 数据库系统概论[M]. 4 版. 北京：高教出版社，2006.

[2] Silberschatz A, Korth H F, Sudarshan S. 数据库系统概念[M]. 杨冬青，唐世渭，等译. 北京：机械工业出版社，2000.

[3] M Tamer Ozsu, Patrick Valduriez. Principles of Distributed Database System (Second Edition)[M]. 影印版. 北京：清华大学出版社，2002.

[4] 邵佩英. 分布式数据库系统及其应用[M]. 北京：科学出版社，2005.

[5] 杨成忠，郑怀远. 分布式数据库[M]. 哈尔滨：黑龙江科学技术出版社，1990.

[6] 周龙骧. 分布式数据库管理系统实现技术[M]. 北京：科学出版社，1998.

[7] 陆嘉恒. 大数据挑战与 NoSQL 数据库技术[M]. 北京：电子工业出版社，2013.

[8] 张俊林. 大数据日知录：架构与算法[M]. 北京：电子工业出版社，2014.

[9] 李凯，韩富晟. OceanBase 内存事务引擎[J]. 华东师范大学学报（自然科学版），2014(5)：147 – 163.

[10] 阳振坤. OceanBase 关系数据库架构[J]. 华东师范大学学报（自然科学版），2014(5)：141 – 148.

[11] 周欢，樊秋实，胡华梁. OceanBase 一致性与可用性分析[J]. 华东师范大学学报(自然科学版)，2014(5)：103 – 116.

[12] Agrawal D, Abbadi A E, Mahmoud H A, Nawab F, Salem K. Managing Geo-replicated Data in Multi-data-centers. Proc. of DNIS [C]. 2013：23 – 43.

[13] Baker J, Bond C, Corbett J C, Furman J, Khorlin A, Larson J, Leon J M, Li Y, Lloyd A, Yushprakh V. Megastore：Providing Scalable, Highly Available Storage for Interactive Services. Proc. of CIDR [C]. 2011：223 – 234.

[14] Bernstein P A, Hadzilacos V, Goodman N. Concurrency Control and Recovery in Database Systems[M]. Reading, Mass. ：Addison-Wesley, 1987.

[15] Bernstein P A, Newcomer E. Principles of Transaction Processing for the Systems Professional [M]. San Mateo, Calif. ：Morgan Kaufmann, 1997.

[16] Campbell D G, Kakivaya G, Ellis N. Extreme Scale with Full Sql Language Support in Microsoft Sql Azure. Proc. of SIGMOD [C]. 2010：1021 – 1024.

[17] Chang F, Dean J, Ghemawat S, Hsieh W C, Wallach D A, Burrows M, Chandra T, Fikes A, Gruber R E. Bigtable：a Distributed Storage System for Structured Data. Proc. of 7th USENIX Symp. Operating Systems Design and Implementation [C]. 2006：15 – 28.

[18] Corbett J, Dean J, Epstein M, Fikes A, Frost C, Furman J, Ghemawat S, Gubarev A, Heiser C, Hochschild P. Spanner：Google's Globally-distributed Database. Proc. of OSDI [C]. 2012：251 – 264.

[19] Elmagarmid A K. Transaction Models for Advanced Database Applications [M]. San Mateo, Calif. ：Morgan Kaufmann, 1992.

[20] Gray J, Reuter A. Transaction Processing：Concepts and Techniques [M]. San Mateo, Calif. ：Morgan Kaufmann, 1993.

[21] Gray J N. Notes on Data Base Operating Systems. Operating Systems：An Advanced Course [M] New York：Springer-Verlag, 1979：393 – 481.

[22] Gray J, Lamport L. Consensus on Transaction Commit [J]. ACM Trans. Database Syst. , 2006, 31(1)：133 – 160.

[23] Kallman R, Kimura H, Natkins J, Pavlo A, Rasin A, Zdonik S, Jones E P C, Madden S, Stonebraker M, Zhang Y, Hugg J, Abadi D J. H-store：a High-Performance, Distributed Main Memory Transaction Processing System. Proc. of VLDB Endow. [C]. 2008, 1(2)：1496 – 1499.

[24] Lynch N, Merritt M, Weihl W E. Atomic Transactions in Concurrent Distributed Systems [M]. San Mateo, Calif. ：Morgan Kaufmann, 1993.

[25] Mahmoud H, Nawab F, Pucher A, Agrawal D, Abbadi A E. Low-Latency Multi-Datacenter Databases Using Replicated Commit. Proc. of VLDB Endow. [C]. 2013, 6(9)：661 – 672.

[26] Skeen D. Nonblocking Commit Protocols. Proc. of SIGMOD[C]. 1981：133 – 142.

[27] Seltzer M. Oracle NoSQL Database [EB/OL]. 2013. http://www. oracle. com/technetwork/database/database-technologies/nosqldb/overview/nosqlandsqltoo-2041272. pdf.

第7章

分布式恢复管理

数据库系统的可恢复性和高可靠性是保证各种应用正确而可靠地运行所不可缺少的重要组成部分。尽管计算机系统可靠性在不断提高，数据库系统中也采用了很多措施和方法保证数据库系统的正确运行，但仍不可避免系统出现这样或那样的故障，导致数据库数据丢失或破坏。因此，一方面数据库系统必须采取相应的恢复措施，把数据库系统从故障状态恢复到一个已知的正确状态；另一方面还要考虑数据库系统的可靠性，尽量将崩溃后数据库的不可用的时间减少到最低，并保证事务的原子性和耐久性。本章主要介绍分布式数据库系统的恢复管理和可靠性协议，首先介绍事务恢复所涉及的概念，然后分别针对集中式环境和分布式环境所采用的故障恢复方法加以介绍，接下来阐述可靠性的概念和度量，并讨论分布式数据库的可靠性协议，最后针对大数据库系统中的恢复管理问题、故障类型、故障检测技术和容错技术进行介绍。

7.1 分布式恢复概述

数据库恢复机制要针对任何可能出现的故障提供相应的恢复策略，本节将针对事务恢复所涉及的概念、故障类型以及恢复模型进行介绍。

7.1.1 故障类型

恢复是数据库系统在出现故障的情况下采取的补救措施，使系统恢复到出错前的正确状态。系统在恢复正确后可继续运行，不会因系统故障而造成数据库损坏或数据丢失。在介绍故障类型之前，首先结合故障模型讨论一下系统可能出现的三种故障形式：故障（fault）、错误（error）和失效（failure）。

系统的故障模型如图 7-1 所示。系统由一系列单元组成，这些单元本身也可以称为系统，通常称作子系统。系统能够针对外部环境的影响给出相应的响应，我们将这些影响称为"激励"，将系统所处外部环境的状态称为系统的"外部状态"，将系统内部各单元的状态称为"内部状态"。通常，在故障模型中存在三种故障形式，具体定义如下：

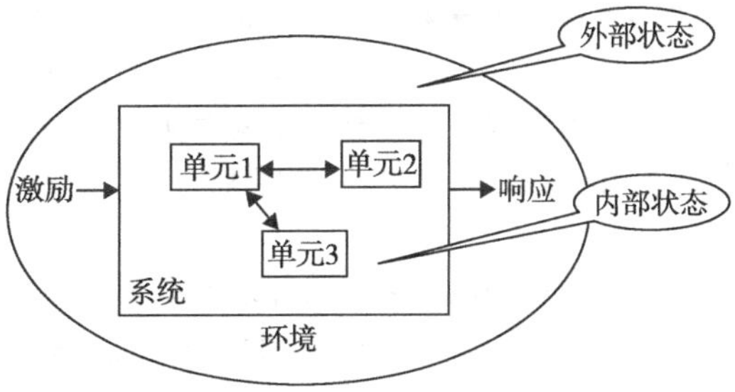

图 7-1 系统的故障模型

- 故障：指系统单元所处的内部状态发生的错误或系统内部设计错误。
- 错误：指系统单元内出现了不正确的状态，是故障的内在表现形式。
- 失效：指系统的外部状态中所表现出来的错误。

当系统单元组建得不合理或系统内部设计存在不足时，将会引发系统故障的发生，此时系统的内部状态处于错误的状态，进而使系统的外部环境受到影响，最终产生失效。因此，通常认为由故障引发错误，由错误导致执行失败，即失效，如图 7-2 所示。

图 7-2　故障的三种形式

系统错误分为三种类型：

1）永久性错误：这种错误会一直持续下去，不会自动恢复。例如硬盘损坏等。

2）间歇性错误：这种错误时常发生，但时常会自动恢复。例如电路接触不良故障、计算机运行不稳定等。

3）临时性错误：这种错误可能发生一次，以后不再发生。例如偶然的电流干扰导致瞬息读写错误。

图 7-3 进一步说明了导致系统失效的各种原因。

数据库系统中可能发生各种各样的故障，每种故障都会在系统中引发不同的错误状态。下面将针对数据库系统中的故障类型进行介绍。

数据库系统中的故障通常分为事务内部的故障、系统故障、存储介质故障和通信故障（如图 7-4 所示）。

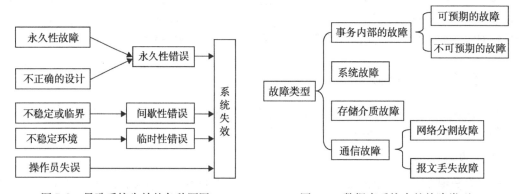

图 7-3　导致系统失效的各种原因　　　　图 7-4　数据库系统中的故障类型

（1）事务内部的故障

事务内部的故障可细分为可预期的和不可预期的。可预期的事务故障是指故障的发生可以通过事务程序本身来检测。例如，在例 6.2 中，事务在执行的过程能够检查贷方转账后余额是否不足，若发现不足，则废弃该子事务，恢复数据库到正确状态。相反地，不可预期的事务故障是指故障的发生不能被应用程序所检测并处理。例如，并发事务发生死锁、算术溢出、完整性被破坏、操作员失误等故障都是不可预期的事务故障，这类故障无法由事务程序本身所预测。

事务内部的故障大多数都是不可预期的，发生这类故障的事务将不能正常运行到其终点位置（Commit 或 Abort）。因此，针对这类故障，数据库恢复机制要强行废弃该事务，使数据库回滚到事务执行前的状态。

（2）系统故障

系统故障的表现形式是使系统停止运转，必须经过重启后系统才能恢复正常。例如，CPU故障、系统死循环、缓冲区溢出、系统断电等故障均为系统故障。这类故障的特点是：仅使正在运行的事务受到影响，但数据库本身没有被破坏。此时，内存中的数据全部丢失。一方面，一些尚未完成的事务的结果可能已写入数据库中；另一方面，一些已提交的事务的结果可能还未来得及更新到磁盘上。这样，故障发生后数据库可能处于不一致的状态。

对于系统故障，数据库恢复机制要在系统重启后，将所有非正常终止的事务强行废弃，同时将已提交的事务的结果重新更新到数据库中，以保证数据库的正确性。

（3）存储介质故障

存储介质故障是指存储数据的磁盘等硬件设备发生的故障。例如，磁盘坏损、磁头碰撞、瞬时强磁场干扰等均为存储介质故障。这类故障的特点是：不仅使正在运行的所有事务受到影响，而且数据库本身也被破坏。因此，同前两种故障相比，存储介质故障是一种较严重的故障类型。

对于存储介质故障，数据库恢复机制要定期地对数据库进行转储，借助于备份数据库和日志文件来进行故障恢复。

（4）通信故障

前三种故障都是针对集中式数据库而言的，针对这些故障的恢复处理都是局限在某个场地内部的。而对于分布式数据库来说，各个场地之间需要传送通信报文，因此容易引发通信故障。通信故障可细分为网络分割故障和报文丢失故障。其中，网络分割故障是指通信网络中一部分场地和另一部分场地之间完全失去联系。报文丢失故障是指报文本身错误或在传送过程中丢失而导致数据不正确。

对于通信故障，数据库恢复机制要针对故障的表现形式进行判断，分析故障产生原因并进行相应的处理，如重发报文等。

综上所述，数据库系统中的故障可归纳为两大类：硬故障和软故障。硬故障通常是永久的、不能自动修复的，如存储介质故障（不包括使用 RAID 可以修复的介质故障）。硬故障导致的失效，称为硬失效。这种故障对数据库系统是致命的，应尽力避免。软故障通常是临时性或间歇性的，如事务内部的故障、系统故障、通信故障等，多是由于系统不稳定造成的，比较容易恢复，如系统可通过恢复机制进行恢复或重新启动事务恢复。通常这些软故障导致的失效，称为软失效。系统中 90% 的失效是软失效。

7.1.2 恢复模型

在故障恢复过程中，数据库恢复管理器依据数据库日志文件（log）对数据库事务进行恢复操作。本部分首先针对日志文件的格式和内容以及反做（undo）和重做（redo）恢复策略进行介绍，然后分别对软故障的恢复模型和硬故障的恢复模型进行描述。

1. 数据库日志文件

事务是数据库系统的基本运行单位。一个事务对数据库的更新操作的执行过程如图 7-5 所示。一个事务的完成，不仅仅是操作序列的执行，还必须将事务执行信息（尤其是更新操作）写入日志文件。这样，在故障发生时，系统的恢复机制可以根据日志中的信息对系统进行恢复，保证数据库状态的正确性，维护系统的一致性。因此，数据库日志文件是用来保存恢复信息的数据文件。

图 7-5 数据库更新操作的执行过程

在日志中，系统的运行情况通常以运行记录的形式存放。日志记录可分为数据日志记录、命令日志记录和检查点日志记录三个类别。

每条数据日志记录的内容包括：

- 事务标识符(标明是哪个事务)。
- 操作类型(插入、删除或修改)。
- 操作的数据项。
- 数据项的旧值(称为前像,BeforeImage)。
- 数据项的新值(称为后像,AfterImage)。

每条命令日志记录的内容包括:

- 事务标识符(标明是哪个事务)。
- 命令(如:Begin、Abort 或 Commit)。

检查点是在日志中周期设定的操作标志,目的是减少系统故障后的恢复的工作量。在检查点上,需要完成的操作包括:首先,将日志缓冲区中的内容写入外存中的日志;然后,在外存日志中登记一个检查点记录;接下来,将数据库缓冲区的内容写入外存数据库;最后,把外存日志中检查点的地址写入重启动文件,使检查点以前的工作永久化。当系统出现故障时,只需要进行如下恢复处理:对最近的检查点以后的提交操作进行恢复处理;对最近检查点没提交的活动事务的操作进行恢复处理;对检查点以后没有提交的事务的操作进行恢复处理。可见,基于检查点的恢复处理可有效减少恢复的工作量。

例 7.1 并行操作的事务 $T1$ 和 $T2$,其操作序列为:

则检查点日志文件中所记录的信息为:

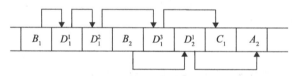

其中,D_i^j 表示事务 i 对数据记录 D 的第 j 步操作(opi),B_i 表示事务 i 开始执行(Begin),C_i 和 A_i 分别表示事务 i 的提交(Commit)与废弃(Abort)。从日志文件可知:

- 事务 1 的执行过程为:开始 B_1,修改操作 D_1^1、D_1^2、D_1^3,最后提交 C_1。
- 事务 2 的执行过程为:开始 B_2,修改操作 D_2^1,最后废弃 A_2。

2. 反做和重做恢复策略

反做(undo)和重做(redo)是数据库事务恢复过程中采用的两个典型的恢复策略。其中涉及的外存数据库是指存在于磁盘上的数据库。修改的数据已写到外存数据库是指该数据具有永久性。

反做也称撤销,是将一个数据项的值恢复到其修改之前的值,即取消一个事务所完成的操作结果。当一个事务尚未提交时,如果缓冲区管理器允许该事务修改过的数据写到外存数据库,一旦此事务出现故障需废弃时,就需对被这个事务修改过的数据项进行反做,即根据日志文件将其恢复到前像。反做的目的是保持数据库的原子性。反做操作也称为回滚操作(rollback)。

重做是将一个数据项的值恢复到其修改后的值,即恢复一个事务的操作结果。当一个事务提交时,如果缓冲区管理器允许该事务修改过的数据不立刻写到外存数据库,一旦此事务出现故障,需对被这个事务修改过的数据项进行重做,即根据日志文件将其恢复到后像。重做的目的是保持数据库的耐久性。重做操作也称为前滚操作(rollforward)。

如果在进行反做处理时又发生了故障,则要重新进行反做处理。对事务进行一次或多次反做处理应是等价的，该特性称为反做的幂等率。同理，重做也有幂等率特性，分别表示为：

$$undo(undo(\cdots T)) = undo(T)$$
$$redo(redo(\cdots T)) = redo(T)$$

重做和反做幂等率说明对一个事务 T 执行任意多次重做/反做操作，其效果应与执行一次重做/反做操作的结果相同。

系统的故障恢复是以日志文件为基础完成的，因此，要求事务在执行过程中满足先写日志协议（WAL），具体含义为：

- 在外存数据库更新之前，应将日志文件中有关数据项的反做信息写入外存文件。
- 事务提交之前，日志文件中的有关数据项的重做信息应在外存数据库更新之前写入外存文件。

3. 故障恢复模型

数据库系统中的故障可归纳为两大类：硬故障和软故障。基于数据库日志文件，应用反做和重做策略可以进行软故障恢复和硬故障恢复。下面将针对这些故障的恢复模型分别加以介绍。

（1）软故障的恢复模型

当软故障发生时，造成数据库不一致状态的原因包括：一些未完成事务对数据库的更新已写入外存数据库；一些已提交事务对数据库的更新还没来得及写入外存数据库。因此，基本的恢复操作分两类，即反做和重做，其恢复模型如图 7-6 所示。

（2）硬故障的恢复模型

硬故障的主要恢复措施是进行数据转储和建立日志文件。首先，DBA 要定期地将数据库转储到其他磁盘上，形成一系列备份数据库（也称

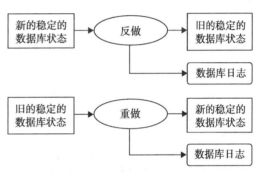

图 7-6　软故障的恢复模型

"后备副本"）。若当前数据库被破坏，则可以将后备副本重新导入到当前磁盘上，使数据库恢复到数据转储时的状态。接下来，利用日志文件重新运行转储以后的所有更新事务，使数据库再进一步地恢复到故障发生时的状态。

若将上述过程以模型化形式表示，则可以得到数据库系统的故障恢复模型（如图 7-7 所示）。在 T_a 时刻，DBA 对整个数据库进行转储，直到 T_b 时刻转储结束并生成当前最新版本的数据库后备副本。若系统在事务运行到 T_f 时刻发生故障，则开始进行故障恢复。首先由 DBA 重新载入刚生成的后备副本，将数据库恢复为 T_b 时刻的状态。接下来，系统利用日志文件重新运行在 T_b 到 T_f 时间段执行的所有更新事务，执行完毕后数据库将恢复到故障发生前（T_f 时刻）的一致状态，故障恢复结束。

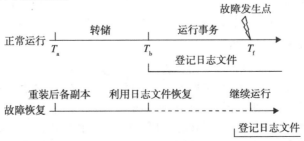

图 7-7　硬故障的恢复模型

7.2 集中式数据库的故障恢复

在对故障恢复前,首先要判断故障是永久性的,还是间歇性的;是导致了外存数据错误,还是使内存数据发生错误。针对可能产生的不同故障,应采用相应的故障恢复方法。在介绍故障恢复之前,还需了解数据库中数据的更新方法、缓冲区中数据的更新方法等内容。

7.2.1 局部恢复系统的体系结构

局部场地上的数据库系统可以看成是一个集中式的数据库系统。尽管局部数据库系统可能发生各式各样的故障,但故障恢复系统的体系结构是一致的(如图7-8所示)。在局部恢复系统中,主要借助于局部恢复管理器(LRM)来完成故障恢复,以保证本地事务的原子性和耐久性。

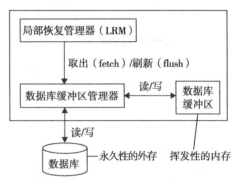

图 7-8　局部恢复系统的体系结构

其中,数据库存储在永久性的外存设备上,之所以称之为"永久性外存",是因为这些设备相对稳定。数据库缓冲区用来存放最近执行的事务所使用的数据。为了提高数据存取的性能,数据库缓冲区放置在具有挥发性的内存中,以页为单位来缓存数据。数据库缓冲区管理器负责读写数据库及缓冲区中的数据,也就是说,所有的数据读写操作都必须借助于缓冲区管理器来完成。局部恢复管理器与缓冲区管理器之间存在两个交互接口:读取数据页(fetch)和刷新数据页(flush)。

局部恢复管理器读取某页数据的过程是:首先,由局部恢复管理器发出"取出"(fetch)命令并指明它想要读取的数据页;然后,缓冲区管理器对缓冲区进行检测,判断当前缓冲区中是否存在局部恢复管理器想要读取的数据页,若存在,则缓冲区管理器直接从缓冲区中读取相应数据页供局部恢复管理器使用;否则,缓冲区管理器将从数据库中读取该数据页,并将其加载到空闲的缓冲区后提供给局部恢复管理器。需要注意的是,若当前缓冲区已无空闲空间,则缓冲区管理器需要从当前缓冲区中选取某个数据页(例如采用LRU选取策略)写回到数据库中,将腾出的空间用于缓存新的数据页。

局部恢复管理器刷新某页数据的过程与上述读取数据页的过程类似:首先,由局部恢复管理器发出"刷新"(flush)命令并指明它想要刷新的数据页;然后,缓冲区管理器在当前缓冲区中查找该数据页,若存在,则将该页数据写回到数据库中。对于缓冲区中无此数据页的情况,还要将该页数据从数据库读取到缓冲区中,将其更改后写回到数据库。

7.2.2 数据更新策略

要恢复出错的数据库数据,首先需要了解数据是如何进行更新操作的,才能恰到好处地完成数据库的恢复。数据的更新具体可分为:数据库中数据的更新和缓冲区中数据的更新。

1. 数据库中数据的更新策略

数据库数据的更新通常采用两种更新方法,即原地更新和异地更新。原地更新是指数据库的更新操作直接修改数据库缓冲区中的旧值。异地更新是指数据库的更新操作将数据项新值存放在与旧值不同的位置上,如采用影子页面(shadowing page)或差分文件方式存储。

- 影子页面是指当更新数据时,不改变旧存储页面,而是新建一个影子页面,将新值存储在新建的影子页面上。这些旧页面可应用于故障恢复的过程中。

- 由于更新操作等价于先删除旧值，再插入新值，因此，差分文件（F）由只读部分（FR）加上插入部分（DF +）和删除部分（DF -）组成，即 F =（FR∪DF +）- DF -。

2. 缓冲区中数据的更新策略

缓冲区更新策略可由固定/非固定（fix/non_fix）和刷新/非刷新（flush/no_flush）组合而成，共组成 4 种缓冲区更新策略，即固定/刷新方式（fix/flush）、固定/非刷新方式（fix/no_flush）、非固定/刷新方式（non_fix/flush）和非固定/非刷新方式（non_fix/no_flush）。具体含义如下：

- 固定/非固定（fix/non_fix）：指缓冲区管理器是否要等到局部恢复管理器（LRM）下发命令后，才将缓冲区中修改的内容写到外存数据库。
- 刷新/非刷新（flush/no_flush）：指在事务执行结束后，局部恢复管理器（LRM）是否强制缓冲区管理器将当前缓冲区中已修改的数据写回外存数据库。

7.2.3 针对不同更新事务的恢复方法

下面将结合缓冲区数据更新的不同策略来介绍相应的恢复方法。

1. 固定/刷新方式

固定/刷新方式的更新策略的特点是：废弃事务的修改行为不会写入外存，同时，被提交的事务的更新数据都被刷新到外存数据库。该策略的处理过程为：1）LRM 向缓冲区管理器发 flush 命令，将更新数据刷新到外存；2）LRM 向缓冲区管理器发 unfix 命令释放所有被固定的页面；3）LRM 向日志文件中写事务结束记录。从上述过程可以看出，在事务结束之前所修改的数据页面已被固定，直到事务提交时才被释放，因此事务的废弃不能触发对固定页面的释放。

由于该种执行策略可以保证事务的原子性和耐久性，因此对废弃事务不需做任何恢复操作。

2. 固定/非刷新方式

固定/非刷新方式的更新策略的特点是：废弃事务没有将修改的数据写入外存，但被提交的事务的更新数据可能没有刷新到外存数据库。其处理过程为：1）LRM 向日志文件中写事务结束记录；2）LRM 向缓冲区管理器发 unfix 命令释放所有被固定的页面。从上述过程可以看出，由于直到事务提交时被修改的数据页面才被释放，因此事务的废弃不能触发对固定页面的释放。但是局部恢复管理器并没有强制缓冲区管理器将当前缓冲区中已修改的数据写回到外存数据库，因此可能造成已提交的事务的更新没有被及时地刷新到外存中。

为了保证事务的耐久性，该种执行策略的事务恢复需执行部分重做，不需执行全部重做处理。也就是说，将已提交的事务进行重做处理。

3. 非固定/刷新方式

非固定/刷新方式的更新策略的特点是：被提交的事务的更新数据都刷新到外存数据库，但废弃事务的部分结果可能已写入外存。其处理过程为：1）LRM 向缓冲区管理器发 flush 命令，将更新数据刷新到外存；2）LRM 向日志文件中写事务结束记录。从上述过程可以看出，由于局部恢复管理器强制缓冲区管理器将当前缓冲区中已修改的数据写回到外存数据库，因此所有已提交的事务的更新均被及时地刷新到外存中。但在事务结束之前，一些被事务修改的数据页面可能已被释放，若发生事务废弃，则废弃事务的部分结果可能已写入外存。

为了保证事务的原子性，该种执行策略的事务恢复操作应对事务全部进行反做处理。

4. 非固定/非刷新方式

非固定/非刷新方式的更新策略的特点是：被提交的事务的更新数据可能没有及时地刷新到外存数据库，同时，废弃事务的部分修改的数据可能已写入外存。其处理过程为 LRM 向日志文件中写事务结束记录。这是由于局部恢复管理器既没有强制缓冲区管理器将当前缓冲区中已修改的数据写回到外存数据库，同时，一些被事务修改的数据页面在事务结束之前可能已被释放，使得事务的原子性和耐久性均受到影响。

为了保证事务的原子性和耐久性，当事务执行中出现非固定/非刷新方式的故障时，需对事务进行重做和反做恢复处理，具体恢复过程为：1）LRM 首先从重启动文件中取得最近的检查点的地址，然后建立两个表——重做表和反做表。初始化这两个表，重做表初态为空；反做表初态为检查点上的活动事务。活动事务指检查点上还没有结束的事务。2）确定反做事务表（undo 表）：在日志中从检查点向前搜索，直到日志结尾，找出只有 B 记录而没有 C 记录的事务，即在系统故障时未结束的事务，写入反做事务表。3）确定重做事务表（redo 表）：从检查点向前搜索，找出既有 B 记录也有 C 记录的事务，直到到达日志结尾，即在系统故障时已经提交但部分结果未写入外存的事务，写入重做事务表。4）反做反做事务表中的所有事务。根据日志反向进行撤销操作，直到到达相应事务的 B（begin transaction）。5）重做重做事务表中的所有事务。根据日志从检查点正向进行重做操作，直到到达相应事务的 C（commit transaction）。

例 7.2   若检查点日志文件如下图所示，要求根据日志文件确定重做表和反做表。

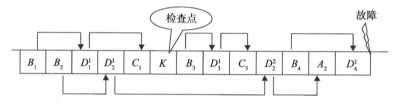

故障恢复过程如下：

1）初始化重做表（redo 表）和反做表（undo 表）。活动事务为在检查点上没有结束的事务，即 $T2$ 为活动事务。活动事务放在 undo 表中。因此，重做表 = {}，反做表 = {活动事务} = {$T2$}。

2）确定重做表和反做表。从检测点开始正向扫描日志文件，如有新事务 Ti 开始（B 记录），将 Ti 放入反做表，如有事务 Tj 提交（C），将反做表中的 Tj 移入重做表中，直到日志文件结束。因此，重做表 = {$T3$}，反做表 = {$T2$，$T4$}。

3）反做反做事务表{$T2$，$T4$}中的所有事务。根据日志反向进行撤销操作，直到到达相应事务的开始位置。

4）重做重做事务表{$T3$}中的所有事务。根据日志从检查点正向进行重做操作，直到到达相应事务的结束位置。

7.3   分布式事务的故障恢复

分布式数据库系统主要由节点及节点间的通信链路组成。因此，在分布式数据库系统中，除了可能出现集中式数据库系统中的故障外，还可能出现分布式数据库系统特有的故障。通常，我们将发生在各场地内部的故障称为场地故障，将发生在场地间通信过程中的故障称为通信故障。前面我们介绍了集中式数据库的故障恢复方法，本节将围绕分布式数据库系统的事务恢复方法进行介绍。

前文介绍的两段提交协议和三段提交协议均具有恢复场地故障和通信故障的特性。下面分别以这两种协议为例对场地故障及通信故障的恢复进行描述。

7.3.1   两段提交协议对故障的恢复

1. 场地故障

依据前文所述，两段提交协议的思想概括地说是将事务提交分为两个阶段：决定阶段和执行阶段。决定阶段是做出提交/废弃的决定；执行阶段实现决定阶段的决定。两段提交协议实现的概要图如图 7-9 所示，其中 C 和 P 分别表示协调者(COORDINATOR)和参与者(PARTICI-PANTS)。协调者可以向参与者发送 P(预提交)命令和 C/A(提交/废弃)命令，参与者可以向协调者返回 R/A(准备提交/准备废弃)应答和 ACK(确认)应答。

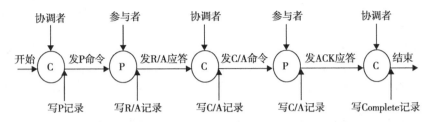

图 7-9　两段提交协议实现的概要图

下面将针对两段提交协议执行中可能发生的所有 5 种场地故障情况进行分析，并给出相应的恢复策略。

场地故障情况 1：在参与者场地，参与者在写 R/A 记录之前出错。此时，协调者发完 P 命令后在规定时间内收不到应答信息。针对该故障采用的恢复策略是：若故障参与者在协调者发现超时前恢复，则进行单方面的"废弃"。若故障参与者在协调者发现超时时仍未恢复，则协调者做"废弃"处理，即默认认为收到 A 应答。

场地故障情况 2：在参与者场地，参与者在写 R/A 记录之后、写 C/A 记录之前出错。下面分三种情况讨论：

1)出错时参与者已写 R 记录，但未发送 R 应答。由于协调者没有收集到所有参与者返回的 R/A 应答，因此处于等待状态。针对该故障采用的恢复策略是：若故障参与者在协调者发现超时前恢复，则该参与者需要访问其他场地的状态来了解事务的最终情况，我们将该过程称为"启动终结协议"(两段提交协议的终结协议的详细描述见 7.4.3 节，下同)。若故障参与者在协调者发现超时时仍未恢复，则协调者做"废弃"处理，即默认认为收到 A 应答。

2)出错时参与者已写 A 记录，但未发送 A 应答。针对该故障采用的恢复策略是：故障参与者在恢复后不需要做任何处理。协调者发现超时后，做"废弃"处理，即默认认为收到 A 应答。

3)出错时参与者已经将 R/A 应答返回给协调者。此时，协调者可以通过收集参与者的应答来决定全局提交或全局废弃，其他参与者均可以按照协调者的命令正常终止，但由于协调者没有收集到所有参与者返回的 ACK 应答，因此处于等待状态。针对该故障采用的恢复策略是：若故障参与者在协调者发现超时前恢复，则启动终结协议。若故障参与者在协调者发现超时时仍未恢复，则协调者给故障参与者重发 C/A 命令。

场地故障情况 3：在参与者场地，参与者在写 C/A 记录之后出错。下面分两种情况讨论：

1)出错时参与者未发送 ACK 应答。由于协调者没有收集到所有参与者返回的 ACK 应答，因此处于等待状态。针对该故障采用的恢复策略是：协调者发现超时后给故障参与者重发 C/A 命令。

2)出错时参与者已发送 ACK 应答。此时，协调者和参与者均可以正常终结，因此无须采取任何措施。

场地故障情况 4：在协调者场地，协调者在写 P 记录之后、写 C/A 记录之前出错。下面分两种情况讨论：

1)出错时协调者未将 P 命令发送给参与者。针对该故障采用的恢复策略是：协调者重新启动后，从预提交记录中读出参与者的标识符，重新执行两段提交协议。

2)出错时协调者已将 P 命令发送给参与者。此时，参与者将处于等待状态，等待协调者向它们发送 C/A 命令。针对该故障采用的恢复策略是：若协调者在参与者发现超时前恢复，则从预提交记录中读出参与者的标识符，重新执行两段提交协议。若协调者在参与者发现超时时仍未恢复，则参与者启动终结协议。

场地故障情况 5：在协调者场地，协调者在写 C/A 记录之后、写 Complete 记录之前出错。下面分两种情况讨论：

1)出错时协调者未将 C/A 命令发送给参与者。此时，参与者还未收到协调者发来的 C/A 命令，因此处于等待状态。针对该故障采用的恢复策略是：若协调者在参与者发现超时前恢复，则给所有参与者重发其决定的命令；若协调者在参与者发现超时时仍未恢复，则参与者启动终结协议。

2)出错时协调者已将 C/A 命令发送给参与者。此时，协调者在故障过程中可能错过了对参与者 ACK 应答的接收。针对该故障采用的恢复策略是：协调者重新启动后，给所有参与者重发其决定的命令。

2. 通信故障

在 7.1 节中已经介绍过，通信故障有两种：报文丢失和网络分割。若存在两个场地 A 和 B，报文丢失是指 A 最大延迟内没有收到 B 发来的报文。网络分割指网络被断开或存在两个以上不相连接的子网。如果系统不存在通信故障，则应表现为以下两个方面：

- 收到的报文内容及报文顺序均正确。
- 无超时错误发生。无超时错误是指在发送报文后，在规定的延迟时间内应收到返回的应答信息。

通信故障的直观表现是造成所传输的信息的丢失。丢失的信息可分为命令信息、响应信息及数据库信息。当命令或响应信息丢失时，直接影响事务的实现。下面按报文丢失和网络分割分别描述其故障恢复方法。

如果对图 7-9 进行适当的简化处理，则可以得到两段提交协议中报文信息传输的简要图（如图 7-10 所示）。根据丢失的报文信息类型不同，报文丢失故障可分为四种情况。下面将针对这四种情况进行分析，并给出相应的恢复策略。

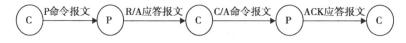

图 7-10　两段提交协议中报文信息传输的简要图

通信故障情况 1：丢失 P 命令报文。此时，存在参与者未收到协调者发送的 P 命令，因此处于等待状态。同时，协调者也在等待这些参与者的应答。针对该故障采用的恢复策略是：协调者发现超时，做"废弃"处理，即默认认为收到 A 应答报文。

通信故障情况 2：丢失 R/A 应答报文。此时，由于协调者没有收集到所有参与者返回的应答，因此处于等待状态。针对该故障采用的恢复策略同"丢失 P 命令报文"处理过程：协调者保持等待，如果出现超时，做"废弃"处理。

通信故障情况 3：丢失 C/A 命令报文。此时，参与者没有及时收到来自协调者的命令，因而处于等待状态。针对该故障采用的恢复策略是：参与者保持等待，如果出现超时，则参与者启动终结协议。

通信故障情况 4：丢失 ACK 应答报文。此时，协调者没有收集到全部的 ACK 应答而处于等待状态。针对该故障采用的恢复策略是：协调者利用超时机制，向参与者重发 C/A 命令，要求参与者给予应答。

对于网络分割故障，两段提交协议采用的故障恢复思想是：先将网络中所有场地节点分为两大分区——包含协调者的分区和不包含协调者的分区。包含协调者的分区称为协调者群；不包含协调者的分区称为参与者群。之后，分以下两种情况进行恢复处理：

- 在协调者群中，若认为参与者群出故障，则故障恢复同场地故障情况1、2和3。
- 在参与者群中，若认为协调者群出故障，则故障恢复同场地故障情况4和5。

7.3.2　三段提交协议对故障的恢复

1. 场地故障

依据前文所述，三段提交协议将事务提交分为三个阶段：投票表决阶段、准备提交阶段和执行阶段。同两段提交协议相比，三段提交协议在一定程度上减少了事务阻塞的发生，其实现的简要图如图7-11所示。协调者可以向参与者发送P(预提交)命令、PC/A(准备提交/全局废弃)命令和C(提交)命令，参与者可以向协调者返回R/A(赞成提交/准备废弃)应答、RC/废弃ACK(准备就绪/废弃确认)应答和提交ACK(提交确认)应答。

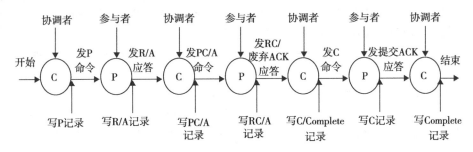

图7-11　三段提交协议实现的简要图

与两段提交协议相似，三段提交协议也采用超时方法处理各种情况的场地故障。下面将针对三段提交协议执行中可能发生的所有7种场地故障情况进行分析，并给出相应的恢复策略。

场地故障情况1：在参与者场地，参与者在写R/A记录之前出错。此时，协调者发完P命令后在规定时间内收不到参与者的投票结果。针对该故障采用的恢复策略是：若故障参与者在协调者发现超时前恢复，则进行单方面的"废弃"。若故障参与者在协调者发现超时时仍未恢复，则协调者做"废弃"处理，即默认认为收到A应答。

场地故障情况2：在参与者场地，参与者在写R/A记录之后、写RC/A记录之前出错。下面分三种情况讨论：

1)出错时参与者已写R记录，但未发送R应答。由于协调者没有收集到所有参与者返回的R/A应答，因此处于等待状态。针对该故障采用的恢复策略是：若故障参与者在协调者发现超时前恢复，则该参与者将启动终结协议(三段提交协议的终结协议的详细描述见7.4.5节，下同)。若故障参与者在协调者发现超时时仍未恢复，则协调者做"废弃"处理，即默认认为收到A应答。

2)出错时参与者已写A记录，但未发送A应答。针对该故障采用的恢复策略是：故障参与者在恢复后不需要做任何处理。协调者发现超时后，做"废弃"处理，即默认认为收到A应答。

3)出错时参与者已经将R/A应答返回给协调者。此时，协调者可以通过收集参与者的应答来决定"准备提交"或"废弃"，其他参与者均可以按照协调者的命令来执行。由于协调者没有收集到所有参与者返回的RC/废弃ACK应答，因此处于等待状态。针对该故障采用的恢复策略是：若协调者已决定"废弃"，则协调者不需要做任何处理，故障参与者恢复后将启动终结协议。若协调者已决定"准备提交"并且故障参与者在协调者发现超时前恢复，则参与者启动终结协议。若协调者已决定"准备提交"并且故障参与者在协调者发现超时时仍未恢复，则协调者给故障参与者重发 PC 命令。

场地故障情况 3：在参与者场地，参与者在写 RC/A 记录之后、写 C 记录之前出错。下面分四种情况讨论：

1）出错时参与者未发送 RC 应答。由于协调者没有收集到所有参与者返回的 RC 应答，因此处于等待状态。针对该故障采用的恢复策略是：若故障参与者在协调者发现超时前恢复，则启动终结协议。若故障参与者在协调者发现超时时仍未恢复，则协调者给故障参与者重发 PC 命令。

2）出错时参与者未发送废弃 ACK 应答。由于协调者没有收集到所有参与者返回的废弃 ACK 应答，因此处于等待状态。针对该故障采用的恢复策略是：协调者发现超时后给故障参与者重发 A 命令。

3）出错时参与者已发送 RC 应答。此时，协调者根据收集到的 RC 应答决定是否进行全局提交，发出 C 命令后等待参与者提交 ACK 应答。针对该故障采用的恢复策略是：协调者不需要做任何处理，故障参与者恢复后将启动终结协议。

4）出错时参与者已发送废弃 ACK 应答。此时，协调者和参与者均可以正常终结，因此无须采取任何措施。

场地故障情况 4：在参与者场地，参与者在写 C 记录之后出错。下面分两种情况讨论：

1）出错时参与者未发送提交 ACK 应答。由于协调者没有收集到所有参与者返回的提交 ACK 应答，因此处于等待状态。针对该故障采用的恢复策略是：协调者发现超时后给故障参与者重发 C 命令。

2）出错时参与者已发送提交 ACK 应答。此时，协调者和参与者均可以正常终结，因此无须采取任何措施。

场地故障情况 5：在协调者场地，协调者在写 P 记录之后、写 PC/A 记录之前出错。下面分两种情况讨论：

1）出错时协调者未将 P 命令发送给参与者。针对该故障采用的恢复策略是：协调者重新启动后，从预提交记录中读出参与者的标识符，重新执行三段提交协议。

2）出错时协调者已将 P 命令发送给参与者。此时，参与者将处于等待状态，等待协调者向它们发送 PC/A 命令。针对该故障采用的恢复策略是：若协调者在参与者发现超时前重新启动，则重新执行三段提交协议；若协调者在参与者发现超时时仍未启动，则参与者启动终结协议。

场地故障情况 6：在协调者场地，协调者在写 PC/A 记录之后、写 C/Complete 记录之前出错。下面分三种情况讨论：

1）出错时协调者未将 PC/A 命令发送给参与者。此时，可能存在一些参与者正在等待协调者发来的 PC/A 命令。针对该故障采用的恢复策略是：若协调者在参与者发现超时前恢复，则给所有参与者重发其决定的命令；若协调者在参与者发现超时时仍未恢复，则参与者启动终结协议。

2）出错时协调者已将 PC 命令发送给参与者。此时，可能存在一些参与者正在等待协调者发来的 C 命令。针对该故障采用的恢复策略是：若协调者在参与者发现超时前重新启动，则给所有参与者重发 C 命令；若协调者在参与者发现超时时仍未启动，则参与者启动终结协议。

3）出错时协调者已将 A 命令发送给参与者。此时，协调者在故障过程中可能错过了对参与者废弃 ACK 应答的接收。针对该故障采用的恢复策略是：协调者重新启动后，给所有参与者重发 A 命令。

场地故障情况 7：在协调者场地，协调者在写 C 记录之后、写 Complete 记录之前出错。下面分两种情况讨论：

1）出错时协调者未将 C 命令发送给参与者。此时，参与者还未收到协调者发来的 C 命令，因此处于等待状态。针对该故障采用的恢复策略是：若协调者在参与者发现超时前恢复，则给所有参与者重发 C 命令；若协调者在参与者发现超时时仍未恢复，则参与者启动终结协议。

2）出错时协调者已将 C 命令发送给参与者。此时，协调者在故障过程中可能错过了对参与者提交 ACK 应答的接收。针对该故障采用的恢复策略是：协调者重新启动后，给所有参与者重发 C 命令。

2. 通信故障

在三段提交协议中，报文信息传输的过程如图 7-12 所示。根据丢失的报文信息类型不同，报文丢失故障可分为以下六种情况。下面将针对这些情况进行分析，并给出相应的恢复策略。

图 7-12 三段提交协议中报文信息传输的概要图

通信故障情况 1：丢失 P 命令报文。此时，未收到协调者 P 命令的参与者将等待。同时，协调者也在等待这些参与者的应答。针对该故障采用的恢复策略是：协调者发现超时，做"废弃"处理，即默认认为收到 A 应答报文。

通信故障情况 2：丢失 R/A 应答报文。此时，协调者等待接收参与者返回的应答。针对该故障采用的恢复策略同"丢失 P 命令报文"处理过程，即协调者保持等待，发现超时，做"废弃"处理。

通信故障情况 3：丢失 PC/A 命令报文。此时，参与者启动超时机制，等待协调者发来的命令。针对该故障采用的恢复策略是：若参与者发现超时，则启动终结协议。

通信故障情况 4：丢失 RC/废弃 ACK 应答报文。此时，协调者没有收集到全部的 RC/废弃 ACK 应答而处于等待。针对该故障采用的恢复策略是：协调者利用超时机制，向参与者重发 PC/A 命令，要求参与者给予应答。

通信故障情况 5：丢失 C 命令报文。此时，参与者启动超时机制，等待协调者发来的命令，则故障恢复同通信故障情况 3。

通信故障情况 6：丢失提交 ACK 应答报文。此时，协调者没有收集到全部的提交 ACK 应答而处于等待。针对该故障采用的恢复策略是：协调者利用超时机制，向参与者重发 C 命令，要求参与者给予应答。

对于网络分割故障，与两段提交协议类似，三段提交协议采用的故障恢复思想同样是将网络中所有场地结点分为两个群体——协调者群和参与者群，之后，分两种情况进行恢复处理：

- 在协调者群中，若认为参与者群出故障，则故障恢复同场地故障情况 1～4。
- 在参与者群中，若认为协调者群出故障，则故障恢复同场地故障情况 5～7。

7.4 分布式可靠性协议

为了保证各种应用正确可靠地运行，除了要采取相应的恢复措施外，还要考虑数据库系统的可靠性，尽量将崩溃后数据库的不可用的时间减少到最少，并保证事务的原子性和耐久性。

在本节中，将阐述可靠性的概念和度量，并讨论分布式数据库的可靠性协议。

7.4.1 可靠性和可用性

数据库系统的"可靠性"和"可用性"在前面的章节中曾多次提到。例如，分布式数据库系统本身的体系结构可提高系统的可靠性和有效性；片段数据的重复存储和系统采用的恢复措施等都可提高系统的可靠性和可用性。"可靠性"和"可用性"看上去是十分相似的两个词语，但两者的定义和物理概念有着本质区别。那么，什么是系统的可靠性和可用性？它们之间有何差别？如何来衡量一个系统的可靠性和可用性？下面将针对上述问题给出具体说明。

数据库系统的可靠性是指：在给定环境条件下和规定的时间内，数据库系统不发生任何失败的概率。

数据库系统的可用性是指：在给定时刻 t 上，数据库系统不发生任何失败的概率。

数据库系统的可靠性和可用性之间的差别如表 7-1 所示。其中，可靠性用来衡量在某时间段内系统符合其行为规范的概率；而可用性用来衡量在某个时间点之前系统正常运行的概率。可靠性强调数据库系统的正确性，是用来描述不可修复的或要求连续操作的系统的重要指标；而可用性强调当需要访问数据库时系统的可运行能力。可靠性要求系统在 $[0, t]$ 的整个时间段内必须正常运行；而对于可用性来说，它允许数据库系统在 t 时刻前发生故障，但如果这些故障在 t 时刻前都已经恢复了，使之不影响系统的正常运行，那么它仍然计入系统的可用性。因此，在难易程度上，创建高可用性的系统要比创建高可靠性的系统容易。另外，可靠性与可用性具有不同的影响因素。影响可靠性的关键因素是数据冗余性，可以通过建立复制数据、配备备用电源等措施来实现；影响可用性的关键因素是系统的鲁棒性和易管理性，可以通过提高系统的可恢复能力来实现。

表 7-1   数据库系统的可靠性和可用性之间的差别

比 较 项	可 靠 性	可 用 性
用途	衡量在某时间段内系统符合其行为规范的概率	衡量在某个时间点之前系统正常运行的概率
强调内容	系统的正确性	系统的可运行能力
难易程度	提高较难	提高较容易
影响因素	数据冗余性	系统鲁棒性和易管理性

在实际应用中，数据库的可靠性和可用性是相互矛盾的。一方面，提高系统的可靠性往往是以牺牲其可用性作为代价的。这是由于为了提高可靠性，我们往往采取非常慎重的策略。例如，一旦发现系统有出错的危险时，为了提高可靠性，则立即停止系统的工作，使其变得不可用。这样做虽然保证了数据库的正确性，但由于间断了系统的正常运行，因此降低了系统的可用性。另一方面，提高系统的可用性往往是以牺牲其可靠性作为代价的。例如，即使我们已经预见了系统出错的风险，但仍然允许系统继续工作以保证其可用性。这样，系统出现暂时不一致的状态是可以容忍的，随后可以利用故障恢复机制使系统恢复正常。因此，在提高了系统可用性的同时降低了系统可靠性。

下面的例子进一步说明了在分布式数据库中可靠性和可用性相互矛盾的情况。假定数据 a 的副本分别存放在 n 个场地上，某事务 t 采用两段提交协议来更新 a，当协调者已决定提交，但在给各个参与者发送提交命令前发生网络故障。此时，若要保证系统的可靠性，则要求各个参与者保持等待而不允许其他事务使用存放于本地的 a 的副本，以免造成数据的不一致，直到故障修复后事务 t 才正常结束；相反，若要保证系统的可用性，则允许在参与者场地由其他事务使用存放于本地的 a 的副本，当故障恢复后再由恢复机制进行不一致检测并试图改正。

通常认为在某时间段内系统发生失败的次数服从泊松分布，即在 $[0, t]$ 的时间段内系统发

生 k 次失败的概率为：

$$\Pr\{k \text{ failures in time } [0, t]\} = \frac{\mathrm{e}^{-m(t)} [m(t)]^k}{k!}$$

进一步地，可以用条件概率函数 $R(t)$ 来度量系统的可靠性，它表示在 $[0, t]$ 的整个时间段内系统发生 0 次失败的概率。

$$R(t) = \Pr\{0 \text{ failures in time}[0, t]\} = \mathrm{e}^{-m(t)}$$

为了度量系统的可用性，我们需要定义以下两个指标：平均故障间隔时间（MTBF）和平均故障修复时间（MTTR）（如图 7-13 所示）。

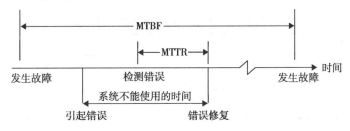

图 7-13　MTBF 与 MTTR 示意图

MTBF 是在可以自我修复的系统中相继出现的两次失败之间的期望时间。该时间可以通过两种方式计算，一种方法是基于平时累积的经验数据对其值进行估计，另一种方法是借助于可靠性度量函数 $R(t)$ 来进行计算。

$$\mathrm{MTBF} = \int_0^\infty R(t)\,\mathrm{d}t$$

MTTR 是修复一个失败的系统所需要的期望时间，该值与系统的修复概率相关。

系统的可用性 A 可以用 MTBF 与（MTBF + MTTR）的比值加以度量，具体定义如下：

$$A = \frac{\mathrm{MTBF}}{\mathrm{MTBF} + \mathrm{MTTR}}$$

可见，当 MTBF 远远大于 MTTR 时，表示系统故障能够快速恢复，系统可用性将接近于 1。可用性越接近于 1，系统的可用性越高。

7.4.2　分布式可靠性协议的组成

提出分布式可靠性协议的目的是为了保证分布式事务的原子性和耐久性。这些协议描述了事务开始操作、数据库操作（包括读操作和写操作等）、事务提交操作以及事务废弃操作的分布式执行过程。

分布式可靠性协议包括三部分：提交协议、恢复协议和终结协议。

- 提交协议是为了实现事务提交而采用的协议。例如，前文介绍的两段提交协议和三段提交协议均针对分布式事务的提交过程和提交条件给出了定义，所有子事务的正常提交是全局事务最终提交的前提。
- 恢复协议用来说明在发生故障时恢复命令的执行过程。例如，前文介绍的两段提交协议和三段提交协议在执行过程中，如果在协调者场地或参与者场地发生故障，该场地将根据恢复协议采取一定的恢复措施。
- 终结协议是分布式系统所特有的，用来描述非故障场地如何终止事务。例如，当一个分布式事务在执行时，若某场地发生故障，其他场地应积极主动地终止该事务（提交或废弃），而不必无止境地等待故障场地的恢复。其他场地终止该事务的过程就是基于终结协议来执行的。

这里，恢复协议和终结协议是数据库系统发生故障时的两种解决措施，二者从相反的角度描述了如何处理各种故障，它们存在着本质区别（如表7-2所示）：前者的执行方是故障场地，而后者的执行方是非故障场地；前者的执行过程是使故障场地尽快恢复到故障发生前的状态，而后者的执行过程是使非故障场地能够不受故障场地的影响而继续执行操作；前者要实现的目标是使恢复协议尽量独立化，也就是说，在发生故障时故障场地能够独立地恢复到正常状态而不必求助于其他场地，而后者要实现的目标是使终结协议非阻断化。所谓非阻断的终结协议是指允许事务通过非故障场地正确地终结而不必等待故障场地的恢复。因此，设计非阻断的终结协议能够减少事务的响应时间，提高数据库系统的可用性。

表7-2   恢复协议和终结协议的不同之处

比 较 项	恢复协议	终结协议
执行方	故障场地	非故障场地
执行过程	故障场地对故障进行恢复	非故障场地对事务进行终结
实现目标	独立化	非阻断化

对于提交协议和恢复协议，前文在7.3节中已经针对两段提交协议和三段提交协议的执行过程进行了讨论，因此本节不再赘述。下面的小节中将分别围绕两段提交协议和三段提交协议的终结协议进行介绍。

7.4.3   两段提交协议的终结协议

依照前文所述，当两段提交协议的提交过程被某些故障中断时，故障发生场地和非故障场地都要采取一定的措施。一方面，故障场地通过重新启动进行恢复；另一方面，非故障场地需要启动终结协议来正确地终结该事务。这里我们重点讨论两段提交协议在执行中对终结协议的调用过程。首先，需要明确两个问题，下面分别介绍。

（1）终结协议在何时发挥作用

一般来说，终结协议在目标场地发现超时时发挥作用，也就是说，当目标场地没有在期望的时间内接收到源场地发来的消息时，目标场地将要启动终结协议。回顾7.3.1节所论述的两段提交协议对场地故障的恢复过程，当遇到如下4种情形的场地故障时，需要参与者启动终结协议：

- 在参与者场地，若参与者在写R/A记录之后、写C/A记录之前出错，并且出错时参与者已写R记录，但未发送R应答。
- 在参与者场地，若参与者在写R/A记录之后、写C/A记录之前出错，并且出错时参与者已经将R/A应答返回给协调者。
- 在协调者场地，协调者在写P记录之后、写C/A记录之前出错，并且出错时协调者已将P命令发送给参与者。
- 在协调者场地，协调者在写C/A记录之后、写Complete记录之前出错，并且出错时协调者未将C/A命令发送给参与者。

后两种情形说明了当协调者发生故障且不能在指定时间内向参与者发送命令时，参与者发现超时后将启动终结协议。而前两种情形虽然是在参与者场地发生了故障，我们仍可以将其看成是发生故障的参与者在某状态下发生了超时，恢复后需要启动终结协议。

（2）如何确定终结协议的终结类型

终结协议的终结类型可能是全局提交，也可能是全局废弃，这将取决于事务被故障中断时各参与者所处的状态。由于终结类型与各场地的状态相关，我们基于图7-9添加了参与者在各时间段上所处的状态(如图7-14所示)。需要强调的是,只有当参与者在成功发送完消息后才完成状态的转换。例如,参与者在发送完R应答(或A应答)后,将由"初始"状态转换为"准备就绪"(或"废弃")状态;参与者在发送完ACK应答后,再转换为"提交"(或"废弃")状态。另外,不存在比其余进程多于一次状态转换的进程。例如,在任何时刻不存在一个参与者处于"初始"状态,而同时另一个参与者处于"提交"状态的情形。

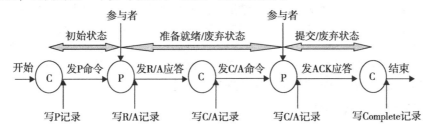

图7-14 两段提交协议中参与者的状态转换图

设计一个终结协议的目的就是使超时的参与者通过请求其他参与者来帮助它做出决定,具体来说,就是通过访问其他参与者的当前状态来推断协调者的决定,从而确定终结类型。终结协议要求所有参与者终结某事务的类型要完全一致(或者都提交,或者都废弃),以保证事务的原子性。

假定某分布式事务采用两段提交协议的执行方式,P_T 是发生超时的参与者。两段提交协议的终结协议由如下步骤组成:

1)选择一个参与者(例如可以选择 P_T)作为新的协调者。

2)P_T 向所有参与者发送"访问状态"命令,各参与者根据自身的状态("初始"、"准备就绪"、"提交"或"废弃")向 P_T 返回应答。

3)P_T 根据各参与者当前的状态做出决定,分为以下5种情况:

- 若 P_T 访问到的所有参与者 P_i 均处于"初始"状态,则 P_T 废弃该事务。这是由于 P_i 还没有发出 R/A 应答,因此它可以单方面废弃事务。根据全局提交规则,此时不存在其他参与者处于"提交"状态,即便是发生故障而没有被 P_T 访问到其状态的参与者也不可能处于"提交"状态。因此 P_T 决定废弃该事务,此决定与所有参与者终结事务的类型相一致。

- 若 P_T 访问到的部分参与者 P_i 处于"初始"状态,其余参与者 P_j 均处于"准备就绪"(或"废弃")状态,则 P_T 废弃该事务。与第1种情况类似,此时不存在其他参与者处于"提交"状态,所有的参与者将采用完全一致的终结类型(废弃)。

- 若 P_T 访问到的所有参与者 P_i 均处于"准备就绪"状态,则 P_T 将无法做出决定而保持阻断。这是由于在 P_T 进行访问前,有可能存在某参与者 P_k 已经收到协调者的决定从而正确地终结了事务(提交或废弃),随后 P_k 与协调者同时发生了故障。此时,如果 P_T 进行状态访问,虽然未发生故障的参与者 P_i 均处于"准备就绪"状态,但 P_T 无法获取到 P_k 的状态。P_T 将不敢贸然决定是提交还是废弃,因为任何一种决定都存在着与 P_k 所作决定不一致的风险,从而 P_T 仍旧保持阻断。

- 若 P_T 访问到的部分参与者 P_i 处于"准备就绪"状态,其余参与者 P_j 均处于"提交"(或"废弃")状态,则 P_T 提交(或废弃)该事务。此时,一些参与者 P_j 已经收到了协调者发送的决定,而另一些参与者 P_i 仍在等待这个决定,P_T 可以根据 P_j 的终结类型来做决定。

- 若 P_T 访问到的所有参与者 P_i 均处于"提交"(或"废弃")状态,则 P_T 提交(或废弃)该事务。此时，所有其他的参与者 P_i 均已收到了协调者发送的决定，P_T 可以根据 P_i 的终结类型来做决定。

4）若 P_T 决定废弃，则向各参与者发送"废弃"命令，各参与者接收到命令后执行"废弃"命令；若 P_T 决定提交，则向各参与者发送"提交"命令，各参与者接收到命令后执行"提交"命令。

上述终结协议涵盖了需要处理的所有情况。由于在两段提交协议的执行过程中，参与者可以直接从"准备就绪"状态转换为"提交"（或"废弃"）状态，当参与者发生故障时，它可能已经执行了"提交"（或"废弃"）命令，其终结方式对于其他参与者来说是不可知的。例如，对于第3种情况，P_T 将无法做出决定而保持阻断。因此，两段提交协议的终结协议是有阻断的协议。为了解决这个问题，需要把两段提交协议改进为三段提交协议。

7.4.4 两段提交协议的演变

为了进一步提高两段提交协议的性能，可以从以下两个角度对原有的两段提交协议进行改进：

- 尽量减少协调者和参与者之间需要传递的信息数量。
- 尽量减少需要写入日志的信息数量。

为此，通过对两段提交协议加以演变，两种改进的协议——假定废弃两段提交协议（简称假定废弃 2PC 协议）和假定提交两段提交协议（简称假定提交 2PC 协议）提出。下面分别针对这两种协议的基本思想和处理过程进行简要介绍。

（1）假定废弃 2PC 协议

假定废弃 2PC 协议的基本思想是：当某个处于"准备就绪"状态的参与者向协调者询问事务的处理结果时，如果协调者在其日志中没有找到该事务的结果信息，则认为该事务的处理结果是废弃。

与普通的两段提交协议类似，假定废弃 2PC 协议也把全局事务的提交过程分为决定阶段和执行阶段。在决定阶段，协调者根据各子事务当前的执行情况做出全局决定。与普通的两段提交协议不同的是，如果协调者决定废弃，在执行阶段它可以立即忘记该事务，并且不必等待参与者的 ACK 应答，也无须向日志写入事务的 Complete 记录。

（2）假定提交 2PC 协议

假定提交 2PC 协议的基本思想是：当某个处于"准备就绪"状态的参与者向协调者询问事务的处理结果时，如果协调者在其日志中没有找到该事务的结果信息，则认为该事务的处理结果是提交。

当使用假定提交 2PC 协议时，协调者在发送 P 命令前需要向日志写入一个收集记录，该记录包含了执行事务的所有参与者的名字，协调者发送 P 命令后进入"等待"状态。参与者收到 P 命令后根据自身情况进行投票，协调者据此来决定事务的提交或废弃。若协调者决定废弃，处理过程与普通的两段提交协议相同。若协调者决定提交，则向各参与者发送全局提交命令，然后忘记该事务而不需要收集参与者的 ACK 应答，也无须向日志写入事务的 Complete 记录。参与者收到全局提交命令后，向日志写入 C 记录并更新数据库。

由于假定废弃 2PC 协议和假定提交 2PC 协议省略了参与者与协调者之间对 ACK 应答的传递，从而减少了协调者和参与者之间需要传递的信息数量。另外，一些写入日志的操作（如写 Complete 记录等）也被省略，从而减少了需要写入日志的信息数量。因此，同普通的两段提交协议相比，以上两种改进协议具有较高的执行效率。

7.4.5 三段提交协议的终结协议

当三段提交协议的提交过程被某些故障中断时，如果目标场地没有在期望的时间内接收到源场地发来的消息,目标场地将要启动终结协议。如7.3.2节中所介绍的,在三段提交协议的执行过程中,如果发生如下8种情形的场地故障时,需要参与者启动终结协议。

- 在参与者场地,若参与者在写R/A记录之后、写C/A记录之前出错,并且出错时参与者已写R记录,但未发送R应答。
- 在参与者场地,若参与者在写R/A记录之后、写C/A记录之前出错,并且出错时参与者已经将R/A应答返回给协调者。
- 在参与者场地,若参与者在写RC/A记录之后、写C记录之前出错,并且出错时参与者未发送RC应答。
- 在参与者场地,若参与者在写RC/A记录之后、写C记录之前出错,并且出错时参与者已发送RC应答。
- 在协调者场地,协调者在写P记录之后、写PC/A记录之前出错,并且出错时协调者已将P命令发送给参与者。
- 在协调者场地,协调者在写PC/A记录之后、写C/Complete记录之前出错,并且出错时协调者未将PC/A命令发送给参与者。
- 在协调者场地,协调者在写PC/A记录之后、写C/Complete记录之前出错,并且出错时协调者已将PC命令发送给参与者。
- 在协调者场地,协调者在写C记录之后、写Complete记录之前出错,并且出错时协调者未将C命令发送给参与者。

以上8种场地故障情况的共同点是参与者在某状态下发生了超时,此时需要参与者启动终结协议。由于终结类型与各参与者的状态相关,为此我们在图7-11的基础上添加了参与者在各时间段上所处的状态(如图7-15所示)。这里认为只有当参与者在成功发送完消息后才完成状态的转换。例如,参与者在发送完R应答(或A应答)后,将由"初始"状态转换为"赞成提交"(或"废弃")状态;参与者在发送完RC应答(或废弃ACK应答)后,再转换为"准备就绪"(或"废弃")状态;参与者在发送完提交ACK应答后转换为"提交"状态。在参与者状态转换过程中,要求所有参与者在一次状态转换内同步,也就是不存在比其余进程多于一次状态转换的进程。

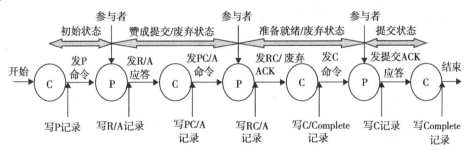

图7-15 三段提交协议中参与者的状态转换图

三段提交协议的终结协议由如下步骤组成:

1)选择一个参与者作为新的协调者。

2)新的协调者向所有参与者发送"访问状态"命令,各参与者根据自身的状态("初始"、"赞成提交"、"准备就绪"、"提交"或"废弃")向协调者返回应答。

3)协调者根据各参与者当前的状态做出决定,分为以下两种情况:

- 若所有参与者均处于"初始"、"赞成提交"或"废弃"状态,则协调者决定全局废弃。这是由于参与者状态的不相容性(如表6-2所示),此时没有任何一个参与者已提交。因此，可以令所有参与者统一地采取废弃的终结方式。

- 若存在某个参与者处于"准备就绪"或"提交"状态，则协调者决定全局提交。这是由于"准备就绪"状态和"提交"状态均与"废弃"状态不相容，也就是说，如果存在处于"准备就绪"或"提交"状态的参与者，就不可能同时存在处于"废弃"状态的其他参与者。因此，可以令所有参与者统一地采取提交的终结方式。

4）若协调者决定废弃，则向各参与者发送"废弃"命令，各参与者接收到命令后执行"废弃"命令；否则，协调者首先将处于"赞成提交"状态的参与者转化为"准备就绪"状态，然后向其发送"提交"命令，各参与者接收到命令后执行"提交"命令。

在上述终结协议的执行过程中，如果新选举的协调者又发生了故障，则系统重新启动终结协议。只要至少存在一个参与者是活动的，系统就不会进入阻塞状态。因此，三段提交协议的终结协议是非阻断的协议。

7.4.6 三段提交协议的演变

前文比较详细地介绍了三段提交协议对场地故障的终结过程，本节将针对三段提交协议进行改进，使其除了能够处理各种场地故障，同时也能更好地适应网络分割故障。

网络分割故障是由于通信线路发生故障而造成的，分为简单分割（仅形成两个分裂区域）和多分割（形成两个以上分裂区域）。一个能够处理网络分割故障的非阻断终结协议需要满足如下需求：1）要求所有分裂区域中的场地均能做出终结决定；2）要求各个分裂区域的终结决定一致。但是，一般来说，目前还不存在一种能够处理网络分割故障的非阻断终结协议。例如，三段提交协议在执行中如果发生了网络分割故障（但不是协调者故障），这些分裂区域将形成若干协调者群和参与者群，协调者群和参与者群都认为其他场地有故障并想要把事务终结，但是并不能保证它们的终结类型完全一致。因此，普通的三段提交协议不能很好地适应网络分割故障。

当发生网络分割故障时，如果不允许所有分裂区域内的场地继续进行操作，则将限制整个分布式数据库系统的可靠性；相反，如果允许所有场地在各自的分裂区域内继续执行操作，则数据库的一致性将受到威胁。一种折中的解决策略是：只允许某些分裂区域的场地继续执行操作，而阻断隶属于其他分裂区域的场地的操作。这样，一方面由于允许某些分裂区域继续执行操作，因此减少了阻断；另一方面由于至少能保证数据在允许操作的分裂区域内具有一致性，因此在一定程度上保证了数据库的一致性。按照这种解决策略对三段提交协议加以演变，形成了一种改进的提交协议——基于法定人数的三段提交协议（简称基于法定人数的3PC协议）。

基于法定人数的3PC协议能够使网络分割故障所形成的各个分裂区域要么进入阻断，要么能够终结，并且能够保证所有可终结的分裂区域能够按照统一的终结决定结束。其基本思想是：当发生网络分割故障时，每个分裂区域选出一名新的协调者，这些协调者负责统计本区域内参与者的投票情况，如果在某区域内大多数参与者都建议提交（或废弃）某事务，则协调者将做出提交（或废弃）的终结决定，使该区域内的参与者以统一的方式终结。这里，所谓"大多数"是指参与者的投票数要达到一个事先定义好的阈值。为此，需要定义如下参数：

- 为每个场地设置一个投票数 V_i，若执行某事务需要 n 个场地，则系统中的总投票数为 $V(V = V_1 + \cdots + V_n)$。
- 预先定义两个阈值：提交法定人数 V_c 和废弃法定人数 V_a。这里要求 $0 \le V_c \le V$、$0 \le V_a \le V$ 且 $V_c + V_a > V$，从而保证事务不能同时既被提交又被废弃。

对于普通的三段提交协议，参与者可以直接从"赞成提交"状态转换为"废弃"状态，这可能导致网络分割所形成的各个区域具有不同的终结类型。例如在网络分割故障发生前，某参与者 P_k 可能已经收到协调者的决定从而正确地废弃了事务，当发生网络分割故障时，某些分裂区域的协调者将无法明确 P_k 的当前状态而采取不同的终结方式。

为此，基于法定人数的 3PC 协议对三段提交协议的事务废弃过程进行了改进，它不允许参与者直接从"赞成提交"状态转换为"废弃"状态，而是在二者之间插入一个"准备废弃"状态（如图 7-16 所示）。也就是说，协调者在收集到各参与者发送的 R/A 应答后，如果这些应答中包含了 A 应答，那么协调者并不立即做出全局废弃的决定，而是向各参与者发送一个 PA（准备废弃）命令。若参与者已准备废弃，则在其日志文件中写入一条 RA（准备废弃）记录，向协调者返回 RA（准备废弃）应答。当协调者接收到所有参与者发送的 RA 应答后，在其日志文件中写入 A 记录，向所有参与者发送 A 命令。各个参与者接收到协调者发来的 A 命令后，在其日志文件中写入 A 记录，废弃其子事务后向协调者发送废弃 Ack 应答。当协调者接收到所有参与者发送的废弃 Ack 应答后，在其日志文件中写入 Complete 记录，全局事务终止。

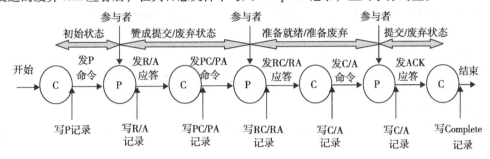

图 7-16　基于法定人数 3PC 协议中参与者的状态转换图

基于法定人数的 3PC 协议在处理网络分割故障时，各个分裂区域的协调者负责统计本区域内各参与者的投票并按照如下方式来终结事务：

1）若至少存在一个参与者处于"提交"（或"废弃"）状态，协调者就决定提交（或废弃）事务，并向该区域的所有参与者发送提交（或废弃）命令。

2）若处于"准备就绪"状态的参与者票数达到 V_c，协调者就决定提交事务，并向该区域的所有参与者发送提交命令。

3）若处于"准备废弃"状态的参与者票数达到 V_a，协调者就决定废弃事务，并向该区域的所有参与者发送废弃命令。

4）若处于"准备就绪"状态的参与者票数没有达到 V_c，但处于"赞成提交"状态和"准备就绪"状态的参与者票数总和达到 V_c，协调者将发送 PC 命令使参与者转换到"准备就绪"状态，然后按情况 2）处理。

5）若处于"准备废弃"状态的参与者票数没有达到 V_a，但处于"赞成提交"状态和"准备废弃"状态的参与者票数总和达到 V_a，协调者将发送 PA 命令使参与者转换到"准备废弃"状态，然后按情况 3）处理。

6）若上述情况都不满足，则该分裂区域进入阻塞，等待故障修复。

由此可见，当发生网络分割故障时，只要参与者的投票数满足前 5 种情况，则允许其所在的分裂区域继续执行操作，从而降低了终结协议的阻断程度。因此，同普通的三段提交协议相比，基于法定人数的 3PC 协议能够更好地适应网络分割故障。

7.5　Oracle 分布式数据库系统故障恢复案例

Oracle 利用重做日志文件来保存事务日志信息，记录对数据库的改变。重做日志文件分为两种：在线重做日志文件和归档重做日志文件。每个 Oracle 数据库都至少有两个在线重做日志组，每个组中至少有一个重做日志文件。这些在线重做日志组以循环方式使用。Oracle 首先写组 1 中的日志文件，等到把组 1 中的文件写满时，将切换到日志文件组 2，开始写这个组中的文件。等到把日志文件组 2 写满时，会再次切换回日志文件组 1。如果数据库是在归档模式下运行，那么 Oracle 将把写满的在线日志复制到另一个位置形成一个副本，即归档重做日志文件。利用重做日志文件，当系统发生故障时，Oracle 可以重新执行记录下来的事务信息，将数据库恢复到一致性的状态。

Oracle 利用 undo 段来存储 undo 信息。利用 undo 信息，Oracle 可以回滚事务，恢复数据库以及保证数据的读一致性。在物理结构中，Oracle 利用 undo 表空间来管理磁盘文件上的 undo 信息，并提供手动和自动等 undo 管理模式。

在 Oracle 中并不存在专门的恢复管理器或数据库缓冲区管理器组件来完成数据的读取、缓冲区数据的更新和事务的恢复，实际上这些工作主要由 Oracle 系统的几个主要进程完成，这些进程包括：

1）SMON（系统监视）进程。SMON 进程负责的任务有很多，其中一项就包括执行实例的恢复。SMON 应用 Redo 执行前滚、打开数据库提供访问、回滚未提交数据。

2）CKPT（检查点）进程。CKPT 进程负责辅助建立数据库的检查点，并更新保存脏数据块列表的检查点队列内容。

3）DBWn（数据库块写入）进程。DBWn 进程负责将数据缓冲区中的脏块写入磁盘。发生写操作的触发条件主要有以下几种：缓冲区内包含较多的脏数据；发生检查点事件；缓冲区可用空间不足；每隔 3 秒钟触发一次写操作；若干数据库操作命令。以上条件满足其中一种 DBWn 进程便将缓冲区中的脏数据写入到磁盘中。

4）LGWR（日志写入）进程。LGWR 进程负责将 Oracle 内存中重做日志缓冲区的内容刷新输出到磁盘，触发条件包括：每隔 3 秒钟触发一次刷新操作；任何事务发出一个提交时执行刷新；存在相关命令切换日志文件；重做日志缓存区中的数据达到整体容量的 1/3，或者已经包含 1MB 的缓存数据。

图 7-17 展示了 Oracle 的事务恢复体系结构。

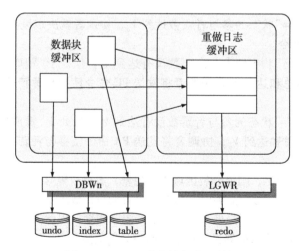

图 7-17　Oracle 事务恢复体系结构

在图 7-17 中，内存中的数据块缓冲区用来缓存数据对象的信息和 undo 段的信息。事务对数据的修改信息首先缓存到内存中的重做日志缓冲区中。当 Oracle 想把已修改的数据输出到磁盘上时，必须先等待 LGWR 将对应的重做日志信息输出到磁盘上，才能继续进行操作。从图 7-17 中可以看出，事务的 undo 信息也会生成重做日志，这样当事务需要恢复时，在某些情况下，可以从重做日志中得到必要的 undo 数据。当满足触发条件时，DBWn 将数据块缓冲区中的脏数据块写入相应的数据文件中。

假设一个事务在执行过程中系统发生故障，其中部分数据已经刷新到磁盘上。当 Oracle 系统重新启动时，SMON 进程首先会查询重做日志文件找到该事务对应的 redo 信息（因为系统故障，内存中的数据均已丢失，Oracle 支持先写日志协议，对应的日志信息一定已经保存到重做日志文件中），Oracle 根据 redo 条目进行前滚操作，重新执行这个事务。当前滚到故障点时间时，Oracle 发现这个事务并没有提交，于是利用 undo 信息再将这个事务回滚到开始的时间点，从而保证整个事务的原子性和数据库中数据的一致性。所以当系统发生故障，需要恢复时，Oracle 首先进行前滚操作，把系统放到失败点上，然后回滚尚未提交的所有工作。

对于分布式环境，Oracle 利用系统进程 RECO 来管理分布式事务恢复。Oracle 支持两段提交协议(2PC)，当 2PC 过程中的某个步骤中系统出现故障或网络连接出现异常，那么该事务将成为一个可疑的分布式事务(in-doubt distributed transaction)。当这种情况出现时，本地数据库中的 RECO 进程尝试连接远程数据库，并根据情况自动地提交或回滚本地可疑的分布式事务。

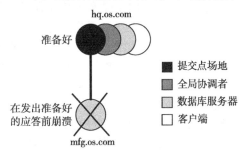

图 7-18　准备阶段发生故障

图 7-18 描述了分布式事务在准备阶段发生故障的会话树，该事务进行了以下几个操作：

1）在总部的客户登录到本地服务器，发起了一个分布式事务。

2）全局协调者，同时也是提交点场地的数据库 hq.os.com 要求远程数据库 mfg.os.com 做好提交准备。

3）mfg.os.com 在发回"准备好"的消息前发生故障，系统崩溃。

4）mfg.os.com 数据库重新启动，两台数据库上的 RECO 进程互相访问远程数据库的状态，根据情况，事务未提交，决定将该可疑分布式事务回滚。

图 7-19 描述了分布式事务在提交阶段发生故障的会话树，该事务进行了以下几个操作：

1）在总部的客户登录到本地服务器，发起了一个分布式事务。

2）全局协调者，同时也是提交点场地的数据库 hq.os.com 要求远程数据库 mfg.os.com 做好提交准备。

3）mfg.os.com 向 hq.os.com 发出"准备好"的消息。

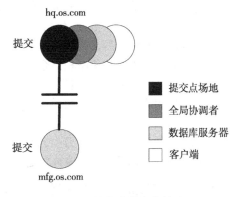

图 7-19　提交阶段发生故障

4）提交点场地 hq.os.com 收到"准备好"的消息，其局部提交事务，并向远程的 mfg.os.com 发出"提交"命令。

5）mfg.os.com 收到"提交"命令，并局部提交事务，然而这时候两个数据库之间的网络发生故障，mfg.os.com 的确认消息无法送回 hq.os.com。

6）待网络重新恢复后，RECO 进程重新确认两个数据库事务的状态，两者都已提交，所以 RECO 确认该分布式事务的提交，并进行后续的事务清理工作。

7.6　大数据库的恢复管理

大数据库系统每天需要操作的数据量越来越大，集群规模也在不断扩大，难免会发生一些故障。容错就是当由于种种原因在系统中出现了数据损坏或丢失时，系统能够自动将这些损坏或丢失的数据恢复到发生事故以前的状态，使系统能够连续正常运行的一种技术。构建具备健壮性的分布式存储系统的前提是具备良好的容错性能，具备从故障中恢复的能力。按照实现方式的不同，可将大数据库系统中的容错技术分为基于事务的和基于冗余的，前者通常利用数据库日志文件（包括 Redo 日志和 Undo 日志）对数据库事务进行恢复操作；后者通常将原有的数据和服务迁移到其他正常工作的节点上，利用冗余资源完成故障恢复。本节将针对大数据库系统中的恢复管理问题、故障类型、故障检测技术、基于事务的容错技术和基于冗余的容错技术进行介绍。

7.6.1　大数据库的恢复管理问题

随着大数据时代的到来，数据库系统所需要承受的计算任务越来越复杂，计算复杂度也逐渐增强。这使得由硬件失效或应用程序失败所造成的系统终端故障概率变大，从而消耗更多的恢复成本。因此，对于大数据库系统来说，具备有效的恢复管理机制至关重要，以此来确保大规模计算环境的可用性。大数据库系统的恢复管理需要解决如下问题。

（1）支持自适应的故障检测

只有能有效、及时地检测到故障发生，才有制定恢复策略的可能。因此，支持自适应的故障检测是数据库系统具有良好容错性能的前提。但是，在大数据库系统中，系统很难分辨一个长时间没有响应的进程到底是不是真的失效了。若贸然判断其失效，则被判断为失效的进程在过段时间后可能会继续提供服务，出现了多个进程同时服务同一份数据而导致数据不一致的情况。因此，大数据库恢复管理需要权衡响应时间和虚假警报率之间的轻重，并能动态地对该权衡因子进行自动调整。

（2）能够与传统恢复管理策略兼容

传统的分布式数据库通常依据数据库日志文件和两段提交协议对数据库事务进行恢复。对于大数据库系统来说，数据（包括日志文件）在系统中一般存储多个副本，而多个副本有可能带来数据不一致的问题。因此，大数据库恢复管理需要将传统分布式数据库中基于事务的故障恢复策略与多副本管理策略相结合。

（3）支持系统的高可用性

可用性用来衡量系统在面对各种异常时能够提供正常服务的能力。为了保证系统的高可用性，大数据库系统中的数据一般被冗余存储。当系统发生故障时，一方面要利用冗余资源来替代故障节点继续提供服务，另一方面还要保证故障发生后这些冗余资源之间的一致性。为此，大数据库恢复管理需要在故障恢复后保证数据的一致性。

7.6.2　大数据库系统中的故障类型

对于大数据库系统，由于其数据规模巨大、节点数目繁多且动态可变、节点间交互较为频繁，因此同传统分布式数据库系统相比，大数据库系统可能发生的故障类型显得更为复杂多样。例如，Google 某数据中心第一年运行时发生的故障数据如表 7-3 所示。从表 7-3 可以看出，在该系统中单机故障和磁盘故障发生概率最高，其次是机架故障、内存错误、机器配置错误以及数据中心之间网络故障。下面将针对大数据库系统中各种常见的故障类型进行归纳介绍。

在大数据库系统中，常见的故障类型可归纳为四种：事务内部的故障、系统故障、存储介质故障以及通信故障。

表 7-3　Google 某数据中心第一年运行发生的故障数据

序　号	发生频率	故障类型	影 响 范 围
1	0.5	数据中心过热	5 分钟之内大部分机器断电，1～2 天恢复
2	1	配电装置故障	500～1000 台机器瞬间下线，6 小时恢复
3	1	机架调整	大量告警，500～1000 台机器断电，6 小时恢复
4	几千	磁盘故障	硬盘数据丢失
5	1	网络重新布线	大约 5% 机器下线超过 2 天
6	20	机架故障	40～80 台机器瞬间下线，1～6 小时恢复
7	5	机架不稳定	40～80 台机器发生 50% 丢包
8	12	路由器重启	DNS 和对外虚 IP 服务失效几分钟
9	3	路由器故障	需要立即切换流量，持续约 1 小时
10	几十	DNS 故障	持续约 30 秒
11	1000	单机故障	机器无法提供服务

（1）事务内部的故障

有些大数据库系统是支持事务的，因此这些系统可能会发生事务内部的故障。与集中式数据库系统相同，大数据库系统中事务内部的故障可细分为可预期的和不可预期的。前者可以通过事务程序本身来检测，而后者不能被应用程序所检测并处理。事务内部的故障大多数都是不可预期的，数据库恢复机制要强行废弃该事务，使数据库回滚到事务执行前的状态。

（2）系统故障

系统故障的表现形式是使系统停止运转，必须经过重启后系统才能恢复正常。在大数据库系统中，由于内存错误、服务器断电等原因，使服务器发生宕机而处于系统故障之中（如表 7-3 中的 1～3 项）。这类故障的特点是：数据库本身没有被破坏，但内存中的数据全部丢失，节点无法正常工作，处于不可用状态。对于系统故障，在设计大数据库系统时需要考虑如何通过读取持久化介质中的数据来恢复内存信息，从而使数据库恢复到系统故障发生前的某个一致的状态。若系统支持事务，需要将所有非正常终止的事务强行废弃，同时将已提交的事务的结果重新更新到数据库中，以保证数据库的正确性。

（3）存储介质故障

存储介质故障是指存储数据的磁盘等硬件设备发生的故障。例如，磁盘坏损、磁头碰撞、瞬时强磁场干扰等均为存储介质故障。在大数据库系统中，存储介质故障发生概率很高（如表 7-3 中的第 4 项）。这类故障的特点是：不仅使正在运行的操作受到影响，而且数据库本身也被破坏。对于存储介质故障，在设计大数据库系统时需要考虑如何将数据备份到多台服务器。这样，即使其中一台服务器出现存储介质故障，也能从其他服务器上恢复数据。

（4）通信故障

在网络环境下，运行环境出现网络分区一般是不可避免的，所以大多数大数据库系统均需具备分区容错性，即 CAP 中的 P。因此，通信故障是大数据库系统要重点解决的一类故障。引发通信故障的原因可能是消息丢失、消息乱序或网络分割（如表 7-3 中的 5～11 项）。其中，网络分割将造成系统中的节点被划分为多个不连通的区域，每个区域内部可以正常通信，但区域之间无法通信。对于通信故障，在设计大数据库系统时需要考虑发生在网络通信中不同阶段的不同异常类型，并给出应对策略。

7.6.3　大数据库系统的故障检测技术

大数据库系统要想具有良好的容错性能，需要有一个前提：拥有有效的故障检测（failure detection）手段。因此，故障检测是任何一个拥有容错性的大数据库系统的基本功能，是容错处理的第一步。下面将针对大数据库系统中几种常见的故障检测技术进行介绍。

(1)基于心跳机制的故障检测

基于心跳机制的故障检测的基本思想是：被监控的进程(或节点)定期发送心跳信息给监控进程(或节点)，若给定时间内监控进程(或节点)没有收到心跳信息，则认为该进程(或节点)失效。例如，假设A和B分别为监控进程和被监控进程，A需要确认B是否发生故障，那么A每隔一段时间向B发送一个心跳包。如果一切正常，B将响应A的心跳包，并向A做出回应；若A重试一定次数后仍未收到B的响应，则认为机器B发生了故障。

然而，若监控进程收不到被监控进程的心跳响应，并不能贸然判断被监控进程一定发生了故障。上例中，如果A与B之间发生了网络故障，或者B过于繁忙，都会导致B无法立即响应来自A的心跳包。若此时A认为B发生了故障，则A需要将B上面的服务迁移到集群中的其他服务器，而当网络问题被解决或者B闲下来后，B可能会继续提供服务，这样将出现多台服务器同时服务同一份数据而导致数据不一致的情况，会引发“双主”问题。引发该问题的原因是：监控进程单方面判定被监控进程失效，而被监控进程自身并不知道自己已被认定为失效，还在继续提供正常的服务。为此，一些大数据库系统对基于心跳机制的故障检测技术进行了改进和扩展，提出了基于租约机制的故障检测技术和基于Gossip协议的故障检测技术。

(2)基于租约机制的故障检测

租约机制就是带有超时时间的一种授权，基于租约机制的故障检测的基本思想是：监控进程(或节点)定期向被监控进程(或节点)发放租约，被监控进程(或节点)持有的租约在有效期内才允许提供服务，否则主动停止服务。此处仍然使用上面的例子，A需要检测B是否发生故障，A可以给B发放租约，B持有的租约在有效期内才允许提供服务。正常情况下，B通过不断申请租约来延长有效期。这些租约延长请求和批准确认信息通常都是附加在A和B之间的心跳消息中。当B出现故障或者与A之间的网络发生故障时，B的租约将过期而主动停止服务，从而A能够确保B不再提供服务，将B上面的服务迁移到其他服务器。下面以GFS系统为例来介绍基于租约机制的故障检测技术。

GFS是Google部署在廉价机器上的大型分布式文件系统，Google Bigtable利用GFS作为其文件存储系统。在GFS系统中，Master作为监控方对整个文件系统进行全局控制，而Chunk服务器作为被监控方。GFS系统通过租约机制将Chunk写操作授权给Chunk服务器，获取租约授权的Chunk服务器称为主Chunk服务器，其他副本所在的Chunk服务器称为辅Chunk服务器。在租约有效期内，对该Chunk的写操作都由主Chunk服务器负责。租约的初始超时设置为60秒，当租约快到期时，如果文件更新没有异常的话，主Chunk服务器可以向Master申请更长的租期。若Master批准延长租期，则向主Chunk服务器发送确认。租约延长请求和批准确认信息将附加在二者之间传递的心跳消息中。当主Chunk服务器出现故障或者与Master之间的网络发生故障而使租约过期时，该主Chunk服务器主动停止服务，Master将产生一个加诸于其他副本的新租约。这种采用租约机制的心跳实现，可以避免出现由于误判所引发的“双主”问题。

(3)基于Gossip协议的故障检测

Gossip协议又被称为反熵(anti-entropy)协议，熵是物理学上的一个概念，代表杂乱无章，而反熵就是在杂乱无章中寻求一致。假定在一个有界网络中，每个节点都维护一张信息表且可以对其更新，Gossip协议则负责将更新的信息同步到整个网络上。Gossip协议的基本思想是：每个节点都随机地与其他节点通信，经过一番杂乱无章的通信，最终所有节点上的信息表状态都会达成一致。节点间通信的过程类似于流言传播过程，每个节点可能知道所有其他节点，也可能仅知道几个邻居节点，节点可以按照自己的期望自行选择与之交换信息的节点进行通信。上述过程是让节点与节点直接通信，省略中心节点的存在，使网络达到去中心化。其中，任意两个节点间的通信过程可以基于心跳机制来实现，即监控方通过每个节点的心跳来感知该节点是否还存活。通过对网络状况、负载等因素进行综合考虑来确定节点心跳时间的临界值。

Gossip 协议具有分布式容错的优点，即使有的节点因宕机而重启，或者有新节点加入，但经过一段时间后，这些节点的状态也会与其他节点达成一致。虽然 Gossip 协议无法保证在某个时刻所有节点状态一致，但可以保证在最终时刻所有节点状态一致。这里的"最终时刻"是一个在现实中存在而理论上无法被证明的时间点。因此，Gossip 协议是一个最终一致性协议。关于 Gossip 协议的介绍详见第 9 章。Dynamo 和 Cassandra 这两种大数据库系统均采用了基于 Gossip 协议的故障检测技术。

Dynamo 是 Amazon 公司开发的一个分布式存储引擎，采用一致性散列方法将每份数据映射到散列环上的一个或多个节点上。Dynamo 利用 Gossip 协议使散列环上的每个节点可以和其他节点周期性地分享元数据，快速感知散列环上节点的变动（插入或删除），以检测节点是否发生故障。例如，假定 A 和 B 是 Dynamo 系统中散列环上的两个节点，A 要检测 B 是否处于故障状态。首先，A 通过 get( ) 和 put( ) 操作尝试联系 B。若 B 处于正常状态，则对 A 进行响应，A 收到响应后得知 B 是可用的。如果 B 不对 A 进行响应，则 A 可能会认为节点 B 失败，A 将使用 B 的备份节点继续服务，并定期检查节点 B 后来是否复苏。A 获悉 B 的状态后，基于 Gossip 协议将 B 的状态传播出去。同样，散列环上的其他节点也将其获悉的状态信息传播出去，最终使散列环上的每个节点都可以了解到其他节点是否处于故障状态。

Apache Cassandra 是一套开源分布式 key-value 存储系统。它最初由 Facebook 开发，用于存储特别大的数据。Cassandra 的集群内部基于 Gossip 协议进行位置发现和状态信息共享。每个节点通过启用 Gossip 进程来感知其他节点的心跳，从而判断其他节点是否还存活。不同节点之间定期交换状态信息，这些信息带有版本号，所以旧信息会被新的覆盖掉。集群中一个节点出现故障并不意味着它永久离开，因此 Cassandra 不会立即从环中自动永久删除该节点。其他节点的 Gossip 进程会周期性地尝试通信，看看它们是否恢复。Cassandra 没有采用一个固定的阈值作为宕机的标志，可以根据当前的网络、服务器负载等情况来调节失败探测的敏感度，从而适应相对不可靠的网络环境。

7.6.4　基于事务的大数据库容错技术

若大数据库系统支持事务，数据库恢复管理器主要依据日志文件对数据库事务进行恢复。该恢复过程主要是针对事务内部的故障和系统故障来进行。若事务处理涉及多个场地，除了上述故障类型外，还需要针对通信故障进行恢复。Megastore 和 Spanner 在故障恢复过程中均采用了基于事务的容错技术，具体如下。

在 Megastore 系统中，同一个实体组内部支持满足 ACID 特性的事务。Megastore 系统使用 Redo 日志的方式实现事务，将同一个实体组的 Redo 日志记录到该组的根实体中，对应 Bigtable 系统中的一行，从而保证 Redo 日志操作的原子性。Redo 日志被写完后，需要对其回放，即按照 Redo 日志将事务中的更新操作永久地作用到数据库中。如果在写完 Redo 日志后、回放 Redo 日志前系统发生了故障（如某些行所在的 Tablet 服务器宕机），则回放 Redo 日志失败，此时事务操作仍可成功地返回客户端。这是因为后续的读操作在读取数据时需要先回放 Redo 日志，这样仍能保证读取到最新的数据。因此，当 Redo 日志被写完后，即可认为事务操作成功。

Spanner 系统基于 2PC 协议来实现分布式事务，在事务执行过程中可能会发生参与者、协调者的场地故障以及二者间的通信故障，对于这些故障的恢复策略与传统的 2PC 协议恢复策略相同，此处不再赘述。协调者和参与者的故障可能会导致严重的可用性问题。例如，在协调者场地，协调者在写 C/A 记录之后，写 Complete 记录之前出错。假定协调者仅通知完一个参与者就宕机了，更糟糕的是，被通知的这位参与者在接收完"上级指示"之后也宕机了。由于出错时协调者未将 C/A 命令发送给所有的参与者，这些未接到命令的参与者将处于等待状态。按照前文介绍的 2PC 协议对故障的恢复策略，若协调者在参与者发现超时前被恢复，则给所有参与者重发其决定的命令。若协调者在参与者发现超时时仍未被恢复，则参与者启动终结协议：超时的参与者（记为 P_T）通过请求其他参与者来帮助它做出决定，具体来说，就是通过访问其他参与者的当前状态来推断协调者的决定，从而确定终结类型。终结协议要求所有参与者终结某事务的类型要完全一致（或者都提交，或者都废弃），以保证事务的原子性。而那个已接收到命令的参与者宕机了，若此时 P_T 能访问到的所有参与者均处于"准备就绪"状态，则 P_T 将无法做出决定而保持阻断。

为此，Spanner 将 Paxos 协议与 2PC 协议相结合，以提高系统的可用性。Spanner 利用 Paxos 协议将协调者和参与者生成的日志信息复制到所有副本中。这样，无论是协调者宕机还是参与者宕机，都会有其他副本代替它们来完成 2PC 过程而不至于阻塞。例如，6.8.5 节描述的范例中，X1、Y2、Z3 分别为各自 Paxos 组的 Leader，Y2 为协调者，X1 和 Z3 为两个参与者，如图 7-20 所示。

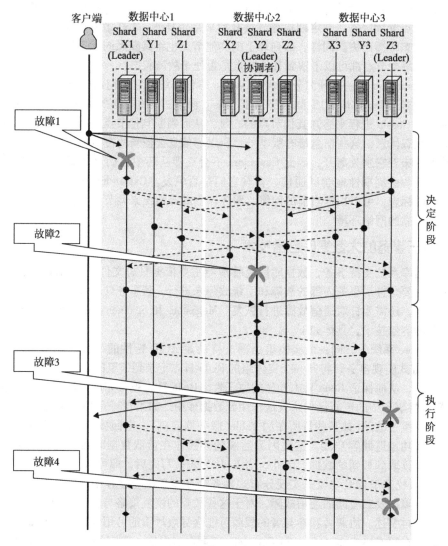

图 7-20　Spanner 系统中 2PC 协议的不同执行阶段发生的宕机故障

考虑如下四种故障类型：

- 客户端发送 P 命令后，参与者 X1 宕机了；
- 客户端发送 P 命令后，协调者 Y2 宕机了；
- 协调者 Y2 给参与者 X1 和 Z3 发送 C 命令后，参与者 Z3 在持久化 C 命令之前宕机了；
- 协调者 Y2 给参与者 X1 和 Z3 发送 C 命令后，参与者 Z3 在持久化 C 命令之后宕机了。

针对图 7-20 中不同阶段发生的宕机故障，Spanner 给出了一系列恢复策略。

（1）决定阶段

假设客户端发送 P 命令后，X1 宕机了。此时 Y2 等待超时，Y2 给 Z3 发送撤销命令。对于 X1 的恢复过程，分两种情况讨论：1）若 X1 在持久化 P 命令之前宕机了，则 X1 恢复后可自行回滚；2）若 X1 持久化 P 命令之后宕机了，X1 自身通过回放日志可得知事务未决，将主动联系协调者 Y2（如图 7-21a 所示）。

假设客户端发送 P 命令后，协调者 Y2 宕机了。此时将通过选主协议从 Y2 的副本 Y1 和 Y3 中选出一个新的协调者，由新的协调者替代 Y2 继续执行 2PC 协议，以保证系统的可用性（如图 7-21b 所示）。

（2）执行阶段

假设协调者 Y2 给参与者 X1 和 Z3 发送 C 命令后，X1 成功提交了，而 Z3 宕机了。分两种情况讨论：1）若 Z3 在持久化 C 命令之前宕机了，则 Y2 继续向 Z3 发送 C 命令；2）若 Z3 在持久化 C 命令之后宕机了，Z3 恢复后自己进行提交（如图 7-21c 所示）。

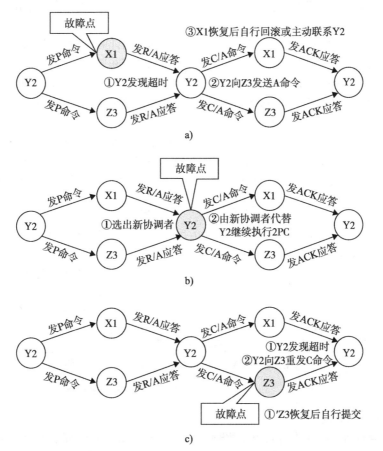

图 7-21 Spanner 系统的容错处理过程

7.6.5 基于冗余的大数据库容错技术

基于冗余的容错技术的基本思想是：在系统发生故障时，以不降低系统性能为前提，将原有的数据和服务迁移到其他正常工作的节点上，利用冗余资源完成故障恢复。基于冗余的容错技术是通过冗余的方式保障了系统的高可靠性和高可用性。

当大数据库系统发生故障时，一方面要利用冗余资源来替代故障节点继续提供服务，另一方面还要保证故障发生后这些冗余资源之间的一致性。在 6.8.4 节中介绍了一致性可分为强一致性和最终一致性。下面，将分别针对以强一致性为目标的容错处理方法和以最终一致性为目标的容错处理方法进行介绍。

1. 以强一致性为目标的容错处理方法

强一致性要求所有副本的状态要保持一致，因此以强一致性为目标的容错处理方法除了要选择冗余资源来接替故障节点继续工作外，还要保证当故障节点恢复后和其他冗余资源的状态完全一致。在大数据库系统中，Bigtable、MongoDB 等系统均采用了以强一致性为目标的容错处理方法。下面，以 Bigtable 为例进行具体介绍。

Bigtable 是基于 Chubby 进行容错处理的，Chubby 是一个高可用的、序列化的分布式锁服务组件。一个 Chubby 服务包括多个活动的副本，在任何给定的时间内最多只有一个副本被选为 Master，由其为 Tablet 服务器分配子表（Tablet）并检测 Tablet 服务器是否失效。当启动一个 Tablet 服务器时，系统会在特定的 Chubby 目录下对一个唯一标识的文件获得排他锁，Master 会通过该目录检测 Tablet 服务器状态。Bigtable 中的故障可分为 Tablet 服务器故障和 Master 故障。

（1）Tablet 服务器故障的恢复

Tablet 服务器宕机或与 Chubby 间出现通信故障均属于 Tablet 服务器故障。如图 7-22 所示，当 Tablet 服务器出现故障时，系统的容错处理过程包括如下步骤：

步骤 1：发生故障的 Tablet 服务器重新启动后，尝试重新获取 Chubby 目录中唯一标识文件的排他锁。若该文件还存在，则 Tablet 服务器继续提供服务；否则，Tablet 服务器将不会提供服务，自行终止进程，并尝试释放锁。

步骤 2：Master 通过周期性询问每个 Tablet 服务器所持有的排他锁状态来检测 Tablet 服务器是否发生故障。若检测出 Tablet 服务器发生故障，则 Master 将删除该 Tablet 服务器在 Chubby 目录下唯一标识的文件，并将其上的 Tablet 重新分配到其他 Tablet 服务器上继续进行处理。

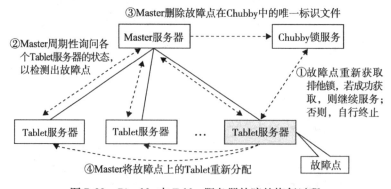

图 7-22 Bigtable 中 Tablet 服务器故障的恢复过程

（2）Master 故障的恢复

Master 故障包括 Master 本身发生的故障以及 Master 与 Chubby 之间所发生的通信故障（例如会话失效）等。如图 7-23 所示，当 Master 发生故障时，系统的容错处理过程包括如下步骤：

步骤 1：在 Master 租约过期后，Master 的其他副本运行选举协议，选举出一个新的 Master。

步骤 2：新的 Master 在 Chubby 中获取一个唯一的 Master Lock，防止出现并发的 Master 实例，确保当前只有一个 Master。

步骤 3：Master 扫描 Chubby 目录，获取现有的 Tablet 服务器信息。

步骤 4：Master 与现有的每个 Tablet 服务器进行通信，以确定哪些已被分配了 Tablet。

步骤 5：Maste 获取 Tablet 信息，若发现某个 Tablet 尚未被分配，则把该 Tablet 信息添加到"未分配"的 Tablet 集合中，保证这些未被分配的 Tablet 有被分配的机会。

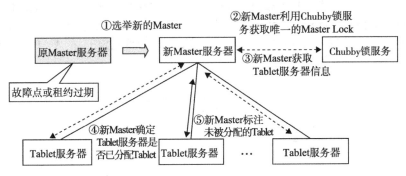

图 7-23　Bigtable 中 Master 故障的恢复过程

从上述过程可以看出，Bigtable 通过 Chubby 的互斥锁机制可以保证副本的强一致性。首先，某个时刻某个 Tablet 只能为一台 Tablet 服务器服务，当 Tablet 服务器出现故障时，Master 要等到 Tablet 服务器的互斥锁失效才能把出现故障的 Tablet 服务器上的 Tablet 分配到其他 Tablet 服务器上。另外，在任何给定的时间内最多只有一个副本被选为 Master，Master 在 Chubby 中获取一个唯一的 Master Lock，不会同时出现多个并发的 Master 实例，保证了数据的强一致性。

2. 以最终一致性为目标的容错处理方法

最终一致性允许某时间片段内副本间的数据不一致，在该时间片段（不一致窗口）之后可以保证数据的一致性。以最终一致性为目标的容错处理方法通过牺牲部分一致性，采用多副本冗余的方式来保证系统的高可用性。在大数据库系统中，Dynamo、Cassandra 以及 HBase 等均采用了以最终一致性为目标的容错处理方法。下面将以 Dynamo 和 Cassandra 为例进行具体介绍。

在 Dynamo 中，采用多副本冗余的方式将一份数据分别写到编号为 K，$K+1$，$\cdots$，$K+N-1$ 的 N 台机器上。Dynamo 的容错机制主要包括数据回传和数据同步两个阶段。

（1）数据回传

若编号为 $K+i(0 \leqslant i \leqslant N-1)$ 的机器宕机或无法连接，原本写入该机器的数据将转移到编号为 $K+N$ 的机器上。若在给定的时间 T 内机器 $K+i$ 恢复，并且机器 $K+N$ 通过 Gossip 机制感知到机器 $K+i$ 恢复，则机器 $K+N$ 将数据回传到机器 $K+i$ 上。

（2）数据同步

若超过时间 T，机器 $K+N$ 仍未感知到机器 $K+i$ 恢复，则机器 $K+N$ 认为机器 $K+i$ 发生了永久性异常，机器 $K+N$ 将通过 Merkle 树机制从其他副本 $(K，\cdots，K+i-1，K+i+1，\cdots，K+N-1)$ 进行数据同步。同一数据的不同副本在进行数据同步时分别对数据集生成一个 Merkle 树。Merkle 树又称散列树，可以是二叉树，也可以是多叉树。Dynamo 通过比较不同副本的 Merkle 树来确定副本之间是否一致，并可以在 $\log(N)$ 时间内快速定位是哪部分发生了变化。

例如，假设有 A 和 B 两台机器，分别存储了 8 个文件（f1 ~ f8）的副本。为了确定 A 和 B 上所保留的副本是否一致，在文件创建时每个机器都将构建一棵 Merkle 树（如图 7-24 所示）。其中，叶子节点保存的是数据集合的单元数据或者单元数据散列值（如叶子节点 node7 的值为文件 f1 的哈希值）；非叶子节点保存的是子节点值的散列值（如非叶子节点 node3 的值是根据 node7 和 node8 的值进行计算而得到的一个散列值）。Merkle 树表示了一个层级运算关系，根节点的值是所有叶子节点的值的唯一特征。首先比较 A、B 上 Merkle 树中最顶层的节点，如果相等，则认为副本一致。否则，再分别比较左右子树。假设文件 f3 在 A、B 两台机器上存在不一致性，其检索过程如下：首先检索根节点 node0，如果发现两棵树在该节点上的值不一致，则继续检索 node0 的孩子节点 node1 和 node2；由于 node1 不同，则继续检索 node3 和 node4；以此类推，最终可定位到叶子节点 node9，获取其目录信息，即可判定 f3 在 A、B 两台机器上是不一致的。

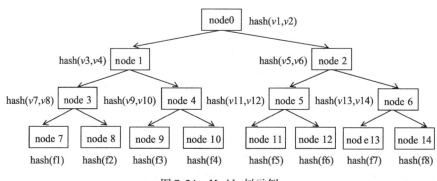

图 7-24　Merkle 树示例

下面通过具体例子来介绍 Dynamo 的容错过程。假定在 Dynamo 系统中将 N 设置为 3。如图 7-25 所示，如果在对 A 节点进行写操作的过程中，A 节点暂时宕机或无法连接，系统的容错处理过程包括如下步骤：

步骤 1：系统通过 Gossip 机制感知到 A 发生了故障，将 A 节点上存储的数据副本转移到 D 节点上，同时将 A 节点的元信息也发给 D。A 节点的元信息将作为"建议信息"保存到 D 上一个单独的数据库中。

步骤 2：D 节点接收到发来的数据副本后，将代替 A 节点执行对该数据副本的操作。

步骤 3：D 节点在本地定期扫描"建议信息"，以判断 A 节点是否已经恢复。若发现 A 节点已经恢复，则将"代管"的数据副本尝试回传给 A，由 A 继续完成数据操作。若回传成功，则 D 节点将"代管"的数据副本从本地删除。若超过时间 T，A 仍未恢复，则 D 节点将启动 Merkle 树比较机制，同 B、C 节点上存储的数据副本进行数据同步。

从上述容错过程可知，Dynamo 可以保证读和写操作不会因为节点的临时故障或网络故障而停滞，提高了系统的可用性。在对数据副本进行同步之前，各副本之间是允许存在不一致性的，因此这期间在不同副本上读或

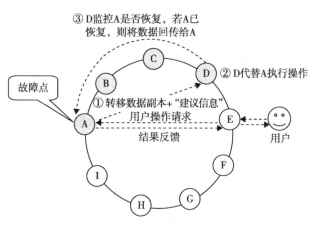

图 7-25　Dynamo 系统的容错处理过程

写的数据可能是不一致的。Dynamo 基于 NWR 协议来指定数据的一致性(详见第 9 章),*N* 表示数据所具有的副本数,*R* 和 *W* 分别表示完成读操作或写操作所需要读取或写入的最小副本数。Dynamo 通过设置这三个数值来灵活地调整系统的可用性与一致性。如果 $W+R>N$,可保证当不超过一台机器发生故障的时候,至少能读到一份有效的数据。Dynamo 推荐使用 322(*N*、*R*、*W* 的取值分别是 3、2、2)的组合。

与 Dynamo 类似,Cassandra 也是在多个节点中存放数据副本以保证可靠性和容错性。对于写操作,一旦检测到要写入的某一节点发生故障(宕机或无法连接),将会由其他节点替代故障节点继续执行任务。在 Cassandra 中将该过程称为提示移交。这里沿用图 7-25 中的例子,按照规则首先要将某数据写入 A 节点,然后复制到 B 和 C 节点。如果在 A 节点执行数据的写操作时,A 节点发生故障,系统将启动提示移交过程,具体如下:

步骤 1:当系统检测到无法将数据写入 A 节点时,将会把数据写到其他的节点(例如 D 节点),之后向用户返回写入成功。首先该数据对应的 Row Mutation 将封装一个带"建议信息"的头部(包含了目标为 A 节点的信息),然后将要写入的数据及封装后的信息一起传给 D 节点,并将该数据标识为不可读状态。同时,分别复制一份数据到 B 和 C 节点,此副本可以提供读。

步骤 2:D 节点接收到发来的数据副本后,将代替 A 节点执行对该数据副本的操作。

步骤 3:D 节点在本地定期扫描"建议信息",若发现 A 节点已经恢复,则将原本应该写入 A 节点的带"建议头"的信息重新写回到 A。

从 Cassandra 的提示移交过程可知,对于写操作,系统永远可用,保证了系统的可用性。当用户的一致性级别定为 ANY 时,即意味着只要有一个提示被记录下来,写操作也就可以认为是成功了。此时数据的各个副本可能处于不一致状态,为了保证最终一致性,每个节点要定期执行节点维护(NodeRepair)。与 Dynamo 类似,Cassandra 也是通过对比 Merkle 树来对多个节点上的副本数据进行一致性检查的。在故障节点恢复之后,也要执行 NodeRepair,以确保数据的一致性。

7.7　本章小结

数据库恢复机制必须具有把数据库系统从故障状态恢复到一个已知的正确状态的能力。数据库系统在恢复正确后可继续运行,不会因系统故障而造成数据库损坏或数据丢失。数据库系统中的故障可归纳为两大类:软故障和硬故障。在集中式数据库系统中,经常采用登记日志文件和数据库转储等技术来对这些故障进行恢复。而在分布式数据库系统中,除了可能出现集中式数据库系统中的故障外,还可能出现分布式数据库系统特有的故障,如通信故障等。分布式数据库系统中普遍采用的两段提交协议和三段提交协议能够有效地处理场地故障和通信故障,具有一定的恢复能力。为了保证各种应用正确可靠地运行,除了要采取相应的恢复措施外,还要考虑数据库系统的可靠性,尽量将崩溃后的数据库的不可用时间降到最低,并保证事务的原子性和耐久性。对于大数据库系统来说,支持有效的恢复管理机制显得至关重要,需要解决自适应故障检测与数据一致性保证等一系列新问题,以此来确保大规模计算环境的可用性。

习题

1. 设有关系:学生基本信息 *S*(Sno(学号),Sname(姓名),Sage(年龄),Major(专业))和学生选课信息 *SC*(Sno,Cno(课号),Grade(成绩))。关系 *S* 在 S1 场地,关系 *SC* 在 S2 场地。若一名大二学生需要转专业(如从冶金专业转为计算机专业),同时需要修改学号(如将

985008 改为 983009）。要求：（1）简写全局事务中需要完成的操作。（2）将全局事务分解为子事务。（3）若采用集中的两段提交协议，用图示表示事务提交过程。（4）在提交过程中若 P 报文丢失，该如何恢复？

2. 下面是当一个数据库系统出现故障时日志文件中的信息：

D_0^2	D_1^3	B_2	B_3	D_2^1	C_1	A_3	K	B_4	D_2^2	B_5	B_6	D_5^1	D_6^1	A_5	D_6^2	C_2	D_4^1	C_6	A_0

根据上述日志信息，完成下面的处理：

(1)画出对应的事务并发执行图。

(2)说明检查点的作用和检查点时刻数据库需要完成的主要操作。

(3)确定反做(undo)事务集和重做(redo)事务集(写出详细过程)。

(4)叙述反做和重做的作用。

3. 在两段提交协议的执行过程中，如出现下列故障该如何进行恢复？

(1)参与者在写 R/A 记录之前出错。

(2)协调者在写 C/A 记录之后、写 Complete 记录之前出错。

(3)丢失 P 报文。

4. 假设调度器采用集中式两段封锁并发控制，LRM 采用非固定/非刷新协议，试写出本地恢复管理器的详细算法和调度器的调度算法。

5. 画出分布式 2PC 通信协议结构，并设计一个因场地故障而中止的 2PC 分布式通信协议。

6. 什么是数据库系统的"可靠性"和"可用性"？请举例说明二者的不同之处。

7. 为什么说两段提交协议的终结协议是有阻断的协议，而三段提交协议的终结协议是非阻断的协议？

8. 如何应用基于法定人数的 3PC 协议来处理网络分割故障？

9. 试论述基于心跳机制的故障检测技术的弊端。

10. 简述以强一致性为目标的容错处理方法和以最终一致性为目标的容错处理方法的不同之处。

主要参考文献

[1] 萨师煊，王珊编. 数据库系统概论[M]. 4 版. 北京：高教出版社，2006.5.

[2] Silberschatz A, Korth H F, Sudarshan S. 数据库系统概念[M]. 杨冬青，唐世渭，等译. 北京：机械工业出版社，2000.

[3] M Tamer Ozsu, Patrick Valduriez. Principles of Distributed Database System (Second Edition) [M]. 影印版. 北京：清华大学出版社，2002.

[4] 邵佩英. 分布式数据库系统及其应用[M]. 北京：科学出版社，2005.

[5] 郑振楣，于戈，郭敏. 分布式数据库[M]. 北京：科学出版社，1998.

[6] 陆嘉恒. 大数据挑战与 NoSQL 数据库技术[M]. 北京：电子工业出版社，2013.

[7] 张俊林. 大数据日知录：架构与算法[M]. 北京：电子工业出版社，2014.

[8] 杨传辉. 大规模分布式存储系统：原理解析与架构实战[M]. 北京：机械工业出版社，2013.

[9] 孔超，钱卫宁，周傲英. NoSQL 系统的容错机制：原理与系统示例[J]. 华东师范大学学报(自然科学版)，2014(5)：1-16.

[10] Agrawal D, Abbadi A E, Mahmoud H A, Nawab F, Salem K. Managing Geo-replicated Data in Multi-datacenters. Proc. of DNIS [C]. 2013：23-43.

[11] Alkhatib G. Transaction Management in Distributed Database Systems: the Case of Oracle's Two-Phase Com-

mit [J]. Journal of Information Systems Education, 2003, 13(2): 95 – 104.

[12] Baker J, Bond C, Corbett J C, Furman J, Khorlin A, Larson J, Leon J M, Li Y, Lloyd A, Yushprakh V. Megastore: Providing Scalable, Highly Available Storage for Interactive Services. Proc. of CIDR [C]. 2011: 223 – 234.

[13] Bernstein P A, Hadzilacos V, Goodman N. Concurrency Control and Recovery in Database Systems. Reading [M]. Mass. : Addison-Wesley, 1987.

[14] Chang F, Dean J, Ghemawat S, Hsieh W C, Wallach D A, Burrows M, Chandra T, Fikes A, Gruber R E. Bigtable: a Distributed Storage System for Structured Data. Proc. of 7th USENIX Symp. Operating Systems Design and Implementation [C]. 2006: 15 – 28.

[15] Corbett J, Dean J, Epstein M, Fikes A, Frost C, Furman J, Ghemawat S, Gubarev A, Heiser C, Hochschild P. Spanner: Google's Globally-distributed Database. Proc. of OSDI [C]. 2012: 251 – 264.

[16] DeCandia G, Hastorun D, Jampani M, Kakulapati G, Lakshman A, Pilchin A, Sivasubramanian S, Vosshall P, Vogels W. Dynamo: Amazon's Highly Available Key-value Store. Proc. of the 21st ACM Symp. Operating Systems Principles [C]. 2007: 205 – 220.

[17] George L. HBase: The Definitive Guide [M]. New York: O'Reilly Media, 2011.

[18] Gray J N. Notes on Data Base Operating Systems. Operating Systems: An Advanced Course [M]. New York: Springer-Verlag, 1979: 393 – 481.

[19] Ghemawat S, Gobioff H, Leung S T. The Google File System. Proc. of SOSP [C]. 2003: 29 – 43.

[20] Harder T, Reuter A. Principles of Transaction-Oriented Database Recovery [J]. ACM Comput. Surv. , 1983, 15(4): 287 – 317.

[21] Lakshman A, Malik P. Cassandra: A Structured Storage System on a P2P Network. Proc. of the 21st Annual Symposium on Parallelism in Algorithms and Architectures [C]. 2009: 47 – 47.

[22] Mahmoud H, Nawab F, Pucher A, Agrawal D, Abbadi A E. Low-Latency Multi-Datacenter Databases Using Replicated Commit. Proc. of VLDB Endow[C]. 2013, 6(9): 661 – 672.

[23] Mohan C, Lindsay B. Efficient Commit Protocols for the Tree of Processes Model of Distributed Transactions. Proc. of SIGACT-SIGMOD [C]. 1983: 76 – 88.

[24] Mohan C, Lindsay B, Obermarck R. Transaction Management in the R* Distributed Database Management System [J]. ACM Transactions on Database System, 1986, 11(4): 378 – 396.

[25] Renesse R V, Dumitriu D, Gough V, Thomas C. Efficient Reconciliation and Flow Control for Anti-Entropy Protocols. Proc. of LADIS [C]. 2008.

[26] Skeen D. A Quorum-Based Commit Protocol. Proc. of 6th Berkeley Workshop on Distributed Data Management and Computer Networks [C]. 1982: 69 – 80.

[27] Thomas R H. A Majority Consensus Approach to Concurrency Control for Multiple Copy Databases [J]. ACM Transactions on Database System, 1979, 4(2): 180 – 209.

第 8 章

分布式并发控制

并发控制是事务管理的基本任务之一，它的主要目的是保证分布式数据库中数据的一致性。当分布式事务并发执行时，并发控制既要实现分布式事务的可串行性，又要保持事务具有良好的并发度，以保证系统具有良好的性能。较为广泛应用的并发控制方法是以锁为基础的并发控制算法，尤其是两段封锁协议(2PL)。本章将介绍并发控制所涉及的概念和理论基础，着重介绍两段封锁协议、分布式数据库的并发控制方法和分布式死锁管理，并介绍并发控制算法在用于大数据时进行的相应扩展。

8.1 分布式并发控制的基本概念

我们知道，为保证多个事务执行后数据库中数据的一致性，最简单的方法是一个接一个地独立执行每一个事务。然而，这只是理论上的一种选择，并不能应用于实际系统，因为绝对串行执行事务会限制系统吞吐量，严重影响系统性能。事务的并发处理是提高系统性能的根本途径。

8.1.1 并发控制问题

多个事务并发执行，就有可能产生操作冲突，如出现丢失修改或重复读错误或读取了脏数据等，造成数据库中数据的不一致。下面以一个例子来说明多个事务并发执行产生的冲突问题。

例 8.1 有两个并发执行的事务 T_1 和 T_2，其中 x 是数据库中的一个属性，当前 $x=100$，T_1 和 T_2 操作序列如图 8-1 所示。

图 8-1 操作序列示例

图 8-1 中事务 T_1、T_2 的操作序列可表示如下：
- T_1：$R_1(x)$，$O_1(x)$，$W_1(x)$
- T_2：$R_2(x)$，$O_2(x)$，$W_2(x)$

其中：$R(x)$ 表示读 x；$W(x)$ 表示写 x；$O_1(x)$ 表示执行 $x=x-10$；$O_2(x)$ 表示执行 $x=x-20$。

若串行执行($T_1 \rightarrow T_2$)，则操作序列为：

$R_1(x)$，$O_1(x)$，$W_1(x)$，$R_2(x)$，$O_2(x)$，$W_2(x)$

执行结果 $x=70$。

1. 丢失修改错误

例 8.2 若例 8.1 中的事务 T_1 和 T_2 并发地执行(如图 8-2 所示)，执行结果为 T_1：$x=90$，T_2：$x=80$，最终结果为 $x=80$。T_2 的执行结果破坏了 T_1 的执行结果，该种现象称为丢失修改错误，如图 8-2 所示。

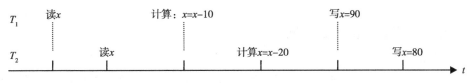

图 8-2 丢失修改错误示例

2. 不能重复读错误

例 8.3 有两个并发执行的事务 T_1 和 T_2，其中 x 是数据库中的一个属性，T_1 和 T_2 操作序列如图 8-3 所示。

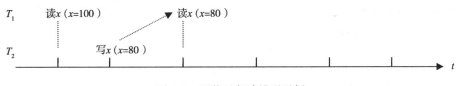

图 8-3 不能重复读错误示例

从例 8.3 的 T_1 和 T_2 操作序列可了解不能重复读错误现象：当多个事务并行执行时，一个事务（如 T_1）重复读一个数据项（x）时，得到不同的值，该种现象称为不能重复读错误，即一个事务的执行受到了其他事务的干扰。如图 8-3 所示，T_1 两次读到的 x 值分别是 100 和 80，即出现了不能重复读现象。

3. 读脏数据错误

例 8.4 有两个并发执行的事务 T_1 和 T_2，其中 x 是数据库中的一个属性，T_1 和 T_2 操作序列如图 8-4 所示。

图 8-4 读脏数据错误示例

从例 8.4 的 T_1 和 T_2 操作序列中，可看到如下现象：事务 T_2 读取了 T_1 废弃的数据 x，即无效的数据，该种现象称为读脏数据。应尽量避免读脏数据，因为当事务 T_1 废弃时，为了避免错误，读了脏数据的事务 T_2 也必须废弃，即产生了所谓的级联废弃。

8.1.2 并发控制定义

从上述例子可以看出，不加控制地并发执行事务可能导致数据库中的数据错误，因而事务管理器的基本任务之一就是对事务进行并发控制。并发控制就是利用正确的方式调度事务中所涉及的并发操作序列，避免造成数据的不一致性，防止一个事务的执行受到其他事务的干扰，保证事务并发执行的可串行性。

与集中式数据库不同，分布式数据库中的数据分配于不同的场地上，也可能在多个场地上存在副本，因此，需要合理的事务并发控制算法，使事务正确地访问和更新数据，确保分布式环境中的各场地上的有关数据库中数据的一致性。

8.2　并发控制理论基础

8.2.1　事务执行过程的形式化描述

并发控制的主要目的是保证分布式数据库中数据的一致性。并发控制既要实现分布式事务的可串行性，又要保持事务具有良好的并发度。无论是集中式数据库，还是分布式数据库，都要求并发执行的事务的执行结果具有严格的一致性。因此，通常以串行化理论为基础，并以它为模型来检验并发控制方法的正确性。依据串行化理论，在数据库上运行的一个事务的所有操作，按其性质分为读和写两类。通常，一个事务 T_i 对数据项 x 的读操作和写操作记为 $R_i(x)$ 和 $W_i(x)$。一个事务 T_i 所读取数据项的集合，称为 T_i 的读集，所写的数据项的集合，称为写集，分别记为 $R(T_i)$ 和 $W(T_i)$。

例 8.5　设有事务 T_1，完成的操作为 T_1：$x = x + 1$；$y = y + 1$，其中 x、y 为数据库中的两个数据项，则 T_1 的操作可表示为：$R_1(x)W_1(x)R_1(y)W_1(y)$。

$$R(T_1) = \{x, \ y\}$$
$$W(T_1) = \{x, \ y\}$$

在一个数据库上，各个事务所执行的操作组成的序列，称为事务的历程，记为 H，有时也称为调度，它记录了各事务的操作顺序。对于一个历程上的任何两个事务 T_i 和 T_j，如果 T_i 的最后一个操作在 T_j 的第一个操作之前完成，或反之，则称该历程为串行执行的历程，简称为串行历程，否则称为并发历程。系统通常希望事务历程中的各个事务是并发的，但同时它们的执行结果又等价于一个串行的事务历程，即事务历程是可串行化的。

例 8.6　有事务 T_1 和 T_2，T_1 和 T_2 完成的操作为：

- T_1：$R_1(x)R_1(y)W_1(x)W_1(y)$
- T_2：$R_2(x)W_2(y)$

设有历程 H_1 和 H_2，分别为：

- H_1：$R_1(x)R_1(y)W_1(x)W_1(y)R_2(x)W_2(y)$
- H_2：$R_1(x)R_2(x)R_1(y)W_1(x)W_1(y)W_2(y)$

历程 H_1 和 H_2 也可用图 8-5 等价表示。

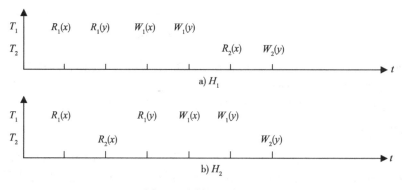

图 8-5　历程 H_1 和 H_2

可见，在历程 H_1 中，事务 T_1 的所有操作都是在事务 T_2 的操作之前完成的，因此该历程是串行历程。而历程 H_2 不满足串行历程的定义，因此该历程是并发历程。

8.2.2　集中式数据库的可串行化问题

无论在集中式数据库系统中，还是在分布式数据库系统中，事务的并发调度都要解决并发执行事务对数据库的冲突操作，使冲突操作能串行地执行，非冲突操作可并发执行。在分布式数据库系统中，事务是由分解为各个场地上的子事务的执行实现的，因此，分布式事务之间的冲突操作转化为同一场地上的子事务之间的冲突操作，分布式事务的可串行性调度转化为子事务的可串行性调度。下面先介绍可串行化涉及的概念，然后介绍集中式数据库的可串行化问题。

(1) 可串行化定义

定义 8.1 在集中式数据库系统中的一个历程 H，如果等价于一个串行历程，则称历程 H 是可串行化的。由可串行化历程 H 所决定的事务执行顺序，记为 $SR(H)$。

(2) 事务的执行顺序

事务的并发调度就是要解决并发执行事务对数据库的冲突操作。

定义 8.2 分别属于两个事务的两个操作 O_i 和 O_j，如果它们操作同一个数据项，且至少其中一个操作为写操作，则 O_i 和 O_j 这两个操作是冲突的，如 $R_1(x)W_2(x)$ 和 $W_1(x)W_2(x)$ 均为冲突操作。若在一个串行历程中，用符号 "<" 表示先于关系，对分别属于 T_i 和 T_j 的两个冲突操作 O_i 和 O_j，若存在 $O_i < O_j$，则 $T_i < T_j$。

(3) 历程等价的判别方法

若一个并行执行的历程 H 是可串行化的，则一定存在一个等价的串行历程。下面给出判断两个历程等价的定理和引理。

定理 8.1 任意两个历程 H_1 和 H_2 等价的充要条件为：

1) 在 H_1 和 H_2 中，每个读操作读出的数据是由相同的写操作完成的。

2) 在 H_1 和 H_2 中，每个数据项上最后的写操作是相同的。

引理 8.1 对于两个历程 H_1 和 H_2，如果每一对冲突操作 O_i 和 O_j 在 H_1 中有 $O_i < O_j$，在 H_2 中也有 $O_i < O_j$，则 H_1 和 H_2 是等价的。

例 8.7 设有三个历程 H_1、H_2 和 H_3，分别为：

- H_1：$R_1(x)R_1(y)W_1(x)W_1(y)R_2(x)W_2(x)$
- H_2：$R_1(x)R_1(y)W_1(x)R_2(x)W_1(y)W_2(x)$
- H_3：$R_1(x)R_1(y)R_2(x)W_1(x)W_1(y)W_2(x)$

要求判断历程 H_2 和 H_3 是否为可串行化的历程。

从上面的历程 H_1 中可看出，事务 T_1 的所有操作都是在事务 T_2 的操作之前完成的，因此可判断历程 H_1 是串行历程。

下面根据两个历程的等价引理判断 H_2 和 H_3 是否与历程 H_1 等价，若等价，则该历程是可串行化的历程。判别如下：

1) 首先找出历程 H_1、H_2 和 H_3 的冲突操作。

2) 分别找出历程 H_2 和 H_3 中与历程 H_1 等价的冲突操作，用 "↔" 表示。

则结果如下所示：

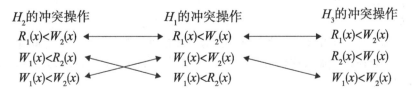

可知，历程 H_2 与历程 H_1 等价，因此历程 H_2 是可串行化的历程；历程 H_3 与历程 H_1 不等价，因此历程 H_3 不是可串行化的历程。

8.2.3　分布式事务的可串行化问题

定义 8.3　在分布式事务执行过程中，每个场地 S_i 上的子事务的执行序列称为局部历程，用 $H(S_i)$ 表示。

在分布式数据库系统中，需要将分布式事务的可串行化历程转化为以场地为基础的子事务的可串行化历程。通常用下面的定理或引理判断分布式事务是否是可串行化的。

定理 8.2　对于 n 个分布式事务 T_1，T_2，$\cdots$，T_n 在 m 个场地 S_1，S_2，$\cdots$，S_m 上的并发执行序列，记为 E。如果 E 是可串行化的，则必须满足以下条件：

1）每个场地 S_i 上的局部历程 $H(S_i)$ 是可串行化的。

2）存在 E 的一个总序，使得在总序中，如果有 $T_i < T_j$，则在各局部历程中必须有 $T_i < T_j$。

引理 8.2　设 T_1，T_2，$\cdots$，T_n 是 n 个分布式事务，E 是这组事务在 m 个场地上的并发执行序列，$H(S_1)$，$H(S_2)$，$\cdots$，$H(S_m)$ 是在这些场地上事务的局部历程，如果 E 是可串行化的，则必须存在一个总序，使得 T_i 和 T_j 中的任意两个冲突操作 O_i 和 O_j，如果在 $H(S_1)$，$H(S_2)$，$\cdots$，$H(S_m)$ 中有 $O_i < O_j$，当且仅当在总序中也有 $T_i < T_j$。

8.3　基于锁的并发控制方法

锁的基本思想是：事务在对某一数据项操作之前，必须先申请对该数据项加锁，申请成功后才可以对该数据项进行操作。如果该数据项已被其他事务加锁，则出现操作冲突，该事务必须等待，直到该数据项被解锁为止。

8.3.1　锁的类型和相容性

锁一般分两种类型：排他（exclusive）锁和共享（shared）锁。排他锁常称为 X 锁或写锁；共享锁称为 S 锁或读锁。排他锁指当事务 T 对数据 A 施加排他锁之后，只允许事务 T 自己读写 A，其他事务都不可读写 A。共享锁指当事务 T 对数据 A 施加共享锁之后，其他事务也可申请共享锁，但只能读取 A，即共享锁允许多个事务同时读取同一数据项 A。写锁和读锁的相容性如表 8-1 所示。

表 8-1　锁的相容性

	读　锁	写　锁
读　锁	共享	排他
写　锁	排他	排他

由表 8-1 可见，在占有数据项 X 上的共享锁的事务 T 被允许访问 X 的同时，其他事务也被允许访问 X。因此，在对 X 拥有共享锁的事务后来又需要对 X 进行修改，那么就需要将锁更改为排他锁，这一过程称为锁的"升级"。但是，读锁是不能直接升级为写锁的，而要通过对数据项先加更新锁。所谓更新锁是指只给予事务 T 读 X 而不是写 X 的权限。只有更新锁能在以后升级为写锁，读锁是不能升级的，当 X 上已经有了读锁时，就可以被授予更新锁。一旦 X 上有了更新锁，就禁止在 X 上加其他任何类型（共享、更新、排他）的锁，因为这样才能保证更新锁可以升级为排他锁。

8.3.2　封锁规则

在基于锁的并发控制协议中，事务在执行过程中需对其访问的数据项进行加锁，访问结束要及时释放其对数据项加的锁，以便数据供其他事务访问，保证多个事务正确地并发执行。具体封锁规则为：

1）事务 T 在对数据项 A 进行读/写操作之前，必须对数据项 A 施加读/写锁，访问后立即释放已申请的锁。

2）如果事务 T 申请不到希望的锁，事务 T 需等待，直到申请到所需要的锁之后，方可继续执行。

8.3.3 锁的粒度

封锁数据对象的单位称为锁的粒度，指被封锁的数据对象的大小。锁的粒度也称为锁的大小。系统根据自己的实际情况确定锁的粒度，锁的粒度可以是关系的属性（或字段）、关系的元组（或记录）、关系（也称文件）或整个数据库等。锁粒度的大小对系统的并发度和开销有一定影响，锁粒度越大，系统的开销越小，但降低了系统的并发度。针对并发控制，系统的并发度与锁粒度成反比，如表8-2所示。

表8-2 锁的粒度和系统开销及并发度的关系

粒 度	开 销	并 发 度
小	大	高
大	小	低

8.4 两段封锁协议

两段封锁协议（2PL）是数据库系统中解决并发控制的重要方法之一。遵循两段封锁协议规则的系统可保证事务的可串行化调度。两段封锁协议的实现思想是将事务中的加锁操作和解锁操作分两阶段完成，并要求并发执行的多个事务在对数据进行操作之前要进行加锁，且每个事务中的所有加锁操作要在解锁操作以前完成。通常两段封锁协议分为基本的两段封锁协议和严格的两段封锁协议。在两段封锁协议实现中，系统的加锁方式分为两种，一种为显式锁方式，另一种为隐式锁方式。显式锁方式由用户加封锁命令实现；隐式锁方式由系统自动加锁实现。

8.4.1 基本的两段封锁协议

基本的两段封锁协议的内容分为两个阶段，加锁阶段和解锁阶段。具体规则描述如下：

1）加锁阶段：

* 事务在读写一个数据项之前，必须对其加锁。
* 如果该数据项被其他使用者已加上不相容的锁，则必须等待。

2）解锁阶段：事务在释放锁之后，不允许再申请其他锁。

在事务执行过程中，两段封锁协议（2PL）的加锁、解锁过程如图8-6所示。

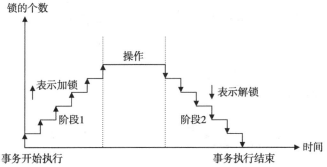

图8-6 两段封锁协议（2PL）的加锁、解锁示意图

前面介绍了事务并发执行中可能出现丢失修改错误、不能重复读错误和读取脏数据错误。若采用基本的两段封锁协议进行并发控制，则不会出现上述错误。具体描述示意图如图 8-7 ~ 图 8-9 所示。

1. 丢失修改错误

例 8.2 中描述了事务 T_1 和 T_2 并行执行时产生了丢失修改错误。采用两段封锁协议进行并发控制的过程如图 8-7 所示。

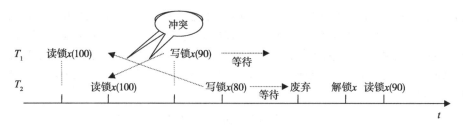

图 8-7　采用两段封锁协议防止丢失修改错误

从图 8-7 可见，当事务 T_1、T_2 进行写操作时，读锁要"升级"为写锁，此时，T_1、T_2 均不能成功，必须等待，直到另一事务释放对数据项 x 的封锁为止，如 T_2 废弃，释放读锁，则 T_1 得到写锁，完成写操作。事务 T_2 重启动后，读取 x（事务 T_1 执行的结果），直至完成操作。因此，不会出现丢失修改错误。

2. 不能重复读错误

例 8.3 中描述了事务 T_1 和 T_2 并行执行时产生了重复读错误。采用两段封锁协议进行并发控制的过程如图 8-8 所示。

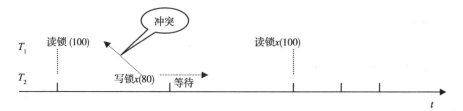

图 8-8　采用两段封锁协议防止不能重复读错误

从图 8-8 可见，当事务 T_2 申请写锁时，不能申请成功，必须等待，当事务 T_1 再次读数据项 x 时，读取的 x 值与第一次读到的值相同，不会出现不能重复读错误。

3. 读脏数据错误

例 8.4 中描述了事务 T_1 和 T_2 并行执行时产生了读脏数据错误。采用两段封锁协议进行并发控制的过程如图 8-9 所示。

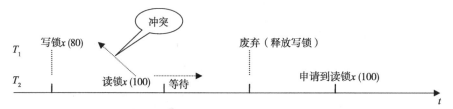

图 8-9　采用两段封锁协议防止读脏数据错误

从图8-9可见，事务 T_1 申请写锁后，写 $x=80$。此时事务 T_2 申请读锁失败，必须等待。当事务 T_1 产生故障中断时，废弃事务 T_1 的执行，即执行反做(undo)，使 x 恢复为原值(100)，并释放对 x 加的写锁。此时事务 T_2 申请到读锁，读取 x 值，x 值为原值(100)，而不是事务 T_1 的脏数据(80)。

8.4.2 严格的两段封锁协议

严格的两段封锁协议与基本的两段封锁协议内容基本上是一致的，只是解锁时刻不同。严格的两段封锁协议(2PL)是在事务结束时才启动解锁，保证了事务所更新数据的永久性。采用严格的两段封锁协议(2PL)的事务执行过程为：begin_transaction→加锁→操作→提交/废弃(commit/abort)→解锁。提交/废弃时解锁过程具体如下：

1)对提交的处理：

- 释放读锁。
- 写日志。
- 释放写锁。

2)对废弃的处理：

- 释放读锁。
- (undo)反做处理。
- 释放写锁。

严格的两段封锁协议(2PL)的加锁、解锁示意图如图8-10所示。

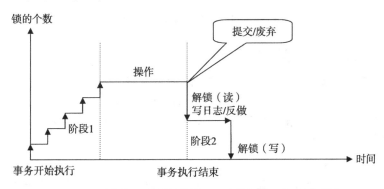

图8-10 严格的两段封锁协议(2PL)的加锁、解锁示意图

严格的两段封锁协议(2PL)的封锁方法要求事务在对数据项进行操作之前必须先对该数据项封锁，封锁成功后才能进行操作。若该数据项已经被其他事务封锁，且为冲突操作，则该事务必处于等待状态，直到该数据对象被释放为止。

8.4.3 可串行化证明

定理8.3 按照两段封锁协议执行的事务历程一定是可串行化的。

证明：采用反证法证明。

设事务 T_1，$T_2 \in H$，历程 H 是不可串行化的，即存在 $O_{1i}(x) < O_{2j}(x)$，且 $O_{2s}(y) < O_{1t}(y)$，其中，O_{1i}，$O_{1t} \in T_1$，O_{2j}，$O_{2s} \in T_2$。

$O_{1i}(x) < O_{2j}(x)$ 表明 T_1 先封锁 x，T_2 后封锁 x；$O_{2s}(y) < O_{1t}(y)$ 表明 T_2 先封锁 y，T_1 后封锁 y。

根据两段封锁协议，T_1 在得到所有封锁之前不会释放锁，T_2 也是如此。这样，T_1 在得到 y 封锁之前不会释放 x 的封锁；T_2 在得到 x 封锁之前不会释放 y 的封锁。可见，不会出现 T_1

和 T_2 同时得到 x 和 y 的封锁的情况，即 T_1 和 T_2 不会有顺序不一致的操作。因此，H 是可串行化的。

8.5 分布式数据库并发控制方法

并发控制用于保证分布式数据库系统中的多个事务高效且正确地并发执行。较为广泛应用的并发控制方法是以锁为基础的并发控制算法，常常采用严格的两段封锁协议(2PL)实现并发控制，另外，还有时间戳方法及乐观方法。主要的并发控制算法如图 8-11 所示，下面将分别介绍。

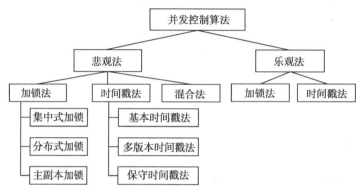

图 8-11　并发控制算法分类

8.5.1 基于锁的并发控制方法的实现

在分布式数据库系统中，常常采用严格的两段封锁协议(2PL)实现并发控制，主要分为集中式实现方法和分布式实现方法。为提高系统的可用性、可靠性及存取效率，在分布式数据库中，常在多个场地上存放多个数据库的副本。针对存在多副本的分布式数据库系统，采用多副本的并发控制方法实现并发控制。

1. 集中式实现方法

集中式实现方法是在分布式数据库中设立一个 2PL 调度器，所有封锁请求均由该调度器完成，每个场地的事务管理器都和该调度器通信。图 8-12 描述了采用集中式 2PL 算法执行一个事务时协作场地之间的通信过程。事务的执行需要协调场地上的事务管理器(协调 TM)、中心场地上的锁管理器(中心场地 LM)其他参与场地上的数据处理器(DP)之间的通信。TM 场地负责事务初始化，参与场地是指执行操作的场地。

集中式两段封锁算法考虑协调 TM 和中心场地 LM 两方面。

协调 TM 端等待消息，如果所获得的消息类型为数据库操作的三元组(操作，数据项，事务标识符)，则根据其操作类型判断：如果操作是开始事务则初始化场地集合，将场地集合置空；如果事务类型是读，则将代价最少存储所需数据项的场地加入到场地集合中；如果操作是写，则将所有包含该数据项的场地均加入到场地

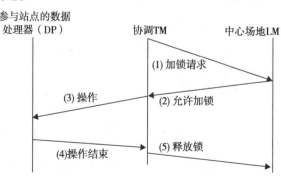

图 8-12　集中式 2PL 算法中场地间的通信

集合中，并且将该数据库操作三元组发送到中心场地 LM；如果操作类型是放弃或者提交，则将该三元组发送到中心场地 LM。如果协调 TM 端等待消息是来自调度器的三元组 <操作，事务标识符，数据类型值 >，则判断是否允许加锁，如果允许，则发送数据库操作到场地集合中的数据处理器，否则通知用户事务终止。如果协调 TM 端等待消息为数据处理器的消息三元组 <操作，事务标识符，数据类型值 >，则判断操作类型，如果操作为读，则给用户应用返回数据类型值；如果操作是写，则通知用户应用完成写操作；如果操作是提交，则如果获得了所有参与者的提交消息，那么通知用户应用成功完成，发送数据处理消息到中心场地 LM；如果未能获得所有参与者的提交消息，那么一直等到获得所有提交消息，记录到达提交消息；如果操作是放弃，则通知用户应用执行事务的放弃，并发送数据处理消息到中心场地 LM。

中心场地 LM 端等待来自协调 TM 的消息。如果操作类型是读或者写，则找到所有数据对象。

该实现方法实现简单，但存在易受调度器所在场地故障影响和需要大量通信费用的不足。

2. 分布式实现方法

分布式实现方法是在每个场地上都有一个 2PL 调度器，每个调度器处理本场地上的封锁请求。该实现方法避免了集中式实现方法存在的不足，但同时也增加了实现全局调度的复杂性。图 8-13 描述了根据分布式 2PL 算法执行一个事务时，协作场地之间的通信过程。

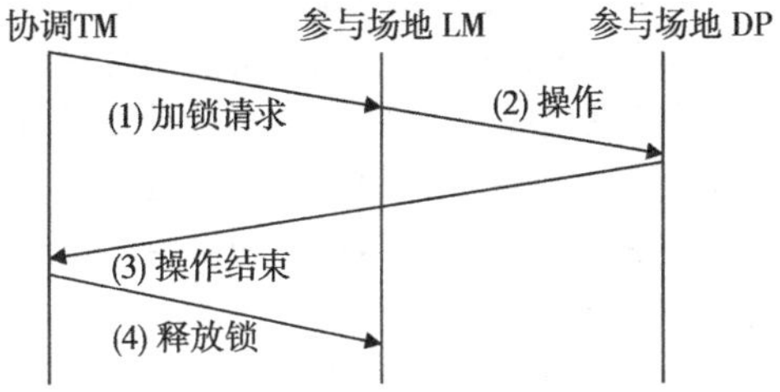

图 8-13 分布式 2PL 算法中场地间的通信过程

3. 对复制数据的封锁方法

在存放多副本的分布式数据库中，当系统的某一个或多个场地发生故障时，可通过其他场地上的数据副本完成数据处理，但同时也增加了系统选择副本及处理多副本更新等相应处理功能，即增加了系统的复杂性。通常多副本的并发控制方法分为基于特定副本的封锁方法和基于投票的封锁方法。基于特定副本的封锁方法又分为主副本法、主场地法和后备场地的主场地法；基于投票的封锁方法分为读 – 写全法和多数副本法。

（1）基于特定副本的封锁方法

1）主副本法。主副本法规定每一个数据项在某个场地上的副本为主副本，通常主副本选择在用户申请封锁某数据项较多的场地，该场地也称为主场地。所有封锁申请由主副本所在场地的锁管理器（Lock Manager，LM）完成。采用主副本法，降低了通信费用，但也降低了并发程度。

2）主场地法。主场地法规定保存副本的某个场地为主场地，所有封锁申请由主场地的锁管理器完成，即系统中的所有封锁申请都要传到主场地，由主场地决定是否同意封锁请求。由于在主场地法中，所有锁申请由一个场地处理，易形成瓶颈，当主场地出故障时，整个系统将瘫痪。

3）后备场地的主场地法。为防止主场地故障，设立另一个场地为后备主场地，当主场地发生故障后，由后备主场地顶替主场地。

（2）基于投票的封锁方法

1）读 – 写全法。读 – 写全法指当事务对某一数据项加锁时，若为读锁，只需封锁其中一个副本，即只需向选中的副本所在场地发送锁申请报文；若为写锁，必须封锁所有副本，即需要向所有存有该数据项的副本所在场地发送锁申请报文。因此，在写锁情况下通信费用较大，为避免该不足，提出了多数副本法。

2）多数副本法。多数副本法是指在对数据项进行加锁时，必须封锁数据项一半以上的副本。无论读锁还是写锁申请，都要向 n 个副本中的至少 $(n+1)/2$ 个副本所在场地发加锁请求。申请成功后，若为读锁，读取一个副本的值；若为写锁，需向 n 个副本发送新值。

8.5.2　基于时间戳的并发控制算法

与基于锁的方法不同，基于时间戳的方法并不是通过互斥维护可串行化来实现事务的并发控制，而是选择具有优先级的串行顺序执行事务。为了建立这种顺序，事务管理器为每个事务 T_i 在其产生时都设置时间戳 $TS(T_i)$。基于时间戳排序（Timestamp Ordering，TO）的并发控制方法（简称为基于时间戳的并发控制方法）主要有基本的时间戳（基本 TO）算法、保守的时间戳（保守 TO）算法和多版本的时间戳算法。

1. 基本概念

时间戳（timestamp）是基于事务启动时间点，由系统赋予该事务的全局唯一标识，即系统为每一个事务赋予一个唯一的时间戳，并按事务的时间戳的优先顺序调度执行。同一事务管理器产生的时间戳是单调增加的，可以通过时间戳来区分事务。

设置时间戳的方法之一是使用全局单调递增计数器，但是全局计数器较难维护，因此一般每个场地都根据自己的计数器自动设置时间戳。为了保证唯一性，每个场地单调递增自己的计数器的值。因此，时间戳是一个二元组 < 本地计数器值，场地 id >。但这样设置只能保证来自同一场地的事务是有序的。如果每个系统都能访问自己的局部时钟，可以统一使用系统时钟值作为计数器，同时要保持各局部时钟的同步。

通常，遵循如下规则设置时间戳：

1）每个事务在启动场地赋予一个全局的唯一标识（时间戳）。

2）事务的每个读操作或写操作都带有本事务的时间戳。

3）数据库中的每个数据项都记录有对其进行读操作和写操作的最大时间戳，令数据项为 X，X 的读、写操作的最大时间戳分别标记为 $rts(X)$ 和 $wts(X)$。

4）如果事务被重新启动，则其被赋予新的时间戳。

基于时间戳的并发控制方法的思想是：给每个事务赋予一个唯一的时间戳，根据时间戳对事务的操作执行顺序进行排序，则事务按时间戳顺序串行执行。如果发生冲突，撤销一个事务并重新启动该撤销事务，同时为重新启动事务赋予新的时间戳。

时间戳排序（TO）规则定义如下：

分别属于事务 T_i 和事务 T_k 的两个冲突操作 O_{ij} 和 O_{kl}，O_{ij} 在 O_{kl} 之前执行当且仅当 $ts(T_i) < ts(T_k)$，称 T_i 是较老的事务，T_k 是较新的事务。

在基于时间戳的事务并发控制过程中，基于如下调度规则实现：

1）设 ts 是对数据 X 进行读操作的时间戳，若 $ts < rts(X)$，则拒绝该操作，重新启动该事务并赋予新的时间戳；否则执行读操作，$rts(X) = \max(ts, rts(X))$。

2）设 ts 是对数据 X 进行写操作的时间戳，若 $ts < rts(X)$ 或 $ts < wts(X)$，则拒绝该操作，重新启动该事务并赋予新的时间戳；否则执行写操作，$wts(X) = \max(ts, wts(X))$。

基于时间戳的并发控制方法不会出现死锁，也不会导致任何事务被阻塞，因为若某一操作不能执行，事务就重新启动。这种方法避免死锁是以重启为代价的。

通过 TO 规则调度事务操作，检查每个与已执行的操作冲突的新操作。如果新操作所属事务比所有与之冲突的事务都新，那么接受它；否则就拒绝它并且全部事务必须以一个新时间戳重启。这就意味着系统根据时间戳顺序维护执行顺序。

2. 基本 TO 算法

TM 对每个事务设置时间戳并且将其附着在每个数据库操作上。对于每个数据项 X，DBMS

维护两个时间戳，$rts(X)$ 和 $wts(X)$。调度器（SC）负责跟踪读写时间戳并进行序列检查，调度事务执行。下面具体介绍。

BTO-TM（Basic TO-TM）算法：对于各个场地，TM 均等待消息；如果消息类型是数据库操作，则初始化参数，并根据操作的类型分别执行相关操作；如果操作类型是开始事务，则将场地集合清空，并设置事务时间戳 $T[ts(T)]$；如果操作类型是读操作，计算访问代价，选择其中最小代价的场地将其加入场地集合中，并将操作信息和事务时间戳发送给各场地的调度器；如果操作类型是写操作，则将存储所需访问数据的场地加入场地集合中，并且将操作类型和事务时间戳发送给各场地的调度器；如果操作类型是提交或者放弃，则将操作发送给场地的调度器。当消息类型是调度器信息时，若信息内容是拒绝操作，则将"Abort T"添加到消息中，发送给场地中的调度器，重新设置时间戳。如果信息内容是数据处理操作信息，则根据处理类型执行不同操作，如果处理类型是读操作，则返回结果给用户应用；如果是写操作，则通知用户应用完成写操作；如果是提交操作则通知用户应用成功完成事务；如果是放弃操作，则通知用户应用完成对事务 T 的放弃。场地持续执行上述循环。

BTO-SC（Basic TO-SC）算法：调度器等待消息，根据消息类型执行不同操作。如果是数据库操作消息，则初始化参数，保存读写时间戳，并根据操作类型执行相应的操作。如果是读操作，则比较时间戳，如果 $ts(T) > rts(x)$，则将数据操作信息发送给数据处理器，并且将 $rts(x)$ 修改为 $ts(T)$，如果 $ts(T) < rts(x)$ 则拒绝该事务的操作，并将拒绝事务的消息发送给对应的 TM；如果是写操作，若 $ts(T) > rts(x)$ 并且 $ts(T) > wts(x)$ 则发送处理操作给数据处理器，并且将 $rts(x)$ 和 $wts(x)$ 都修改为 $ts(T)$，否则拒绝执行该事务的操作，并通知相应的 TM。如果操作是提交，则发送数据操作给数据处理器；如果操作是放弃，则对于所有被事务 T 访问过的数据恢复 $rts(X)$ 和 $wts(X)$ 为其初始值，发送数据操作给数据处理器。调度器持续执行上述循环。

可见，基本 TO 算法不会引起死锁，但是无死锁是用事务的大量重启为代价换来的。事务所包含的操作如果被调度器拒绝，就必须由事务管理器重启该事务，并赋一个新的时间戳，确保事务下次有机会执行。

为保证分布式场地上的事务的有效执行，避免 $ts(site\ 1) \gg ts(site\ 2)$ 的情况持续下去，需要及时调整各场地事务的时间戳。例如图 8-14 中，数据项 X 在场地 1（site 1）上，场地 2（site 2）上的事务 T 申请读数据项 X。首先，事务管理器 TM 设置事务时间戳 $ts(T)$，并将 $ts(T)$ 和读操作发给场地 1 上的调度器 SC，如果 $ts(T) > rts(x)$，则将数据操作信息发送给数据处理器 DP，并且将 $rts(x)$ 修改为 $ts(T)$。当 $ts(T) < rts(x)$ 时，则拒绝读操作。为此，site 2 需要调整自身时间戳，将其设置为大于 $rts(x)$ 的值，并重新启动。这样可以避免当 $ts(site\ 1) \gg ts(site\ 2)$ 的情况下，来自 site 2 的操作永远得不到执行。

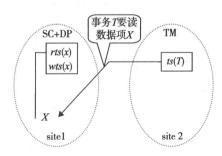

图 8-14 基本 TO 算法执行示例

3. 保守 TO 算法

尽管基本 TO 算法不会产生死锁，但是会带来过多的重启，仍然会导致系统性能下降。保守 TO 算法的思想是通过减少事务重启的数量减少系统的开销。

基本 TO 算法试图当接收到一个操作时就立即执行该操作，而保守算法是希望尽可能延迟每个操作，直到保证调度器中没有时间戳更小的操作。如果这个条件可以保证，那么调度器将不会拒绝操作，但是这种延迟可能会带来死锁。

保守 TO 算法中的基本思想是：每个事务的操作都被缓存起来并建立起有序的队列，然后按照顺序执行操作。具体说明如下：在场地 site i，每个调度器 i 有一个队列 Q_{ij} 用于对应场地 j 的每个 TM，简称 TM_j，一个来自于 TM_j 的操作按照时间戳递增的顺序放置于 Q_{ij} 中。调度器 i 按照这个顺序执行所有队列的操作。保守 TO 算法可以减少大量的重启，但是当队列是空的时候，还是会存在重启的现象。若场地 i 对场地 j 的队列 Q_{ij} 是空的，场地 i 的调度器将选择一个最小时间戳的操作发送给数据处理器，可是，场地 j 可能已经发送给 i 一个带有更小时间戳的操作，当操作到达场地 i 的时候，它将拒绝，因为违反了 TO 规则。

如图 8-15 所示，存在 3 个场地，假设 Q_{23} 是空队列，调度器 2 选择了一个来自于 Q_{21} 和 Q_{22} 的操作，但是后来从 site 3 到达一个带有更小时间戳的冲突操作，那么这个操作就必须被拒绝并重启。

为了改进保守 TO 算法，提出了极端的保守算法。其思想是保证每个队列中至少有一个操作，保证以后调度器获得的每个操作都大于或等于当前队列中的时间戳。如果一个事务管理器没有事务要处理，那么它需要周期性地发送空消息给系

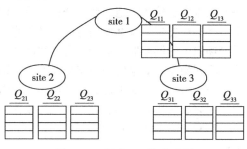

图 8-15　保守 TO 算法示例

统中的每个调度器，通知它们以后发送的操作都将大于当前空消息的时间戳。

可见，极端的保守算法实际上是在每个场地上串行地执行事务，但它过于保守，因为每个操作都必须等到空队列中一个更新的操作的到来，存在延迟问题。改进的方法是，定义事务类型，为每个类型设置一个队列，而不是为每个 TM 设置一个队列，通常通过读集和写集来定义事务类型，要求每个类型队列中至少有一个操作，可见，改进的方法可以减少等待延迟时间。

4. 多版本 TO 算法

多版本 TO 算法的目的是减少事务重启代价，其方法是为每个写操作建立数据项的一个新版本，每一个版本都是通过创建它的事务的时间戳来进行标记的。版本对于用户来说是透明的，因为用户并不具体指明所用版本，仅使用数据项。事务管理器给每个事务分配一个时间戳，用于跟踪每一个版本的时间戳，过程如下：

1) $R_i(X)$ 是事务 i 对数据 X 的一个版本上的读操作。如果 $ts(X_v)$ 是比 $ts(T_i)$ 小的最大时间戳，那么 X_v 为所求版本，则将 $R_i(X_v)$ 传送给数据处理器。

2) $W_i(X)$ 表示为 $W_i(X_w)$ 操作，那么，$ts(X_w) = ts(T_i)$，当且仅当写操作事务的时间戳 $ts(T_i)$ 比其他已经读 X 的一个版本（比如 X_r）的事务的时间戳大（$ts(X_w) > ts(X_r)$）时，该写操作 $W_i(X)$ 可发送到数据处理器；如果调度器已经处理了一个 $R_j(X_r)$ 操作，若 $ts(T_i) < ts(X_r) < ts(T_j)$，则 $W_i(X)$ 被拒绝。

说明：X_v、X_w、X_r 等是指数据 X 的各个不同的版本。

由此可见，调度器根据上述规则处理事务的读/写请求，则能保证可串行化调度。多版本 TO 算法是一种以存储空间换时间的算法。因此，为节省空间，应经常对数据库的多个版本进行清理。当分布式系统确认不再接收需要执行数据操作的新事务时，执行清除操作。

8.5.3　乐观的并发控制算法

并发控制算法本质上都是悲观算法。换句话说，它们假定事务间的冲突是非常频繁的，不允许多事务访问同一个数据项。因此，事务的所有操作都通过以下阶段执行：验证（V）、读（R）、计算（C）和写（W）。悲观算法假设冲突经常发生，而乐观算法等到写阶段开始时，才进

行冲突验证，也就是说将验证阶段延迟到执行写操作之前。因此，提交给乐观调度器的操作永远不会被延迟。每个事务的读、计算和写操作可以自由处理，不需要更新实际的数据库。每个事务在初始时都在本地更新副本。验证阶段检查这些更新是否能够维护数据库的一致性。如果结果是肯定的，就把这些更新变为全局的（即写到实际的数据库中）；否则，该事务就被废弃并重启。图8-16说明了悲观算法和乐观算法的执行过程。

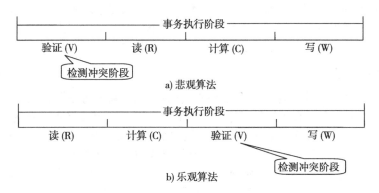

图8-16 悲观算法和乐观算法的执行过程

下面以一种乐观控制算法为例来说明其验证过程。

乐观控制算法的规则如下：

1）时间戳只和事务相关，而与数据项无关。

2）时间戳不是在初始化时而是在开始验证时赋给事务，因为时间戳只有在验证阶段才需要，并且过早赋值可能会导致不必要的事务拒绝操作。

3）每个事务 T_i 又分为许多子事务，每个子事务都可以在多个场地上执行。

令 T_{ij} 为在场地 j 上执行的事务 T_i 的子事务，每个场地上子事务按一定执行序列执行，直到验证阶段，时间戳被赋给事务并复制给它的所有子事务，则 T_{ij} 的本地验证通过以下规则执行，且这些规则是相互排斥的。

规则1 如果所有事务 T_k，其中 $ts(T_k) < ts(T_{ij})$，在 T_{ij} 开始读操作前完成了它们的写操作阶段，那么验证成功，因为事务执行是可串行化的。

规则2 如果任何事务 T_k 满足 $ts(T_k) < ts(T_{ij})$，在 T_{ij} 读阶段完成 T_k 写操作，当 $WS(T_k) \cap RS(T_{ij}) = \varnothing$ 时，验证成功。

规则3 如果任何事务 T_k 满足 $ts(T_k) < ts(T_{ij})$，在 T_{ij} 完成读阶段之前完成 T_k 读操作，当 $WS(T_k) \cap RS(T_{ij}) = \varnothing$ 并且 $WS(T_k) \cap WS(T_{ij}) = \varnothing$ 时，验证成功。

规则1是显然的，它表示事务实际上是根据它们的时间戳顺序执行的；规则2保证 T_k 更新的数据项不会被 T_{ij} 读，且 T_k 在 T_{ij} 开始写前完成向数据库中写入更新操作。因此，T_{ij} 的更新不会被 T_k 重写。规则3和规则2相似，它要求 T_k 的更新不影响 T_{ij} 的读和写操作阶段。

一个事务经过本地验证来保证本地数据库一致性后，还需要全局验证来保证遵守相互一致性规则。

由于乐观的并发控制算法不阻塞事务的操作，可提高系统的处理效率，因此，近些年来人们展开了一些有关乐观并发控制算法的研究，并得到了一定的应用。典型的如SQL Server中支持的 OPTIMISTIC WITH valueS 和 OPTIMISTIC WITH ROW VERSIONING 的乐观并发控制方法，Oracle 支持的 ORA_ROWSCN 的乐观锁定方法等。

尽管如此，悲观的并发控制方法仍是数据库系统中所采用的主流的并发控制方法。

8.6 分布式死锁管理

在分布式并发控制中,利用加锁机制可能导致死锁的产生。因为在多个事务并发执行的情况下,每个正在执行的事务已对其拥有的资源进行加锁,在其释放所拥有的锁之前,可能需要申请其他事务所封锁的资源,此时,该事务处于等待状态之中。若所有并发执行的事务均处于等待状态,等待其他事务释放锁而获得所需资源,则事务执行进入死锁状态。如前文所述,基于时间戳的分布式并发控制机制也存在事务等待的情况,因而也可能导致死锁的产生。因此,在分布式数据库管理系统中必须设计合适的处理死锁的算法。

8.6.1 死锁等待图

数据库系统中使用加锁机制实现并发控制,通常采用等待图方法分析死锁。等待图(Wait-For Graph,WFG)是一个表示事务之间等待关系的有向图,图中节点表示系统中的并发事务,边 $T_i - T_j$ 表示事务 T_i 等待事务 T_j 释放其对某些资源所加的锁。当且仅当等待图中的边存在回路,会出现死锁。等待图的方法也同样适用于分布式数据库系统中。不过其检测过程比在集中式数据库中更复杂,因为导致死锁产生的两个事务很可能不在同一场地上,这称为全局死锁。在分布式数据库的死锁检测中,除了要检测各场地事务的局部等待图(记为 LWFG)是否存在回路,还要检测所有场地事务之间的全局等待图(记为 GWFG)是否存在回路。全局等待图由局部等待图组成,判断全局等待图,首先要得到局部等待图,然后由所有的局部等待图联合而形成全局等待图。

如图 8-17a 中,场地 1 和场地 2 分别有事务 T_1、T_2、T_3、T_4。在分布式死锁检测中,首先要对每个场地的事务进行等待图的绘制。从该等待图可知,在局部站点中并未出现回路,但这并不能说明事务未出现死锁,还需进一步判断各站点之间的事务是否存在等待的状态。将图 8-17a 中的局部等待图按照事务间的等待关系联合起来,形成图 8-17b,可以看到,事务 T_1、T_2、T_3、T_4 在全局等待图中构成了一个回路,因而产生了死锁。

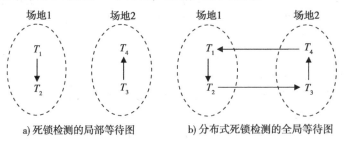

a) 死锁检测的局部等待图 　　b) 分布式死锁检测的全局等待图

图 8-17　分布式死锁检测的局部和全局等待图

对于局部死锁,可以按照集中式数据库中提供的方法处理。本节主要讨论全局死锁的检测和解除方法。当系统产生死锁时,解除死锁的核心思想是消除等待图中的回路。如果能预测每次终止并重启回路中的一个事务所花费的系统代价,那么可以终止并重启总体代价最小的那个事务。但是,这一问题已经被证实是 NP 完全问题,所以,通常可以依照下面的准则选取终止并重启的事务:终止最年轻的事务,使得该事务之前完成的结果得到最大程度的保留;终止占用资源最少、代价最少的事务;终止预期完成时间最长的事务,减少资源的占用时间;终止可消除多个回路的事务。

8.6.2 死锁的检测

1. 集中式死锁检测

在集中式死锁检测方法中,选择一个场地执行整个系统的死锁检测程序(也称为集中死锁检测器)。每个场地的锁管理器都要向该死锁检测器传输其 LWFC，从而逐渐构成 GWFG。如果在 GWFG 中发现回路，则认为存在死锁并采取相应的处理措施。然而，频繁的 LWFC 传输会带来大量的通信代价，因此，各个场地的锁管理器只需传输其等待图中变化部分的信息，以减少通信量。

集中式死锁检测方法比较简单，但是它存在着明显的不足：一是集中死锁监测器易成为瓶颈，如果该场地发生故障，整个检测系统就会瘫痪；二是很难确定各个场地向检测器传输信息的时间间隔，时间间隔小，可以减小死锁检测延迟，但同时也增加了数据传输代价，反之，时间间隔大，可以减少数据传输量，但影响死锁检测的及时性；三是存在巨大的通信代价，各个场地周期性地向死锁检测器场地发送消息，然而真正导致死锁产生的事务可能只涉及少数几个场地。

2. 层次死锁检测

层次死锁检测方法是对集中式死锁检测方法的改进，可以减少通信量。层次死锁的检测方法是建立一个死锁检测层次树，每个站点的局部死锁检测程序（记作 LDD）作为一个叶子节点，中间层节点是部分全局死锁检测程序（记作 PGDD），根节点是全局死锁检测程序（记作 GDD）。每个场地首先在本地用等待图检测死锁并做出相应的处理，然后将局部等待图发送给上层节点。每个非叶子节点都至少包括两个下层节点，从底层至上层，部分全局死锁监测程序可以检测其所包括的下层节点的事务是否产生死锁，直到最顶层的根节点，由根节点死锁检测程序判断全局事务是否产生死锁。如图 8-18 所示，场地 1 至场地 5 的死锁检测由 LDD_1 至 LDD_5 完成。$PGDD_1$ 负责检测场地 1 与场地 2 中的事务是否构成死锁，$PGDD_2$ 负责检测场地 3、场地 4 与场地 5 中的事务是否构成死锁，GDD_1 负责检测全局死锁。

图 8-18　死锁检测层次树

与单纯的集中式死锁检测方法相比，层次死锁检测方法减少了数据传输量，是使用集中式 2PL 并发控制算法的系统中常选择的死锁检测方法。但是，层次死锁检测方法的运行性能与层次的选择至关重要，在进行场地组划分时，应考虑站点之间的物理距离以及站点上容纳的数据的相关度等。PGDD 数目过大会增加运行成本，过少将失去其优越性。

3. 分布式死锁检测

在分布式死锁检测算法中，检测由各个场地共同完成，每个场地都是对等的，不区分全局死锁和局部死锁的检测程序，它们都承担着检测全局死锁的任务。在检测过程中，局部 WFG 与其他场地的 WFG 相互通信，测试是否存在回路。

Obermarck 提出的路径下推（path-pushing）算法是典型的分布式死锁检测算法，其主要思想是：每个场地都接受来自于其他场地的潜在的死锁回路，并将这些边加入到局部 LWFG 中；等待其他场地事务的局部 WFG 中的边与远程事务等待该局部 WFG 的边相连接。如果回路不包括外部边，则为局部死锁，可以被局部处理；如果回路中包括外部边，则存在潜在的分布式死锁，必须将该回路信息通知给其他场地的死锁检测程序。如图 8-19a 所示，$T_1 \rightarrow T_2 \rightarrow ES$ 和 $T_3 \rightarrow T_4 \rightarrow ES$ 两个回路中都包括了外部场地（External Site, ES），可以判断存在潜在的死锁回路，并且两个场地都可以检测到可能的分布式死锁。

分布式数据库系统中的每个场地都可能检测出死锁回路，应该选择合适的操作场地以减少死锁检测和处理代价。如果把信息传送给系统中所有的死锁检测程序，将带来巨大的代价。可以选择沿着死锁回路的正向或者反向传输信息，得到信息的场地更新它的 LWFG 并检查死锁。

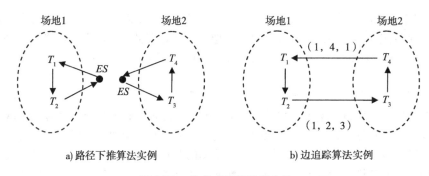

a) 路径下推算法实例   b) 边追踪算法实例

图 8-19 分布式死锁检测方法

但即便选择同一方向(正向或反向)传递信息,也会产生信息冗余。如图 8-19a 中,场地 1 发送它的潜在死锁信息给场地 2,场地 2 发送它的信息给场地 1。在这种情况下,死锁检测程序在两个场地上都将检测到死锁,实际上只需要一个场地检测即可。可使用事务时间戳来确定潜在的死锁回路的信息传递方向。设局部 WFG 中引起分布式死锁的潜在的路径为 $T_i \to \cdots \to T_j$,$ts(T_i)$ 和 $ts(T_j)$ 分别为事务 T_i 和 T_j 设置的时间戳。若 $ts(T_i) < ts(T_j)$,则局部死锁检测程序向前传递回路信息。在图 8-19a 中,假设 T_1、T_2、T_3、T_4 的事务是按其时间戳标识的,则场地 1 有一个路径 $T_1 \to T_2 \to ES$,而场地 2 有路径 $T_3 \to T_4 \to ES$。因此,只需场地 1 发送信息给场地 2 即可。这样,平均可减少一半消息传输数。这种方法比集中检测法和层次检测法具有更高的检测效率。

另一种典型的分布式死锁检测方法是 Chandy 等人提出的边追踪(Edge-Chasing)算法,这种方法就是沿着资源请求图上的等待边方向传递信息,并由各节点根据目前收集到的信息,判断是否出现了死锁,算法使用了 LWFG 来检测局部死锁,并且利用探测信息确认是否存在全局死锁。排除本地死锁后,如果一个场地上的管理器怀疑事务 T_i 处于死锁中,将会给事务 T_i 所依赖的每个事务发送一个探测消息。当 T_i 等待一个远程资源时,就在远程场地上建立一个代理代表 T_i 获取资源,这个代理获得探测消息并确认当前场地上的依赖关系。探测消息标识事务 T_i 以及它曾经依次发送的路径,探测消息 (i, j, k) 表示事务 T_i 的代理 i 被初始化,并从 i 所依赖的代理 j 的管理器发送到代理 k 的管理器。当一个没有被阻塞的代理收到探测消息,就丢弃这个探测消息,它没有被阻塞也就不存在死锁。被阻塞的代理(等待其他场地资源的代理)发送一个探测给每个阻塞它的代理,如果代理 i 的管理器已经接受了探测 (i, j, k),那么它就知道发生了死锁。如图 8-19b 所示,首先场地 1 上的两个事务形成依赖关系 $T_1 \to T_2$,而 T_2 依赖于远程站点上的事务 T_3,判断是否处于死锁中则需发送探测消息 $(1, 2, 3)$ 给场地 2 上的事务 T_3 的管理器,T_3 处于非阻塞状态,因而丢弃该探测消息;在场地 2 上,事务 T_3 和事务 T_4 具有依赖关系 $T_3 \to T_4$,T_4 依赖于远程场地 1 的事务 T_1,因而形成探测信息 $(1, 4, 1)$ 发送给事务 T_1 的管理器,发现信息报文中 $1 = 1 (i = k)$,则出现回路,产生死锁。

死锁检测除了引起不必要的信息传输外,每个场地还需要付出选择一个事务终止并重启动的死锁处理代价。

8.6.3 死锁的预防和避免

在分布式系统中,死锁检测及处理需要消耗大量的系统代价,因而应避免在系统运行过程中出现死锁。预防死锁的核心思想就是要破坏产生死锁的条件,在出现潜在死锁的情况下,先终止或重新启动某些事务,从而避免死锁的发生。常用的方法有以下两类:

一类是顺序封锁法。同操作系统中或集中式数据库中避免死锁的方法一样,顺序封锁法预先对数据对象规定一个封锁顺序,所有事务都按照这个顺序实行封锁,避免在等待图中出现回路。在分布式数据库中，锁的顺序有全局排序和每个场地上的局部排序两种。如果采取局部顺序方式，则对场地也要排序。这样才能唯一确定一个事务，并要求事务在多个场地访问数据项时按事先定义好的场地顺序执行。

另一类方法是使用事务的时间戳来优化事务，并通过放弃更高或者更低优先级的事务来解决死锁。典型的算法包括等待－死亡(wait-die)和负伤－等待(wound-wait)两种。

等待－死亡是非抢占算法，如果事务 T_i 的加锁请求因事务 T_j 持有该锁而被拒绝，则 T_i 永远不会抢占 T_j，其规则如下：

设请求事务 T_i 的时间戳为 $ts(T_i)$，拥有资源的事务 T_j 的时间戳为 $ts(T_j)$。如果 $ts(T_i) < ts(T_j)$，T_i 等待；否则，撤销 T_i，并保持 T_i 原有时间戳重新启动。

负伤－等待是抢占算法，其规则如下：

设请求事务 T_i 的时间戳为 $ts(T_i)$，拥有资源的事务 T_j 的时间戳为 $ts(T_j)$。如果 $ts(T_i) < ts(T_j)$，撤销 T_j，并且将加锁的权利赋予 T_i；否则，T_i 等待。

规则是从 T_i 的角度来制定的：T_i 等待，T_j 死亡，并且 T_i 伤害 T_j。事实上，负伤和死亡的结果是相同的：受影响的事务被终止或者重新启动。当一个事务被撤销时它的时间戳并不会发生改变，由于时间戳总是增加的，被撤销的事务最后将具有最小的时间戳，就可以避免饥饿的出现。

这两种算法都是将新的事务夭折，两者的区别在于它们是否抢占了处于活动状态的事务。等待－死亡算法倾向于新的事务，杀死老的事务。这样较老的事务就要等待更长的时间，而长时间的等待将使它们变得越来越老。相反，负伤－等待规则倾向于较老的事务，因为它从不等待更年轻的事务。可分别采用这两种方法或者采用两者相结合的方法实现死锁的预防。

8.7　Oracle 分布式数据库系统并发控制案例

8.7.1　Oracle 中的锁机制

根据所保护对象的不同，Oracle 数据库中的锁可以分成 3 大类：

1) DML 锁。DML 指的是由 Select、Insert、Update、Merge 和 Delete 等语句组成的数据操作语言。DML 锁用于保护数据的完整性，主要分成以下两种类型：

- TX 锁。事务发起第一个修改时会得到 TX 锁，而且会一直持有这个锁，直至事务执行提交或回滚。Oracle 中并没有传统的基于内存的锁管理器。在每个数据块的首部中有一个事务表。事务表中会建立一些条目来描述哪些事务将块上的哪些行锁定。因此一个 TX 锁可以对应多个被该事务锁定的数据行。

- TM 锁。当事务修改数据的时候，TM 锁用来保证表的结构不会被其他事务改变。

2) DDL 锁。在数据定义语言操作中会自动为对象加 DDL 锁，从而保护这些对象不会被其他会话所修改，即防止其他会话得到这个表的 DDL 锁或 TM 锁。

3) 闩锁。闩锁保护内部数据库结构，用于协调对共享数据结构、对象和文件的多用户访问。

8.7.2　Oracle 中的并发控制

Oracle 采用一种多版本读一致性(multiversion read consistent)的技术来保证对数据的并发访问。多版本是指 Oracle 可以从数据库同时物化多个版本的数据。利用多版本，Oracle 提供了以下的特性：

1) 读一致查询：对于一个时间点，查询会产生一致的结果。

2）非阻塞查询：查询不会被写入器阻塞。

例如 Session A 查询表 EMP 中的数据，另一个 Session B 对表 EMP 进行 update 操作，代码如下：

```
Session A:
Select COUNT(*)From EMP Where SALARY =3000;

  COUNT(*)
------------------
      50


Session B:
Update EMP Set SALARY =SALARY +1000;
```

可以看到 Session B 没有被 Session A 阻塞，Session B 中的语句没有提交，当在 Session A 中再次执行查询时：

```
Session A:
Select COUNT(*)From EMP Where SALARY =3000;

  COUNT(*)
------------------
      50
```

Session A 的读操作也没有被 Session B 的写操作阻塞，读出的结果还是50。当 Session B 提交时：

```
Session B:
Commit;
```

Session A 再执行查询，结果发生变化：

```
Session A:
Select COUNT(*)From EMP Where SALARY =3000;

  COUNT(*)
------------------
       0
```

非阻塞查询可能造成更新丢失，可以采用 for update 等方法避免这一问题，例如在 Session A 里查询出记录：

```
Session A:
Select* From EMP Where SALARY =3000 For Update;
```

Session B 若执行更新：

```
Session B:
Update EMP Set SALARY =SALARY +1000;
...
...
...
```

Session B 会被 Session A 阻塞，从而保证了数据的一致性。

8.8 大数据库并发控制技术

关系型数据库有一整套关于事务并发处理的理论，比如多版本并发控制机制（MVCC）、事务的隔离级别、死锁检测、回滚等。然而，互联网应用大多是多读少写，比如读和写的比例是

10∶1，并且很少有复杂事务需求，因此，一般可以采用更为简单的写时拷贝技术：单线程写，多线程读，写的时候执行写时拷贝，写不影响读服务。大数据库系统基于这样的假设简化了系统的设计，有些系统摒弃了事务的概念，减少了很多操作的代价，提高了系统性能。本节中讨论的主要技术仍然是支持事务概念的并发控制技术，着重阐述经典分布式数据库中的并发控制策略的扩展，而支持弱一致性模型的并发控制技术将在第9章中详细讨论。

8.8.1 事务读写模式扩展

除了基本的读写模式外，本节介绍支持大数据库事务的典型的读写扩展模式。

(1)读事务模式扩展

大数据库中的读事务通常有三种模式：最新读(current read)、快照读(snapshot read)和非一致性读(inconsistent read)，最新读和快照读通常是读取单个实体组(entity group)。

当开始一个最新读操作时，事务系统会首先确认所有之前提交的写操作已经生效，然后从最后一个成功提交的事务时间戳位置读取数据。最新读操作会有以下保证：①一个读总是能够看到最后一个被确认的写，即满足可见性。②在一个写被确认后，所有将来的读都能够观察到这个写的结果，一个写可能在确认之前就被观察到，满足持久性。

对于快照读，系统读取已经知道的完整提交的事务时间戳，并且从那个位置直接读取数据。和最新读不同的是，此时已提交的事务的更新数据可能还没有完全生效，要注意的是提交和生效是不同的，比如Redo日志同步成功但没有回放完成。最新读和快照读可以保证不会读到未提交的事务。

非一致性读不考虑日志状态并且直接读取最后一个值。这种方式的读对于那些对减少延迟有强烈需求，并且能够容忍数据过期或者不完整的读操作是非常有用的。

(2)写事务模式

写事务通常首先找到最新读操作，以便确定下一个可用的日志位置。提交操作将数据变更聚集到日志，并且分配一个比之前任何一个都高的时间戳，同时使用Paxos将这个日志项加入到日志中。

(3)大数据库中的应用实例

Megastore采用了读事务和写事务模式，其完整的事务生命周期包括以下步骤：

1)读：获取时间戳和最后一个提交事务的日志位置；

2)应用逻辑：从Bigtable读取并且聚集写操作到一个日志项；

3)提交：使用Paxos将日志项加到日志中；

4)生效：将数据更新到Bigtable的实体和索引中；

5)清理：删除不再需要的数据。

这个协议使用了乐观并发控制技术：读取时记录数据的版本号，事务提交时检查实体组当前的事务版本号与读取时记录的版本号是否相同，如果相同则成功提交事务，否则重试。比如有两个事务T1和T2，其中：

T1：Read a；Read b；Set c = a + b；

T2：Read a；Read d；Set c = a + d；

假设事务T1和T2对同一个实体组并发执行，T1执行时读取a和b，同时记录版本号为1，这时T1执行中断，T2开始执行，首先读取a和d，记录的版本号也为1，接着T2提交，这时操作的实体组版本号为1，因此，没有其他事务发生更新操作，T2成功提交，并更新该实体组的版本号为2。当T1恢复并继续执行时，发现此时操作的实体组版本号被修改为2，T1回滚重试。

同时Megastore采用了Paxos协议，即使可能有多个写操作同时试图写同一个日志位置，也只会有 1 个成功。所有失败的写都会观察到成功的写操作,然后中止,并且重试它们的操作。写操作能够在提交之后的任何点返回,但是最好还是等到最近的副本生效再返回。Megastore 定义了实体组的概念,同一个实体组的多个事务可以串行化执行。然而,同一个实体组同时进行更新的情况往往很少,因此事务冲突导致重试的概率很低。Megastore 使用消息队列在不同实体组之间传递事务消息,事务可以跨实体组进行操作,在一个事务中分批执行多个更新或者延缓工作。一个在实体组上的事务能够原子性地发送或者接收除了更新它本身以外的多个信息。每个消息都有一个发送和接收的实体组,如果这两个实体组是不同的,那么传输就是异步的。

8.8.2 封锁机制扩展

本节简单介绍建议性锁和强制性锁机制,详细介绍 Chubby 的体系结构和实现机制。

1. 建议性锁和强制性锁

首先,建议性锁和强制性锁并不是真正存在的锁,而是一种能对诸如记录锁、文件锁效果产生影响的两种机制。

- 建议性锁(advisory lock)机制:每个使用文件的进程都要主动检查该文件是否有锁存在,如果有锁存在并被排斥,那么就主动保证不再进行接下来的 I/O 操作。如果每一个进程都主动进行检查,并主动保证,那么就说这些进程都以一致性的方法处理锁。所谓一致性方法,就是都遵从主动检查和主动保证的处理方法。当使用建议性锁机制时,如果程序不主动判断文件有没有加上文件锁或记录锁,就直接对这个文件或记录进行 I/O 操作,则这种 I/O 会产生破坏性。因为锁只是建议性存在的,并不强制执行。
- 强制性锁(mandatory lock)机制:所有记录或文件锁功能都在内核执行。上述提到的破坏性 I/O 操作会被内核禁止。当文件被上锁来进行读写操作时,在锁定该文件的进程释放该锁之前,内核会强制阻止任何对该文件的读或写违规访问,每次读或写访问都需要检查锁是否存在。

由上述锁定义机制可见,建议性锁是用于协调事务资源的,系统只提供加锁及检测是否加锁的接口,不会参与锁的协调和控制。如果用户不进行是否加锁判断就修改某项资源,这时系统也不会加以阻拦。因此这种锁不能阻止用户对互斥资源的访问,只是给访问资源的用户提供一种进行协调的手段,所以资源的访问控制是交给用户控制的。与此相对的则是强制性锁,此时,系统会参与锁的控制和协调,用户调用接口获得锁后,如果有用户不遵守锁的约定,系统会阻止这种行为。

2. Chubby

Chubby 是 Google 公司研发的针对分布式系统协调管理的粗粒度锁服务,并已应用于 Bigtable 系统中。Chubby 基于松耦合分布式系统设计可靠的存储,软件开发者不需要使用复杂的同步协议,而是直接在程序中调用 Chubby 的锁服务来保证数据操作的一致性。

如图 8-20 所示为 Chubby 的系统结构,基本架构由客户端和服务器端构成,两者通过远程过程调用(RPC)来连接,客户端的每个客户应用程序都有一个 Chubby 程序库(Chubby library),所有应用都通过调用这个库中的相关函数来完成。服务器端的 Chubby 单元通常由 5 个副本服务器组成,通过 Paxos 协议选举一台作为"主控服务器",所有读写操作都由主控服务器完成,其他 4 台作为备份服务器,在内存中维护和主控服务器一致的树形结构,树形结构中的内容即为加锁对象或数据存储对象。

Chubby 系统本质上是一个分布式的文件系统,存储大量的小文件。每一个文件就代表了一个锁,并且保存一些应用层面的小规模数据。用户通过打开、关闭和读取文件,获取共享锁

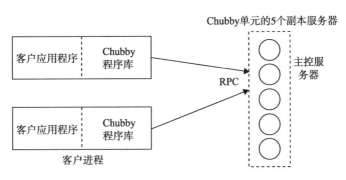

图 8-20 Chubby 系统结构

或者独占锁；并且通过通信机制，向用户发送更新信息。例如，当一群机器选举主服务器时，这些机器同时申请打开某个文件，并请求锁住这个文件。成功获取锁的服务器当选主服务器，并且在文件中写入自己的地址，其他服务器通过读取文件中的数据，获得主服务器的地址信息。

粗粒度的锁给锁服务器带来的负载很低。尤其是，锁的获取率与客户端应用程序的事务发生率通常只是弱相关的。粗粒度的锁很少产生获取需求，这样锁服务偶尔不可用也很少会影响到客户端。另一方面，锁在客户端之间的传递可能会需要昂贵的恢复过程，这样我们就不希望锁服务器的故障恢复会导致锁的丢失。因此，最好在锁服务器出错时，能让粗粒度的锁仍然有效，这样做几乎没有什么开销，而且这样有一些较低可用性的锁服务器就足以为很多客户端提供服务。

Chubby 中的锁是建议性锁，而不是强制性锁，具有更大的灵活性，强调锁服务的可用性、可靠性。每个 Chubby 文件和目录都可以作为一个读者 - 写者锁：持有的方式可以是一个 client 以独占（writer）模式持有，也可以是多个 client 以共享（reader）模式持有。由于使用了建议性锁，当多个 client 同时尝试获得相同的锁时，它们会产生冲突，但是持有文件的锁，既不是访问文件的必要条件，也不能阻止其他 client 的访问。相反，如果使用强制性锁，会使得那些没有拿到锁的 client 无法访问被锁住的对象。在 Chubby 里，获取任何模式的锁都需要写权限，一个无写权限的读者无法阻止一个写者的操作，因为锁是建议性的，因此一个读者可以不申请锁就去读，并不能阻止其他人同时去写，即便是其他人在操作时首先尝试去获取锁，但是因为读者没有持有锁，因而不能知道同一时间有读操作。

Chubby 提供了一个类似于 UNIX 但是相对简单的文件系统接口，它由一系列文件和目录以严格的树状结构组成，不同的名字单元之间通过反斜杠分割。如图 8-21 所示，一个典型的名称如下：

/ls/foo/wombat/pouch，对于所有的 Chubby 单元来说，都有一个相同的前缀 ls（lockservice）。第二个名字单元（foo）代表了 Chubby 单元的名称，通过 DNS，它会被解析成一个或多个 Chubby 服务器。一个特殊的单元名称 local，用于指定使用客户端本地的那个 Chubby 单元，通常来说这个本地单元都与客户端处于同一栋建筑里，因此也是最可能被访问的那个。剩下的名字单元/ wombat/pouch，将会由指定的那个 Chubby 单元自己进行解析。与 UNIX 类似，每个目录由一系列的子文件和目录组成，每个文件包含一系列字节串。

名字空间由文件和目录组成，统称为节点（node）。每个节点在一个 Chubby 单元中只有一个名称与之关联；不存在符号连接或者硬连接。节点要么是永久性的要么是临时的。所有的节点都可以被显式地删除，但是临时节点在没有 client 端打开它们（对于目录来说，则是为空）的时候也会被删除。临时节点可以被用作中间文件，或者作为 client 是否存活的指示器。任何节

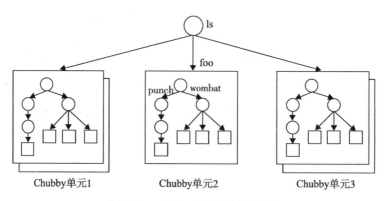

图 8-21 Chubby 的树形目录结构

点都可以作为建议性的读/写锁。

　　每个节点都包含一些元数据，包括三个访问控制列表（ACL），用于控制读、写操作及修改节点的访问控制列表。除非显式覆盖，否则节点在创建时会继承它父目录的访问控制列表。访问控制列表本身单独存放在一个特定的 ACL 目录下，该目录是 Chubby 单元本地名字空间的一部分。这些 ACL 文件由一些名字组成的简单列表构成。因此，如果文件 F 的写操作对应的 ACL 文件名称是 foo，那么 ACL 目录下就会有一个文件 foo，同时如果该文件内包含一个值 bar，那就意味着允许用户 bar 写文件 F。用户通过一种内建于 RPC 系统的机制进行权限认证。Chubby 的 ACL 就是简单的文件，因此其他想使用类似的访问控制机制的服务可以直接使用它们。

　　每个节点的元数据还包含 4 个严格递增的 64 位数字，通过它们客户端可以很方便地检测出变化：

- 一个实例编号：它的值大于该节点之前的任何实例编号。
- 一个内容世代号（只有文件才有）：当文件内容改变时，它的值也随之增加。
- 一个锁世代号：当节点的锁从 free 变为 hold 时，它的值会增加。
- 一个 ACL 世代号：当节点的 ACL 名字列表被修改时，它的值会增加。

Chubby 也提供一个 64 位文件内容校验和，这样 client 就可以判断文件内容是否改变了。

　　在事务执行的过程中，对于需要的资源进行封锁，如果对所有交互引入序列号会产生很大的开销。因此，Chubby 提供了一种方式，使得只是在那些涉及锁的交互中才需要引入序列号。锁的持有者可能在任意时刻去请求一个 sequencer，它是一系列用于描述锁获取后的状态的不透明字节串，包含了锁的名称、占有模式（互斥或共享）以及锁的世代编号。如果 client 期望某个操作可以通过锁进行保护，它就将该 sequencer 传送给服务器（比如文件服务器）。接收端服务器需要检查该 sequencer 是否仍然合法及是否具有恰当的模式，如果不满足，它就拒绝该请求。client 端是锁的持有者，它能够随时得到一个 sequencer，并希望基于这个锁保护它针对服务端进行的操作。因为可能有多个 client 进行这个操作，而通过 sequencer 可以知道一个锁是否依然有效，是否是一个过期的锁，从而可以避免锁的乱序到达问题。sequencer 的有效性可以通过与服务器的 Chubby 缓存进行验证，如果服务器不想维护一个与 Chubby 的会话，也可以与它最近观察到的那个 sequencer 对比。sequencer 机制只需要给受影响的消息添加上一个附加的字符串，很容易解释给开发者。

8.8.3 基于多版本并发控制扩展

　　本节介绍 MVCC 并发控制中的事务版本号的分配方法，包括基本的 MVCC 方法和 Ocean-Base 中的实现方法。

1. 事务版本号分配方法

MVCC 的主要方法是为写事务建立版本历史记录，这个记录由一个全局唯一的事务版本号标记，并且具有递增特性。MVCC 可以避免事务重启的代价，同时可以满足快照读取的要求，保证能够读到任意一个有效历史时刻上的数据。

在 8.5.2 节中介绍了基本的 MVCC 方法，以事务开始时间分配事务版本号，其后事务执行的写操作都标记这个版本号，虽然通常可以保证事务版本号的递增特性，但是对于较早开始的事务（版本号较小）却较晚提交的情况需要特别处理。

例如表 8-3 中，初始状态时，A、B 初值均为 0；在时刻 1，启动事务 T1，并修改了 A = 1，T1 的版本号是 1，并将版本号记录到 A 的修改记录中；时刻 2 启动事务 T2，修改 B = 2，T2 的版本号是 2，并将版本号 2 记录到 B 的修改记录中；这时提交事务 T2，记录当前已提交的事务版本号为 2；当系统要求读取 T2 提交之后的快照，即截至版本号为 2 的快照，如果直接读取事务版本号小于 2 的数据，则 A 上版本号为 1 的修改（即 A = 1）也会被读取出来。但是 T1 尚未提交，不应该被其他事务读到中间结果，因此这种标记事务版本的方式不满足事务隔离性，需要对当前尚未结束事务的修改进行过滤，不读取未提交的事务对数据的修改结果。由此可见，这种方式虽然事务版本号的维护比较简单，但是快照读取逻辑比较复杂，并且由于事务版本号顺序没有严格反映事务的提交顺序，对保证与主机一致的事务性回放增加了处理难度。

表 8-3　基本 MVCC 执行实例

时刻	T1	T2	A 值	A 版本号	B 值	B 版本号
0			0		0	
1	start write(A)		1	1		
2		start write(B) commit			2	2
3	write(A)commit		2	3		

为了解决上述问题，另一种 MVCC 方法的事务版本号的标记方式是事务提交时按照严格的事务提交顺序分配递增的事务版本号。这意味需要在事务提交时将分配到的事务版本号写回到本次事务修改的所有数据上去。对于上例，在时刻 2 要求进行快照读的时候，由于事务 T1 并未提交，事务的版本号不会小于事务 T2，即不会小于 2，因此不会读出 A = 1 这个中间结果，保证了事务的隔离性。如表 8-4 所示。

表 8-4　扩展的 MVCC 执行示例

时刻	T1	T2	A 值	A 版本号	B 值	B 版本号
0			0		0	
1	start write(A)		1			
2		start write(B) commit			2	2
3	write(A)commit		2	3		

利用事务提交时间指定版本号的方法，需要考虑到回滚块（undo block）写回事务版本号，可能需要将回滚块从磁盘加载回内存，并且当事务修改的行过多时，也会使得写回操作耗时过长，可以不在提交事务的时候立即将事务版本号写回所有的回滚块，通过维护一个全局事务槽，在事务修改数据的过程中将事务槽的地址保存在数据块中。在事务提交时，将事务版本号保存在事务槽中，然后采用延迟的方式将事务版本号写回数据块。

2. 内存表中的 MVCC 实现方法

下面以 OceanBase 为例介绍以事务提交时间为版本号的实现方法，OceanBase 作为内存数据库，使用了 MemTable 来帮助构造事务引擎。MemTable 包含两部分：索引结构及行操作链表。索引结构存储行头信息，使用内存 B 树实现；行操作链表存储了不同版本的修改操作，从而支持多版本并发控制。

OceanBase 支持多线程并发修改，写操作拆分为两个阶段：

● 预提交阶段。预提交过程由多线程执行。事务执行线程首先给待更新数据行加锁；然后，将事务中针对数据行的操作追加到该行的未提交行操作链表中；最后，往提交任务队列中加入一个提交任务。

● 提交阶段。提交阶段由单线程执行。提交线程不断地扫描提交任务队列，并从中取出提交任务，将提取出的任务的操作日志追加到日志缓冲区中。当缓冲区中的日志写入磁盘，即操作日志写成功后，将未提交行操作链表中的 cell 操作追加到已提交行操作链表的末尾，释放锁并回复客户端写操作成功。

如图 8-22 所示，MemTable 行操作链表包含两个部分：已提交部分和未提交部分。每个 Session 记录了当前事务正在操作的数据行的行头，每个数据行的行头包含已提交和未提交行操作链表的头部指针。在预提交阶段，每个事务会将 cell 操作追加到未提交行操作链表中，并在行头保存未提交行操作链表的头部指针以及锁信息，同时，将行头信息记录到 Session 中；在提交阶段，根据 Session 中记录的行头信息找到未提交行操作链表，链接到已提交行操作链表的末尾，并释放行头记录的锁。每个写事务会根据提交时的系统时间生成一个事务版本，读事务只会读取在它之前提交的写事务的修改操作。

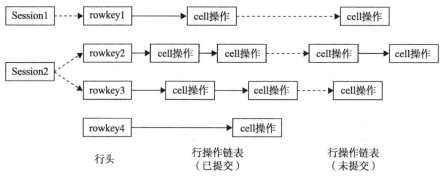

图 8-22　内存表实现 MVCC

如表 8-5 所示，对 A 有 T1、T2 两个写事务，假设 A 初值为 0，事务 T1 将 A 改为 1，T1 在时刻 1 提交，版本号为 1，事务 T2 将 A 修改为 2，在时刻 3 提交，版本号为 3。事务 T2 预提交时，T1 已经提交，A 的已提交行操作链表包含一个 cell：< update，A，1 >，未提交行操作链表包含一个 cell：< update，A，2 >。事务 T2 成功提交后，A 的已提交行操作链表将包含两个 cell：< update，A，1 > 以及 < update，A，2 >，而未提交行操作链表为空。对于只读事务：

1）T3：事务版本号为 0，T1 和 T2 均未提交，该行数据为空。

2）T4：事务版本号为 2，T1 已提交，T2 未提交，读取到 < update，A，1 >。尽管 T2 在 T4 执行过程中将 A 修改为 2，但由于读事务只会读取在它之前提交的写事务的修改操作，T4 第二次读取时会过滤掉 T2 的修改操作，因而两次读取将得到相同的结果。

3）T5：事务版本号为 4，T1 和 T2 均已提交，读取到 < update，A，1 > 以及 < update，A，2 >，A 终值是 2。

表8-5 读写事务并发执行实例

时刻	T1	T2	T3	T4	T5
0			read(A)		
1	start write(A = 1) commit				
2				read(A)	
3		start write(A = 2) commit			
4					read(A)
5				read(A)	

8.8.4 基于时间戳并发控制扩展

本节以 Spanner 为例介绍基于时间戳的并发控制技术，主要包括 TrueTime 以及基于 TrueTime 的并发控制实现方法。

1. TrueTime

Spanner 使用了 TrueTime 方法保证事务执行过程中时间戳的一致性。在以往分布式系统设计时，通常通过异步通信的方式对各节点的运行速度和时钟的快慢各不相同的情况进行同步。系统中的每个节点都扮演着观察者的角色，并从其他节点接收事件发生的通知。判断系统中两个事件的先后顺序主要依靠分析它们的因果关系，比如 Lamport 时钟、向量时钟等算法，都需要一定的通信代价。TrueTime 方法的核心思想是在不进行通信的情况下，利用高精度和可观测误差的本地时钟给事件打上时间戳，并且以此比较分布式系统中两个事件的先后顺序。

TrueTime API 是一个提供本地时间的接口，它返回一个时间戳 t 的同时给出误差值 ε，因此返回值不是一个具体的时间点而是一个时间区间。例如，返回的时间戳是 1 分 10 秒 50 毫秒，而误差是 4 毫秒，那么真实的时间在 1 分 10 秒 46 毫秒到 54 毫秒之间。也就是说这种时间戳具有界不确定性。

利用 TrueTime API，可以保证给出的事务标记的时间戳介于事务开始的真实时间和事务结束的真实时间之间。假如事务开始时 TrueTime API 返回的时间是 $\{t_1, \varepsilon_1\}$，此时真实时间在 $t_1 - \varepsilon_1$ 到 $t_1 + \varepsilon_1$ 之间；事务结束时 TrueTime API 返回的时间是 $\{t_2, \varepsilon_2\}$，此时真实时间在 $t_2 - \varepsilon_2$ 到 $t_2 + \varepsilon_2$ 之间。系统会在 $t_1 + \varepsilon_1$ 和 $t_2 - \varepsilon_2$ 之间选择一个时间点作为事务的时间戳，但这需要保证 $t_1 + \varepsilon_1$ 小于 $t_2 - \varepsilon_2$，因此，系统要等待到 $t_2 - \varepsilon_2$ 大于 $t_1 + \varepsilon_1$ 时才提交事务，如图8-23 所示。尽管事务的执行时间具有一定的不确定性，但是始终可以保证一个事务结束后另一个事务才开始，从而两个事务被串行化后也一定能保持正确的顺序。利用 TrueTime 可以实现事务之间的外部一致性。

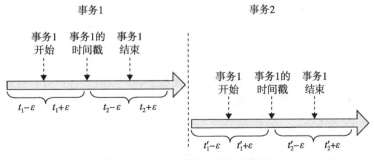

图8-23 事务外部一致性的实现

Spanner 使用了 TrueTime 方法，在真实的系统中 ε 平均为 4 毫秒，因此一个事务至少需要

2ε 的时间，即平均 8 毫秒才能完成。由此可见，TrueTime 通过引入等待时间来避免通信开销。为了保证外部一致性，写延迟是不可避免的，这也印证了 CAP 定理所揭示的法则，一致性与延迟之间是需要权衡的。

TrueTime API 的实现大体上类似于网络时间协议（NTP），但只有两个层次。第一层次，服务器是拥有高精度计时设备的，每个机房若干台，大部分机器都装备了 GPS 接收器，剩下少数机器是为 GPS 系统全部失效的情况而准备的，叫作"末日"服务器，装备了原子钟。所有的 Spanner 服务器都属于第二层，定期从多个第一层的时间服务器获取时间来校正本地时钟，先减去通信时间，再去除异常值，最后求交集。

2. 基于 TrueTime 的并发控制实现方法

Spanner 使用 TrueTime 来控制事务的并发执行，保证第一个事务的时间戳大于第二个事务的时间戳，实现外部一致性。

（1）Spanner 支持的事务类型

表 8-6 给出了 Spanner 现在支持的事务，包括：

- 读写事务。
- 只读事务。
- 快照读，客户端提供时间戳。
- 快照读，客户端提供时间范围。

若一个读写事务发生在时间 t，那么在全世界任何一个地方，指定 t 快照读都可以读到写入的值。

表 8-6 Spanner 支持的事务类别

操　　作	并 发 控 制	副 本 要 求
读写事务	悲观	Leader
只读事务	无锁	Leader 时间戳，任意读
快照读，客户端提供时间戳	无锁	任意
快照读，客户端提供范围	无锁	任意

Spanner 中，单独的写操作实现为读写事务，非快照的单独读实现为只读事务，如果事务失败，这两种操作会自动重试。

只读事务和快照事务一样有隔离性的优势，只读事务必须在没有任何写操作的情况下事先定义。只读事务并非简单的不包含写操作的读写事务，它的读操作在系统给定的时间戳下执行，所以对其他的写操作不会造成阻塞，并且只读事务可以在任何最近更新的副本上执行。

快照读是对未加锁的历史数据的读取。客户端可以对快照读指定时间戳，或者提供一个需要的时间范围，由 Spanner 来具体选定时间戳。这两种情况下，快照读都可以在最近更新的副本上执行读操作。

对于只读事务和快照读，一旦时间戳选定就必须提交，除非该时间戳下的数据已失效回收。因此，客户端不必缓存重试过程中的数据。当服务器失败时，客户可以通过重复时间戳和当前读取位置在其他服务器上继续查询。

（2）读写事务的实现

读写事务使用两阶段封锁协议。因此，当获得所有锁、没有任何锁被释放的时候，事务可以设置时间戳（Spanner 使用 TrueTime 设置时间戳）。

如同 Bigtable 一样，Spanner 的事务会将客户端的所有写操作先缓存起来，直至提交。因此，事务中就不会读到在同一个事务中写的数据了。由于 Spanner 的数据都是有版本信息的，读操作获得的数据都有时间戳,未提交的写操作没有时间戳,所以不会影响正确的结果。

在读写事务中使用负伤 – 等待算法来避免死锁。当客户端对相应的组发起一个读操作的时候,首先找到相关数据的 Leader 副本,然后加上读锁,读取最近的数据。在客户端事务存活的时候会不断地向 Leader 发心跳,防止超时。当客户端完成了所有的读操作,并且缓存了所有的写操作,就开始了两阶段提交。客户选择协调者组,并给每一个 Leader 发送协调者的 ID 和缓存的写数据。Leader 首先会加一个写锁,并寻找一个比现有事务晚的时间戳。通过 Paxos 记录,每一个相关的 Leader 都要给协调者发送它自己准备的那个时间戳。

协调者 Leader 首先获得写锁,当收到其他站点发送的时间戳之后,它就选择一个提交时间戳。该提交时间戳必须比刚刚的所有时间戳晚,而且还要比事务时间戳 + 误差时间晚。该协调者将这个信息记录到 Paxos。

在让副本写入数据生效之前,协调者还需要等两倍的时间误差,用于 Paxos 同步,保证任意机器上发起的下一个事务的开始时间都晚于该事务的结束时间。然后协调者将提交时间戳发送给客户端及其他的副本。副本则通过 Paxos 记录日志,使用同样的时间戳,写入生效,释放锁。

(3)只读事务

只读事务设置时间戳时,需要在包含读操作的所有 Paxos 组之间协调。同时,对于每个只读事务,Spanner 需要所有涉及 key 的信息,并自动确定 key 的范围。

如果 key 的范围在一个 Paxos 组内,客户端可以发起一个只读请求给组 Leader。Leader 选一个时间戳,该时间戳要大于上一个事务的结束时间。然后读取相应的数据。该事务可以满足外部一致性,读出的结果是最后一次写的结果,并且不会有不一致的数据。

如果 key 的范围在多个 Paxos 组内,有多个选择。最复杂的情况下,需要遍历所有的组 Leader,寻找最近的事务发生的时间,并读取。Spanner 使用了较简单的方法,客户端避免了协商阶段,只要读取时间在事务时间区间的最晚时间即可,所有的读操作可以被发送到最新副本上。

8.9 本章小结

并发控制机制是分布式数据库管理系统中的核心组件之一,可有效保证分布式数据库中数据的一致性。本章介绍了有关并发控制的基本概念和基本理论,介绍了常用的基于锁的并发控制方法,尤其是两段封锁协议。重点介绍了分布式数据库的并发控制算法,包括基于锁的并发控制算法、基于时间戳的并发控制算法和乐观的并发控制算法。

目前,常采用的还是基于两段封锁的并发控制算法,因为其具有很好的并发控制能力。但其并发效率不高,同时,由于分布式数据库中存在副本,如果采用基于锁的并发控制方法,更降低了其并发处理效率。为此,提出了基于时间戳的并发控制方法,如多版本的并发控制方法,可有效提高并发效率。

在大数据库应用中,使用了很多对基本并发控制技术的扩展,包括对读写模式的扩展、建议性锁、利用事务提交时间定义事务的版本号,以及 TrueTime 中不确定时间戳的使用,从而满足读事务多、写事务少这一特征。

习题

1. 设有关系:学生基本信息 S(Sno(学号),Sname(姓名),Sage(年龄),Major(专业))和学生选课信息 SC(Sno,Cno(课号),Grade(成绩))。关系 S 在 S1 场地,关系 SC 在 S2 场地。若存在并发执行的两个事务:事务 1,插入一名学生信息和该学生的选课信息;事务 2,查询没有选课的学生信息，并将没有选课的学生的专业置为空。

要求：(1)将事务1和事务2抽象为操作序列。(2)写出一个全局和局部都是可串行化的并发执行历程，并说明为什么。(3)针对场地 S2 上的并发执行历程，请给出采用两段封锁协议的封锁过程。

2. 假设在场地 S1 上存在两个并发执行的事务 $T1$：$R1(x)$，$W1(x)$，$R1(y)$，$W1(y)$；$T2$：$R2(x)$，$W2(x)$，$R2(y)$，$W2(y)$，$R2(z)$，$W2(z)$。

   要求：(1)给出一个可串行化的并行执行历程，并说明为什么。(2)若 x、y、z 为不同的表，采用表级锁粒度，请给出采用严格的两段封锁协议的封锁过程。(3)若采用记录级锁，又会如何？请说明理由。

3. 对于如下并发执行事务：

事务1	事务2	事务3
$R(X)$	$R(S)$	$R(Y)$
$W(X)$	$R(Y)$	$W(Y)$
$R(Y)$	$W(Y)$	$R(S)$
$W(Y)$	$R(X)$	$W(S)$
	$W(X)$	$R(T)$

存在如下调度：

	事务1	事务2	事务3
			$R(Y)$
			$W(Y)$
	$R(X)$		
时	$W(X)$		
间			$R(S)$
			$W(S)$
		$R(S)$	
	$R(Y)$		$R(T)$
	$W(Y)$		
		$R(Y)$	
		$W(Y)$	
		$R(X)$	
		$W(X)$	

问：(1)该调度是否是可串行化调度？为什么？(2)设 X、Y 在场地1，S、T 在场地2，若采用严格的两段封锁协议，请给出场地1上的并发执行调度过程。(3)简述乐观并发控制方法和悲观并发控制方法的主要区别。

4. 设数据项 x、y 存放在 S1 场地，u、v 存放在 S2 场地。有分布式事务 $T1$ 和 $T2$，判断下面的每个执行是否是局部可串行的，是否是全局可串行的，并分别说明理由。

   (1)执行1：在 S1 场地 $R1(x)R2(x)W2(y)W1(x)$，在 S2 场地 $R1(u)W1(u)R2(v)W2(u)$。

   (2)执行2：在 S1 场地 $R1(x)R2(x)W1(x)W2(y)$，在 S2 场地 $W2(u)R1(u)R2(v)W1(u)$。

5. 说明悲观的并发控制方法和乐观的并发控制方法的不同，写出你所了解的并发控制方法，写出在分布式并发控制中采用的集中式的 2PL 算法(包括事务管理算法和锁管理器算法)。

6. 设数据项 x、y 存放在 S1 场地，u、v 存放在 S2 场地，有分布式事务 $T1$，在 S1 场地上的操作序列为 $R1(x)W1(x)R1(y)W1(y)$，在 S2 场地上的操作序列为 $R1(u)R1(v)W1(u)$。其中，$R1(x)$ 和 $W1(x)$ 分别表示 $T1$ 对 x 的读操作和写操作。

假设 $T1$ 的操作执行完成后将进行提交。请按照 2PC 协议说明 $T1$ 的提交处理过程，并要求按照严格 2PL 协议，对 $T1$ 的操作处理加上显式的封锁操作和解锁操作。用 $R11(x)$ 表示对 x 加读锁，$W11(x)$ 表示对 x 加写锁，$U11(x)$ 表示解锁。

7. 在使用分布式死锁检测中的路径下推算法时，可能出现检测出的死锁回路并非真正的死锁而出现假死锁的情况，试分析其原因。

8. 对于下面的事务执行顺序表：

时刻	T1	T2	T3	T4	T5
0			read(A)		
1	start write(A=1) commit				
2				read(A)	
3		start write(A=2) commit			
4					read(A)
5			read(A)		

分别给出基本 MVCC 和扩展 MVCC 的执行结果。

主要参考文献

[1] M Tamer Ozsu, Patrick Valduriez. Principles of Distributed Database System (Second Edition) [M]. 影印版. 北京：清华大学出版社，2002.

[2] M Tamer Ozsu, Patrick Valduriez. 分布式数据库系统原理(第三版)[M]. 周立柱，范举，吴昊，钟睿铖，等译. 北京：清华大学出版社，2014.

[3] Saeed K Rahimi, Frank S Haug. 分布式数据库管理系统实践[M]. 邱海燕，徐晓蕾，李翔鹰，等译. 北京：清华大学出版社，2014.

[4] 杨传辉. 大规模分布式存储系统原理解析与架构实战[M]. 北京：机械工业出版社，2014.

[5] 陆嘉恒. 大数据挑战与 NoSQL 数据库技术[M]. 北京：电子工业出版社，2013.

[6] 张俊林. 大数据日知录：架构与算法[M]. 北京：电子工业出版社，2014.

[7] 郭鹏. Cassandra 实战[M]. 北京：机械工业出版社，2011.

[8] NoSQL 数据库的分布式算法[EB/OL]. [2012-11-09]. http://my.oschina.net/juliashine/blog/88173.

[9] 解析全球级分布式数据库 Google Spanner[EB/OL]. 2012. Http://www.csdn.net/article/2012-09-19/2810132-google-spanner-next-database.

[10] 李凯，韩富晟. OceanBase 内存事务引擎[J]. 华东师范大学学报(自然科学版)，2014(9)：149-163.

[11] Alibaba Inc. OceanBase：A Scalable Distributed RDBMS[EB/OL]. 2014. http://oceanbase.taobao.org/.

[12] Baker J, Bond C, Corbett J C, Furman J, Khorlin A, Larson J, Léon J, Li Y, Lloyd A, Yushprakh V. Megastore：Providing Scalable, Highly Available Storage for Interactive Services. Proc. of the 5th biennial conference on innovative data systems research[C]. 2011：223-234.

[13] Burrows M. The Chubby lock service for loosely-coupled distributed systems. Proc. of OSDI[C]. 2006：335-350.

[14] Corbett J C, Dean J. Spanner：Google's Globally-Distributed Storage. Proc. of OSDI[C]. 2012.

[15] DeCandia G, Hastorun D, Jampani M, Kakulapati G, Lakshman A, Pilchin A, Sivasubramanian S, Vosshall P, Vogels W. Dynamo：Amazon's Highly Available Key-value Store. Proc. of SOSP[C]. 2007.

[16] Lakshman A, Malik P. Cassandra：A Structured Storage System on a P2P Network[R]. 2008.

[17] Lamport L. Paxos Made Simple, Fast, and Byzantine. Proc. of OPODIS[C]. 2002：7-9.

第 9 章

数据复制与一致性

在分布式数据库系统中，系统的高可用性和可靠性是其重要性能指标。为满足可靠性和可用性，分布式数据库系统中的数据往往使用多个副本（拷贝），这些副本存储于不同的节点，因而需要进行数据复制。在数据复制技术中，我们主要讨论数据复制的控制策略、复制协议、复制算法、一致性协议等关键技术，并专门介绍了大型数据库系统中的数据复制技术。

9.1 数据复制的作用

在分布式数据库中存储一个关系 R，有以下几种方法：

1) 在本地数据库系统中存储。

2) 系统维护关系 R 的几个完全相同的副本，各个副本存储在不同的节点上。

3) 分片关系被划分为几个片段（垂直分片、水平分片或混合分片），各个片段存储在不同的节点上，每个片段只有一个副本。

4) 分片关系被划分为几个片段，系统为每个片段维护几个副本，它们分别保存在不同节点上。

如上所述，数据复制实际上就是在分布式数据库系统的多个本地数据库间拷贝和维护数据库对象的过程。这个对象可以是整个表、部分列或行、索引、视图、过程或者它们的组合等。

系统的可用性是指在给定时刻系统不发生任何失败的概率，用于描述系统在面对各种故障时仍可以提供正常服务的能力，可以用系统停止服务时间与正常服务时间的比例来衡量。例如，某个系统的可用性为 99.99%，相当于系统一年停止服务的时间不能超过 365 * 24 * 60/10000 = 52.5min。可靠性是指在给定的时间内，系统不出现失败的概率，表现为在系统出现故障时保证用户仍然可获得准确的数据。分布式数据库系统中，数据存储于不同的节点，为了保证系统的高可用性和可靠性，数据在系统中一般需要存储多个副本。因而系统通常使用数据复制技术进行数据复制和传输，使得当某个副本所在的存储节点出现故障时，分布式数据库能够自动将服务切换到其他副本，从而实现自动容错。因此，分布式数据库中数据复制是保证系统高可用性和可靠性的重要技术。

数据复制中，每个复制数据项 X 都有一系列副本 X_1, X_2, $\cdots$, X_n, X 称为逻辑数据项，并称它的副本为物理数据项。由于复制具有透明性，用户事务只需对逻辑数据项进行读写操作，副本控制协议自动将这些读写操作映射到物理数据项 X_1, X_2, $\cdots$, X_n 上。因此，系统逻辑上认为每个数据项只有一个副本。然而，在进行读写操作的映射过程中，由于复制协议的定义涉及更新的时机、系统的体系结构等内容，使得多个物理副本本身又可能带来数据不一致的问题。比如，假设一个分布式数据库的两个副本存储于两个节点 A 和 B，事务 T1、T2 开始之前数据项 X 的值均是 100。

```
T1                    T2
read(X)               read(X)
X = 100 – 20          X = X * 2
write(X)              write(X)
```

T1 先在节点 A 运行，之后移到节点 B 运行。同时，T2 先在节点 B 运行，之后移到节点 A 运行。基于两种事务的运行顺序，导致 X 在不同节点的最终运算结果是不同的，在 A 节点上 X 的值是 180，而在 B 节点上 X 的值是 160。

一致性和可用性是相互矛盾的。为了保证数据一致性，各个副本之间需要时刻保持强同步，但是当某一副本出现故障时，可能阻塞系统的正常写服务，从而影响系统的可用性；如果各副本之间不保持强同步，虽然系统的可用性相对较好，但是一致性却得不到保障，当某一副本出现故障时，数据还可能丢失。几乎所有的大型数据库系统都提供了自己的数据复制解决方案和数据复制组件，这些方案和组件通过复制协议将数据同步到多个存储节点，并确保多个副本之间的数据一致性。分布式数据库复制技术和一致性具有密切的关系。因此，数据库设计时需要权衡系统的一致性和可用性。本章主要讨论复制的关键策略和技术以及数据复制的一致性问题。

9.2 数据复制一致性模型

从客户端的角度来看，一致性包括如下三种情况：

- **强一致性**：假如客户 A 将数据项 X 的一个值写入了存储系统，存储系统保证客户 A、B、C 后续的读取操作都将返回 X 的最新值。
- **弱一致性**：假如客户 A 先将数据项 X 的一个值写入了存储系统，存储系统不能保证 A、B、C 后续对 X 的读操作能够读取到最新值。
- **最终一致性**：这是弱一致性的一种特例。假如客户 A 首先将数据项 X 的一个值写入了存储系统，存储系统保证，如果后续没有新的写操作对 X 的值进行更新，则 A、B、C 的读取操作最终都会读取到 A 写入的值。从 A 写入数据项 X 的值，到后续 A、B、C 读取到该值的这段时间，称为不一致窗口。不一致窗口的大小依赖于交互延迟、系统的负载以及复制协议要求同步的副本数等因素。

最终一致性常见的变体有以下几种：

- **读自己写（read-your-write）一致性**：如果客户 A 写入了数据项 X 的最新值，那么 A 的后续操作都会读到数据项 X 的该值。但是其他用户（比如 B 或者 C）可能要过一段时间才能看到数据项 X 的该值。
- **会话（session）一致性**：要求客户和存储系统交互的整个会话期间保证读自己写一致性。如果原有会话因为某种原因失效而创建了新的会话，则存储系统不保证原有会话和新会话之间操作的读自己写一致性。
- **单调读（monotonic read）一致性**：如果客户 A 已经读取了数据项 X 的某个值，那么 A 的后续操作将不会读取到 X 更早的值。
- **单调写（monotonic write）一致性**：客户 A 的写操作按顺序完成，也就是说，对于同一个客户 A 对数据项 X 的操作，X 在存储系统中的每个副本都必须按照与客户 A 相同的顺序完成。

从存储系统的角度看，一致性主要包含如下几方面：

- **副本一致性**：存储系统中数据项 X 的多个副本之间的数据值是否一致、不一致的时间窗口等。

- 更新顺序一致性：存储系统中数据项 X 的多个副本之间是否按照相同的顺序执行更新操作。

一般来说，存储系统可以支持强一致性，当然也可以为了性能考虑仅支持最终一致性。从客户的角度看，一般要求存储系统能够支持读自己写一致性、会话一致性、单调读一致性、单调写一致性等特性。

9.3 分布式数据库复制策略

在数据复制的过程中，需要考虑很多因素，比如数据复制的时机、数据复制的内容和数据复制的体系结构等。

9.3.1 数据复制的执行方式

复制管理机制应该保证数据库副本的一致性。根据对于一个数据对象的各个副本是否在每一时刻都有相同的要求，可以采用两种不同的复制执行方式：同步复制和异步复制。

（1）同步复制

同步复制是指在事务进行更新时，将更新同时传播给其他所有副本，也就是说当某个数据项被事务更新后，该数据项的全部副本必须具有相同值，因而对任何副本进行更新的事务都要在其他副本上执行同样的更新。同步复制能够保证应用程序的数据一致性，因为更新事务结束之前要对所有的副本进行更新，因而可以保证从任何一个副本中读取同一数据项的值都是相同的，这样的复制协议称为读一/写全协议（read-one/write-all，ROWA）。

同步复制保证所有数据更新后的完整性优先于事务操作的完整性，即所有的数据副本在任何时间都是同步的，如果某个节点由于某种原因崩溃了，则正在进行的事务操作失败，因而可以确保事务的强一致性。但是这种复制控制技术也有明显的缺陷。首先，由于事务使用 2PC 协议，并且更新的速度会受到系统中最慢机器的限制，使得更新事务的响应时间性能受到影响；其次，如果某一个副本损坏，将导致事务因无法完成在该副本上的更新而不能终止。另外，系统需要各数据节点之间频繁通信以及时完成事务操作。

（2）异步复制

异步复制是指事务的提交不会等待更新作用到所有的副本中，当一个副本更新后，事务就会提交，其他副本在该更新事务提交之后的某个时间刷新。也就是说，异步复制允许事务不需要直接访问复制的所有数据副本就能完成操作。可以在任意时刻更新源数据，稍后其他复制节点的数据才能得到更新。

异步复制中，首先更新数据的节点称为主节点，其他的称为从节点。主节点是发布数据的服务器，称为发布者（也称为源节点），定义复制对象和复制组的源节点称为主定义节点。源节点服务器维护要发布的数据，复制对象都是源节点数据库服务器的数据对象，复制组通过调度数据链路将复制对象分发到复制组添加的复制节点中。数据链路是为各个数据库间进行通信，基于网络通信协议建立的数据通路。订阅服务器从主定义节点订阅复制组中的复制对象，并且在本地生成复制对象的副本，相当于获得复制对象的快照，并且可以定期刷新订阅的复制对象，以保持数据同步。在名义上，一个数据库服务器可以同时是发布者和订阅者。数据复制可以把数据分发到其他的数据库，也可以将各个源节点的数据合并，最终使所有的数据副本保持一致。用户可以就近访问需要的信息，甚至在本机获得发布数据的副本，减少了对网络环境以及服务器的依赖，使得系统的可用性大大加强。

异步复制有其自身的优点。首先由于异步复制只需对一个副本提交更新即可，因而更新事务可以获得更短的响应时间，不必等待所有副本都更新完毕，才能提交事务；其次当目标系统崩溃时，该复制方法仍能够适应，只是复制工作将延迟到系统恢复后进行。但是这种策略的缺点也显而易见，由于副本的更新可以推迟到更新事务提交之后，所以就导致副本之间的数据可能互相不一致，并且有些副本可能是过时的，因而局部读操作有可能读到过时的数据，不能保证返回最新的值。而且，在有些情况下，可能产生"事务倒转"，即事务可能看不到自己已经写入的值。另外，在不同节点产生同一份报告时，只有等到所有的更新都完成之后才会给出相同的结果。异步复制不能满足强一致性，通常用于只要求弱一致性的应用中。

9.3.2 数据复制的实现方法

数据复制的实现方法可分为两种：一种是传递要复制的数据对象的内容，称为数据对象复制；另一种是传递在数据对象上执行的操作，称为事务复制。

1. 数据对象复制

数据对象复制是把某一时刻源数据对象的内容通过网络复制到各节点的副本上。因为复制的内容是某一时刻的数据对象的状态，所以又形象地称为快照。数据对象复制传输的是数据值，是将整个发布内容复制给订阅者。它的内容也可以是部分的行/列或者视图等。数据对象复制中往往需要复制较多的数据，因而对网络资源需求相对较高，不仅要求有较高的传输速度，而且要保证网络传输的可靠性。

2. 事务复制

事务复制是把修改源数据库的事务操作发送到副本节点。复制内容可以是修改的表项、事务或事务日志。副本接收到复制内容后，通过在本地数据库执行接收到的事务操作来实现与源数据或者处理过程的一致性。事务复制在网络中传送的是事务，把即将发生的变化传送给订阅者，是一种增量复制。在事务复制中，由于要不断监视源数据库的数据变化，因而主服务器的负担较重。当发布数据发生变化时，这种变化很快会传递给订阅者，而不像数据对象复制那样等待一个相对较长的时间间隔。某些数据库系统中的过程化复制，实质上是一种程序化了的事务复制。

9.3.3 数据复制的体系结构

根据节点在数据复制过程中的作用和相互关系，数据复制系统的体系结构可分为主从复制结构、对等复制结构、级联复制结构。

1. 主从复制

主从式是最基本的一种复制结构，在这种结构中，每个数据项定义一个主副本，更新首先在主副本中进行，然后再传播到其他副本(称为从副本)，其中存放主副本的节点称为主节点，存放从副本的节点称为从节点。如果所有复制数据只有一个主节点，则称为单主节点复制。主从复制中只允许从主数据库向从数据库复制对象，复制对象存放在从数据库节点中。数据更新操作只能在主副本上进行，然后复制给其他从副本。

主从复制技术的优点主要有两个。首先，对数据的更新过程比较简单，更新只需在主节点上完成，不必与多个从节点同步。其次，始终可以保证每个数据项至少其主节点的副本中存放着最新值。但是主从结构也有其缺点。在单主节点的结构中，所有数据的主副本都存于一个节点中，那么这个节点将负载过重，成为系统瓶颈，导致系统性能下降。对于主副本复制技术，虽然有降低系统瓶颈的可能，但是也会产生一致性的问题，尤其对于同时使用异步复制技术的复制协议。这种复制技术适合于数据仓库和集中在一个或少数几个节点上的应用数据的情况。

2. 对等复制

在对等复制结构中,复制技术将首先更新事务所在的节点的局部副本,然后再传播给其他副本节点,不同事务可以更新位于不同节点上的同一数据项的副本。因此,所有副本在任何节点都可以被修改,并且修改可以发送给其他副本,即所有节点的地位、作用是等同的,没有主从关系。

这种复制技术的优点在于可以避免单一节点或者少数节点任务过载而产生系统瓶颈的情况,提高系统的吞吐量。但是相对主从复制技术,对等复制技术比较复杂。一个数据项的不同副本可能在不同的节点上同时更新,需要考虑并发控制问题。如果结合同步复制技术使用,可以满足一致性;如果结合异步复制技术使用,事务就有可能在不同的节点按照不同的顺序执行,导致全局事务历程的非可串行化,而且,不同的副本之间有可能失去同步,需要增加结合undo 和 redo 的相关技术,使各节点上的事务是一致的。对等复制适用于拥有分布式决策和操作中心的协作应用,可使系统各节点负载均衡,与异步复制技术结合可进一步提高系统的可用性。

3. 级联复制

级联复制结构是主从结构的一个扩展,它也是由一个主副本和若干个从副本组成。不同于主从结构,它允许每个从副本(从属节点)具有复制的能力,即一个从副本可以把接收到的复制数据再传给下一个从副本。

9.4 数据复制协议

复制协议是对复制策略的实现方法的描述。下面介绍有关分布式数据库系统中常用的主从复制协议和对等复制协议。

9.4.1 主从复制协议

总体上讲,主从复制协议分为两个执行阶段:集中式事务接收/拒绝阶段和集中式事务执行阶段。

1)集中式事务接收/拒绝阶段。该阶段的执行步骤为:

步骤 1:事务到达一个节点,本地事务监视器(TM)向该节点的从节点发送一个请求要求运行该事务。

步骤 2:从节点向主节点发送运行该事务的请求。

步骤 3:主节点接到从节点的请求,并检测活动事务之间的冲突。主节点维护一个它所认可的所有活动事务的暂时挂起队列。如果新请求与暂时挂起队列中的活动事务不存在任何冲突,主节点将该事务加入暂时挂起队列中,并向从节点发送"ACK +",否则发送"ACK -"。

步骤 4:从节点如果收到"ACK +"的响应,则进入事务运行阶段,如果收到"ACK -"响应,则拒绝执行该事务。

2)集中式事务处理阶段。该阶段的执行步骤为:

步骤 1:从节点收到来自主节点的"ACK +",则向其他所有的从节点发送一个消息广播该更新请求。

步骤 2:收到该请求的从节点必须运行该事务并且向发送该请求的从节点发送一个 ACK 消息确认已收到请求。

步骤 3:发送请求的从节点等待并得到来自其他从节点的通知,则事务在所有节点的数据库副本已经被更新成功。

步骤4：从节点给主节点和 TM 发送一个 DONE 消息，确认事务成功。

步骤5：主节点收到 DONE 消息后，将该事务从暂时挂起队列中移除。

主从复制算法结合不同的复制策略以及是否已知主副本位置又有两种不同的复制协议。

1. 结合同步更新的复制

结合同步复制，针对应用已知主副本位置(有限复制透明)和由 TM 负责确认主副本位置(完全复制透明)两种不同的数据复制策略分别制定复制协议。

(1)有限复制透明性

首先假设最简单的情形，数据复制体系结构为单主节点。单主节点就是为整个数据库建立一个主节点，并且应用知道主节点位置，使用有限复制透明技术。

由于知道主节点的位置，包含写操作 write(X) 的全局事务(也可能包含读操作)直接提交给主节点，在主副本中完成写操作。在主节点中，事务中的每个读操作 read(X) 都在主副本上执行，对应的主副本 M 中的数据项 X 标记为 X_M。上述操作执行步骤如下：

步骤1：主副本中，如果操作是 read(X)，X_M 获得读锁，读取数据，返给用户；如果操作是 write(X)，则 X_M 获得写锁，在主副本上执行写操作。

步骤2：主 TM 发送 write 操作到每个从节点，保证冲突更新在每个从节点上的执行顺序和在主节点上的执行顺序是一致的。

对于从节点提交的只读事务 read(X)(不包含写操作)，将发送给主节点，然后获得读锁，在主节点使用集中式封锁协议，比如 C2PL。读操作可以在主节点上执行，并将结果返回给应用程序，也可以发送 lock granted 消息给对应的从节点，使从节点局部执行读操作。

综上，如图9-1所示，首先一个写操作在主副本上执行，然后，写操作传播到其他副本上，在提交的时候，更新成为永久的。对于事务中的读操作则可以在任一副本中执行。

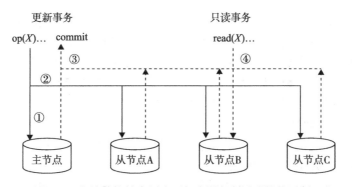

图9-1　主从结构结合同步更新有限复制透明协议示例

通过在局部副本上执行读操作并且不从主节点申请读锁，可以降低节点的负载，并发控制系统可以保证局部读写冲突是可串行化的。对于写操作，由于只能在主节点中执行，因此，从节点中的更新也应按照规定的顺序执行，避免写–写冲突。但是由于同步更新中要求写操作在事务提交时再同步更新从节点中的副本，就使得读操作可能会在事务提交之前在不同的从节点上读到同一个数据项不同的值。但是对于事务的全局来说是可以保证全局可串行化历程的。

(2)完全复制透明性

在有限复制透明的协议中，要求应用知道单主节点的位置，并且，主节点执行需要处理读写操作，在 2PC 执行过程中充当协调者，负载过大。为了解决这些问题，可以使用事务管理程序，更新事务不是提交给主节点，而是提交给应用节点上的 TM，TM 可以起到更新和只读事务的协调者的作用，应用程序可以简单地提交事务给各自的局部 TM，从而替代了主节点的部分工作，复制也成为完全透明的。完全复制透明协议的实现步骤如下：

步骤 1：协调 TM 接收操作，并发送到主节点。

步骤 2：如果操作是 read(X)，则给 X_M 加读锁，并通知 TM。然后 TM 可以将 read(X)转发给任意一个保存着 X 的副本的从节点，读取操作可以在相应从节点上由数据处理程序完成。

步骤 3：如果操作是 write(X)，那么主节点执行下列操作。

步骤 3.1：给 X 加写锁。

步骤 3.2：调用局部数据处理程序，并在自己所属的 X 的副本上执行 write(X)。

步骤 3.3：通知 TM，它得到了所需的写锁。

步骤 4：TM 将 write(X)发送给所有保存 X 的副本的从节点，然后每个从节点的数据处理程序在局部副本上执行相应的 write 操作。

由这个协议可以看出，主节点不处理 read 操作，也不负责副本之间的更新协调，而由用户程序节点上的 TM 负责处理，由此减少了主节点的负载。该协议符合读一写全的规则，在更新事务完成之后，所有的副本都可以保证是最新的，因此，读操作可以在任意副本上执行。

在主从复制结构中，另一种典型的结构是每个数据的主副本分别存于不同的节点，这种复制技术称为主副本复制。由于没有单主节点，复制只能是完全复制透明的，这是由于有限复制的数据库中，只有当更新事务访问的数据项的主节点都相同的时候，有限复制透明才有意义。主副本复制技术中，应用程序节点的 TM 会作为协调者，负责将每个操作转发给每个数据项的主节点。每个数据项的更新事务首先在主副本中执行，然后写操作再传播到其他从副本中，由于结合了同步复制技术，因而要求在主副本事务提交前，其他从副本中对应该数据项的写事务得到确认并提交。

由于没有一个单主节点处理所有的更新事务，所以不存在一个单独的主节点可以决定全局串行化顺序。这个方法有可能会在事务边界内将更新作用到副本上，因此需要和并发控制技术结合，例如主副本两阶段封锁算法，这个算法将每个数据项的一个副本看作是主副本，在一些节点上实现锁管理程序，这些锁管理程序负责管理其他主节点的锁集合，事务管理程序将加锁和解锁的请求发送给负责具体锁的对应锁管理程序。

2. 结合异步更新的复制

结合异步更新执行方式，更新操作仍然首先会作用在主副本中，然后再传播到其他从节点上。与结合同步更新执行方式的复制技术相比，异步更新不要求更新事务执行期间进行更新传播，即无须同时更新其他副本，而是可以在事务提交之后单独执行从副本上的更新事务。写操作首先要在主副本中完成，如果主节点已经被更新，但是从节点并未通过刷新事务接收到更新，那么从节点的副本不能保证是最新的。

(1)有限复制透明性

已知主副本位置的主从复制异步更新技术中，协议包括主副本接收到请求时的执行步骤和从节点接收到操作请求时的执行步骤两部分。

主副本接收到请求时，执行以下步骤：

步骤 1：主节点中，对于写操作，包含写操作的事务首先在主副本中执行。

步骤 2：事务在主节点中提交。

步骤 3：刷新事务发送给从节点。

从节点接收到操作请求时，执行以下步骤：

步骤 1：如果操作是 read(X)，则读取局部副本，并将结果发送给用户。

步骤 2：如果从节点接收到的 write(X) 均要被拒绝，取消相应的事务。

步骤 3：从节点接收到刷新事务请求时，则更新自己的局部副本。

步骤 4：当接收到 commit 或者 abort 命令时，则局部执行对应的操作。

具体来说，如图 9-2 所示，首先一个更新事务在主副本中执行，然后事务在主节点上提交，刷新事务被发送给从节点。

主从结构的复制技术中，对于单主节点的复制结构，由于所有的数据项都只有一个主节点，主节点刷新事务可以按照事务提交的顺序标记事务时间戳，从节点根据事务时间戳的先后顺序来刷新事务，就可以保证主从节点的更新操作的顺序是相同的。对于主副本的复制结构，每个节点都保存着部分数据项的副本，因此一个从节点可能会从多个主节点处得到刷新事务，这些刷新事务也必须在所有的从节点上按照相同的顺序来执行，才能保证最终一致性。这里也可以利用时间戳。

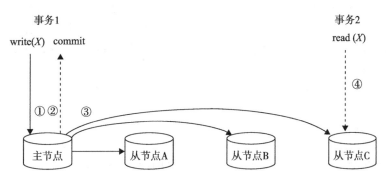

图 9-2　主从结构结合异步更新的有限复制透明协议示例

(2) 完全复制透明性

应用程序不知道主节点的位置，可以在任何节点上提交读写事务，但是这些读写事务要首先转发给主节点，并首先在主节点上执行，这个过程对应用程序来说是完全透明的。这个过程的执行相对复杂，可能导致无法维护可串行全局历程，而且事务可能看不到自己的更新。一种可行的办法是事务提交时间由主节点进行合法性测试，工作原理类似于乐观并发控制算法。包含 write(X) 的事务在提交时，主节点给事务加上时间戳，并将主副本的时间戳设置为最后一个修改过它的事务的时间戳，这个时间戳被附加在刷新事务的后面，当从节点接收到刷新事务的时候，它们将副本的值统一设置为主副本对应事务的最后时间戳。事务在主节点上的时间戳应该大于所有已经有的时间戳，并且小于它所访问的数据项的时间戳，如果这个时间戳无法生成，那么就取消事务。这种测试方法可以保证读操作可以读到正确的值。对于事务不能看到自己写操作的结果，可以维护一个所有更新操作的列表，当有 read 执行时就查询该列表，这个列表由主节点维护，读写操作都在主节点上完成。

9.4.2　对等复制协议

1. 与同步复制结合的复制算法

在对等结构的复制中，所有的节点没有主从之分。这里主要结合同步更新介绍分布式投票算法。此算法中，对于事务的提交，必须所有节点都同意才可以执行，任何节点的拒绝都将引起事务被拒绝。因为结合了同步复制，所以该算法满足强一致性。该算法分为以下两个阶段。

1) 分布式事务接收阶段。该阶段的执行步骤如下：

步骤 1：事务进入一个给定节点，本地 TM 向存储数据项的其他从节点发送一个本地请求，要求运行该事务。

步骤2：从节点接收请求后向其他从节点发出请求，询问是否可以运行该事务。

步骤3：发出请求的从节点等待来自其他从节点的反馈。

步骤4：如果所有从节点都同意运行该事务，则发出请求的从节点进入事务执行阶段，否则，发出请求的节点拒绝执行该事务。

这里要注意每个从节点接收来自不同其他从节点的操作请求，可能包含对同一数据项的不同操作，因而从节点可能产生操作冲突，为解决这些冲突，需要制定基于优先权的投票规则。规则的主要内容包括以下几种情况（假定节点支持事务 T_i）：

情况1：参与投票的从节点目前没有运行事务，则该从节点对执行事务 T_i 投票 OK。

情况2：投票的从节点上正运行着事务 T_j，并且 T_j 与 T_i 之间没有冲突，则该从节点对执行事务 T_i 投票 OK。

情况3：投票的从节点上正运行着事务 T_j，并且 T_j 与 T_i 之间存在冲突。由于 T_j 和 T_i 不能同时运行，必须拒绝或撤销一个事务，为了解决冲突，事务的时间戳可以作为优先考虑的因素。由于 T_j 先于 T_i 启动，并正在运行，所以比 T_i 有更高的优先权，因而，该从节点对 T_i 投票 NOT OK，并撤销 T_i。反之，如果 T_i 比 T_j 先启动，则 T_i 具有较高优先权，那么该从节点对 T_i 投票 OK，并撤销 T_j。

2）分布式事务执行阶段。从节点收到其他所有从节点的 OK 消息之后，可以开始执行事务，具体步骤如下：

步骤1：从节点发送新广播让所有副本执行事务。

步骤2：收到该请求的从节点执行事务后，发送"ACK"回答发出请求的从节点。

步骤3：发出请求的从节点等待所有其他从节点的回应，如果获得全部回应，则认为事务已经在所有节点上执行成功。

步骤4：从节点通知 TM 事务成功执行。

2. 与异步复制结合的复制算法

在对等结构的复制中，更新可以在任何副本上发生，结合异步更新算法，则可以延迟地传播给其他副本。复制协议按照图 9-3 所示步骤执行。

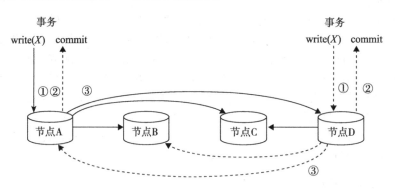

图 9-3   对等结构结合异步更新的复制协议示例

步骤1：事务在本地节点上提交操作请求，每个 read 和 write 操作都作用于局部副本上，并且事务局部提交，提交之后，更新结果成为永久的。

步骤2：事务提交之后，更新信息由刷新事务传播给其他节点。

步骤3：刷新事务到达其他节点后，参加事务的局部调度。可能产生多个事务更新同一数据项的请求，这些更新请求可能是相互冲突的，按照冲突调度算法，依次更新数据项。

具体的冲突调度算法，可以按照时间戳的顺序制定，比如最新时间戳的事务胜出，也可以设置调度次序使其倾向于某些发生更新的源节点——当这些节点更重要时。

由上述协议可以看出，事务读取同一数据项的不同副本可能获得不同的值，因此，对等异步更新策略只能满足弱一致性。

9.5 大数据库一致性协议

一致性协议描述了一致性模型的实现方法。本节介绍在大数据库中使用的 4 种重要的一致性协议和技术：Paxos 协议、反熵协议、NWR 协议和时钟向量技术。虽然这些协议也可用于普通的分布式数据库系统中，但普通的分布式数据库系统倾向于使用那些更简单的一致性协议，如封锁协议、时间戳协议。

9.5.1 Paxos 协议

Paxos 是用于实现分布式系统多个节点数据一致性的协议，通过消息传递的方式，在多个冲突请求中选出一个，以达到分布式系统中各节点的数据一致。这些冲突请求产生的原因可能是由于主节点失效、其他多个节点自我选举成为新的主节点，也可能由于对节点上的数据修改操作引起的。

Paxos 算法划分了以下 3 个角色。

Proposer(提出者)：提出者可以提出提议以供投票。

Acceptor(批准者)：批准者可以对提出者提出的提议进行投票表决，从众多提议中选出唯一确定的一个。

Learner(学习者)：学习者对提议没有投票权，但是可以从批准者那里获知是哪个提议最终被选中。

为保证一致性，Paxos 协议规定：提议只有被提出后才能被选择，算法的一次执行只能选择一个提议，提议只有被选中之后才能通知其他节点。也就是说要保证某一个提出的提议最终能被选择，而且一旦被选中，其他节点都能获得这个消息。

实现中，允许一个进程扮演多个代理，代理之间用消息通信。通信采用异步、非拜占庭模型(non Byzantine model)，即允许消息的丢失或者重复，但是不会出现内容损坏的情况。

Paxos 算法包括以下两个阶段。

(1)阶段 1：准备(Prepare)

1)一个 Proposer 选择一个提议编号 n，并将一个编号为 n 的 Prepare 请求发送给大多 Acceptor。

2)如果 Acceptor 接收到的 Prepare 请求的编号 n 大于它已经回应的任何 Prepare 请求，它就回应已经批准的编号最高的提议(如果有的话)，并承诺不再回应任何编号小于 n 的提议。

(2)阶段 2：批准(Accept)

1)提议如果得到了来自超过半数的 Acceptor 对 Prepare 请求的回应(编号为 n)，那么就向 Acceptor 发送提议编号为 n、值为 v 的 Accept 请求。其中，n 是阶段 1 第 1 步中发送的序号，v 是收到的所有回应中编号最大的提议的值，若收到的回应全部是 null，那么 v 自定义。

2)如果 Acceptor 收到了一个编号为 n 的 Accept 请求，就批准这个提议，除非它已经给某个 Prepare 请求回应了编号大于 n 的提议。

可以用流程图描述该算法的过程，如图9-4所示。

可以看到在某一时刻，自从某个提议被多数 Acceptor 批准后，之后被批准的提议值一定和这个提议值相同。Paxos 算法基本上说是一个民主选举的算法——大多数的决定会成为整个集群的统一决定。任何一个节点都可以提出要修改某个数据的提议，是否通过这个提议取决于这个集群中是否有超过半数的节点同意。

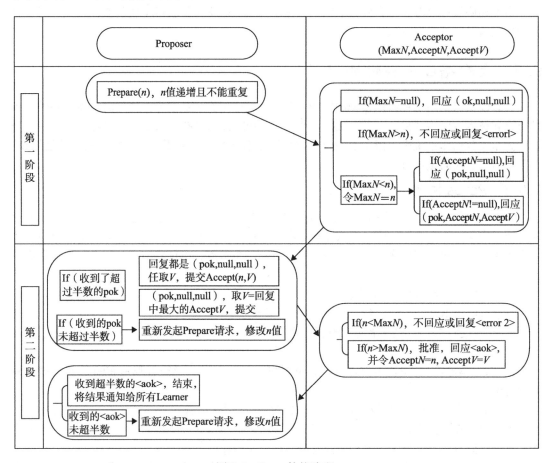

图 9-4   Paxos 协议流程

9.5.2 反熵协议

反熵是 Gossip 算法中的一种，Gossip 是一种对复制状态不要求强一致性的有效的方法。更新传播在预期的时间内按参与节点数目的对数增长，没有什么限制条件，即使某些节点失效或消息丢失，经过一段时间后，这些节点的状态也会与其他节点达成一致，即系统可以获得最终一致性。同时，因为 Gossip 中的节点不关心也无须知道所有其他节点，因此又具有去中心化的特点，不需要任何中心节点，节点之间完全对等。Gossip 是一个带冗余的容错算法，也是保证最终一致性的算法，可以用于众多能接受最终一致性的领域，如失败检测、路由同步、Pub/Sub、动态负载均衡等。

Gossip 算法包括反熵和谣言传播(rumor mongering)。反熵协议中，消息被传递，一直到它被新的消息所替代。反熵协议可用于在一组参与者中共享可靠消息。谣言传播协议中，参与者对持有的消息传播足够长的时间，以便于所有的参与者接收到这个消息。本节着重讨论反熵协议，因为该协议在大数据库中应用广泛。

系统中的两个节点(A，B)之间存在三种通信方式：

- push：A 节点将数据推送给 B 节点，B 节点更新 A 中比自己新的数据。
- pull：A 将摘要数据（node，key，value，version）推送给 B，B 根据摘要数据来选择那些版本号比 A 高的数据推送给 A，A 更新本地。

- push-pull：与 pull 类似，只是多了一步，A 再将本地比 B 新的数据推送给 B，B 更新本地。

如果把两个节点上数据同步一次定义为一个周期，则在一个周期内，push 传递 1 次消息，pull 传递 2 次消息，push-pull 则传递了 3 次消息。从效果上讲，push-pull 最好，理论上一个周期内可以使两个节点完全一致。直观上也感觉 push-pull 的收敛速度是最快的。

在真实应用中，将全部数据都推送出去需要消耗太多代价，所以节点一般按照图 9-5 所示的方式工作。例如 push 方式，节点 A 作为同步发起者准备好一份数据摘要，里面包含了 A 上数据的指纹。节点 B 接收到摘要之后将摘要中的数据与本地数据进行比较，并将数据差异做成一份摘要返回给 A。最后，A 发送一个更新给 B，B 再更新数据。pull 方式和 push-pull 方式的协议与此类似，如图 9-5 所示。

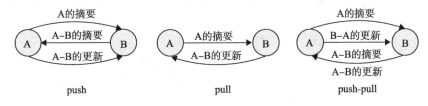

图 9-5　两个节点(A，B)之间的通信方式

反熵协议采用 push、pull 及二者混合的方式进行通信，利用这些通信方式进行数据的交换，如何能尽快地使交换数据达到一致性，则需要采用合适的协调机制。为了保证一致性，节点 p 中的数据由(key，value，version)构成，规定数据的值(value)及版本号(version)只有宿主节点才能修改，其他节点只能间接通过协议来请求数据对应的宿主节点进行修改，即消息 $m(p)$ 只能由节点 p 来修改。反熵协议通过版本号大小来对数据进行更新。协调机制可以使用精确协调和整体协调两种。精确协调中，节点相互发送对方需要更新的数据，每个数据项独立地维护自己的 version，在每次交互时把所有的(key，value，version)发送到目标进行比对，从而找出双方不同之处并更新。由于消息存在大小限制，因而需要选择发送哪些数据。可以随机选择，也可确定性地选择，比如最老版本优先或者最新版本优先的原则。整体协调机制为每个节点上的宿主数据维护统一的 version，相当于把所有的宿主数据看作一个整体，当与其他节点进行比较时，只需比较这些宿主数据的最高 version，如果最高 version 相同说明这部分数据全部一致，否则再进行精确协调。

9.5.3　NWR 协议

对于数据在不同副本中的一致性问题，很多系统采用了 NWR 模型。模型中各符号的含义如下：

- N：复制的节点数量。
- R：成功读操作的最小节点数。
- W：成功写操作的最小节点数。

在包含 N 个副本的系统中，要求写入至少 W 个副本，至少读取 R 个副本才认为成功。

在这个策略中，如果要求系统满足强一致性，可以配置的时候要求 $W+R>N$，因为 $W+R>N$，所以 $R>N-W$。也就是读取的份数一定要比总副本数与写成功的副本数的差值要大。满足上述条件使得客户端每次读取都至少读取到一个最新的版本，从而不会读到一份旧数据。当需要高可写的环境的时候，我们可以配置时减小 W 的值，比如令 $W=1$、$R=N$，这个时候只要写任何节点成功就认为成功，但是读的时候必须从所有的节点都读出数据。如果要求高效率读，可以配置 $W=N$、$R=1$。这个时候任何一个节点读成功就认为成功，但是写的时候必须写所有节点成功才认为成功。

当存储系统只需保证最终一致性时，存储系统的配置一般是 $W+R\leqslant N$，此时读取和写入操作是不重叠的，不一致性的窗口就依赖于存储系统的异步实现方式，窗口大小也就等于从更新开始到所有的节点都异步更新完成之间的时间。

由此可以看到，NWR 模型的一些设置会造成脏数据的问题，因为该模型不像 Paxos 一样始终保证满足强一致，所以，可能每次的读写操作都不在同一个节点上，于是会出现一些节点上的数据并不是最新版本，但却进行了最新的操作。为保证分布式系统的容错性，通常 N 都是大于 3 的。根据 CAP 理论，一致性、可用性和分区容错性最多只能满足两个。因而，需要在一致性和可用性之间做一种平衡。如果要高的一致性，那么就配置 $N=W$，$R=1$，这个时候可用性就会大大降低。如果想要高的可用性，那么就需要放松一致性的要求，此时可以配置 $W=1$，这样使得写操作延迟最低，同时通过异步的机制更新剩余的 $N-W$ 个节点。总结得出下列几种特殊情况：

- $W=1$，$R=N$，对写操作要求高性能和高可用性。
- $R=1$，$W=N$，对读操作要求高性能和高可用性，比如类似 cache 之类业务。
- $W=Q$，$R=Q$，其中 $Q=N/2+1$（一般应用适用），读写性能之间取得平衡，如 $N=3$，$W=2$，$R=2$。NWR 模型把 CAP 的选择权交给了用户，让用户自己选择 CAP 中的两个。

9.5.4　向量时钟技术

向量时钟（vector clock）是一种在分布式环境中为各种操作或事件产生偏序值的技术，最早应用于分布式操作系统中进程间的事件同步。由于在分布式系统中没有一个直接的全局逻辑时钟，在一个由 n 个并发进程构成的系统中，每个时间的逻辑时钟由一个 n 维向量构成，其中第 i 维分量对应于第 i 个进程的逻辑时钟，记为 V_i。在分布式数据库中，使用向量时钟来维护各不同节点的事件时间戳，从而来检测操作或事件的并行冲突，保持系统的一致性。

在分布式环境中，向量时钟描述来自不同节点的时钟值 $V_i[1]$，$V_i[2]$，$\cdots$，$V_i[n]$ 构成的向量，其中 $V_i[j]$ 表示第 i 个节点维护的第 j 个节点上的时钟值。向量时钟的取值可以是来自节点本地时间的时间戳，或者是根据某一规则生成有序数字。在分布式数据库中，$V_i[j]$ 的值代表了数据的版本信息，也就是说 $V_i[n]$ 是在节点 i 上维护的节点 n 上的数据版本信息。通过向量时钟，每个节点可以知道其他节点或副本的状态。

假设系统中包含 3 个副本，其中包括时钟向量 $V_0(3,2,0)$，$V_1(1,3,0)$，$V_2(0,0,1)$，每个 V_i 描述了自己节点上维护的自身以及其他节点上的该数据的时钟信息。节点 0 上读到的节点 0 自身的时钟值为"3"，节点 1 的时钟值为"2"，节点 2 的时钟值为"0"；节点 1 上读到的节点 0 的时钟值为"1"，节点 1 自身的时钟值为"3"，节点 2 的时钟值为"0"；节点 2 上读到的节点 0 的时钟值为"0"，节点 1 的时钟值为"0"，节点 2 自身的时钟值为"1"。

向量时钟通过如下 3 个规则更新。

规则 1：每个节点的初值置为 0。每当有数据更新发生，该节点所维护的时钟值将增长一定的步数 d，d 的值通常由系统提前设置好。该规则表明，如果操作 a 在操作 b 之前完成，那么 a 的向量时钟值大于 b 的向量时钟值。向量时钟根据以下两个规则进行更新。

规则 2：在节点 i 的数据更新之前，我们对节点 i 所维护的向量 V_i 进行更新：$V_i[i]=V_i[i]+d(d>0)$。该规则表明，当 $V_i[i]$ 处理事件时，其所维护的向量时钟对应的自身数据版本的时钟值将进行更新。

规则 3：当节点 i 向节点 j 发送更新消息时，将携带自身所了解的其他节点的向量时钟信息。节点 j 将对接收到的向量时钟信息与自身所了解的向量时钟信息进行比对，然后根据结果进行更新：

$V_j[k] = \max\{V_i[k], V_j[k]\}$。在合并时，节点 j 的向量时钟每一维的值取节点 i 与节点 j 向量时钟该维度值的较大者。

两个向量时钟是否存在偏序关系，通过以下规则进行比较：

对于 n 维向量来说，$V_i > V_j$，如果任意 $k(0 \leqslant k \leqslant n)$ 均有 $V_i[k] > V_j[k]$。如果 V_i 既不大于 V_j 且 V_j 也不大于 V_i，这说明在并行操作中发生了冲突，这时需要采用冲突解决方法进行处理，比如合并。

向量时钟主要用来解决不同副本更新操作所产生的数据一致性问题，副本并不保留客户的向量时钟，但客户有时需要保存所交互数据的向量时钟。如在单调读一致性模型中，用户需要保存上次读取到的数据的向量时钟，下次读取到的数据所维护的向量时钟则要求比上一个向量时钟大（即比较新的数据）。

相对于其他方法，向量时钟的主要优势在于：节点之间不需要同步时钟，即不需要全局时钟，但是需要在所有节点上存储、维护一段数据的版本信息。

比较简单的冲突解决方案是随机选择一个数据的版本返回给用户。在 Dynamo 中，系统将数据的不一致性冲突交给客户端来解决。当用户查询某一数据的最新版本时，若发生数据冲突，系统将把所有版本的数据返回给客户端，交由客户端进行处理。

该方法的主要缺点就是向量时钟值的大小与参与的用户有关。在分布式系统中，参与的用户很多，随着时间的推移，向量时钟值会增长到很大。一些系统中为向量时钟记录时间戳，根据记录的时间对向量时钟值进行裁剪，删除最早记录的字段。

向量时钟在实现中有两个主要问题：如何确定持有向量时钟值的用户，如何防止向量时钟值随着时间不断增长。

9.6 大数据库复制一致性管理

由于大数据库系统在保证高性能和高可靠性方面有较高的要求，因此数据复制技术尤为重要。本节结合具体的案例介绍几种典型的大数据库复制一致性管理技术：基于 Paxos 的复制管理技术，基于反熵的复制管理技术，基于 NWR 的复制管理技术，以及基于时钟向量的复制管理技术。

9.6.1 基于 Paxos 的复制管理技术

Google 的产品广泛使用了 Paxos 协议，Megastore、Chubby 和 Spanner 等一系列产品都是在 Paxos 协议的基础上实现一致性的。

下面首先介绍 Megastore 基于低延迟 Paxos 的复制技术。Megastore 使用了同步复制技术，其复制系统向外提供了一个单一的、一致的数据视图，读和写能够从任何副本开始，并且无论从哪个副本的客户端开始，都能保证事务的 ACID 特性。每个实体组复制结束的标志是将这个实体组事务日志同步地复制到一组副本中。写操作通常需要一个数据中心内部的网络交互，并且本地运行维护网络健康状况的读操作。

Megastore 在实现 Paxos 的过程中，首先设定了一个需求，就是当前读操作可能在任何副本中进行，并且不需要任何副本之间的 RPC 交互。因为写操作一般会在所有副本上成功，所以可以实现在任何地方进行本地读取。本地读取很有用处，满足所有区域的低延迟，以及细粒度的读取失效备援。

在 Megastore 中，Paxos 一般用来做事务日志的复制，日志中每个位置都由一个 Paxos 实例来负责。新的值将会写入之前最后一个被选中的位置之后。

Megastore 设计了一个叫作协调者的服务，分布于每个副本的数据中心。一个协调者服务器跟踪一个其副本已经观察到了所有的 Paxos 写操作的实体组集合。在这个集合中的实体组，它们的副本能够进行本地读取。

写操作算法应该保持协调者保守状态，如果一个写在 Bigtable 中的一个副本上失败了，那么这次操作就不能认为是已经提交的，直到这个实体组的 key 从这个副本的协调者中去除。

为了实现快速的单次交互的写操作，Megastore 采用了一种基于 Master 的预准备优化方法。在基于 Master 的系统中，每个成功的写操作包含一个隐含的准备信息，确保 Master 正确地发布认可消息给下一个日志位置。如果写操作成功了，准备阶段就成功了，下一次写的时候，跳过 Prepare 过程，直接进入 Accept 阶段。Megastore 没有使用专用的 Master，而是使用 Leader。Megastore 为每一个日志位置运行一个独立的 Paxos 算法实例。Leader 根据前一个日志位置的最终值，对每个日志位置进行副本选择。Leader 判断在 0 号提议中使用哪一个值，第一个写入者向 Leader 提交一个值会赢得一个向所有副本要求接收这个值作为 0 号提议值的权利，所有其他写入者必须退回到 Paxos 的第二个阶段。

因为一个写入在提交值到其他副本之前必须和 Leader 交互，所以必须尽量减少写入者和 Leader 之间的延迟。Megastore 设计了选取下一个写入 Leader 的规则，以同一地区多数应用提交的写操作来决定。因此产生了一个简单而有效的原则：使用最近的副本。

Megastore 的副本中有一种叫完全(full)副本，其中包含实体数据和索引数据，可以进行最新读操作。系统中还有两种副本：一种叫作观察者(witnesses)副本，观察者副本在 Paxos 协议执行过程中投票和提前写日志，并且不会让日志生效，也不存储实体数据或索引数据，因而存储代价较低，但是当副本不足以组成一个 quorum，它们就可以加入进来；另外一种叫只读(read-only)副本，它与观察者副本相反，只有数据的镜像，在这些副本上能读取到最近过去某一个时间点的一致性数据。如果读操作能够容忍这些过期数据，只读副本能够在广阔的地理空间上进行数据传输，并且不会加剧写的延迟。

图 9-6 显示了 Megastore 的关键组件，包括两个完全副本和一个观察者副本。Megastore 采用客户端库和副本服务器结构，应用链接到客户端库，这个库实现了 Paxos 和其他一些算法：选择一个副本进行读，追赶延迟的副本，等等。每个应用服务器有一个指定的本地副本，客户端库通过在持久的副本上直接给本地 Bigtable 提交事务来执行 Paxos 操作。为了最小化行程范围，库提交远程 Paxos 操作给中间副本服务器，从而与本地 Bigtable 进行交互。客户端、网络或者 Bigtable 失败可能让一个写操作停止在一个中间状态。副本服务器会定期扫描未完成的写入并且通过 Paxos 提议没有操作的值来让写入完成。

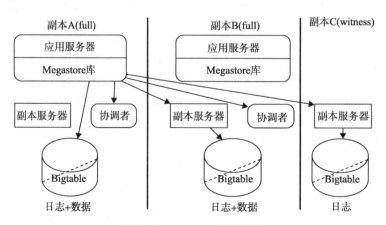

图 9-6   Megastore 架构实例

Megastore 中每一个副本存有日志项的元数据及其更新。为了保证一个副本能够参与到一个写入的投票中，即使它正从一个之前的宕机中恢复数据，Megastore 也允许这个副本接收乱序的提议。Megastore 将日志作为独立的单元存储在 Bigtable 中。

当日志的前缀不完整时，日志将会留下 hole。图 9-7 表示了一个单独 Megastore 实体组的日志副本典型场景。0 ~ 99 的日志位置已经被清除了，100 的日志位置部分被清除，因为每个副本都会被通知已经不需要这个日志了。101 日志位置被所有的副本接受了，102 日志位置发现 A、C 刚好够规定副本数，103 日志位置被 A 和 C 副本接受，B 副本留下了一个 hole，104 日志位置因为副本 A 和 B 发生了写冲突而影响了一致性。

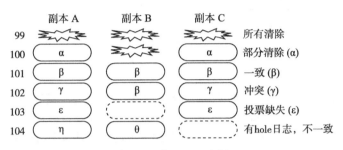

图 9-7　先写日志实例

在一个最新读的准备阶段(写之前也一样)，必须有一个副本是最新的：所有之前更新必须提交到那个副本的日志并且在该副本上生效。这个过程为追赶(catchup)。如图 9-8 所示，一个最新读算法的步骤如下：

步骤 1：本地查询。查询本地副本的协调者，判定当前副本的实体组是否为最新的。

步骤 2：查找位置。确定最高的可能已提交的日志位置，然后选择一个应用这个日志位置生效的副本。

步骤 2a：本地读。如果步骤 1 发现本地副本是最新的，那么从本地副本中读取最高的被接受的日志位置和时间戳。

步骤 2b：多数派读。如果本地副本不是最新的(步骤 1 或步骤 2a 超时)，那么从多数派副本中发现最大的日志位置，然后选取一个读取。从中选取一个最可靠的或者最新的副本，不一定总是本地副本。

步骤 3：追赶。当一个副本选中之后，按照下面的步骤追赶到已知的日志位置：

步骤 3a：对于被选中的不知道一致值的副本中的每一个日志位置，从另外一个副本中读取值。对于任何一个没有已知已提交的值的日志位置，通过 Paxos 发起一个无操作的写操作。Paxos 将会驱动多数副本的一个值获得一致——可能是无操作的写操作或者是之前提议的写操作。

步骤 3b：顺序地在所有没有生效的日志位置生效成一致的值，并将副本的状态变为到分布式一致状态。

如果步骤 3 的追赶过程失败，在另外一个副本上重试。

步骤 4：验证。如果本地副本被选中并且之前没有最新的副本，发送一个验证消息到协调器，以判断(entity group, replica)元组能够反馈所有已提交的写操作。这里无须等待回应，因为如果请求失败，下一个读操作会重试。

步骤 5：查询数据。使用被选择的日志位置的时间戳，从选中的副本中读取数据。如果选中的副本不可用，选取另外一个副本重新开始执行追赶，然后从它那里读取。一个大的读取结果有可能从多个副本中透明地读取并且组装返回。

在实际使用中，步骤 1 和步骤 2a 通常是并行执行的。

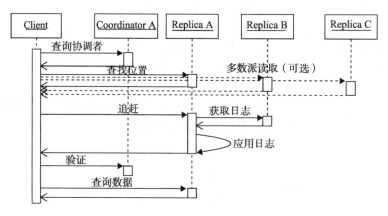

图 9-8   本地副本读操作时间轴

完成读操作之后，Megastore 找到下一个没有使用的日志位置，最后一个写操作的时间戳，还有下一个 Leader 副本。在提交时刻，所有可能的状态更新都变为封装和提议，其中包含时间戳和下一个 Leader 候选人，作为下一个日志位置的一致值。如果这个值获得了分布式认可，那么这个值将会在所有完全副本中生效。否则整个事务将会终止并且必须重新从读阶段开始。

如前文所述，协调器跟踪实体组在它们的副本中是否最新。如果一个写操作没有被一个副本接受，则必须将这个实体组的键从这个副本的协调器中移除。这个步骤叫作失效（invalidation）。在一个写操作被确认为已提交并且准备生效之前，所有副本必须已经接受或者使这个实体组在它们的协调器上失效。

如图 9-9 所示，写操作算法的步骤如下：

步骤 1：接受 Leader。请求 Leader 接受值作为 0 号提议的值。如果成功。跳到步骤 3。

步骤 2：准备。在所有副本上执行 Paxos Prepare 阶段，使用一个比当前任何日志位置都更高的提议号，将值替换成拥有最高提议号的值。

步骤 3：接受。请求余下的副本接受这个值。如果多数副本失败，转到步骤 2。

步骤 4：失效。将没有接受值的完全副本的协调器置为失效。

步骤 5：生效。将值的更新在尽可能多的副本上生效。如果选择的值与原始提议的值不同，则返回冲突错误。

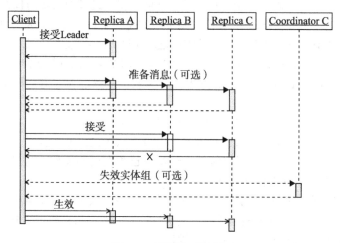

图 9-9   写操作时间轴

在快速写的实现过程中，写操作使用了单阶段 Paxos 协议，通过编号 0 的提议发送一个接受请求，略掉了准备阶段。在日志位置 n 副本被选为下一个 Leader 副本，这个副本仲裁在 $n+1$ 中使用的 0 号协议。因为可能有多个提议者在 0 号提议中提交了自己的值，在这个副本上串行化可以确保对于指定的日志位置的协议号来说，只有一个值符合。

在传统的数据库系统中，提交点与可见点是相同的，在 Megastore 中，提交点在步骤 3 之后，此时写操作已经获得了 Paxos 轮次，但是可见点却在步骤 4 之后。只有当所有的完全副本已经接受或者其协调器失效，才认为写操作被确认，更新生效。在步骤 4 之前确认可以保证一致性，这是因为在一个失效副本上的最新读操作被略掉的话，可能导致写操作确认失败。

基本的 Paxos 协议还存在性能上的问题，一轮决议过程通常需要进行两个回合的通信，而一次跨机房通信的代价为几十到 100 毫秒不等，因此两个回合的通信就有点开销过高了。从 Megastore 的实现上来看，绝大多数情况下，Paxos 协议可以优化到仅需一个回合通信。决议过程的第一个阶段不需要指定值，因此可以把 Prepare/Promise 的过程捎带在上一轮决议中完成，或者更进一步，在执行一轮决议的过程中隐式地涵盖接下来一轮或者几轮决议的第一个阶段。这样，当一轮决议完成之后，其他决议的第一个阶段也已经完成了。如此看来，只要 Leader 不发生更替，Paxos 协议就可以在一个回合内完成。为了支持实际的业务，Paxos 协议还需要支持并发，多轮决议过程可以并发执行，而代价是故障恢复会更加复杂。

因为 Leader 节点上有最新的数据，而在其他节点上，为了获取最新的数据来执行 Paxos 协议的第一个阶段，需要一个回合的通信代价。因此，Chubby 中的读写操作以及 Spanner 中的读写事务都仅在 Leader 节点上执行。为了提高读操作的性能，减轻 Leader 节点的负载，Spanner 还提供了只读事务和本地读。只读事务只在 Leader 节点上获取时间戳信息，再用这个时间戳在其他节点上执行读操作；而本地读则读取节点上最新版本的数据。

9.6.2 基于反熵的复制管理技术

反熵与 Gossip 协议一样，是基于传染病理论的算法，它主要用来保证不同节点上的数据能够更新到最新的版本。在大数据库系统中，Amazon 的 Dynamo 数据库较早使用了该协议。Cassandra 也使用了反熵机制。这是由于 Cassandra 在分布式的架构上借鉴了 Dynamo，而在数据的存储模型上参考了 Google 的 Bigtable，因而在数据一致性方面与 Dynamo 和 Bigtable 有着很深的联系，实际上就是通过反熵机制实现这种联系。本节我们以 Cassandra 为例介绍反熵协议在数据库系统中的一致性实现。

在第 7 章已经介绍了 Merkle 树，我们知道在 Cassandra 中每个数据项可以表示为（key，value）对，key 均匀地分布在一个 2^n 的 key 空间中。两个节点在进行数据同步时分别对数据集生成一个 Merkle Tree。Merkey 树是一棵二叉数，最底层可以是 16 个 key 的异或值。每个父节点是两个子节点的异或值。这样，在比较的时候，两个节点首先传最顶层的节点，如果相等，那么就不用继续比较了。否则，分别比较左右子树。Cassandra 正是基于上述所说的比较机制来确定两个节点之间数据是否一致的，如果不一致，节点将通过数据记录中的时间戳来进行更新。在每一次更新中都会使用反熵算法。

Cassandra 系统中采用对等结构，没有中心节点，使用反熵协议进行节点之间的通信。通信的主要过程如下：

1）初始化，构造 4 个集合，分别保存集群中存活的节点、失效的节点、种子节点和各个节点的信息。

2）Cassandra 启动时从配置文件中加载种子节点的信息，然后启动一个定时任务，每隔 1 秒钟就执行一次。

3）首先更新节点的心跳版本号，然后构造需要发送给其他节点的 SYN 同步通信消息，同步通信消息的内容包括所有节点的地址、心跳、版本号和节点状态版本号。收到 SYN 同步通信消息的节点执行以下操作：

- 根据接收到的消息，更新集群中节点的状态。
- 将接收到的消息与本节点进行对比，保存需要进一步获取的节点信息，构造需要发送给其他节点的信息。
- 将上述信息封装在 ACK 应答通信消息中发送给其他节点。

4）收到 ACK 应答通信消息的节点执行下列操作：

- 在本地更新 ACK 应答通信消息中包含的需要本节点更新的节点信息，并更新集群中节点的状态。
- 将发送 ACK 应答通信消息的节点需要的其他及节点的信息构造成 ACK2 应答通信消息。
- ACK2 应答通信消息返回给发送 ACK 应答消息的节点。

5）ACK2 应答通信消息的节点在本地更新 ACK2 应答消息中包含本节点更新的节点信息并更新集群中节点的状态。

Cassandra 的反熵算法中，会对数据库进行校验和，并且与其他节点比较校验和。如果校验和不同，就会进行数据的交换，这需要一个时间窗口来保证其他节点可以有机会得到最近的更新，这样系统就不会总是进行没有必要的反熵操作了。

反熵在很大程度上解决了 Cassandra 数据库的数据一致性的问题，但是这种策略也存在一些问题。在数据量差异很小的情况下，Merkle 树可以减少网络传输开销。但是两个参与节点都需要遍历所有数据项以计算 Merkle 树，计算开销（或 I/O 开销，如果需要从磁盘读数据项）是很大的，可能会影响服务器的对外服务。

9.6.3 基于 NWR 的复制管理技术

很多系统应用 NWR 协议保证复制的一致性，在应用中通过设置不同的参数值得到强一致性或最终一致性，本节以 Dynamo 为例介绍 NWR 模型在系统中的应用。

Dynamo 为了获得高可用性和持久性，采用了多副本技术，每份数据在 N 个主机上备份。每个键值 k 通过哈希函数计算出其空间位置，并被放置在协调者节点上。协调者管理着落在其范围内的数据项的复制操作。除了本地存储其范围内的每个键值，协调者节点在环上按照顺时针的方向向其后继 $N-1$ 个节点复制这些键值。因而，系统中的每个节点负责环上从它自身到它前 N 个节点的区域。如图 9-10 所示，键值 k 按照哈希函数落在了 A 与 B 之间，按照顺时针方向向后寻找，找到 B 节点，同时 Dynamo 采用 $N=3$ 的配置，因此节点 B 除了存储本地数据，还在 C 和 D 上复制。节点 D 按照范围(A, B]，(B, C]，(C, D]存储这些键值。

在副本管理中，为了减少在服务器失效和网络划分时传统完全复制方法的不可用性，Dynamo 不强制严格规定所有版本都必须复制，而是使用松弛的规定数量，就是 NWR 协议。所有的读和写操作都在参数列表的前 N 个健康的节点上执行，一致性哈希环在游走的过程中，可能不会总是遇到前 N 个节点。比如图 9-10 中的示例，通常 Dynamo 采用（3，2，2）模式，即 $N=3$，$W=2$，$R=2$，可以满足 $W+R>N$。比如 k 键值的数据存储在 A 节点上，同时在 B、C 节点上有副本。

Dynamo 读操作时，按照以下步骤执行：

1）根据一致性散列算法算出所写数据副本所在的节点，其中一个作为协调者节点，如键值 k 的存储节点为 B、C、D，协调者节点为 B。

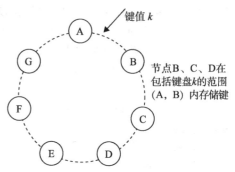

图 9-10 Dynamo 复制结构

2）协调者向 R 个副本发送读请求，收到请求的副本及协调者读取相应数据值，并发送回协调者。B 发送给 C、D。

3）当协调者收到 $R-1$ 个回复值，将这些值进行对比，$R=2$，只要 C 或者 D 有一个回复即可：

- 如果所有副本中的值都一致，直接将这个值回复给客户端。
- 如果不一致，则要将时间戳最新的值返给客户端，也可以根据用户制定的原则向客户端返回数据值。

同时，可以采用读时修复策略，更新过于陈旧的版本数据值。

Dynamo 写操作时，按照以下步骤执行：

1）根据一致性散列算法算出所写数据副本所在的节点，其中一个作为协调者节点，如键值 k 的存储节点为 B、C、D，协调者节点为 B。

2）协调者节点将写请求发送给其他拥有副本的节点，协调者及每个副本节点将收到的数据写入本地。B 发送写请求给 C 和 D。

3）写入成功的副本向协调者回复。当协调者受到 $W-1$ 个应答，则可以完成写操作。由于 $W=2$，$W-1=1$，因此只要 C 或者 D 有一个回应，即可完成写操作。

4）通过异步复制协议再进行其他副本的更新。

9.6.4 基于向量时钟的复制管理技术

在大数据系统中，很多数据库使用了数据版本控制，比如 Amazon Dynamo。如果从一个节点读出的数据的版本是 v1，当相应计算完成后要回填数据时，却发现数据的版本号已经被人更新成了 v2，那么服务器就会写回操作。但是，对于分布式和 NWR 模型来说，会有版本冲突的问题。比如，系统设置了 $N=3$，$W=1$，如果 A 节点上接受了一个值，版本由 v1→v2，但还没有来得及同步到节点 B 上（异步时，应该 $W=1$，写一份就算成功），B 节点上还是 v1 版本。此时，B 节点接到写请求，理论上该请求将被拒绝，但是它一方面并不知道别的节点已经被更新到 v2，另一方面它也无法拒绝，因为 $W=1$，所以写一分就成功了。于是，出现了严重的版本冲突。Dynamo 通过向量时钟的设计把版本冲突的问题交给用户自己来处理。

本节通过实例说明向量时钟在系统中如何使用。向量时钟这个设计让每个节点各自记录自己的版本信息，也就是说，对于同一个数据，需要记录两个内容：一是由哪个节点更新；二是版本号是什么。

举个例子，假设系统中有 A、B、C 三个节点。

1）初始时根据 9.5.4 节介绍的向量时钟的规则 1，三个节点上的向量时钟都要清 0，即 $V_a(0,0,0)$，$V_b(0,0,0)$，$V_c(0,0,0)$。

2）当一个写请求 write(X) 首次申请并且在节点 A 被处理，则节点 A 会增加一个版本信息，向量时钟 $V_a(1,0,0)$。

3）系统又提出另外一个针对 X 的写请求 write(X)，还是被 A 处理了，于是有 $V_a(2,0,0)$。此时，$V_a(2,0,0)$ 是可以覆盖 $V_a(1,0,0)$ 的，不会有冲突产生。

4）我们假设 $V_a(2,0,0)$ 传播到了所有节点（B 和 C），B 和 C 收到的数据不是从应用端产生的，而是由其他节点复制的，所以它们不产生新的版本信息，那么现在 B 的向量时钟为 $V_b(2,0,0)$，C 的向量时钟为 $V_c(2,0,0)$。

5）当又一个请求 write(X) 到达，在节点 B 被处理了，B 的向量时钟变为 $V_b(2,1,0)$，因为这是一个新版本的数据，被 B 处理，B 的版本信息要加 1。

6）假设 $V_b(2,1,0)$ 没有传播到 C 的时候，又一个 write(X) 请求被 C 处理，并把向量时钟更新为 $V_c(2,0,1)$。

7）假设在这些版本没有传播开来以前，有一个 read(X) 请求，并假设系统设置 $W=1$。那么 $R=N=3$，所以 R 会从所有三个节点上读，在这个例子中将读到三个版本。A 上的 $V_a(2,0,0)$；B 上的 $V_b(2,1,0)$；C 上的 $V_c(2,0,1)$。此时可以判断出，$V_a(2,0,0)$ 已经是旧版本，可以舍弃，但是 $V_b(2,1,0)$ 和 $V_c(2,0,1)$ 都是新版本，需要应用自己去合并。

8）如果需要高可写性，就要处理这种合并问题。假设应用完成了冲突解决，这里就是合并 $V_b(2,1,0)$ 和 $V_c(2,0,1)$ 版本，然后重新有 write(X) 请求，假设是 B 处理这个请求，于是有 $V_b(2,2,1)$，这个版本将可以覆盖掉 $V_a(1,0,0)$、$V_a(2,0,0)$、$V_b(2,1,0)$ 和 $V_c(2,0,1)$。

上面问题看似好像可以通过在三个节点里选择一个主节点来解决，所有的读取和写入都从主节点来进行。但是这样就违背了 $W=1$ 这个约定，实际上还是退化到 $W=N$ 的情况了。所以如果系统不需要很大的弹性，$W=N$ 为所有应用都接受，那么系统的设计可以得到很大的简化。

9.7 本章小结

分布式数据库中，为了保证数据的高可用性和可靠性，往往要在多个节点存储多个副本，为了便于多个副本之间的数据更新，就要使用数据复制技术。本章首先介绍了数据复制的基本概念和作用。然后介绍了数据复制的主要策略，从数据复制实现方法、复制内容、复制体系结构等角度加以区别。接着介绍了数据复制协议，从宏观的角度将数据复制的体系结构划分为主从复制结构、对等复制结构和级联复制结构，并分别结合复制时机——同步更新和异步更新介绍了不同的复制协议。在数据复制的过程中，由于采用不同的复制技术，尤其是更新时机的不同，可能导致数据不一致，为此我们介绍了复制一致性的类型，以及相关的一致性协议。在大数据库中，很多系统都采用了一致性协议，最后分别针对这些一致性协议介绍了典型的系统中的应用。

习题

1. 解释为何一些应用要使用弱一致性，并给出一个实际例子。
2. 同步复制和异步复制对一致性有什么要求？
3. 考虑一个非阻塞式主从复制协议，它可用于保证分布式数据库的可串行性。分析该分布式数据库是否同时具有读自己写一致性。非阻塞是指当更新操作发送到被更新副本所在节点之后，就认为更新已完成，而不是等到更新在该节点上真正完成，如阻塞式协议所要求的那样。
4. 分析 Paxos、NWR、MVCC、向量时钟协议在不同条件下满足的一致性。
5. 单主站点的情况下，假设有两个节点 A 和 B，其中 A 保存着 X 和 Y 的主副本，B 保存着它们的副本，考虑下面两个事务，T1 在 B 上提交，T2 在 A 上提交：

T1	T2
read(X)	write(X)
write(Y)	write(Y)
commit	commit

分别给出使用结合同步复制和异步复制协议可能的执行方式，并指出是否可以保证一致性。

主要参考文献

［1］M Tamer Ozsu，Patrick Valduriez. Principles of Distributed Database System（Second Edition）［M］. 影印版. 北京：清华大学出版社，2002.

[2] M Tamer Ozsu, Patrick Valduriez. 分布式数据库系统原理(第三版)[M]. 周立柱, 范举, 吴昊, 钟睿铖, 等译. 北京: 清华大学出版社, 2014.

[3] Saeed K Rahimi, Frank S Haug. 分布式数据库管理系统实践[M]. 邱海燕, 徐晓蕾, 李翔鹰, 等译. 北京: 清华大学出版社, 2014.

[4] 杨传辉. 大规模分布式存储系统原理解析与架构实战[M]. 北京: 机械工业出版社, 2014.

[5] 陆嘉恒. 大数据挑战与 NoSQL 数据库技术[M]. 北京: 电子工业出版社, 2013.

[6] 张俊林. 大数据日知录: 架构与算法[M]. 北京: 电子工业出版社, 2014.

[7] 郭鹏. Cassandra 实战[M]. 北京: 机械工业出版社, 2011.

[8] Lamport L. Paxos Made Simple, Fast, and Byzantine. Proc. of OPODIS[C]. 2002: 7 - 9.

[9] NoSQL 数据库的分布式算法[EB/OL]. [2012-11-09]. http: //my. oschina. net/juliashine/blog/88173.

[10] Baker J, Bond C, Corbett J C, Furman J, Khorlin A, Larson J, Léon J, Li Y, Lloyd A, Yushprakh V. Megastore: Providing Scalable, Highly Available Storage for Interactive Services. Proc. of the 5th biennial conference on innovative data systems research[C]. 2011: 223 - 234.

[11] DeCandia G, Hastorun D, Jampani M, Kakulapati G, Lakshman A, Pilchin A, Sivasubramanian S, Vosshall P, Vogels W. Dynamo: Amazon's Highly Available Key-value Store. Proc. of SOSP[C]. 2007.

[12] Lakshman A, Malik P. Cassandra: A Structured Storage System on a P2P Network[R]. 2008.

[13] Renesse R V, Dan D, Gough V, Thomas C. Efficient reconciliation and flow control for anti-entropy protocols. Proc. of Proceedings of the 2nd Workshop on Large-Scale Distributed Systems and Middleware[C]. ACM, 2008: 1 - 7.

第 10 章

CHAPTER 10

P2P 数据管理系统

10.1 P2P 系统概述

P2P 模型(Peer-to-Peer 模型，对等计算模型)是一种新型的网络服务体系结构，是一种通过直接交换的方式来共享计算机资源和服务的互联网应用模式。与传统的客户端/服务器模式相比，P2P 系统具有很多优势：第一，P2P 系统中的每一个成员具有平等的地位，可同时充当提供者和消费者两种角色，提供者可以向消费者提供共享的数据和计算资源(存储空间或空闲的 CPU 时间)；第二，P2P 系统具有很好的扩展性，系统成员可以动态地加入和退出 P2P 系统，增加了系统的灵活性以及内容的丰富性；第三，在 P2P 系统中，数据是分散存储的，克服了传统集中式数据存储方法所带来的性能瓶颈、单点失效等问题，提高了系统的效率，也增加了系统的可用性和可靠性。正是由于上述优点，P2P 系统被认为是未来分布式资源共享和并行传输体制的关键技术。

目前，基于 P2P 技术的应用是互联网上最为活跃的一个部分。统计数据表明，P2P 应用所产生的网络流量已经占据了约 75% 的互联网总通信量。基于 P2P 技术的搜索引擎、文件共享机制、网络视频音频分发机制为全球用户提供了更多的资源、更高的带宽以及更好的服务质量。常用的基于 P2P 技术的互联网服务有以下 5 种：

1) 数据共享服务。早期出现的提供此类服务的系统有 Napster 和 Gnutella，现在比较流行的是 eMule 和 BitTorrent。使用者通过运行提供此类服务的软件加入数据共享网络，然后就可以直接从网络中已有的其他节点上下载感兴趣的文件。与此同时，自己也可以为其他节点提供下载服务。在整个系统中，数据被分布地存储在所有成员节点上，服务也由全部节点共同来担当。需要特别指出的是，虽然数据不是集中存储的，但数据的目录信息可能集中存储，这有利于提高资源的定位效率。

2) 数据搜索及查询服务。提供此类服务的系统有 Infrasearch、Pointera 等，主要用来在 P2P 网络中完成信息检索。基于 P2P 网络的数据搜索与基于互联网中心服务器的数据搜索截然不同，前者必须要考虑 P2P 网络拓扑结构的动态性以及节点的异构性，即节点可能随时加入或退出 P2P 网络，导致网络中所包含的内容动态变化，而且不同节点所使用的软硬件平台以及数据语义也不一定相同。

3) 分布式协同计算服务。这方面有代表性的应用是寻找外星人计划 SETI@HOME。SETI@HOME 计划的参加者把个人计算机上的空闲 CPU 时间贡献出来，去协同分析和计算来自位于波多黎各的阿雷西博(Arecibo)射电望远镜观测到的数据，从而筛选出可能是地外生物发出的信号。类似的项目还有寻找最大质数项目 GIMPS。需要强调的是，在这些分布式协同计算应用中，都采用了一个集中式事务管理器来协调节点的行为，包括任务的分派、同步和结果的汇总。

4) 数据存储服务。提供此类服务的系统包括 Microsoft 公司的 Farsite 和加州大学的 Ocean Store 等软件。数据在 P2P 网络上的分散化存放可以减轻服务器负担，增强数据的可靠性并提高分发速度。

5)流媒体传输服务。它主要包括 PPLive、CoolStreaming 等软件所提供的视频音频文件分发服务，以及 OICQ 软件所提供的即时通信与文件传输服务、多人参与的计算机对弈游戏等。

虽然基于 P2P 技术的互联网服务多种多样，但其中都包含分布式数据管理这样一个基本问题。为了解决数据放置和检索所带来的巨大挑战，Gribble 等人提出将数据库技术与 P2P 技术相结合，其中最重要的是在 P2P 系统中引入了数据模式的概念，出现了基于模式的 P2P 数据管理系统。它有力地解决了不同节点之间的语义异构问题，提高了数据存储和查询的效率，并且能够支持复杂查询，满足了 P2P 系统动态性和可扩展性要求高的特点。如此来看，基于模式的 P2P 数据管理系统与分布式数据库之间有很多的相似或相异点，下面对此进行分析。

1)从网络拓扑结构上来看，分布式数据库中的节点(场地)相对稳定，节点通常以受控的方式加入或退出网络；而在 P2P 系统中，对等节点即兴地加入或离开网络，网络拓扑结构具有很强的动态性，每个节点的逻辑位置也可能随着网络拓扑结构的改变而改变。

2)从数据的分布性来看，分布式数据库和 P2P 系统都是将数据分布地存储到地理上分散的节点上。但是，在分布式数据库系统中，全部数据首先是一个整体，有一个全部节点公认的全局模式，全局数据经过分片和分配映射到各个场地上存储起来，是一个全局与局部之间的映射关系，而且分布存储的数据之间依然要严格保证数据的一致性；而在 P2P 系统中，没有全局数据的概念，也不强制要求数据必须保持一致性。

3)从查询处理上来看，在分布式数据库中，存在一个全局的查询处理器，负责全局查询的分解和变换，同时还负责事务在不同节点上执行的协调工作，由于网络拓扑相对稳定，因此基于分布式数据库的查询操作可以检索到所有满足查询条件的元组；在 P2P 系统中，不存在协调全部对等节点的超级节点，查询从发起场地沿着某一路径转发，逐步定位查询结果，由于在查询发起的时候，某些节点可能脱机，因此通常不能检索到满足查询条件的全部结果，查询结果的正确性和完整性极大地依赖于瞬间网络状态和语义映射。

10.2 P2P 系统的体系结构

根据 P2P 网络的拓扑结构，P2P 系统的体系结构分为三种：集中式、全分布式和混合型。

10.2.1 集中式 P2P 网络

在集中式 P2P 网络中，维护着一个全局的目录服务器，它负责记录节点的共享信息并回答对于这些信息的查询请求。提供者节点把共享信息发布到目录服务器上，消费者节点首先在目录服务器上查找所需资源的准确节点位置，然后连接节点完成数据交换。集中式 P2P 网络与传统的客户/服务器模式下的集中式系统虽然有相似之处(都维护着一个中心服务器)，但两者有着本质的区别：传统的集中式系统的中心服务器不仅保存资源的目录信息，更为关键的是保存全部的共享资源，客户端只能连接中心服务器并下载所需要的数据；而集中式的 P2P 网络的中心服务器只保留共享信息的目录，所有共享信息依然保存在局部节点上。消费者节点在中心服务器上查找到资源提供者节点后，完成节点之间的连接，并进行数据交换。图 10-1 描述了传统的客户/服务器模式下的集中式系统和集中式 P2P 的网络结构。

第一代 P2P 网络均采用集中式结构，其中典型的代表是 Napster。Napster 是一种可以在网络中下载自己想要的 MP3 音乐文件的软件。安装了 Napster 系统的机器将成为一台服务器，可为其他用户提供音乐下载服务。Napster 系统本身并不存储和提供 MP3 文件下载，它实际上提供的是整个网络中包含的 MP3 音乐文件"目录"，即 MP3 音乐文件的地址，这个目录存放在一个集中的服务器上，而 MP3 音乐文件本身则分布在网络中的每一台机器上。使用者在目录服务器上找到想要的 MP3 音乐文件的位置，然后到指定的位置完成下载。

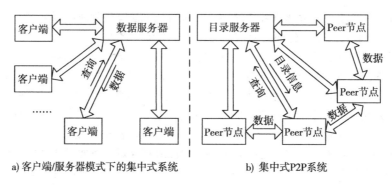

a) 客户端/服务器模式下的集中式系统   b) 集中式P2P系统

图 10-1   客户/服务器模式下的集中式系统与集中式 P2P 系统

10.2.2   全分布式 P2P 网络

集中式 P2P 网络虽然有利于内容查找，但位于系统中心的目录服务器依然是整个系统的瓶颈，而且依然存在着单点失效、负载不均衡、目录更新代价大等问题。第二代 P2P 网络则完全向全分布式方向发展，这也为内容的存储和查询提出了挑战。根据内容的组织方法来划分，全分布式 P2P 网络分为两种形式：结构化全分布式 P2P 网络和非结构化全分布式 P2P 网络。

1. 结构化全分布式 P2P 网络

结构化全分布式 P2P 网络是一种维护节点之间在应用层上互连的组织方法。它按照一定的逻辑拓扑结构将系统中的节点互连起来，内容的存放也相对有序，通过路由消息实现系统中任意两个节点的互通。结构化的 P2P 网络比较适合于拓扑结构相对固定的应用环境。通常使用分布式散列表(DHT)来实现文件到节点的映射。目前已有的结构化全分布式 P2P 网络有 Pastry、Tapestry、Chord 和 CAN 等。本章将在后面详细介绍这几个 P2P 网络及其上的路由算法。

2. 非结构化全分布式 P2P 网络

在非结构化全分布式 P2P 网络中，节点通过一些松散的规则组织在一起，文件也是随机存放的。非结构化 P2P 网络扩展性和容错性较好，但是它采用应用层的广播协议，消息量过大，网络负担过重，节点无法得知整个网络的拓扑结构或组成网络的其他对等节点的信息。新节点加入网络时，系统必须向这个节点提供一个对等节点的列表，但 P2P 网络的强动态性，即节点可随时加入和退出，限制了这个对等节点列表的有效性。

Gnutella 是应用最为广泛的非结构化 P2P 网络。它没有所谓的中心索引服务器，不需要在目录服务器上注册共享信息。当对等节点进行查询的时候，查询请求通过泛洪方式广播发送给直接相连的邻居，并由近及远依次转发直到收到响应，或者达到了最大的泛洪步数。

图 10-2 描述了全分布式 P2P 网络结构。

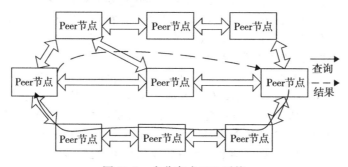

图 10-2   全分布式 P2P 系统

10.2.3　混合型 P2P 网络

混合型的 P2P 网络吸收了集中式 P2P 网络和全分布式 P2P 网络的优点，在设计思想和查询的处理技术上都得到了一定的优化。在混合型的 P2P 网络中，节点以簇的形式组织，某些具有较高性能(如计算能力、存储容量和通信带宽)的节点被选择担当簇头节点(或称为超级节点)，簇内节点把共享信息的目录发布到簇头节点上，簇头节点负责进行搜索和查询处理。混合型的 P2P 网络如图 10-3 所示。

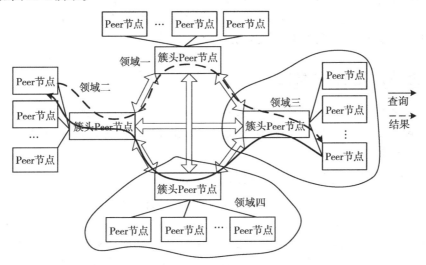

图 10-3　混合型 P2P 系统

第三代 P2P 网络普遍采用混合型结构。普通节点加入网络后，可以选择多个簇头节点作为它的父亲节点，得到簇头节点的允许后，该节点加入簇头节点所领导的域，并把自己共享资源的目录发布到簇头节点上。默认情况下，一个簇头节点可以维护 500 个孩子节点的地址信息。簇头节点应该具有充足的内容资源和较快的连接速度。簇头节点向查询提供匹配的资源所在的地址，而不是资源本身。如果在本领域不能找到与查询匹配的资源，查询将被转发给其他的簇头节点。

10.3　P2P 系统中的数据管理

数据管理是 P2P 应用系统中的一项重要任务。P2P 系统数据管理的核心问题包括：数据的存储策略、索引的构造策略、语义异构性的调整策略和查询传播与查询处理策略。针对这些问题，学术界展开了一系列的研究工作，包括：美国的 Peers、PEPPER、PIER(Peer-to-peer Information Exchange and Retrieval)、Piazza、RDFPeers 等，加拿大的 Hyperion，德国的 Edutella、GridVine、P2P-DIET 等，新加坡的 CQ-Buddy 以及与中国合作的 PeerDB 等。尽管各项目的侧重点不同，但它们普遍追求下面几个共同的性能指标：

1)可扩展性：必须尊重 P2P 系统的自组织特点，即允许节点自由地加入和离开网络，这就要求查询处理的性能不能过分受到网络规模的影响，不能因为网络规模扩大而显著下降。

2)自治性：P2P 系统中的节点是松散耦合的，节点在系统结构、软件与功能配置、通信方式上均有很强的自治性。节点的自治性是 P2P 系统能够持续存在的基础，因此查询处理算法应当充分尊重节点的自治性。

3)健壮性：全分布式 P2P 网络避免了集中式系统单点失效的问题，在一定程度上提高了系统的健壮性，但同时也带来了新的健壮性问题。P2P 网络的健壮性包括两个方面的内容：对故障的健壮性和对攻击的健壮性，在面临节点故障、离开、攻击时，系统应该保持可用性，保证一定的服务质量和效率。

4）支持语义异构：2）中提到 Peer 节点具有自治性，而节点的自治性会带来语义异构的问题，各个节点使用自己的数据模式来表达和组织数据。但是节点之间需要进行数据交换，为此需要解决 Peer 节点语义异构的问题。

5）查询处理能力：查询处理是所有数据管理系统的核心任务。P2P 网络中的查询处理涉及数据存储、语义异构、索引组织、查询请求分发和结果汇聚等众多方面。查询的准确性、查全性、响应时间和通信量是表现 P2P 系统查询处理能力的重要指标。

10.4　资源的定位和路由

在 P2P 网络中进行信息检索，第一步是要进行资源定位。目前主要有两种 P2P 资源定位策略：一是面向非结构化 P2P 网络的资源定位方法，二是面向结构化 P2P 网络的资源定位方法。下面的小节中将逐一进行介绍。

10.4.1　面向非结构化 P2P 网络的资源定位方法

在非结构化 P2P 网络中，节点没有相对固定的逻辑地址，采用随机的方法或者启发式的方法加入网络，网络拓扑随着节点的变迁随时发生演变。面向非结构化 P2P 网络的搜索技术又具体分为两类：随机泛洪法和启发式算法。随机泛洪法的核心思想是从查询节点向所有邻居节点迭代地泛洪查询，用户可以规定查询传播的最远跳数。这种方法简单而且健壮性好，但是只提供在查询节点有限半径内的查询回答，影响了结果的准确性和查全率。启发式搜索在搜索的过程中利用一些已有的信息来辅助查找过程，因此能较快找到所需的资源。

1）泛洪（flooding）搜索算法。在最初的 Gnutella 协议中，使用的是完全盲目的泛洪搜索算法。该算法在搜索时向所有的邻居节点转发查询消息，因此又叫宽度优先搜索。在网络中，一个节点向所有邻居节点广播查询消息，邻居节点再向自己的邻居节点广播，这个过程不断进行下去，像洪水在网络的各个节点中流动一样，所以叫作泛洪搜索。搜索的节点预先设定消息生命周期 TTL（Time-To-Live）并赋以初值。查询在节点间每传播一次，TTL 减 1。如果 TTL 减到 0，则丢弃查询。如果搜索到资源，则返回目标机器的信息用来建立连接。在搜索过程中可能出现循环，当 TTL = 0 的时候循环结束。该算法的特点是：路由算法比较简单，易于实现。但是 Gnutella 泛洪搜索没有提供满足查询截止的算法，使得在查询已经得到满足的情况下，由于 TTL 仍然大于 0，各查询分支仍不能及时地停止，导致呈指数增长的冗余消息的产生，浪费了大量不必要的网络带宽。

2）k 遍历随机游走算法（k-walker random walk）。k 遍历随机游走算法是盲目搜索算法中采用漫游策略的典范。它进一步加强了对节点路由消息的扩散程度的控制。该算法中，请求者发出 k 个查询请求给随机挑选的 k 个相邻节点，然后每个查询信息在以后的漫游过程中直接与请求者保持联系，询问查询结果的有效性并判断是否还要继续漫游。如果请求者同意继续漫游，则又开始随机选择下一个转发节点，否则终止搜索。k 遍历随机游走算法提高了查询信息的传播速度，减少了路由消息量，在一定意义上实现了节点的负载均衡。但是，这种算法所产生的结果的准确性非常依赖于随机漫步的路径，使得结果的准确性很不稳定。图 10-4 描述了 k 遍历随机游走算法的原理。

3）基于移动代理（mobile agent）的搜索算法。该算法将移动代理技术引入 P2P 网络查询信息的路由策略中。简单地说，代理是一个能在异构网络中自主迁移的服务程序，它可与其他代理和资源进行交互。移动代理技术非常适合在网络环境中完成信息检索的任务。源节点发送一个包含了查询信息的代理给它的邻居节点,当这个代理到达一台新的机器上后,就在这台机器上进行资源搜索。如果这台机器上没有它想要的资源,则它自主向下一个邻居节点迁移。如果找到资源,则将结果或者包含结果的节点IP 地址返回给源节点。基于移动代理的搜索算法的优点是:具有很好的用户个性化管理能力,支持离线查询,支持更加智能的代理迁移机制,从而获得更好的查询效率。该算法的主要缺点有:代理的运行增加了节点的负载,而且会带来安全性、隐私保护等多方面的问题。

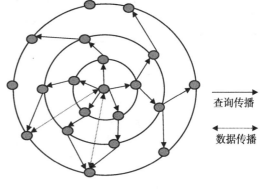

查询传播 →

数据传播 →

图 10-4 $k(k=3)$ 遍历随机游走算法示意图

总之,对于非结构的 P2P 网络路由技术而言,其本质就是通过一种方法尽可能少地覆盖网络中的节点,以达到遍历搜索的目的。由于网络的拓扑结构不确定,从统计学的角度分析,只有通过访问网络中足够多的节点才能确保访问到真正包含有效结果的目标节点。这是面向非结构化 P2P 网络的搜索算法无法回避的本质规律。

10.4.2 面向结构化 P2P 网络的资源定位方法

结构化 P2P 网络是指像 Chord、Tapestry、CAN 之类的点对点的网络。在结构化 P2P 网络中,每个节点都有固定的地址,整个网络具有相对稳定和规则的拓扑结构。依赖于拓扑结构,可以给网络的每一个节点指定一个逻辑地址,并把地址和节点的位置对应起来。对于给定的某个地址,拓扑结构保证只需要通过 $O(\log(n))$ 跳就能路由到相应地址的节点上去(n 是网络中的节点数)。P2P 网络中节点的逻辑地址通常是由散列函数得到的,即每个节点都保存一张分布式散列表(Distributed Hash Table,DHT)进行路由。因此,结构化 P2P 网络也叫作 DHT 网络。

在 DHT 网络中,主机称为节点,共享资源称为对象。节点拥有名字,并且一个节点可以在多个兴趣维度下拥有多个名字。对于一个节点来说,最为典型的名字就是它的 IP 地址。系统拥有一个标识符空间,它是一个整数域,每个标识符就是一个来自该整数域的唯一整数。散列函数将节点的名字转换为节点的标识符,节点的标识符相当于节点的虚拟地址(VID),例如 VID = hash(IP)。同时,共享资源也有自己的对象名。散列函数将对象名转换为对象的关键字(KEY),即 KEY = hash(ObjectName)。在 DHT P2P 网络中,散列值相邻的节点定义为邻居节点。系统中的每个节点都拥有一部分散列空间,它负责保存某个范围的对象关键字。共享资源被发布到具有和 KEY 相近虚拟地址的节点上去。资源定位的时候,就可以快速根据 KEY 到相近的节点上获取二元组(KEY,VID),从而获得文档的实际存储位置。目前典型的 DHT 网络有 Chord、Tapestry、CAN 等,它们的主要区别在于采用了不同的 DHT 路由算法,因此它们具有不同的逻辑拓扑结构。

1. Chord 协议

Chord 是一个环形拓扑结构。Chord 协议详细描述了如何存储和查找共享资源,新节点如何加入以及如何从已有节点的失败或退出中恢复。Chord 协议使用的散列函数是 SHA-1。在 Chord 中,每个节点 N_i 有两个邻居:以顺时针为正方向排列在 N_i 之前的第 1 个节点称为 N_i 的前继(predecessor),在 N_i 之后的第 1 个节点称为 N_i 的后继(successor)。资源存放于其关键字为 KEY 的后继节点上。为了路由的需要,节点保存前继和后继信息,并维护一张最多 m 项的路由表,称为查询表,m 称为查询表级数。其中,第 k 项(k 为查询表数组的下标)保存键值

（（Node_VID + 2^{k-1}）mod 2^m）的后继节点 VID。由此可见，表中节点之间的间距以 2^{k-1} 的关系排列，这实际上是折半查找算法需要的排列关系。整个网络的最大容量为 $n = 2^m$ 个节点。图 10-5 为一个 $m = 6$、具有 9 个节点的 Chord 网络，其中，图 10-5a 描述了资源的存储定位，图 10-5b 描述了从 Node33 节点发起的查询键值为 54 的共享资源的搜索过程。

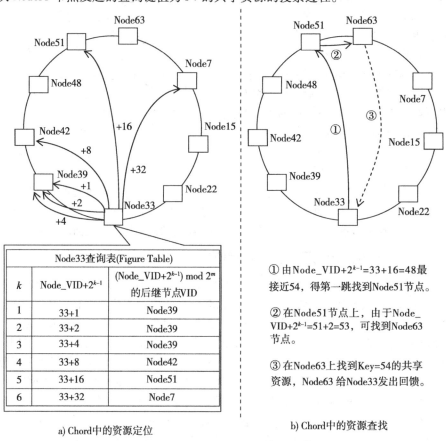

Node33查询表(Figure Table)		
k	Node_VID+2^{k-1}	（Node_VID+2^{k-1}）mod 2^m 的后继节点VID
1	33+1	Node39
2	33+2	Node39
3	33+4	Node39
4	33+8	Node42
5	33+16	Node51
6	33+32	Node7

① 由Node_VID+2^{k-1}=33+16=48最接近54，得第一跳找到Node51节点。

② 在Node51节点上，由于Node_VID+2^{k-1}=51+2=53，可找到Node63节点。

③ 在Node63上找到Key=54的共享资源，Node63给Node33发出回馈。

a) Chord中的资源定位　　　　　　b) Chord中的资源查找

图 10-5　Chord 协议的工作原理

2. Pastry

Pastry 从逻辑上是一个网状的拓扑。Pastry 中没有规定具体应该采用的散列函数，但是定义了一个 128 位的整数空间作为键值的域。每个节点拥有一个 128 位的逻辑地址（Node_VID），为了保证 Node_VID 的唯一性，一般由节点的 IP 地址通过散列计算获得。Node_VID 在域内均匀分布，因此逻辑地址相邻的节点地理位置不同的概率很大。

节点的逻辑地址和关键字均表示为一串以 2^b 为基的数。Pastry 把消息路由到节点逻辑地址最接近于关键字的节点上。每个节点都维护一个路由表（routing table）、一个邻居节点集合（neighbor set）和一个叶子节点集合（leaf set），三者共同构成了节点的状态表。路由的具体过程是：当收到一条搜索请求时，节点首先检查共享资源的关键字是否落在叶子节点集合中。如果是，则直接把消息转发给对应的节点，也就是叶子节点集合中逻辑地址和关键字最接近的节点。如果关键字没有落在叶子节点集合中，那么就将使用路由表进行路由。当前节点会把消息发送给节点号和关键字的直接共同前缀至少比现在的节点长一个数位的节点。当然，会出现路由表对应表项为空或路由表表项对应的节点不可达的情况。此时，路由消息将会被转发给共同前缀一样长的节点，但是该节点和当前节点相比，其节点逻辑地址在数值上将更接近于关键字。这样的节点一定位于叶子节点集合中。因此，只要叶子节点集合中不会出现一半以上的节点同时失效，路由过程就可以继续。从上述过程中可以看出，路由的每一步和上一步相比都向目标节点前进了一步，因此这个过程是收敛的。

图 10-6 是 Pastry 网络中节点 10233102 的路由表信息。b 取值为 2，即所有的数均是四进制数。其中路由表的最上面一行是第 0 行。路由表中每行的阴影项表示当前节点逻辑地址对应的位。路由表中每项表示为“和 10233102 的共同前缀 - 下一数位 - 节点逻辑地址的剩余位”。

Node_VID:10233200　　Key:10233102

Leaf Set

逻辑地址值 < 10233200		逻辑地址值 > 10233200	
10233133	10233121	10233203	10233213
10233110	10233103	10233221	10233230

Routing Table

0-2212102	1	2-2301203	3-1203203
0	1-1-301233	1-2-230203	1-3-021022
10-0-31203	10-1-32102	2	10-3-23302
102-0-0230	102-1-1302	102-2-2302	3
1023-0-322	1023-1-000	1023-2-121	3
10233-0-01	10233-1-00	2	
0		102332-2-0	
0			

Neighbor Set

13021022	10200230	11301233	31301233
02232120	22301203	31203203	33213321

图 10-6　Pastry 网络中节点路由信息表举例

3. CAN

在散列函数上，CAN(内容寻址网络，Content-Addressable Network)与 Chord、Pastry 不同。Chord 和 Pastry 采用的是一致性散列函数，即散列计算结果是一维空间中的数值。而 CAN 基于虚拟的 d 维笛卡儿坐标空间来实现其数据组织和查找，因此 CAN 中的散列函数的结果是一个 d 维笛卡儿空间，其中 d 是根据系统规模大小而确定的常量。

根据 CAN 协议，整个 P2P 网络被映射成为一个 d 维的笛卡儿空间，节点的逻辑地址是由散列函数计算出的一个 d 维的向量。因此，每个节点都对应于 d 维笛卡儿空间中的一点。整个坐标空间动态地分配给系统中的所有节点，每个节点都拥有独立的、互不相交的一块区域。共享资源也经散列函数对应于 d 维笛卡儿空间中的一点，这样共享资源就找到了它相应的存储位置。

每一个 CAN 网络中的节点都维护着一个相邻节点表。相邻节点的定义是，在 d 维笛卡儿坐标空间中，如果两个节点的坐标在其中的 $d-1$ 维上均相等，在剩余的 1 维上坐标值相邻，则这样的两个节点成为相邻节点。不难看出，一个节点在每一维上都会有两个邻居节点，因此，d 维空间中的节点共有 $2d$ 个邻居节点，即 CAN 网络中每个节点都要维护 $2d$ 个邻居节点的信息，这与网络的总规模无关。

图 10-7 描述了一次在 2 维 CAN 网络中进行资源查找的过程。查询从 N_2 节点发起，资源的关键字是$(a，b)$，假设 $0 \leqslant a \leqslant A_1$，$0 \leqslant b \leqslant B_1$。$N_2$ 节点负责存储的关键字区间是$(A_3 \sim A_4，B_3 \sim B_4)$。$N_2$ 首先判断$(a，b)$是否属于$(A_3 \sim A_4，B_3 \sim B_4)$，如果属于，说明待查找的资源在本地；否则，则可沿着 A 维或者 B 维向包含$(a，b)$的关键字区间转发查询请求，直到找到 N_9 节点，查找完成。

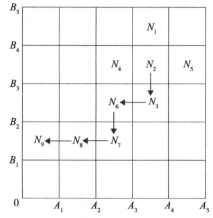

图 10-7　CAN 协议的路由过程举例

以上介绍了 3 种结构化 P2P 网络模型。总体而言，结构化 P2P 网络都是利用分布式散列函数来实现节点与资源的一一对应。采用结构化 P2P 网络，提高了查询的效率，并且降低了查询费用(主要是通信代价)，这是它与非结构化 P2P 网络相比的优势。但是，结构化 P2P 网络的缺点也非常明显：一方面，由于结构化 P2P 网络完全依赖于分布式散列函数产生的逻辑地址和关键字来进行节点寻址和资源定位，这使得物理地址相近的节点逻辑地址可能相去甚远；另一方面，应用中具有相关性的共享资源的键值可能差别很大。这些都不利于查询的进一步优化。

10.5　处理语义异构性

在 P2P 网络中，Peer 节点之间是松散耦合的，每个节点都具有充分的自治性，具体体现在：每个节点可以自由地加入和退出网络；加入网络的节点可以具有不同的组件结构，可以使用不同的操作系统和数据管理系统。Peer 节点的自治性使得不同的数据源具有多层次的语义异构性。

1)模式级异构：数据在关系名、属性名、属性的值域、属性之间的依赖关系，以及属性到值域的映射方面不同。调整模式级异构称为模式匹配，通常采用模式映射的方法来实现模式匹配。模式映射包括集中式和分布式两种实现方法。集中式模式映射是指在 P2P 网络中指定一个中心节点，用于存放全局模式和全局模式到局部模式之间的映射。显然，集中式的模式映射存在着单点失效、中心节点是整个系统的瓶颈、系统的扩展性差等问题。分布式的模式匹配方法不设立中心服务器，模式映射可以在 Peer 节点加入网络之初或查询过程中构造。例如，Peer 节点可以建立与邻居节点的模式映射关系，并通过映射关系的传递性，获得和远程节点之间的模式映射。这样，查询就可以通过带有模式映射的路由路径来向外传播。

2)数据级异构：现实世界的相同实体使用不同的表示形式。调整数据级异构称为实体/对象匹配。可以通过构建映射表来实现实体/对象匹配，映射表中存储的是两个数据源中数据值间的数据关联，反映的就是客观实体之间的对应关系。

Edutella 是一个基于模式的语义网基础架构，其中使用 RDF(Resources Description Framework)和 RDFS(Resources Description Framework Schema)来对 Web 上的资源进行注释，从而实现不同 Peer 系统的资源理解与交换。具体的做法是：利用 RDF 对资源进行注释，RDF 注释保存在 RDF 信息库(RDF repository)中。RDFS 基于类、属性和属性约束来表示模式，定义了 RDF 注释的格式，并定义了描述资源所使用的词汇表。基本的 RDFS 模式为 < subject，property，value >，其中 subject 表示目标资源，property 表示资源的属性集，value 为属性的取值。RDF 信息库有集中和分布两种实现方法。

局部关系模型(Local Relational Model，LRM)是另一种实体匹配方法，其中包括 Peer 节点、一组逻辑相关的 Peer 节点(Peer 熟人(acquitance))、Peer 和其熟人间的语义依赖(调和公式

(coordination formula))以及 Peer 熟人间的数据翻译规则(域值映射)。受 LRM 的启发,加拿大多伦多大学 Kementsietsidis 等提出了 3 种数据交换机制来解决语义异构的问题:1)映射表,提供了熟人之间的数据级映射;2)映射表达式,使用类 Datalog 语法表达模式级映射;3)SQL3 触发器(或 ECA 规则),用于维护不同 Peer 间语义相同的数据的一致性。

美国华盛顿大学的 Piazza 系统支持基于 XQuery 的查询处理。Piazza 采用 XML 建模数据,Peer 节点使用 XML 模式来表达自己的模式,采用 Peer 描述和存储描述两级映射解决语义异构:Peer 描述的是不同 Peer 的"世界视图"之间的映射,用于路由查询;存储描述将一个 Peer 上存储的数据映射到它的"世界视图"。Piazza 关心 XML 和 RDF 之间的关系,提出在 XML 和 RDF 节点间建立映射的算法。Piazza 首先通过模式匹配产生基础映射,再通过人工干预或者自动技术纠正产生的映射。映射采用 PPL(Peer-Programming Language)语言来表达。这种语言合并了传统数据集成中 LAV(Local-As-View)和 GAV(Global-As-View)的重要特性:为了使查询回答简单,它采用类似于 GAV 的方式,相对于源模式定义目标模式。而 LAV 是将源模式定义为目标模式的投影或选择来实现源模式到目标模式的映射。

GridVine 将语义互操作性和高可扩展性结合起来。GridVine 应用数据独立性原理在可扩展的、完全分散的网络上构建语义覆盖层,支持创建局部模式从而改进全局语义的互操作。GridVine 中有两种解决语义异构的机制:1)模式继承(schema inheritance),它允许用户从已存在的模式派生出新的模式,重用属于基模式的概念集合,这是一种促进互操作性的方法;2)语义传播(semantic gossiping),从模式间纯局部映射图开始,随时间推移逐步改进映射的质量,通过局部的、分散的交互性达到全局互操作性。

PeerDB 采用完全自治的方式来组织元数据。元数据描述了节点所拥有的关系的模式定义、关键字等。每个 Peer 节点拥有两个元数据集合:本地字典(local dictionary)和导出字典(export dictionary)。本地字典描述的是本地可访问的数据,导出字典描述了允许被网络中其他 Peer 节点访问的数据。显然,导出字典的内容是本地字典内容的子集。PeerDB 使用关系语言描述模式,用户在创建表时,即为表和属性指定一些关键字充当同义词典,利用基于信息检索的关键字匹配方法来实现模式级映射。由于 PeerDB 假定在整个 Peer 网络中使用一致的关键字,因此无法处理节点使用不同词汇表的情况。

当前,解决语义异构的主要方法是在 Peer 间建立模式或者数据映射,其中存在着巨大的局限性:1)多数映射就是简单的相等或者包含关系,某些研究提出使用更为复杂的映射,如合取、析取等,但这些映射关系尚不能处理大数据源的情况;2)无论是查询发生前预先确定语义映射关系,还是在查询提出后根据关键字匹配确定映射关系,都不能依据查询来解释语义冲突。处理 P2P 网络节点语义异构性依然是一个重要的研究问题。

10.6 查询处理与优化

10.6.1 查询处理

当前,P2P 数据管理系统的查询处理策略包括:数据传递、查询传递、代理传递、基于 DHT 的查询处理、突变查询计划。

数据传递(data shipping)是将源数据移动到查询的发起者,在查询发起者处完成所有操作,从而获得查询结果。数据传递的查询处理方法的缺点是传输开销大,响应时间长。

查询传递(query shipping)是将查询请求向数据移动,在数据所在的场地完成所有操作,只有满足查询请求的数据才传递给查询的发起者,在查询的发起者处进行最终处理。查询传递缩减了需要移动的数据量,具有较高的查询效率。

代理传递(agent shipping)是查询传递的延伸,代理中不仅携带查询请求,而且携带数据处理代码,代理到达远程节点后开始执行,只返回执行结果,进一步缩减了需要传输的数据量,也减轻了查询发起者的处理负载。PeerDB 率先使用了代理传递的查询处理机制,用关系匹配代理找到可能包含查询结果的 Peer 节点,然后由数据检索代理翻译和提交 SQL 查询,将结果发送回产生查询的主代理。代理技术发展的重要阻碍就是安全问题,特别是在 P2P 这样的松散自组织网络中,代理的安全性认证机制至关重要。

在基于 DHT 的查询处理方面,代表工作是 UC Berkeley 大学的 Huebsch 等人开发的 PIER 系统。PIER 采用 DHT 技术实现了 CAN 网络,并将对称散列型连接和 Fetch-Matches 型连接扩展到了 DHT 上,这提供了大规模结构化 P2P 网络中查询处理的高可扩展性和效率保证。

Papadimos 等人提出了突变查询计划(Mutant Query Plan,MQP)。在传统的分布式数据库中,全局查询经全局事务管理器分解并映射为局部场地上的子查询。在全局事务管理器的协调下,各个子查询计划分布、主动和同步地通信和执行。突变查询计划是指各服务器用局部的、可能不完备的知识尽可能多地部分求值查询计划,然后将部分结果合并成新的查询(突变的查询),传递给能够继续处理的其他服务器。突变查询计划使用 XML 表示,可包含逐字的 XML 数据、统一资源定位符(Uniform Resource Locator,URL)或统一资源名称(Uniform Resource Name,URN)。突变查询计划放弃了传统分布式查询处理模型的集中优化和同步,可实现分布式优化,同时最大可能地尊重执行节点的自治性,求值的过程也可根据服务器和网络条件即时调整。

10.6.2　查询优化

传统的集中式数据库系统的优化多采用静态集中优化的方法,优化的主要内容是执行运算的次序。在分布式数据库管理系统中,查询所涉及的数据可能来自于多个场地,在一个场地上的查询优化问题就是集中式数据库的查询优化问题。此外,由于数据的分布式存储和多副本,还要考虑操作的执行场地选择和副本读取场地的选择问题。分布式数据库中的全局查询优化是在协调者场地进行的,属于集中优化、分散执行的方式。在大规模 P2P 网络中,Peer 节点具有很强的自治性,可以随时加入和退出网络,网络拓扑结构的动态变化导致了全局数据的动态变化,提交的查询不太可能在整个查询处理过程中都保持原来的性质,因此 P2P 网络中的查询需要进行运行时再优化。加利福尼亚大学 Avnur 等人提出了自适应的查询优化方法 Eddy。Eddy 的基本思想是将查询的执行过程视为在算子之间路由元组的过程,允许水平改变元组的路由路径,也就是改变算子的执行顺序。Eddy 遵循了下面的过程:1)选择下一个被处理的元组,它可以是来自基本关系的新元组,也可以来自 Eddy 内部缓冲器;2)在所有元组有效路由目的地的中间算子中,选择一个算子,将元组路由到该算子,然后把计算结果存储到 Eddy 内部缓冲器。一个元组的有效路由目的地由算子的语义来决定。Eddy 根据元组流入和流出算子的速率以及每个算子的执行代价来对元组进行路由,即影响算子的执行顺序,达到优化的目的。然而,在 P2P 环境中,每个节点的 Eddy 只能看到路由到或经过该节点的元组数据,不掌握全局情况。换句话说,Eddy 的结合体 Eddies 的优化不能兼顾全局,这是该系统尚未解决的问题。

针对同一个逻辑资源(Logical Resource,LR)对应多个分布的物理资源(Physical Resource,PR),并有多条路由重定向(Routing Redirection,RD)的情况,Edutella 采用了 3 种优化策略:1)朴素算法,先对所有的物理资源求"并",再对"并"的结果应用逻辑资源操作符;2)如果物理资源位置分散,可以将逻辑资源运算符下推到邻近的超级节点上执行,这种优化方法是对朴素算法的等价变换,因此操作结果相同,但具有更好的分布性;3)尽量在一个节点上收集关于一个逻辑资源尽可能多的相关数据,这样就可以利用统计信息进行优化,在整个查询处理的过程中,负责收集信息的节点可以发生变化,以适应网络拓扑的变化和查询的演变。

Piazza 认为冗余是造成查询的执行时间和响应时间较长的主因。根据 Piazza 等人的分析，查询沿着语义路径传播时需要在不同的节点之间根据节点的模式映射进行再形式化（reformulation）。为此，华盛顿大学 Tatarinov 所讨论的优化工作主要针对再形式化过程展开，具体优化工作包括：语义路径的预处理（pre-computation of Semantic Path）、剪枝（pruning）和最小化（minimizing）。语义路径的预处理主要指组合节点的模式映射；剪枝指消去永假的子表达式；最小化指合并冗余的子表达式。实验证明，上述工作确实能够提高查询再形式化的效率，因此能够缩短语义异构 P2P 网络中查询的响应时间。

10.7 本章小结

P2P 网络是一个典型的分布式环境，本章首先介绍了几种典型的 P2P 网络结构，接下来，围绕资源的存储与定位、处理节点之间的语义异构、查询处理、查询优化这4个 P2P 网络数据管理方面的核心问题，详细介绍了一些比较成熟的研究工作所给出的解决方法。总结起来，这方面的工作往往分别从语义覆盖网络和覆盖网络两个方面入手，或解决语义互操作性而只提供有限的可扩展性，或强调可扩展性而忽略语义互操作性。但是，在实际的大规模 P2P 网络中，必须把灵活支持语义异构和具有高可扩展性紧密地结合起来，并且应至少提供关系完备的查询处理能力，这是一个尚未解决的研究问题。为此，需要在以下几个方面进行工作：

1）数据/模式映射的方法及映射关系的管理方法。为了适应大规模、大数据源和新出现的数据结构，需要全新的映射方法，能够根据查询解释语义冲突，表达更为复杂的语义。同时，需要研究管理这些映射的技术，包括：如何发现和建立新的映射关系、如何发现和处理映射冲突、如何为不同语义快速地查找合适的映射。

2）高可扩展性语义索引构造和维护方法。目前，在结构化的 P2P 网络中，假定系统中所有节点采用的都是相同的模式，因此，仅提供数据级索引。接下来，需要针对模式异构，提出模式级的索引，为模式匹配和查询重写提供条件。

3）查询处理和查询优化。基于关键字的信息搜索技术仍有待完善。在数据库领域，现有的范围查询、连接查询、聚集查询处理算法均假定网络中使用相同的模式，或者能够映射为相同的模式。然而在 P2P 网络中，模式异构是不可避免的。因此，今后需要研究利用高可扩展语义索引提供上述查询能力的途径。由于 P2P 网络拓扑结构的不稳定性，需要对查询进行运行时优化，协调节点的优化与全局优化之间的关系。

习题

1. 对比 P2P 系统的几种典型的结构，阐述各自适用的应用场景。
2. 简述基于 P2P 框架的数据管理系统和分布式数据库系统的异同点。
3. 阐述哪些分布式数据库系统的基础理论以及关键技术可以应用到 PeerDB 中，并给出理由。
4. 阐述 P2P 数据管理系统中的资源查找与优化过程。
5. 针对一个应用场景，给出基于 P2P 框架结构的系统设计。

主要参考文献

[1] 田敬，代亚非. P2P 持久存储研究[J]. Journal of Software, 2007, 18(6): 1379 - 1399.
[2] 徐恪，叶明江，胡懋智. P2P 技术现状及未来发展[J]. 通信世界网, 2007, 12.
[3] 余敏，李战怀，张龙波. P2P 数据管理[J]. 软件学报, 2006, 7(8): 1717 - 1730.

[4] Aberer K, Cudré-Mauroux P, Hauswirth M, van Pelt T. GridVine: Building Internet-scale semantic over-lay networks[J]. Lecture Notes in Computer Science, 2004, 3298: 107 – 121.

[5] Aberer K, Cudre-Maroux P, Hauswirth M, Van Pelt T. Start making sense: The chatty Web approach for global semantic agreements[J]. Journal of Web Semantics, 2004, 1(1): 72 – 86.

[6] Aberer K. Guest editor's introduction[J]. ACM SIGMOD Record, 2003, 32(3): 21 – 22.

[7] Avnur R, Hellerstein JM. Eddies: Continuously adaptive query processing. Proc. of the 2000 ACM SIG-MOD Int'l Conf. on Management of Data [C]. 2000: 261 – 272.

[8] Bawa M, Cooper B F, Crespo A, Daswani N, Ganesan P, Garcia-Molina H, Kamvar S, Marti S, Schlosser M, Sun Q, Vinograd P, Yang B. Peer-to-Peer research at Stanford[J]. ACM SIGMOD Re-cord, 2003, 32(3): 23 – 28.

[9] Bernstein P, Giunchigalia F, Kementsietsidis A, Mylopoulos J, Serafini L, Zaihrayeu I. Data manage-ment for peer-to-peer computing: A vision. Proc. of the 5th Int'l Workshop on the Web and Databases (WebDB 2002) [C]. 2002: 89 – 94.

[10] Brunkhorst I, Dhraief H, Kemper A, Nejdl W, Wiesner C. Distributed queries and query optimization in schema-based P2P-systmes[J]. Lecture Notes in Computer Science, 2004, 2944: 184 – 199.

[11] Cai M, Frank M. RDF Peers: A scalable distributed RDF repository based on a structured peer-to-peer network. Proc. of the 13th Int'l World Wide Web [C]. 2004: 650 – 657.

[12] Chirita P A, Idreos S, Koubarakis M, Nejdl W. Publish/Subscribe for RDF-based P2P networks[J]. Lecture Notes in Computer Science, 2004, 3053: 182 – 197.

[13] Crainiceanu A, Linga P, Gehrke J, Shanmugasundaram J. Querying peer-to-peer networks using p-trees. Proc. of the 7th Int'l Workshop on Web and Databases[C]. 2004: 25 – 30.

[14] Gribble S D, Halevy A Y, Ives Z G, Rodrig M, Suciu D. What can databases do for peer-to-peer?. Proc. of the 4th Int'l Workshop on the Web and Databases (WebDB) [C]. 2001: 31 – 36.

[15] Huebsch R, Chun B, Hellerstein J, Loo BT, Maniatis P, Roscoe T, Shenker S, Stoica I, Yumerefendi AR. The architecture of PIER: An Internet-scale query processor. Proc. of the 2005 Conf. on Innovative Data Systems Research [C]. 2005: 28 – 43.

[16] Heubsch R, Hellerstein JM, Lanham N, Loo BT, Shenker S, Stocia I. Querying the Internet with PIER. Proc. of the 29th Int'l Conf. on Very Large Data Bases [C]. 2003: 321 – 332.

[17] Kantere V, Kiringa I, Mylopoulos J, Kementsietsidis A, Arenas M. Coordinating peer databases using ECA rules[J]. Lecture Notes in Computer Science, 2004, 2944: 108 – 122.

[18] Kementsietsidis A, Arenas M. Data sharing through query translation in autonomous sources. Proc. of the 30th Int'l Conf. on Very Large Data Bases[C]. 2004: 468 – 479.

[19] Nejdl W, Siberski W, Sintek M. Design issues and challenges for RDF and schema-based peer-to-peer sys-tems[J]. ACM SIGMOD Record, 2003, 32(3): 41 – 46.

[20] Ng W S, Ooi B C, Tan K L, Zhou A Y. PeerDB: A P2P-based system for distributed data sharing. Proc. of the 19th Int'l Conf. on Data Engineering (ICDE) [C]. 2003: 633 – 644.

[21] Ng W S, Ooi B C, Shu Y F, Tan K L, Tok W H. Efficient distributed continuous query processing using peers[R]. Technical Report, NUS-CS01-03, Kent Ridge: National University of Singapore, 2003: 1 – 13.

[22] Ooi B C, Shu Y F, Tan K L. Relational data sharing in peer-based data management systems[J]. ACM SIGMOD Record, 2003, 32(3): 59 – 64.

[23] Papadimos V, Maier D. Distributed queries without distributed state. Proc. of the 5th Int'l Workshop on the Web and Databases (WebDB 2002)[C]. 2002: 95 – 100.

[24] Papadimos V, Maier D, Tufte K. Distributed query processing and catalogs for peer-to-peer systems. Proc. of the 1st Biennial Conf. on Innovative Data Systems Research (CIDR 2003) [C]. 2003.

[25] Tatarinov I, Halevy A. Efficient query reformulation in peer data management systems. Proc. of the ACM SIGMOD Int'l Conf. on the Management of Data [C]. 2004: 539 – 550.

第 11 章

Web 数据库集成系统

11.1 Web 数据库集成系统概述

Internet 是世界上规模最大、用户最多、影响最广的一个全球化的、开放性的互联网络，它蕴藏着丰富的信息资源，为人们工作、生活带来了许多方便。随着 Web 的发展，Web 上的信息呈爆炸式增长。根据 Web 中的数据信息的来源和访问方式可以将其分为两类：Surface Web 和 Deep Web，即浅层 Web 和深度 Web。Surface Web，也称作可见 Web(visible Web)或可索引 Web(indexable Web)，通常指互联网中可以被传统搜索引擎索引到的 Web 站点与页面。Deep Web 也称为不可见 Web(invisible Web)或隐藏 Web(hidden Web)，通常指互联网中无法被搜索引擎的 spider 程序爬行并索引的那部分内容。在互联网环境中，Surface Web 部分主要由静态页面(static page)所构成，其中的资源可以直接被用户和搜索引擎所访问。而 Deep Web 部分主要由基于 Web 数据库的动态页面、限制访问内容和 Ajax 技术显示的脚本内容等信息构成。Deep Web 中数据不能被用户和搜索引擎直接访问，而是需要通过 Surface Web 中带有查询接口(query interface)的页面提交查询请求，以动态结果页面(dynamic result page)的形式返回给用户。

Deep Web 中存在着大量的 Web 数据库资源，这些 Web 数据库中保存着覆盖各个领域的数据信息以提供给用户访问，而且不断地通过更新数据库的方式保证其提供数据的质量。但是这些 Web 数据库在互联网中是各自独立的，并且隐藏在查询接口后面。

目前 Web 上的信息获取还主要基于雅虎、百度等搜索引擎，为人们提供导航的信息。而对于 Web 上深层的数据库知识，虽然用户可以通过逐一点击的方式获取需要的信息，但需要烦琐的信息收集过程，给用户带来许多不便。尽管如此，用户得到的还是零散的、不完备的且非系统的信息。为此，人们希望 Web 能替代人智能地访问深层 Web 的数据库资源，并能按需为用户提供一系列的集成数据。

Web 数据库集成的主要目的是收集互联网中自由分布的 Web 数据库资源，采用相关技术对其进行集成，最终为用户提供一个透明访问 Deep Web 丰富资源的数据服务。虽然 Web 数据库集成系统也是一个典型的分布式数据库集成系统，但由于 Web 数据库所处的 Internet 环境，以及其特有的资源访问方式(通过 Web 查询接口)和结果展示模式(HTML 文档)的特殊性，使得 Web 数据库集成系统与传统的数据库集成系统存在许多不同。为有效地实现 Web 数据库的集成，必须要解决如下问题：1)从丰富的 Web 资源中发现这些 Web 数据库资源；2)查询时选择合适的 Web 数据库资源；3)正确地将数据记录从结果页面中抽取出来；4)提供一个统一地访问多个 Web 数据库的数据资源并对它们返回的查询结果记录进行比较或集成的数据集成平台。

Web 数据库集成技术为 Deep Web 用户屏蔽了发现与选择 Web 数据库的复杂操作，并自动地从结果页面中抽取数据记录。Web 数据库集成为用户提供的不再是那些包含噪音数据的原始 Web 页面，而是由多个数据源返回的查询结果记录(Search Result Record，SRR)集成的集合。

Web 数据库集成与传统的数据库集成虽然都是将异构数据源中的数据集成后统一返回给用户，但它们在很多方面都具有较大的差别，具体表现如下：

1）Web数据库集成中数据源通常是未知的，需要通过相关技术在互联网中发现数据源，而传统数据库集成中数据源基本上是已知的。

2）Web数据库集成所需的模式信息需要从半结构或无结构的页面中抽取，而传统数据库集成中的模式信息是与数据源绑定并同时提供的。

3）Web数据库集成中数据记录需要从结果Web页面中抽取并标注，涉及的关键技术复杂且容易发生错误，而传统数据库集成可以直接访问数据源接口获得标准的结构化数据记录。

11.2　三种体系结构介绍

Web数据库集成框架根据数据资源管理方式的不同，集成框架所要解决的问题、所使用的关键技术和所能够提供给用户的服务都会有所不同。目前，可以将现有的Web数据库集成框架分为三类模式：数据供应（data feed）模式、数据收集（data collection）模式和元搜索（meta search）模式。

11.2.1　数据供应模式

数据供应模式主要指在Web数据库集成中由Web数据库的管理员将数据提供给全局的数据集成系统，以实现其本地数据能够在全局系统（global system）中被用户集中地查询访问。如图11-1所示，在这种集成模式中，数据接收后存储于全局系统的数据库中，全局系统充当一个大的集中式数据库系统，能够被大量的用户所访问。数据供应模式的特点是，无须复杂的数据集成操作，全局系统定义统一的数据模式和数据提交接口，数据提供者需要自己将私有数据的局部模式映射到全局模式，通过统一接口提交。

可见，基于数据供应模式的集成框架所涉及的关键技术相对比较成熟，已经广泛在工业界中应用，因此这种模式十分适用于商业网站的开发。当前互联网中大量的B2C以及C2C类型商业网站都属于这种数据集成模式，由商家向全局系统提供各自的数据信息，而由用户使用全局系统提供的基于这些数据信息的搜索服务。

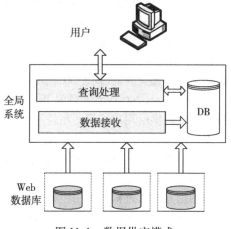

图11-1　数据供应模式

11.2.2　数据收集模式

数据收集模式指系统在互联网中发现Web数据库资源，同时通过数据抽取技术将数据信息从Web数据库中抽取到全局系统的本地数据库中，全局系统再通过对这些数据进行本地集成以满足高级应用或提供数据搜索服务。数据收集模式与基于文本的搜索引擎十分相似，如图11-2所示，Web数据库提供数据的方式是被动的，只在互联网中发布查询接口页面并根据查询请求返回查询结果页面；全局系统保存的数据为从Web数据库中抽取到的数据记录，其中数据的获取方式为主动抽取，数据的模式由全局系统统一定义，

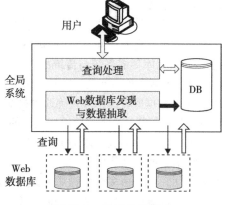

图11-2　数据收集模式

全局系统通过本地数据库保存的记录对外提供数据搜索等服务。数据收集模式的特点是，Web 数据库的数据记录保存在全局系统的本地数据库中，当有用户检索数据时能够直接从本地数据库中查询符合条件的数据记录并返回给用户，具有较高的响应速度。但是，要实现数据收集模式的集成系统必须要面对以下几个关键问题：

1）Deep Web 的爬行技术还不够成熟。虽然现有技术能够抓取到每次查询由 Web 数据库返回的结果页面，但是 Web 数据库所包含的数据量和数据内容都是未知的，很难创建一组全面的查询请求以检索出 Web 数据库中大部分或全部的数据记录。

2）伸缩性较差。全局系统返回给用户的查询结果数据受到本地数据库中数据量的限制，如果希望扩大查询范围，只有通过寻找新的数据源或者到已知的 Web 数据库中抽取更多的数据记录来实现。

3）缺少实时的数据更新。全局系统数据库中的数据在更新时，需要像文本搜索引擎那样定时地重新到 Web 数据库中抓取查询结果页面并从中抽取查询结果记录，数据更新开销大，全局系统难以保持频繁的更新操作。

4）高昂的数据维护代价。全局系统相当于将大量分布式的 Web 数据库中的数据记录集成后保存在本地数据库，因此无论是收集这些数据所需的时间开销，还是存储数据所需的空间都十分巨大。

虽然数据收集模式在处理 Deep Web 数据时会遇到以上问题，但其本地数据库存储数据的方式依然使其能够应用在那些对系统响应时间有较高需求的系统中。目前，一些垂直搜索引擎系统就是以这种数据收集模式为系统框架基础，同时结合搜索引擎技术和 Web 数据抽取技术，实现对数据记录级别的搜索服务。

11.2.3　元搜索模式

元搜索模式指全局系统中仅保存 Web 数据库的元信息，通过将用户提交的查询请求转发至匹配的 Web 数据库执行，之后从结果页面中抽取查询结果记录，将其重新组织后返回给用户，如图 11-3 所示。元搜索模式中，集成系统通常分为两个部分，即离线的数据源管理部分和在线的查询处理部分。在数据源管理部分中，元搜索模式获得数据源的方式与数据收集模式相同，都需要在互联网中发现 Web 数据库，但全局系统并不保存每次的查询结果记录，而是在发现 Web 数据库后抽取相应的查询接口模式和查询结果模式等元信息并保存在本地。查询处理部分主要用于响应用户的查询请求。查询接口是提供给用户访问集成后数据的全局接口，全局接口可以覆盖 Web 数据库的接口，通过属性映射的方法实现查询请求的转发。数据抽取采用在线方式访问 Web 数据库获

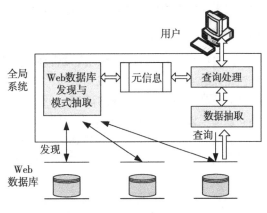

图 11-3　元搜索模式

得查询结果页面，再使用基于元信息的包装器抽取查询结果记录。元搜索模式与前两种模式相比具有以下几点特性：

1）具有较好的伸缩性。在处理用户查询时，全局系统根据元信息的匹配结果动态选择 Web 数据库执行查询，并可以动态地扩大或缩小查询的范围和返回结果记录的数量。此外，在抽取结果页面的数据时，可以根据抽取到的查询结果记录的数据质量及其变化趋势决定是否抽取全部结果页面的数据。

2）能够提供新鲜的数据记录。全局系统中不保存 Web 数据库的查询结果记录，而是每次在响应用户查询时动态地到 Web 数据库中查询最新的结果记录状态。因此系统能够保证每次将最新的数据集成后返回给用户，从而有效地避免了数据过期的问题。

3）具有较低的维护代价。动态抽取查询结果记录的方式使系统节省了大量的存储空间，系统无须构建复杂且昂贵的大型数据库系统存储数据记录，而只需有效地管理 Web 数据库的相关元信息。另外，系统也节省了定期访问 Web 数据库更新数据记录的代价。

目前，基于元搜索模式的数据集成技术并不成熟，其中依然存在着许多研究问题等待人们来解决，这些问题主要集中在以下几个方面：Web 数据库的发现，Web 数据库查询接口模式和查询结果模式的抽取，Web 数据库的分类，基于查询的数据源选择，用户查询的转换，Web 数据库查询结果记录抽取与标注，多数据源查询结果记录集成等。

尽管元搜索模式的集成系统还存在技术上的挑战，但由于其具有可实时访问集成数据的优势，该集成数据信息的方式现在已经被很多 Deep Web 数据集成系统框架所采用。下面的章节中将介绍一个基于元搜索模式的 Web 数据库集成系统。

11.3　基于元搜索模式的 Web 数据库集成系统 WDBIntegrator

Web 数据库与文本数据库的最主要区别是 Web 数据库所包含的数据记录是指向某一个特定领域的，而文本数据库中的内容则是包罗万象的文档。面向领域是 Deep Web 中 Web 数据库资源的一个重要特征。在一个给定的领域中，领域包含的实体类（如图书、论文等）是确定的，所有的数据都是围绕着这些实体类所组织的。对于属于同一领域的不同 Web 数据库而言，其中所包含的结构化数据通常具有相同或相近的模式结构，同时在用于提供数据访问功能的查询接口中，为了能易于被用户识别，也采用具有相同语义的描述文本作为其中的属性标签。因此，在 Web 数据库集成中使用领域知识信息，能够将异构的 Web 数据库按照领域进行划分并统一起来，切实为用户提供一个有实际应用价值的 Web 数据库集成系统。

11.3.1　系统总体结构

为实现对 Deep Web 资源的高效管理，为用户提供同时访问多个 Web 数据库资源的统一接口，此处给出了一个基于领域知识的、采用元搜索模式的 Web 数据库集成框架。应用该框架，可以保证对 Deep Web 资源的即时访问，同时也避免了维护大量数据记录所需的庞大开销。Web 数据库集成框架的具体结构如图 11-4 所示，该 Web 数据库集成框架分为两个子系统：Web 数据库资源搜索子系统和资源查询子系统。这两个子系统之间通过全局系统数据进行关联，功能相对独立，且运行方式也有所不同。在每个子系统中又分别包含若干个模块，实现 Web 数据库集成中的相应功能。下面具体介绍。

1）Web 数据库资源搜索子系统。该子系统采用离线的方式运行，主要功能是为系统响应用户查询请求提供可访问的 Web 数据库资源。首先从互联网中获得 Web 数据库的查询接口，之后抽取其元信息数据并进行分类，并将分类后的元信息作为系统的 Deep Web 资源保存在系统中。该部分主要分为三个模块，分别是：Web 数据库发现模块，Web 数据库模式抽取模块和Web 数据库分类模块。Web 数据库发现模块根据 Web 页面中的表单结构判断是否存在潜在的Web 数据库资源，并对 Web 数据库进行基于领域的简单分类。Web 数据库模式抽取模块主要负责对发现的 Web 数据库的查询接口模式和查询结果模式与全局模式进行匹配，以抽取其中所包含的模式属性信息。Web 数据库分类主要是对已获得的数据源，在功能相近的基础上，进一步基于其中所包含的内容进行分类。由于整个集成框架采用的是元搜索模式，因此该模块最后获得的数据不是结果记录,而是 Web 数据库的元信息。

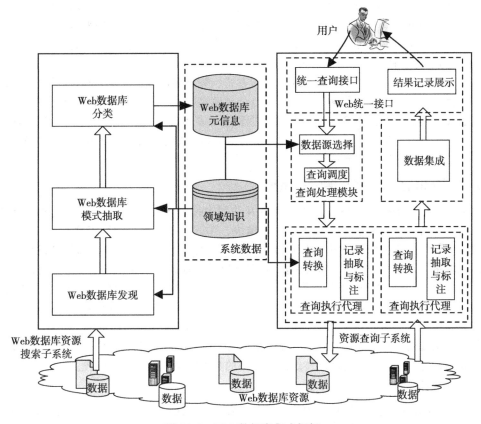

图 11-4　Web 数据库集成框架

2)资源查询子系统。该子系统是集成框架的核心部分,主要功能是根据用户的查询请求为用户返回来自多个数据源的查询结果记录集合。资源查询子系统为用户提供的是由领域知识所定义的统一查询接口,在响应查询请求时根据查询条件的模式匹配符合用户需求的 Web 数据库。由于集成框架中只提供 Web 数据库的元信息,因此采用在线的方式访问。基于元信息将统一接口的查询转换为对 Web 数据库的查询,之后对查询结果页面进行数据记录的抽取与标注,最后集成来自多个 Web 数据库的数据记录。根据其中的主要研究问题,该子系统主要由Web 统一接口、查询处理模块、查询执行代理和数据集成模块组成。Web 统一接口负责提供输入查询请求的查询页面,同时负责将返回的结果以页面形式展示给用户。查询处理模块包括数据源选择子模块和查询调度子模块。查询执行代理模块包括查询转换子模块和记录抽取与标注子模块。数据源选择主要指对通过统一查询接口提交的查询请求进行分析,从 Web 数据库元信息库中选择数据源;查询调度采用分布式调度实现。查询转换根元信息将用户基于统一查询接口的查询请求转换为对 Web 数据库的查询请求;记录抽取与标注主要指从查询结果页面中发现数据记录单元,并根据相关语义信息标注出记录单元中对应的模式属性和属性值。数据集成指将多个数据源返回的查询结果记录合并为统一的结果记录集合,并在此基础上对集成的数据进行清理以提高返回给用户的结果数据质量。由于在数据源选择和结果记录抽取模块中需要语义信息的支持,因此在这两个模块中使用了领域知识来提高结果的精确度。

3)系统数据。集成框架中的系统数据是独立于功能模块的数据部分,其内容主要由两部分组成:领域知识和从 Web 数据库资源搜索模块获得的 Web 数据库元信息数据。领域知识的主要作用是为各功能模块中的相关研究内容提供领域全局概念、相关语义知识和样本数据等方面的支持。领域知识中的具体内容主要包括由专家定义的已知领域的语义知识、领域的全局模式、与模式相关的语义知识、领域内的样本数据记录等。这些领域知识的来源主要由专家人工定义，而领域样本数据则可以随着系统的运行动态地添加。Web 数据库元信息是系统发现的有关 Deep Web 数据源的元信息。由于本文提出的集成框架中的数据源对象是结构化的 Web 数据库，因此元信息中主要包括数据源地址与访问方式、数据源的模式信息（Web 数据库查询接口模式和查询结果模式，以及数据源模式属性与全局模式属性的映射关系）和数据源的分类信息。Web 数据库元信息的数据由 Web 数据库资源搜索模块获得，并应用于资源查询子系统中。

以上三个部分构成了本文实现的 Web 数据库集成的系统框架。下面的小节中将对两个子系统中的功能模块进行详细介绍。

11.3.2　Web 数据库资源搜索子系统

Web 数据库资源搜索子系统主要负责从互联网中搜索 Web 数据库并抽取其相关元信息。该子系统的核心部分主要是 Web 数据库发现模块、Web 数据库模式抽取模块和 Web 数据库分类模块，它们产生的结果数据将作为 Web 数据库的元信息，直接应用于数据源选择和查询结果记录抽取中。首先获得包含 Web 数据库查询接口的页面，接下来由 Web 数据库模式抽取模块将页面中的查询接口模式和结果页面的查询结果模式抽取出来，最后由 Web 数据库分类模块对数据源分类，并将元信息数据保存在系统数据中。Web 数据库资源搜索子系统是 Web 数据集成系统中特有的功能，因为在具有大量 Web 数据库资源的开放环境中，存在多少我们需要的资源是未知的，且是动态变化的。下面将围绕 Web 数据库资源搜索子系统中各模块的功能进行介绍，并结合其功能特征同传统的非集中的数据库集成系统进行比较。

1. Web 数据库发现模块

Web 数据库发现主要指在 Web 中发现可通过表单查询接口访问的 Web 数据库。这一模块主要完成如下功能：获取包含查询接口的 Web 页面；从 Web 页面中发现 Web 数据库的查询接口；对包含查询接口的 Web 数据库进行基于领域的简单分类。该模块是 Web 数据库集成系统中特有的功能模块。

已有的非集中的数据库集成系统都是对已知组件数据库的集成。虽然 P2P 数据库系统中的各个 Peer 点可以自主加入和退出，但各 Peer 点也是在一定可控的范围内，至少其邻居节点可以感知该节点的存在和退出。

2. Web 数据库模式抽取模块

Web 数据库资源的模式主要由两部分构成：查询接口模式和查询结果模式，这两种模式都可以看成是后台数据库模式上的一个视图，是由领域中的属性集合所构成的。Web 数据库模式抽取就是指准确地识别出 Web 数据库模式中所包含的模式属性。

在已有的非集中的数据库集成系统中，各成员数据模式信息是确定不变的，并且各成员数据库只需提供可供用户共享的外模式信息，不区分输入模式和输出模式。通常由数据库管理员面向特定的应用定义外模式。Web 数据库模式需要抽取获得，具有一定的不确定性，输入模式和输出模式也不是一一对应的。可见，Web 数据库集成是面对不确定的数据模式的数据的集成。因此，在 Web 数据库集成系统中，基于模式的数据集成还需要对集成的数据进行一定的校验，进一步验证抽取出的模式的准确性、模式间匹配的准确性以及抽取的数据的正确性。

3. Web 数据库分类模块

对 Web 数据库进行分类能够更加有效地利用这些 Web 数据库中的数据信息。Web 数据库分类模块的主要功能是根据特定的需求自动地对获得的 Web 数据库资源进行分类。目前有关

Web 数据库分类的方式主要是基于查询接口按领域对 Web 数据库分类，因为领域能够有效地标识出 Web 数据库所提供数据的特征，同一领域中的 Web 数据库资源具有很高的相似度，因此这种按照领域的分类方式具有一定的实际意义。但由于 Web 数据库查询接口只提供了功能性信息，对于大量 Web 数据库资源，同一领域中不同的 Web 数据库包含的数据内容具有很大差别，为了更加有效地实现对 Web 数据库的访问，还需要进一步按照其包含的内容对 Web 数据库分类。

Web 数据库分类模块也是 Web 数据库集成系统中特有的模块。Web 数据库不是已知的，需要从众多的 Web 资源中发现和分类，这样才能正确地实现同一领域或同一主题的数据资源的有效集成。而在已有的非集中的数据库集成系统中，各成员数据库是确定的，其服务的应用领域也是已知的，并且是针对已知的具有合作关系的数据库资源的集成。

11.3.3　资源查询子系统

资源查询子系统的功能可以归纳为接收用户提交的查询请求，返回给用户来自多个 Web 数据库的查询结果。然而，为了实现这个功能，为用户提供对 Web 数据库资源的透明访问，资源查询子系统从接收查询请求开始需要经过多步复杂处理才能够为用户返回最终的查询结果。因为基于元搜索模式的数据集成系统不同于数据供应模式和数据收集模式系统，其数据不在本地保存数据记录，而是需要根据 Web 数据库的元信息即时地从 Web 数据库中获得。

在 Web 数据库集成系统 WDB Integrator 中，资源查询子系统由 Web 统一接口、查询处理模块、查询执行代理模块和数据集成模块组成。Web 统一接口包括统一查询接口和结果记录展示，实现用户查询请求的输入和查询结果的展示；查询处理模块包括数据源选择子模块和查询调度子模块，负责数据源选择和查询调度；查询执行代理包括查询转换子模块和记录抽取与标注子模块，负责将查询请求转换为各数据库的查询请求，并抽取记录与模式标注；数据集成模块实现结果数据的集成并将集成的结果返回给用户。

在资源查询子系统中，首先，利用统一的领域查询接口接收查询请求，本系统的查询接口由专家根据领域中 Web 数据库的共同特征定义，其中的模式属性为全局模式属性。接着，根据查询请求的模式属性匹配符合查询功能需求的合适的 Web 数据库，并采用分布式调度策略将访问数据库的任务分配给查询执行代理进行处理。查询执行代理，基于 Web 数据库元信息中的全局模式与查询接口间的属性映射关系，把查询等价地转换成对 Web 数据库的查询。然后，从 Web 数据库返回的查询结果页面中抽取查询结果记录，并对查询结果记录中的属性进行标注。最后，对来自多个 Web 数据库的查询结果记录进行集成，并对其中的部分记录进行修复操作以保证返回给用户的集成数据的质量。

可见，资源查询子系统的实现功能同传统的数据集成系统和分布式数据库系统类似，它们的目标都是实现将多个分布于不同场地上的异构数据库资源进行统一管理，通过为用户提供统一的访问接口，用户就如同访问一个集中的数据库系统一样。同样，在资源查询子系统中，也用到了许多有关分布式数据库系统和多库集成系统中的理论和技术。下面就资源查询子系统中各模块中所遵循的理论以及采用的关键技术进行介绍。

1. Web 统一接口

Web 统一接口为系统提供图形化的查询接口和结果展示窗口，同其他系统一样，基于该统一查询接口输入用户的全局查询请求，将其转换为内部全局查询命令。返回的查询结果基于输出样式将结果展示给用户。

本系统只支持查询命令，类似于 SQL 的 SELECT 命令格式，具体定义如下：

SELECT [ALL |DISTINCT] <目标列 1 > [,目标列 2]… FROM <实体名 > [AT <URI > [, <URI >]] WHERE

<条件表达式> [GROUP BY <目标列>] [ORDER BY <目标列> [ASC |DESC]]

说明：从 AT 子句指定的地址和 FROM 指定的实体集合中，找出满足 WHERE 子句的条件的实体，并按照 SELECT 的显示要求显示出来。若有 GROUP BY 子句，则按列名进行分组；若有 ORDER BY 子句，则按列名进行升序和降序排序。

2. 查询处理模块

查询处理模块包括两个子模块：数据源选择和查询调度。数据源选择是动态数据集成中特有的，用于选择满足查询需求的数据资源；查询调度是全局调度查询的执行过程。

（1）数据源选择子模块

数据源选择的功能是根据元信息从系统获得的数据源中选择出适合于响应用户查询请求的 Web 数据库集合。面对同一领域中大量的 Web 数据库资源，如果全部访问，不但在网络带宽和时间上需要较大开销，而且返回的结果记录虽然丰富但其中可能包含大量重复数据记录和无用数据记录。

在传统的 DDBS 和 MDBS 中，查询所涉及的数据源是已知的，可获得局部数据源模式到全局模式的映射信息，并可以得到完备的数据结果，实现相对简单。

Web 数据库集成系统中，由于涉及的数据源数量众多，并且各数据源存在许多不确定性，每次查询是即时选择满足要求的数据源，并且无法保证返回完备的查询结果，而是尽力获得高质量的数据集合。

在选择数据源的过程中通常采用基于代价的评价模型来评价各数据资源。需要考虑的因素主要有：数据源的模式信息、实例信息和质量信息。评价公式定义如下：

$$\text{total\_score}(\text{ds}_f) = w_1 \text{ds\_Sch}(\text{ds}_f) + w_2 \text{ds\_Ins}(\text{ds}_f) + w_3 \text{quality}(\text{ds}_f)$$

- 模式级评价($\text{ds\_Sch}(\text{ds}_f)$)：评价数据源的查询接口模式和搜索模式（基于单个属性还是基于全文）。
- 实例级评价($\text{ds\_Ins}(\text{ds}_f)$)：评价数据源后台数据库所包含内容的数量和质量。
- 质量级评价($\text{quality}(\text{ds}_f)$)：评价数据源的质量，包括用户评价值和平均响应时间。

（2）查询调度子模块

利用数据源选择子模块选出需要进行访问的数据资源，接着，将全局查询 Q 分解为多个子查询(Q_1, Q_2, …, Q_n)，即将全局事务分解为多个子事务。查询调度子模块根据查询执行代理的负载情况，基于均匀负载的思想，将各子查询分配给各执行代理执行。同时，查询调度监控各执行代理的执行情况。在执行过程中，因为只支持查询操作，全局事务不需要严格遵循事务的四个特性，即不需要考虑事务的一致性、隔离性和持久性。针对全局事务的原子性，设置事务完成期，超期事务自动废弃，并不需要回滚操作。各子事务的事务特性由各 Web 数据库管理系统自治实现，本查询子系统不需要考虑。

3. 查询执行代理模块

查询执行代理模块完成查询调度分配给它的查询子任务，主要包括查询转换子模块和查询结果记录抽取与标注子模块。

（1）查询转换子模块

查询转换子模块的功能是将用户在全局查询接口上的查询请求近似地转换为对 Web 数据库查询接口上的查询请求，具体包括：通过模式匹配的方法和查询探测将全局查询接口的模式属性映射到局部查询接口模式属性上；将全局查询请求中模式属性的约束条件转换到对应局部 Web 数据库查询接口中模式属性的输入上；全局查询接口上的查询请求转换成对局部 Web 数据库的查询请求。内部查询命令格式同全局查询命令，但不包括[AT <URI >[, <URI >]]子句。

传统的 DDBS、MDBS 中的全局查询的查询本地化，是将全局查询转换为各个场地上的子查询，其转换过程基于本地模式到全局模式的映射信息来实现，是等价的转换。在 Web 数据库系统中，全局查询到子查询的转换将依据数据源选择结果以及模式匹配结果而定，没有唯一的等价结果，因此，不可避免查询失败的情况发生。若没有结果返回或结果过少，有些系统会采用进一步松弛查询的方法进行再次调度执行。

（2）查询结果记录抽取与标注子模块

查询结果记录抽取与标注子模块是资源查询子系统中的核心，主要功能是从 Web 数据库返回的查询结果页面中抽取出结构化的查询结果记录，并标识出查询结果记录中各个数据单元对应的模式属性。

Web 数据库返回的查询结果记录主要以 HTML 格式的查询结果页面的形式展现，因此这些数据的结构化特征被 HTML 所掩盖而变成半结构甚至是无结构的文本内容，此外，Web 页面中通常还会加入一些与查询结果无关的内容信息。查询结果记录抽取是将这些查询结果记录通过各种技术手段抽取出来。为方便数据集成，进一步为结果记录中的语义完整的数据单元标识模式属性，即查询结果记录语义标注。

查询结果记录抽取与标注子模块是 Web 数据库集成系统中特有的模块，因为传统的非集中的数据库集成系统的数据模式是固定的，并且是已知的。

4. 数据集成模块

Web 数据库集成框架中的数据集成功能主要是把来自于多个 Web 数据库的查询结果记录按照全局模式合并成统一的数据集合。在数据集成中，Web 数据库的查询结果模式、领域的全局模式以及这两个模式之间属性的映射关系都已经获得，因此查询结果记录的合并只需根据模式向数据集中追加数据记录。然而由于 Web 数据库的模式异构，以及 Web 数据抽取时存在的不确定性，无论是结果模式还是模式间的映射关系都具有一定的不确定性，因此为保证返回给用户数据的质量，数据集成模块还需要对集成数据集合做进一步的处理操作，包括去掉重复记录、修复属性值缺失等。

（1）重复记录识别子模块

来自多数据源的结果记录可能存在重复的记录（或称统一实体），在将结果提交给用户之前，需要进行重复记录识别。同时，来自不同数据源的重复记录的描述信息可能不完全一致，部分会存在互补，为此，也需要进行信息补全处理。目前已有许多重复实体识别的方法，如基于字符串相似度匹配的识别方法、多相似度合成的实体识别方法、基于聚类的识别方法、基于集合理论的实体识别方法等。这是 Web 数据集成中必不可少的组成部分，因为不同数据源中普遍存在或是相同表象的或是不同表象的统一实体。

（2）结果 Top-k 子模块

当前 DeepWeb 数据集成系统中来自用户接口的查询需求，不仅可转换为类 SQL 执行模式，还支持基于关键字的模糊查询，可导致返回过多的结果数据。尽管系统中返回给用户的是各数据源的查询结果的 Top-k，但不同数据源的自治特性、不同数据源的查询模式和结果评价标准都可能不同，为此，应该给定统一的评价标准，综合评价多数据源返回的结果，将 Top-k 结果返回给用户。

（3）结果推荐子模块

搜索系统不仅根据用户的查询结果反馈给用户满足需求的 Top-k 结果，还需要根据用户的偏好推荐用户可能感兴趣的产品，为用户提供更贴心的服务。通常，结合用户自己的事件行为特点、用户的社交行为特征、朋友的行为特点等综合挖掘用户的偏好，为用户推荐恰当的产品和服务。

　　数据集成模块中所完成的工作同传统的 DDBS、MDBS 中的数据集成工作类似，是数据集成系统中的核心工作任务，以全局模式为基准，实现局部模式集成和数据集成，同时需要解决模式异构和数据异构，消除数据冲突，并进行一定的数据清理等工作。然而，传统的 DDBS、MDBS 中的数据信息是确定的，需要清洗的数据通常是指缺失的数据或是输入错误的信息，并且这部分信息应该在自治数据库系统中解决。因此，通常在传统的 DDBS、MDBS 中核心解决的是异构与冲突，一般通过人工定义解决。而在 Web 数据集成系统中，数据模式以及数据都是通过自动抽取页面内容获得的，具有一定的不确定性，除了需要应用模式匹配、本体知识、查询探测等手段进行异构与冲突消解外，还必须进行数据清理和数据验证。同时，不同于经典的数据库系统返回精确的结果，Web 数据集成系统返回近似的 Top-k 结果和推荐的结果。

11.4　本章小结

　　本章首先介绍了已有 Web 数据库集成框架模型，包括数据供应模式、数据收集模式、元搜索模式。由于基于元搜索模式的数据集成系统具有更大挑战性，本章详细地介绍了一个基于元搜索模式的 Web 数据库集成系统 WDBIntegrator，给出了系统总体结构，介绍了系统组成模块。由于 Web 数据库集成系统是面向查询的服务系统，为此，本章重点介绍了资源查询子系统中各组成模块和传统的分布式数据库系统以及多数据库集成系统的异同，为实现 Web 数据库集成提供了一定的借鉴。

　　随着计算技术的发展，Web 上的数据异常丰富，大数据时代已来临。如何有效利用 Web 上零散的数据资源一直是研究者所关注的问题。除了 DeepWeb 数据集成外，如何抽取和挖掘 Web 上的实体及其关联知识，并有效实现知识的融合是当前的核心研究内容。

习题

1. 阐述可否应用分布式数据库管理数据的理念管理来自多个 Web 数据库中的数据。
2. 在 Web 数据库集成系统、分布式数据库系统和多数据库系统中，都存在数据模式的概念，阐述各自的模式级别，以及彼此之间的对应关系。
3. 阐述 Web 数据库集成系统中所需要的核心关键技术。
4. 阐述 Web 数据库集成系统中的查询优化策略，并说明其与分布式数据库系统中的查询优化策略的异同点。
5. 阐述 Web 数据集成系统返回的查询结果与经典的多数据集成中返回的结果的异同。
6. 针对一个应用场景，设计一个 Web 数据库集成系统。

主要参考文献

［1］刘伟，孟晓峰，孟卫一. Deep Web 数据集成研究综述［J］. 计算机学报，2007，30(9)：1475 – 1489.

［2］聂铁铮. Deep Web 中 Web 数据库集成关键技术的研究［D］. 东北大学博士论文，2008.

［3］聂铁铮，于戈，申德荣，寇月. 基于实例的 Deep Web 数据源结果模式匹配技术［J］. 计算机科学与探索，2008，12(06)：601 – 603.

［4］Barbosa L, Freire J. Searching for Hidden-Web Databases［C］. In Proc. of WebDB, 2005, 1 – 6.

［5］Bergman M K. The Deep Web：Surfacing Hidden Value［J/OL］. The Journal of Electronic Publishing, 2001, 7(1). http：//quod. lib. umich. edu/.

［6］Ipeirotis P G, Gravano L. Distributed search over the hidden-web：Hierarchical sampling and selection.

Proc. of VLDB[C]. 2002: 394 - 405.

[7] Liu L, Kou Y, Sun G, Shen D. A Duplicate Identification Model for Deep Web[J]. Journal of Southeast University, 2008, 24(3): 315 - 317.

[8] Liu W, Shen D, Nie T. An Effective Method Supporting Data Extraction and Schema Recognition on Deep Web. In Proc. of 10th Asia-Pacific Web Conference[C]. 2008: 419 - 422.

[9] Nie T, Shen D, Yu G, Kou Y. The Subject-Oriented Classification based on Scale Probing in the Deep Web. Proc. of WAIM[C]. 2008: 224 - 229.

[10] Qu Z, Shen D, Yu G, Kou Y, Nie T. DSSM: A Data Sources Selection Model for Deep Web. Proc. of 2009 Sixth Web Information System and Applications Conference[C]. 2009: 163 - 168.

[11] Shen D, Sun G, Nie T, Kou Y. DeepSearcher: A One-Time Searcher for Deep Web. Proc. of Hybrid Intelligent Systems[C]. 2009, 3: 273 - 277.

[12] Shen D, Li M, Yu G, Kou Y, Nie T. An efficient Top-k Data Sources Ranking for Query on Deep Web. Proc. of WISE[C]. 2008: 321 - 336.

[13] Sun G, Shen D, Liu N, Nie T, Kou Y, Yu G. FAEW: Fully-Automatic Data Extraction Wrapper on Deep Web[J]. Journal of Information & Computational Science, 2009, 6(3): 1163 - 1172.

[14] Wu Z, Raghavan V, Du C. SE-LEGO: Creating Meta-search Engines on Demand. Proc. of SIGIR [C]. 2003: 464 - 464.

第 12 章

大数据库系统研究进展

针对大数据管理的新需求，呈现出了许多面向特定应用的大数据库系统。本章以 key-value 数据模型的 NoSQL 数据库系统相关研究为核心，同时也介绍了与 NoSQL 相关的关系云系统、多存储系统和 MapReduce 框架的相关研究和挑战。本章综述的内容包括数据模型、访问方式、索引技术、事务特性、系统弹性、动态负载均衡、副本策略、数据一致性策略、基于 MapReduce 的数据处理策略和新一代数据管理系统等。

12.1 数据模型的研究

key-value 数据库的目标是支持简单的查询操作，将复杂操作留给应用层实现。在 NoSQL 数据存储领域，为了提高存储能力和并发读写能力，采用了弱关系的数据模型，典型为 key-value 数据模型。key-value 数据模型可细分为 key-value 型、key-document 型和 key-column 型，具体参见 3.10.3 节。进一步，为提高大数据系统的数据处理性能，提出了层次的混合数据模型、面向应用的优化的数据模式设计等研究。本节将介绍优化的数据模型、典型的数据读写方式、分布式索引机制、支持的查询操作等。

12.1.1 支持大数据库管理的数据模型研究

key-value 数据模型支持大数据管理，然而对于支持复杂查询和数据分析具有一定局限性。为此，提出了层次的聚类模型，目的是增加本地化操作，提高数据访问效率。

1. 多层次的数据模型研究

由于数据分布存储在不同节点上，保持数据一致性或同步副本等都将导致高的提交延迟。F1[1] 通过应用层的模式结构和支持结构化的列数据聚类特性增强了数据本地化，减少了请求读远程数据的 RPC 的代价和数量。聚类层次结构数据模型如图 12-1 所示。从逻辑模式看，表模式按外键组织为层次结构，如外键 Campaign. CustomerID 参考 Customer. CustomerID，外键 AdGroup. CustomerID 参考 Campaign. CustomerID，外键 AdGroup. CampaignID 参考 Campaign. CampaignID。在物理存储中，key ID 相同的数据聚类存储，如上层 CustomerID = 1、第二层 CampaignID = 3、第三层 AdGroup = 6 等在物理上按序存储。这样，能够尽可能将相关数据存在一个数据块或相邻数据块中，可有效提高本地化查询概率。

Mesa[2] 中，数据组织为表模式结构，一个表模式包括键空间 (key space) K 和相应的值空间 (value space) V 集合，以及相同 key 的聚集函数 $F: V \times V \rightarrow V$，聚集函数满足结合律和交换律，如 $F(F(v_0, v_1), v_2) = F(v_0, F(v_1, v_2))$ 和 $F(v_0, v_1) = F(v_1, v_0)$) 等，类似于垂直分片的表的合并所具有的性质。Mesa 数据模型中的属性分为维属性和度量属性，所有维属性均为关键字 (key)，度量属性为值 (value)。表模式由维属性组织为层次结构，易于实现 drill-down 和 roll-up 操作。如图 12-2 所示，Date、Country、AdvertiserID 是维属性，点击数 (Clicks)、代价 (Cost) 为度量属性。表 B、C 按属性 Date 和 AdvertiserID 组成层次结构。该数据模型采用累积修改，如

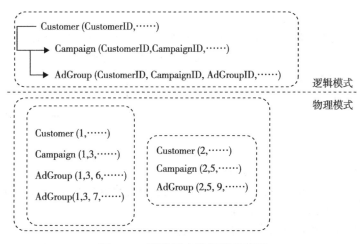

图 12-1　聚类层次数据模型示例

图 12-3 所示，点击数的增加、代价的增加等。为维护多版本数据，且改善维护代价，Mesa 对特定版本数据进行预聚集计算（pre-aggregate），并采用增量（delta）存储，每一增量存储包括不重复 key 的行集合，也称Δ版本，表示为$[V_0, V_1]$，其中，V_0 和 V_1 是修改的版本号。每一 key 的值是值的聚集值。一旦一个 delta 被创建，将永久不变，无须要增量维护和修改。

Mesa表A

Date	AdvertiserID	Country	Clicks	Cost
2013/12/31	1	US	10	32
2014/01/01	1	US	5	3
2014/01/01	2	UK	100	50
2014/01/01	2	US	200	100

Mesa表A的修改版本0

Date	AdvertiserID	Country	Clicks	Cost
2013/12/31	1	US	+10	+32
2014/01/01	2	UK	+40	+20
2014/01/01	2	US	+150	+80

Mesa表B

AdvertiserID	Country	Clicks	Cost
1	US	15	35
2	UK	100	50
2	US	200	100

Mesa表A的修改版本1

Date	AdvertiserID	Country	Clicks	Cost
2014/01/01	1	US	+5	+3
2014/01/01	2	UK	+60	+30
2014/01/01	2	US	+50	+20

图 12-2　两个关联表模式示例　　　　　　图 12-3　两个表修改版本示例

2. 数据模式设计优化研究

典型的数据模式设计的研究涉及查询性能优化和支持事务特性优化两方面。

（1）面向查询代价模型的数据模式设计

对于 NoSQL 系统，简单的数据模型和查询语言无法实现高层的查询优化器。然而，用户却希望应用基于数据库提供的简单操作实现更复杂的操作。因此，期望基于非规范化的物理模式有效地响应复杂查询。

Michael J. Mior[3] 提出了一种基于代价的 NoSQL 数据库的自动模式设计方法。对于给定的设计模式，目标是基于查询代价模型评价查询所需要的代价。该查询评价模型采用基于 ER 图查询的简单句法表示查询语句，如：

```
SELECT [attributes] FROM [entity] WHERE [column]
(= | < | < = | > | > =) [value] AND :::ORDER BY [columns]
```

为支持带选择谓词和排序短语的查询，提出了独立于 DBMS 构建能响应查询的索引和物化视图的方案。为支持带选择谓词的查询，为指定的选择谓词构建索引，即构建一个 column family 作为索引，其中，主表的 row key 对应索引的列名（column name），主表的列值（column value）对应索引的 row key。基于该索引选择给定范围的行以支持范围查询，也可通过串接多个列值为 row key 支持多选择谓词。为支持 ordering 短语，采用相似的索引结构，但索引的 row key 内容不同。该索引的 row key 是对应主表的 column value 和 row key 连接的内容（column values_row keys），而索引的列名（column name）同上，对应主表的 row key。若支持多列排序，将多个主表中的 column value 串接为 column name。

针对给定的一个索引结构，该查询代价模型能评价基于该索引结构获取数据的代价。模型的输入包括：1）实体类型和相应的索引域；2）每一实体类型的数量；3）每一域的基数。基于该输入，查询代价模型能够估算出基于该索引获取给定属性域的一组记录的代价。

（2）面向事务特性的数据模式设计

当应用负载增加和用户数量增加时，都会引起扩展瓶颈。目前，研究团体主要侧重物理模式设计，例如探索支持事务的数据分区[4,5]，而很少考虑影响应用性能的逻辑模式设计。为有效支持事务的特性，BigTable 家族系统，包括 Hypertable、HBase、Cassandra 等，将事务中的修改限制于行级的列子集合，可同时访问列组，但需要开发者指定局部约束，如实体组的概念。G-Store[5] 为支持面向云数据库的事务的多 key 访问采用了分片策略，支持 join 的 keys 组构建为一个片段，且一个片段存放在一个独立点上（即共存数据集）。Schism[4] 是一个面向关系数据库的负载感知的分片方法，用于改进分布式数据库的可扩展性。将元组模型化为点，元组间的边模型化为修改事务。通过图分片平衡事务的负载，并最小化交叉分片事务。

面向逻辑模式设计的研究，主要侧重逻辑模式设计，而不是 NoSQL 数据库的物理优化。主要强调 NoSQL 后端的潜在可扩展瓶颈，面向应用开发者而不是云服务提供商。思想是面向数据库模式级模型进行检查，尽早发现设计弊端。若模式设计和用户写行为已知，可采用树自动机理论静态而保守地分析固有模式的瓶颈。文献[6]中，首先，将模式编码为类似于 DTD 的常用树语言，将 XML 文档定义为有效的树结构。接着，将该模式派生为一个树自动机 As，只接收一个实体组中有效的树。同时获取修改表达式中的用户写行为，为用户生成可接受的写树自动机 Aw（用户涉及的所有写操作）。然而，不同用户具有不同的树，利用自动机理论，检查是否由 As 接受的语言包含在 Aw 所接受的语言中。若是这样，可保证该模式中的实体组中的写都是由同一用户完成的。通常存在两种不安全的模式：包含检查失效或包含不确定自动机 Aw 的开始。对于任一种情况，都可能存在两个用户写同一实体组中数据的情形。该方法通过抽取云数据库模式摘要和应用代码摘要以及用户的写请求，可检测高比率失效事务的性能争用问题，即检测出该设计模式具有的瓶颈。

数据模型是数据管理所关注的核心问题。key-value 数据模型因其简单和具有灵活的可扩展性而广泛被云系统所采用。目前，现有一些 key-value 数据库产品都是面向特定应用构建的，支持的功能以及采用的关键技术都存在很大差别，并没有形成一套系统化的规范准则。虽然已提出一些设计模式检查和优化方法，但还没有规范化的 key-value 数据模型及其支持理论。目前的研究主要包括：1）key-value 数据模型的规范定义和所支持的基本操作；2）面向应用设计 key-value 数据组织所遵循的准则，如代价最小化的 key-value 数据物理组织模型、代价最小化的数据可扩展的启发式准则，为数据最优组织提供遵循准则；3）key-value 数据对间的关联关系以及正确性验证规则，为数据组织的合理性和正确性提供一定依据；等等。

12.1.2 读写方式

已有 key-value 数据库的读写方式可分为面向磁盘的读写和面向内存的读写两种。后者适合于不要求存储海量的数据但需要对特定的数据进行高速并发访问的场景。采用哪一种读写方式，通常由数据量的大小和对访问速度的要求决定。下面只介绍面向磁盘的读写方式。

1. 面向磁盘的读写方式

通常情况下，NoSQL 系统中都存储着海量的数据，且无法全部维持在内存中，所以一般都采用面向磁盘的读写方式。

图 12-4 描述了 NoSQL 系统中采用的典型的面向磁盘读写的过程。通常，当写入数据时，数据首先会被写到一个内存结构中，系统返回写入成功。而内存中的数据达到指定大小或存放超过指定时限时，会被批量写入磁盘。当需要读取数据时，首先访问内存结构，如果未命中则需要访问磁盘上的实例化文件。当系统发生意外宕机，内存结构中的数据将丢失，一般采用日志的方式来帮助进行数据恢复。为了进一步提高写入效率和并发能力，许多系统都采用了 Append 的方式，即将修改和删除操作都追加写到文件末尾，而读数据时利用时间戳过滤掉旧信息，返回给用户最新版本的数据。因此，数据库需要定期进行数据合并，将过期的冗余数据删除掉。SSTable 和 LMStree 存储结构都是面向磁盘的读写方式的实例。

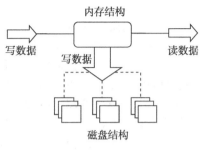

图 12-4　面向磁盘的读写过程示意

此外，在一些面向文档的 NoSQL 数据库中（例如 MongoDB），主要采用内存文件映射的机制（MMAP）来实现对文档的读写操作，即把磁盘文件的一部分或全部内容直接映射到内存当中，避免频繁的磁盘 I/O，通过简单的指针来实现对文件的读写操作，极大地提高了读写效率。

2. 基于 flash 内存扩展缓存的研究

为提高数据的读写速度，提出基于 flash 内存扩展缓存的方法来提高持久化的 key-value 存储系统的吞吐率，进而提高系统的应用性能。flash 内存在性能和费用上介于 DRAM 和磁盘之间，可见，flash 内存是自然的选择。为提高系统的数据处理性能，进行了相关应用 flash 内存[7-11]的 key-value 存储系统的研究，它们混合使用 RAM 和 flash 内存，将所有的 key-value 对存于 flash 内存中，并将少量的 key-value 对的元信息存在 RAM 中支持快速插入和查询。flash 内存的容量可远远大于 RAM，因此需要减少存在于 flash 内存中的 key-value 对所需要的 RAM 字节数。目前，该方面的研究侧重于如何利用最小 RAM 存储最多的 flash 中的 key-value 对以及恰当的多级存储策略，提供高吞吐率和低延迟的服务。

12.1.3　支持大数据库管理的分布式索引技术

目前，大多数云框架基于分布式文件系统（如 GFS），通常采用 key-value 存储模型存储数据，即云系统中的数据组织为 key-value 对。因此，当前的云系统（如 Google 的 GFS 和 Hadoop 的 HDFS）只支持 keyword 查询，即用户只能通过点查询满足用户查询需求。key-value 数据库典型以 key 索引为主，常见的有 hash 索引、B 树索引等。为了提供丰富的查询能力，一些 key-value 数据库还建有键值二级索引或称辅助索引（secondary index），同时，为了提高对海量数据的查询效率，一些系统采用了 BloomFilter 技术。但已有这些索引都是局部索引，详见第 5 章。

1. 分布式索引研究

目前大多已有 key-value 存储系统采用局部索引，其"全局索引"典型采用散列（hash）方法直接定位数据所在的节点。目前，有关云环境下用于数据管理的索引结构典型研究有：支持多属性查询或范围查询或 kNN 查询而建立的索引结构[12-15]和适用于集群结构的索引结构[16,17]。

文献[12]建立了多维索引机制 RT-CAN。该索引集成了 CAN 路由协议和基于 R 树的索引模式来支持云系统中的多维查询处理，其思想是：将服务器组织为 CAN 覆盖网络，实现全局索引分布存储；R 树是构建的局部索引，全局索引由 R 树点组成，可有效减少全局索引的大小和全局索引的维护代价。文献[18]提出了一种基于 B⁺树索引面向度量空间高维数据的索引方法 iDistance。iDistance 首先对数据进行划分，对每个划分选择一个参照点，然后在每个划分中根据数据对象和参照点的距离将数据转化为单维数据，进而可以使用 B⁺树对数据构建索引。文献[15]将 iDistance 的索引方法和 Chord 的拓扑结构整合在一起，提出了面向度量空间的分布式相似性查询模型 M-Chord。

文献[13]针对云计算环境下的大规模数据查询处理提出了二级索引技术 CG-index。它首先在一个数据分片上建立本地 B⁺树形成索引分片，然后将计算节点组织成 Overlay 结构，接下来基于 Overlay 的路由协议把各计算节点上 B⁺树分片发布到 Overlay 上，建立全局索引 CG-index。文献[14]是在分布式 KD 树基础上提出多维索引 MIDAS，用于支持多维查询、范围查询和 k 最近邻查询等应用。系统中一个节点对应多个虚拟节点，一个虚拟节点对应 KD 树的一个叶子点，用于存储和索引存储在叶子矩形区的元组。HyperDex[16]使分布式 key-value 存储系统支持基于辅助属性的查询。核心思想是提出了超空间散列概念，将多属性映射为有一个多维超空间，使其支持关键字、辅助属性和范围查询。分片位图索引[17]的核心思想是在字段值上进行全局排序和位图索引局部存储。全局排序能够为各数据节点提供一定的全局信息，即局部数据在全局值域中的分布情况；而位图索引的局部存储使得索引结构局部化，从而使不同数据节点上的检索任务充分独立，以便并发执行。

文献[19]提出了一个具有可扩展性的分布式 B 树索引结构。它将分布式 B 树的点分散存在多个服务器上，典型特点如下：1）可支持在一个或多个 B 树上执行多个操作，即实现事务操作，简化了由应用层实现事务特性。2）树节点可在线迁移，可将树节点透明地从一个服务器迁移到其他服务器或新加入的服务器。文献[20]将 R 树和 KD 树结合起来组织数据记录，提出了用于云数据管理的多维索引 EMINC。该索引可以提供快速的查询处理和有效的索引维护服务，主（master）节点维护 R 树，辅（slave）节点维护 KD 树，R 树的每个叶节点包括点 cube 和指向相应 slave 点的指针。

文献[21]提出了一种分布式 quadtree 的索引结构，该索引结构将 P2P 网络和 quadtree 索引整合在一起，从而使其同时具有易用性、伸缩性和负载均衡等特点。其主要思想是将 quadtree 中的索引节点散列到 P2P 网络中的计算节点上。较好的散列方法如 SHA1，可以使接近的数据块映射到完全不同的计算节点上，从而保证负载均衡。因为越靠近根节点，越被频繁地访问，为了防止单点故障问题，提出了基础最小层（fundamental minimum level）fmin 的概念，所有的数据对象只能存储在大于基础最小层的索引节点上，即在索引树的 0 层到 fmin 层没有数据对象，0 层到 fmin 层的索引信息分布到各个计算节点上，处理分布式查询不需要从根节点处理，只需要从 fmin 层处理即可。

在云环境下，为提高海量数据的查询性能，多种索引结构共存是必然趋势。其中，辅助索引和 BloomFilter 过滤技术已被业界广泛认可，而构建全局索引技术已成为云环境下高效管理数据的研究热点。

2. 支持特定查询的索引研究

文献[22]是面向数据密集型应用的轻量级索引（BIDS），能显著地减少索引的大小，支持在有限空间中构建更多的索引。该索引融合了当前最新的 bitmap 压缩技术，如 WAH 编码和 bit-sliced 编码。为进一步减少索引代价，采用了一种新的查询有效的偏序索引技术，可动态刷新索引以反应修改后的数据。BIDS 的目标是最大化索引属性的个数，以支持各种查询（如范围查询和 join 查询等）。该索引的构建可无缝地移植到 MapReduce 处理引擎上，且不会引起显著的运行代价。另外，索引的紧凑性（compactness）可将位图索引在内存中维护，使索引访问性能最小。

文献[23]针对支持区间查询的索引进行研究，提出了一个由两层组成的混合的区间索引结构：1）MRSegmentTree（MRST），利用"分段树"思想构建的一个由 key-value 表示的分段树；2）端点索引（EndPoint Index，EPI），为一个列家族索引，存储区间端点的信息。该索引结构具有良好的可扩展性，且索引构建可有效迁移到 MapReduce 作业上。

文献[24]针对大量序列数据查询进行研究，提出了一个可适应的数据序列索引机制，可最小化数据到查询的间隙，能够有效地支持序列数据即时可查。核心思想是：取代了原有的在全数据集上构建索引的方法，而是交互地、可适应地在部分数据（热点数据）上构建索引，满足用户可以即刻查询序列数据的查询需求，用户无须等待索引创建的时间段。最初只是根据概要数据构建一个最小树结构，且采用大的页节点，以最小化新数据的初始代价。之后，随着数据丰富和查询的到来，索引结构逐渐丰富，且只针对数据的 hot（热点）部分扩展索引范围。若存在没有被当前索引覆盖的查询时，将触发一系列动作把更多数据引进索引中。例如，当查询到达并侧重特定数据区域时，索引树自适应且自动地扩展 hot 子树，并协调 hot 分支的页大小，以最小化查询代价。

12.1.4　支持的查询

目前，各 key-value 数据库都支持典型的 key-value 简单查询功能，这里将简单 key-value 查询称为简单查询，而其他查询统称为复杂查询。key-value 数据库除了支持简单查询外，对复杂查询的支持通常分为两种方式，动态查询和视图查询。所谓动态查询是指类似于关系数据库的查询，即直接在已有数据上进行任何限定条件的查询。为了提高查询效率，可以设计合理的索引机制。视图查询是指预先为查询条件创建相应的视图（如基于 MapReduce 函数定义视图），然后在视图上进行相应的查询。目前，MongoDB 基于其提供的类似于关系数据库的索引机制实现复杂查询；Tokyo Cabinet/Tokyo Tyrant 支持类似于单表的基本查询；HBase、Hypertable、CouchDB 支持基于 MapReduce 的并行机制实现复杂查询等。可见，key-value 数据存储系统典型支持简单的查询功能以及面向 key 的索引，而把复杂查询留给应用层实现，典型采用 MapReduce 框架实现各种复杂查询。然而，该方法大多是基于 MapReduce 模型组件定义相应的查询视图，导致部分复杂查询的视图定义复杂和查询处理代价大。因此，出现许多基于 MapReduce 的查询优化框架及其查询优化策略（详见 12.2 节）。近几年，又提出了支持类 SQL 的查询，如通过构建辅助索引实现 join 查询，或改进 key-value 数据模型（如层次结构）支持聚集查询等。同时，也有为支持特定应用的查询研究，如范围查询[22]、交互查询[24]、rank join 查询[25]等，但主要侧重索引研究，并且这些查询方法还不具有通用性。

12.2　基于 MapReduce 框架的查询处理与优化技术研究

NoSQL 数据库系统的典型特点是支持简单查询操作，而将复杂查询交给应用层处理，基于 MapReduce 框架高效地实现海量数据的查询与分析是典型的代表。目前最新研究可分为基于 MapReduce 支持海量数据处理的优化框架研究、基于 MapReduce 框架的支持大数据计算的优化策略研究、基于 MapReduce 的支持数据集连接查询研究、结合 MapReduce 的 NoSQL 数据库研究等。

12.2.1　基于 MapReduce 的支持大数据处理的优化框架研究

文献[26][27]提出了基于 MapReduce 的具有伸缩性的 One-Pass 数据分析模型，模型中系统只读取数据一次，采用增量处理的方式从而达到高性能和高伸缩性。模型针对 One-Pass 分析设计了基于 MapReduce 的两个机制：首先是采用基于散列的方法代替 MapReduce 中原有的排序合并方法，降低排序合并过程中的计算代价和 I/O 代价；其次针对远远超过内存容量的键值对数据处理任务设计内存处理算法，高效地计算出高频键值，并使用内存处理方法更新这些键值的状态，从而进一步节省 I/O 代价。

文献[28]提出的基于管道的 MapReduce 优化框架，允许数据在操作之间用管道传送。该框架优于批处理的 MapReduce 编程模型，能够有效地减少任务完成时间，提高批量工作的系统资源利用率。MapReduce 框架下的管道机制典型具有如下优势：下游数据元素可以在 Reducer 元素完成执行前开始消耗数据，增加并行机会，提高利用率，减少响应时间；由于 Mapper 一旦产生数据后 Reducer 就开始处理，所以可以在执行过程中生成并改善其最终结果的近似值。

文献[29]提出了一个支持 MapReduce 查询的优化框架。该框架提供了一组小规模的、强大的、具有精确语义的物理计划操作集，可直接应用于 MapReduce 系统中，如 Hadoop。定义了一组具有精确语义的高层次的 MR 代数，可描述 MRQL(Map-Reduce Query Language)的所有语言结构。其中最重要的是 join 操作，通过将数据分组融入 join 操作中，得到泛化的 join 操作。这样，可支持嵌套查询，且无须附加类 SQL 的 group-by 操作。该框架构建的 MR 查询优化器利用了已有的关系数据库中的查询优化技术，包括分布式数据库中所采用的优化技术。首先，将 MRQL 查询转换为代数形式，并映射代数形式到物理计划操作流。该框架不仅提供了代数优化，如级联 MR 作业到单独的一个 job 作业中，合成混合函数等，还提供了基于代价的启发式优化器，最后得到优化的物理执行计划。

Orca[30] 是面向关键数据管理产品而提出的模型化的、便携的优化器结构。Orca 采用基于级联优化器的 top-down(自上而下)优化方法，但不是与主机系统紧密耦合，而是独立运行于数据库系统之外，可用于不同的系统，如 MPP 和 Hadoop。Orca 基于数据交换语言(Data eXchange Language，DXL)实现优化器和数据库系统交换信息，如输入查询、输出计划和元数据。DXL 采用 XML 编码格式。

图 12-5 显示了 Orca 和外部数据库系统间的交互作用。

在优化过程中，需要查询数据库系统的元数据(如表定义)，由 MD(MapReduce) 提供者以 DXL 格式发给 Orca。Query2DXL 负责将查询解析树转换为 DXL 查询，DXL2Plan 负责将 DXL Plan 转换为可执行的计划。这些转换完全在 Orca 外实现，允许多个系统使用 Orca。Orca 中的组件可独立替换和配置，可扩展性好。

Orca 具有如下特点：

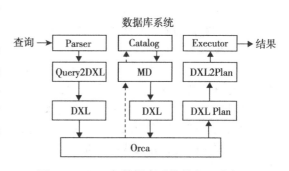

图 12-5   Orca 与数据库系统的交互示意

- 模块化(modularity)：Orca 是高度模块化的，它不同于传统的优化器，不需要连接特定的主系统，而是通过 SDK 即插即用方式快速连接其他数据管理系统。
- 可扩展性(extensibility)：Orca 同等对待查询和优化中的各组成部分，而不是采用多阶段优化策略，因为多阶段优化器很难扩展。
- 多核策略(multi-core ready)：Orca 采用多核感知的调度策略，面向分布的、跨多核的、细粒度的子任务优化，提升优化过程。
- 可验证性(verifiability)：Orca 保证内嵌优化器的正确性和性能。
- 性能(performance)：Orca 大大提升了原有版本系统的性能，查询性能提升了 10~1000 倍。

12.2.2   基于 MapReduce 的支持大数据计算的优化策略研究

MapReduce 模型[31]基础框架简单，适于海量数据的聚集计算，但支持的功能和性能具有一定局限性。为改进其数据处理的性能，做了以下典型改进研究。

MRShare[32]为了提高查询效率，将一批查询任务进行重新合并而形成新的组，在 MapReduce 模型下，针对各组定义优化模型，从而提高批处理查询的总体效率。

Hadoop++[33]是在 Hadoop 基础上提出的，其通过用户定义函数（UDF）规划数据的水平划分，呈现类似于数据库的物理查询执行计划，并基于索引优化数据的读入，从而提高 MapReduce 的数据处理性能。

HaLoop[34,35]是基于 Hadoop MapReduce 且适应于迭代计算的分布式框架。将原生的 Hadoop 任务中一个 Mapper-Reducer 对改成多个 Mapper-Reducer 对，从而使任务可以复用，实现任务内迭代的控制。同时由于迭代计算过程中变化的数据量要远远小于不变的数据量，所以可通过将不变的数据缓存起来以进一步减少 I/O，使得迭代的效率更高。

文献[36]基于 MapReduce 提出了一个通用的去除迭代查询中冗余计算的优化模型 OptIQ。OptIQ 通过扩展传统数据库领域中物化视图、增量视图维护技术等自动去除迭代查询中的冗余计算。核心思想是：OptIQ 将迭代查询分解为变化视图和不变化视图，并且物化不变化视图，供后续迭代计算使用；OptIQ 通过跳过已经收敛的查询来增量维护变化视图。

文献[37][38]介绍了重用 MapReduce 计算的查询优化策略，通过缓存和重用物化的中间结果来改善 Hadoop 的查询性能。文献[37]在句法级重用已有查询的结果，即在新查询中识别已有查询的子计划，并重用已完成查询的结果。而文献[38]是在语义级重用 Hadoop 中间结果物化的视图，由查询重写实现。文献[39]认为多阶段的物化视图为重写查询提供了优化机会，提出了一个具有一定的语义描述的 UDF 模型，可有效地利用以前的结果。UDF 模型包括许多常用的分析任务，并能快速地给出重写查询和视图定义的代价下界，利用该重写下界逐渐扩大重写空间，并仅重写低代价的视图，从而得到优化的重写查询。

文献[40]将结合 UDF 和关系间的关联关系实现大数据查询优化，引进"试运行"（pilot run）思想。当查询提交给 Jaql，首先识别本地的操作（如选择、投影和 UDF），基于面向样本数据集的"试运行"技术执行本地计划，直到收集到足够的统计信息；接着将每一个局部子计划执行所收集到的统计信息以及相应的 join graph，作用于一个简单的基于代价的优化器，得到初始的查询计划（即 join 顺序）；进一步，采用动态优化方法，得到优化的执行策略，即在查询执行过程中，连续收集统计信息，当得到的中间结果和估计的结果存在一定差异时，可选择重优化该查询执行计划。

目前这方面的研究挑战主要是改善 MapReduce 框架的支持能力，进一步提高数据处理性能，并灵活适应各种数据分析任务。但优化性能还是受限于 MapReduce 框架。

12.2.3　基于 MapReduce 的支持多数据集的连接查询研究

Llama[41]是为在 MapReduce 框架下有效处理多路 join 而构建的系统。底层应用分布式文件系统（DFS）分布存储数据，上层基于 MapReduce 查询引擎实现快速的 join 处理。Llama 是 epiC 计划的一部分，它采用列感知的文件格式（Cfile），即数据基于垂直分区策略划分为列组，每一列组按序对应存储于一组文件中。Llama 综合应用了早期物化策略（Early Materialization，EM）和延迟物化策略（Late Materialization，LM），基于查询的处理代价模型选择物化策略。对于涉及多表的 join 操作，将多路 join 操作分解为多个子查询，每一子查询是能被单 MapReduce 作业处理的一组 join，基于星型模式和（或）链式模式采用并发连接（concurrent join）执行。如图 12-6 所示，对于 $R_0 \bowtie R_1 \bowtie R_2 \bowtie R_3$，子查询 $R_0 \bowtie R_1$ 和 $R_2 \bowtie R_3$ 的两个 Map 阶段并发执行，其中 Reader 实现 join 操作，并将结果基于管道模式给 Mapper，Combiner 是可选的，Partitioner 将中间结果传输给相应的 Joiner 和 Reducer，Joiner 实现来自 Map 阶段的中间结果的 join 操作，最后将结果提交给 Reducer 实现聚集操作。

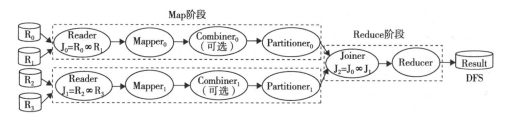

图 12-6   MapReduce 下的多路关系连接示例

文献[42]提出了基于 MapReduce 面向度量距离函数的相似度连接的框架 ClusterJoin，度量距离函数包括欧氏距离、海明距离、余弦相似距离、Jensen-Shannon 距离、堆土机距离和总变差距离等。设计了一种通用的过滤方法，可以有效过滤掉不相似的结果对，并对特定的距离函数提出了二分过滤法，其中包括欧氏距离、海明距离和总变差距离。提出了适应各种数据分布的动态负载平衡方法，高概率地确保每个数据划分不会超过期望的阈值。ClusterJoin 框架工作流程主要有三个步骤：第一步，随机从数据集中抽取样本点，即"锚点"，记录集可以以这些锚点为中心进行划分。因为锚点的抽取代表了数据集的分布，即密集区域的锚点多，而稀疏区域的锚点少，通过锚点可以对数据空间进行均匀划分。第二步，利用计算出的锚点，通过新型的候选对过滤规则并行处理所有数据，将所有可能的相似对映射到划分中。第三步，每一个计算机计算一个锚点对应的划分，计算验证相似对，并合并各个计算机的计算结果为最后的输出。

文献[43]研究基于 MapReduce 框架低代价地处理多表 theta-join 查询问题。目标是将多表的 theta-join 查询分配到相应的具有最优执行顺序的 MapReduce 任务上，并且保证总体的执行时间最短。为有效地在一个 MapReduce 计算中完成链式的多表 theta-join 查询，提出了运用 Hilbert 曲线的空间划分方法，能够减少网络中复制的数据量并且达到 Reduce 任务的负载平衡；进一步，提出了一个能够在限定资源情况下的资源调度策略，最优化复杂查询的执行时间。

文献[44]研究基于 MapReduce 面向大规模数据集的 kNN 连接方法。基本思想类似于散列连接方法，Mapper 对两个数据集中的每个数据对象给定一个值，具有相同值的数据对象会被散列到同一个 Reducer 上，每个 Reducer 对本地的数据对象进行 kNN 连接操作。文献[45]提出了基于 MapReduce 面向字符串和集合类型数据的相似性查询方法，该方法在确保负载均衡和最小副本数量的情况下对数据进行划分，在连接操作中通过数据的特性有效地控制占用的内存空间。

12.2.4   MapReduce 与 NoSQL 数据库相结合的研究

将 NoSQL 数据库的高并发读写能力和 MapReduce 的高效并行处理能力有效结合是当前实现海量数据管理的必然趋势，即针对应用需求将面向批处理的系统（基于 MapReduce 框架）和面向服务的系统（NoSQL 数据库）相结合的应用研究，如 Hadoop 和 HBase 相结合的应用[46]、Hadoop 和 PNUTS 相结合的应用[47]。思想是利用批处理系统优化大量请求的读写吞吐率，服务系统使用索引提供低延迟的记录访问，即通过两者结合支持海量数据管理与查询处理。

HadoopDB[48]紧密耦合 Hadoop 和并行数据仓库系统，可以部署在廉价的计算机集群中，具有良好的扩展性，同时对结构化数据的数据分析具有较高的效率。Hadoop 的基本思想是用 PostgreSQL 开源数据管理系统作为 MapReduce 节点管理系统，并使用 Hadoop 提供的 MapReduce 作为任务协调者和通信层，连接各个计算节点。HadoopDB 在 Hadoop 原来的 HDFS 和 MapReduce 两层结构的基础上增加了四个组件：数据库连接器（Database Connector）是集群中每个节点独立的数据库系统和 TaskTracker 间的接口；目录（Catalog）维护关于数据的元数据信息，例如数据库位置的连接参数、副本位置、数据划分属性等；数据装载器（Data Loader）能够根据给定的划分关键字对数据进行全局划分等；SMS Planner（SQL to MapReduce to SQL Planner）是对 Hive 的扩展实现。图 12-7 是 HadoopDB 的体系结构。

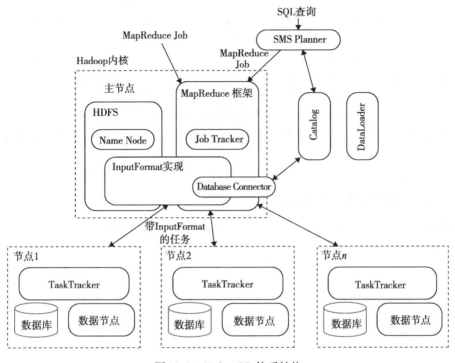

图 12-7　HadoopDB 体系结构

　　应用 MapReduce 机制实现海量数据处理，虽然实现简单，但也具有一定局限性，如复杂查询和数据分析的实现代价较大。为此，需要有更优化的海量数据分布处理模型，支持更丰富的数据分析功能。

12.3　支持事务的研究

　　在云环境中支持事务特性的动机包括[49]：1)已有商用的 NoSQL 系统[50-52]不支持事务特性；2)新应用要求事务的支持，如 Web 2.0 应用、社交网络、协作编辑[53,54]等；3)传统数据库应用希望采用云平台框架，需要支持事务。为此，提出了针对云存储系统（NoSQL 和关系云）支持事务的研究。

　　已有 key-value 云存储系统的典型特点是容错性、可扩展性和有效性。依据 CAP 理论，分布式系统只能满足 CAP 中的两个特性，为此，出现了许多摒弃事务特性的分布式系统，如保证 AP 特性的 key-value 数据库系统（典型的有 Dynamo、Cassandra 等）。这些系统都通过松散一致性而保证它们的有效性，主要体现为：支持单数据项或数据项集合的原子性或最终一致性。当然，弱一致性对某些应用是可行的，如 Web 关键字搜索、库存查询等。然而，许多应用在应用弱一致性的云存储系统时却带来不便，如社交网络、Web 2.0 应用、在线拍卖、协作编辑等，需要由应用层保证一致性。

　　我们知道，传统的分布式数据库系统为保证事务特性，不支持可扩展性和有效性，主要原因是采用两段提交协议保证分布式数据库的事务特性时，只要有一点失败，将废弃整个事务。

而 key-value 数据库的可扩展性如数据分布存储、节点动态加入、数据量急剧增加等，可能会使一个事务涉及较多的分布节点，且聚类环境下允许节点失效，导致惩罚代价太大。因此，在云环境下实现事务的思想是尽量避免采用两段提交协议。

为支持 ACID 事务特性，在 NoSQL 的云存储系统中，典型有以下三种研究[49]：1）支持弱一致性的存储系统的实现，将一致性检查交给应用层处理。这种方法增加了开发者负担，不是一种有效的方法[55]。2）扩展单 key 事务以支持多 key[5,56,57]。通常是为了避免采用 2PC（两阶段提交），将事务限制在一定范围内的多 key，即组内多 key 特性，但不支持不同组中多 key 事务。3）基于 NoSQL 支持弹性事务的研究[57,59]。4）支持强一致性的事务的研究[68,69]。

而对于扩展的关系云系统中，典型的研究有：1）在支持随负载可弹性扩展的数据库或数据存储系统[60-63]的基础上，支持有限的可扩展性和事务语义。2）面向 OLTP 可扩展的事务支持[49]，即基于分离事务组件（TC）和数据组件（DC）的思想，根据应用负载和事务负载配置事务组件和数据组件。

目前，为支持相应的场景下的事务特性，通常采用了如下典型策略实现。

12.3.1 应用层保证事务一致性

已有 key-value 存储系统[50,78,79]只提供单 key 访问保证，因此，应用 key-value 存储系统的协作应用需要通过应用层工作流处理多 key 访问和原子性与一致性的正确保证。也就是说，key-value 存储系统只支持简化的一致性保证和单 key 数据访问粒度，而将大工作负载留给了应用程序员，由应用层处理节点故障、并发控制和数据的不一致来保证系统的正确性。该种方法需要多次与服务器交互才能保证一致性，影响系统性能，因此，该系统适合于需要强一致性较少的应用。但当需要强一致性要求的操作时，影响是不可避免的。

12.3.2 本地事务支持

采用回避分布式数据库系统中的 2PC 协议的思想，将事务操作限制于一个节点上。相关研究主要是将事务内的多 key 组织在一个节点上，典型的 key-value 存储系统有 Google Megastore[57]，典型的关系云有微软的 SQL Azure[56,64] 和 ElasTras[63,62]。Google Megastore 和微软的 SQL Azure 支持多记录事务，但它们要求记录以某种方式共存。Megastore 将数据划分为多个实体组，在每一个数据分区内基于传统数据库的 ACID 思想支持 ACID 特性，分区间的数据副本的一致性应用改进的 Paxos[65]实现同步复制。而 SQL Azure 需要将数据大小限制在一个节点上。ElasTras 根据事务负载可支持弹性事务，但事务语义限制在一个分区内支持小事务[66]。

12.3.3 有限范围内的事务支持

针对已有 key-value 数据库系统如 Dynamo、PNUTS、HBase 和 Cassandra 都不支持多 key 查询的事务语义，不能完全满足新一代 Web 2.0 的需求，如网络游戏、社交网络、协作应用等，ecStore[60]、G-Store[5]等分别针对相应的应用提出了解决方案。ecStore 采用三层结构（存储层、副本层、事务层），采用多版本（multi-version）和乐观的并发控制方法相结合的模式实现隔离和一致性保证。例如，应用多版本数据支持只读事务，如 OLAP 业务；应用乐观并发控制方法保证系统不被修改事务封锁，如 OLTP 应用。但事务需要知道数据节点上所有数据部署的知识。G-Store 基于 key-value 存储底层提出了组抽象概念，定义了一组 key 的关联关系，按需基于组粒度实现事务访问，基于 key 组协议协调控制组中的 key，并有效地访问这组 key。G-store 支持动态分组内的事务，但不支持跨组数据的事务特性。

12.3.4 弹性的事务支持

典型的研究是关系云 Deuteronomy[49] 和 CloudTPS[67]，以及基于 NoSQL 支持弹性事务的 Partiqle[58]和 TIRAMOLA[59]。Deuteronomy 将数据库存储引擎功能分为事务组件和数据组件。事务组件提供逻辑上的并发控制和 undo/redo 恢复，不需要知道数据的物理位置；数据组件负责缓存数据，并知道数据的物理组织，包括访问方法、面向记录的原子操作接口，但不必知道事务特性。它的主要特性是支持跨多数据组件的事务特性，由事务组件负责事务的提交和保证数据组件上数据的修改。CloudTPS 通过分裂事务管理器为多个子事务管理器，保证每个子事务管理器访问单数据项，即采用两级的事务管理器。CloudTPS 只支持短事务并只访问组内数据的事务。

针对 key-value 存储系统支持的查询和数据管理功能有限，Partiqle 提出在 key-value 存储系统上构建弹性的 SQL 引擎，核心思想是提出了事务类（transaction class）概念，将一个 SQL 查询语句所需要访问的数据组成一个事务类，事务类间由访问路径隔离，而不是由记录隔离。文献[59]针对已有 NoSQL 数据库的弹性特性需要用户参与实现的特点，结合云管理平台提出了一种可自动实现 NoSQL 数据库的弹性特性的框架 TIRAMOLA。该框架包括监控模块（Monitoring）、云管理模块（Cloud Management）、集群协调模块（Cluster Coordinator）和决策支持模块（Decision Making）。

12.3.5　面向分区数据支持分布式事务的研究

Calvin[68]是在分布式数据存储系统上构建的一个事务调度和数据副本层，可将不支持事务的存储系统转换为接近于线性的、可扩展的、非共享的数据库系统，且支持系统的高有效性、数据的强一致性和事务特性。核心思想是将事务中各操作按全局定义其调度序列，尽量避免单点失败和分布式事务的冲突操作，一旦出现单点失败，由副本所在节点代替执行。可以说，Calvin 是依赖于构建的中间件层支持可跨数据区的事务特性，并且不影响系统的事务吞吐率。

Spanner[69]采用 2PC 和 2PL 支持全局分布数据的原子性和隔离性，该系统运行在 Paxos 之上，提供容错的日志复制。文献[69]取代了复制事务日志，而是复制 commit 操作来减少消息数量。通过在不同的数据中心多次运行 2PC 来确定事务是否应该提交。这样，不仅用局域网内数据中心间（intra-datacenter）的通信取代了广域网内数据中心间（inter-datacenter）的通信次数，也支持将原子提交、隔离协议和一致的副本协议集成，进而减少跨数据中心的通信数量，从而减少数据中心间的通信次数。

12.3.6　异构多存储的可扩展的事务

文献[70]借鉴 ReTSO[71]思想，依据事务状态标识（TSO），监控所有事务的提交来实现无锁的提交算法，支持异构多存储的高事务处理吞吐量。ReTSO 利用高可靠的、分布式的先写日志（WAL）系统实现 TSO，支持快照隔离（snapshot isolation）语义，由一个中央时间戳产生器（timestamp oracle）产生时间戳。在事务开始时获得事务读集时间戳，使用事务提交时间来标记所有事务写集。它不依赖于中央时间戳产生器或日志框架，而是利用 key-value 存储中数据的多版本特点，实现跨多记录的事务。该方法能使事务扩展部署在不同区域的混合的数据存储上。

目前，相关事务研究的局限性体现在：将一致性检查交给应用层处理的方法增加了开发者负担，显然不是一种有效的方法；本地事务只限于支持一个区内的事务，无法实现跨区事务，因此只限于相关数据存储于一个分区上的事务应用，局限性较大；G-Store 虽然支持动态分组，但分组代价大；关系云主要针对事务处理的弹性进行研究，如 CloudTPS 采用两级的事务管理器，保证子事务管理器访问单数据项，但全局上还是采用 2PC 协议；Deuteronomy 虽然可灵活配置事务组件和数据组件，并通过分离可灵活扩展事务，但事务管理器的实现还是采用类似于 2PC 的两级实现，导致效率不高。Partiqle 和 TIRAMOLA 也是从上层或称中间件层实现弹性事务特性。以上工作侧重于研究支持分布式数据管理的事务特性，并已有了一些成果，但核心思想还是基于已有支持技术。Calvin 和 Spanner 是实现跨数据区数据强一致性的典型方法。

12.4 动态负载均衡技术的研究

负载可分为用户负载、事务负载、操作负载和数据负载等。动态负载均衡是分布式系统中普遍关注的热点问题。针对业务侧重点不同，采用的动态负载解决方案也存在一定差别。目前，已有相关研究主要分为如下几类：1) 多租户负载动态迁移技术的研究[72-74]，目前集中数据库或 key-value 数据存储系统主要采用重量级的技术实现数据迁移，而对于 OLTP 业务，由于需要访问的数据量不大，侧重于多租户的业务处理性能的研究，如事务特性和响应时间特性。2) 面向查询处理的负载均衡技术研究[72,75,76]，强调均匀处理负载和数据负载的并行执行，以最小化查询处理响应时间。

12.4.1 面向多租户的动态迁移技术

传统企业数据库具有静态特性，并不关注弹性和动态迁移[77]。然而，弹性负载均衡是云环境下大数据管理系统的典型特点，要求低代价实现用户在主机间迁移。目前，典型研究是面向多租户的动态迁移技术的研究，key-value 存储[78,51,79] 和关系云[56,72] 是支持多租户动态迁移技术的典型的云存储系统。

key-value 存储如 Bigtable、PNUTS、Dynamo 等已经被用于多租户应用部署，并且大多数 key-value 存储系统支持系统容错或负载均衡下的数据迁移。它们在集群环境上提供统一的名字空间，多个租户的数据库存储于一个共享的名字空间中，由数据存储系统管理多租户的数据存放与协同操作。key-value 存储系统大多采用重量级的 stop-and-copy（停止－复制）方法实现静态迁移，主要过程是采用重量级技术，如停掉部分数据库，把它们的状态信息迁移到新节点上，之后重启动。像这样停掉再迁移的技术或简单的优化会导致事务中断等高代价的性能惩罚（存在事务延迟和吞吐率降低，因为存在事务重启动的冷缓存问题）。

目前针对关系云的动态迁移技术的研究较多。为使数据库系统扩展为适应于云环境下的数据管理系统[55,72,49]，其典型特点是采用动态迁移技术[80,81] 实现轻量级弹性特性。核心思想是依赖共享的、持续的存储概要，采用混合 stop-and-copy、pull 和 push 方法在源和目的点间迁移内存页和处理状态，但长时间的 stop-and-copy 方法会导致系统长时间不可用。为此，进一步提出迭代状态复制方法（Iterative State Replication，ISR）[73]，思想是建立检查点并迭代地拷贝，即目的点装载检查点，而源节点维护不同的变化，并迭代地拷贝，直到需要传输的变化量足够小或达到最大的迭代次数，再执行最后的 stop 和 copy。但在最后的 stop 阶段，也会出现租户数据库不可用的情况。Albatross[73] 是最早面向共享存储数据库云而提出的应用动态数据迁移技术的轻量级弹性框架，思想是以最小操作代价实现 OLTP 类功能的动态负载均衡，通过迁移数据库缓存和事务状态，保证最小化地影响事务的执行。Albatross 因共享存储不需迁移持久映像，所以它不仅强调最小化服务中断，也侧重迁移过程中因拷贝数据库缓存而影响的事务延迟。Zephyr[74] 是支持非共享的数据库弹性云平台，侧重数据库层的动态迁移问题。Zephyr 中，针对节点都具有本地磁盘，需要迁移持久映像，侧重最小化服务中断，思想是采用同步的双模式（dual mode）方式（源和目的节点同时执行事务），允许源和目的同时执行一个租户的事务，达到最小化服务中断。主要策略为：1) 迁移开始，传输元数据到目的点，目的点即可开始执行新事务；2) read/write 访问的数据页也分为两部分，源点拥有所有的数据页，目的点拥有事务按需访问的数据页；3) 索引结构直接复制，迁移过程中不可改变。Curino 等[72] 的方法同 Zephyr 相似，也支持面向非共享体系结构的数据库系统的动态迁移，它基于类似 cache 的方法，建议在目的点启动事务，并由目的点按需取页。

12.4.2　面向查询处理的负载均衡技术

在已有关于分布环境下的分布式查询处理[82-86]的研究中，都假定最初已实现了最优分区，并在此条件下考虑如何最优实现查询处理。实际上，在执行过程中可能需要大量的数据传输操作，导致系统性能下降。已有 key-value 数据库采用的数据分布策略简单，如 Cassandra 依赖 hash 函数、HBase 依据各节点的数据量实现，它们实现简单，且有一定局限性，如没有面向查询处理考虑数据偏斜问题和查询热点问题等。在 Curino 等[72]提出的关系云中，针对 OLTP 负载提出 Schism 分区系统[87]，主要思想是将一个数据库和负载表示为图（元组或元组组表示点，事务表示边，连接事务边的两个点表示该事务涉及的元组），并应用图分区算法找到平衡分区，最小化分割边事务。该方法侧重 OLTP 事务的细粒度的最优划分，适于短事务且事务中涉及数据量少的情况，具有接近线性的弹性可扩展性。文献[76]面向复杂的长事务并访问大量数据的环境，典型的如数据仓库系统。其思想是利用并行优化器的代价模型以及内部数据结构（不包括实例化数据）来找到最好的可能分区配置，可采用遗传搜索（genetic search）、模拟退火（simulated annealing）、爬山搜索（hill-climbing search）或几种方法结合的算法找到最优的分区配置。Ghandeharizadeh 等[88]面向查询分析的 hash 分区和范围分区提出混合-范围分区策略。思想是对长查询事务进行划分，并在服务节点上并行执行，而本地化小范围查询。该方法只支持单表的范围查询，没有涉及副本。文献[75]讨论如何在 MapReduce 框架下将 Join 数据单元均衡分布到 Reduce 上实现最小化时间处理代价。MRShare[32]为了提高查询效率，将一批查询的任务进行重新合并而形成新的组。Gufler 等[89]面向具有偏斜的科学数据的动态平衡进行研究。通过聚集由 Mapper 检测的局部数据来近似评估全局数据分布，进而恰当地执行平衡分布任务，达到提高数据处理能力的目的。SkewTune[90]的思想是，当集群中一节点空闲时，SkewTune 预测一个任务的最大期望处理时间，并提前对输入数据进行重分区，以便有效地利用集群中的节点资源，同时保证输入数据的顺序，可方便实现输出结果的重构。E-Store[91]是面向分布式的 OLTP DBMS 而设计的一个弹性的分区框架，可自动自适应系统资源以响应应用中负载存在的峰值、周期性事件、渐变的需求。E-Store 给出了两层数据放置策略来改善系统的局部瓶颈：cold 数据分布到大的区块上，而小范围 hot 元组被放置到各节点上。该方法使用细粒度的分区来迁移不同类型的偏斜。这样，DBMS 可以识别最频繁访问的一组元组集，并配置足够的资源来完成该业务。

12.4.3　基于中间件的面向负载的动态均衡技术

已有均衡解决方法或静态分区方法[92,93]、基于阈值的设置方法（超过阈值时触发均衡操作）[94]等都是非自动的、不可定制的，不能保证系统总是处于均衡状态。尽管每种均衡方法都是利用同样的原始操作（不同点间数据转移），但都是基于特定系统设计和实现的，不具有通用性。DBalancer[95]是一个通用的分布模块，在分布式 NoSQL 上快速执行动态均衡，具有如下特点：DBalancer 完全独立于 NoSQL 数据存储，数据存储用户只需定义一组特定的原始操作（如条目移动和路由表信息/管理命令），可有效利用 DBalancer 自身的特性；用户只需给定一组信息类型、动作、触发条件等概要信息，易于定义新的负载均衡算法；DBalancer 不需要集中协调点，以点为基础安装，即使网络中只存在一部分点，也是可操作的；DBalancer 影响运行的点最少，需要少量的同步和探测信息来协调负载均衡过程。

当前，大多已有动态迁移技术重点面向关系云数据管理系统的研究，分别面向数据迁移、事务迁移和两者结合的研究。原有大多是采用静态数据分区或设置阈值实现，目前也有自适应的迁移策略。已有面向查询处理负载均衡技术的研究成果典型是将数据资源和处理任务均衡分布到各处理节点上（如散列分布方法和考虑数据偏斜的数据分布方法），并且大多独立地针对某一侧面进行研究，没有考虑相互影响，也没有利用副本资源。

12.5 副本管理研究

副本策略是分布式数据管理系统的典型特点，在云环境下，存在着大量的副本以支持系统的可扩展性和可用性，并分布存储于不同的节点上。传统的分布式数据库系统中，通常是在设计阶段依据数据特点和应用特点确定副本分布策略，目的是增加局部处理能力，提高系统可靠性和系统性能。但副本增加了其维护代价，并且在特定的应用需求下，要达到完全全局一致性是不可行的。本节主要介绍自适应副本策略、一致性维护策略、多数据中心的副本一致性维护策略。

12.5.1 自适应副本策略研究

云环境下数据管理系统中的数据副本策略同已有传统的分布式数据库系统中的副本策略目标一致，但策略不完全相同。云环境下数据管理系统的集群环境以及易扩展性需求，弱化了数据间的联系和特定的应用需求，其数据副本分布策略并不完全依据数据特点和应用特点，而是在有助于提高系统性能的基础上，更侧重系统的可靠性。目前有存储于数据中心的副本分布策略、机架感知的副本分布策略和非机架感知的副本分布策略。基于相应的副本分布策略，再依据统一可配置的副本协议实现副本分布存储。在已有 key-value 存储中，副本迁移主要针对预先配置进行，如当节点数据量达到阈值时进行迁移，而没有涉及动态自适应迁移过程。目前只有 epiC 系统[96]提出了根据访问负载动态构建副本的策略。epiC 是面向海量数据分析(OLAP)提供服务的支持平台，它采用自适应负载的副本策略，除了主副本外，还存在两类副本，从副本和辅助副本。对于频繁访问的主副本或从副本，需要再建立辅助副本，以解决热点查询的负载均衡问题。

虽然副本策略是分布式数据管理系统的典型特点，但目前主要还是利用已有副本提高系统的可用性，其作用有限。为此，需要针对副本对云环境下的弹性、动态负载均衡和提高系统性能等方面的作用进行深入研究，平衡副本策略的利益和代价，提高副本策略对系统的贡献度。

12.5.2 数据一致性维护策略研究

Brewer 提出的 CAP 理论[97,98]证明了分布式系统不可能同时保证强一致性、可用性和容错性，为此，最终一致性[63]和弱一致性(如因果一致性(causal consistency)[99]等)被引用到云环境中。然而，弱一致性语义只能适应特定的应用，如协作编辑，而对于像银行转账等业务，必须保证强一致性。可见，一致性需求与应用需求密切相关，并且数据一致性策略的性能对系统性能起到重要作用，因为其与读写访问密切相关。在云环境下，弱一致性意味着事务执行的高代价、低可用性，但避免了惩罚代价；弱一致性导致操作的低代价，但可能导致高昂的惩罚代价。但很难找到低执行代价和高惩罚代价的平衡点，因为它同应用语义密切相关。已有 key-value 数据库系统的一致性主要有 NRW 最终一致性[98]和应用 Paxos 算法[100](如 Chubby 锁服务[101])的强一致性。虽然 NRW 最终一致性可配置，但需要事先设置，缺乏灵活性。为此，文献[54]提出了一种动态一致性策略，给出了用于评估惩罚代价的评价模型，根据惩罚代价来确定一致性级别，即在代价、一致性和可用性间找到恰当的平衡点。相关的研究还有文献[102][103][104]。文献[102]提出基于检测的、可适应的一致性保证框架(IDEA)，当检测到不能满足一致性需求时进行调整；文献[103]提出一组覆盖一致性的度量尺度，侧重最大偏离值保证一致性；文献[104]将数据分为几类，为每类提供不同的副本一致性策略。

目前，采用快照隔离(SI)的延迟复制(lazy replication)已成为分布式数据库的流行选择。然而，延迟复制通常要求在一个主节点上执行事务修改操作，因为，易于确定 SI 全序，保证修改一致性。然而，只单节点或一个中心组件执行所有的修改操作具有一定局限性，如当负载增加时，将修改负载分配在一个节点上将导致性能降低。ConfluxDB[105]支持分布修改事务在多个主节点上执行，核心是提出了日志合并（log-merging）副本解决方案。多个分区节点上的多个修改流合并为一个一致的流，该修改流与分区的多个主节点上的 SI 顺序一致。具有副本的节点按一致的流顺序执行修改操作，并为分布式系统中的所有数据获得全局的 SI 序。修改事务在主节点采用 2PC 协议，并将修改延迟传播到辅节点上。

12.5.3　多数据中心的副本一致性维护策略研究

云数据管理和存储解决方案通常通过数据副本保证数据可用性，然而，在过去的解决方案中，是将这些副本集中在单一数据中心，并在一个数据中心内处理主机失效。在主-辅（master-slave）环境下，商用 DBMS 通常支持异步的副本，其中，主节点复制写前日志项至少给一个辅节点。主节点可以支持快速的 ACID 事务，但可能导致在宕机或容错中的数据丢失。在数据丢失的情况下，需要手工干预，以保证数据库达到一致的镜像。假定云具有高自治特性，异步副本对于数据密集型环境是不可行的解决方案。随着多数据中心有效性以及单数据中心导致大范围失效而获得的经验，出现支持跨多数据中心[106-111]的 Geo-replication（异地备份）协议，即同步复制协议。

目前所有存在的跨数据中心的异地备份数据管理协议都依赖于同步副本（synchronous replication），shard（分片）上的所有副本看作事务执行的一部分，同步执行。对于跨数据中心异地备份，现有的协议[106,111,113]都选择采用 Paxos 为基本协议，保证所有副本的互一致性。Paxos 的主要优点是集成了常规操作模式和可能的失效模式；而其他协议遇到失效时需要采用恢复动作。例如，在基于 Gossip 的协议[113]中，如果数据中心中的一点失效则无法进行下去；而 Paxos 在这种情况下可以被触发来修改所有操作数据中心的全局成员信息[115-119]。目前，典型存在如下三个流行的跨数据中心的同步复制协议：Google 的 Megastore[57] 和 Spanner[108] 以及 UC Berkeley 的 MDCC（multi data-center consistency）[111]。

Megastore 是为满足 Google 在线交互存储服务而提出的，它从单实体数据模型转为层次组织的实体组数据模型（也称 sharded 数据模型），每一实体组如同一个最小的数据库，支持序列化的 ACID 语义。基本的 Megastore 支持单实体组内事务执行，采用基于 Paxos 的事务和副本同步。其中，事务在一个实体组中读当前数据项值，当多事务在实体组并发执行存在冲突写时，Paxos 保证只有一个事务执行成功。Megastore 应用互斥保证可串行性执行事务中的操作[56]。

Spanner[108] 是 Google 在多数据中心上构建的全局的分布式数据库，采用 sharded 数据模型，支持 shard 内数据项级访问，与 2PL 结合的读和写锁机制同步事务的并发执行。此外，一个事务的执行，可跨越多个 shard，并且所有的 shard 是跨多数据中心复制的，采用 2PC 保证事务的原子提交。最后，对 shard 的修改是通过基于 Paxos 的同步副本来保证所有 shard 副本的修改一致性。概要地说，Spanner 应用 2PC 和 2PL 提供原子性和隔离性，且运行在 Paxos 之上提供同步副本。Scatter[106] 采用相似的结构。

来自 UC Berkeley 的 MDCC 协议也支持跨多个 shard 的事务，该事务满足一个 shard 内数据项级访问，应用乐观的并发控制方法（optimistic concurrency control）实现事务的可串行性执行。然而，原子提交和同步副本是通过多个 Paxos 实现的。一个事务启动一个 Paxos 实例，其中，分布一致中涉及多个 shard 和它们的副本，不需要采用 2PC。例如，如果存在三个数据对象，每个具有三个副本，MDCC 需要 9 个实体间一致。相反，Spanner 具有三个 shard 的 2PC，副本层独立运行三个 Paxos 实例，每一实例负责一个 shard 上的三个副本。

已有研究中,事先定义一致性策略不灵活,而实时检测代价大,因此,多种一致性策略共存并研究轻量级的一致性调整方案应是该方面的研究方向[71],如强一致性和弱一致性如何融合在一个系统中,两者如何相互作用来平衡系统的性能和可扩展性等。

12.6 支持多存储模式的数据库系统

为支持特定应用或灵活支持多种应用,相应地推出了一些实用的系统,本节介绍几个具有代表性的系统。

12.6.1 支持访问多数据模式的大数据库系统

不同数据模式具有不同的特点,为支持多数据类型、多数据模式的柔性集成,出现了一些支持访问多数据模式的大数据库系统。下面主要介绍 F1、AsterixDB 和 epiC 三个典型的系统。

1. F1

F1[1]是 Google 构建的一个分布式的关系数据库系统,支持其广告营销的电子商务系统(AdWords)。F1 是一个混合的数据库系统,它兼容了 NoSQL 系统如 Bigtable 的高有效性和伸缩性以及传统 SQL 数据库的一致性和可用性。F1 构建在 Spanner 之上,除具有 Spanner 的支持可扩展的数据存储、同步复制、强一致性等特性外,还增加了如下功能:分布式的 SQL 查询(包括与外部数据源的连接,如 Spanner 主数据源与其他数据源的连接操作),事务一致的局部索引和全局索引,异步的模式变化(包括数据模式重组),支持快照事务(用于只读查询)、基于 Spanner 的锁悲观的事务(pessimistic transaction)、基于时间戳的乐观事务(optimistic transaction)(客户缺省采用),自动记录数据库的更改历史并触发更改通知功能等。针对同步副本可导致高提交延迟,F1 通过应用层次的模式结构和支持结构化的列数据聚类特性,有助于数据本地化,减少了请求读远程数据的 RPC 的代价和数量。

2. AsterixDB

AsterixDB[121]是一个全功能的大数据管理系统,典型区别于当代开放大数据生态系统所具有的特征。AsterixDB 是一个开源的系统,具有灵活的 NoSQL 样式的数据模型(采用 JSON 格式),采用基于 LSM 分区的数据存储和索引机制(包括 B$^+$ 树、R 树和文本索引),可按需创建和管理内建的数据类型、数据集、函数和与特定应用相关的内容;具有丰富的内建数据类型,支持模糊的、空间的和实效类型的查询和广泛的范围查询,具有全查询语言,支持面向多数据集的查询,即支持外部数据源(如 HDFS 和 CSV 本地文件)和内建数据源中数据的查询;支持数据以供给方式实现数据采集,具有实时可扩展性;基于 2PL 并发控制机制,支持单数据集内跨多 LSM 索引的记录级(record-level)的事务特性。该系统所具有的特征很适用于 Web 数据仓库、社会数据存储和分析,以及其他与大数据相关的应用场景。

3. epiC

epiC[122]为支持处理多样化数据而提出的混合的体系结构[3,11],可处理一个系统中的多结构数据集。epiC 采用类角色(actor)编程模型,由多单元构成计算过程,每一单元独立完成 I/O 操作和用户定义的计算过程,单元间通过消息协调。epiC 系统包含不同类型的多结构数据集,并基于数据类型存储在不同的系统中,例如,结构化数据存储在关系数据库中,非结构化的数据存在 Hadoop 中。epiC 采用分裂的执行模式处理这些数据,即将全局数据分析作业划分为子作业,并基于数据类型选择恰当的系统执行这些子作业。例如,选择 MapReduce 处理文本数据,利用数据库系统处理关系数据,而利用 Pregel 处理图数据等。最后,子作业的输出按恰当的数据格式上载到某一系统(Hadoop 或数据库)中得到最后结果。尽管不同的系统(Hadoop,

Dryad，Database，Pregrel）用于处理不同的数据类型，但它们都共享同样的 Shared-nothing 体系结构，并分解全局计算为独立的计算而并行处理。epiC 的灵活设计使用户可灵活地表示所有类型的计算（例如，MapReduce、DAG、Pregel），并为用户提供更多的机会优化其计算过程。然而，尽管混合的方法能够利用恰当的数据处理系统处理相应数据类型的数据，但需要维护多种集群（如 Hadoop 集群、Pregel 集群、数据库集群），并且需要维护连接子作业输出结果而频繁地进行数据转换和数据装载。

12.6.2　自适应的多数据模式的大数据库系统

本节介绍两个典型的具有自适应性的多数据模式的大数据库系统，它们可改善数据模式和物化视图的局限性。

1. H2O

H2O 系统[123]是一个具有自适应性的混合系统，具有两大特点：在单引擎中，可以灵活支持多存储设计和数据访问模式；在查询执行过程中，动态决定哪种设计模式能最好地适应相应的查询类别和期望访问的数据。在任何给定的时间点，依据查询负载可以以任何模式物化任何部分数据。对于每一个查询，当负载变化时，其存储和访问模式也连续适应这种变化。因此，H2O 没有优先选择和固有的决策决定数据如何存储，而是按查询偏好决定适应的存储和查询模式。在任何给定的时间点，支持多种存储模式（例如，行模式、列模式、属性分组模式）共存，且应用多种执行策略。H2O 针对不同的存储模式提供多种不同的执行策略，可按查询需要恰当地选择最好的数据存储模式和执行策略。另外，若查询负载中不同部分需要采用不同的方式访问，同一数据片可以以多种模式存在。也就是说，一个查询执行引擎支持混合的存储模式、混合的查询计划和动态的操作。当负载变化时，按照负载需求演化数据组织和执行策略。

2. MISO

MISO[124]是面向多存储的查询处理系统，通过均衡不同存储系统的处理能力，能够有效地改善即时大数据的处理性能。MISO 是面向并行的关系数据库系统（RDBMS）和 HDFS 大数据存储组合而成的多存储系统的在线重配置算法，通过调整存储系统中的物化视图集来提升大数据的查询处理性能。其核心思想是，在恰当的时间、恰当的存储系统中建立恰当的视图。利用 HDFS（如 Hadoop）支持容错和物化中间结果的契机，以及为完成查询而需要多数据存储间移动中间结果的机会，采用相应的数据物化策略（物化数据在相应的存储系统中）来优化后续查询执行效率。MISO 不仅考虑副本、数据（视图），还考虑查询处理中数据跨存储间移动的计算代价。MISO 系统中的存储系统的作用是不同的，用户查询面向 HDFS 中的基础数据，而 RDBMS 用于提升查询效率。另外，两个系统具有自治独立性而不是紧密集成在一起。由于这些物化视图是与查询相关的数据，相当于无代价地重配置系统的物理设计。

12.6.3　支持分析型数据的分布式数据库系统

面向分析性负载的分布式数据库系统典型是数据仓库系统，这类系统应满足快速的数据载入和数据聚集计算。Hadoop 可以支持大数据存储和访问，但无法保证访问性能。尽管 Hadoop 是高可用性系统，并对大数据存储具有优势，但在高并发负载情况下性能将下降，也没有对数据载入后即时可读进行优化。因此，Hadoop 不能满足在高并发环境下的查询性能和数据可用性需求。本节主要介绍几个典型的系统，包括 Google 的 Mesa 系统、商用的 Vertica 系统、开源的 Druid 系统。

1. 高可扩展的分析型的数据仓库系统 Mesa

Mesa[2]是一个高可扩展的分析型的数据仓库系统，用于存储与 Google 的网络广告业务相关的重要的测度数据。Mesa 可满足接近实时的数据输入和查询，且对于大数据量的查询可提供高可用性、可靠性、容错性和可扩展性，特别是 Mesa 每秒可处理 PB 量级的数据和数百万的行修改，每天访问万亿行的数十亿查询。Mesa 是异地备份的和跨多数据中心实现的，支持低延迟的、一致的、可重复的查询。12.1.1 节介绍多层次的数据模型研究时已简单介绍过 Mesa 系统，这里不再赘述。

2. 分析型负载的存储优化系统 Vertica

Vertica[125] 是面向列存储的、多核执行的、自动优化分析型负载的存储系统。Vertica 和其他列存储的出现，使得列存储融入了传统的 RDBMS 引擎中，如 Oracle 和 SQL Server 2012 等。

Vertica 是面向高负载数据分析而设计的分布式数据库。当增加数据库节点时，系统的性能满足线性关系。在分析型负载中，每秒 OLTP 事务数较少，但每秒处理的行数却非常多。因此，分析型负载不仅需要查询，还需要加载数据到数据库中，且要求支持高速率的数据加载以及大数据块的快速加载，同时不能阻碍或降低并行执行的查询性能。Vertica 的成功也证明了大规模的分布式数据库的商业和技术的可行性，不仅支持 ACID 事务特性，也可以有效地处理 PB 级的结构化数据。

Vertica 的核心是采用分层分类的数据分布存储策略，提供了不同的设计策略供用户选择，以平衡查询优化和存储代价，例如数据载入优化、查询优化和平衡优化。Vertica 主要体现如下特点：

数据模型（data model）：如同基于 SQL 的系统，Vertica 数据模型为列表，支持全范围的插入、修改、删除操作。同 C-Store 一样，Vertica 将表数据物理上组织为投影（projection），即按表中的属性子集排序，支持任意构建列表子集和排序。Vertica 没有采用类似于 C-Store 的连接索引（join indx），而是要求至少存在一个超级投影（super projection），其中包含表中的每一列。为减少存储每一行 ID 的高代价，采用列压缩实现超级投影的代价最小。

分区（partitioning）和片段（segmentation）：一方面，C-Store 内部节点采用水平分区，通过提高单点内并行执行度来提高系统性能；另一方面，Vertica 提供了一个物理结构上分离数据的方法"CREATE TABLE ... PARTITION BY < expr >"，用于维护物理上的存储，将具有一定相关性的元组组织在一起，如按日期相关性划分元组。另外，C-Store 按投影排序的首列将物理存储划分为片段。投影片段提供了元组值到点的确定的映射，可以支持许多重要的优化。例如，Vertica 应用片段执行完全局部的分布式 join 和有效的分布聚集。

读写优化存储：同 C-Store 一样，Vertica 有一个读优化存储（Read Optimized Store，ROS）和一个写优化存储（Write Optimized Store，WOS）。ROS 中的数据，物理上存储在标准文件系统上的多个读写存储容器（ROS）中，每一个 ROS 容器逻辑上是一些按投影分类排序的完备的元组。Vertica 是真正的列存储，列文件如同物理上分离的存储文件，可独立地获取。在一个 ROS 容器中，每列存储两个文件：一个是实际的列数据，一个是位置索引。数据在 ROS 容器中由 position（指文件内的起始位置）指定。position 是隐含的，位置索引近似原始列数据的 1/1000 大小，并存储每一盘块的元数据作为起始位置、最小值和最大值，用于提高执行引擎的执行性能并支持快速的元组重构造。WOS 中的数据独立存在于内存中，可以是行或列。WOS 的主要目的是缓存小的插入、删除和修改数据，便于足够数量的行可同时写入物理结构来分摊写的代价。

自动物理设计：Vertica 有一个自动的物理设计工具，称为 Database Designer（DBD）。给定模式和样例数据，DBD 能够为优化查询负载而得到确定的投影集合，即减少数据载入和最小化存储。DBD 算法包括两个阶段：

1) 查询优化（query optimization）。选择投影排序和片段，基于启发式规则枚举候选投影，从中选择最好的执行计划；

2）存储优化（storage optimization）。通过实验为投影发现最好的编码模式。

3. 实时数据分析的数据存储系统 Druid

Druid[126]是开源的、分布式的、面向列的、支持实时数据分析的数据存储系统。Druid 构建的目标是：1）面向大量加载的数据（如 WiKi 的 edit 记录），可快速支持下钻（drill-down）和聚集计算，如次秒级返回任意维度的聚集计算；2）支持快速的交互应用，如任意浏览和可视化事件流；3）支持高并发环境，采用多代理机制，并具有高可用性；4）支持基于实时数据进行商务决策。

Druid 集群由不同类型的节点组成，每一节点类型执行特定的一组任务。不同节点独立运行，且最小化交互，使集群内通信失败对数据可用性的影响最小化。为支持复杂的数据分析，不同类型节点组合构建一个完整的工作系统。

实时节点（real-time node）负责处理小时间范围内的事件和该时间段内来自于其他节点的批处理数据流和查询事件数据流，支持事件流基于索引即时可查。实时节点间基于 ZooKeeper 协调。实时节点为到来的事件维护一个内存索引，索引也是直接实时可查询。为防止堆溢出，当达到最大行数量限制时或周期地持久化内存索引到磁盘，并将内存缓存中的数据转换为面向列的存储格式。可见，Druid 支持面向行存储的事件查询。

历史节点（historical node）负责装载和处理由实时节点创建的不变的数据块。实际中，大多情况是转载不变的数据，因此历史节点是 Druid 集群中典型的处理节点。历史节点采用 shared nothing 体系结构，点间没有单点竞争问题。点独立装载、删除和处理不变数据块操作。

代理节点（broker node）具有查询路由功能，通过解析 ZooKeeper 发过来的元数据，确定查询所需要的数据块的位置。代理节点将查询正确地发给历史节点或实时节点，代理节点也连接来自于历史节点或实时节点的部分查询结果为最后结果发给查询发起者。

协调节点（coordinator node）主要负责历史节点上数据的管理和分布。协调节点通知历史节点转载数据或删除过期数据、复制的数据和迁移数据。Druid 采用多版本并发控制方法管理不变的数据块，通常为静态视图。当不变数据块完全被新的数据块所取代，删除过时的数据块。由一个协调节点完成该操作，其他协调节点只起到冗余备份作用。

Druid 有自己的查询语言，查询描述为 POST 请求，代理节点、历史节点和实时节点都共享一致的查询 API。POST 请求被描述为 JSON 对象，包含指定不同查询变量的 key-value 对。典型的查询包括数据源名、查询结果粒度、时间范围、请求类型、聚集测度。结果为面向时间范围的聚集测度值，同样以 JSON 对象形式返回。

12.7　其他研究

- 规范标准、测试基准的制定：提出新技术之后，往往接着推出相应的标准。就云计算而言，目前已有许多云协同联盟和组织，如 Distributed Management Task Force（DMTF）、National Institute of Standards and Technology（NIST）、Open Cloud Consortium（OCC）、Open Grid Forum（OGF）、Open Cloud Computing Interface Working Group 等，他们都在为云定义相应的标准，但还缺乏开放性和协作性。为此，需要制定相应的规范标准，使云服务开放，方便更多的研究者进入云研究市场，方便用户选择云服务提供者。而对于支持云环境下海量数据管理系统，不同的云提供者已提供相似的 API 接口，如 MapReduce 和 Hadoop 提供了相似的 API，Amazon 的 Dynamo、Yahoo! 的 PNUTS 等也提供了相似的 key-value 查询服务，其他组件如 Google 的 Chubby、Yahoo! 的 Zoo-keeper 等也提供了不同的 API。但以何种方式提供组件和接口、如何比较和对比相似组件的实现、如何评价 key-value 存储系统的存储性能等，都还没有相应的标准。同时，云平台还需要有类似于评价数据库的 TPC benchmark，等等。

- 数据的安全性[127,128]：云环境下存储了大量个人数据，如何保证个人数据的安全性至关重要。有针对个人数据的私密性和安全性的研究，如在云内定义安全性、数据加密、在加密数据上进行相应的操作、面向特定应用的数据加密/解密操作等。目前侧重研究如何平衡数据的安全与计算的复杂度，希望提出可行的可信商业模型。

还有云环境下能耗的研究[127,129]，如固态硬盘（SSD）的快速访问和低能耗特性、采用 SSD 来代替硬盘存储读密集型的数据、数据中心中商用机的最小能量消耗、设计更好的改进能效的硬件和框架结构、云节点上数据和计算的组织以及在不降低性能的情况下降低软件的能耗等。

12.8 总结及研究展望

key-value 数据库是应用于云环境下的典型的云存储系统，为业界广泛关注，各商家面向特定应用推出了许多 key-value 数据库。随着技术的发展和应用需求的不断变化，也出现了一些新的 key-value 数据库和相关研究成果。它们虽然各具特色，但也都有一定的局限性，还有许多挑战性工作有待深入研究。我们认为，以下有关 NoSQL 及其相关研究将是研究者近年来所关注的问题。

12.8.1 关键技术问题

尽管大多 NoSQL 数据存储系统都已被部署于实际应用中，并且也出现了一些支持大数据管理的技术，但归纳其研究现状，还有许多挑战性问题。

研究现状：1）已有 key-value 数据库产品大多是面向特定应用自治构建的，缺乏通用性。2）已有产品支持的功能有限（不支持事务特性），导致其应用具有一定局限性。3）虽然已有一些研究成果和改进的 NoSQL 数据存储系统，但它们都是针对不同应用需求而提出的相应解决方案，如支持组内事务特性、弹性事务等，很少从全局考虑系统的通用性，也没有形成系列化的研究成果。4）不同于关系数据库，缺乏强有力的理论（如 Armstrong 公理系统）、技术（如成熟的基于启发式的优化策略、两段封锁协议等）、标准规范（如 SQL 语言）的支持。

研究挑战：随着云计算、互联网等技术的发展，大数据广泛存在，同时也出现了许多云环境下的新型应用，如社交网络、移动服务、协作编辑等。这些新型应用对海量数据管理（或称云数据管理系统）也提出了新的需求，如事务的支持、系统的弹性等。同时，业界专家也指出，云计算时代海量数据管理系统的设计目标为可扩展性、弹性、容错性、自管理性和强一致性（强一致性主要是新应用的需求）。目前，已有系统通过支持可随意增减节点来满足可扩展性；通过副本策略保证系统的容错性；基于监测的状态消息协调实现系统的自管理性。弹性的目标是满足 pay-per-use（按使用量付费）模型，以提高系统资源的利用率。该特性在已有典型 NoSQL 数据库系统中是不完善的，但却是云系统应具有的典型特点。因此，为有效支持云环境下的海量数据管理，还存在许多挑战性问题[28]。典型问题如下：

- 海量数据分布存储与局部性。海量数据均匀分布存储在各节点上，典型的策略是采用散列分布存储或连续存储。散列存储可实现均匀分布，但弱化了数据间的联系，不能很好地支持范围查询；连续存储支持范围查询，但影响数据分布存储的均衡性。目前简单的 key-value 数据模型为提升可扩展性弱化了数据间的关联关系，这对于 key 间不具有关联性的事务是合适的。然而，产生的大数据不是孤立存在的，它们存在必然联系，如社交网络中某一主题的数据、同类产品的销售数据等。另外，为增值海量数据的价值，进行海量数据分析也是必然趋势。因此，在弱化数据关系实现可扩展性的同时，需要考虑数据的局部性，以有效提升海量数据查询与分析的 I/O 性能。为此，数据模型应兼顾可扩展性和数据间的关联性，并基于此研究相应的索引和查询，以及相应的支持理论。

- 分布式事务特性。为支持分布环境下的事务特性，典型采用 2PC 协议实现。然而，集群环境下的节点的动态性，很难保证支持事务的节点的及时提交，导致事务代价大。典型的研究是将事务操作数据分布到一个节点上或动态重组到一个节点上来避开分布环境，但这种策略局限性较大。为此，需要考虑如何避开 2PC 协议，即回避因单点失败导致整个事务废弃的处理过程，如采用乐观的并发控制方法，并结合副本数据支持云环境下的事务特性。

- 负载均衡的自适应性。在面向海量数据管理的云环境下，用户访问量、数据变化量或执行任务量都是事先无法精确预见的。随着数据量的增加或应用范围的扩大、应用用户的增加，都可能出现存储热点或应用热点。因此，弹性动态平衡是云环境下分布式系统的典型特点。弹性即随着负载的增加和减少可动态调节，并最小化操作代价。为此，需要有自适应协调方法，保证系统的弹性性能，有效地提高系统资源利用率。

- 灵活支持复杂查询。若按需满足不同用户的查询需求，云环境必须具有更大的灵活性和柔性。目前，已有 key-value 数据库均支持简单查询，而将复杂查询交由应用层完成。MapReduce 是被广泛接受的分布式处理框架，用于实现海量数据的并行处理，通常应用层基于该框架定制相应的查询视图。尽管 MapReduce 为海量数据处理提供了灵活的并行处理框架，但如何最优地实现各种复杂查询和数据分析还需要深入研究。希望能提供一种更为灵活的、可优化的复杂查询定义模型，可按需满足不同用户的查询和数据分析需求。

- 灵活的副本一致性策略。云环境下一般基于副本策略提高系统的可用性，但同时也带来了维护副本一致性的代价。已有系统采用最终一致性策略或强一致性策略实现副本同步。然而，无论何种策略，都具有一定局限性，限制了 NoSQL 数据存储系统的应用范围。如强一致性适用于同时访问数据量不是很大的 OLTP 应用或在线交易系统，而最终一致性适用于不要求具有实时一致需求的 Web 查询系统。因此，需要提供一个灵活的、自适应的副本一致性策略模型，按需配置副本一致性策略，并最小代价地满足各种应用需求。

- 多存储系统共存研究。在支持大数据管理时，key-value 数据模型简单，并具有可扩展性，但不能很好地支持复杂查询；关系模型可支持灵活的数据查询和数据分析，但不具有良好的扩展性；而列数据库可有效支持面向属性维的数据分析，并方便采用列压缩减少存储代价。仅采用单一数据模型来支持大数据管理具有一定局限性，不能满足多样大数据的需求。因此，需要有支持多存储系统的大数据管理系统，满足复杂大数据的管理需求。

针对上述关键问题，目前研究者们侧重的研究内容主要有：针对事务和系统弹性，有支持多关键字查询的事务语义研究、弹性事务研究、负载均衡策略研究、自适应副本策略研究等；针对提升数据访问效率，有基于 flash 扩展缓存的研究、支持新应用需求的新一代数据存储系统的研究、采用 MapReduce 的查询处理优化框架研究、基于 MapReduce 的大数据计算的优化策略研究和 NoSQL 数据库与 MapReduce 优势结合的研究，以及面向多数据存储模型的大数据库系统研究等。

12.8.2　研究挑战

针对上述相关研究，有关 NoSQL 以及大数据管理的研究将面临如下挑战。

（1）扩展 key-value 数据模型与多种数据模型共存的研究

key-value 数据模型的出现，满足了海量数据管理的可扩展性、简单查询的高效率等应用需求。目前，key-value 数据存储系统典型基于 key 散列存储或基于范围存储，并只支持简单的查询操作，限制了 key-value 存储系统的应用。为此，出现了支持类 SQL 语言的 key-value 存储系统（如 Hive）和目前广泛流行的 MapReducec 并行处理模型。然而，它们只是在上层构建了一个支持复杂查询的视图定义模型，并没有改变底层的结构。为扩大 key-value 数据存储系统的应用范围，需要增强 key-value 存储系统的支持功能，如复杂查询、事务能力等。但如果不从根本上完善核心的数据模型，很难获得好的性能。因此，针对 key-value 数据存储系统，研究者将关注：1）如何改进基于 key 散列的数据分布模式，使其能更有效地支持灵活的复杂查询和具有低惩罚代价的事务特性等；2）扩展 key-value 数据模型的研究，如基于 key-value 数据模型构建多样的索引，尤其是全局索引，以扩展其查询能力和查询效率；3）多种数据模型轻量级地无缝转换的研究，以支持多种数据模型共存来满足复杂数据的管理需求等。

（2）支持分布式事务的研究

支持事务特性的数据管理系统可有效地支持以 OLTP 类业务为主的应用需求。针对 key-value 数据存储系统一般只支持单 key 的事务特性的局限，提出了一些基于多 key 的事务特性或将事务限制在同组内而避开 2PC 协议的解决方案，但还是不能灵活而低代价地支持真正的分布式事务。尽管已有一些支持大数据管理的强一致性的分布式事务模型，但主要还是基于 Paxios 协议，并采用 2PC 思想实现，如通过减少协调消息提高性能等。因此，如何基于 key-value 数据模型或多数据模型提出有效而灵活的分布式事务模型应是研究者关注的热点，重点研究轻量级的、灵活的事务模型，可满足各类应用需求。要易于配置，并可提供简单且健壮的解决方案。

（3）提高系统查询处理性能的研究

基于 key-value 数据模型的数据存储系统只支持简单的数据查询操作，为此，典型采用 MapReduce 处理模型实现查询处理操作。MapReduce 模型简单，非常适合于可将一个事务划分为多个独立子事务的聚集查询处理业务。而对于大数据的复杂查询处理需求，所有查询处理操作都需要转换为一轮或多轮 MapReduce 模型实现，导致传输代价大，不利用改善数据的查询处理性能。因此，提出面向数据查询处理的高性能处理模型将会引起研究者的关注。同时，为提高系统资源利用率、节约能源、提高系统吞吐率、提高系统整体性能，面向资源负载均衡、数据负载均衡、任务负载均衡的动态负载均衡模型的研究也将是研究者关注的热点。

（4）有效利用副本资源的研究

副本是分布式数据管理系统的典型特点，有助于提高系统可用性、可靠性、系统查询处理效率等。然而，已有成果如动态负载均衡、事务特性、高效查询处理等都没有有效地利用副本数据。已有系统的索引模型、事务模型、动态负载均衡模型、优化的查询处理模型等也都对副本考虑得很少，没有有效地利用副本的作用。因此，在未来研究中，如何有效利用副本数据将是热点研究问题。

（5）支持理论的研究和规范标准的制定

key-value 数据模型因其简单的模型结构受到了大数据管理者的青睐。虽然 key-value 数据模型广泛被 Google、Facebook 等大公司所采用，但还没有可遵循的规范标准和理论支持。关系模型因其模型简单、易于管理和应用等特点，尤其是关系理论的提出，造就了关系数据库在应用了 30 多年后的今天仍占据数据管理的主导地位。为支持云环境下的大数据管理，key-value 数据模型有其固有的优点和应用优势，但目前有关 key-value 数据模型或支持大数据管理的数据模型的支持理论还是空白，需要深入研究。同时，随着相关研究成果的出现，还需要形成一定的技术规范标准。

除此之外，云环境下的数据管理的数据安全至关重要，有关云数据安全的研究也是热点，还有支持数据管理的支持系统的能耗问题等。

大数据带来了大机遇，支持大数据管理的系统以及支持技术也成为研究者关注的热点。为有效地支持云环境下的大数据管理，有关 key-value 数据存储系统及其支持大数据管理的相关研究还有许多挑战性问题，需要研究者去研究和探讨。

习题

1. 关系数据模型是否能有效支持大数据管理，为什么？
2. 基于 MapReduce 架构实现大数据查询处理和分析的局限性有哪些？简介典型的几种优化策略。
3. 经典的分布式事务管理模型和实现策略是否能有效支持大数据库系统的事务管理需求。简述大数据库系统中的事务管理的核心关注点。
4. 负载动态均衡策略是分布式系统中的核心关注问题之一，分析不同类型作业的负载均衡策略的特点。
5. 副本一致性维护策略中，如何协调副本一致性维护代价和收益？
6. 阐述大数据库系统同经典的分布式数据库系统典型的异同点。

主要参考文献

[1] Shute J, Vingralek R, Samwel B, Handy B. F1：A Distributed SQL Database That Scales. Proc. of PV-LDB[C]. 2013, 6(11)：1068 – 1079.

[2] Gupta A, Yang F, Govig J, et al. Mesa：GeoReplicated, Near RealTime, Scalable DataWarehousing. Proc. of PVLDB[C]. 2014, 7(12)：1259 – 1270.

[3] Michael J Mior. Automated Schema Design for NoSQL Databases. Proc. of SIGMOD[C]. 2015：41 – 45.

[4] Curino C, Zhang Y, Jones E P C, Madden S. Schism：a Workload-Driven Approach to Database Replication and Partitioning. Proc. of PVLDB[C]. 2010, 3(1)：48 – 57.

[5] Das S, Agrawal D, El Abbadi A. G-Store：A scalable data store for transactional multi key access in the cloud. Proc. of SoCC[C]. 2010：163-174.

[6] Scherzinger S, Almeida E C, Ickert F. On the Necessity of Model Checking NoSQL Database Schemas when building SaaS Applications. Proc. of the 2013 International Workshop on Testing the Cloud[C]. 2013：1 – 6.

[7] Debnath B, Sengupta S, Li J SkimpyStash：RAM Space Skimpy Key-Value Store on Flash-based Storage. Proc. of SIGMOD[C]. 2011：25 – 36.

[8] Anand A, Muthukrishnan C, Kappes S, et al. Cheap and Large CAMs for High Performance Data-Intensive Networked Systems. Proc. of NSDI[C]. 2010.

[9] Andersen1 DG, Franklin J, Kaminsky K, et al. FAWN：A Fast Array of Wimpy Nodes. Proc. of SOSP [C]. New York：ACM, 2009.

[10] Debnath B, Sengupta S, Li J ChunkStash. Speeding up Inline Storage Deduplication using Flash Memory. Proc. of USENIX[C]. 2010.

[11] Debnath B, Sengupta S, Li J ChunkStash. FlashStore：High Throughput Persistent Key-Value Store. Proc. of VLDB[C]. Morgan Kaufmann/ACM, 2010：1414 – 1425.

[12] Wu S, Jiang D, Ooi BC, et al. Efficient B-tree based indexing for cloud Data Processing. Proc. of VLDB [C]. Morgan Kaufmann/ACM, 2010.

[13] Wang J, Wu S, Gao H, et al. Indexing Multi-dimensional Data in a Cloud System. Proc. of SIGMOD [C]. New York: ACM, 2010: 591 – 602.

[14] Tsatsanifos G, Sacharidis D, Sellis T, et al. MIDAS: Multi-attribute Indexing for Distributed Architecture Systems. Proc. of SSTD[C]. Heidelberg: Springer, 2011: 168 – 185.

[15] Novak D, Zezula P. M-Chord: A Scalable Distributed Similarity Search Structure. Proc. of the Scalable Information Systems[C]. 2006: 19 – 28.

[16] Escriva R, Wong B, Gün Sirer EG. HyperDex: A Distributed, Searchable Key-Value Store. Proc. of SIGCOMM[C]. 2012: 1 – 12.

[17] 孟必平, 王腾蛟, 李红燕, 杨冬青. 分片位图索引: 一种适用于云数据管理的辅助索引机制[J]. 计算机学报, 2012, 35(11): 2306 – 2316.

[18] Jagadish H V, Ooi B C, Tan K-L, et al. Idistance: An Adaptive B^+-Tree Based Indexing Method for Nearest Neighbor Search [J]. ACM Transactions on Database Systems, 2005, 30(2): 364 – 397.

[19] Aguilera MK, Golab W, Shah MA. A Pratical Scalable Distributed B-tree. Proc. of VLDB[C]. Morgan Kaufmann/ACM, 2008.

[20] Zhang X, Ai J, Wang Z, et al. An Efficient Multi-Dimensional Index for Cloud Data Management. Proc. of CloudDB[C]. New York: ACM, 2009: 17 – 24.

[21] Tanin E, Harwood A, Samet H. Using a Distributed Quadtree Index in Peer-to-Peer Networks [J], The VLDB Journal, 2006, 16(2): 165 – 178.

[22] Peng Lu, Sai Wu, Lidan Shou. An Efficient and Compact Indexing Scheme forLarge-scale Data Store. Proc. of ICDE[C]. 2013: 326 – 337.

[23] Sfakianakis G, Patlakas I, Ntarmos N, et al. Interval Indexing and Querying on Key-ValueCloud Stores. Proc. of ICDE[C]. 2013: 805 – 819.

[24] Zoumpatianos K, Idreos S, Palpanas T. Indexing for Interactive Exploration of Big Data Series. Proc. of SIGMOD[C]. 2014.

[25] Ntarmos N, Patlakas I, Triantafillou P. Rank Join Queries in NoSQL Databases. Proc. of PVLDB[C]. 2014, 7(7): 493 – 504.

[26] Li B, Mazur E, Diao Y, et al. A Platform for Scalable One-Pass Analytics Using Mapreduce. Proc. of the ACM SIGMOD International Conference on Management of Data[C]. 2011: 985 – 996.

[27] Li B, Mazur E, Diao Y, et al. Scalla: A Platform for Scalable One-Pass Analytics Using Mapreduce [J], ACM Trans Database Syst, 2012, 37(4): 401 – 427.

[28] Condie T, Conway N, Alvaro P, et al. Mapreduce Online. Proc. of the Networked Systems Design and Implementation[C]. 2010: 313 – 328.

[29] Fegaras L, Li C, Gupta U. An Optimization Framework for Map-Reduce Queries. Proc. of the International Conference on Extending Database Technology (EDBT) [C]. 2012: 26 – 37.

[30] Soliman MA, Antova L, Raghavan V, et al. Orca: A Modular Query Optimizer Architecture for Big Data. Proc. of SIGMOD[C]. 2014: 337 – 348.

[31] Agrawal R, Ailamkai A, Bernstein PA, et al. The Claremont Report on Database Research[J]. Communications of the ACM, 2009, 52(8): 56 – 65.

[32] Nykiel T, Potamias M, Mishra C, et al. MRShare: Sharing Across Multiple Queries in MapReduce. Proc. of VLDB[C]. Morgan Kaufmann/ACM, 2010: 494 – 505.

[33] Dittrich J, Quiané-Ruiz J A, Jindal A, et al. Hadoop + +: Making a Yellow Elephant Run Like a Cheetah (Without It Even Noticing). Proc. of VLDB[C]. Morgan Kaufmann/ACM, 2010: 518 – 527.

[34] Bu Y, Howe B, Balazinska M, et al. Haloop: Efficient Iterative Data Processing on Large Clusters. Proc. of The VLDB Endowment (PVLDB) [C]. 2010, 3(1): 285 – 296.

[35] Bu Y, Howe B, Balazinska M, et al. The Haloop Approach to Large-Scale Iterative Data Analysis. Proc. of The VLDB Endowment (PVLDB) [C]. 2012, 21(2): 169 – 190.

[36] Onizuka M, Kato H, Hidaka S, et al. Optimization for Iterative Queries on Mapreduce. Proc. of The VLDB Endowment (PVLDB) [C]. 2013, 7(4): 241–252.

[37] Elghandour I, Aboulnaga A. ReStore: Reusing results of MapReduce jobs. Proc. of PVLDB[C]. 2012, 5(6).

[38] LeFevre J, Sankaranarayanan J, Hacıgümüs H, Tatemura J, Polyzotis N, Carey M J. Opportunistic physical design for big data analytics. Proc. of SIGMOD[C]. 2014.

[39] LeFevre J, Sankaranarayanan J, Hacıgümüs H, et al. Opportunistic Physical Design for Big Data Analytics. Proc. of SIGMOD[C]. 2014: 851–862.

[40] Karanasos K, Balmin A, Kutsch M, et al. Dynamically Optimizing Queries overLarge Scale Data Platforms. Proc. of SIGMOD[C]. 2014: 943–954.

[41] Lin Y, Agrawal D, Chen C. Llama: Leveraging Columnar Storage for Scalable Join Processing in the MapReduce Framework. Proc. of SIGMOD[C]. New York: ACM, 2011: 961–972.

[42] Sarma A D, He Y, Chaudhuri S. Clusterjoin: A Similarity Joins Framework Using Map-Reduce. Proc. of The VLDB Endowment (PVLDB) [C]. 2014, 7(12): 1059–1070.

[43] Zhang X, Chen L, Wang M. Efficient Multi-Way Theta-Join Processing Using Mapreduce. Proc. of The VLDB Endowment (PVLDB) [C]. 2012, 5(11): 1184–1195.

[44] Lu W, Shen Y, Chen S, et al. Efficient Processing of K Nearest Neighbor Joins Using Mapreduce. Proc. of The VLDB Endowment (PVLDB) [C]. 2012, 5(10): 1016–1027.

[45] Jestes J, Li F, Yan Z, et al. Probabilistic String Similarity Joins. Proc. of the ACM SIGMOD International Conference on Management of Data[C]. 2010: 327–338.

[46] Borthakur D, Sarma JS, Gray J. Apache Hadoop Goes Realtime at Facebook. Proc. of SIGMOD[C]. New York: ACM, 2011: 1071–1080.

[47] Silberstein A, Sears R, Zhou W, et al. A Batch of PNUTS: Experiences Connecting Cloud Batch and Serving Systems. Proc. of SIGMOD[C]. New York: ACM, 2011: 1101–1112.

[48] Abouzeid A, Bajda-Pawlikowski K, Abadi D J, et al. Hadoopdb: An Architectural Hybrid of Mapreduce and Dbms Technologies for Analytical Workloads. Proc. of The VLDB Endowment (PVLDB) [C]. 2009, 2(1): 922–933.

[49] Levandoski J J, Lomet D, Mokbel M F, Zhao K K. Deuteronomy: Transaction Support for Cloud Data. Proc. of CIDR[C]. 2011: 123–133.

[50] Chang F, Dean J, Ghemawat S, et al. Bigtable: A Distributed Storage System for Structured Data. Proc. of OSDI[C]. New York: ACM, 2006.

[51] DeCandia G, Hastorun D, Jampani M, et al. Dynamo: Amazon's Highly Available Key-value Store. Proc. of SOSP[C]. New York: ACM, 2001: 205–220.

[52] Cooper BF, et al. PNUTS: Yahoo!'s hosted Data Serving Platform. Proc. of PVLDB[C]. 2008, 1(2): 1277–1288.

[53] Amer-Yahia S, Markl V, Halevy AY, et al. Databases and Web 2.0 panel at VLDB 2007. Proc. of SIGMOD Record[C]. 2008, 37(1): 49–52.

[54] Kraska T, Hentschel M, Alonso G, et al. Consistency Rationing in the Cloud: Pay only when it matters. Proc. of PVLDB[C]. 2009, 2(1): 253–264,

[55] Brantner M, Florescu D, Graf D, et al. Building a Database on S3. Proc. of SIGMOD[C]. New York: ACM, 2008: 251–263.

[56] Campbell D G, Kakivaya G, Ellis N. Extreme Scale with Full SQL Language Support in Microsoft SQL Azure. Proc. of SIGMOD[C]. New York: ACM, 2010: 1021–1023.

[57] Baker J, Bond C, Corbett J C, et al. Megastore: Providing Scalable, Highly AvailableStorage for Interactive Services. Proc. of CIDR[C]. 2011: 223–234.

[58] Tatemura J, Po O, Hsiung WP, et al. Partiqle: An Elastic SQL Engine over Key-Value Stores. Proc. of SIGMOD[C]. New YOrk: ACM, 2012: 629–632.

[59] Konstantinou I, Angelou E, Tsoumakos D. TIRAMOLA: Elastic NoSQL Provisioning Through a Cloud Management Platform. Proc. of SIGMOD[C]. New York: ACM, 2012: 725 – 728.

[60] Vo H T, Chen C, Ooi B C. Towards Elastic Transactional Cloud Storage with Range Query Support. Proc. of PVLDB[C]. 2010.

[61] Curino C, Jones E, Zhang Y, et al. Relational Cloud: The Case for a Database Service. Technical Report MIT-CSAIL-TR-2010-014[R]. MIT, 2010.

[62] Das S, Agarwal S, Agrawal D, et al. ElasTraS: An Elastic, Scalable, and Self Managing Transactional Database for the Cloud. Technical Report 2010-4[R]. UCSB, 2010.

[63] Das S, Agrawal D, Abbadi A E. ElasTraS: An Elastic Transactional Data Store in the Cloud. Proc. of USENIX HotCloud Workshop[C]. 2009.

[64] Bernstein P A, Cseri I, et al. Adapting Microsoft SQL Server for Cloud Computing. Proc. of ICDE[C]. IEEE, 2011: 1255 – 1263.

[65] Gray J, Lamport L. Consensus on transaction commit[J]. ACM Transaction Database System, 2006, 31 (1): 133 – 160.

[66] Aguilera M K, et al. Sinfonia: A New Paradigm for Building Scalable Distributed Systems. Proc. of SOSP [C]. New York: ACM, 2007.

[67] Wei Z, Pierre G, Chi CH. CloudTPS: Scalable Transactions for Web Applications in the Cloud. Technical Report IR-CS-053[R]. The Netherlands: Vrije Universiteit Amsterdam, 2010.

[68] Thomson A, Diamond T, Weng S C. Calvin: Fast Distributed Transactionsfor Partitioned Database Systems. Proc. of SIGMOD[C]. New York: ACM, 2012.

[69] Mahmoud H, Nawab F, Pucher A, et al. LowLatency MultiDatacenter Databases using Replicated Commit. Proc. of PVLDB[C]. 2013, 6(9): 661 – 672.

[70] Dey A. Scalable Transactions across Heterogeneous NoSQL KeyValue Data Stores. Proc. of PVLDB [C]. 2013: 1434 – 1439.

[71] Junqueira F, Reed B, et al. Lock-free transactional support for large-scale storage systems. Proc. of IEEE/IFIP DSN-W'11[C]. 2011: 176 – 181.

[72] Curino C, Jones E P C, Popa RA, et al. Relational Cloud: A DatabaseasaService for the Cloud. Proc. of CIDR[C]. 2011: 235 – 240.

[73] Das S, Nishimura S, Agrawal D, et al. Live Database Migration for Elasticity in a Multitenant Database for Cloud Platforms. Technical Report 2010-09[R]. CS, UCSB, 2010.

[74] Elmore A J, Das S, Agrawal D, et al. Zephyr: Live Migration in Shared Nothing Databases for Elastic Cloud Platforms. Proc. of SIGMOD[C]. New York: ACM, 2011: 301 – 312.

[75] Okcan A, Riedewald M. Processing Theta-Joins using MapReduce. Proc. of SIGMOD[C]. New York: ACM, 2011: 949 – 960.

[76] Nehme R, Bruno N. Automated Partitioning Design in Parallel Database Systems. Proc. of SIGMOD[C]. New York: ACM, 2011: 1137 – 1148.

[77] Das S, Nishimura S, Agrawal D, Abbadi A E. Albatross: Lightweight Elasticity in Shared Storage Databases for the Cloud using Live Data Migration. Proc. of VLDB[C]. Morgan Kaufmann/ACM, 2011: 494 – 505.

[78] Hbase Development Team. Hbase: Bigtable-like Structured Storage for Hadoop HDFS[EB/OL]. 2009. http://wiki. apache. org/hadoop/Hbase.

[79] Lakshman A, Malik P. Cassandra—A Decentralized Structured Storage System[EB/OL]. 2009. http://www. cs. cornell. edu/projects/ladis2009/papers/lakshman-ladis2009. pdf.

[80] Clark C, Fraser K, Hand S, et al. Live Migration of Virtual Machines. Proc. of NSDI[C]. 2005: 273 – 286.

[81] Liu H, Jin H, Liao X, et al. Live Migration of Virtual Machine based on Full Yystem Trace and Replay. Proc. of HPDC[C]. 2009: 101 – 110.

[82] DeWitt D, Gray J. Parallel Database Systems: the Future of High Performance Database Systems[J].

Communication of ACM, 1992, 35(6): 85-98.

[83] Ganguly S, Goel A, Silberschatz A. Efficient and Accurate Cost Models for Parallel Query Optimization. Proc. of PODS[C]. New York: ACM, 1996: 172-181.

[84] Isard M, Budiu M, Yu Y. Dryad: Distributed Data-parallel Programs from Sequential Building Blocks. Proc. of EuroSys[C]. New York: ACM, 2007: 59-72.

[85] Yang H C, Dasdn A, Hsiao R L, et al. Map-Reduce-Merge: Simplified Relational Data Processing on Large Clusters. Proc. of SIGMOD[C]. New York: ACM, 2007.

[86] Chaiken R, Jenkins B, Larson P A, et. al. Scope: Easy and Efficient Parallel Processing of Massive Data Sets. Proc. of VLDB[C]. New York: ACM, 2008: 1265-1276.

[87] Curino C, Jones E, Zhang Y, et al. Schism: a Workload-driven Approach to Database Replication and Partitioning. Proc. of VLDB[C]. 2010.

[88] Ghandeharizadeh S, DeWitt D J. Hybrid-range Partitioning Strategy: A New Declustering Strategy for Multiprocessor Database Machines. Proc. of VLDB[C]. 1990: 481-492.

[89] Gufler B, Augsten N, Reiser A, et al. Load Balancing in MapReduce Based on ScalableCardinality Estimates. Proc. of ICDE[C]. 2012.

[90] Kwon Y C, Balazinska M, Howe B, et al. SkewTune: Mitigating Skew in MapReduce Applications. Proc. of SIGMOD[C]. New Yrok: ACM, 2012: 25-36.

[91] Taft R, Mansour E, Serafini M, et al. E-Store: FineGrainedElastic Partitioning for Distributed Transaction Processing Systems. Proc. of PVLDB[C]. 2014, 8(3): 245-256.

[92] Cassandra Wiki[DB]. 2011-10. http://wiki. apache. org/cassandra/Operations#Load_ balancing.

[93] Sumbaly R, Kreps J, Gao L, et al. Serving Large-Scale BatchComputed Data with Project Voldemort. Pro. of FAST[C]. 2012: 1-13.

[94] Rebalance an HDFS Cluster[EB/OL]. 2007-10-23. https://issues. apache. org/jira/secure/attachment/12368261/RebalanceDesign6. pdf.

[95] Konstantinou I, Tsoumakos D, Mytilinis I, et al. DBalancer: Distributed Load Balancing for NoSQL Datastores. Proc. of SIGMOD[C]. 2013: 1037-1040.

[96] Chen C, Chen G, Jiang D, et al. Providing Scalable Database Services on the Cloud. Proc. of WISE[C]. Heidelberg: Springer, 2010: 1-19.

[97] Petersen K, Spreitzer M J, Terry D B, et al. Flexible updatepropagation for weakly consistent replication. Proc. of SOSP[C]. New York: ACM, 1997: 288-301.

[98] Vogels W. Eventually Consistent[J]. Communications of ACM, 2009, 52(1): 40-44.

[99] Vogels W. Eventually Consistent[EB/OL]. 2008-12. http://www. allthingsdistributed. com/2008/12/eventually_ consistent. html.

[100] Rao J, Shekita E J, Tata S. Using Paxos to Build a Scalable, Consistent, and Highly Available Datastore. Proc. of VLDB[C]. 2011: 243-354.

[101] Burrows M. the Chubby Lock Service for Loosely-coupled Distributed System. Proc. of OSDI[C]. 2006: 335-350.

[102] Lu Y, H. Jiang. Adaptive Consistency Guarantees for Large-Scale Replicated Services. Proc. of NAS [C]. 2008: 89-96.

[103] Yu H, Vahdat A. Design and Evaluation of a Continuous Consistency Model for Replicated Services. Proc. of OSDI[C]. New York: ACM, 2000, 305-318.

[104] Gao L, Dahlin M, Nayate A, et al. Application specific data replication for edge services. Proc. of WWW[C]. 2003: 449-460.

[105] Chairunnanda P, Daudjee K, Özsu M T. ConfluxDB: Multi-Master Replication for Partitioned Snapshot Isolation Databases. Proc. of PVLD[C]. 2014, 7(11): 947-958.

[106] Glendenning L, Beschastnikh I, Krishnamurthy A, Anderson T. Scalable consistency in scatter. Proc.

of the Twenty-Third ACM Symposium on Operating Systems Principles[C]. 2011: 15 - 28.

[107] Baker J, Bond C, Corbett J, et al. Megastore: Providing scalable, highly available storage for interactiveservices. Proc. of Innovative Data Systems Research[C]. 2011: 223 - 234.

[108] Corbett J, Dean J, Epstein M, et al. Spanner: Google's globally-distributed database. Proc. of OSDI [C]. 2012.

[109] Sovran Y, Power R, Aguilera M K, Li J. Transactional storage for geo-replicated systems. Proc. of the Twenty-Third ACM Symposium on Operating Systems Principles[C]. 2011: 385 - 400.

[110] Lloyd W, Freedman M J, Kaminsky M, Andersen D G. Don't settle for eventual: scalablecausal consistency for wide-area storage with COPS. Proc. of the Twenty-Third ACM Symposium on Operating Systems Principles[C]. 2011: 401 - 416.

[111] Kraska T, Pang G, Franklin M J, Madden S. Mdcc: Multi-data center consistency. Proc. of CoRR[C]. 2012.

[112] Agrawal D, El Abbadi A, Mahmoud H A. Managing Geo-replicated Data in Multi-datacenters. Proc. of DNIS[C]. 2013, LNCS 7813, 23 - 43.

[113] Burrows M. The chubby lock service for loosely-coupled distributed systems. Proc. of the 7th Symposium on Operating Systems Design and Implementation[C]. 2006: 335 - 350.

[114] Wuu G T, Bernstein A J. Efficient solutions to the replicated log and dictionary problems. Proc. of the Third Annual ACM Symposium on Principles of DistributedComputing[C]. 1984: 233 - 242.

[115] Jajodia S, Mutchler D. Dynamic Voting Algorithms for Maintaining the Consistency of a Replicated Database[J]. ACM Transactions on Database Systems, 1990, 15(2): 230 - 280.

[116] Kaashoek M F, Tanenbaum A S. Group Communication in the Amoeba Distributed OperatingSystems. Proc. of the 11th International Conference on Distributed ComputingSystems[C]. 1991: 222 - 230.

[117] Amir Y, Dolev D, Kramer S, Malki D. Membership Algorithms for Multicast CommunicationGroups. Proc. of WDAG [C]. 1992, LNCS, vol. 647, 292 - 312.

[118] Amir Y, Moser L E, Melliar-Smith P M, et al. The Totem Single-Ring Ordering and Membership Protocol [J]. ACM Transactions on Computer Systems, 1995, 13(4): 311 - 342.

[119] Neiger G. A New Look at Membership Services. Proc. of the ACM Symposiumon Principles of Distributed Computing[C]. 1996.

[120] Patterson S, Elmore A J, Nawab F, Agrawal D, Abbadi A E. Serializability, not serial: Concurrency control and availability in multi-datacenter datastores. Proc. of PVLDB[C]. 2012, 5(11): 1459 - 1470.

[121] Alsubaiee S, Behm A, Borkar V, et al. Storage Management in AsterixDB. Proc. of PVLDB [C]. 2014: 841 - 852.

[122] Jiang D, Chen G, Beng C O, et al. epiC: an Extensible and Scalable System for Processing Big Data. Proc. of PVLDB[C]. 2014: 541 - 552.

[123] Alagiannis I, Idreos S, Ailamaki A. H2O: A Hands-free Adaptive Store. Proc. of SIGMOD [C]. 2014: 1103 - 1114.

[124] LeFevre J, Sankaranarayanan J, Hacıgümüs H, et al. MISO: Souping Up Big Data Query Processing with aMultistore System. Proc. of SIGMOD[C]. 2014: 1591 - 1602.

[125] Lamb A, Fuller M, Varadarajan R. The Vertica Analytic Database: CStore 7 Years Later. Proc. of PVLDB[C]. 2012: 1790 - 1801.

[126] Yang F, Tschetter E, Léauté X. Druid: A Real-time Analytical Data Store. Proc. of SIGMOD [C]. 2014: 157 - 168.

[127] Vigfusson Y, Chockler G. Clouds at the Crossroads Research Perspectives [EB/OL]. www. acm. org/ crossroads, Spring 2010, 16(3): 10 - 13.

[128] 林子雨, 赖永炫, 林深, 等. 云数据库研究[J]. 软件学报, 2012, 23(5): 1148 - 1166.

[129] 王意洁, 孙伟东, 周松, 等. 云计算环境下的分布存下的分布存储关键技术[J]. 软件学报, 2012, 23(4): 962 - 986.